SolidWorks认证工程师成长之路丛书

SolidWorks 快速入门教程

（2018 中文版）

（配全程视频教程）

北京兆迪科技有限公司　编著

電子工業出版社

Publishing House of Electronics Industry

北京·BEIJING

内容简介

本书是学习 SolidWorks 2018 中文版的快速入门教程，内容包括 SolidWorks 2018 功能概述、软件安装、软件的环境设置与工作界面的定制、二维草图绘制、零件设计、曲面设计、装配设计、工程图制作、钣金设计和动画与机构运动仿真等。

为了使读者更快地掌握该软件的基本功能，本书在内容安排上，结合大量的实例对 SolidWorks 2018 软件中一些抽象的概念、命令和功能进行了讲解；另外，书中通过范例讲述了一些生产一线产品的设计过程，这样安排能使读者较快地进入设计实战状态，且书中讲解所选用的范例、实例或应用案例覆盖了不同行业，具有很强的实用性和广泛的适用性；在主要章节中还安排了习题，便于读者进一步巩固所学的知识。在写作方式上，本书紧贴软件的实际操作界面，使初学者能够尽快地上手，提高学习效率。本书附带一张多媒体 DVD 学习光盘，光盘中有大量 SolidWorks 应用技巧和具有针对性的范例教学视频，并进行了详细的视频讲解；另外，光盘内还包含了书中所有的素材模型、练习模型、范例模型的原始文件以及 SolidWorks 2018 的配置文件，方便读者学习。

本书可作为工程技术人员的 SolidWorks 快速自学教程和参考书，也可作为大中专院校学生和各类培训学校学员的 SolidWorks 课堂或上机练习教材。本书适用于零基础读者，或者作为中高级读者查阅 SolidWorks 2018 新功能、新操作之用，也可作为工具书放在手边以备个别功能不熟或遗忘而查询之用。

本书是“SolidWorks 认证工程师成长之路丛书”中的一本，读者在阅读本书后，可根据自己工作和专业的需要，或为了进一步提高 SolidWorks 技能、增加职场竞争力，再购买丛书中其他书籍。

图书在版编目（CIP）数据

SolidWorks 快速入门教程：2018 中文版 / 北京兆迪科技有限公司编著. —北京：电子工业出版社，2018.7
（SolidWorks 认证工程师成长之路丛书）
ISBN 978-7-121-34042-0

Ⅰ. ①S… Ⅱ. ①北… Ⅲ. ①计算机辅助设计－应用软件－资格考试－教材 Ⅳ. ①TP391.72

中国版本图书馆 CIP 数据核字（2018）第 074472 号

策划编辑：管晓伟
责任编辑：管晓伟　　特约编辑：王 欢 等
印　　刷：北京七彩京通数码快印有限公司
装　　订：北京七彩京通数码快印有限公司
出版发行：电子工业出版社
北京市海淀区万寿路 173 信箱　　邮编：100036
开　　本：787×1092　1/16　印张：22.25　字数：570 千字
版　　次：2018 年 7 月第 1 版
印　　次：2021 年 12 月第 5 次印刷
定　　价：60.00 元（含多媒体 DVD 光盘 1 张）

丛书介绍与选读

SolidWorks 是一款非常优秀的 CAD/CAM/CAE 软件，由于其功能强大、价格适中，目前在我国占有较大的市场份额。近年来，随着 SolidWorks 软件功能进一步完善，其市场占有率越来越高。本套丛书是专门针对工程应用而编写的，自 2007 年出版以来，经过不断的完善和更新，丛书的质量不断提高，涵盖的模块也不断增加，得到了众多读者的认可和青睐。为了方便广大读者选购，下面特对本套丛书进行介绍。

- ☑ 本套 SolidWorks 丛书是目前涵盖 SolidWorks 模块功能较多、体系较完整的一套丛书。
- ☑ 本套 SolidWorks 丛书编写时充分考虑了读者的阅读习惯，语言简洁，讲解详细，条理清晰，图文并茂。
- ☑ 本套 SolidWorks 丛书中的每本书都附带一张多媒体 DVD 学习光盘，内容包括大量的 SolidWorks 应用技巧、具有针对性的范例教学视频，以及详细的视频讲解。读者可将光盘中的视频讲解文件复制到个人手机、iPad 等电子工具中随时观看、学习。另外，光盘内还包含了书中所有的素材模型、练习模型、范例模型的原始文件以及配置文件，方便读者学习。
- ☑ 本套 SolidWorks 丛书中的每一本书在写作方式上，紧贴 SolidWorks 软件的实际操作界面，采用软件中真实的对话框、操控面板和按钮等进行讲解，使初学者能够直观、准确地操作软件进行学习，从而尽快地上手，提高学习效率。

本套SolidWorks丛书的所有18种图书全部是由北京兆迪科技有限公司统一组织策划、研发和编写的。当然，在策划和编写这套丛书的过程中，也有来自各个行业著名公司的顶尖工程师的参与，将他们所在不同行业的独特的工程案例及设计技巧和经验等都融入进来。同时本套丛书也获得了 SolidWorks 厂商的支持，并且丛书的高质量也获得了他们的认可。

本套 SolidWorks 丛书的优点是丛书中的每一本书在内容上都是相互独立的，但是在工程案例的应用上又是相互关联、相辅相成的，在编写风格上也完全一致，因此读者可根据自己目前的需要单独购买丛书中的一本或多本。如果以后为了进一步提高 SolidWorks 的技能而需要购书学习时，还可以购买本丛书中的相关书籍，这样可以保证学习的连续性和很好的学习效果。

《SolidWorks 快速入门教程（2018 中文版）》是学习 SolidWorks 2018 的快速入门与提高教程，也是学习 SolidWorks 高级或专业模块的基础教程，这些高级或专业模块包括曲面、钣金、工程图、注塑模具、冲压模具、运动仿真与分析、管道、电气布线、结构分析等。如果读者以后根据自己工作和专业的需要，或者是为了增强职场竞争力，需要学习这些专业模块，建议先熟练掌握本套丛书的《SolidWorks 快速入门教程（2018 中文版）》

中的基础内容，然后再学习这些高级或专业模块，以提高这些模块的学习效率。

另外，由于《SolidWorks 快速入门教程（2018 中文版）》内容丰富、讲解详细、价格低廉，该书的低版本书籍《SolidWorks 快速入门教程（2007 版）》《SolidWorks 快速入门教程（2008 版）》《SolidWorks 快速入门教程（2009 版）》《SolidWorks 快速入门教程（2010 版）》《SolidWorks 快速入门教程（2011 版）》《SolidWorks 快速入门教程（2012 版）》《SolidWorks 快速入门教程（2013 版）》《SolidWorks 快速入门教程（2014 版）》和《SolidWorks 快速入门教程（2015 版）》已经被 50 多所本科院校和高等职业院校选为 CAD/CAM/CAE 等课程的教材。《SolidWorks 快速入门教程（2018 中文版）》与以前的版本相比，书籍的质量和性价比有了大幅的提高，相信会有更多的高校选择此书作为教材，以进一步提高教学质量。下面对本套丛书中的每一本书进行简要介绍。

（1）《SolidWorks 快速入门教程（2018 中文版）》

- 内容概要：本书是学习 SolidWorks 的快速入门教程，内容包括 SolidWorks 功能概述、SolidWorks 软件安装方法和过程、软件的环境设置与工作界面的用户定制和各常用模块应用基础。
- 适用读者：零基础读者，或者作为中高级读者查阅 SolidWorks 2018 新功能、新操作之用，也可作为工具书放在手边以备个别功能不熟或遗忘而备查。

（2）《SolidWorks 产品设计实例精解（2018 中文版）》

- 内容概要：本书是学习 SolidWorks 产品设计实例类的中高级书籍。
- 适用读者：适合中高级读者提高产品设计能力、掌握更多产品设计技巧。SolidWorks 基础不扎实的读者在阅读本书前，建议先选购和阅读本套丛书中的《SolidWorks 快速入门教程（2018 中文版）》。

（3）《SolidWorks 工程图教程（2018 中文版）》

- 内容概要：本书是全面、系统学习 SolidWorks 工程图设计的中高级书籍。
- 适用读者：适合中高级读者全面精通 SolidWorks 工程图设计方法和技巧。

（4）《SolidWorks 曲面设计教程（2018 中文版）》

- 内容概要：本书是学习 SolidWorks 曲面设计的中高级书籍。
- 适用读者：适合中高级读者全面精通 SolidWorks 曲面设计。SolidWorks 基础不扎实的读者在阅读本书前，建议先选购和阅读本套丛书中的《SolidWorks 快速入门教程（2018 中文版）》。

（5）《SolidWorks 曲面设计实例精解（2018 中文版）》

- 内容概要：本书是学习 SolidWorks 曲面造型设计实例类的中高级书籍。
- 适用读者：适合中高级读者提高曲面设计能力、掌握更多曲面设计技巧。SolidWorks 基础不扎实的读者在阅读本书前，建议先选购和阅读本丛套书中的《SolidWorks 快速入门教程（2018 中文版）》和《SolidWorks 曲面设计教程

（2018 中文版）》。

（6）《SolidWorks 高级应用教程（2018 中文版）》

- 内容概要：本书是进一步学习 SolidWorks 高级功能的书籍。
- 适用读者：适合读者进一步提高 SolidWorks 应用技能。SolidWorks 基础不扎实的读者在阅读本书前，建议先选购和阅读本套丛书中的《SolidWorks 快速入门教程（2018 中文版）》。

（7）《SolidWorks 钣金件与焊件教程（2018 中文版）》

- 内容概要：本书是学习 SolidWorks 钣金件与焊接件设计的中高级书籍。
- 适用读者：适合读者全面精通 SolidWorks 钣金件与焊接件设计。SolidWorks 基础不扎实的读者在阅读本书前，建议先选购和阅读本套丛书中的《SolidWorks 快速入门教程（2018 中文版）》。

（8）《SolidWorks 钣金设计实例精解（2018 中文版）》

- 内容概要：本书是学习 SolidWorks 钣金设计实例类的中高级书籍。
- 适用读者：适合读者提高钣金设计能力、掌握更多钣金设计技巧。SolidWorks 基础不扎实的读者在阅读本书前，建议先选购和阅读本套丛书中的《SolidWorks 快速入门教程（2018 中文版）》和《SolidWorks 钣金件与焊件教程（2018 中文版）》。

（9）《钣金展开实用技术手册（SolidWorks 2018 中文版）》

- 内容概要：本书是学习 SolidWorks 钣金展开的中高级书籍。
- 适用读者：适合读者全面精通 SolidWorks 钣金展开技术。SolidWorks 基础不扎实的读者在阅读本书前，建议先选购和阅读本套丛书中的《SolidWorks 快速入门教程（2018 中文版）》和《SolidWorks 钣金件与焊件教程（2018 中文版）》。

（10）《SolidWorks 模具设计教程（2018 中文版）》

- 内容概要：本书是学习 SolidWorks 模具设计的中高级书籍。
- 适用读者：适合读者全面精通 SolidWorks 模具设计。SolidWorks 基础不扎实的读者在阅读本书前，建议先选购和阅读本套丛书中的《SolidWorks 快速入门教程（2018 中文版）》。

（11）《SolidWorks 模具设计实例精解（2018 中文版）》

- 内容概要：本书是学习 SolidWorks 模具设计实例类的中高级书籍。
- 适用读者：适合读者提高模具设计能力、掌握更多模具设计技巧。SolidWorks 基础不扎实的读者在阅读本书前，建议先选购和阅读本套丛书中的《SolidWorks 快速入门教程（2018 中文版）》和《SolidWorks 模具设计教程（2018 中文版）》。

（12）《SolidWorks 冲压模具设计教程（2018 中文版）》

- 内容概要：本书是学习 SolidWorks 冲压模具设计的中高级书籍。
- 适用读者：适合读者全面精通 SolidWorks 冲压模具设计。SolidWorks 基础不扎实的读者在阅读本书前，建议先选购和阅读本套丛书中的《SolidWorks 快速入门教程（2018 中文版）》。

（13）《SolidWorks 冲压模具设计实例精解（2018 中文版）》

- 内容概要：本书是学习 SolidWorks 冲压模具设计实例类的中高级书籍。
- 适用读者：适合读者提高冲压模具设计能力、掌握更多冲压模具设计技巧。SolidWorks 基础不扎实的读者在阅读本书前，建议先选购和阅读本套丛书中的《SolidWorks 快速入门教程（2018 中文版）》和《SolidWorks 冲压模具设计教程（2018 中文版）》。

（14）《SolidWorks 运动仿真与分析教程（2018 中文版）》

- 内容概要：本书是学习 SolidWorks 运动仿真与分析的中高级书籍。
- 适用读者：适合中高级读者全面精通 SolidWorks 运动仿真与分析。

（15）《SolidWorks 管道与电气布线教程（2018 中文版）》

- 内容概要：本书是学习 SolidWorks 管道与电气布线设计的中高级书籍。
- 适用读者：高级产品设计师。SolidWorks 基础不扎实的读者在阅读本书前，建议先选购和阅读本套丛书中的《SolidWorks 快速入门教程（2018 中文版）》。

（16）《SolidWorks 结构分析教程（2018 中文版）》

- 内容概要：本书是学习 SolidWorks 结构分析的中高级书籍。
- 适用读者：高级产品设计师、分析工程师。SolidWorks 基础不扎实的读者在阅读本书前，建议先选购和阅读本套丛书中的《SolidWorks 快速入门教程（2018 中文版）》。

（17）《SolidWorks 振动分析教程（2018 中文版）》

- 内容概要：本书是学习 SolidWorks 振动分析的中高级书籍。
- 适用读者：高级产品设计师、分析工程师。

（18）《SolidWorks 流体分析教程（2018 中文版）》

- 内容概要：本书是学习 SolidWorks 流体分析的中高级书籍。
- 适用读者：高级产品设计师、分析工程师。SolidWorks 基础不扎实的读者在阅读本书前，建议先选购和阅读本套丛书中的《SolidWorks 快速入门教程（2018 中文版）》。

前 言

SolidWorks 2018 版本在设计创新、易学易用和整体性能等方面都得到了显著地提升，包括大装配处理能力和复杂曲面设计能力，并专门为中国市场的需要增加了中国国标（GB）内容。

本书是学习 SolidWorks 2018 版的快速入门教程，其特色如下：

- **内容全面。**涵盖了产品设计的零件创建、产品装配和工程图制作的全过程，还包括钣金设计和动画与机构运动仿真等基础内容。
- **范例丰富。**对软件中的主要命令和功能，先结合简单的范例进行讲解，然后安排一些较复杂的综合范例帮助读者深入学习和理解。
- **讲解详细，条理清晰。**保证自学的读者能独立学习和灵活运用 SolidWorks 2018 软件。
- **写法独特。**采用 SolidWorks 2018 版中真实的对话框、操控板和按钮等进行讲解，使初学者能够直观、准确地操作软件，从而大大提高学习效率。
- **附加值高。**本书附带 1 张多媒体 DVD 学习光盘，光盘中包含了大量 SolidWorks 应用技巧和具有针对性的范例教学视频并进行了详细的语音讲解，可以帮助读者轻松、高效地学习。

本书由北京兆迪科技有限公司编著，参加本书编写工作的人员还有詹路、龙宇、冯元超、侯俊飞等。本书经过多次审校，但仍不免有疏漏之处，恳请广大读者予以指正。

电子邮箱：zhanygjames@163.com　　咨询电话：010-82176248，010-82176249。

读者购书回馈活动：

活动一：本书“随书光盘”中含有该“读者意见反馈卡”的电子文档，请认真填写本反馈卡，并 E-mail 给我们。E-mail: 兆迪科技 zhanygjames@163.com，管晓伟 guanphei@163.com。

活动二：扫一扫右侧二维码，关注兆迪科技官方公众微信（或搜索公众号 zhaodikeji），参与互动，也可进行答疑。

凡参加以上活动，即可获得兆迪科技免费赠送的价值 48 元的在线课程一门，同时有机会获得价值 780 元的精品在线课程。

本书导读

为了能更高效地学习本书，请您务必仔细阅读下面的内容。

【读者对象】

本书适用于零基础读者，或者作为中高级读者查阅 SolidWorks 2018 新功能、新操作之用，也可作为工具书放在手边以备个别功能不熟或遗忘而备查。

【写作环境】

本书使用的操作系统为 64 位的 Windows 7，系统主题采用 Windows 经典主题。

本书采用的写作软件蓝本是 SolidWorks 2018 中文版。

【光盘使用】

为方便读者练习，特将本书所有素材文件、已完成的范例文件、配置文件和视频语音讲解文件等放入随书附带的光盘中，读者在学习过程中可以打开相应素材文件进行操作和练习。

本书附赠多媒体 DVD 光盘 1 张，建议读者在学习本书前，将 DVD 光盘中的所有文件复制到计算机硬盘的 D 盘中，在 D 盘的 sw18.1 目录下共有 3 个子目录，分别如下。

（1）sw18_system_file 子目录：包含一些系统配置文件。

（2）work 子目录：包含本书讲解中的所有教案文件、范例文件和练习素材文件。

（3）video 子目录：包含本书讲解中的视频文件。读者在学习时，可在该子目录中按顺序查找所需的视频文件。

光盘中带有“ok”扩展名的文件或文件夹表示已完成的范例。

相比于老版本的软件，SolidWorks 2018 中文版在功能、界面和操作上变化极小，经过简单的设置后，几乎与老版本完全一样（书中已介绍设置方法）。因此，对于软件新老版本操作完全相同的内容部分，光盘中仍然使用老版本的视频讲解，对于绝大部分读者而言，并不影响软件的学习。

【本书约定】

- 本书中有关鼠标操作的说明如下。
  - ☑ 单击：将鼠标指针移至某位置处，然后按一下鼠标的左键。
  - ☑ 双击：将鼠标指针移至某位置处，然后连续快速地按两次鼠标的左键。
  - ☑ 右击：将鼠标指针移至某位置处，然后按一下鼠标的右键。
  - ☑ 单击中键：将鼠标指针移至某位置处，然后按一下鼠标的中键。

☑ 滚动中键：只是滚动鼠标的中键，而不能按下中键。

☑ 选择（选取）某对象：将鼠标指针移至某对象上，单击以选取该对象。

☑ 拖曳某对象：将鼠标指针移至某对象上，然后按下鼠标的左键不放，同时移动鼠标，将该对象移动到指定的位置后再松开鼠标的左键。

- 本书中的操作步骤分为 Task、Stage 和 Step 三个级别，说明如下。

☑ 对于一般的软件操作，每个操作步骤以 Step 开始。例如，下面是草绘环境中绘制椭圆操作步骤的表述。

Step1. 选择下拉菜单 工具(T) → 草图绘制实体(K) → 椭圆(长短轴)(E) 命令（或单击“草图”工具栏中的按钮）。

Step2. 定义椭圆中心点。在图形区某位置单击，放置椭圆的中心点。

Step3. 定义椭圆长轴。在图形区某位置单击，定义椭圆的长轴和方向。

Step4. 确定椭圆大小。移动鼠标指针，将椭圆拉至所需形状并单击，以定义椭圆的短轴。

☑ 每个 Step 操作视其复杂程度，下面可含有多级子操作。例如，Step1 下可能包含（1）、（2）、（3）等子操作，子操作（1）下可能包含①、②、③等子操作，子操作①下可能包含 a）、b）、c）等子操作。

☑ 如果操作较复杂，需要几个大的操作步骤才能完成，则每个大的操作冠以 Stage1、Stage2、Stage3 等，Stage 级别的操作下再分 Step1、Step2、Step3 等操作。

☑ 对于多个任务的操作，则每个任务冠以 Task1、Task2、Task3 等，每个 Task 操作下则可包含 Stage 和 Step 级别的操作。

- 因已建议读者将随书光盘中的所有文件复制到计算机硬盘的 D 盘中，所以书中在要求设置工作目录或打开光盘文件时，所述的路径均以“D:”开始。

【技术支持】

本书参编人员均来自北京兆迪科技有限公司，该公司专业从事 SolidWorks 技术的研究、开发、咨询及产品设计与制造服务，并提供 SolidWorks 软件的专业面授培训及技术上门服务。读者在学习本书的过程中如果遇到问题，可通过访问该公司的网站 http://www.zalldy.com 来获得技术支持。

咨询电话：010-82176248、010-82176249。

目　　录

第1章 SolidWorks简介

本章提要 随着计算机辅助设计—— CAD（Computer Aided Design）技术的飞速发展和普及，越来越多的工程设计人员开始利用计算机进行产品设计和开发，SolidWorks 作为一种当前流行的三维 CAD 软件，越来越受到我国工程技术人员的青睐。本章主要包括以下内容：

- SolidWorks（2018 中文版）软件的主要功能模块简介。
- SolidWorks（2018 中文版）软件的特点。

1.1 SolidWorks 2018 功能模块简介

SolidWorks 是一套机械设计自动化软件，采用用户熟悉的 Windows 图形界面，操作简便，易学易用，被广泛应用于机械、汽车和航空等领域。

在 SolidWorks 2018 中共有三大模块，分别是零件、装配和工程图，其中零件模块又包括草图设计、零件设计、曲面设计、钣金设计及模具等小模块。通过认识 SolidWorks2018 中的模块，读者可以快速地了解其主要功能。下面将介绍 SolidWorks 2018 中的一些主要模块。

1. 零件

SolidWorks 零件模块主要可以实现实体建模、曲面建模、模具设计、钣金设计及焊件设计等。

（1）实体建模

SolidWorks 提供了十分强大的、基于特征的实体建模功能。通过拉伸、旋转、扫描、放样、特征的阵列及孔等操作来实现产品的设计；通过用拖曳的方式对特征和草图动态修改，实现实时的设计修改；另外，SolidWorks 中提供的三维草图功能可以为扫描、放样等特征生成三维草图路径，或为管道、电缆线和管线生成路径。

（2）曲面建模

通过带控制线的扫描曲面、放样曲面、边界曲面以及拖动可控制的相切操作，产生非常复杂的曲面，并可以直观地对已存在的曲面进行修剪、延伸、缝合和圆角等操作。

（3）模具设计

SolidWorks 提供内置模具设计工具，可以自动创建型芯及型腔。

在整个模具的生成过程中，可以使用一系列的工具加以控制。SolidWorks 模具设计的主要过程包括以下部分：

- 分型线的自动生成
- 闭合曲面的自动生成
- 分型面的自动生成
- 型芯-型腔的自动生成

（4）钣金设计

SolidWorks 提供了顶端的、全相关的钣金设计技术，可以直接使用各种类型的法兰、薄片等特征，应用正交切除、角处理及边线切口等功能，使钣金操作变得非常容易。SolidWorks 2018 环境中的钣金件可以直接进行交叉折断。

（5）焊件设计

SolidWorks 可以在单个零件文档中设计结构焊件和平板焊件。焊件工具主要包括：

- 圆角焊缝
- 结构构件库
- 角撑板
- 焊件切割
- 顶端盖
- 剪裁和延伸结构构件

2. 装配

SolidWorks 提供了非常强大的装配功能，其优点如下。

- 在 SolidWorks 的装配环境中，可以方便地设计及修改零部件。
- SolidWorks 可以动态地观察整个装配体中的所有运动，并且可以对运动的零部件进行动态的干涉检查及间隙检测。
- 对于由上千个零部件组成的大型装配体，SolidWorks 的功能也可以得到充分发挥。
- 镜像零部件是 SolidWorks 技术的一个巨大突破。通过镜像零部件，用户可以用现有的对称设计创建出新的零部件及装配体。
- 在 SolidWorks 中，可以用捕捉配合的智能化装配技术进行快速的总体装配。智能化装配技术可以自动地捕捉并定义装配关系。
- 使用智能零件技术可以自动完成重复的装配设计。

3. 工程图

SolidWorks 的工程图模块具有如下优点。

- 可以从零件的三维模型（或装配体）中自动生成工程图，包括各个视图及尺寸的标注等。
- SolidWorks 提供了生成完整的、生产过程认可的详细工程图工具。工程图是完全相关的，当用户修改图样时，零件模型、所有视图及装配体都会自动被修改。

- 使用交替位置显示视图可以方便地表现出零部件的不同位置，以便了解运动的顺序。交替位置显示视图是专门为具有运动关系的装配体所设计的独特的工程图功能。
- RapidDraft 技术可以将工程图与零件模型（或装配体）脱离，进行单独操作，以加快工程图的操作，但仍保持与零件模型（或装配体）的完全相关。
- 增强了详细视图及剖视图的功能，包括生成剖视图、支持零部件的图层、熟悉的二维草图功能以及详图中的属性管理。

1.2 SolidWorks 2018 软件的特点

功能强大、技术创新和易学易用是 SolidWorks 2018 的三大主要特点，这使得 SolidWorks 成为先进的主流三维 CAD 设计软件。SolidWorks 2018 提供了多种不同的设计方案，以减少设计过程中的错误并提高产品的质量。

如果熟悉 Windows 系统，基本上就可以使用 SolidWorks 2018 进行设计。SolidWorks 2018 资源管理器是同 Windows 资源管理器一样的 CAD 文件管理器，可以方便地管理 CAD 文件。SolidWorks 2018 独有的拖曳功能使用户能在较短的时间内完成大型装配设计。通过使用 SolidWorks 2018，用户能够在较短的时间内完成更多的工作，更快地将高质量的产品投放市场。

目前市场上所见到的三维 CAD 设计软件中，设计过程最简便的莫过于 SolidWorks 了。就像美国著名咨询公司 Daratech 所评论的那样：“在基于 Windows 平台的三维 CAD 软件中，SolidWorks 是最著名的品牌，是市场快速增长的领导者。”

相比 SolidWorks 软件的早期版本，最新的 SolidWorks 2018 在功能上做出了如下改进。

- 用户界面。增加了欢迎界面，支持在兼容的设备上使用触控笔或触摸操作创建手绘草图，鼠标手势功能也得到增强。
- 3D INTERCONNECT 更具灵活性。可无缝兼容更多文件格式，包括 ACIS、STEP 和 IGES，同时还能在任何时候收到新文件时自动更新设计。此外，3DInterconnect 现在还支持内部文件信息，包括自定义属性、材料属性和参考轴。
- 建模特征。在 SolidWorks 2018 零件与特征建模中，增加了边界框功能；钣金切除、曲面网格数据、焊件清单属性得到增强等。

以上介绍的只是 SolidWorks 2018 新增功能的一小部分，细心的读者会发现还有很多更实用的新增功能。

第 2 章 SolidWorks 2018 软件的安装

本章提要　本章将介绍安装 SolidWorks 2018 软件的相关要求和基本过程。本章主要包括以下内容：

- 安装 SolidWorks 2018 的硬件要求。
- 安装 SolidWorks 2018 的操作系统要求。
- 安装 SolidWorks 2018 软件前，Windows 操作系统的设置。
- 安装 SolidWorks 2018 的一般过程。

2.1 安装 SolidWorks 2018 的硬件要求

SolidWorks 2018 软件可在工作站（Work Station）或个人计算机（PC）上运行。如果安装在个人计算机上，为了保证软件安全和正常使用，对计算机硬件有如下要求。

- CPU 芯片：Intel 或 AMD，支持 SSE2，建议使用 64 位 CPU。
- 内存：一般要求在 2GB 以上。如果要装配大型部件或产品，进行结构、运动仿真分析或产生数控加工程序，则建议使用 8GB 以上的内存。
- 显卡：一般要求支持 Open_GL 的 3D 显卡，分辨率为 1024×768 像素以上，推荐使用至少 64 位独立显卡，显存 512MB 以上。如果显卡性能太低，打开软件后会自动退出。
- 网卡：以太网卡。
- 硬盘：安装 SolidWorks 2018 软件系统的基本模块需要 12GB 左右的硬盘空间，考虑到软件启动后虚拟内存及获取联机帮助的需要，建议在硬盘上准备 14GB 以上的空间。
- 鼠标：强烈建议使用三键（带滚轮）鼠标，如果使用二键鼠标或不带滚轮的三键鼠标，会极大地影响工作效率。
- 显示器：一般要求使用 15 英寸以上的显示器。
- 键盘：标准键盘。

2.2　安装 SolidWorks 2018 的操作系统要求

- 操作系统：SolidWorks 2018 和 SolidWorks Enterprise PDM 2018 不能在 Windows XP 系统上安装，推荐使用 Windows 7 或 Windows Vista 系统；Internet Explorer 要求是 IE 8 或 IE 9；Excel 和 Word 版本要求 2007 版或 2010 版。
- 硬盘格式：建议使用 NTFS 格式，FAT 也可。
- 网络协议：TCP/IP 协议。
- 显示设置：分辨率为 1024×768 像素以上，真彩色。

2.3　安装前的计算机设置

为了更好地使用 SolidWorks 2018，在软件安装前需要对计算机系统进行设置，主要是操作系统的虚拟内存设置。设置虚拟内存的目的是为软件系统进行几何运算预留临时存储数据的空间。各类操作系统的设置方法基本相同。下面以 Windows 7 操作系统为例，说明设置过程。

Step1. 如图 2.3.1 所示，选择 Windows 的 开始 → 控制面板 命令，系统弹出“所有控制面板项”对话框，如图 2.3.2 所示。

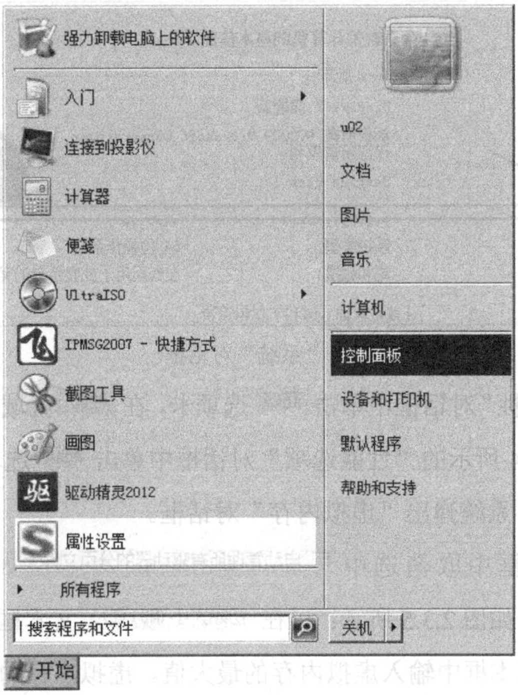

图 2.3.1　Windows“开始”菜单

Step2. 在“所有控制面板项”对话框的 类别 下拉列表中选择 小图标(S) 选项，结果如图 2.3.2 所示；单击 系统 选项。

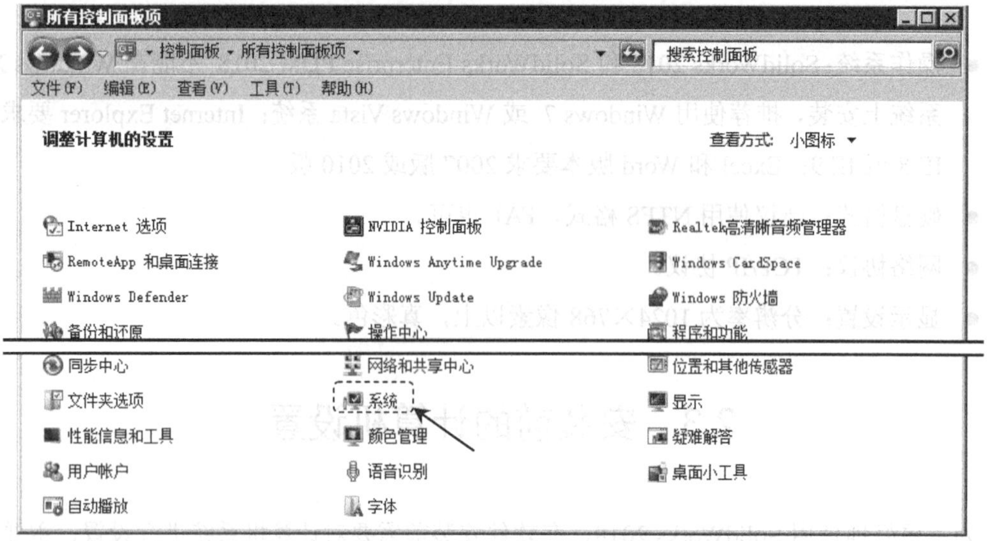

图 2.3.2 “所有控制面板项”对话框

Step3. 在弹出的如图 2.3.3 所示的“系统”对话框中单击 高级系统设置 选项，此时系统弹出“系统属性”对话框。

图 2.3.3 “系统”对话框

Step4. 在“系统属性”对话框中单击 高级 选项卡，在 性能 区域中单击 设置(S) 按钮。

Step5. 在如图 2.3.4 所示的“性能选项”对话框中单击 高级 选项卡，在 虚拟内存 区域中单击 更改(C) 按钮，系统弹出“虚拟内存”对话框。

Step6. 在该对话框中取消选中 自动管理所有驱动器的分页文件大小(A) 复选框，然后选中 自定义大小(C): 单选项，如图 2.3.5 所示；可在 初始大小(MB)(I): 文本框中输入虚拟内存的最小值，在 最大值(MB)(X): 文本框中输入虚拟内存的最大值。虚拟内存的大小可根据计算机硬盘空间的大小进行设置，但初始大小至少要达到物理内存的两倍，最大值可达到物理内存的4倍以上。例如，用户计算机的物理内存为256MB，初始值一般设置为512MB，最大值可设置为1024MB；如果装配大型部件或产品，建议将初始值设置为1024MB，最大值设置为2048MB。单击 设置(S) 和 确定 按钮后，计算机会提示用户重新启动机器后设置才生效，然后依次单击 确定 按钮。重新启动计算机后，完成设置。

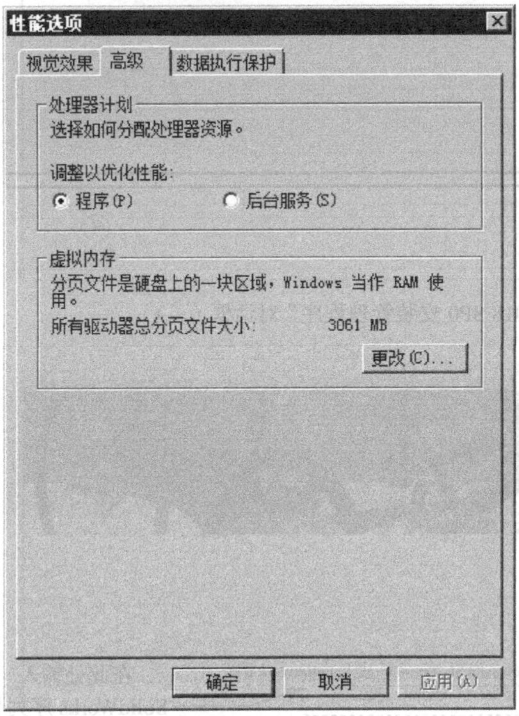

图 2.3.4 “性能选项”对话框

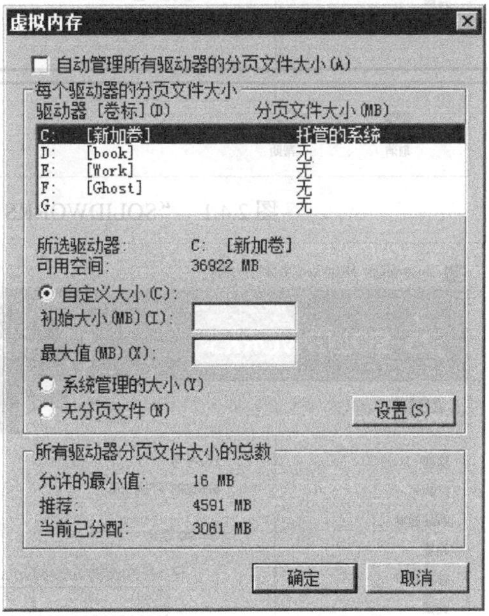

图 2.3.5 “虚拟内存”对话框

2.4 安装 SolidWorks 2018 的操作步骤

安装 SolidWorks 2018 的操作步骤如下。

Step1. SolidWorks 2018 软件有一张安装光盘，先将安装光盘放入光驱内（如果已经将系统安装文件复制到硬盘上，则可双击系统安装目录下的 setup 文件），等待片刻后，系统弹出图 2.4.1 所示的“SOLIDWORKS 2018 SP0 安装管理程序”对话框（一）。

Step2. 定义安装类型。在图 2.4.1 所示的“SolidWorks 2018 SP0 安装管理程序”对话框中默认系统指定的安装类型为 ⊙ 单机安装(此计算机上)，然后单击“下一步”按钮，系统弹出如图 2.4.2 所示的“SOLIDWORKS 2018 SP0 安装管理程序”对话框（二）。

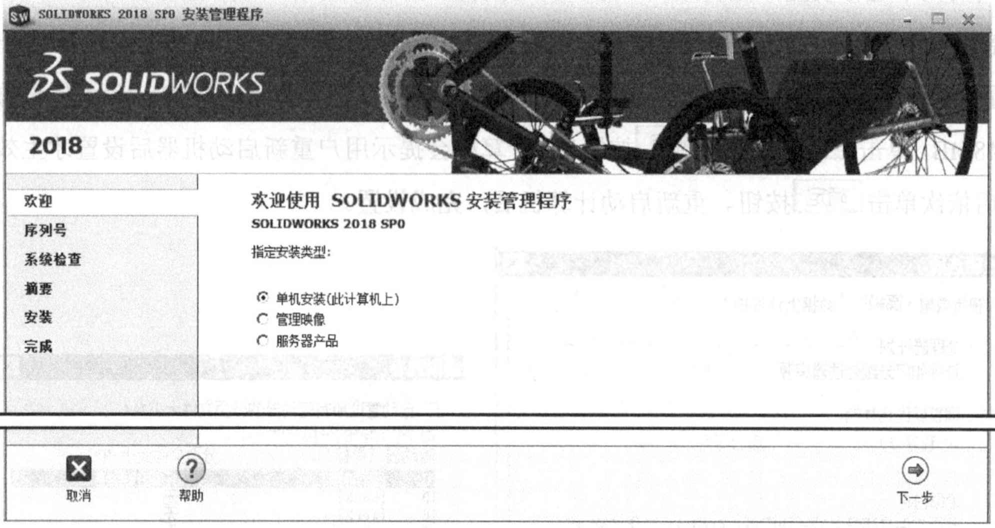

图 2.4.1 “SOLIDWORKS 2018 SP0 安装管理程序”对话框（一）

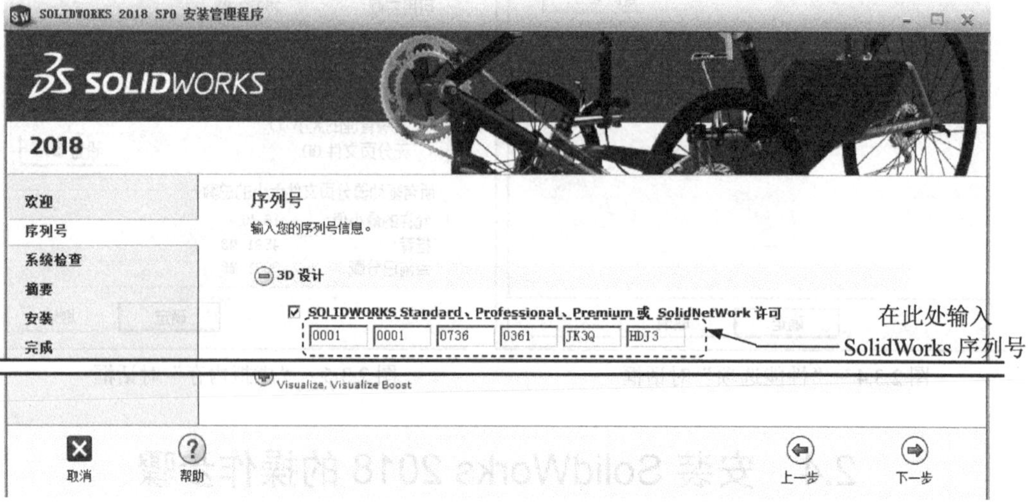

图 2.4.2 “SOLIDWORKS 2018 SP0 安装管理程序”对话框（二）

Step3. 定义序列号。在图 2.4.2 所示的“SOLIDWORKS 2018 SP0 安装管理程序”对话框（二）中的 输入您的序列号信息 区域中输入 SolidWorks 序列号，然后单击“下一步”按钮 。

Step4. 定义安装选项。稍等片刻，系统弹出如图 2.4.3 所示的“SOLIDWORKS 2018 SP0 安装管理程序”对话框（三），然后接受系统默认的安装位置及 Toolbox 选项，选中 ☑ 我接受 SOLIDWORKS 条款 选项，单击“现在安装”按钮 。

Step5. 开始安装。系统弹出如图 2.4.4 所示的“SOLIDWORKS 2018 SP0 安装管理程序”对话框（四），并显示安装进度。

图 2.4.3 “SOLIDWORKS 2018 SP0 安装管理程序”对话框（三）

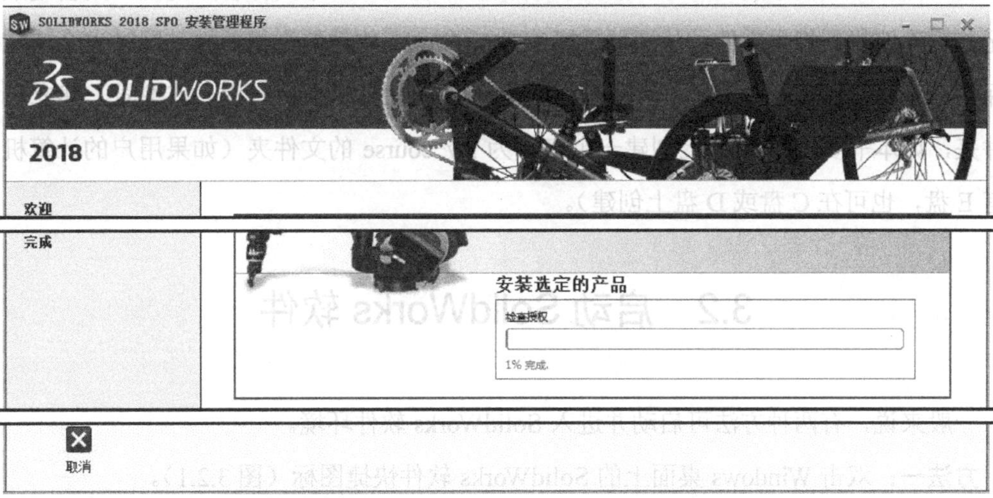

图 2.4.4 “SOLIDWORKS 2018 SP0 安装管理程序”对话框（四）

Step6. 等待片刻后，在系统弹出的“SOLIDWORKS 2018 SP0 安装管理程序”对话框中选择 以后再提醒我 单选项，其他参数采用系统默认设置值，然后单击“完成”按钮 ，即可完成 SolidWorks 的安装。

第 3 章　软件的工作界面与基本设置

本章提要　为了正常、高效地使用 SolidWorks 软件，同时也为了方便教学，在学习和使用 SolidWorks 软件前，需要先进行一些必要的设置。本章主要包括以下内容：

- 创建 SolidWorks 用户文件夹。
- SolidWorks 软件的启动。
- SolidWorks 工作界面简介。
- SolidWorks 工作界面的定制。
- SolidWorks 当前环境的设置。

3.1　创建用户文件夹

使用 SolidWorks 软件时，应该注意文件的目录管理。如果文件管理混乱，则会造成系统无法正确地找到相关文件，从而严重影响 SolidWorks 软件的全相关性；同时也会使文件的保存、删除等操作产生混乱，因此应按照操作者的姓名和产品名称（或型号）建立用户文件夹，如本书要求在 E 盘上创建一个名称为 sw-course 的文件夹（如果用户的计算机上没有 E 盘，也可在 C 盘或 D 盘上创建）。

3.2　启动 SolidWorks 软件

一般来说，有两种方法可启动并进入 SolidWorks 软件环境。

方法一：双击 Windows 桌面上的 SolidWorks 软件快捷图标（图 3.2.1）。

说明：只要是正常安装，Windows 桌面上会显示 SolidWorks 软件快捷图标。快捷图标的名称可根据需要进行修改。

方法二：从 Windows 系统的“开始”菜单进入 SolidWorks，操作方法如下。

Step1. 单击 Windows 桌面左下角的 开始 按钮。

Step2. 如图 3.2.2 所示，在 Windows 系统“开始”菜单中依次选择 所有程序 → SOLIDWORKS 2018 → SOLIDWORKS 2018 命令，系统进入 SolidWorks 软件环境。

图 3.2.1 SolidWorks 软件快捷图标

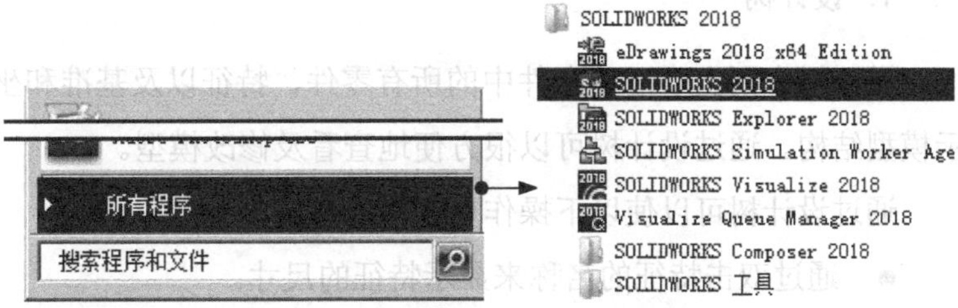

图 3.2.2 Windows“开始”菜单

3.3 SolidWorks 2018 工作界面

在学习本节时，先打开一个模型文件。具体操作方法是：选择下拉菜单 文件(F) → 打开(O)... 命令，在“打开”对话框上方区域选择目录 D:\sw18.1\work\ch03，选中“down_base.SLDPRT”文件后，单击 打开 按钮。

SolidWorks 2018 版本的用户界面包括设计树、下拉菜单区、工具栏按钮区、图形区、任务窗格、状态栏等（图 3.3.1）。

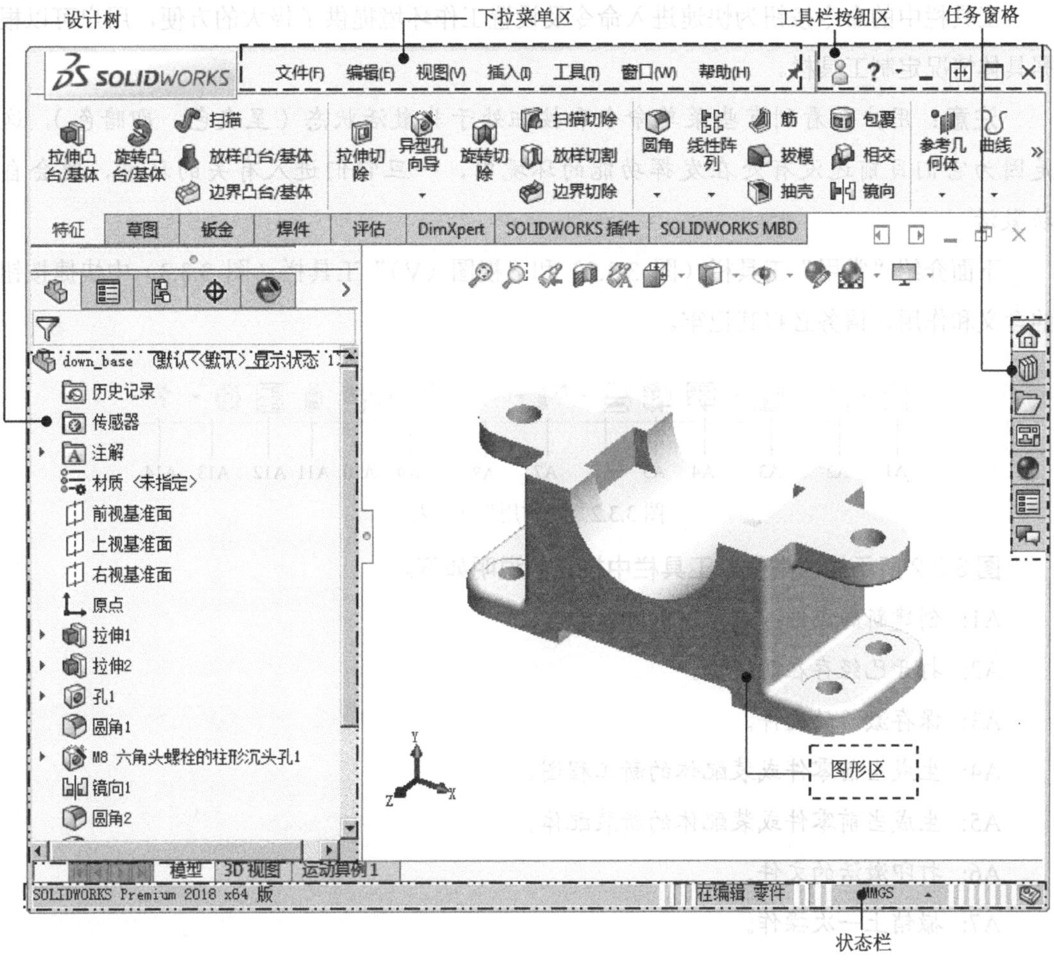

图 3.3.1 SolidWorks 工作界面

1. 设计树

设计树中列出了活动文件中的所有零件、特征以及基准和坐标系等，并以树的形式显示模型结构。通过设计树可以很方便地查看及修改模型。

通过设计树可以使以下操作更为简洁快速。

- 通过双击特征的名称来显示特征的尺寸。
- 通过右击某特征，然后选择 特征属性... 命令来更改特征的名称。
- 通过右击某特征，然后选择 父子关系... 命令来查看特征的父子关系。
- 通过右击某特征，然后单击"编辑特征"按钮来修改特征参数。
- 重排序特征。在设计树中，通过拖动及放置来重新调整特征的创建顺序。

2. 下拉菜单区

下拉菜单中包含创建、保存、修改模型和设置 SolidWorks 环境的一些命令。

3. 工具栏按钮区

工具栏中的命令按钮为快速进入命令及设置工作环境提供了极大的方便，用户可以根据具体情况定制工具栏。

注意：用户会看到有些菜单命令和按钮处于非激活状态（呈灰色，即暗色），这是因为它们目前还没有处在发挥功能的环境中，一旦它们进入有关的环境，便会自动激活。

下面介绍"常用"工具栏（图 3.3.2）和"视图（V）"工具栏（图 3.3.3）中快捷按钮的含义和作用，请务必将其记牢。

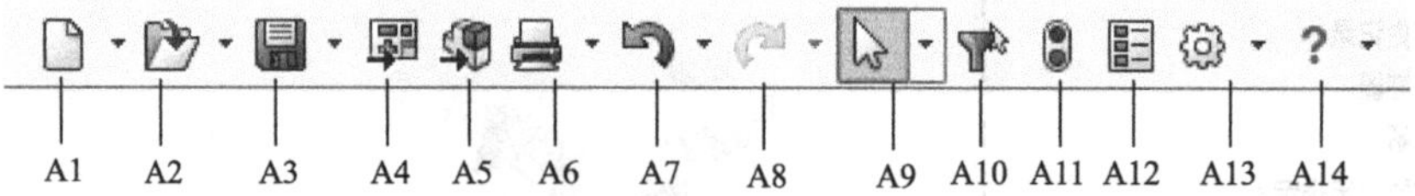

图 3.3.2 "常用"工具栏

图 3.3.2 所示的"常用"工具栏中按钮的说明如下。

A1：创建新的文件。

A2：打开已经存在的文件。

A3：保存激活的文件。

A4：生成当前零件或装配体的新工程图。

A5：生成当前零件或装配体的新装配体。

A6：打印激活的文件。

A7：撤销上一次操作。

A8：重复上一次撤销的操作。

A9：选择草图实体、边线、顶点和零部件等。

A10：切换选择过滤器工具栏的显示。

A11：重建零件、装配体或工程图。

A12：显示激活文档的摘要信息。

A13：更改 SolidWorks 选项设置。

A14：显示 SolidWorks 帮助主题。

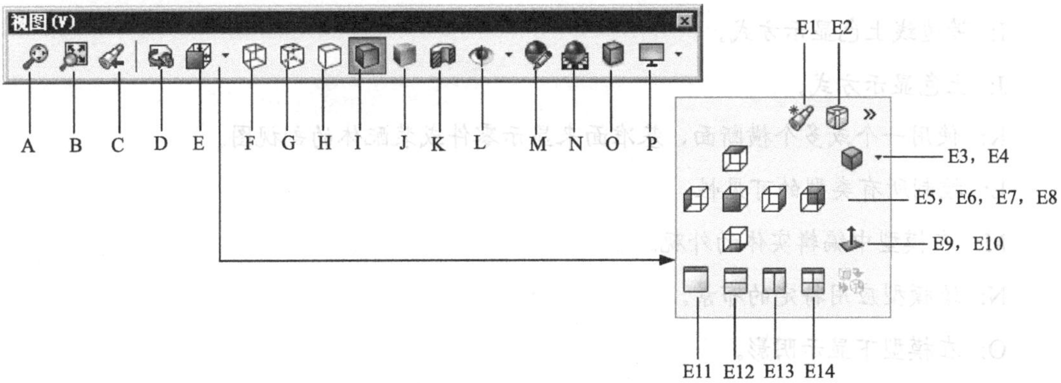

图 3.3.3 “视图（V）”工具栏

图 3.3.3 所示的“视图（V）”工具栏中按钮的说明如下。

A：整屏显示全部视图。

B：缩放图纸以适合窗口。

C：显示上一个视图。

D：用 3D 动态操纵模型视图以进行选择。

E：更改当前视图定向或视口数。

E1：添加新的视图。

E2：视图选择器。

E3：上视工具。

E4：以等轴测视图显示模型。

E5：左视工具。

E6：前视工具。

E7：右视工具。

E8：后视工具。

E9：下视工具。

E10：将模型正交于所选基准面或面显示。

E11：显示单一视图。

E12：显示水平二视图。

E13：显示竖直二视图。

E14：显示四视图。

F：线架图显示方式。

G：隐藏线显示方式。

H：消除隐藏线显示方式。

I：带边线上色显示方式。

J：上色显示方式。

K：使用一个或多个横断面、基准面来显示零件或装配体的剖视图。

L：控制所有类型的可见性。

M：在模型中编辑实体的外观。

N：给模型应用特定的布景。

O：在模型下显示阴影。

P：切换各种视图设定，如 RealView、阴影、环境封闭及透视图。

4. 状态栏

在用户操作软件的过程中，消息区会实时地显示当前操作、当前状态以及与当前操作相关的提示信息等，以引导用户操作。

5. 图形区

SolidWorks 各种模型图像的显示区。

6. 任务窗格

SolidWorks 的任务窗格包括以下内容。

- （SolidWorks 资源）：包括“开始”“工具”“社区”和“在线资源”等区域。
- （设计库）：用于保存可重复使用的零件、装配体和其他实体，包括库特征。
- （文件探索器）：相当于 Windows 的资源管理器，可以方便地查看和打开模型。
- （视图调色板）：用于插入工程视图，包括要拖动到工程图图样上的标准视图、注解视图和剖面视图等。
- （外观、布景和贴图）：包括外观、布景和贴图等。
- （自定义属性）：用于自定义属性标签编制程序。

- （SolidWorks Forum）：SolidWorks 论坛，可以与其他 SolidWorks 用户在线交流。

3.4 SolidWorks 的基本操作技巧

SolidWorks 软件的使用以鼠标操作为主，用键盘输入数值。执行命令时，主要是用鼠标单击工具图标，也可以通过选择下拉菜单或用键盘输入来执行命令。

3.4.1 鼠标的操作

与其他 CAD 软件类似，SolidWorks 提供各种鼠标按钮的组合功能，包括执行命令、选择对象、编辑对象以及对视图和树的平移、旋转和缩放等。

在 SolidWorks 工作界面中，选中的对象被加亮，选择对象时，在图形区与在设计树上选择是相同的，并且是相互关联的。

移动视图是最常用的操作，每次都单击工具栏中的按钮将会浪费用户很多时间。SolidWorks 中可以通过鼠标快速地完成视图的移动。

SolidWorks 中鼠标操作的说明如下。

- 缩放图形区：滚动鼠标中键滚轮，向前滚动鼠标可看到图形在缩小，向后滚动鼠标可看到图形在放大。
- 平移图形区：先按住<Ctrl>键，然后按住鼠标中键，移动鼠标，可看到图形跟着鼠标移动。
- 旋转图形区：按住鼠标中键，移动鼠标可看到图形在旋转。

3.4.2 对象的选择

下面介绍在 SolidWorks 中选择对象常用的几种方法。

1. 选取单个对象

- 单击鼠标左键，选取需要的对象。
- 在“特征树”中单击对象的名称即可选择对应的对象，被选取的对象会高亮显示。

2. 选取多个对象

按住<Ctrl>键，用鼠标左键单击多个对象即可选择多个对象。

3. 利用“选择过滤器（I）”工具条选取对象

图 3.4.1 所示的“选择过滤器（I）”工具条有助于在图形区域或工程图图样区域中选择特定项。例如，选择面的过滤器将只允许用户选取面。

在“常用”工具栏中单击按钮，将激活“选择过滤器（I）”工具条。

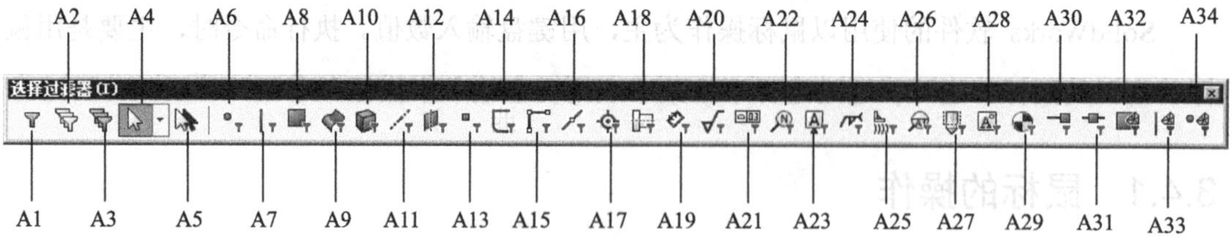

图 3.4.1 “选择过滤器（I）”工具条

图 3.4.1 所示的“选择过滤器（I）”工具条中的按钮说明如下。

A1：切换选择过滤器。将所选过滤器打开或关闭。

A2：消除选择过滤器。取消所有选择的过滤器。

A3：选择所有过滤器。

A4：切换选择方式。

A5：逆转选择。取消所有选择的过滤器，且选择所有未选的过滤器。

A6：过滤顶点。单击该按钮可选取顶点。

A7：过滤边线。单击该按钮可选取边线。

A8：过滤面。单击该按钮可选取面。

A9：过滤曲面实体。单击该按钮可选取曲面实体。

A10：过滤实体。用于选取实体。

A11：过滤基准轴。用于选取实体基准轴。

A12：过滤基准面。用于选取实体基准面。

A13：过滤草图点。用于选取草图点。

A14：过滤草图。用于选取草图。

A15：过滤草图线段。用于选取草图线段。

A16：过滤中间点。用于选取中间点。

A17：过滤中心符号线。用于选取中心符号线。

A18：过滤中心线。用于选取中心线。

A19：过滤尺寸/孔标注。用于选取尺寸/孔标注。

A20：过滤表面粗糙度符号。用于选取表面粗糙度符号。

A21：过滤形位公差。用于选取形位公差。

A22：过滤注释/零件序号。用于选取注释/零件序号。

A23：过滤基准特征。用于选取基准特征。

A24：过滤焊接符号。用于选取焊接符号。

A25：过滤焊缝。用于选取焊缝。

A26：过滤基准目标。用于选取基准目标。

A27：过滤装饰螺纹线。用于选取装饰螺纹线。

A28：过滤块。用于选取块。

A29：过滤销钉符号。用于选取销钉符号。

A30：过滤连接点。用于选取连接点。

A31：过滤步路点。用于选取步路点。

A32：过滤网格分面。用于选取网格分面。

A33：过滤网格分面边线。用于选取网格分面边线。

A34：过滤网格分面顶点。用于选取网格分面顶点。

3.5 环境设置

设置 SolidWorks 的工作环境是用户学习和使用 SolidWorks 应该掌握的基本技能。合理设置 SolidWorks 的工作环境，对于提高工作效率、使用个性化环境具有极其重要的意义。SolidWorks 中的环境设置包括对“系统选项”和“文档属性”的设置。

1. 系统选项的设置

选择 工具(T) → 选项(P)... 命令，系统弹出“系统选项（S）－普通”对话框，利用该对话框可以设置草图、颜色、显示和工程图等参数。在该对话框左侧单击 草图（图 3.5.1），此时可以设置草图的相关选项。

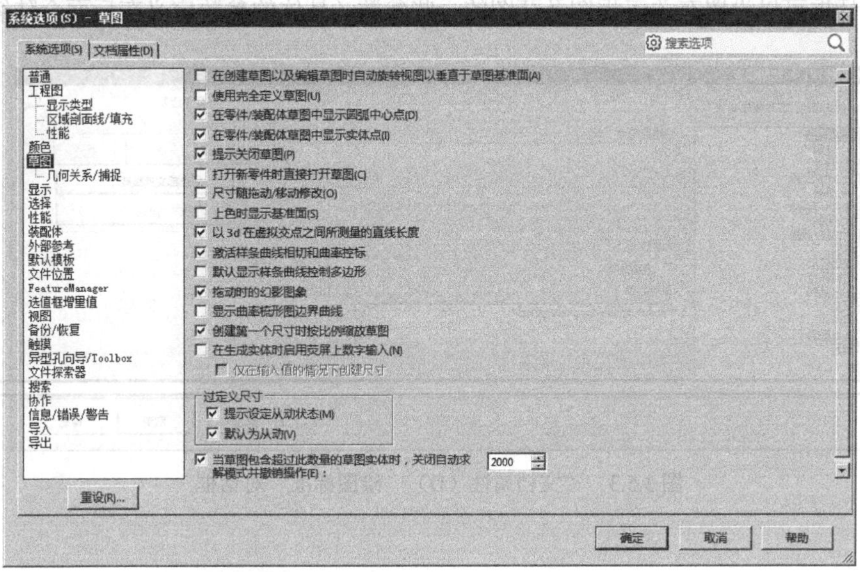

图 3.5.1 “系统选项（S）－草图”对话框

在“系统选项（S）–普通”对话框中的左侧选择 颜色 （图 3.5.2），在 颜色方案设置 区域可以设置 SolidWorks 环境中的颜色。单击“系统选项（S）– 颜色”对话框中的 另存为方案(S)... 按钮，可以保存设置的颜色方案。

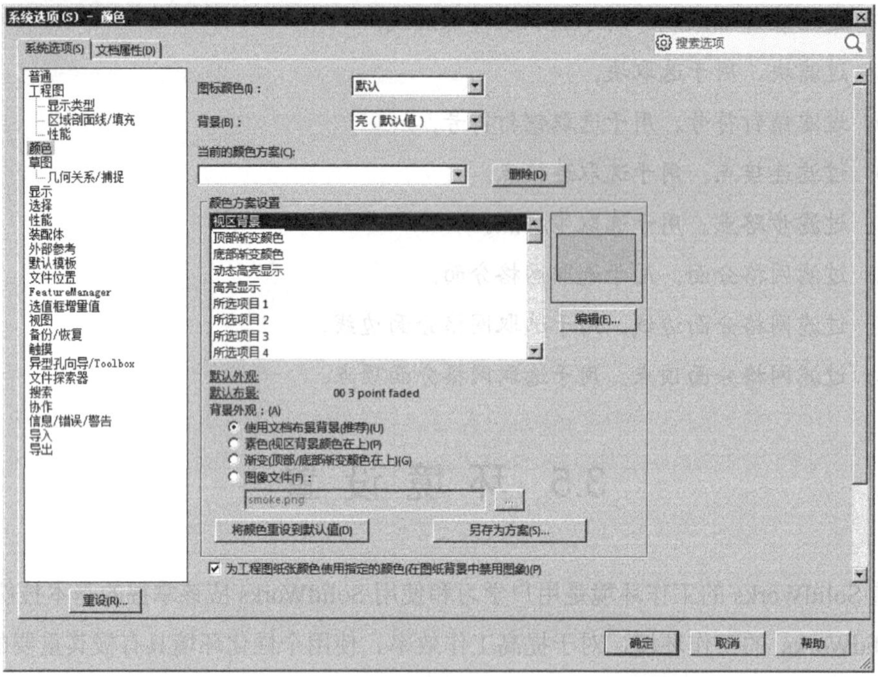

图 3.5.2　“系统选项（S）– 颜色”对话框

2．文档属性的设置

选择下拉菜单 工具(T) ➡ 选项(P)... 命令，系统弹出“系统选项（S）– 普通”对话框；单击 文档属性(D) 选项卡，系统弹出“文档属性（D）– 绘图标准”对话框（图 3.5.3），利用此对话框可以设置有关工程图及草图的一些参数（具体的参数定义在后面会陆续讲到）。

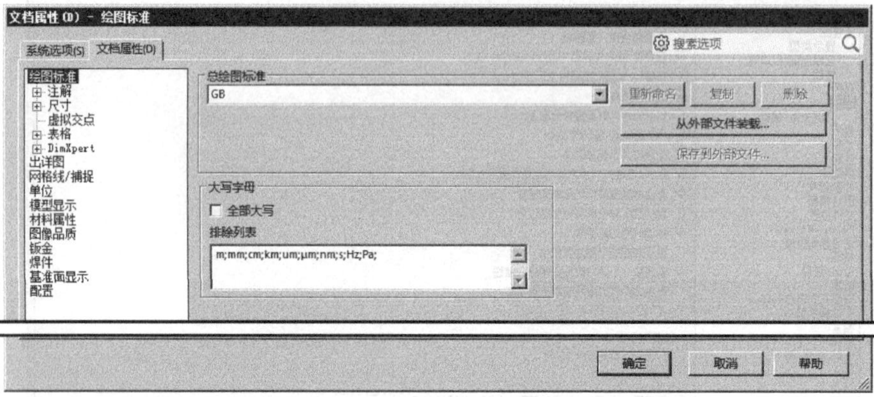

图 3.5.3　“文档属性（D）– 绘图标准”对话框

3.6 工作界面的自定义

本节主要介绍 SolidWorks 中的自定义功能。

进入 SolidWorks 系统后，在建模环境下选择下拉菜单 工具(T) ➡ 自定义(Z)... 命令，系统弹出如图 3.6.1 所示的“自定义”对话框，利用此对话框可对工作界面进行自定义。

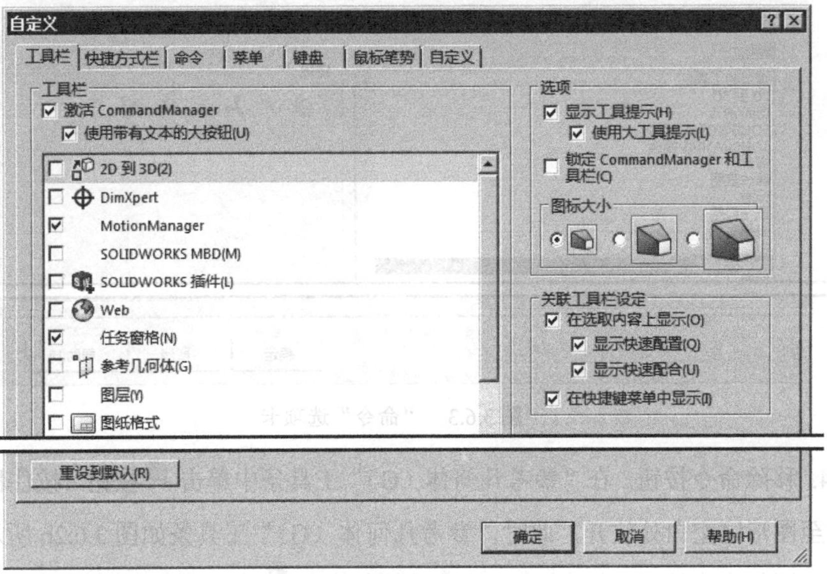

图 3.6.1 “自定义”对话框

3.6.1 工具栏的自定义

在如图 3.6.1 所示的“自定义”对话框中单击 工具栏 选项卡，即可进行开始菜单的自定义。通过此选项卡，用户可以控制工具栏在工作界面中的显示。在“自定义”对话框左侧的列表框中选中某工具栏，单击 □ 图标，则图标变为 ☑，此时选择的工具栏将在工作界面中显示出来。

3.6.2 命令按钮的自定义

下面以图 3.6.2 所示的“参考几何体（G）”工具条的自定义来说明自定义工具条中命令按钮的一般操作过程。

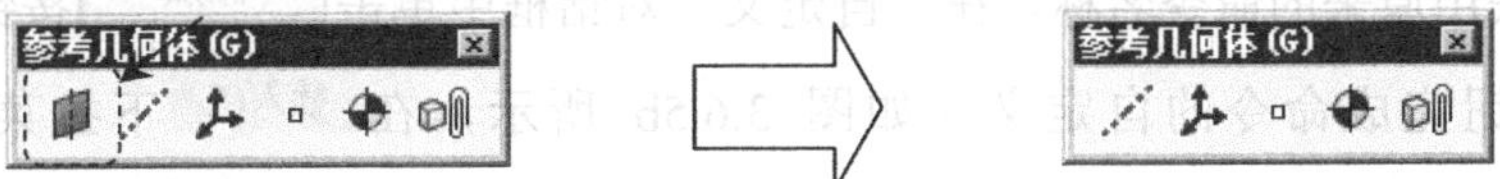

a）移除前　　b）移除后

图 3.6.2 自定义工具条

Step1. 选择下拉菜单 工具(T) → 自定义(Z)... 命令，系统弹出“自定义”对话框。

Step2. 显示需自定义的工具条。在“自定义”对话框中选择 参考几何体(G) 复选框，则图 3.6.2a 所示的“参考几何体（G）”工具条显示在界面中。

Step3. 在“自定义”对话框中单击 命令 选项卡，在 类别(C): 列表框中选择 参考几何体 选项，此时“自定义”对话框如图 3.6.3 所示。

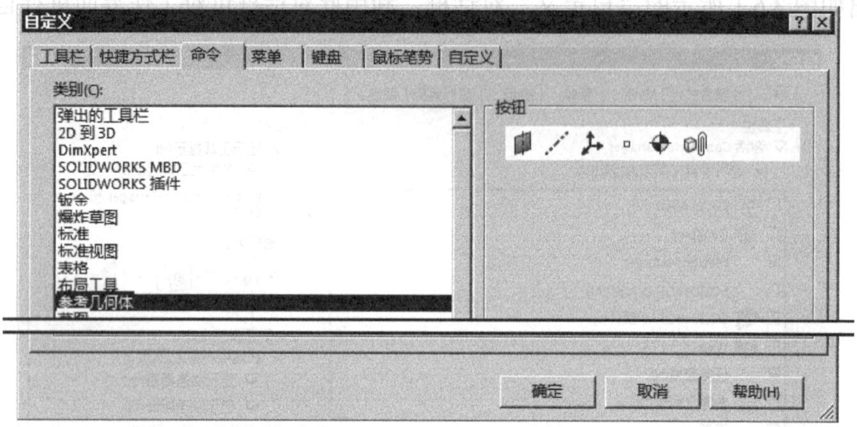

图 3.6.3 “命令”选项卡

Step4. 移除命令按钮。在“参考几何体（G）”工具条中单击 按钮，按住鼠标左键，将其拖动至图形区空白处放开，此时“参考几何体（G）”工具条如图 3.6.2b 所示。

Step5. 添加命令按钮。在“自定义”对话框中单击 按钮，按住鼠标左键，拖动至“参考几何体（G）”工具条上放开，此时“参考几何体（G）”工具条如图 3.6.2a 所示。

3.6.3 菜单命令的自定义

在“自定义”对话框中单击 菜单 选项卡，即可进行下拉菜单中命令的自定义（图 3.6.4）。下面将以下拉菜单 工具(T) → 草图绘制实体(K) → 直线(L) 命令为例，说明自定义菜单命令的一般操作步骤（图 3.6.5）。

Step1. 选择需自定义的命令。在图 3.6.4 所示的“自定义”对话框的 类别(C): 列表框中选择 工具(T) 选项，在 命令(O): 列表框中选择 直线(L)... 选项。

Step2. 在“自定义”对话框的 更改什么菜单(U): 下拉列表中选择 插入(&I) 选项。

Step3. 在“自定义”对话框的 菜单上位置(P): 下拉列表中选择 在顶端 选项。

Step4. 采用原来的命令名称。在“自定义”对话框中单击 添加 按钮，然后单击 确定 按钮完成命令的自定义（如图 3.6.5b 所示，在 插入(I) 下拉菜单中多出了 直线(L) 命令）。

3.6.4 键盘的自定义

在“自定义”对话框中单击 键盘 选项卡（图 3.6.6），即可设置执行命令的快捷键，这样能快速方便地执行命令，提高效率。

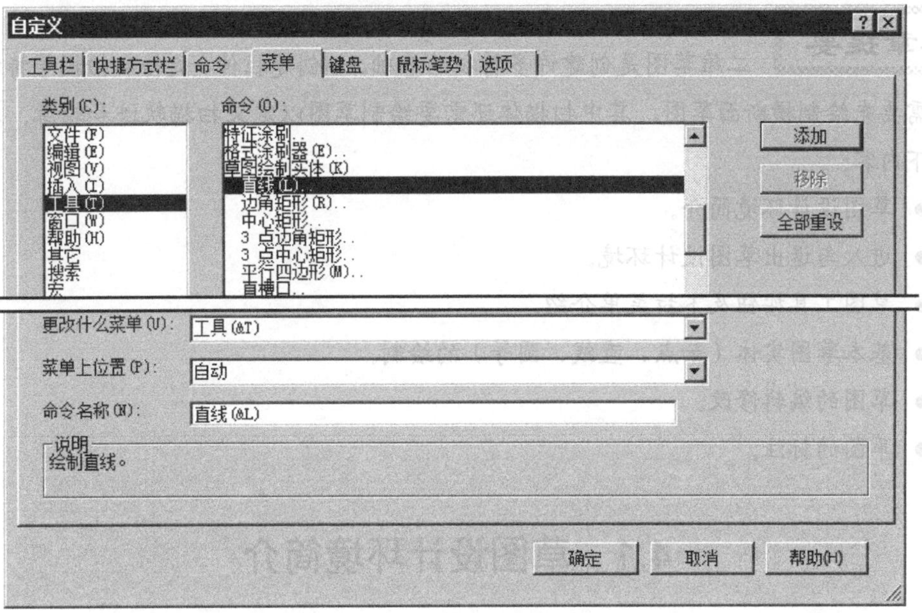

图 3.6.4 “菜单”选项卡

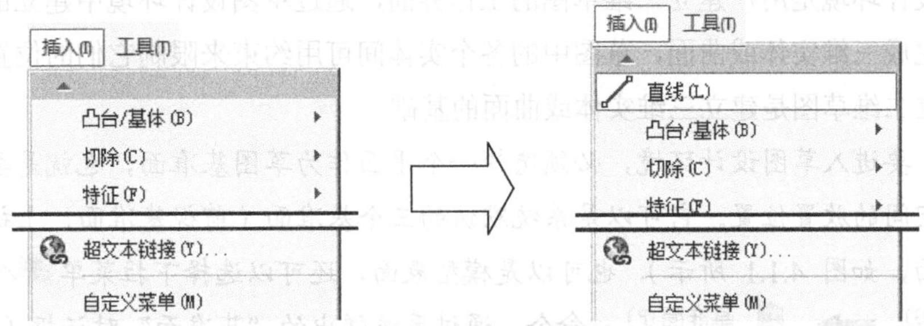

a）自定义前　　　　b）自定义后

图 3.6.5 菜单命令的自定义

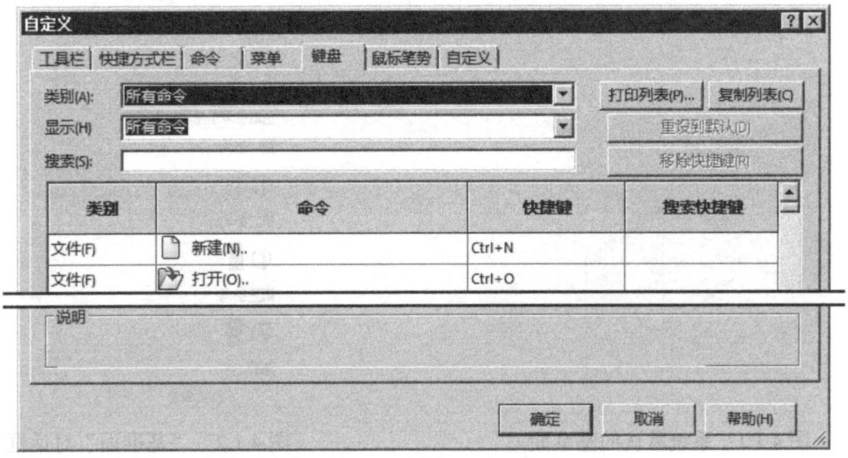

图 3.6.6 “键盘”选项卡

第 4 章　二维草图的绘制

本章提要　二维草图是创建许多特征的基础，如创建拉伸、旋转和扫描等特征时，往往需要先绘制横断面草图，其中扫描体还需要绘制草图以定义扫描轨迹和轮廓。本章包括如下内容：

- 草图设计环境简介。
- 进入与退出草图设计环境。
- 草图工具按钮及下拉菜单介绍。
- 基本草图实体（如点、直线、圆等）的绘制。
- 草图的编辑修改。
- 草图的标注。

4.1　草图设计环境简介

草图设计环境是用户建立二维草图的工作界面，通过草图设计环境中建立的二维草图实体可以生成三维实体或曲面，草图中的各个实体间可用约束来限制它们的位置和尺寸。因此，建立二维草图是建立三维实体或曲面的基础。

注意：要进入草图设计环境，必须选择一个平面作为草图基准面，也就是要确定新草图在三维空间的放置位置。它可以是系统默认的三个基准面（前视基准面、上视基准面和右视基准面，如图 4.1.1 所示），也可以是模型表面，还可以选择下拉菜单 插入(I) → 参考几何体(G) → 基准面(P)... 命令，通过系统弹出的“基准面”对话框（图 4.1.2）创建一个基准面作为草图基准面。

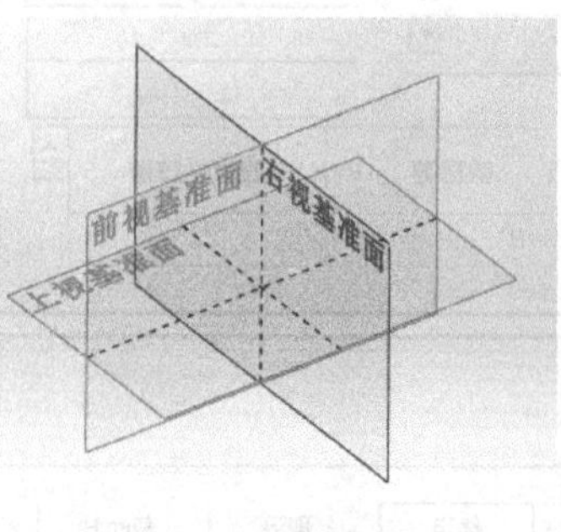

图 4.1.1　系统默认的基准面

图 4.1.2　“基准面”对话框

4.2　进入与退出草图设计环境

1．进入草图设计环境的操作方法

Step1. 启动 SolidWorks 软件后，选择下拉菜单 文件(F) → 新建(N)... 命令，系统弹出如图 4.2.1 所示的“新建 SOLIDWORKS 文件”对话框；选择“零件”模板，单击 确定 按钮，系统进入零件建模环境。

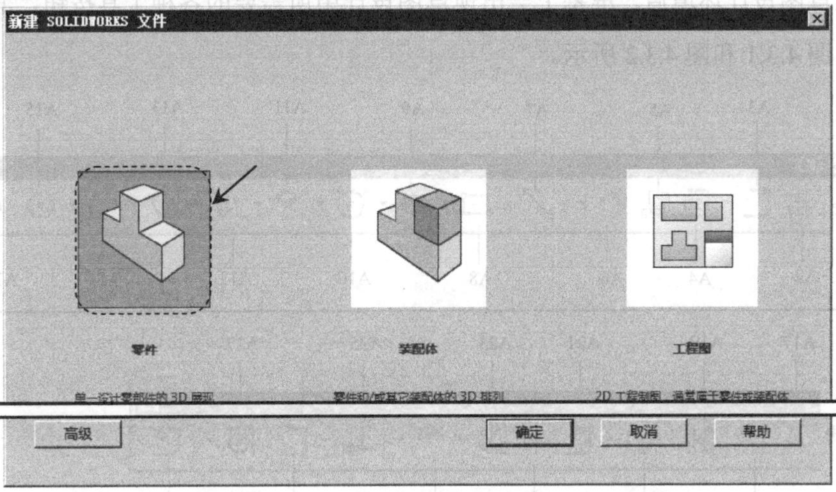

图 4.2.1　“新建 SOLIDWORKS 文件”对话框

Step2. 选择下拉菜单 插入(I) → 草图绘制 命令，在图形区选取“前视基准面”作为草图基准面，系统进入草图设计环境（图 4.2.2）。

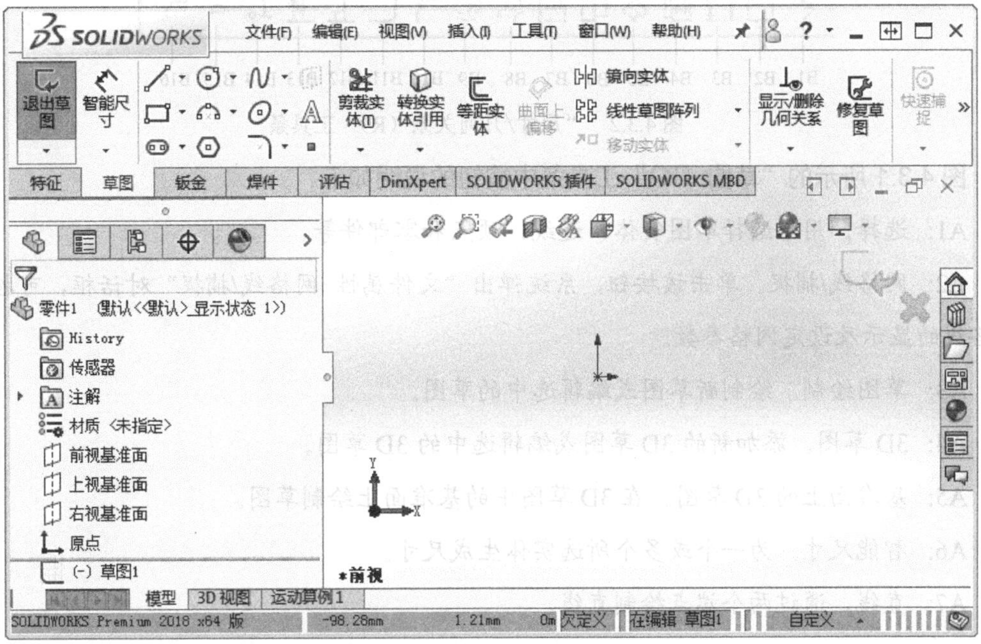

图 4.2.2　草图设计环境

2．退出草图设计环境的操作方法

在草图设计环境中，选择下拉菜单 插入(I) → 退出草图 命令（或单击图形区右上角的“退出草图”按钮），即可退出草图设计环境。

4.3 草图绘制工具按钮简介

进入草图设计环境后，屏幕上会出现草图设计中所需要的各种工具按钮，其中常用工具按钮如图 4.3.1 和图 4.3.2 所示。

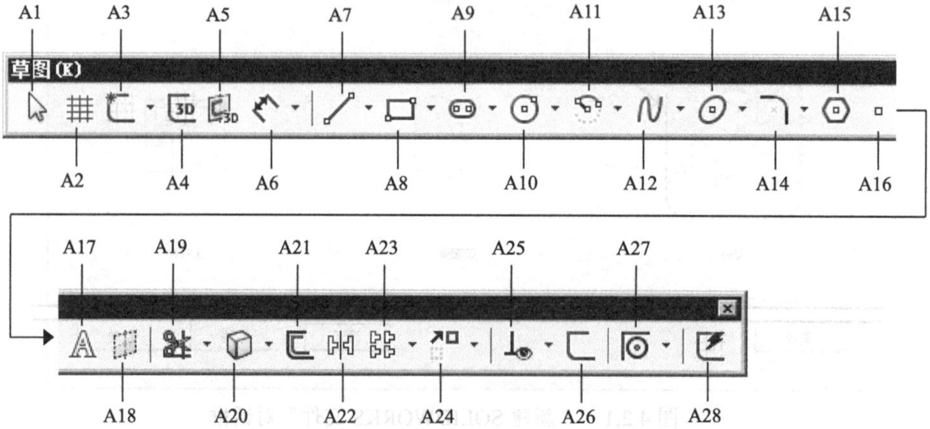

图 4.3.1 “草图（K）”工具条

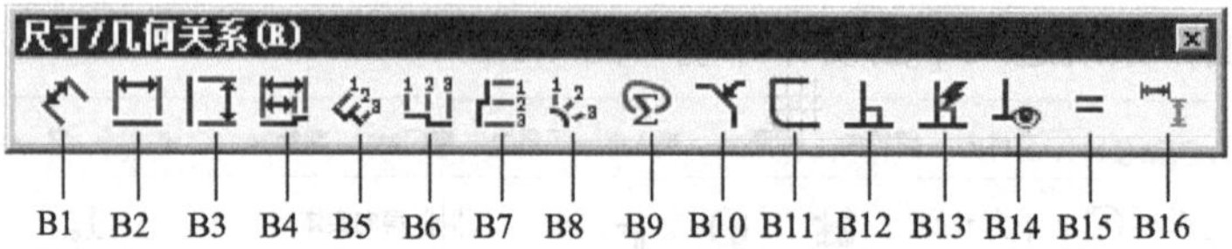

图 4.3.2 “尺寸/几何关系（R）”工具条

图 4.3.1 所示的“草图（K）”工具条中按钮的说明如下。

A1：选择。用于选择草图实体、边线、顶点和零部件等。

A2：网格线/捕捉。单击该按钮，系统弹出“文件属性-网格线/捕捉”对话框，可控制网格线的显示及设定网格参数。

A3：草图绘制。绘制新草图或编辑选中的草图。

A4：3D 草图。添加新的 3D 草图或编辑选中的 3D 草图。

A5：基准面上的 3D 草图。在 3D 草图中的基准面上绘制草图。

A6：智能尺寸。为一个或多个所选实体生成尺寸。

A7：直线。通过两个端点绘制直线。

A8: 矩形。通过两点或三点绘制矩形。

A9: 槽口。通过两点或三点绘制槽口。

A10: 圆。通过两点或三点绘制圆。

A11: 圆弧。通过两点或三点绘制圆弧。

A12: 样条曲线。通过多个点绘制样条曲线。

A13: 椭圆。定义椭圆的圆心，拖动椭圆的两个轴，定义椭圆的大小。

A14: 圆角。通过两条直线绘制圆角。

A15: 多边形。通过与圆相切的方式绘制多边形。

A16: 点。

A17: 文字。在面、边线及草图实体上添加文字。

A18: 基准面。插入基准面到3D草图。

A19: 剪裁实体。用于修剪或延伸一个草图实体，以便与另一个实体重合或删除一个草图实体。

A20: 转换实体引用。参考所选的模型边线或草图实体以生成新的草图实体。

A21: 等距实体。通过指定距离的等距面、边线、曲线或草图实体，生成新的草图实体。

A22: 镜像实体。相对于中心线来镜像复制所选草图实体。

A23: 线性草图阵列。使用基准面、零件或装配体上的草图实体生成线性草图阵列。

A24: 移动实体。移动草图实体和（或）注解。

A25: 显示/删除几何约束。

A26: 修复草图。

A27: 快速捕捉。通过此命令可捕捉点、圆心、中点或象限点等。

A28: 快速草图。允许2D草图基准面动态更改。

图4.3.2所示的“尺寸/几何关系（R）”工具条中按钮的说明如下。

B1: 智能尺寸。为一个或多个所选的实体标注尺寸。

B2: 水平尺寸。在所选的实体间生成一个水平的尺寸。

B3: 竖直尺寸。在所选的实体间生成一个垂直的尺寸。

B4: 基准尺寸。在所选的实体间生成参考尺寸。

B5: 尺寸链。在工程图或草图中生成从零坐标开始测量的一组尺寸。

B6: 水平尺寸链。在工程图或草图中生成坐标尺寸，从第一个所选实体开始水平测量。

B7: 竖直尺寸链。在工程图或草图中生成坐标尺寸，从第一个所选实体开始垂直测量。

B8：角度运行尺寸。创建从零度基准测量的尺寸集。

B9：路径长度尺寸。创建路径长度的尺寸。

B10：倒角尺寸。在工程图中生成倒角尺寸。

B11：完全定义草图。通过应用几何关系和尺寸的组合来完全定义草图。

B12：添加几何关系。

B13：自动几何关系。开启或关闭自动给定几何关系的功能。

B14：显示/删除实体的几何关系。

B15：搜索相等关系。搜索草图中有相同长度或半径的元素，在相同长度或半径的草图元素间设定等长的几何关系。

B16：孤立更改的尺寸。孤立自从上次工程图保存后已更改的尺寸。

4.4 草图绘制环境中的下拉菜单

工具(T) 下拉菜单是草图绘制环境中的主要菜单，它的功能主要包括约束、轮廓和操作等（图 4.4.1~图 4.4.3）。

单击该下拉菜单，即可弹出命令，其中绝大部分命令都以快捷按钮的方式出现在屏幕的工具栏中。下拉菜单中各命令按钮的作用与工具栏中命令按钮的作用一致，不再赘述。

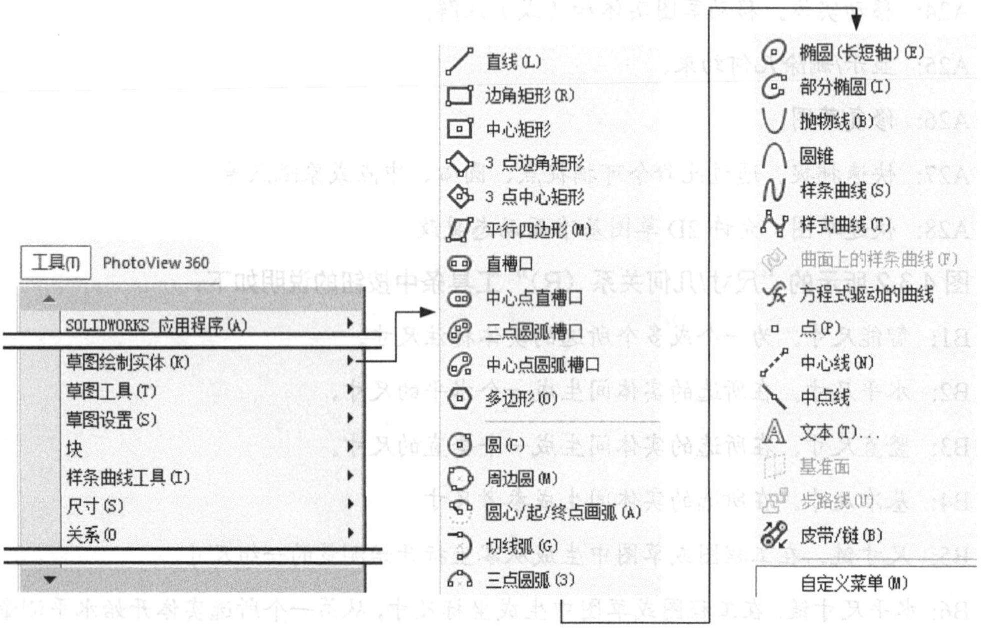

图 4.4.1 “草图绘制实体”子菜单

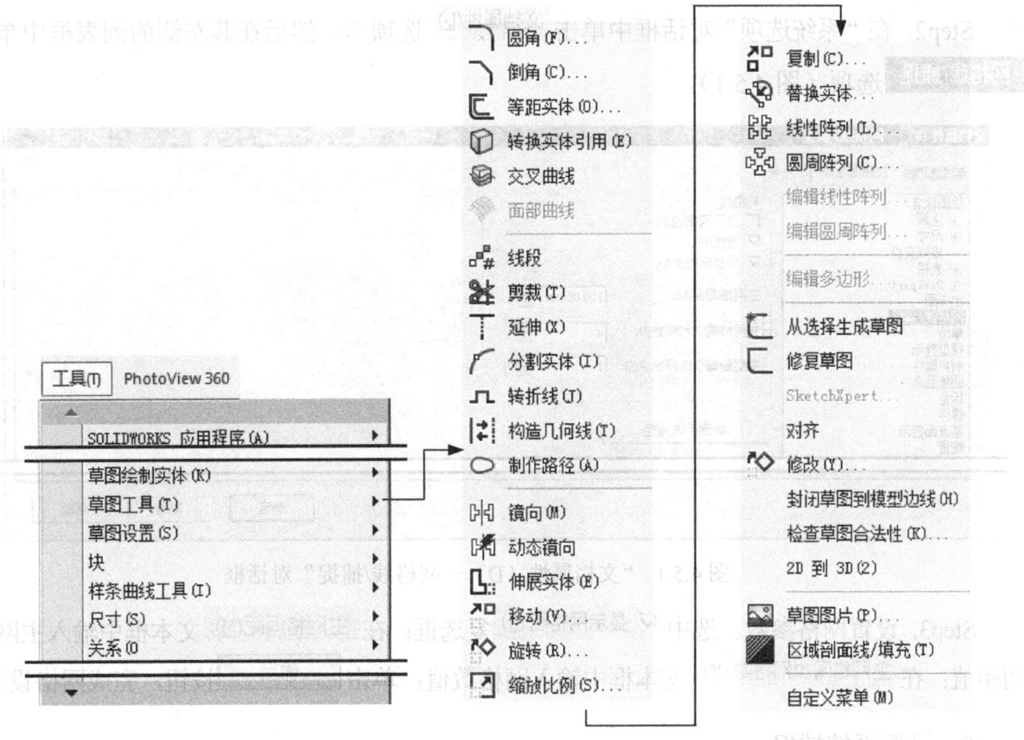

图 4.4.2 “草图工具”子菜单

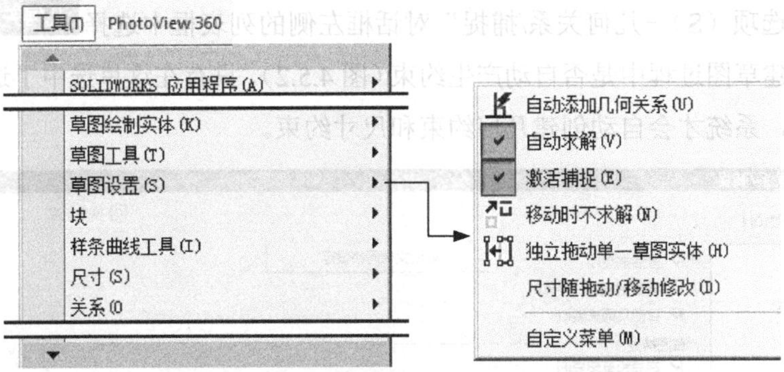

图 4.4.3 “草图设置”子菜单

4.5 绘制草图前的设置

1. 设置网格间距

进入草图设计环境后，根据模型的大小可设置草图设计环境中的网格大小，其一般操作步骤如下。

Step1. 选择命令。选择下拉菜单 工具(T) ➡ 选项(P)... 命令，系统弹出“系统选项”对话框。

Step2. 在“系统选项”对话框中单击 文档属性(D) 选项卡，然后在其左侧的列表框中单击 网格线/捕捉 选项（图 4.5.1）。

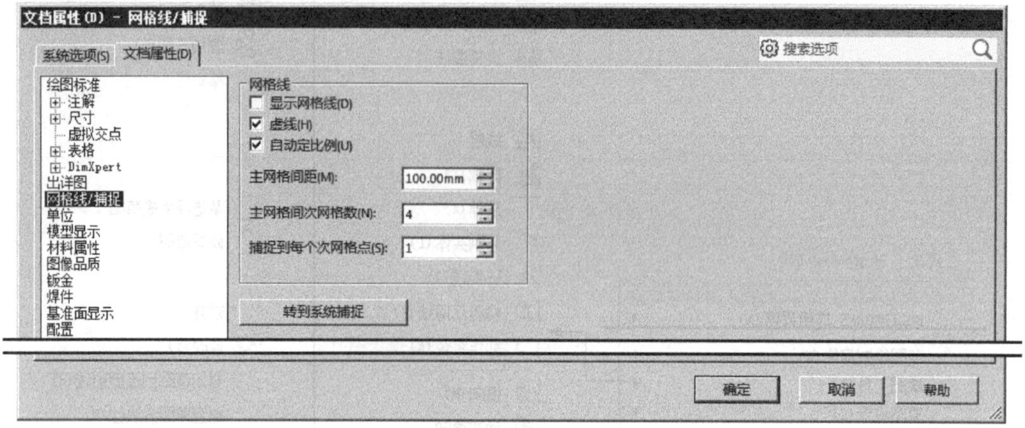

图 4.5.1 “文档属性（D）– 网格线/捕捉”对话框

Step3. 设置网格参数。选中 ☑ 显示网格线(D) 复选框；在 主网格间距(M): 文本框中输入主网格间距值；在 主网格间次网格数(N): 文本框中输入网格数值；单击 确定 按钮，完成网格设置。

2. 设置系统捕捉

在“系统选项（S）–几何关系/捕捉”对话框左侧的列表框中选择 几何关系/捕捉 选项，可以设置在创建草图过程中是否自动产生约束（图 4.5.2）。只有在这里选中了这些复选框，在绘制草图时，系统才会自动创建几何约束和尺寸约束。

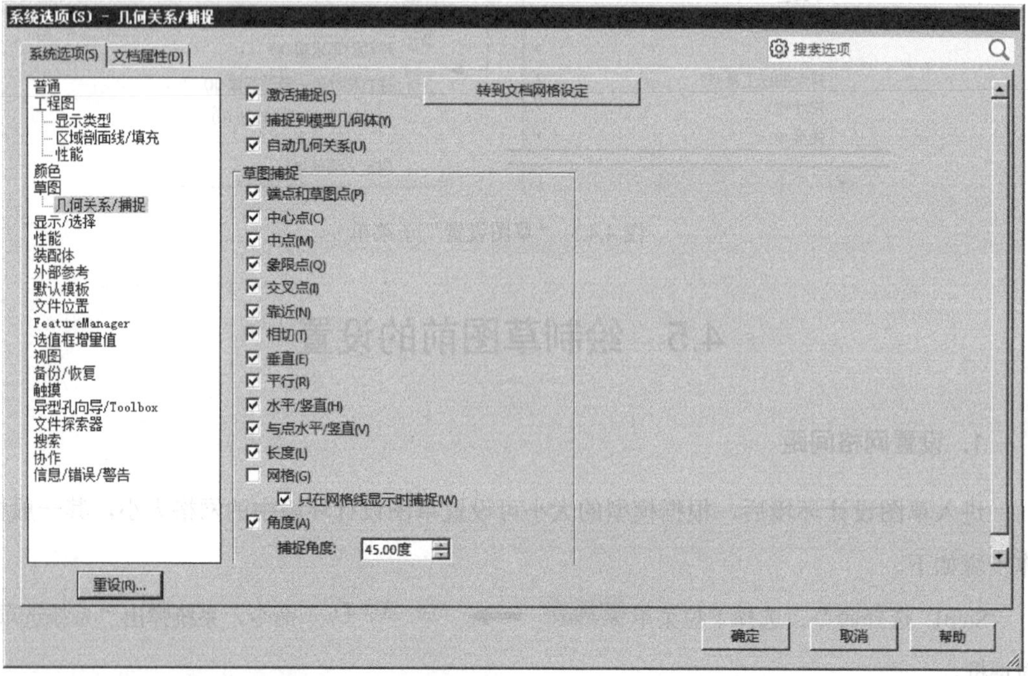

图 4.5.2 “系统选项（S）–几何关系/捕捉”对话框

3. 草图设计环境中图形区的快速调整

在“系统选项”对话框中单击 文档属性(D) 选项卡，然后单击 网格线/捕捉 选项，此时“系统选项”对话框变成“文档属性（D）-网格线/捕捉”对话框；通过选中该对话框中的 ☑ 显示网格线(D) 复选框，可以控制草图设计环境中网格的显示。当显示网格时，如果看不到网格或者网格太密，则可以缩放图形区；如果想调整图形在草图设计环境中的位置，可以移动图形区。

鼠标操作方法说明如下。

- 缩放图形区：同时按住< Shift >键和鼠标中键，向后拉动或向前推动鼠标来缩放图形（或者滚动鼠标中键滚轮：向前滚动可看到图形区以光标所在位置为基准在缩小，向后滚动可看到图形区以光标所在位置为基准在放大）。
- 移动图形区：按住<Ctrl>键，然后按住鼠标中键并移动鼠标，可看到图形区跟着鼠标移动而移动。
- 旋转图形区：按住鼠标中键并移动鼠标，可看到图形随鼠标旋转而旋转。

注意：图形区这样的调整不会改变图形的实际大小和实际空间位置，它的作用是便于用户查看和操作图形。

4.6 二维草图的绘制

4.6.1 草图绘制概述

要绘制草图，应先从草图设计环境中的工具条按钮区或 工具(T) 下拉菜单中选择一个绘图命令，然后可通过在图形区选取点来绘制草图。

在绘制草图的过程中，当移动鼠标指针时，SolidWorks 系统会自动确定可添加的约束并将其显示。

绘制草图后，用户还可通过“约束定义”对话框继续添加约束。

说明：草图绘制环境中鼠标的使用如下。

- 草图绘制时，可单击鼠标左键在图形区选择位置点。
- 当不处于绘制元素状态时，按住<Ctrl>键并单击可选取多个项目。

4.6.2 绘制直线

Step1. 进入草图设计环境后，选取“前视基准面”作为草图基准面。

说明：

- 如果绘制新草图，则必须在进入草图设计环境之前，先选取草图基准面。
- 以后在绘制新草图时，如果没有特别说明，则草图基准面为前视基准面。

Step2. 选择命令。选择下拉菜单 工具(T) ➡ 草图绘制实体(K) ➡ 直线(L) 命令，系统弹出图 4.6.1 所示的“插入线条”对话框。

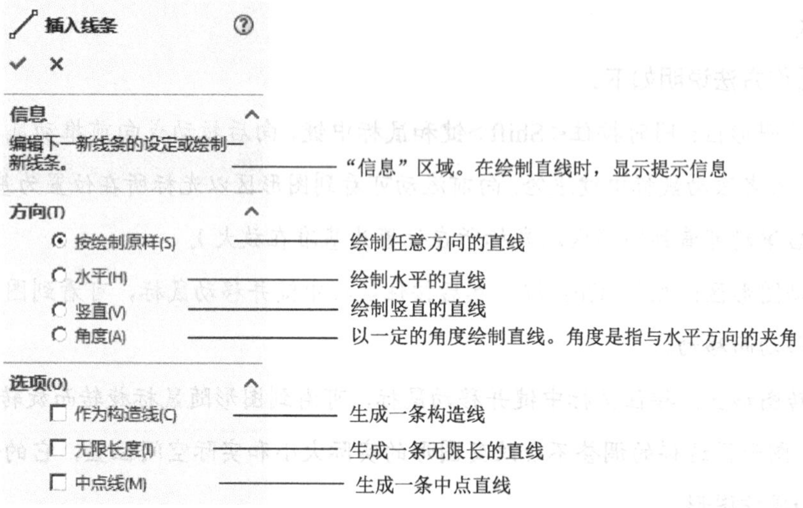

图 4.6.1 “插入线条”对话框

说明：还有两种方法可进入直线绘制命令。

- 单击“草图”工具栏中的 直线 按钮。
- 在图形区右击，在系统弹出的快捷菜单中选择 直线 (I) 命令。

Step3. 选取直线的起始点。在图形区的任意位置单击左键，以确定直线的起始点，此时可看到一条“橡皮筋”线附着在鼠标指针上。

Step4. 选取直线的终点。在图形区的任意位置单击左键，以确定直线的终点，系统便在两点间绘制一条直线，并且在直线的终点处出现另一条“橡皮筋”线。

说明：

- 在绘制直线时，“插入线条”对话框的“信息”区域中会显示提示信息；在进行其他命令操作时，SolidWorks 工作界面的状态栏中也会有相应的提示信息。时常关注这些提示信息能够更快速、更容易地操作软件。
- 当直线的终点处出现另一条“橡皮筋”线时，移动鼠标至直线的终点位置后，可在直线的终点处继续绘制一段圆弧。

Step5. 重复 Step4，可创建一系列连续的线段。

Step6. 按 Esc 键，结束直线的绘制。

说明：

- 在草图设计环境中，单击“撤销”按钮 可撤销上一个操作，单击“重做”按钮 可重新执行被撤销的操作。这两个按钮在绘制草图时十分有用。
- SolidWorks 具有尺寸驱动功能，即图形的大小随着图形尺寸的改变而改变。
- 完成直线的绘制有三种方法：一是按 Esc 键；二是再次选择“直线”命令；三是在直线的终点位置双击鼠标，此时完成该直线的绘制，但不结束绘制直线的命令。
- “橡皮筋”是指操作过程中的一条临时虚构线段，它始终是当前鼠标光标的中心点与前一个指定点的连线。因为它可以随着光标的移动而拉长或缩短，并可绕前一点转动，所以形象地称之为“橡皮筋”。

4.6.3　绘制中心线

中心线用于生成对称的草图特征、镜像草图和旋转特征，或作为一种构造线，它并不是真正存在的直线。中心线的绘制过程与直线的绘制完全一致，只是中心线显示为点画线。

4.6.4　绘制矩形

绘制矩形对于绘制拉伸、旋转的横断面等十分有用，可省去绘制四条直线的麻烦。

方法一：边角矩形。

Step1. 选择命令。选择下拉菜单 工具(T) → 草图绘制实体(K) → 边角矩形(R) 命令（或单击“草图”工具栏 按钮后的下拉菜单中的 边角矩形 按钮，还可以在图形区右击，从系统弹出的快捷菜单中选择 边角矩形 (H) 命令）。

Step2. 定义矩形的第一个对角点。在图形区所需位置单击，放置矩形的一个对角点，然后将该矩形拖至所需大小。

Step3. 定义矩形的第二个对角点。再次单击，放置矩形的另一个对角点。此时，系统即在两个角点间绘制一个矩形。

Step4. 按 Esc 键，结束矩形的绘制。

方法二：中心矩形。

Step1. 选择命令。选择下拉菜单 工具(T) → 草图绘制实体(K) → 中心矩形 命令（或单击“草图”工具栏 按钮后的下拉菜单中的 中心矩形 按钮）。

Step2. 定义矩形的中心点。在图形区所需位置单击，放置矩形的中心点，然后将该矩形拖至所需大小。

Step3. 定义矩形的一个角点。再次单击，放置矩形的一个角点。

Step4. 按 Esc 键，结束矩形的绘制。

方法三：3 点边角矩形。

Step1. 选择命令。选择下拉菜单 工具(T) → 草图绘制实体(K) → 3 点边角矩形 命令（或单击“草图”工具栏 按钮后的下拉菜单中的 3 点边角矩形 按钮）。

Step2. 定义矩形的第一个角点。在图形区所需位置单击，放置矩形的一个角点，然后拖至所需宽度。

Step3. 定义矩形的第二个角点。再次单击，放置矩形的第二个角点。此时，系统绘制出矩形的一条边线，向此边线的法线方向拖动鼠标至所需的大小。

Step4. 定义矩形的第三个角点。再次单击，放置矩形的第三个角点，此时系统即在第一点、第二点和第三点间绘制一个矩形。

Step5. 按 Esc 键，结束矩形的绘制。

方法四：3 点中心矩形

Step1. 选择命令。选择下拉菜单 工具(T) → 草图绘制实体(K) → 3 点中心矩形 命令（或单击“草图”工具栏 按钮后的下拉菜单中的 3 点中心矩形 按钮）。

Step2. 定义矩形的中心点。在图形区所需位置单击，放置矩形的中心点，然后将该矩形拖至所需大小。

Step3. 定义矩形的一边中点。再次单击，定义矩形一边的中点。然后将该矩形拖至所需大小。

Step4. 定义矩形的一个角点。再次单击，放置矩形的一个角点。

Step5. 按 Esc 键，结束矩形的绘制。

4.6.5 绘制平行四边形

绘制平行四边形的一般步骤如下。

Step1. 选择命令。选择下拉菜单 工具(T) → 草图绘制实体(K) → 平行四边形(M) 命令（或单击“草图”工具栏 按钮后的下拉菜单中的 平行四边形 按钮）。

Step2. 定义角点 1。在图形区所需位置单击，放置平行四边形的一个角点，此时可看到一条“橡皮筋”线附着在鼠标指针上。

Step3. 定义角点 2。单击以放置平行四边形的第二个角点。

Step4. 定义角点 3。将该平行四边形拖至所需大小时，再次单击，放置平行四边形的第三个角点。此时，系统立即绘制一个平行四边形。

注意：选择绘制矩形命令后，在系统弹出的“矩形”对话框的 矩形类型 区域中还有以下矩形类型可以选择。若要绘制多种矩形，需在命令之间切换时，直接单击以下按钮即可。

- ：绘制边角矩形。
- ：绘制中心矩形。
- ：绘制 3 点边角矩形。
- ：绘制 3 点中心矩形。
- ：绘制平行四边形。

4.6.6 绘制多边形

绘制多边形对于绘制截面十分有用，可省去绘制多条线的麻烦，还可以减少约束。

Step1. 选择命令。选择下拉菜单 工具(T) → 草图绘制实体(K) → 多边形(O) 命令（或单击“草图”工具栏中的 按钮），系统弹出图 4.6.2 所示的“多边形”对话框。

Step2. 定义创建多边形的方式。在 参数 区域中选中 ⊙ 内切圆 单选项，作为绘制多边形的方式。

Step3. 定义侧边数。在 参数 区域的 文本框中输入多边形的边数 6。

Step4. 定义多边形的中心点。在系统 设定侧边数然后单击并拖动以生成 的提示下，在图形区的某位置单击，放置六边形的中心点，然后将该多边形拖至所需大小。

Step5. 定义多边形的一个角点。根据系统提示 生成 6 边多边形 ，再次单击，放置多边形的一个角点。此时，系统立即绘制一个多边形。

Step6. 在 参数 区域的 文本框中输入多边形内切圆的直径值 150 后，按 Enter 键。

4.6.7 绘制圆

圆的绘制有以下两种方法。

方法一：中心/半径——通过定义中心点和半径来创建圆。

Step1. 选择命令。选择下拉菜单 工具(T) → 草图绘制实体(K) → 圆(C) 命令（或单击“草图”工具栏中的 按钮），系统弹出“圆”对话框。

Step2. 定义圆的圆心及半径。在所需位置单击，放置圆的圆心，然后将该圆拖至所需大小并单击左键。此时，“圆”对话框如图 4.6.3 所示，单击 ✓ 按钮完成圆的绘制。

方法二：三点——通过选取圆上的三个点来创建圆。

Step1. 选择命令。选择下拉菜单 工具(T) → 草图绘制实体(K) → 周边圆(M)

命令（或单击“草图”工具栏中的按钮）。

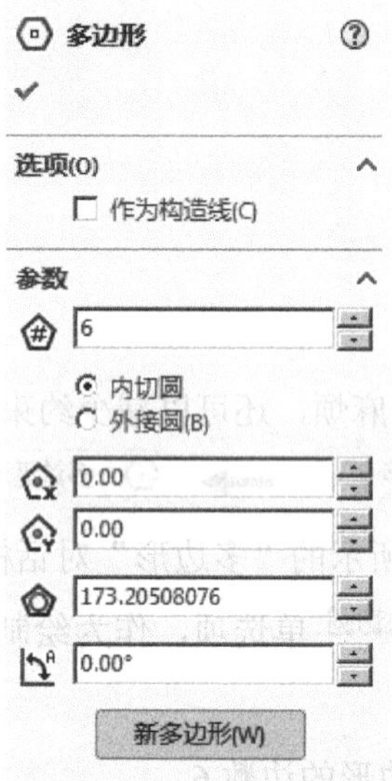

图 4.6.2 “多边形”对话框

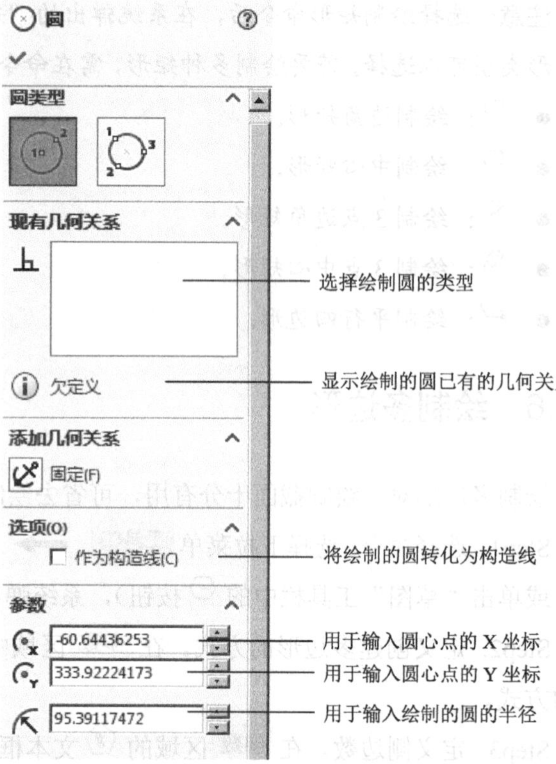

图 4.6.3 “圆”对话框

Step2. 定义圆上的三个点。在某位置单击，放置圆上一个点；在另一位置单击，放置圆上第二个点；然后将该圆拖至所需大小，并单击以确定圆上第三个点。

4.6.8 绘制圆弧

共有三种绘制圆弧的方法。

方法一：通过圆心、起点和终点绘制圆弧。

Step1. 选择命令。选择下拉菜单 工具(T) → 草图绘制实体(K) → 圆心/起/终点画弧(A) 命令（或单击“草图”工具栏中的按钮）。

Step2. 定义圆弧中心点。在某位置单击，确定圆弧中心点，然后将圆弧拖至所需大小。

Step3. 定义圆弧端点。在图形区单击两点，以确定圆弧的两个端点。

方法二：切线弧——确定圆弧的一个切点和弧上的一个附加点来创建圆弧。

Step1. 在图形区绘制一条直线。

Step2. 选择命令。选择下拉菜单 工具(T) → 草图绘制实体(K) → 切线弧(G) 命令（或单击“草图”工具栏按钮后的下拉菜单中的 切线弧 按钮）。

Step3. 在 Step1 绘制直线的端点处单击，放置圆弧的一个端点。

Step4. 此时移动鼠标指针，圆弧呈“橡皮筋”样变化，单击以放置圆弧的另一个端点；然后单击 ✔ 按钮，完成切线弧的绘制。

说明： 在第一个端点处的水平方向移动鼠标指针，然后在竖直方向上拖动鼠标，才能达到理想的效果。

方法三： 三点圆弧——确定圆弧的两个端点和弧上的一个附加点来创建一个三点圆弧。

Step1. 选择命令。选择下拉菜单 工具(T) → 草图绘制实体(K) → 三点圆弧(3) 命令（或单击“草图”工具栏 按钮后的下拉菜单中的 3 点圆弧(T) 按钮）。

Step2. 在图形区某位置单击，放置圆弧的一个端点；在另一位置单击，放置圆弧的另一个端点。

Step3. 此时移动鼠标指针，圆弧呈“橡皮筋”样变化，单击以放置圆弧上的一点；然后单击 ✔ 按钮，完成三点圆弧的绘制。

4.6.9　绘制椭圆

Step1. 选择下拉菜单 工具(T) → 草图绘制实体(K) → 椭圆(长短轴)(E) 命令(或单击“草图”工具栏中的 按钮)。

Step2. 定义椭圆中心点。在图形区的某位置单击，放置椭圆的中心点。

Step3. 定义椭圆长轴。在图形区的某位置单击，定义椭圆的长轴和方向。

Step4. 定义椭圆短轴。移动鼠标指针，将椭圆拖至所需形状并单击，定义椭圆的短轴。

Step5. 单击 ✔ 按钮，完成椭圆的绘制。

4.6.10　绘制部分椭圆

部分椭圆是椭圆的一部分，绘制方法与绘制椭圆方法基本相同，只是需指定部分椭圆的两个端点。

Step1. 选择下拉菜单 工具(T) → 草图绘制实体(K) → 部分椭圆(I) 命令（或单击“草图”工具栏 按钮后的下拉菜单中的 部分椭圆(P) 按钮）。

Step2. 定义部分椭圆中心点。在图形区的某位置单击，放置椭圆的中心点。

Step3. 定义部分椭圆第一个轴。在图形区的某位置单击，定义椭圆的长轴/短轴的方向。

Step4. 定义部分椭圆第二个轴。移动鼠标指针，将椭圆拖至所需的形状并单击，定义部分椭圆的第二个轴。

注意： 单击的位置就是部分椭圆的一个端点。

Step5. 定义部分椭圆的另一个端点。沿着要绘制椭圆的边线拖动鼠标，在到达部分椭圆的另一个端点处单击。

Step6. 单击 ✔ 按钮，完成部分椭圆的绘制。

4.6.11 绘制样条曲线

样条曲线是通过任意多个点的平滑曲线。下面以图 4.6.4 为例，说明绘制样条曲线的一般操作步骤。

图 4.6.4 绘制样条曲线

Step1. 选择命令。选择下拉菜单 工具(T) → 草图绘制实体(K) → 样条曲线(S) 命令（或单击“草图”工具栏中的 按钮）。

Step2. 定义样条曲线的控制点。单击一系列点，可观察到一条“橡皮筋”样条附着在鼠标指针上。

Step3. 按 Esc 键，结束样条曲线的绘制。

4.6.12 绘制点

点的绘制很简单。在设计曲面时，点会起到很大的作用。

Step1. 选择命令。选择下拉菜单 工具(T) → 草图绘制实体(K) → 点(P) 命令（或单击“草图”工具栏中的 按钮）。

Step2. 在图形区的某位置单击以放置该点。

Step3. 按 Esc 键，结束点的绘制。

4.6.13 将一般元素变成构造元素

SolidWorks 中构造线的作用是作为辅助线，以点画线形式显示。草图中的直线、圆弧、样条线等实体都可以转换为构造线。下面以图 4.6.5 为例，说明其转换方法。

a） 一般元素　　b） 构造元素

图 4.6.5 将一般元素转换为构造元素

Step1. 打开文件 D:\sw18.1\work\ch04.06.13\construct.SLDPRT。

Step2. 进入草图环境，按住<Ctrl>键，选取图 4.6.5a 中的直线、多边形和圆弧，系统弹出如图 4.6.6 所示的“属性”对话框。

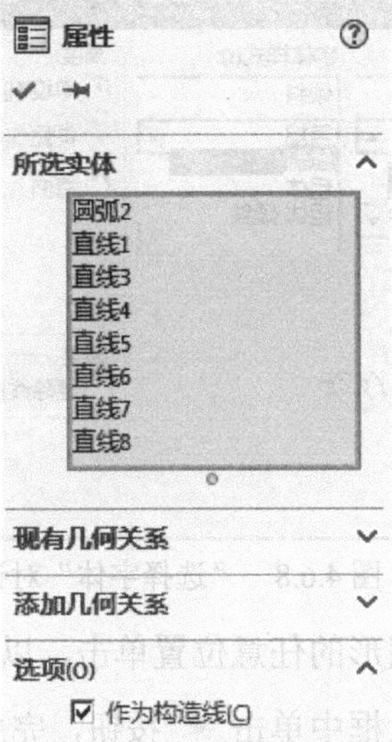

图 4.6.6 “属性”对话框

Step3. 在“属性”对话框中选中 作为构造线(C) 复选框，被选取的元素就转换成如图 4.6.5b 所示的构造线。

Step4. 单击 ✔ 按钮，完成转换构造线操作。

4.6.14 在草图设计环境中创建文本

Step1.选择下拉菜单 工具(T) → 草图绘制实体(K) → 文本(T)... 命令（或单击“草图”工具栏中的 按钮），系统弹出如图 4.6.7 所示的“草图文字”对话框。

Step2. 输入文本。在 文字(T) 区域中的文本框中输入字母 ABC。

Step3. 设置文本属性。

（1）设置文本方向。在 文字(T) 区域单击 AB 按钮。

（2）设置文本字体属性。

① 在 文字(T) 区域取消选中 使用文档字体(U) 复选框，单击 字体(F)... 按钮，系统弹出如图 4.6.8 所示的“选择字体”对话框。

图 4.6.7 “草图文字”对话框

② 在“选择字体”对话框的 字体(F): 列表中选择 宋体 选项，在 字体样式(Y): 列表中选择 倾斜 选项，在 高度: 区域的 单位(N) 文本框中输入数值 4.00，如图 4.6.8 所示。

③ 单击 确定 按钮，完成文本字体属性的设置。

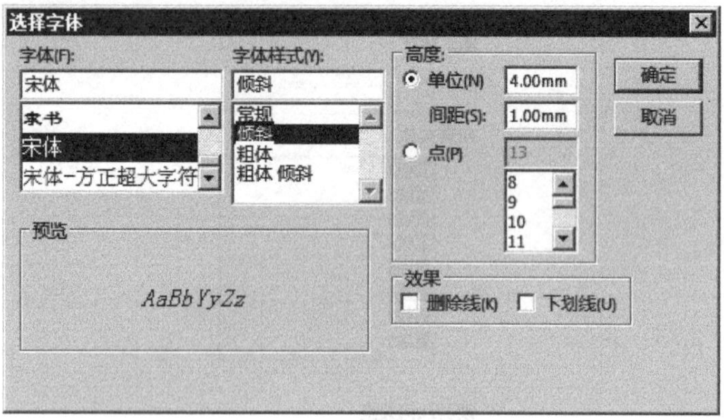

图 4.6.8 “选择字体”对话框

Step4. 定义放置位置。在图形的任意位置单击，以确定文本的放置位置。

Step5. 在“草图文字”对话框中单击 ✔ 按钮，完成文本的创建。

4.7 草图的编辑

4.7.1 删除草图实体

Step1. 在图形区单击或框选要删除的草图实体。

Step2. 按 Delete 键，所选草图实体即被删除，也可采用下面两种方法删除草图实体。

- 选取需要删除的草图实体并右击，在系统弹出的快捷菜单中选择 ✕ 删除 命令。
- 选取需要删除的草图实体后，在 编辑(E) 下拉菜单中选择 ✕ 删除(D) 命令。

4.7.2 直线的操纵

操纵 1（图 4.7.1）的操作流程：在图形区把鼠标指针 移到直线上，按下左键不放并移动鼠标（鼠标指针变为 ），此时直线随着鼠标指针一起移动，达到绘制目的后，松开鼠标左键。

操纵 2（图 4.7.2）的操作流程：在图形区把鼠标指针 移到直线的某个端点上，按下左键不放并移动鼠标（鼠标指针变为 ），此时会看到直线以另一端点为固定点伸缩或转动，达到绘制目的后，松开鼠标左键。

图 4.7.1 操纵 1

图 4.7.2 操纵 2

4.7.3 圆的操纵

操纵 1（图 4.7.3）的操作流程：把鼠标指针移到圆的边线上，按下左键不放并移动鼠标（鼠标指针变为），此时会看到圆在放大或缩小，达到绘制目的后，松开鼠标左键。

操纵 2（图 4.7.4）的操作流程：把鼠标指针移到圆心上，按下左键不放并移动鼠标（鼠标指针变为），此时会看到圆随着指针一起移动，达到绘制目的后，松开鼠标左键。

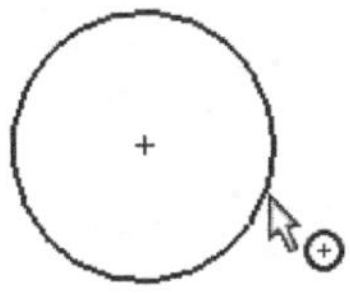

图 4.7.3 操纵 1

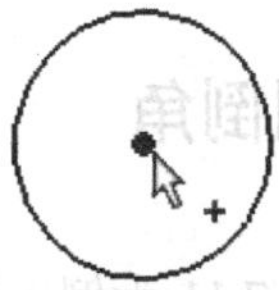

图 4.7.4 操纵 2

4.7.4 圆弧的操纵

操纵 1（图 4.7.5）的操作流程：把鼠标指针移到圆心点上，按下左键不放并移动鼠标，此时会看到圆弧随着指针一起移动，达到绘制目的后，松开鼠标左键。

操纵 2（图 4.7.6）的操作流程：把鼠标指针移到圆弧上，按下左键不放并移动鼠标，此时圆弧的两个端点固定不变，圆弧的包角及圆心位置随着指针的移动而变化，达到绘制目的后，松开鼠标左键。

操纵 3（图 4.7.7）的操作流程：把鼠标指针移到圆弧的某个端点上，按下左键不放并移动鼠标，此时会看到圆弧以另一端点为固定点旋转，并且圆弧的包角也在变化，达到绘制目的后，松开鼠标左键。

图 4.7.5 操纵 1

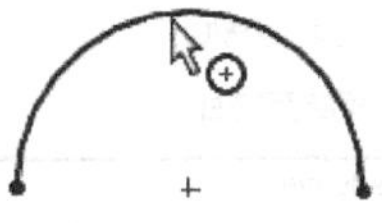

图 4.7.6 操纵 2

图 4.7.7 操纵 3

4.7.5 样条曲线的操纵

操纵 1（图 4.7.8）的操作流程：把鼠标指针移到样条曲线上，按下左键不放并移动鼠标（此时鼠标指针变为 ），此时会看到样条曲线随着指针一起移动，达到绘制目的后，松开鼠标左键。

操纵 2（图 4.7.9）的操作流程：把鼠标指针 移到样条曲线的某个端点上，按下左键不放并移动鼠标，此时样条曲线的另一端点和中间点固定不变，其曲率随着指针移动而变化，达到绘制目的后，松开鼠标左键。

操纵 3（图 4.7.10）的操作流程：把鼠标指针 移到样条曲线的中间点上，按下左键不放并移动鼠标，此时样条曲线的曲率不断变化，达到绘制目的后，松开鼠标左键。

图 4.7.8　操纵 1

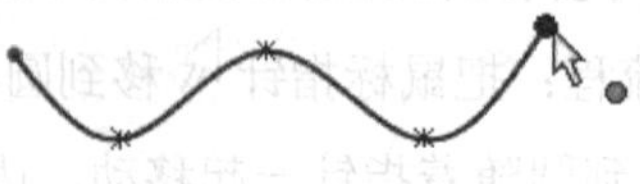
图 4.7.9　操纵 2

图 4.7.10　操纵 3

4.7.6　绘制倒角

下面以图 4.7.11 为例，说明绘制倒角的一般操作步骤。

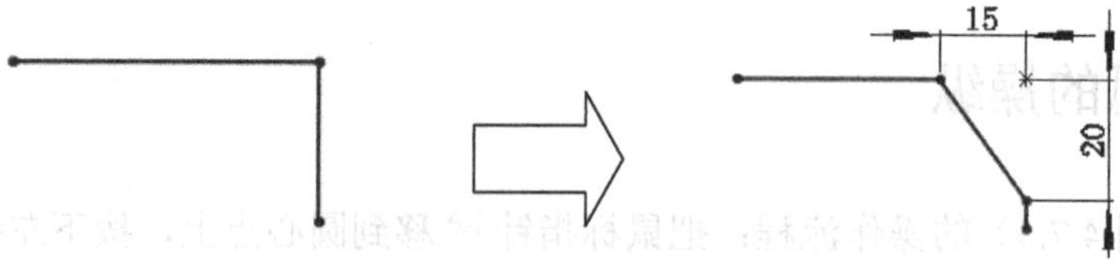

a）创建前　b）创建后

图 4.7.11　绘制倒角

Step1. 打开文件 D:\sw18.1\work\ch04.07.06\chamfer.SLDPRT。

Step2. 选择命令。选择下拉菜单 工具(T) → 草图工具(T) → 倒角(C)... 命令，系统弹出如图 4.7.12 所示的“绘制倒角”对话框。

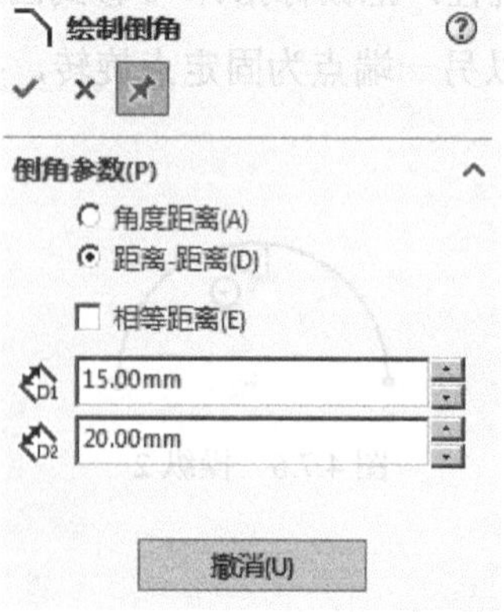

图 4.7.12　“绘制倒角”对话框

Step3. 定义倒角参数。在“绘制倒角”对话框中选中 距离-距离(D) 单选项，然后取消

选中 □ 相等距离(E) 复选框，在 (距离 1）文本框中输入距离值 15.00，在 (距离 2）文本框中输入距离值 20.00（Solidworks 默认单位为 mm，因此只需输入数值，默认单位在文档属性修改）。

Step4. 分别选取如图 4.7.11a 所示的两条边，系统便在这两条边之间绘制倒角，并将两个草图实体裁剪至交点。

Step5. 单击 ✔ 按钮，完成倒角的绘制。

图 4.7.12 所示的“绘制倒角”对话框中选项的说明如下。

- ⊙ 角度距离(A)：按照“角度距离”方式绘制倒角。
- ⊙ 距离-距离(D)：按照“距离-距离”方式绘制倒角。
- ☑ 相等距离(E)：采用“相等距离”方式绘制倒角时，选中此复选框，则距离 1 与距离 2 相等。
- （距离 1）文本框：用于输入距离 1 数值。
- （距离 2）文本框：用于输入距离 2 数值。

4.7.7 绘制圆角

下面以图 4.7.13 为例，说明绘制圆角的一般操作步骤。

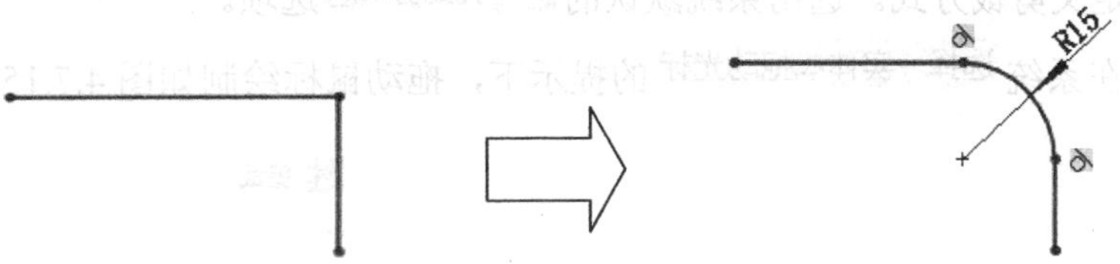

a）绘制圆角前　　b）绘制圆角后

图 4.7.13 绘制圆角

Step1. 打开文件 D:\sw18.1\work\ch04.07.07\ fillet.SLDPRT。

Step2. 选择命令。选择下拉菜单 工具(T) → 草图工具(T) → 圆角(F)... 命令，系统弹出如图 4.7.14 所示的“绘制圆角”对话框。

Step3. 定义圆角半径。在“绘制圆角”对话框的 （半径）文本框中输入圆角半径值 15.00。

Step4. 选择圆角边。分别选取如图 4.7.13a 所示的两条边，系统便在这两条边之间绘制圆角，并将两个草图实体裁剪至交点。

Step5. 单击两次 ✔ 按钮，完成圆角的绘制。

说明：在绘制圆角的过程中，系统会自动创建一些约束。

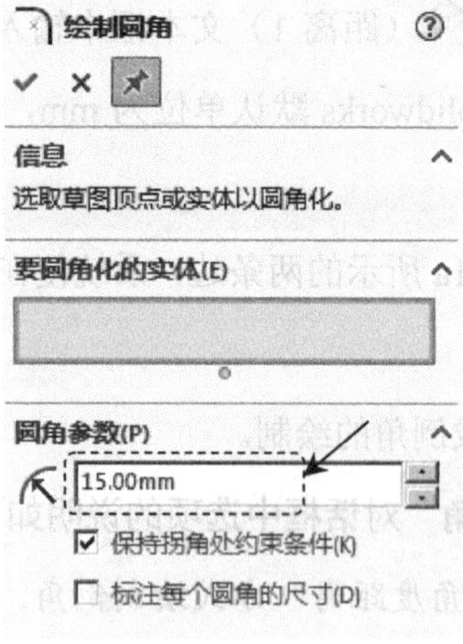

图 4.7.14 “绘制圆角”对话框

4.7.8 剪裁草图实体

使用 剪裁(T) 命令可以剪裁或延伸草图实体，也可以删除草图实体。下面以图 4.7.15 为例，说明剪裁草图实体的一般操作步骤。

Step1. 打开文件 D:\sw18.1\work\ch04.07.08\trim_01.SLDPRT。

Step2. 选择命令。选择下拉菜单 工具(T) → 草图工具(T) → 剪裁(T) 命令（或在“草图”工具栏单击 按钮），系统弹出如图 4.7.16 所示的“剪裁”对话框。

Step3. 定义剪裁方式。选用系统默认的 强劲剪裁(P) 选项。

Step4. 在系统 选择一实体或拖动光标 的提示下，拖动鼠标绘制如图 4.7.15a 所示的轨迹。

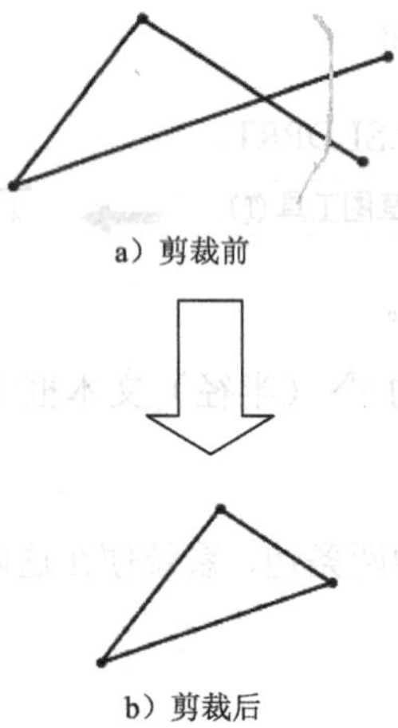

图 4.7.15 “强劲剪裁”方式剪裁草图实体

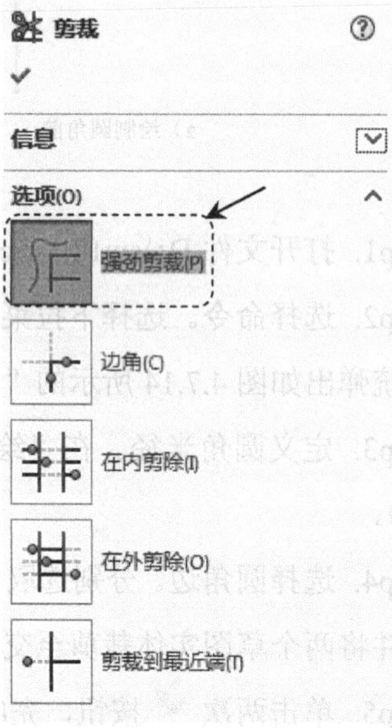

图 4.7.16 “剪裁”对话框

Step5. 在“剪裁”对话框中单击 ✔ 按钮，完成草图实体的剪裁操作。

图 4.7.16 所示的“剪裁”对话框中选项的说明如下。

- 使用 强劲剪裁(P) 方式可以剪裁或延伸所选草图实体。
- 使用 边角(C) 方式可以剪裁两个所选草图实体，直到它们以虚拟边角交叉，如图 4.7.17 所示。

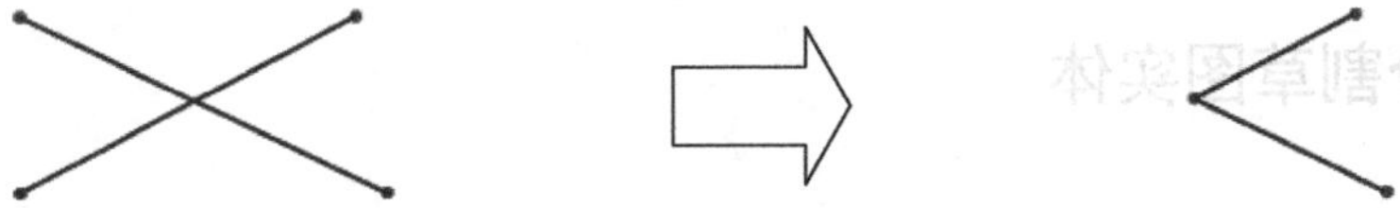

a）剪裁前　　b）剪裁后

图 4.7.17 “边角”方式

- 使用 在内剪除(I) 方式可剪裁交叉于两个所选边界上或位于两个所选边界之间的开环实体，如图 4.7.18 所示。

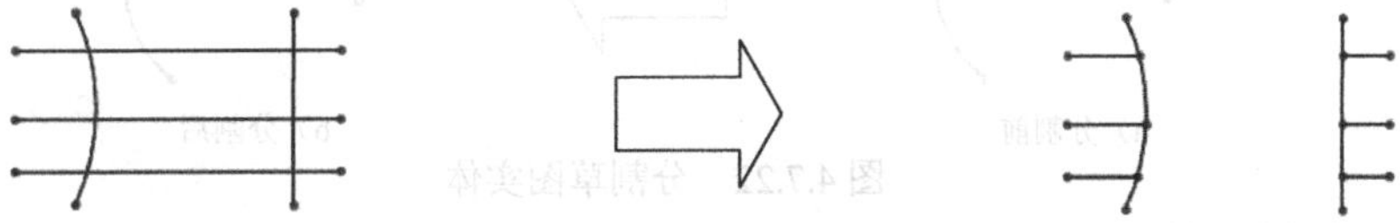

a）剪裁前　　b）剪裁后

图 4.7.18 “在内剪除”方式

- 使用 在外剪除(O) 方式可剪裁位于两个所选边界之外的开环实体，如图 4.7.19 所示。

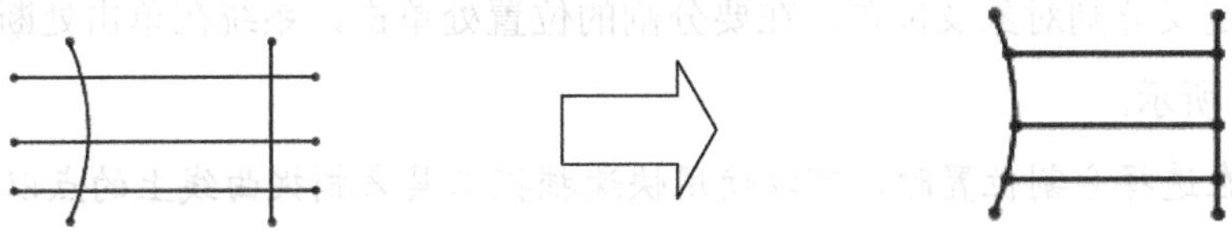

a）剪裁前　　b）剪裁后

图 4.7.19 “在外剪除”方式

- 使用 剪裁到最近端(T) 方式可以剪裁或延伸所选草图实体，如图 4.7.20 所示。

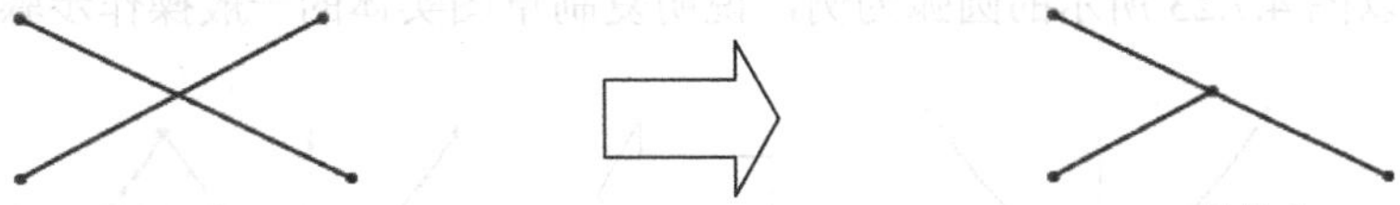

a）剪裁前　　b）剪裁后

图 4.7.20 “剪裁到最近端”方式

4.7.9 延伸草图实体

下面以图 4.7.21 为例，说明延伸草图实体的一般操作步骤。

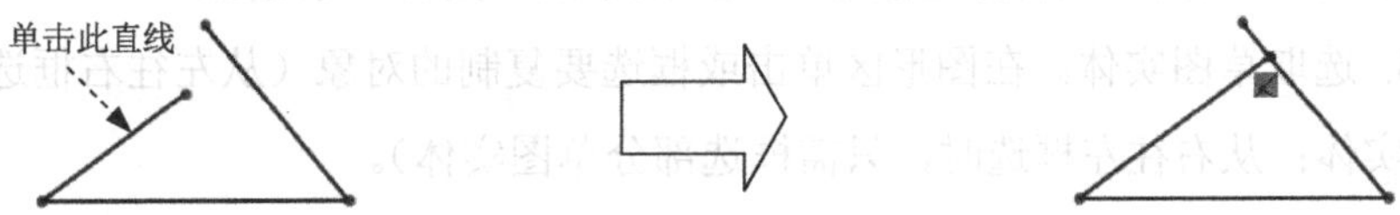

a）延伸前　　b）延伸后

图 4.7.21 延伸草图实体

Step1. 打开文件 D:\sw18.1\work\ch04.07.09\extend.SLDPRT。

Step2. 选择命令。选择下拉菜单 工具(T) → 草图工具(T) → 延伸(X) 命令（或在“草图”工具栏中单击 按钮）。

Step3. 定义延伸的草图实体。单击如图 4.7.21a 所示的直线，系统自动将该直线延伸到最近的边界。

4.7.10 分割草图实体

使用 分割实体(I) 命令可以将一个草图实体分割成多个草图实体。下面以图 4.7.22 为例，说明分割草图实体的一般操作步骤。

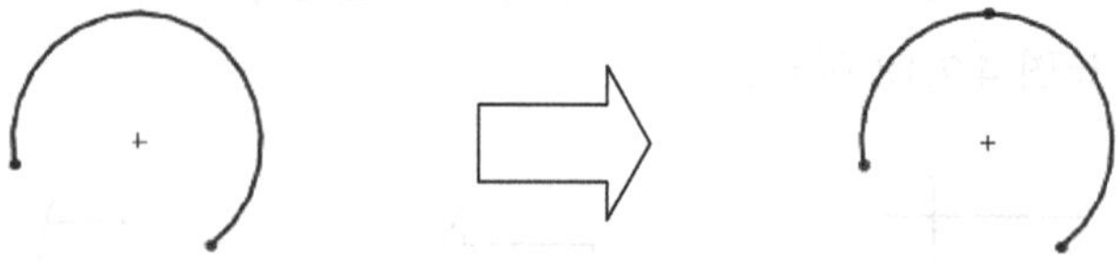

a）分割前　　b）分割后

图 4.7.22　分割草图实体

Step1. 打开文件 D:\sw18.1\work\ch04.07.10\ divide.SLDPRT。

Step2. 选择命令。选择下拉菜单 工具(T) → 草图工具(T) → 分割实体(I) 命令（或在“草图”工具栏中单击 按钮）。

Step3. 定义分割对象及位置。在要分割的位置处单击，系统在单击处断开草图实体，如图 4.7.22b 所示。

说明：在选择分割位置时，可以使用快速捕捉工具来捕捉曲线上的点以进行分割。

4.7.11 复制草图实体

下面以图 4.7.23 所示的圆弧为例，说明复制草图实体的一般操作步骤。

a）复制前　　b）复制后

图 4.7.23　复制草图实体

Step1. 打开文件 D:\sw18.1\work\ch04.07.11\copy.SLDPRT。

Step2. 选择下拉菜单 工具(T) → 草图工具(T) → 复制(C)... 命令（或在“草图”工具栏中单击 按钮），系统弹出如图 4.7.24 所示的“复制”对话框。

Step3. 选取草图实体。在图形区单击或框选要复制的对象（从左往右框选时，要框选整个草图实体；从右往左框选时，只需框选部分草图实体）。

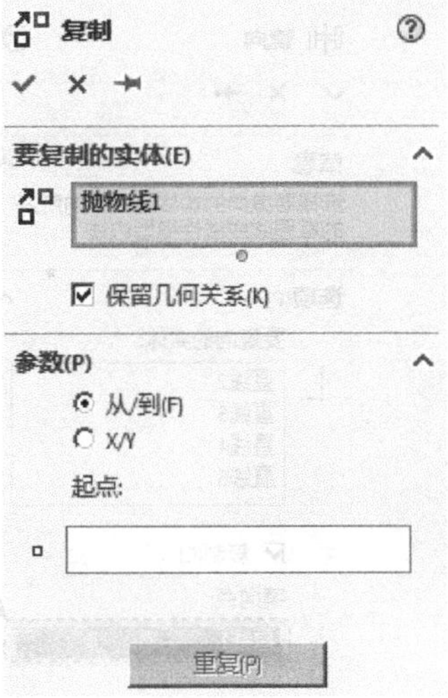

图 4.7.24 “复制”对话框

Step4. 定义复制方式。在“复制”对话框的 参数(P) 区域中选中 从/到(F) 单选项。

Step5. 定义基准点。在系统 单击来定义复制的基准点。 的提示下，选取抛物线的左端点作为基准点。

Step6. 定义目标点。根据系统提示 单击来定义复制的目标点。，选取圆弧的右端点作为目标点，系统立即复制出一个与原草图实体形状、大小完全一致的图形。

4.7.12 镜像草图实体

镜像操作就是以一条直线（或轴）为中心线镜像复制所选中的草图实体，可以保留原草图实体，也可以删除原草图实体。下面以图 4.7.25 为例，说明镜像草图实体的一般操作步骤（注：软件中翻译为“镜向”，有误，本书中均为“镜像”）。

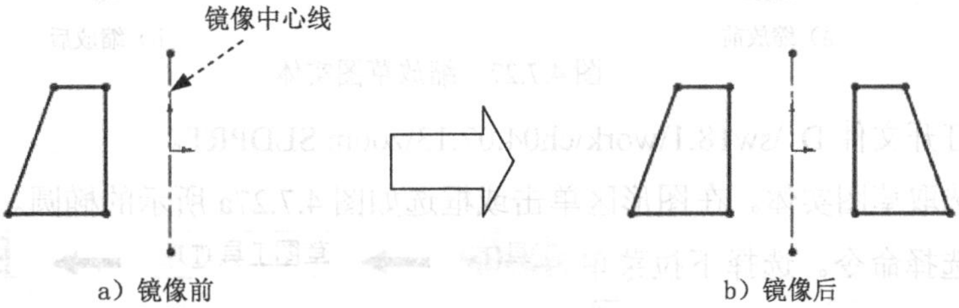

图 4.7.25 草图实体的镜像

Step1. 打开文件 D:\sw18.1\work\ch04.07.12\mirror.SLDPRT。

Step2. 选择命令。选择下拉菜单 工具(T) ➡ 草图工具(T) ➡ 镜向(M) 命令（或在“草图”工具栏中单击 按钮），系统弹出如图 4.7.26 所示的“镜像”对话框。

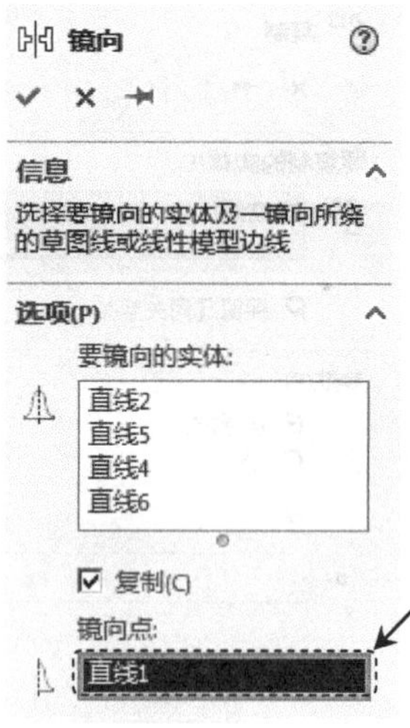

图 4.7.26 “镜像”对话框

Step3. 选取要镜像的草图实体。根据系统 选择要镜向的实体 的提示，在图形区框选要镜像的草图实体。

Step4. 定义镜像中心线。在“镜像”对话框中单击如图 4.7.26 所示的文本框，使其激活，然后在系统 选择镜向所绕的线条或线性模型边线或平面实体 的提示下，选取如图 4.7.25a 所示的构造线为镜像中心线；单击 ✔ 按钮，完成草图实体的镜像操作。

4.7.13 缩放草图实体

下面以图 4.7.27 为例，说明缩放草图实体的一般操作步骤。

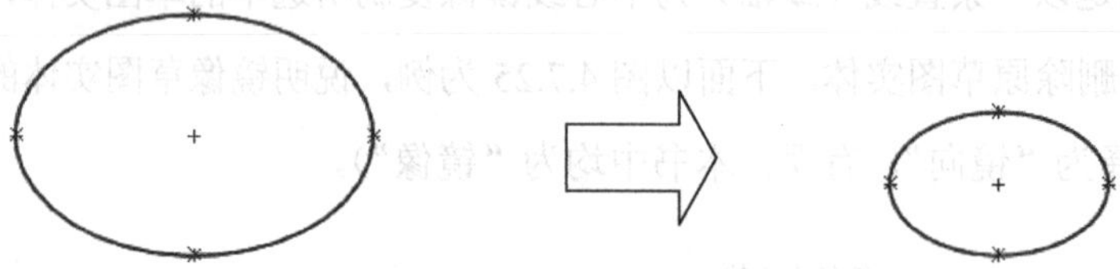

a）缩放前　　b）缩放后

图 4.7.27 缩放草图实体

Step1. 打开文件 D:\sw18.1\work\ch04.07.13\zoom.SLDPRT。

Step2. 选取草图实体。在图形区单击或框选如图 4.7.27a 所示的椭圆。

Step3. 选择命令。选择下拉菜单 工具(T) → 草图工具(T) → 缩放比例(S)... 命令（或在“草图”工具栏中单击 按钮），系统弹出如图 4.7.28 所示的“比例”对话框。

说明： 在进行缩放操作时可以先选择命令，然后再选择需要缩放的草图实体，但在定义比例缩放点时应先激活相应的文本框。

Step4. 定义比例缩放点。选取椭圆圆心点为比例缩放点。

Step5. 定义比例因子。在 参数(P) 区域中的 文本框中输入数值 0.6，并取消选中

☐ 复制(Y) 复选框；单击 ✔ 按钮，完成草图实体的缩放操作。

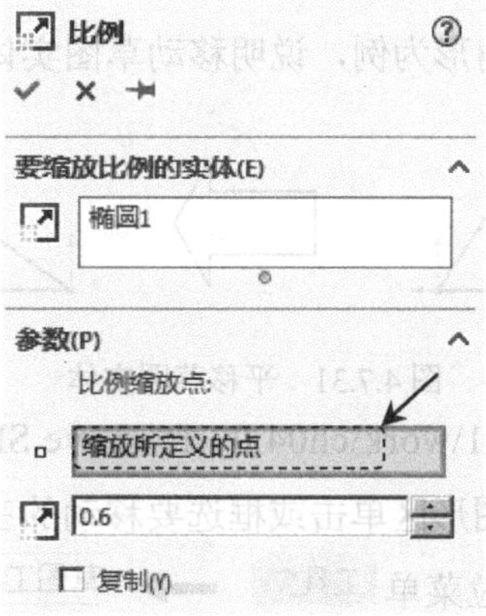

图 4.7.28 “比例”对话框

4.7.14 旋转草图实体

下面以图 4.7.29 所示的椭圆为例，说明旋转草图实体的一般操作步骤。

Step1. 打开文件 D:\sw18.1\work\ch04.07.14\circumgyrate.SLDPRT。

Step2. 选取草图实体。在图形区单击或框选要旋转的椭圆。

Step3. 选择命令。选择下拉菜单 工具(T) ➡ 草图工具(T) ➡ 旋转(R)... 命令（或在“草图”工具栏中单击 按钮），系统弹出如图 4.7.30 所示的“旋转”对话框。

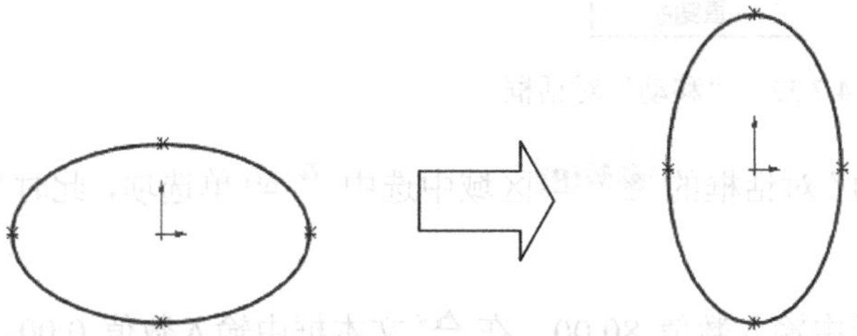

a）旋转前　b）旋转后

图 4.7.29 旋转草图实体

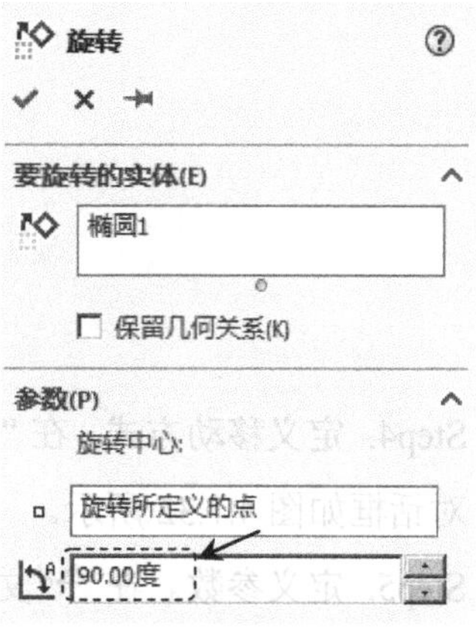

图 4.7.30 “旋转”对话框

Step4. 定义旋转中心。在图形区选取圆心点作为旋转中心。

Step5. 定义旋转角度。在 参数(P) 区域中的 文本框中输入数值 90.00，单击 ✔ 按钮，完成草图实体的旋转操作。

4.7.15 移动草图实体

下面以图 4.7.31 所示的三角形为例，说明移动草图实体的一般操作步骤。

图 4.7.31 平移草图实体

Step1. 打开文件 D:\sw18.1\work\ch04.07.15\move.SLDPRT。

Step2. 选取草图实体。在图形区单击或框选要移动的三角形。

Step3. 选择命令。选择下拉菜单 工具(T) → 草图工具(T) → 移动(V)... 命令（或在“草图”工具栏中单击 按钮），系统弹出如图 4.7.32 所示的“移动”对话框。

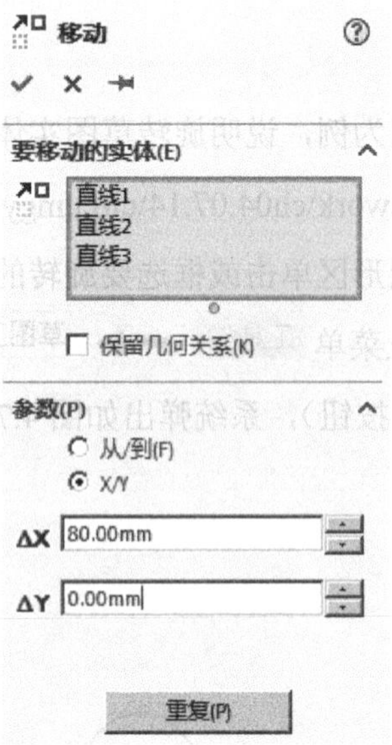

图 4.7.32 “移动”对话框

Step4. 定义移动方式。在“移动”对话框的 参数(P) 区域中选中 X/Y 单选项，此时“移动”对话框如图 4.7.32 所示。

Step5. 定义参数。在 ΔX 文本框中输入数值 80.00，在 ΔY 文本框中输入数值 0.00，可看到图形区中的三角形已经移动。

Step6. 单击 ✓ 按钮，完成草图实体的移动操作。

4.7.16 等距草图实体

等距草图实体就是绘制被选择草图实体的等距线。下面以图 4.7.33 为例，说明等距草图实体的一般操作步骤。

a）等距前　　b）等距后

图 4.7.33　等距实体

Step1. 打开文件 D:\sw18.1\work\ch04.07.16\offset.SLDPRT。

Step2. 选取草图实体。在图形区单击或框选要等距的草图实体。

说明：所选草图实体可以是构造几何线，也可以是双向等距实体。在重建模型时，如果原始实体改变，则等距的曲线也会随之改变。

Step3. 选择命令。选择下拉菜单 工具(T) → 草图工具(T) → 等距实体(O)... 命令（或在“草图”工具栏中单击按钮），系统弹出如图 4.7.34 所示的“等距实体”对话框。

Step4. 定义等距距离。在“等距实体”对话框的文本框中输入数值 10.00。

Step5. 定义等距方向。在图形区移动鼠标至如图 4.7.33b 所示的位置后单击，以确定等距方向，系统立即绘制出等距草图实体。

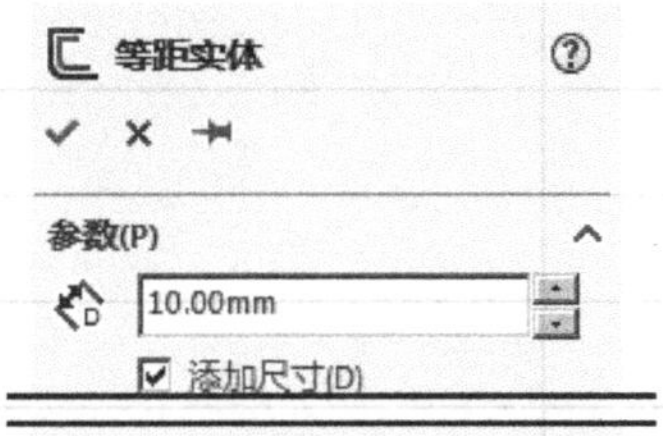

图 4.7.34　“等距实体”对话框

4.7.17　转换实体引用

转换实体引用可以将其他草图或模型的边线等转换引用到当前草图中，因为此命令在零件建模中应用较为广泛，所以本书将在 5.1.3 节中进行详细讲解。

4.8　草图中的几何约束

在绘制草图实体时或绘制草图实体后，需要对绘制的草图增加一些几何约束来帮助定位，SolidWorks 系统可以很容易地做到这一点。下面对草图中的几何约束进行详细介绍。

4.8.1 几何约束的显示与隐藏

1. 几何约束的屏幕显示控制

选择下拉菜单中的 视图(V) → 隐藏/显示(H) → 草图几何关系(E) 命令，可以控制草图几何约束的显示。当 草图几何关系(E) 前的按钮处于弹起状态时，草图几何约束将不显示；当 草图几何关系(E) 前的按钮处于按下状态时，草图几何约束将显示出来。

2. 几何约束符号颜色的含义

- 约束：显示为绿色。
- 鼠标指针所在的约束：显示为橙色。
- 选定的约束：显示为青色。

3. 各种几何约束符号列表

各种几何约束符号见表 4.8.1。

表 4.8.1 各种几何约束符号

约 束 名 称	约束显示符号
中点	
重合	
水平	
竖直	
同心	
相切	
平行	
垂直	
对称	
相等	
固定	
全等	
共线	
合并	

4.8.2 几何约束的种类

SolidWorks 支持的几何约束的种类见表 4.8.2。

表 4.8.2 SolidWorks 支持的几何约束的种类

按 钮	约 束
中点(M)	使点与选取的直线的中点重合
重合(D)	使选取的点位于直线上
水平(H)	使直线或两点水平
全等(R)	使选取的圆或圆弧的圆心重合且半径相等
相切(A)	使选取的两个草图实体相切
同心(N)	使选取的两个圆的圆心位置重合
合并(G)	使选取的两点重合
平行(E)	当两条直线被指定该约束后，这两条直线将自动处于平行状态
竖直(V)	使直线或两点竖直
相等(Q)	使选取的直线长度相等或圆弧的半径相等
对称(S)	使选取的草图实体对称于中心线
固定(F)	使选取的草图实体位置固定
共线(L)	使两条直线重合
垂直(U)	使两条直线垂直

4.8.3 创建几何约束

下面以图 4.8.1 所示的相切约束为例，说明创建几何约束的一般操作步骤。

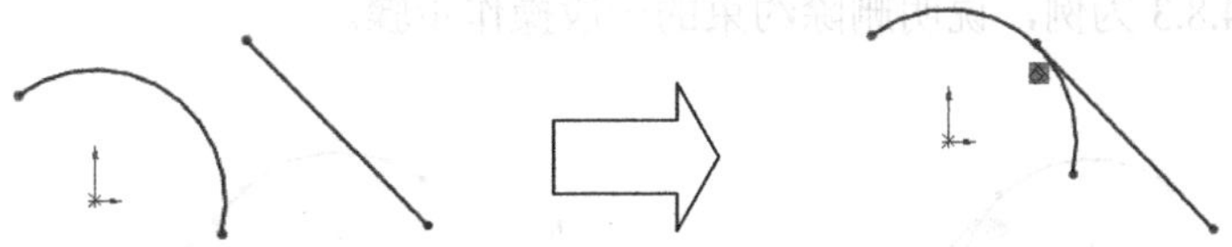

a）约束前　　b）约束后

图 4.8.1 相切约束

方法一：

Step1. 打开文件 D:\sw18.1\work\ch04.08.03\restrict.SLDPRT。

Step2. 选择草图实体。按住<Ctrl>键，在图形区选取直线和圆弧，系统弹出如图 4.8.2 所示的“属性”对话框。

说明：在“属性”对话框的 添加几何关系 区域中显示了所选草图实体能够添加的所有

约束。

Step3. 定义约束。在“属性”对话框的 添加几何关系 区域中单击 相切(A) 按钮，然后单击 ✔ 按钮，完成相切约束的创建。

Step4. 重复 Step2～Step3 可创建其他约束。

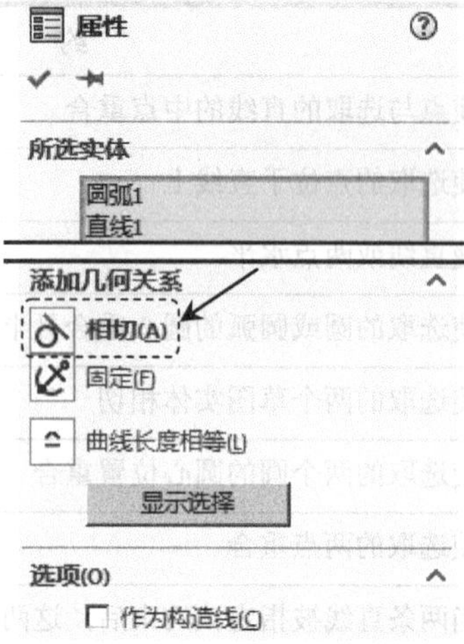

图 4.8.2 “属性”对话框

方法二：

Step1. 选择命令。选择下拉菜单 工具(T) → 关系(O) → 添加(A)... 命令，系统弹出“添加几何关系”对话框。

Step2. 选取草图实体。在图形区选取直线和圆弧。

Step3. 定义约束。在“添加几何关系”对话框的 添加几何关系 区域中单击 相切(A) 按钮，然后单击 ✔ 按钮，完成相切约束的创建。

4.8.4 删除约束

下面以图 4.8.3 为例，说明删除约束的一般操作步骤。

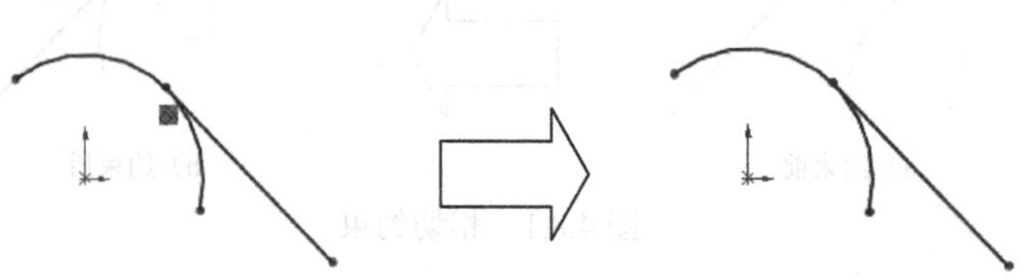

a）删除前　　b）删除后

图 4.8.3 删除约束

Step1. 打开文件 D:\sw18.1\work\ch04.08.04\restrict_delete.SLDPRT。

Step2. 选择命令。选择下拉菜单 工具(T) → 关系(O) → 显示/删除(D)... 命令，系统弹出图 4.8.4 所示的“显示/删除几何关系”对话框。

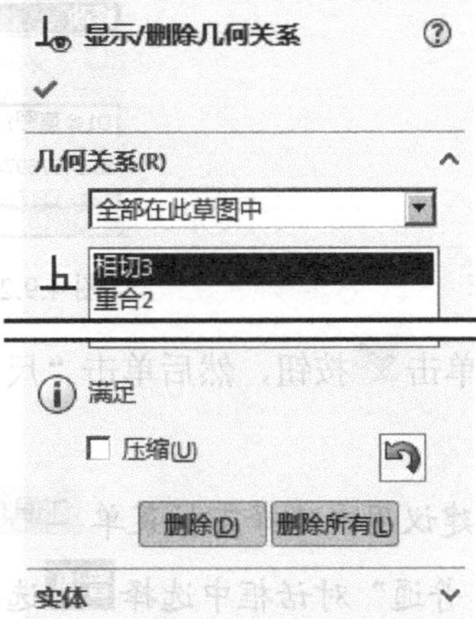

图 4.8.4 “显示/删除几何关系”对话框

Step3. 定义需删除的约束。在“显示/删除几何关系”对话框的 几何关系(R) 区域中的列表框中选择 相切3 选项。

Step4. 删除所选约束。在“显示/删除几何关系”对话框中单击 删除(D) 按钮，然后单击 ✔ 按钮，完成约束的删除操作。

说明：还可以在“几何关系”下拉列表中选择几何关系，或在图形区域选择几何关系图标，然后按 Delete 键删除不需要的几何关系。

4.9 草图的标注

草图标注就是确定草图中几何图形的尺寸，如长度、角度、半径或直径等，它是一种以数值来确定草图实体精确尺寸的约束形式。一般情况下，在绘制草图之后，需要对图形进行尺寸定位，使尺寸满足预定的要求。

4.9.1 标注线段长度

Step1. 打开文件 D:\sw18.1\work\ch04.09.01\length.SLDPRT。

Step2. 选择命令。选择下拉菜单 工具(T) → 尺寸(S) → 智能尺寸(S) 命令（或在“尺寸/几何关系”工具栏中单击 按钮）。

Step3. 在系统 选择一个或两个边线/顶点后再选择尺寸文字标注的位置。 的提示下，单击位置 1 以选取直线（图 4.9.1），系统弹出“线条属性”对话框。

Step4. 确定尺寸的放置位置。在位置 2 单击鼠标左键，系统弹出“尺寸”对话框和图

4.9.2 所示的“修改”对话框。

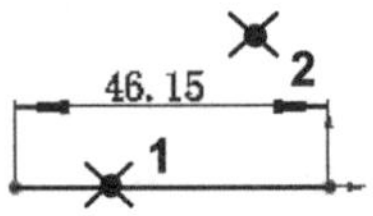

图 4.9.1 线段长度尺寸的标注

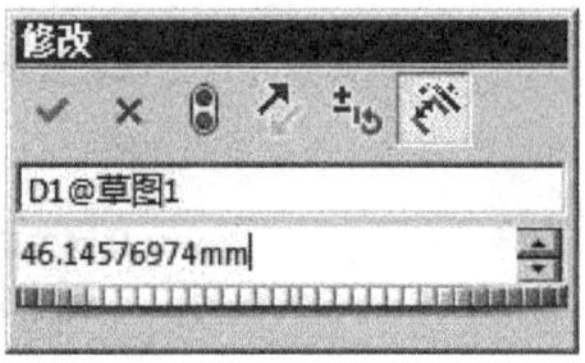

图 4.9.2 “修改”对话框

Step5. 在“修改”对话框中单击✔按钮，然后单击“尺寸”对话框中的✔按钮，完成线段长度的标注。

说明：在学习标注尺寸前，建议用户选择下拉菜单 工具(T) → 选项(P)... 命令，在系统弹出的“系统选项（S）- 普通”对话框中选择 普通 选项，取消选中 ☐ 输入尺寸值(I) 复选框（图 4.9.3），则在标注尺寸时，系统将不会弹出“修改”对话框。

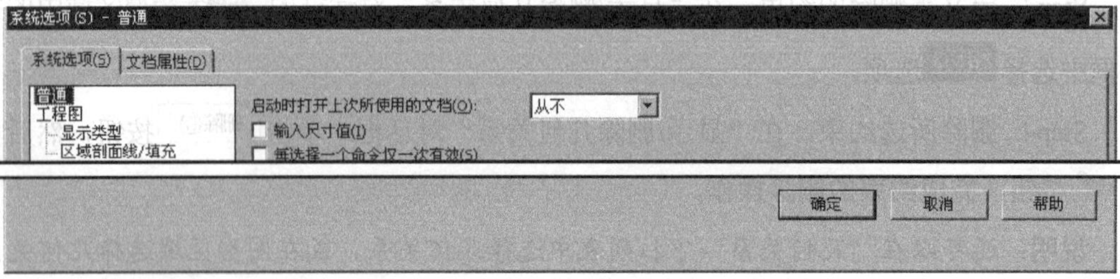

图 4.9.3 “系统选项（S）- 普通”对话框

4.9.2 标注一点和一条直线之间的距离

Step1. 打开文件 D:\sw18.1\work\ch04.09.02\distance_02.SLDPRT。

Step2. 选择下拉菜单 工具(T) → 尺寸(S) → 智能尺寸(S) 命令（或在“尺寸/几何关系”工具栏中单击 按钮）。

Step3. 单击位置 1 以选择点，单击位置 2 以选择直线，单击位置 3 放置尺寸，如图 4.9.4 所示。

4.9.3 标注两点间的距离

Step1. 打开文件 D:\sw18.1\work\ch04.09.03\distance_03.SLDPRT。

Step2. 选择下拉菜单 工具(T) → 尺寸(S) → 智能尺寸(S) 命令（或在“尺寸/几何关系”工具栏中单击 按钮）。

Step3. 分别单击位置 1 和位置 2 以选择两点，单击位置 3 放置尺寸，如图 4.9.5 所示。

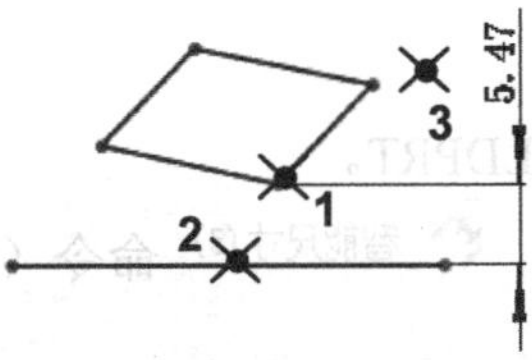

图 4.9.4　点和线间距离的标注

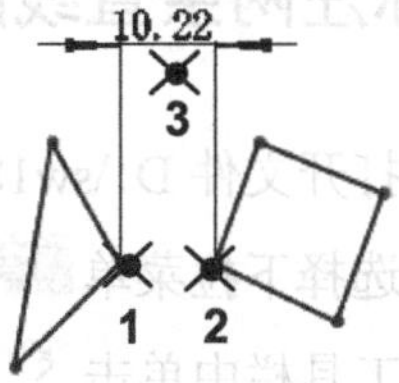

图 4.9.5　两点间距离的标注

4.9.4　标注两条平行线间的距离

Step1. 打开文件 D:\sw18.1\work\ch04.09.04\distance_01.SLDPRT。

Step2. 选择下拉菜单 工具(T) → 尺寸(S) → 智能尺寸(S) 命令（或在“尺寸/几何关系”工具栏中单击 按钮）。

Step3. 分别单击位置 1 和位置 2 以选取两条平行线，然后单击位置 3 以放置尺寸，如图 4.9.6 所示。

4.9.5　标注直径

Step1. 打开文件 D:\sw18.1\work\ch04.09.05\ diameter.SLDPRT。

Step2. 选择下拉菜单 工具(T) → 尺寸(S) → 智能尺寸(S) 命令（或在“尺寸/几何关系”工具栏中单击 按钮）。

Step3. 选取要标注的元素。单击位置 1 以选取圆，如图 4.9.7 所示。

Step4. 确定尺寸的放置位置。单击位置 2 放置尺寸，如图 4.9.7 所示。

4.9.6　标注半径

Step1. 打开文件 D:\sw18.1\work\ch04.09.06\ radius.SLDPRT。

Step2. 选择下拉菜单 工具(T) → 尺寸(S) → 智能尺寸(S) 命令（或在“尺寸/几何关系”工具栏中单击 按钮）。

Step3. 单击位置 1 选择圆上一点，然后单击位置 2 放置尺寸，如图 4.9.8 所示。

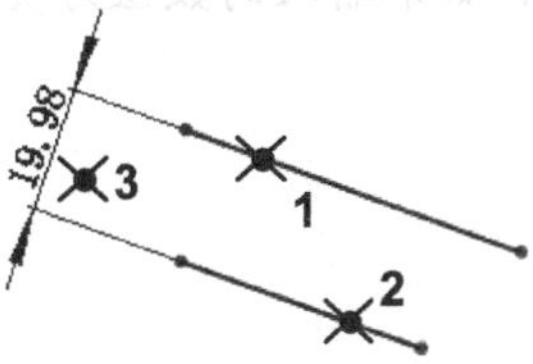

图 4.9.6　平行线距离的标注

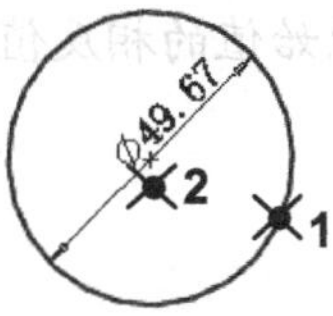

图 4.9.7　直径的标注

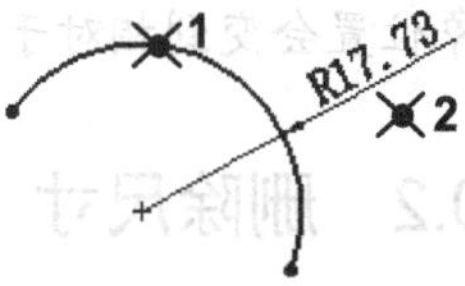

图 4.9.8　半径的标注

4.9.7 标注两条直线间的角度

Step1. 打开文件 D:\sw18.1\work\ch04.09.07\angle.SLDPRT。

Step2. 选择下拉菜单 工具(T) → 尺寸(S) → 智能尺寸(S) 命令（或在“尺寸/几何关系”工具栏中单击 按钮）。

Step3. 分别在两条直线上选取点 1 和点 2；单击位置 3 放置尺寸（锐角，如图 4.9.9 所示），或单击位置 4 放置尺寸（钝角，如图 4.9.10 所示）。

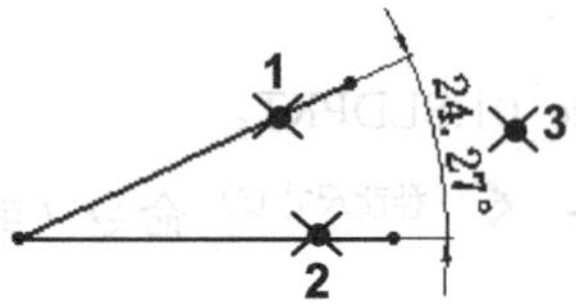

图 4.9.9 两条直线间角度的标注——锐角

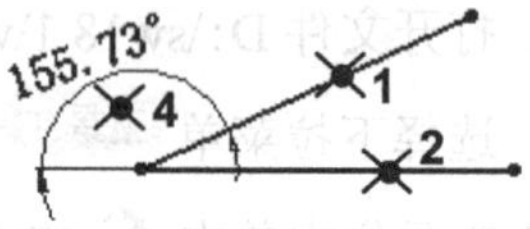

图 4.9.10 两条直线间角度的标注——钝角

4.10 尺寸标注的修改

4.10.1 修改尺寸值

Step1. 打开文件 D:\sw18.1\work\ch04.10\amend_dimension.SLDPRT。

Step2. 选择尺寸。在要修改的尺寸文本上双击，系统弹出“尺寸”窗口和如图 4.10.1 所示的“修改”对话框。

Step3. 定义参数。在“修改”对话框中的文本框中输入数值 50，单击 按钮，然后单击“尺寸”对话框中的 按钮，完成尺寸的修改操作，如图 4.10.2 所示。

Step4. 重复 Step2～Step3 可修改其他尺寸值。

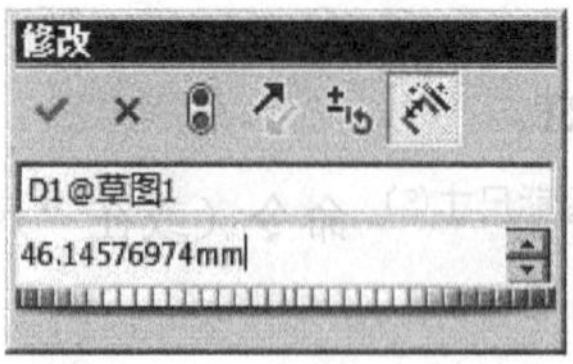

图 4.10.1 “修改”对话框

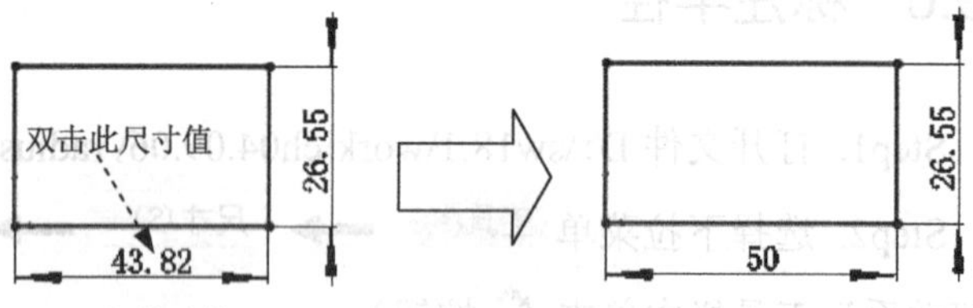

a）修改前　　b）修改后

图 4.10.2 修改尺寸值

说明：在“修改”对话框中可以指定负值作为草图的尺寸。如果输入的数值为负值，则对象位置会变到相对于参考点的原始值的相反值处。

4.10.2 删除尺寸

删除尺寸的一般操作步骤如下。

Step1. 单击需要删除的尺寸（按住 Ctrl 键可多选）。

Step2. 选择下拉菜单 编辑(E) → 删除(D) 命令（或按 Delete 键；或右击，在系统弹出的快捷菜单中选择 删除 (D) 命令），选取的尺寸即被删除。

4.10.3　移动尺寸

如果要移动尺寸文本的位置，可按以下步骤操作。

Step1. 单击要移动的尺寸文本。

Step2. 按住左键并移动鼠标，将尺寸文本拖至所需位置。

4.10.4　修改尺寸值的小数位数

可以使用“系统选项”对话框来指定尺寸值的默认小数位数。

Step1. 选择命令。选择下拉菜单 工具(T) → 选项(P)... 命令。

Step2. 在系统弹出的“系统选项”对话框中单击 文档属性(D) 选项卡，然后选择 尺寸 选项，此时“系统选项”对话框变成图 4.10.3 所示的“文档属性（D）-尺寸”对话框。

Step3. 定义尺寸值的小数位数。在“文档属性（D）-尺寸”对话框的 主要精度 区域的下拉列表中选择尺寸值的小数位数。

Step4. 单击“文档属性（D）-尺寸”对话框中的 确定 按钮，完成尺寸值的小数位数的修改。

注意：增加尺寸时，系统将数值四舍五入到指定的小数位数。

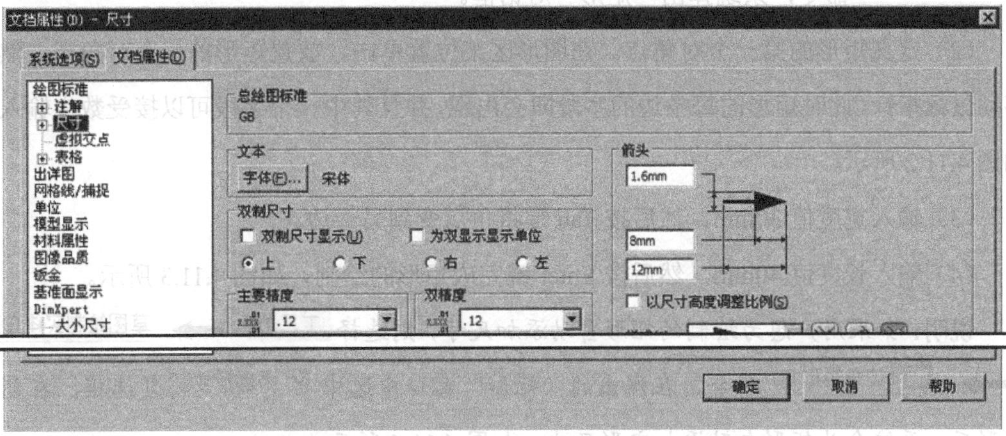

图 4.10.3　“文档属性（D）－尺寸”对话框

4.11 数字输入及自动添加尺寸

SolidWorks 2017 可以在生成直线、矩形、圆和圆弧时指定数字输入。

Step1. 激活数字输入。

（1）选择下拉菜单 工具(T) → 选项(P)... 命令。

（2）在弹出的“系统选项”对话框的列表框中选择 草图 选项，如图 4.11.1 所示。

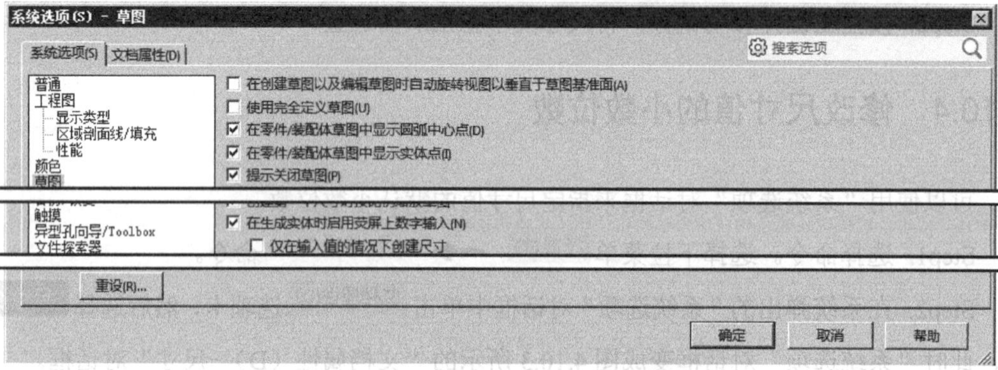

图 4.11.1 “系统选项（S）- 草图”对话框

（3）在此对话框中选中 ☑ 在生成实体时启用荧屏上数字输入(N) 复选框。

（4）单击 确定 按钮，完成输入数字的设置。

Step2. 指定数字输入。

（1）在草图环境中，选择下拉菜单 工具(T) → 草图绘制实体(K) → 边角矩形(R) 命令，系统弹出“矩形”对话框。

（2）定义矩形的第一个对角点。在图形区某位置单击，放置矩形的一个对角点，然后移动鼠标指针，此时矩形的每条边的字段即会出现，并且其中一个字段可以接受数字输入，如图 4.11.2 所示。

（3）输入宽度值 30mm，然后按 Tab 键将角点变到另一边。

（4）输入长度值 40mm，然后按 Enter 键完成矩形的绘制，如图 4.11.3 所示。

说明：如果用户想为绘制的矩形自动添加尺寸，则选择 工具(T) → 草图绘制实体(K) → 边角矩形(R) 命令，在弹出的“矩形”窗口中选中 ☑ 添加尺寸(D) 复选框。在创建矩形后，系统会为矩形自动添加定形尺寸，如图 4.11.4 所示。

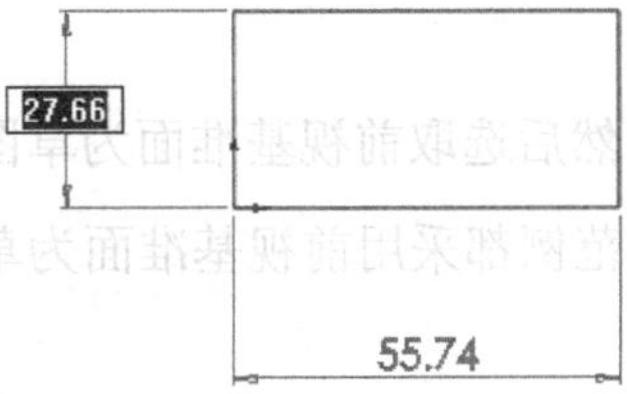

图 4.11.2 字段

图 4.11.3 矩形

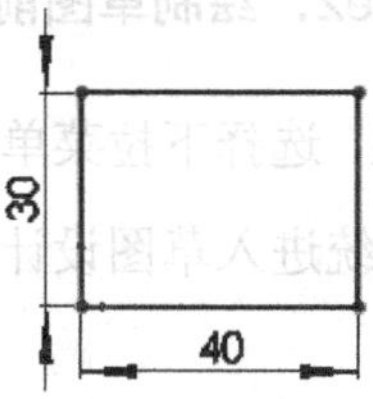

图 4.11.4 自动添加尺寸

4.12 草图绘制范例概述

与其他二维软件（如 AutoCAD）相比，SolidWorks 中二维草图的绘制有自己的方法、规律和技巧。用 AutoCAD 绘制二维图形，通过一步步地输入准确的尺寸，可以直接得到最终需要的图形；而用 SolidWorks 绘制二维图形时，一般开始不需要给出准确的尺寸，而是先绘制草图，勾勒出图形的大概形状，然后对草图创建符合工程需要的尺寸布局，最后修改草图的尺寸，在修改时输入各尺寸的准确值（正确值）。由于 SolidWorks 具有尺寸驱动功能，所以草图在修改尺寸后，图形的大小会随着尺寸而变化。这样绘制图形的方法虽然烦琐，但在实际的产品设计中比较符合设计师的思维方式和设计过程。例如，某设计师现需要对产品中的一个零件进行全新设计。在刚开始设计时，其脑海里只会有这个零件的大概轮廓和形状，所以会先以草图的形式勾勒出零件的大致形状，草图完成后，会考虑图形（零件）的尺寸布局和基准定位等，最后根据诸多因素（如零件的功能、零件的强度要求、零部件与产品中其他零部件的装配关系等）确定零件每个尺寸的最终准确值，从而完成零件的设计。由此看来，SolidWorks 的这种“先绘草图，再改尺寸”的绘图方法是有一定道理的。

4.13 SolidWorks 草图设计综合应用范例 1

范例概述

本范例介绍了草图的绘制、编辑和约束的过程，读者要重点掌握几何约束与尺寸约束的处理技巧。范例图形如图 4.13.1 所示，下面介绍其创建的一般操作步骤。

Stage1．新建文件

启动 SolidWorks 软件，选择下拉菜单 文件(F) ➡ 新建(N)... 命令，系统弹出“新建 SolidWorks 文件”对话框，选择其中的“零件”模板，单击 确定 按钮，进入零件设计环境。

Stage2．绘制草图前的准备工作

Step1．选择下拉菜单 插入(I) → 草图绘制 命令，然后选取前视基准面为草图基准面，系统进入草图设计环境（如未加特别说明，本章中的范例都采用前视基准面为草图基准面）。

Step2．确认 视图(V) → 隐藏/显示(H) → 草图几何关系(E) 命令前的按钮被按下，即显示草图几何约束。

Stage3．绘制草图的大致轮廓

说明：由于 SolidWorks 具有尺寸驱动功能，开始绘图时只需绘制大致的形状即可。

Step1．绘制圆弧。选择 工具(T) → 草图绘制实体(K) → 圆心/起/终点画弧(A) 命令，在图形区绘制图 4.13.2 所示的两段圆弧。

Step2．绘制直线。选择下拉菜单 工具(T) → 草图绘制实体(K) → 直线(L) 命令，在图形区绘制图 4.13. 3 所示的五条直线。

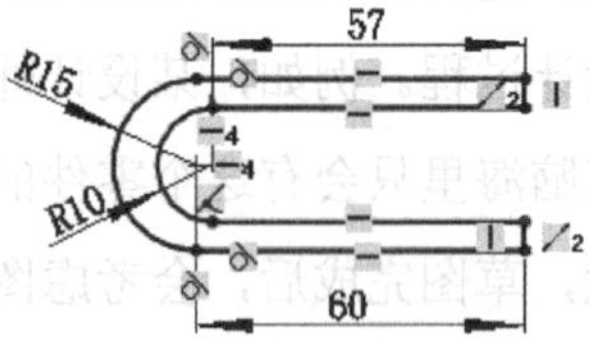

图 4.13.1　范例 1

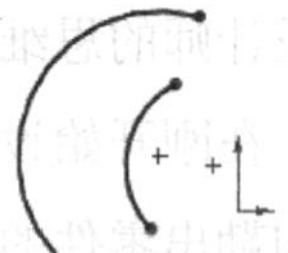
图 4.13.2　绘制两段圆弧

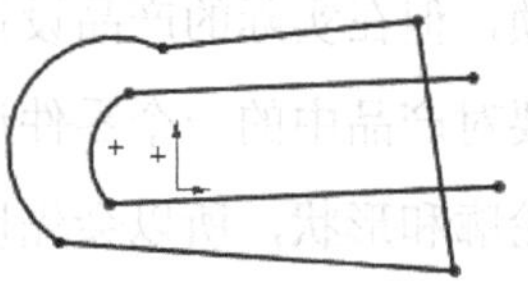
图 4.13.3　绘制五条直线

Stage4．编辑草图

Step1．选择命令。选择下拉菜单 工具(T) → 草图工具(T) → 剪裁(T) 命令，系统弹出“剪裁”对话框。

Step2．定义剪裁方式。在“剪裁”对话框中选择 强劲剪裁(P) 方式。

Step3．在图形区拖动鼠标绘制图 4.13.4 所示的轨迹。

Step4．在“剪裁”对话框中单击 ✔ 按钮，完成剪裁操作。

Stage5．添加几何约束

Step1．添加图 4.13.5 所示的“水平”约束 1。按住 Ctrl 键，选取如图 4.13.6 所示的两个圆心，系统弹出“属性”对话框，在 添加几何关系 区域中单击 水平(H) 按钮。

Step2．添加如图 4.13.7 所示的“重合”约束。按住 Ctrl 键，选取如图 4.13.8 所示的圆心和原点，系统弹出“属性”对话框，在 添加几何关系 区域中单击 重合(D) 按钮。

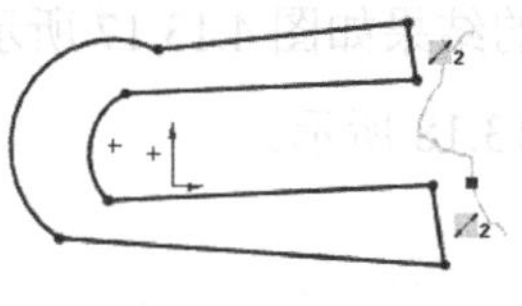

图 4.13.4 强劲裁剪边线

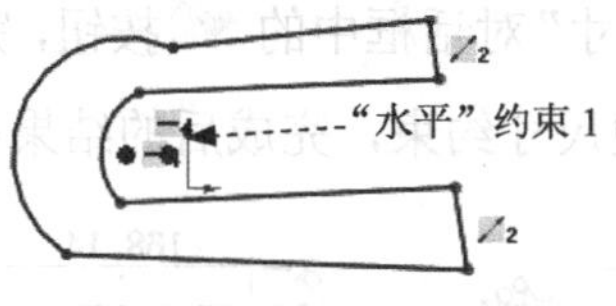

图 4.13.5 添加“水平”约束 1

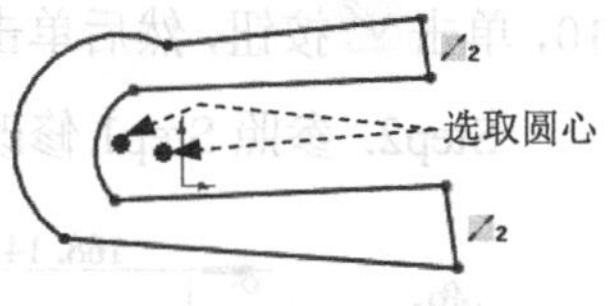

图 4.13.6 选取两个圆心

Step3. 添加如图 4.13.9 所示的“水平”约束 2。按住 Ctrl 键，选取如图 4.13.10 所示的四条直线，系统弹出“属性”对话框，在 添加几何关系 区域中单击 水平(H) 按钮。

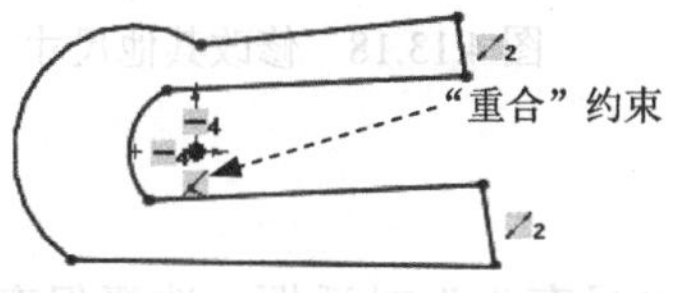

图 4.13.7 添加“重合”约束

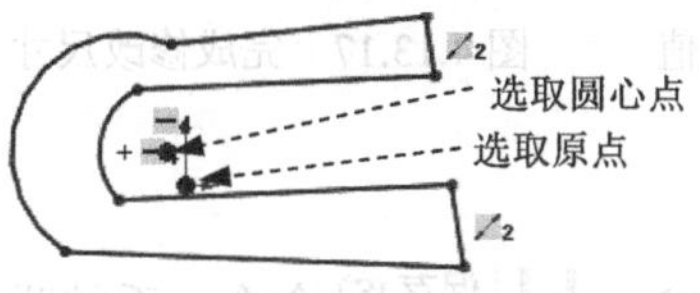

图 4.13.8 选取圆心点和原点

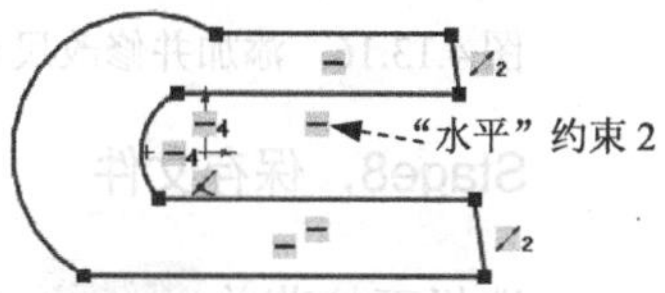

图 4.13.9 添加“水平”约束 2

Step4. 添加如图 4.13.11 所示的“竖直”约束。按住 Ctrl 键，选取如图 4.13.12 所示的两条直线，系统弹出“属性”对话框，在 添加几何关系 区域中单击 竖直(V) 按钮。

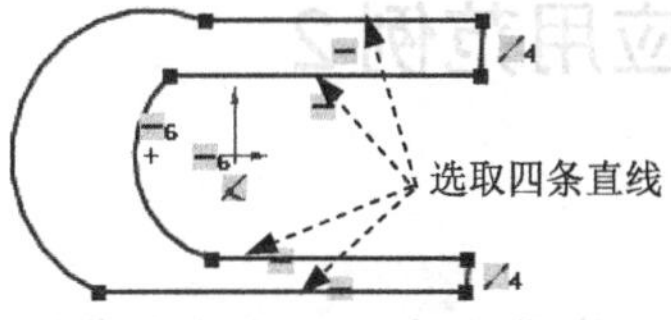

图 4.13.10 选取四条直线

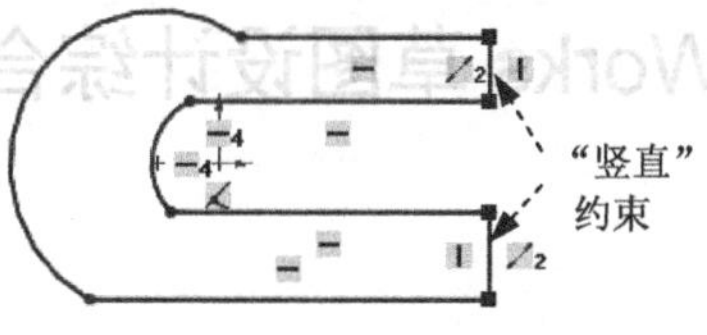

图 4.13.11 添加“竖直”约束

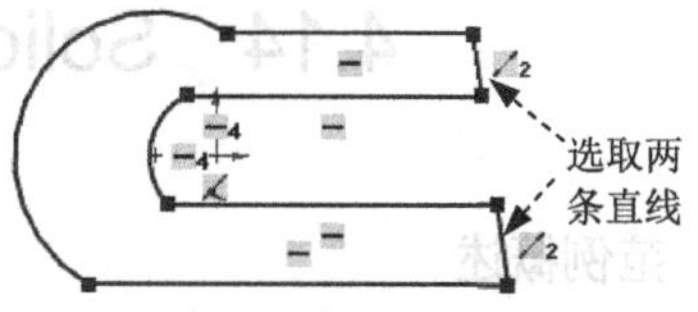

图 4.13.12 选取两条直线

Step5. 添加如图 4.13.13 所示的“相切”约束。按住 Ctrl 键，选取如图 4.13.14 所示的圆弧和直线，系统弹出“属性”对话框，在 添加几何关系 区域中单击 相切(A) 按钮。

Step6. 参照 Step5，添加如图 4.13.15 所示的其他“相切”约束。

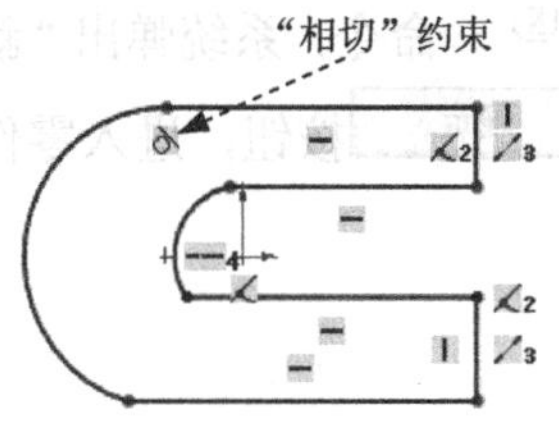

图 4.13.13 添加“相切”约束

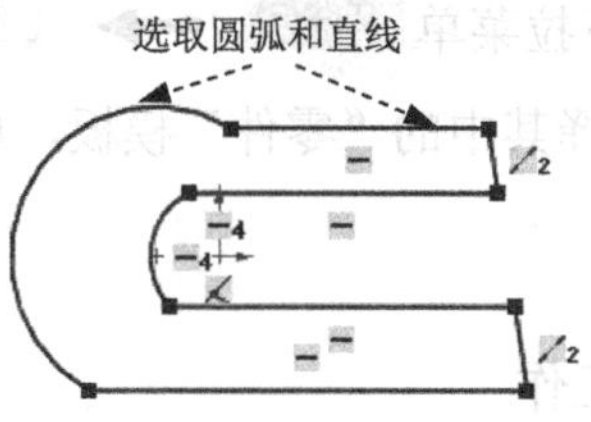

图 4.13.14 选取圆弧和直线

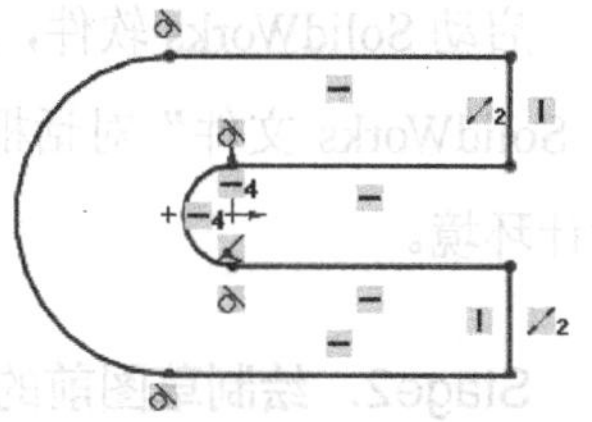

图 4.13.15 添加其他“相切”约束

Stage6. 添加尺寸约束

选择下拉菜单 工具(T) ➡ 尺寸(S) ➡ 智能尺寸(S) 命令，添加图 4.13.16 所示的尺寸约束。

Stage7. 修改尺寸约束

Step1. 双击如图 4.13.16 所示的半径尺寸，在系统弹出的“修改”对话框中输入数值

10，单击 ✔ 按钮，然后单击“尺寸”对话框中的 ✔ 按钮，完成后的结果如图 4.13.17 所示。

Step2. 参照 Step1 修改其他尺寸约束，完成后的结果如图 4.13.18 所示。

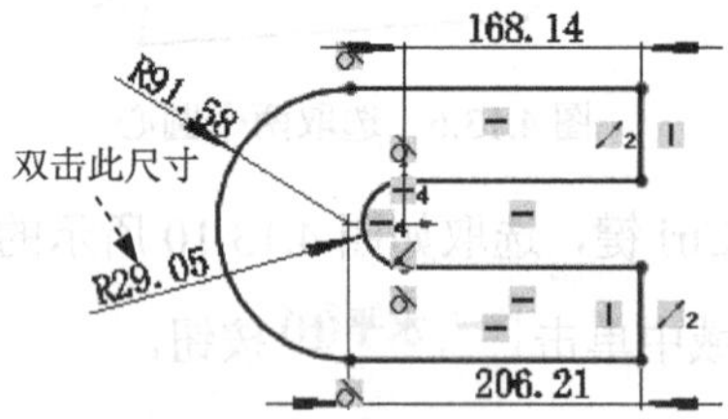

图 4.13.16　添加并修改尺寸值

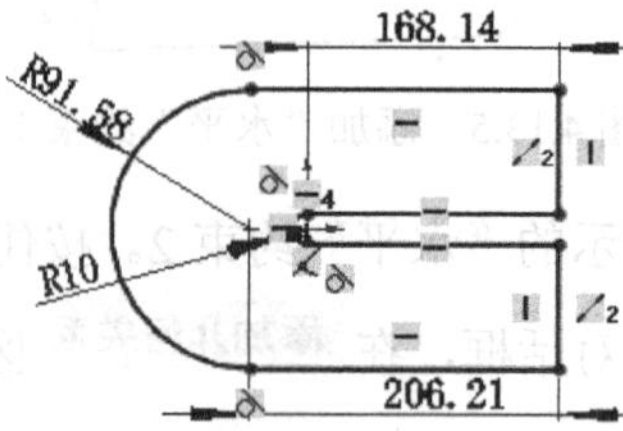

图 4.13.17　完成修改尺寸

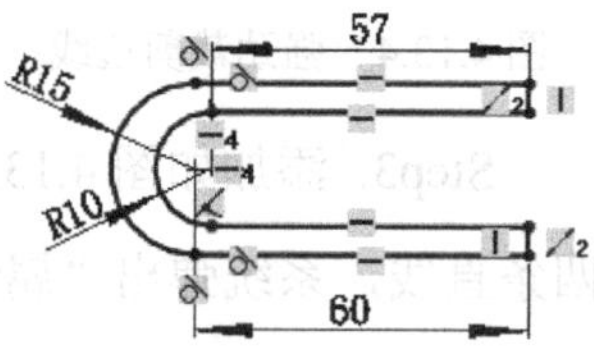

图 4.13.18　修改其他尺寸

Stage8. 保存文件

选择下拉菜单 文件(F) → 保存(S) 命令，系统弹出“另存为”对话框，选择保存目录 D:\sw18.1\work\ch04.13，在 文件名(N): 文本框中输入 spsk1；单击 保存(S) 按钮，完成文件的保存操作。

4.14　SolidWorks 草图设计综合应用范例 2

范例概述

本范例从新建一个草图开始，详细介绍了绘制、编辑和标注草图的过程。要重点掌握的是约束的自动捕捉及尺寸的处理技巧。范例图形如图 4.14.1 所示，下面介绍其创建的一般操作步骤。

Stage1. 新建文件

启动 SolidWorks 软件，选择下拉菜单 文件(F) → 新建(N)... 命令，系统弹出“新建 SolidWorks 文件”对话框，选择其中的“零件”模板，单击 确定 按钮，进入零件设计环境。

Stage2. 绘制草图前的准备工作

Step1. 选择下拉菜单 插入(I) → 草图绘制 命令，然后选择前视基准面为草图基准面，系统进入草图设计环境。

Step2. 确认 视图(V) → 隐藏/显示(H) → 草图几何关系(E) 命令前的 按钮被按下，即显示草图几何约束。

Step3. 定义自动几何约束。选择下拉菜单 工具(T) → 选项(P)... 命令，在系统弹出的对话框中单击 几何关系/捕捉 选项，然后选中 ☑ 自动几何关系(U) 复选框，单击 确定 按钮。

Stage3．创建草图以勾勒出图形的大致形状

Step1．绘制中心线。选择下拉菜单 工具(T) → 草图绘制实体(K) → 中心线(N) 命令，绘制如图 4.14.2 所示的无限长的中心线。

Step2．绘制草图实体。选择下拉菜单 工具(T) → 草图绘制实体(K) → 直线(L) 命令，在图形区绘制如图 4.14.3 所示的草图实体。

说明：在绘制草图的过程中，系统会自动创建一些几何约束。在本例中，所需的几何约束均可由系统自动创建。

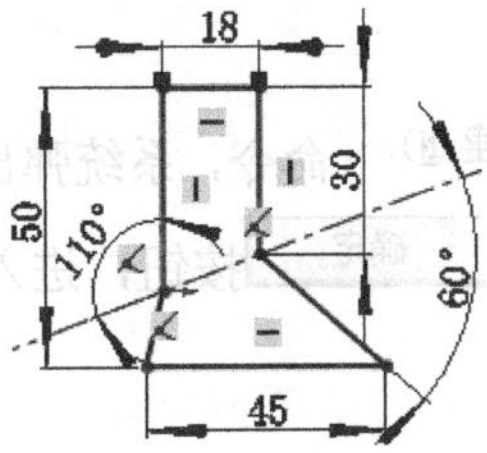

图 4.14.1　范例 2

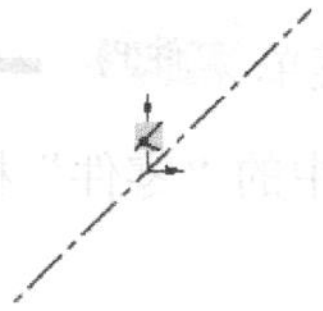
图 4.14.2　绘制中心线

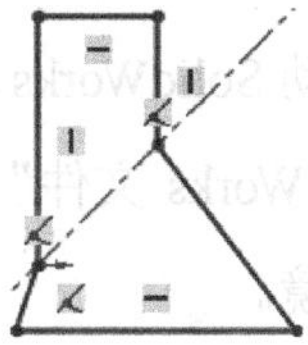
图 4.14.3　绘制草图实体

Stage4．添加尺寸约束

选择下拉菜单 工具(T) → 尺寸(S) → 智能尺寸(S) 命令，添加图 4.14.4 所示的尺寸约束。

Stage5．修改尺寸约束

Step1．在如图 4.14.4 所示的图形中，双击要修改的尺寸，在系统弹出的“修改”对话框的文本框中输入角度数值 110，单击 ✓ 按钮；单击“尺寸”对话框的 ✓ 按钮，完成尺寸的修改，如图 4.14.5 所示。

Step2．用同样的方法修改其余尺寸，最终结果如图 4.14.1 所示。

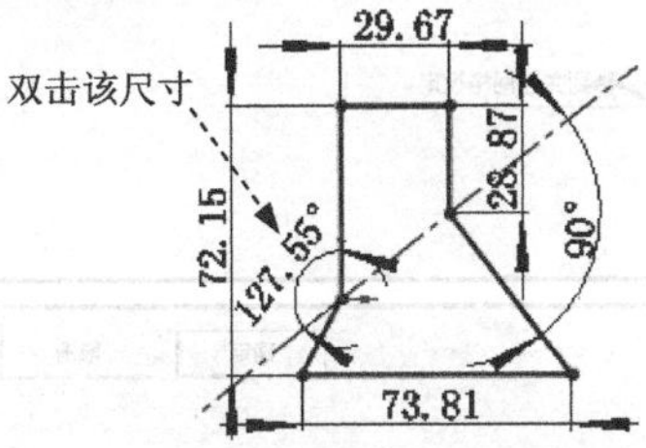

图 4.14.4　添加并修改图形尺寸

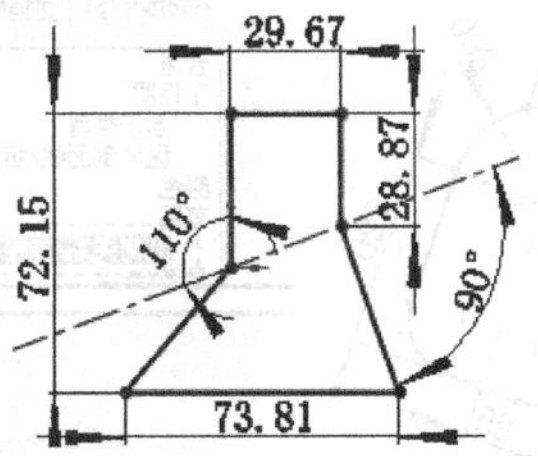

图 4.14.5　修改后的图形尺寸

Stage6．保存文件

选择下拉菜单 文件(F) → 另存为(A)... 命令，系统弹出“另存为”对话框，选择保存目录 D:\sw18.1\work\ch04.14，在 文件名(N): 文本框中输入 spsk5；单击 保存(S) 按钮，完成文件的保存操作。

4.15 SolidWorks 草图设计综合应用范例 3

范例概述

本范例介绍了绘制、标注和编辑草图的过程，重点讲解了利用“旋转”及“镜像”命令进行草图编辑的方法。范例图形如图 4.15.1 所示（图 4.15.1 中的几何约束已经被隐藏），下面介绍其创建的一般操作步骤。

Stage1. 新建文件

启动 SolidWorks 软件，选择下拉菜单 文件(F) → 新建(N)... 命令，系统弹出“新建 SolidWorks 文件”对话框，选择其中的“零件”模板，单击 确定 按钮，进入零件设计环境。

Stage2. 绘制草图前的准备工作

Step1. 进入草图环境。选择下拉菜单 插入(I) → 草图绘制 命令，然后选择前视基准面为草图基准面，系统进入草图设计环境。

Step2. 确认 视图(V) → 隐藏/显示(H) → 草图几何关系(E) 命令前的 按钮被按下，即显示草图几何约束。

Step3. 定义自动几何约束。选择下拉菜单 工具(T) → 选项(P)... 命令，在系统弹出的对话框中单击 几何关系/捕捉 选项，然后选中 自动几何关系(U) 复选框，如图 4.15.2 所示，单击 确定 按钮。

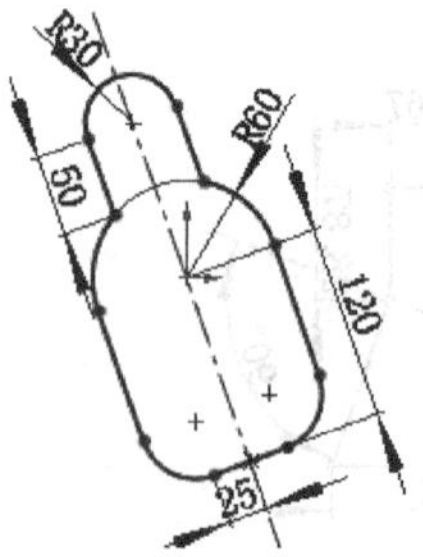

图 4.15.1 范例 3

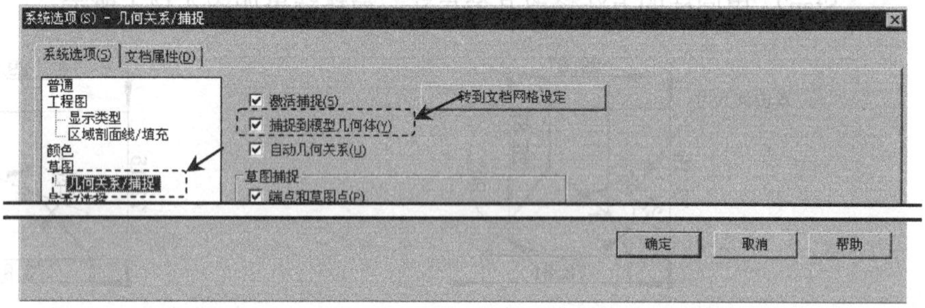

图 4.15.2 “系统选项（S）-几何关系/捕捉”对话框

Stage3. 绘制草图

Step1. 绘制中心线。选择下拉菜单 工具(T) → 草图绘制实体(K) → 中心线(N) 命令，在图形区绘制如图 4.15.3 所示的无限长的中心线。

Step2. 绘制草图轮廓。选择下拉菜单 工具(T) → 草图绘制实体(K) → 直线(L) 命令工具和其他草图绘制工具，在图形区绘制如图 4.15.4 所示的草图实体。

Step3. 添加如图 4.15.5 所示的几何约束（圆弧 1 的圆心与原点重合；圆弧 2 的圆心与中心线重合）。

图 4.15.3　绘制中心线

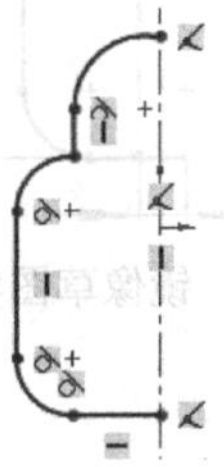

图 4.15.4　绘制草图实体

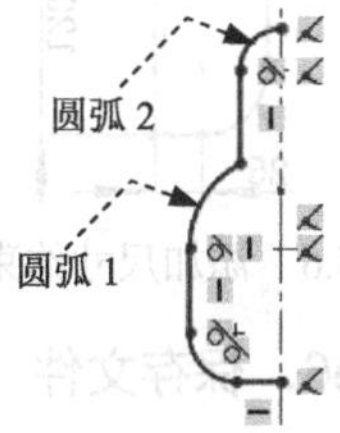

图 4.15.5　添加几何约束

Step4. 选择下拉菜单 工具(T) → 尺寸(S) → 智能尺寸(S) 命令，添加图 4.15.6 所示的尺寸约束。

Stage4. 镜像绘制的草图

Step1. 选择命令。选择下拉菜单 工具(T) → 草图工具(T) → 镜向(M) 命令，系统弹出“镜像”对话框。

Step2. 选取草图实体。根据系统 选择要镜向的实体 的提示，在图形区单击或框选要镜像的草图实体。

Step3. 定义镜像中心线。在“镜像”对话框单击 后的文本框，然后根据系统 选择镜向所绕的线条或线性模型边线或平面实体 的提示，选取如图 4.15.7 所示的构造线为镜像中心线。

Step4. 在“镜像”对话框中单击 ✔ 按钮，完成草图实体的镜像操作，如图 4.15.7 所示。

Stage5. 旋转镜像后的草图

Step1. 选择命令。选择下拉菜单 工具(T) → 草图工具(T) → 旋转(R)... 命令，系统弹出“旋转”对话框。

Step2. 在“旋转”对话框中取消选中 □ 保留几何关系(K) 复选框。

Step3. 选取草图实体。在图形区框选所有草图实体（包括中心线）。

Step4. 定义旋转中心。在“旋转”对话框中单击 后的文本框，然后在图形中选取原点作为旋转基准点。

Step5. 定义旋转角度。在“旋转”对话框的 （角度）文本框中输入数值 20，单击 ✔ 按钮，完成草图实体的旋转操作，如图 4.15.8 所示。

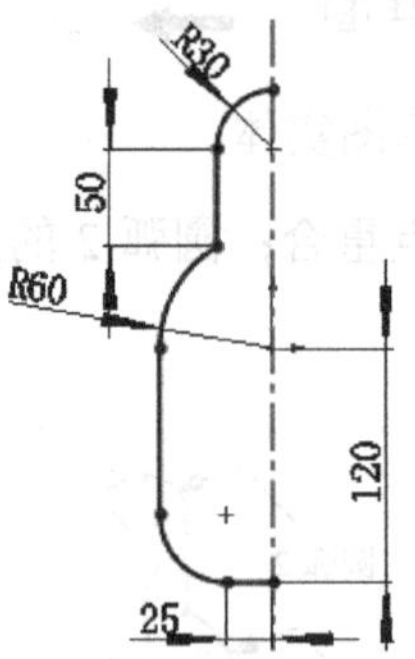

图 4.15.6　添加尺寸约束

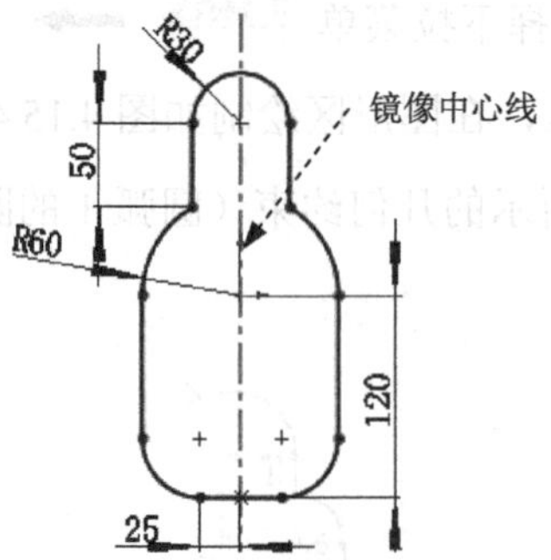

图 4.15.7　镜像草图实体

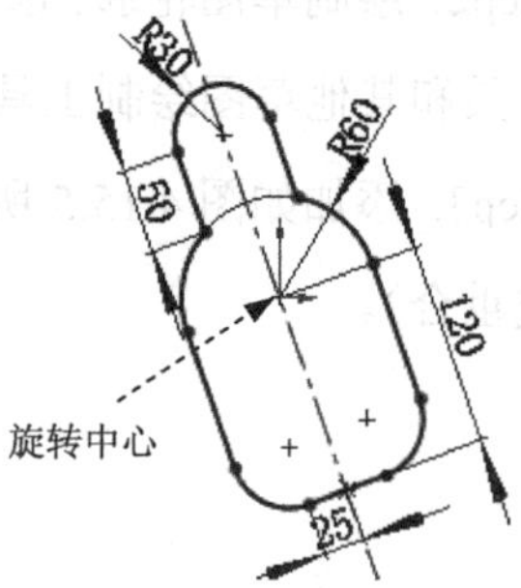

图 4.15.8　旋转草图

Stage6．保存文件

选择下拉菜单 文件(F) → 另存为(A)... 命令，系统弹出“另存为”对话框，选择保存目录 D:\sw18.1\work\ch04.15，在 文件名(N): 文本框中输入 spsk4；单击 保存(S) 按钮，完成文件的保存操作。

4.16　SolidWorks 草图设计综合应用范例 4

范例概述

本范例介绍已有草图的编辑过程，重点讲解了利用“剪裁”及“延伸”命令进行草图编辑的方法。本范例的图形如图 4.16.1 所示。

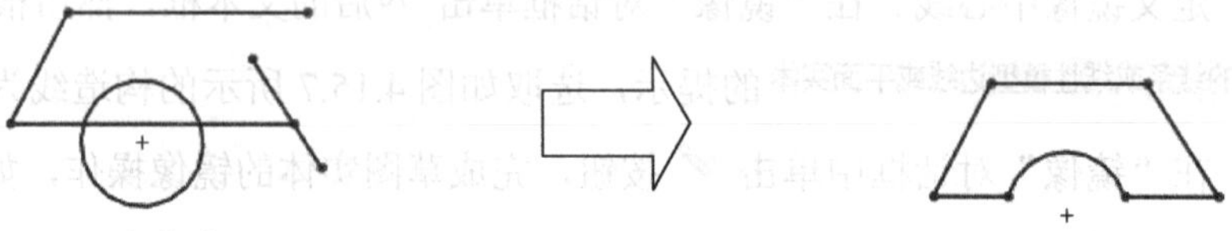

a）操作前　　b）操作后

图 4.16.1　范例 4

说明：本范例的详细操作过程请参见随书光盘中 video\ch04.16\文件下的语音视频讲解文件。模型文件为 D:\sw18.1\work\ch04.16\spsk2.SLDPRT。

4.17　SolidWorks 草图设计综合应用范例 5

范例概述

本范例主要介绍利用“添加约束”方法进行草图编辑的过程。本范例图形如图 4.17.1 所示。

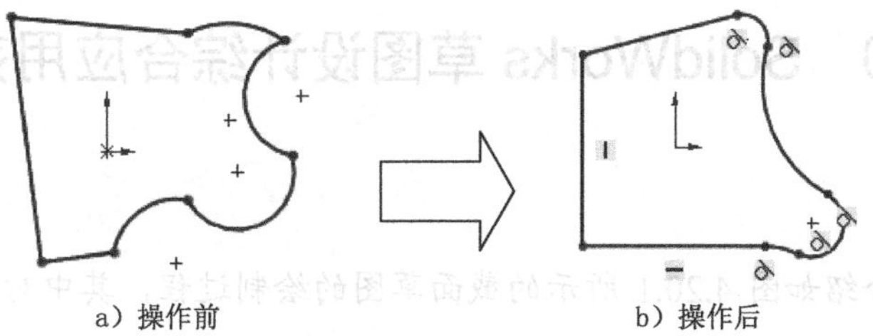

图 4.17.1　范例 5

说明：本范例的详细操作过程请参见随书光盘中 video\ch04.17\文件下的语音视频讲解文件。模型文件为 D:\sw18.1\work\ch04.17\spsk3.SLDPRT。

4.18　SolidWorks 草图设计综合应用范例 6

范例概述

本范例介绍了绘制、标注和编辑草图的过程。要重点掌握的是绘制草图前的设置和尺寸的处理技巧。本范例的图形如图 4.18.1 所示（图中的几何约束已经被隐藏）。

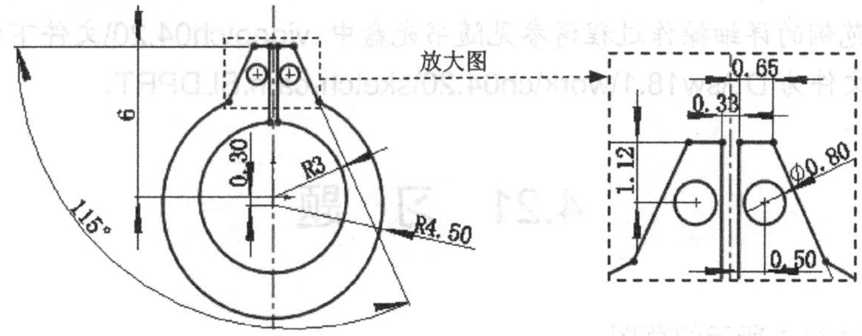

图 4.18.1　范例 6

说明：本范例的详细操作过程请参见随书光盘中 video\ch04.18\文件下的语音视频讲解文件。模型文件为 D:\sw18.1\work\ch04.18\spsk6.SLDPRT。

4.19　SolidWorks 草图设计综合应用范例 7

范例概述

本范例介绍了绘制、标注和编辑草图的过程。要重点掌握的是绘制草图前的设置和尺寸的处理技巧。本范例的图形如图 4.19.1 所示（图中的几何约束已经被隐藏）。

说明：本范例的详细操作过程请参见随书光盘中 video\ch04.19\文件下的语音视频讲解文件。模型文件为 D:\sw18.1\work\ch04.19\spsk04.SLDPRT。

4.20 SolidWorks 草图设计综合应用范例 8

范例概述

本范例主要介绍如图 4.20.1 所示的截面草图的绘制过程，其中对该截面草图各种约束的添加和相切圆弧的绘制是学习的重点和难点。本例绘制过程中应注意让草图尽可能变形较小，希望读者对本例认真领会和思考。

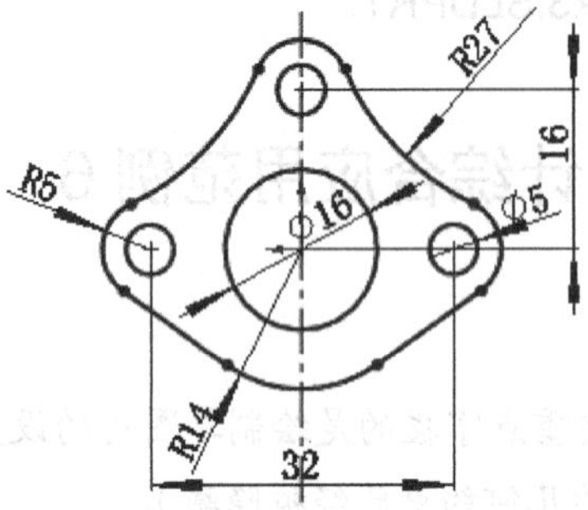

图 4.19.1 范例 7

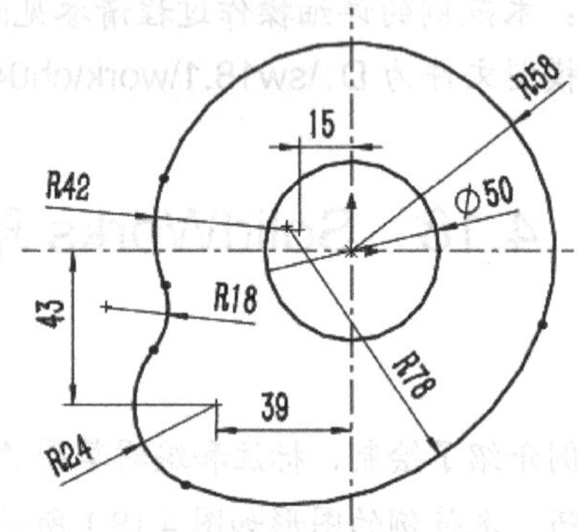

图 4.20.1 范例 8

说明：本范例的详细操作过程请参见随书光盘中 video\ch04.20\文件下的语音视频讲解文件。模型文件为 D:\sw18.1\work\ch04.20\sketch-cam.SLDPRT。

4.21 习 题

1. 绘制图 4.21.1 所示的草图。

2. 打开文件 D:\sw18.1\work\ch04.21\ex2.SLDPRT，对打开的草图进行编辑，如图 4.21.2 所示。

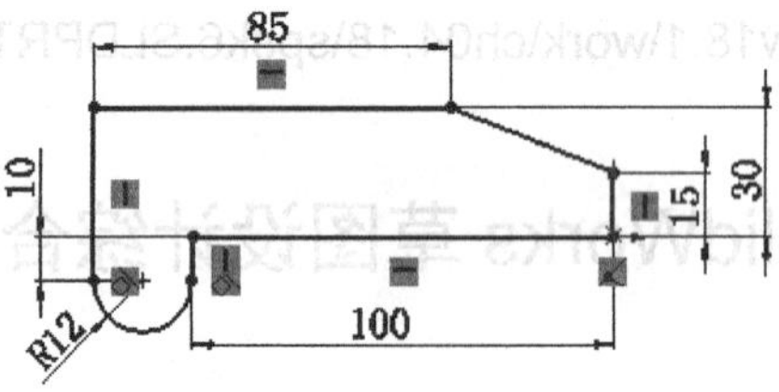

图 4.21.1 习题 1

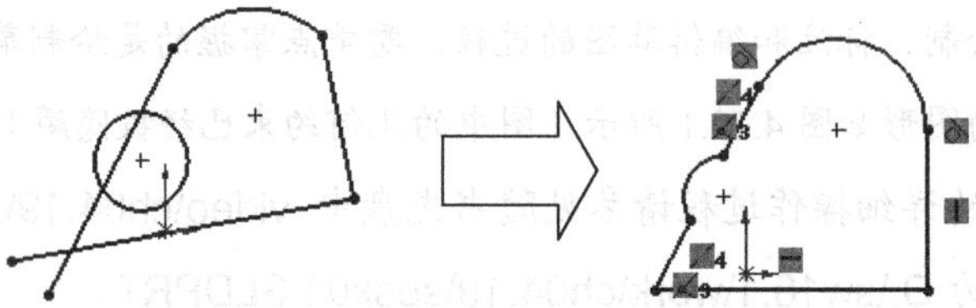
a）原图　　b）结果

图 4.21.2 习题 2

3. 绘制图 4.21.3 所示的草图。

4. 绘制图 4.21.4 所示的草图。

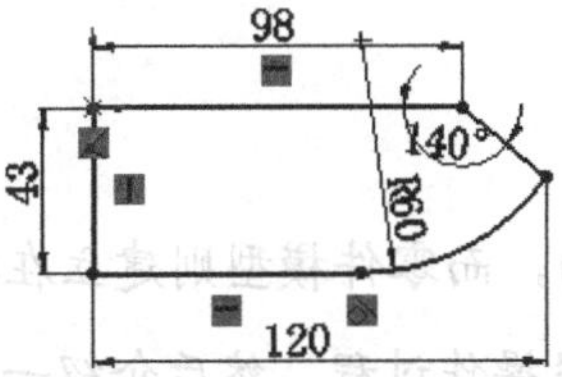

图 4.21.3　习题 3

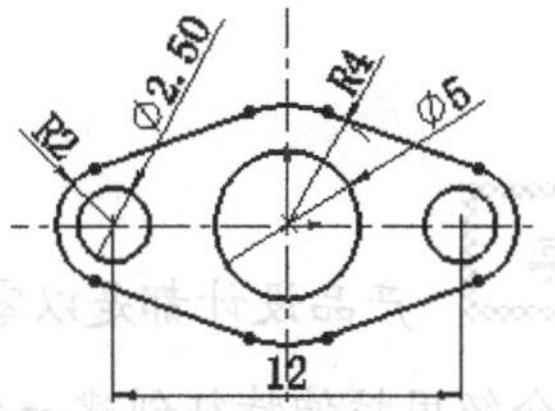

图 4.21.4　习题 4

学习拓展：扫一扫右侧二维码，可以免费学习更多视频讲解。

讲解内容：二维草图精讲，拉伸特征、旋转特征详解。

第 5 章 零件设计

本章提要 产品设计都是以零件建模为基础的，而零件模型则建立在特征的运用之上。本章先介绍用拉伸特征创建一个零件模型的一般操作过程，然后介绍一些其他的基本特征工具，包括旋转、倒角、圆角、孔、抽壳和筋（肋）等。本章主要包括以下内容。

- 三维建模的管理工具——设计树。
- 特征的编辑和编辑定义。
- 特征失败的出现和处理方法。
- 参考几何体（包括基准面、基准轴、点和坐标系）的创建。
- 特征的创建（包括圆角、倒角、孔、拔模和抽壳等）。

5.1 实体建模的一般过程

用 SolidWorks 2018 创建零件模型的方法十分灵活，主要有以下几种。

1. “积木”式的方法

这是大部分机械零件的实体三维模型的创建方法。这种方法是先创建一个反映零件主要形状的基础特征，然后在这个基础特征上添加其他特征，如拉伸、旋转、倒角和圆角特征等。

2. 由曲面生成零件的实体三维模型的方法

这种方法是先创建零件的曲面特征，然后把曲面转换成实体模型。

3. 从装配体中生成零件的实体三维模型的方法

这种方法是先创建装配体，然后在装配体中创建零件。

本章主要介绍用第一种创建零件模型的方法的一般过程，其他方法将在后面的章节中陆续介绍。

下面以一个简单实体三维模型为例，说明用 SolidWorks 2018 创建零件三维模型的一般过程，同时介绍拉伸特征的基本概念及其创建方法。实体三维模型如图 5.1.1 所示。

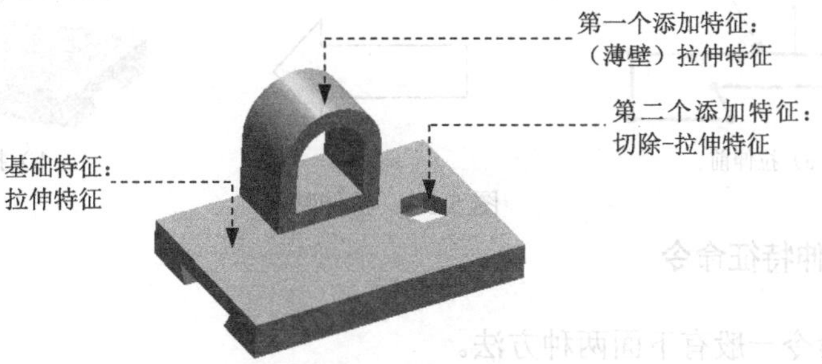

图 5.1.1　实体三维模型

5.1.1　新建一个零件三维模型

新建一个零件三维模型的操作步骤如下。

Step1. 选择下拉菜单 文件(F) ➡ 新建(N)... 命令（或在“常用”工具栏中单击 按钮），此时系统弹出如图 5.1.2 所示的“新建 SOLIDWORKS 文件”对话框。

Step2. 选择文件类型。在该对话框中选择文件类型为“零件”，然后单击 确定 按钮。

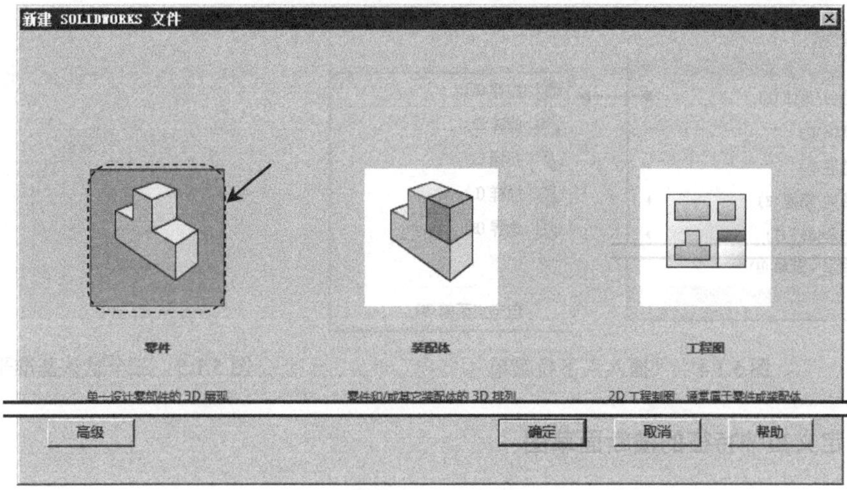

图 5.1.2　“新建 SOLIDWORKS 文件”对话框

说明：每次新建一个文件，SolidWorks 系统都会显示一个默认名。如果要创建的是零件，默认名的格式是“零件”后加序号（如零件 1），然后再新建一个零件，序号自动加 1。

5.1.2　创建一个拉伸特征作为零件的基础特征

基础特征是一个零件的主要结构特征，创建什么样的特征作为零件的基础特征比较重要，一般由设计者根据产品的设计意图和零件的特点灵活掌握。本例中三维模型的基础特征是图 5.1.3 所示的拉伸特征。拉伸特征是最基本且经常使用的基础零件造型特征，它是通过将草绘横断面沿着垂直方向拉伸而形成的。

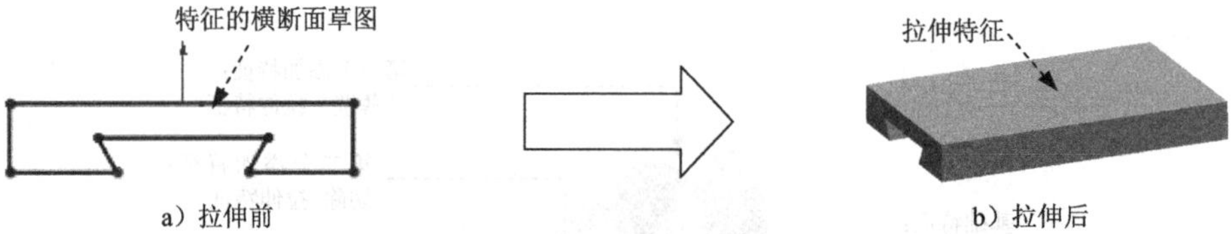

图 5.1.3　拉伸特征

1. 选取拉伸特征命令

选取特征命令一般有下面两种方法。

方法一： 从下拉菜单中获取特征命令。如图 5.1.4 所示，选择下拉菜单 插入(I) ➡ 凸台/基体(B) ➡ 拉伸(E)... 命令。

方法二： 从工具栏中获取特征命令。直接单击“特征（F）”工具栏中的命令按钮。

说明： 选择特征命令后，屏幕的图形区中应该显示如图 5.1.5 所示的三个相互垂直的默认基准平面。这三个基准平面在一般情况下处于隐藏状态，在创建第一个特征时就会显示出来，以供用户选择其作为草图基准面。若想使它们一直处于显示状态，可在设计树中右击这三个基准面，从系统弹出的快捷菜单中选择命令。

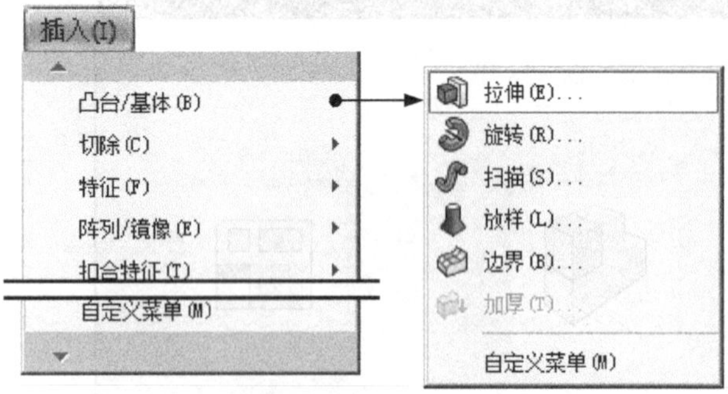

图 5.1.4　“插入”下拉菜单

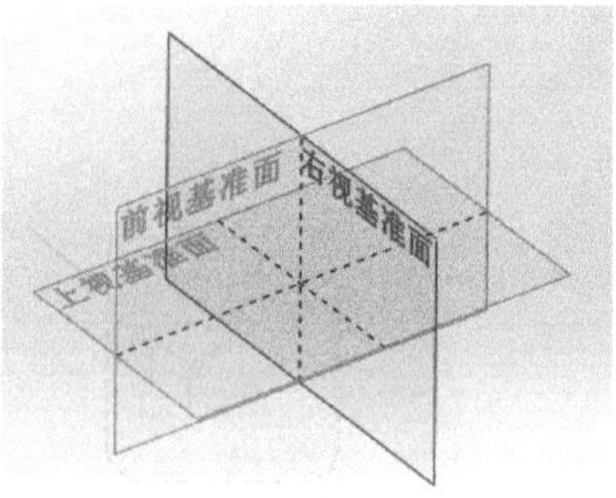

图 5.1.5　三个默认基准平面

2. 定义拉伸特征的横断面草图

定义拉伸特征横断面草图的方法有两种：第一种是选择已有草图作为横断面草图；第二种是创建新草图作为横断面草图。本例中介绍第二种方法，具体定义过程如下。

Step1. 定义草图基准面。

对草图基准面的概念和有关选项介绍如下。

- 草图基准面是特征横断面或轨迹的绘制平面。
- 选择的草图基准面可以是前视基准面、上视基准面或右视基准面中的一个，也可以是模型的某个表面。

完成上步操作后，系统弹出图 5.1.6 所示的“拉伸”对话框，在系统选择一基准面来绘制特征横断面的提示下，选取前视基准面作为草图基准面，进入草图绘制环境。

Step2. 绘制横断面草图。

基础拉伸特征的横断面草图是如图 5.1.7 所示的封闭边界。下面介绍绘制特征横断面草图的一般步骤。

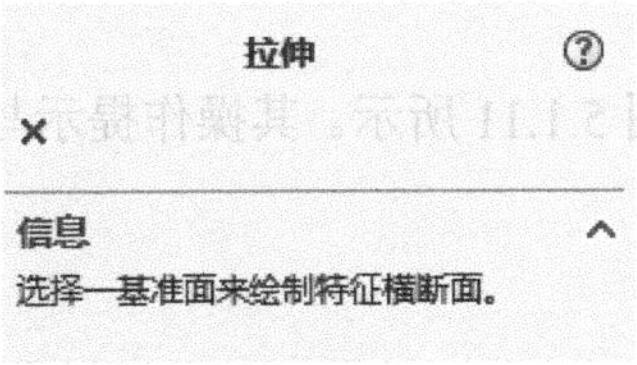

图 5.1.6 “拉伸”对话框

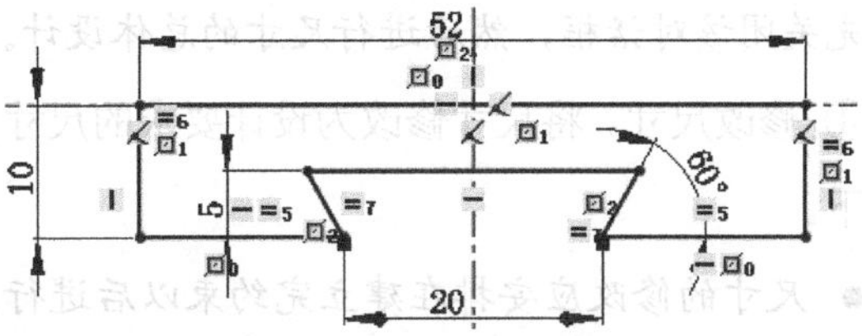

图 5.1.7 横断面草图

（1）设置草图环境，调整草图绘制区。

操作提示与注意事项：

- 进入草图绘制环境后，系统不会自动调整草图视图方位，此时应单击“标准视图(E)”工具栏中的“正视于”按钮，调整到正视于草图的方位（即使草图基准面与屏幕平行）。
- 除可以移动和缩放草图绘制区外，如果用户想在三维空间绘制草图或希望看到模型横断面草图在三维空间的方位，可以旋转草图绘制区，方法是按住鼠标的中键并移动鼠标，此时可看到图形跟着鼠标旋转而旋转。

（2）创建横断面草图。

下面将介绍创建横断面草图的一般操作步骤，在后续章节中，创建横断面草图时可参照以下内容。

① 绘制横断面几何图形的大体轮廓。

操作提示与注意事项：

- 绘制横断面草图时，开始时没有必要很精确地绘制横断面的几何形状、位置和尺寸，只要大概的形状与图 5.1.8 相似即可。
- 绘制直线时，可直接建立水平约束和垂直约束，详细操作步骤可参见第 4 章中草图绘制的相关内容。

② 创建几何约束。创建如图 5.1.9 所示的水平、竖直、对称、相等和重合约束。

说明: 创建对称约束时，需先绘制中心线，并建立中心线与原点的重合约束，如图 5.1.9 所示。

图 5.1.8 草绘横断面的初步图形

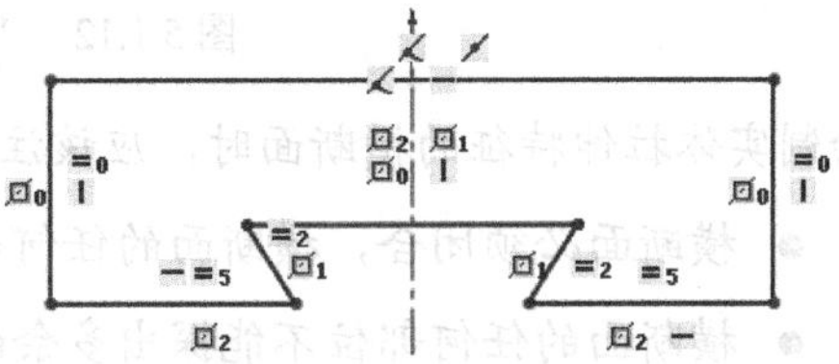

图 5.1.9 创建几何约束

③ 创建尺寸约束。单击“草图”工具栏中的 按钮，标注如图 5.1.10 所示的五个尺寸，建立尺寸约束。

说明：每次标注尺寸时，系统都会弹出“修改”对话框，并提示所选尺寸的属性，此时可先关闭该对话框，然后进行尺寸的总体设计。

④ 修改尺寸。将尺寸修改为设计要求的尺寸，如图 5.1.11 所示。其操作提示与注意事项如下。

- 尺寸的修改应安排在建立完约束以后进行。
- 注意修改尺寸的顺序，先修改对横断面外观影响不大的尺寸。

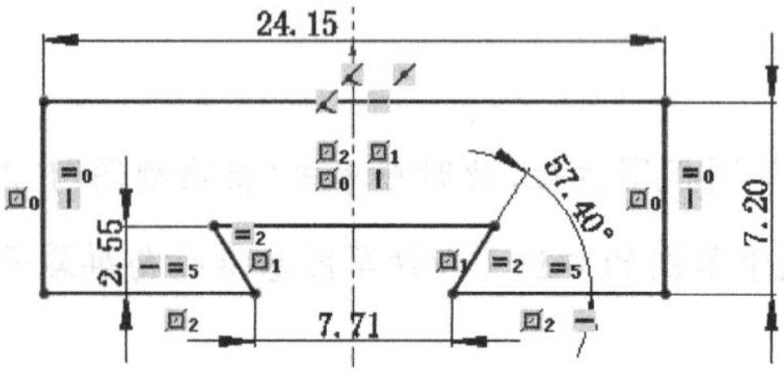

图 5.1.10 创建尺寸约束

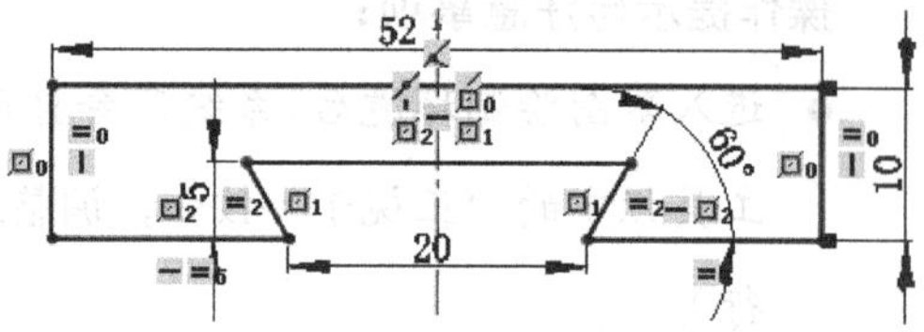

图 5.1.11 修改尺寸

Step3. 完成草图绘制后，选择下拉菜单 插入(I) ➡ 退出草图 命令，系统退出草图绘制环境。

说明：

除 Step3 这种方法外，还有以下三种方法可退出草绘环境。

- 单击图形区右上角的“退出草图”按钮。“退出草图”按钮的位置一般如图 5.1.12 所示。
- 在图形区右击，从系统弹出的快捷菜单中选择 命令。
- 单击“草图”工具栏中的 按钮，使之处于弹起状态。

图 5.1.12 “退出草图”按钮

绘制实体拉伸特征的横断面时，应该注意如下要求。

- 横断面必须闭合，横断面的任何部位都不能有缺口（图 5.1.13a）。
- 横断面的任何部位不能探出多余的线头（图 5.1.13b）。

● 横断面可以包含一个或多个封闭环，生成特征后，外环以实体填充，内环则为孔。环与环之间也不能有直线（或圆弧等）相连（图 5.1.13c）。

● 曲面拉伸特征的横断面可以是开放的，但横断面不能有多于一个的开放环。

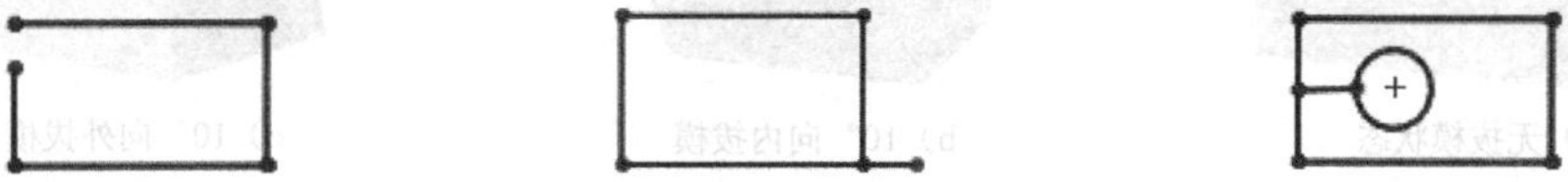

a）有缺口　　b）探出多余的线头　　c）相连

图 5.1.13　拉伸特征的几种错误横断面

3. 定义拉伸类型

退出草图绘制环境后，系统弹出如图 5.1.14 所示的“凸台-拉伸”对话框，在该对话框中不进行选项操作，接受系统默认的实体类型即可。

说明：

利用“凸台-拉伸”对话框可以创建实体和薄壁两种类型的特征，下面分别介绍。

☑ 实体类型：创建实体类型时，实体特征的草绘横断面完全由材料填充，如图 5.1.15 所示。

☑ 薄壁类型：在“凸台-拉伸”对话框中选中 ☑ 薄壁特征(T) 复选框，可以将特征定义为薄壁类型。在由草图横断面生成实体时，薄壁特征的草图横断面是由材料填充成均匀厚度的环，环的内侧、外侧或中心轮廓边是草绘横断面，如图 5.1.16 所示。

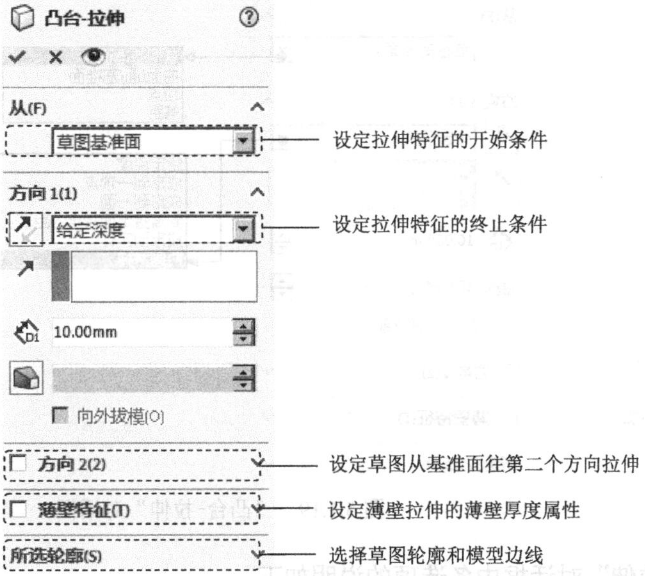

图 5.1.14　“凸台-拉伸”对话框

图 5.1.15　实体类型

图 5.1.16　薄壁类型

● 在“凸台-拉伸”对话框的 方向 1 区域中单击“拔模开关”按钮，可以在创建拉伸特征的同时对实体进行拔模操作，拔模方向分为内外两种，由是否选中

☑ 向外拔模(O) 复选框决定，如图 5.1.17 所示即为拉伸时的拔模操作。

a）无拔模状态　　b）10° 向内拔模　　c）10° 向外拔模

图 5.1.17　拉伸时的拔模操作

4．定义拉伸深度属性

Step1. 定义拉伸深度方向。采用系统默认的深度方向。

说明： 按住鼠标的中键并移动鼠标，可将草图旋转到三维视图状态，此时在模型中可看到一个拖动手柄，该手柄表示特征拉伸深度的方向；要改变拉伸深度的方向，可在“凸台-拉伸”对话框的 方向 1 区域中单击“反向”按钮 ；若选择深度类型为“双向拉伸”，则拖动手柄有两个箭头，如图 5.1.18 所示。

Step2. 定义拉伸深度类型。

在“凸台-拉伸”对话框的 从(F) 区域的下拉列表中选择 草图基准面 选项，在 方向 1 区域中的下拉列表中选择 两侧对称 选项，如图 5.1.19 所示。

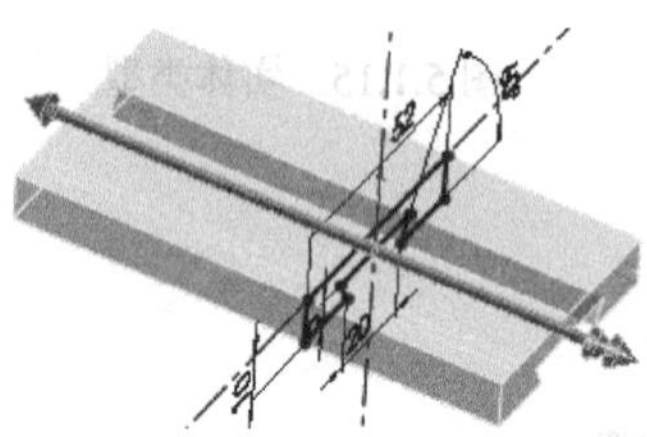

图 5.1.18　定义拉伸深度属性

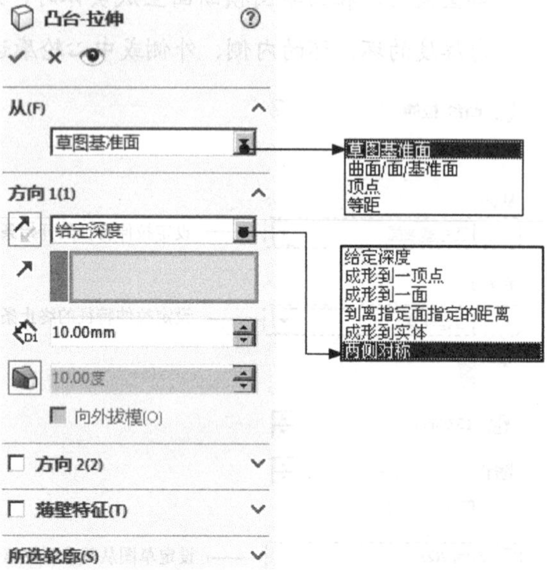

图 5.1.19　“凸台-拉伸”对话框

图 5.1.19 所示的“凸台-拉伸”对话框中各选项的说明如下。

- 从(F) 区域下拉列表中各选项表示的是拉伸深度的起始元素，各元素说明如下。
  - ☑ 草图基准面 选项：表示特征从草图基准面开始拉伸。

☑ 曲面/面/基准面选项：若选取此选项，则需选择一个面作为拉伸起始面。

☑ 顶点选项：若选取此选项，则需选择一个顶点，顶点所在的面即为拉伸起始面（此面与草图基准面平行）。

☑ 等距选项：若选取此选项，则需输入一个数值，此数值代表拉伸起始面与草绘基准面的距离。必须注意的是，当拉伸为反向时，可以单击下拉列表中的按钮，但不能在文本框中输入负值。

● 方向1区域下拉列表中各拉伸深度类型选项的说明如下。

☑ 给定深度选项：可以创建确定深度尺寸类型的特征，此时特征将从草图平面开始，按照所输入的数值（拉伸深度值）向特征创建的方向一侧进行拉伸。

☑ 成形到一顶点选项：特征在拉伸方向上延伸，直至与指定顶点所在的面相交（此面必须与草图基准面平行）。

☑ 成形到一面选项：特征在拉伸方向上延伸，直到与指定的平面相交。

☑ 到离指定面指定的距离选项：若选择此选项，则需先选择一个面，并输入指定的距离，特征将从拉伸起始面开始到所选面指定距离处终止。

☑ 成形到实体选项：特征将从拉伸起始面沿拉伸方向延伸，直到与指定的实体相交。

☑ 两侧对称选项：可以创建对称类型的特征，此时特征将在拉伸起始面的两侧进行拉伸，输入的深度值被拉伸起始面平均分割，即起始面两边的深度值相等。

● 选择拉伸类型时，要考虑下列规则。

☑ 如果特征要终止于其到达的第一个曲面，则需选择成形到下一面选项。

☑ 如果特征要终止于其到达的最后一个曲面，则需选择完全贯穿选项。

☑ 选择成形到一面选项时，可以选择一个基准平面作为终止面。

☑ “穿过”特征可设置有关深度参数，修改偏离终止平面（或曲面）的特征深度。

☑ 图 5.1.20 显示了拉伸特征的有效深度选项。

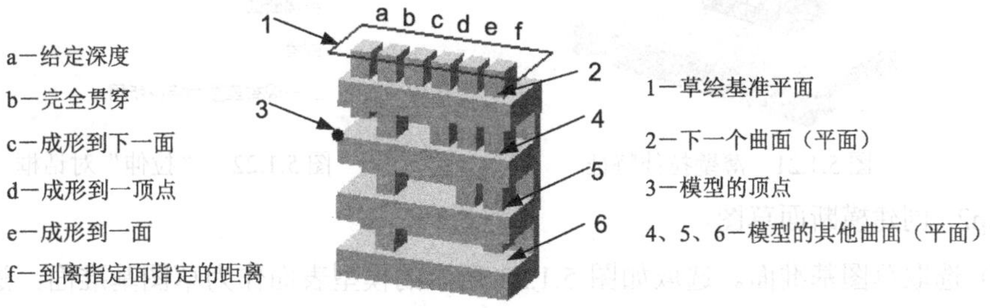

图 5.1.20　拉伸深度选项示意图

Step3.　定义拉伸深度值。在“凸台-拉伸”对话框方向1区域的文本框中输入数值 80.0，并按 Enter 键，完成拉伸深度值的定义。

说明：

定义拉伸深度值还可通过拖动手柄来实现，方法是选中拖动手柄直到其变红，然后移动鼠标并单击以确定所需深度值。

5．完成凸台特征的定义

Step1. 特征的所有要素被定义完毕后，单击对话框中的按钮，预览所创建的特征，以检查各要素的定义是否正确。

说明：预览时，可按住鼠标中键进行旋转查看，如果所创建的特征不符合设计意图，可选择对话框中的相关选项重新定义。

Step2. 预览完成后，单击“凸台-拉伸”对话框中的按钮，完成特征的创建。

5.1.3 添加其他拉伸特征

1．添加薄壁拉伸特征

在创建零件的基础特征后，可以增加其他特征。现在要创建图 5.1.21 所示的薄壁拉伸特征，操作步骤如下。

Step1. 选择命令。选择下拉菜单 插入(I) → 凸台/基体(B) → 拉伸(E)... 命令（或单击“特征（F）”工具栏中的按钮），系统将弹出图 5.1.22 所示的“拉伸”对话框。

说明：此处的“拉伸”对话框与如图 5.1.6 所示的“拉伸”对话框显示的信息不同，原因是在此处添加的薄壁拉伸特征可以使用现有草图作为横断面草图。其中的现有草图指的是创建基准拉伸特征过程中创建的横断面草图。

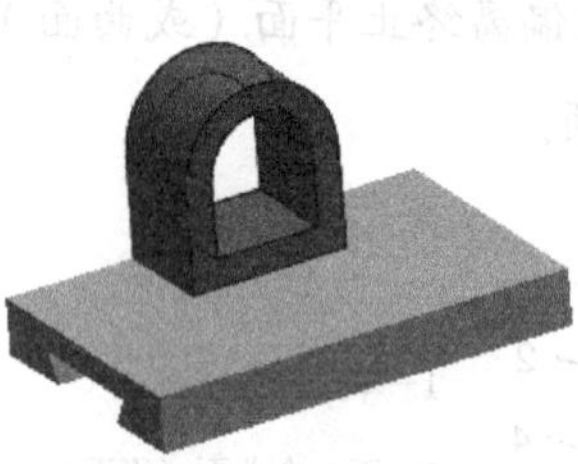

图 5.1.21 薄壁拉伸特征

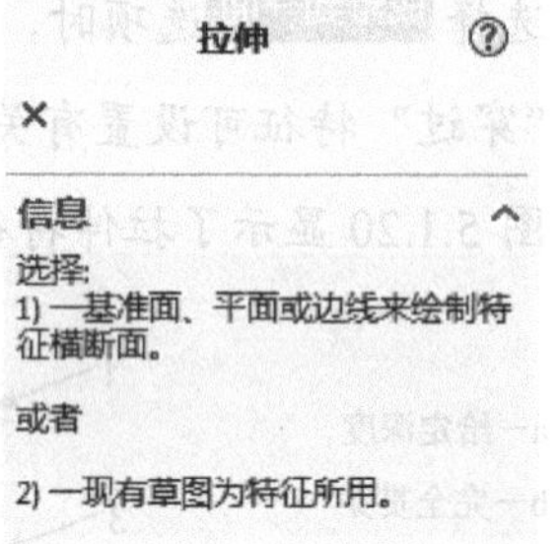

图 5.1.22 “拉伸”对话框

Step2. 创建横断面草图。

（1）选取草图基准面。选取如图 5.1.23 所示的模型表面作为草图基准面，进入草图绘制环境。

（2）绘制特征的横断面草图。

① 绘制草图轮廓。

a）绘制如图 5.1.24 所示的横断面草图的大体轮廓。

b）转换实体引用。选取如图 5.1.24 所示的边线，然后选择下拉菜单 工具(T) → 草图工具(T) → 转换实体引用(E) 命令（或在“草图”工具栏中单击 按钮），该边线变亮，其上面出现“实体转换引用”的约束符号，此时该边线就变成当前草图的一部分。

关于“转换实体引用”的说明如下。

- “转换实体引用”的用途分为转换模型边线和转换外部草图实体两种。
- 转换模型的边线包括模型上一条或多条边线。
- 转换外部草图实体包括一个或多个草图实体。

② 建立几何约束。建立如图 5.1.25 所示的对称和相切约束。

③ 建立尺寸约束。标注如图 5.1.25 所示的两个尺寸。

④ 修改尺寸。将尺寸修改为设计要求的尺寸，并且裁剪多余的边线。

⑤ 完成草图绘制后，选择下拉菜单 插入(I) → 退出草图 命令，退出草图绘制环境。

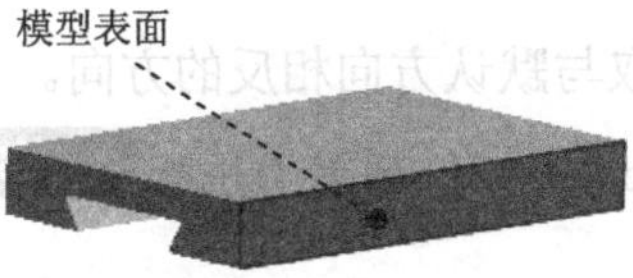

图 5.1.23　选取草绘平面

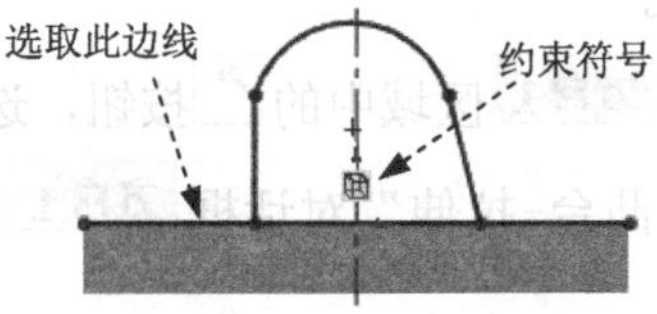

图 5.1.24　转换实体引用

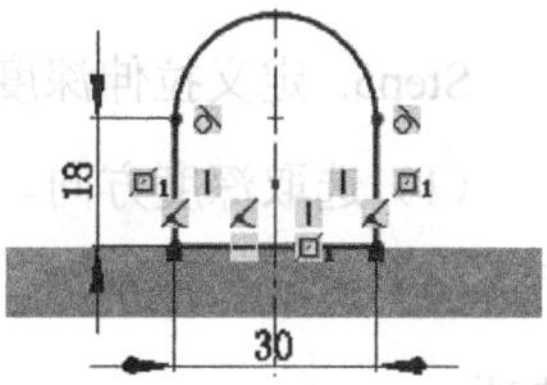

图 5.1.25　横断面草图

Step3. 选择拉伸类型。在“凸台-拉伸”对话框中选中 薄壁特征(T) 复选框，创建薄壁拉伸特征。

Step4. 定义薄壁属性。

（1）选取薄壁厚度类型。在“凸台-拉伸”对话框 薄壁特征(T) 区域的下拉列表中选择 单向 选项。

（2）定义薄壁厚度值。在 薄壁特征(T) 区域的 文本框中输入深度值5.00，如图5.1.26所示，单击 薄壁特征(T) 区域中的 按钮。

说明：如图 5.1.26 所示，打开“拉伸”对话框中 薄壁特征(T) 区域的下拉列表，列表中各薄壁深度类型选项说明如下。

- 单向：使用指定的壁厚向一个方向拉伸草图。
- 两侧对称：在草图的两侧各以指定壁厚的一半向两个方向拉伸草图。
- 双向：在草图的两侧各使用不同的壁厚向两个方向拉伸草图（指定为方向 1 厚度和方向 2 厚度）。

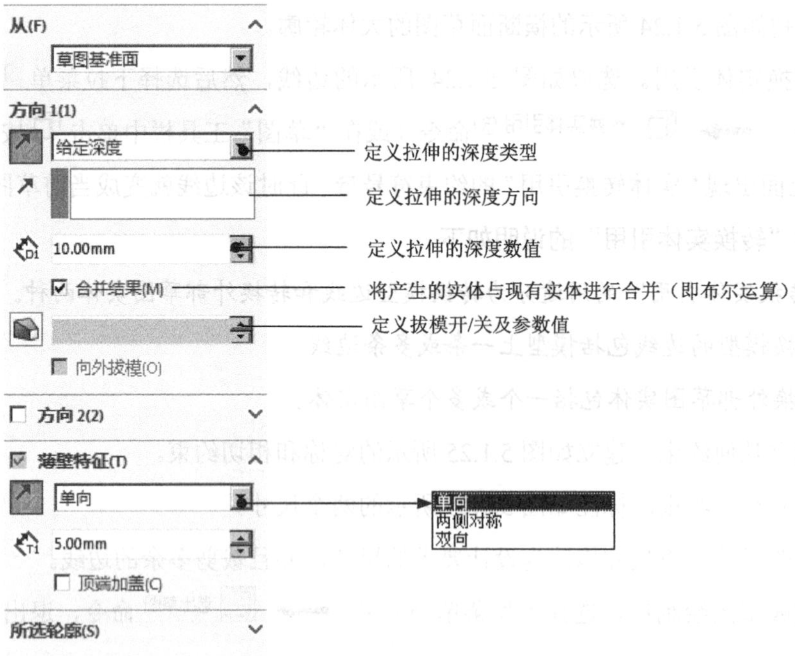

图 5.1.26　“凸台-拉伸”对话框

Step5. 定义拉伸深度属性。

（1）选取深度方向。单击 方向1 区域中的 按钮，选取与默认方向相反的方向。

（2）选取深度类型。在“凸台-拉伸”对话框 方向1 区域的下拉列表中选择 给定深度 选项。

（3）定义深度值。在 方向1 区域的 文本框中输入深度值 20.00。

Step6. 单击“凸台-拉伸”对话框中的 按钮，完成特征的创建。

2. 添加切除类拉伸特征

切除-拉伸特征的创建方法与凸台-拉伸特征的创建方法基本一致，只不过凸台-拉伸是增加实体，而切除-拉伸则是减去实体。

现在要创建如图 5.1.27 所示的切除-拉伸特征，其一般操作步骤如下。

Step1. 选择命令。选择下拉菜单 插入(I) → 切除(C) → 拉伸(E)... 命令（或单击“特征（F）”工具栏中的 按钮），系统弹出“切除-拉伸”对话框。

Step2. 创建特征的横断面草图。

（1）选取草图基准面。选取如图 5.1.28 所示的模型表面作为草图基准面。

（2）绘制横断面草图。在草绘环境中创建如图 5.1.29 所示的横断面草图。

① 绘制一个六边形的轮廓，创建如图 5.1.29 所示的三个尺寸约束。

② 将尺寸修改为设计要求的目标尺寸。

③ 完成草图绘制后，选择下拉菜单 插入(I) ➡ 退出草图 命令，退出草图绘制环境，此时系统弹出如图 5.1.30 所示的“切除-拉伸”对话框。

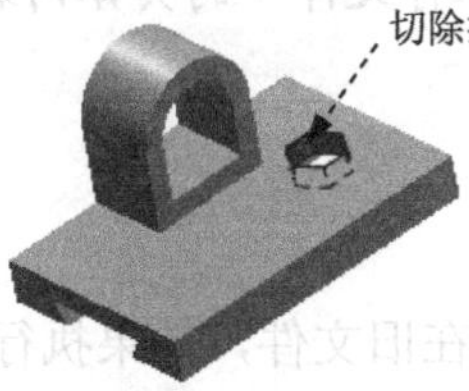

图 5.1.27 切除-拉伸特征

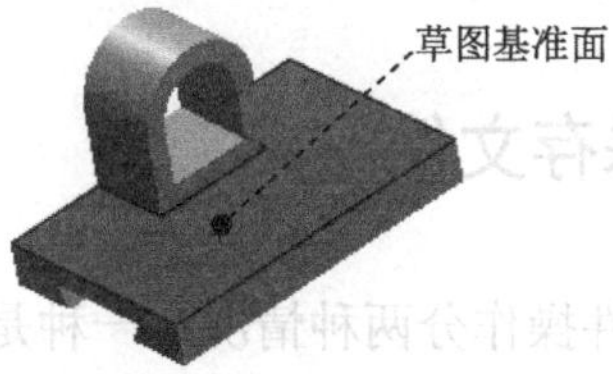

图 5.1.28 选取草图基准面

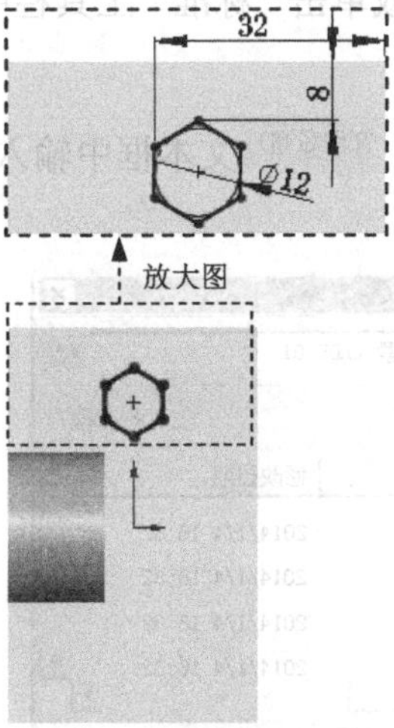

图 5.1.29 横断面草图

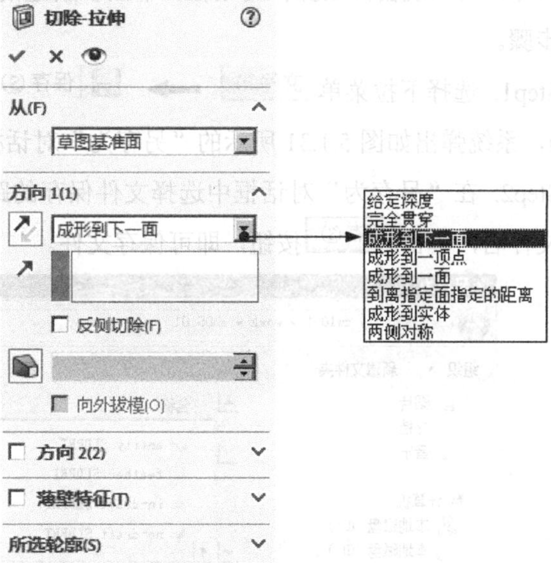

图 5.1.30 “切除-拉伸”对话框

Step3. 定义拉伸深度。

（1）选取深度方向。采用系统默认的深度方向。

（2）选取深度类型。在“切除-拉伸”对话框 方向 1 区域的下拉列表中选择 成形到下一面 选项。

说明：

- 成形到下一面 选项的含义是，特征将把沿深度方向遇到的第一个曲面作为拉伸终止面。在创建基础特征时，“切除-拉伸”对话框 方向 1 区域的下拉列表中没有此选项，因为模型文件中不存在其他实体。
- “切除-拉伸”对话框 方向 1 区域中有一个 □ 反侧切除(F) 复选框，若选中此复选框，系统将移除轮廓外的实体（默认情况下，系统切除的是轮廓内的实体）。

Step4. 单击“切除-拉伸”对话框中的 ✔ 按钮，完成特征的创建。

Step5. 保存模型文件。选择下拉菜单 文件(F) → 保存(S) 命令，保存文件名称为 slide。

说明：有关模型文件的保存，详细请参见 5.1.4 节“保存文件”的具体内容。

5.1.4 保存文件

保存文件操作分两种情况：一种是所要保存的文件存在旧文件，如果执行文件保存命令后，系统将自动覆盖当前文件的旧文件；另一种是所要保存的文件为新建文件，如果执行该命令，则系统会弹出操作对话框。下面以新建的文件 slide 为例，说明保存文件的一般操作步骤。

Step1. 选择下拉菜单 文件(F) → 保存(S) 命令（或单击“标准”工具栏中的 按钮），系统弹出如图 5.1.31 所示的“另存为”对话框。

Step2. 在“另存为”对话框中选择文件保存的路径，在 文件名(N): 文本框中输入可以识别的文件名，单击 保存(S) 按钮，即可保存文件。

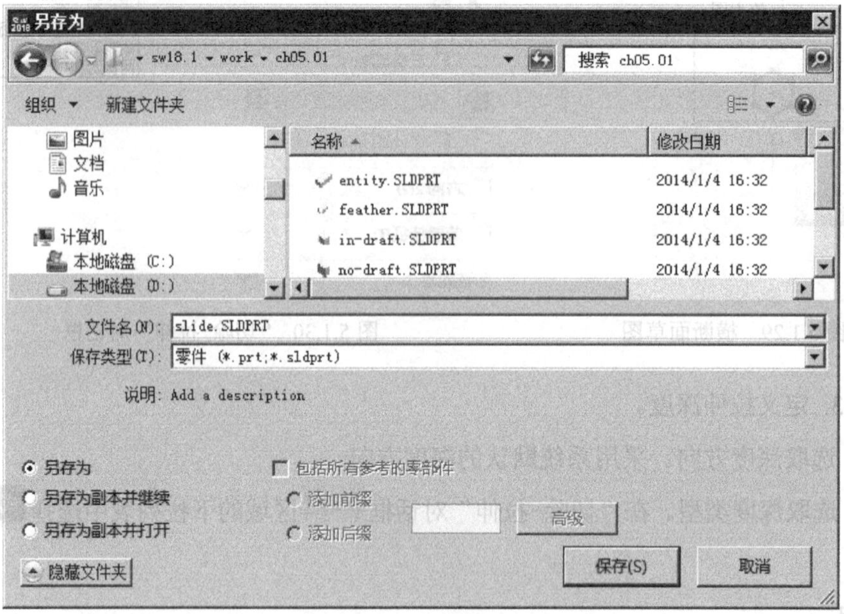

图 5.1.31 “另存为”对话框

注意：

- 文件(F) 下拉菜单中还有一个 另存为(A)... 命令， 保存(S) 与 另存为(A)... 命令的区别在于： 保存(S) 命令是保存当前的文件； 另存为(A)... 命令是将当前的文件复制并进行保存，并且保存时可以更改文件的名称，原文件不受影响。
- 如果已打开多个文件，并对这些文件进行过编辑，则可以用下拉菜单中的 保存所有(L) 命令将所有文件进行保存。

5.2 SolidWorks的模型显示与控制

学习本节时，请先打开模型文件 D:\sw18.1\work\ch05.02\slide.SLDPRT。

5.2.1 模型的几种显示方式

SolidWorks 提供了六种模型显示方式，可通过选择下拉菜单 视图(V) → 显示(D) 命令（图 5.2.1），或从“视图（V）”工具栏（图 5.2.2）中选择显示方式。

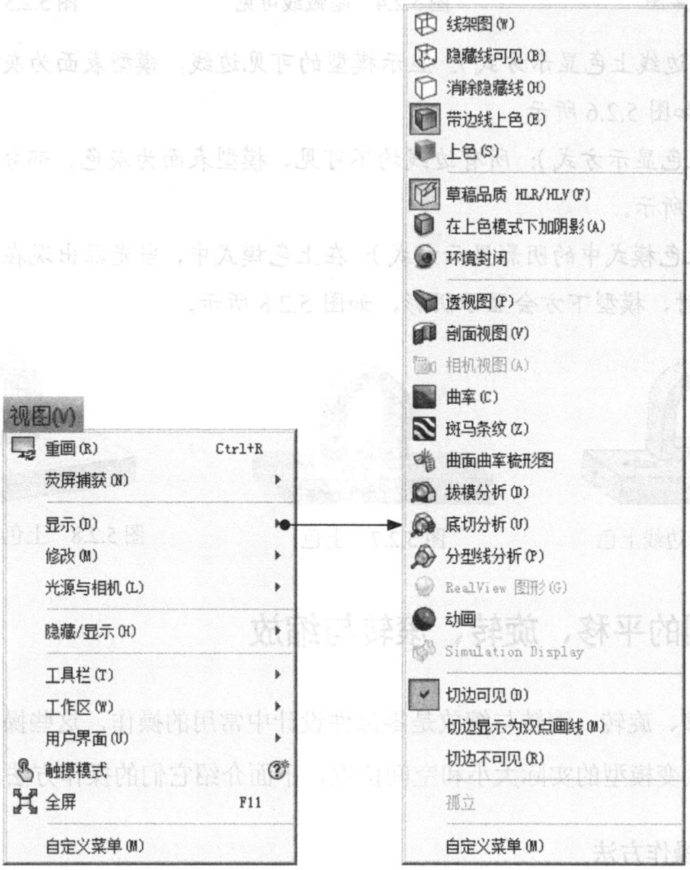

图 5.2.1 “视图”下拉菜单

图 5.2.2 “视图（V）”工具栏

“视图（V）”工具栏中部分按钮的功能介绍如下。

- （线架图显示方式）：模型以线框形式显示，所有边线显示为深颜色的细实线，

如图 5.2.3 所示。

- （隐藏线可见显示方式）：模型以线框形式显示，可见的边线显示为深颜色的实线，不可见的边线显示为虚线，如图 5.2.4 所示。
- （消除隐藏线显示方式）：模型以线框形式显示，可见的边线显示为深颜色的实线，不可见的边线被隐藏起来（即不显示），如图 5.2.5 所示。

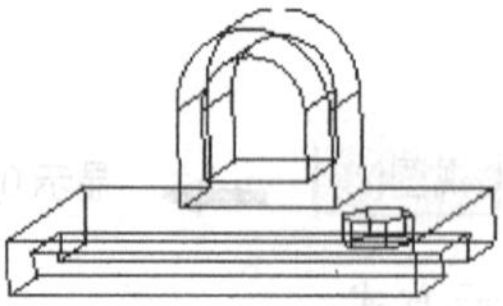

图 5.2.3　线架图

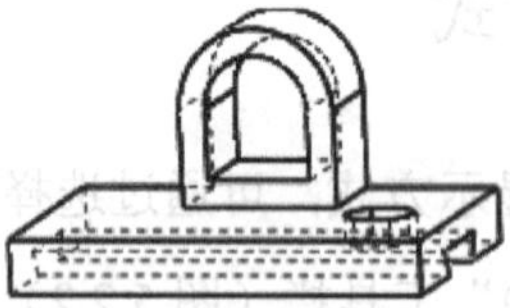

图 5.2.4　隐藏线可见

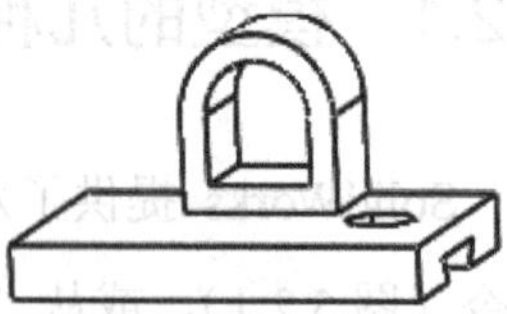

图 5.2.5　消除隐藏线

- （带边线上色显示方式）：显示模型的可见边线，模型表面为灰色，部分表面有阴影，如图 5.2.6 所示。
- （上色显示方式）：所有边线均不可见，模型表面为灰色，部分表面有阴影，如图 5.2.7 所示。
- （上色模式中的阴影显示方式）：在上色模式中，当光源出现在当前视图的模型最上方时，模型下方会显示阴影，如图 5.2.8 所示。

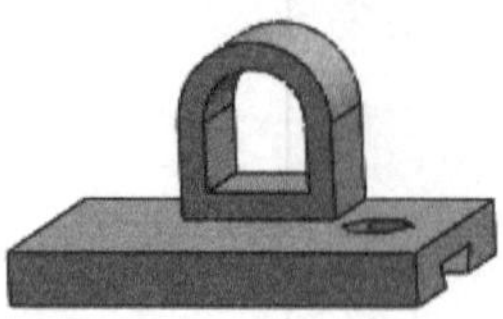

图 5.2.6　带边线上色

图 5.2.7　上色

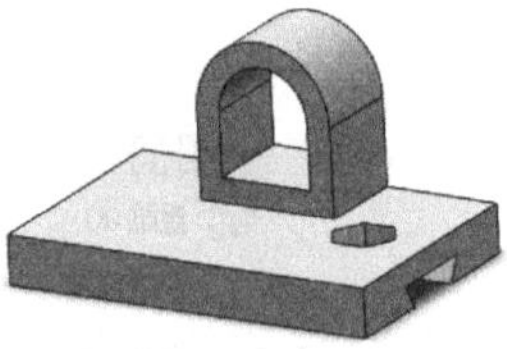

图 5.2.8　上色模式中的阴影

5.2.2　视图的平移、旋转、滚转与缩放

视图的平移、旋转、滚转与缩放是零部件设计中常用的操作，这些操作只改变模型的视图方位而不改变模型的实际大小和空间位置，下面介绍它们的操作方法。

1. 平移的操作方法

（1）选择下拉菜单 视图(V) → 修改(M) → 平移(N) 命令（或在“视图（V）”工具栏中单击按钮），然后在图形区按住鼠标左键并移动鼠标，此时模型会随着鼠标的移动而平移。

（2）在图形区空白处右击，从系统弹出的快捷菜单中选择 平移(P) 命令，然后在图形区按住左键并移动鼠标，此时模型会随着鼠标的移动而平移。

（3）按住 Ctrl 键和鼠标中键不放并移动鼠标，此时模型将随着鼠标的移动而平移。

2. 旋转的操作方法

（1）选择下拉菜单 视图(V) → 修改(M) → 旋转(R) 命令（或在“视图（V）”工具栏中单击按钮），然后在图形区按住鼠标左键并移动鼠标，此时模型会随着鼠标的移动而旋转。

（2）在图形区空白处右击，从系统弹出的快捷菜单中选择 旋转视图(R) 命令，然后在图形区按住鼠标左键并移动鼠标，此时模型会随着鼠标的移动而旋转。

（3）按住鼠标中键并移动鼠标，此时模型将随着鼠标的移动而旋转。

3. 滚转的操作方法

（1）选择下拉菜单 视图(V) → 修改(M) → 滚转(L) 命令（或在“视图（V）”工具栏中单击按钮），然后在图形区按住鼠标左键并移动鼠标，此时模型会随着鼠标的移动而翻滚。

（2）在图形区空白处右击，从系统弹出的快捷菜单中选择 翻滚视图(G) 命令，然后在图形区按住鼠标左键并移动鼠标，此时模型会随着鼠标的移动而翻滚。

4. 缩放的操作方法

（1）选择下拉菜单 视图(V) → 修改(M) → 动态放大/缩小(I) 命令（或在“视图（V）”工具栏中单击按钮），然后在图形区按住鼠标左键并移动鼠标，此时模型会随着鼠标的移动而缩放，向上则放大视图，向下则缩小视图。

（2）选择下拉菜单 视图(V) → 修改(M) → 局部放大(Z) 命令（或在“视图（V）”工具栏中单击按钮），然后在图形区选取所要放大的范围，可使此范围最大限度地显示在图形区。

（3）在图形区空白处右击，从系统弹出的快捷菜单中选择 局部放大(B) 命令，然后在图形区选取所要放大的范围，可使此范围最大限度地显示在图形区。

（4）按住 Shift 键和鼠标中键不放，光标变成一个放大镜和上下指向的箭头，向上移动鼠标可将视图放大，向下移动鼠标则可将视图缩小。

注意：在“视图（V）”工具栏中单击按钮，可以使视图填满整个界面窗口。

5.2.3 模型的视图定向

在设计零部件时，经常需要改变模型的视图方向，利用模型的“定向”功能可以将绘图区中的模型（图 5.2.9）精确定向到某个视图方向，定向命令按钮位于图 5.2.10 所示的“标准视图（E）”工具栏中。

图 5.2.9　原始视图方位

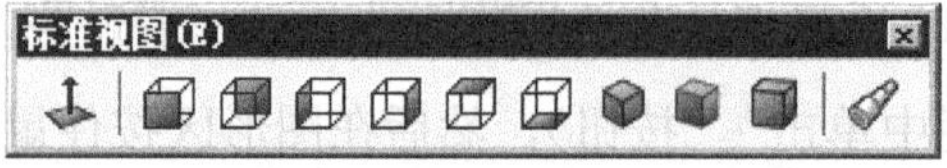

图 5.2.10　“标准视图（E）”工具栏

“标准视图（E）”工具栏中的按钮具体介绍如下。

- （前视）：沿着 Z 轴负向的平面视图，如图 5.2.11 所示。
- （后视）：沿着 Z 轴正向的平面视图，如图 5.2.12 所示。
- （左视）：沿着 X 轴正向的平面视图，如图 5.2.13 所示。

图 5.2.11　前视图

图 5.2.12　后视图

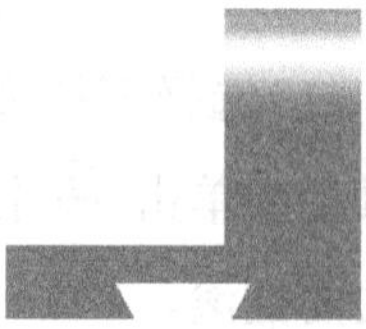

图 5.2.13　左视图

- （右视）：沿着 X 轴负向的平面视图，如图 5.2.14 所示。
- （上视）：沿着 Y 轴负向的平面视图，如图 5.2.15 所示。
- （下视）：沿着 Y 轴正向的平面视图，如图 5.2.16 所示。

图 5.2.14　右视图

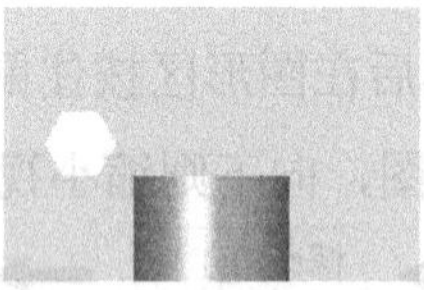

图 5.2.15　上视图

图 5.2.16　下视图

- （等轴测视图）：单击此按钮，可将模型视图旋转到等轴测三维视图模式，如图 5.2.17 所示。
- （上下二等角轴测视图）：单击此按钮，可将模型视图旋转到上下二等角轴测三维视图模式，如图 5.2.18 所示。
- （左右二等角轴测视图）：单击此按钮，可将模型视图旋转到左右二等角轴测三维视图模式，如图 5.2.19 所示。

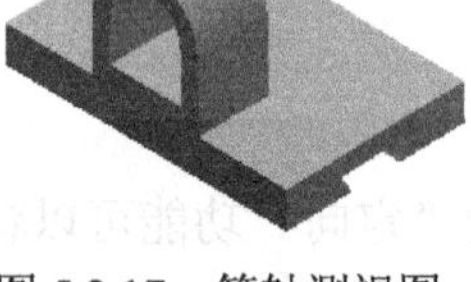

图 5.2.17　等轴测视图

图 5.2.18　上下二等角轴测视图

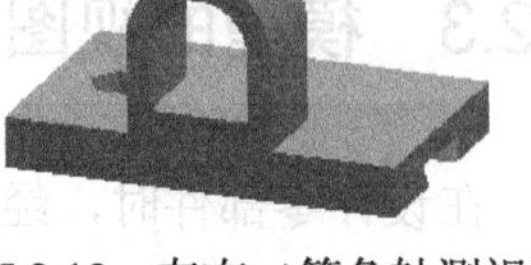

图 5.2.19　左右二等角轴测视图

- （视图定向）：这是一个定制视图方向的命令，用于保存某个特定的视图方位，若用户对模型进行了旋转操作，只需单击此按钮，便可从系统弹出的如图 5.2.20 所示的“方向”对话框（一）中找到这个已命名的视图方位。

“方向”对话框的操作方法如下。

（1）将模型旋转到预定视图方位。

（2）在“标准视图（E）”工具栏中单击按钮，系统弹出如图 5.2.20 所示的“方向”对话框（一）。

（3）在“方向”对话框（一）中单击“新视图”按钮，系统弹出如图 5.2.21 所示的“命名视图”对话框；在该对话框的 视图名称(V): 文本框中输入视图方位的名称 view1，然后单击 确定 按钮，此时 view1 出现在“方向”对话框（二）的列表中，如图 5.2.22 所示。

（4）关闭“方向”对话框（二），完成视图方位的定制。

（5）将模型旋转到另一视图方位，然后在“标准视图（E）”工具栏中单击按钮，系统弹出“方向”对话框；在该对话框中单击 view1，即可回到刚才定制的视图方位。

图 5.2.20 “方向”对话框（一）

图 5.2.21 “命名视图”对话框

图 5.2.22 “方向”对话框（二）

“方向”对话框中各按钮的功能说明如下。

☑ 按钮：单击此按钮，可以定制新的视图方位。

☑ 按钮：单击此按钮，可以重新设置所选标准视图方位（标准视图方位即系统默认提供的视图方位）。但在此过程中，系统会弹出如图 5.2.23 所示的“SolidWorks”提示框，提示用户此更改将对工程图产生的影响，单击对话框中的 是(Y) 按钮，即可重新设置标准视图方位。

☑ 按钮：选中一个视图方位，然后单击此按钮，可以将此视图方位锁定在固定的对话框。

图 5.2.23 “SolidWorks”提示框

5.3 SolidWorks 设计树

5.3.1 设计树概述

SolidWorks 的设计树一般出现在窗口左侧，它的功能是以树的形式显示当前活动模型中的所有特征或零件，在树的顶部显示根（主）对象，并将从属对象（零件或特征）置于其下。在零件模型中，设计树列表的顶部是零部件名称，下方是每个特征的名称；在装配体模型中，设计树列表的顶部是总装配，总装配下是各子装配和零件，每个子装配下方则是该子装配中每个零件的名称，每个零件名的下方是零件各个特征的名称。

如果打开了多个文件，则设计树内容只反映当前活动文件（即活动窗口中的模型文件）。

5.3.2 设计树界面简介

在学习本节时，请先打开模型文件 D:\sw18.1\work\ch05.03\slide.SLDPRT。

SolidWorks 的设计树界面如图 5.3.1 所示。

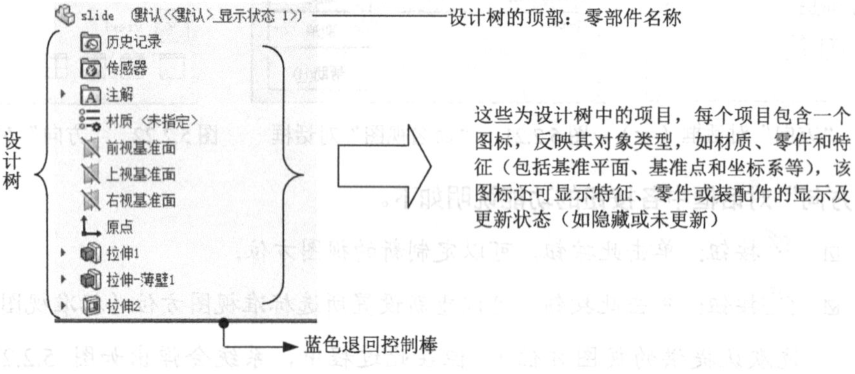

图 5.3.1 设计树界面

5.3.3 设计树的作用与一般规则

1. 设计树的作用

（1）在设计树中选取对象。

可以从设计树中选取要编辑的特征或零件对象，当要选取的特征或零件在图形区的模型中不可见时，此方法尤为有用；当要选取的特征和零件在模型中禁用选取时，仍可在设计树中进行选取操作。

注意： SolidWorks 的设计树中列出了特征的几何图形（即草图的从属对象），但在设计树中，几何图形的选取必须在草绘状态下。

（2）更改项目的名称。

在设计树的项目名称上缓慢单击两次，然后输入新名称，即可更改所选项目的名称。

（3）在设计树中使用快捷命令。

单击或右击设计树中的特征名称或零件名称，可打开一个快捷菜单，从中可选取相对于选定对象的特定操作命令。

（4）确认和更改特征的生成顺序。

设计树中有一个蓝色退回控制棒，作用是指明在创建特征时特征的插入位置。在默认情况下，它的位置总是在模型树列出的所有项目的最后。可以在模型树中将其上下拖动，将特征插入到模型中的其他特征之间。将控制棒移动到新位置时，控制棒后面的项目将被隐含，这些项目将不在图形区的模型上显示。

可在退回控制棒位于任何地方时保存模型。当再次打开文档时，可使用“向前推进”命令，或直接拖动控制棒至所需位置。

（5）添加自定义文件夹以插入特征。

在设计树中添加新的文件夹，可以将多个特征拖动到新文件夹中，以减小设计树的长度，其操作方法有以下两种。

① 使用系统自动创建的文件夹。在设计树中右击某一个特征，在系统弹出的快捷菜单中选择“添加到新文件夹”命令，一个新文件夹就会出现在设计树中，且用右键单击的特征会出现在该文件夹中；用户可重命名文件夹，并将多个特征拖动到该文件夹中。

② 创建新文件夹。在设计树中右击某一个特征，在系统弹出的快捷菜单中选择“生成新文件夹”命令，一个新文件夹就会出现在设计树中；用户可重命名文件夹，并将多个特征拖动到文件夹中。

将特征从所创建的文件夹中移除的方法是：在 FeatureManager 设计树中将特征从文件夹拖动到文件夹外部，然后释放鼠标，即可将特征从文件夹中移除。

说明：拖动特征时，可将任何连续的特征或零部件放置到单独的文件夹中，但不能使用 Ctrl 键选择非连续的特征，这样可以保持特征的父子关系。不能将现有文件夹添加到新文件夹中。

（6）设计树的其他作用。

- 传感器可以监视零件和装配体的所选属性，并在数值超出指定阈值时发出警告。
- 在设计树中右击“注解”文件夹，可以控制尺寸和注解的显示。
- 可以记录“设计日志”并“添加附件到”到“设计活页夹”文件夹。
- 在设计树中右击“材质”可以添加或修改应用到零件的材质。
- 在“光源与相机”文件夹中可以添加或修改光源。

2．设计树的一般规则

（1）项目图标左边的“＋”符号表示该项目包含关联项，单击“＋”可以展开该项目并显示其内容。若要一次折叠所有展开的项目，可用快捷键 Shift＋C 或右击设计树顶部的文件名称，然后从系统弹出的快捷菜单中选择“折叠项目”命令。

（2）草图有过定义、欠定义、无法解出和完全定义四种类型，在设计树中分别用“(＋)”“(—)”“(?)”表示（完全定义时草图无前缀）；装配体也有四种类型，前三种与草图一致，第四种类型为固定，在设计树中以“(f)”表示。

（3）若需重建已经更改的模型，则特征、零件或装配体之前会显示重建模型符号 。

（4）在设计树顶部显示锁形符号的零件表示不能对其进行编辑，此零件通常是 Toolbox 或其他标准库零件。

5.4 设置零件模型的属性

5.4.1 概述

选择下拉菜单 编辑(E) ➡ 外观(A) ➡ 材质(M)... 命令，或在“标准”工具栏中单击 按钮，系统弹出图 5.4.1 所示的“材料”对话框（一），在此对话框中可以创建新材料并定义零件材料的属性。

说明：图 5.4.1 所示左侧的下拉列表中显示的是用户常用材料。

5.4.2 零件模型材料的设置

下面以一个简单模型为例，说明设置零件模型材料属性的一般操作步骤。操作前请打开模型文件 D:\sw18.1\work\ch05.04\slide.SLDPRT。

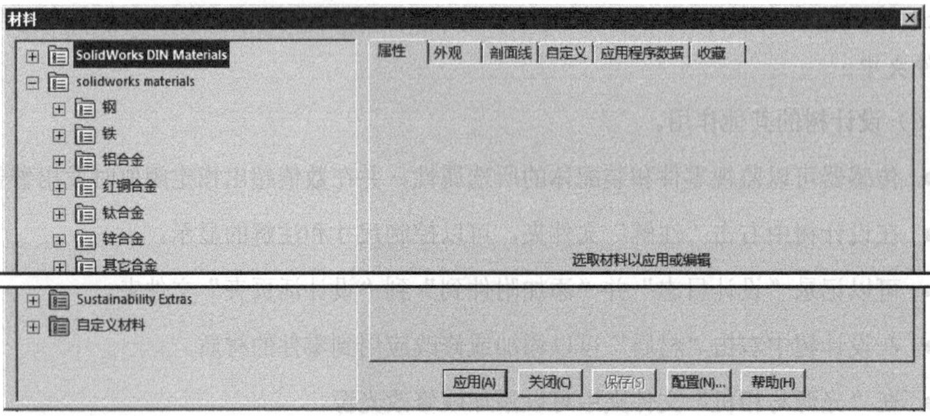

图 5.4.1 “材料”对话框（一）

Step1. 将材料应用到模型。

（1）选择下拉菜单 编辑(E) → 外观(A) → 材质(M)... 命令，系统弹出“材料”对话框。

（2）在该对话框的列表中选择 红铜合金 中的 黄铜 选项，此时在该对话框中显示所选材料的属性，如图 5.4.2 所示。

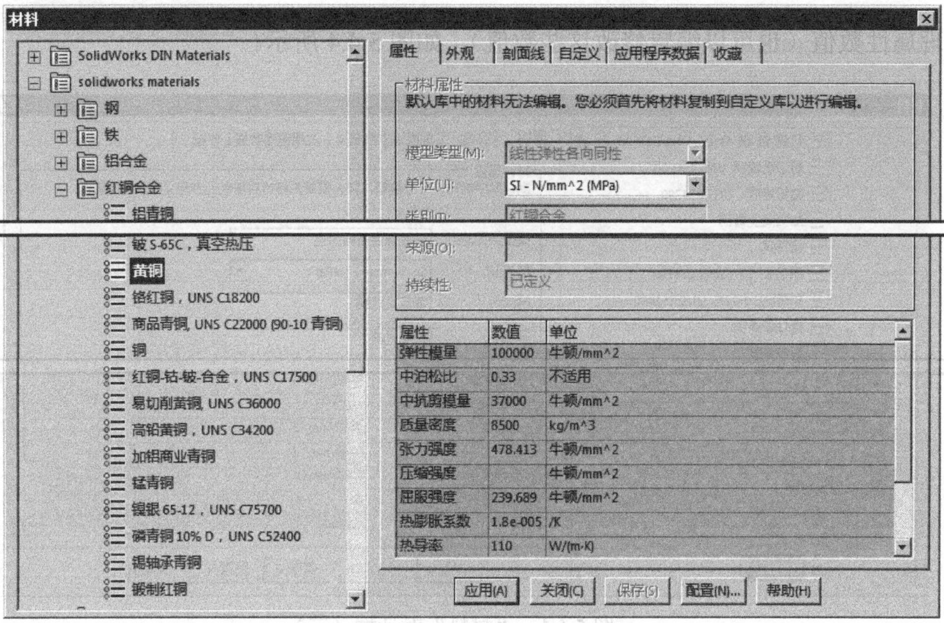

图 5.4.2 “材料”对话框（二）

（3）单击 应用(A) 按钮，将材料应用到模型，如图 5.4.3b 所示。

（4）单击 关闭(C) 按钮，关闭“材料”对话框。

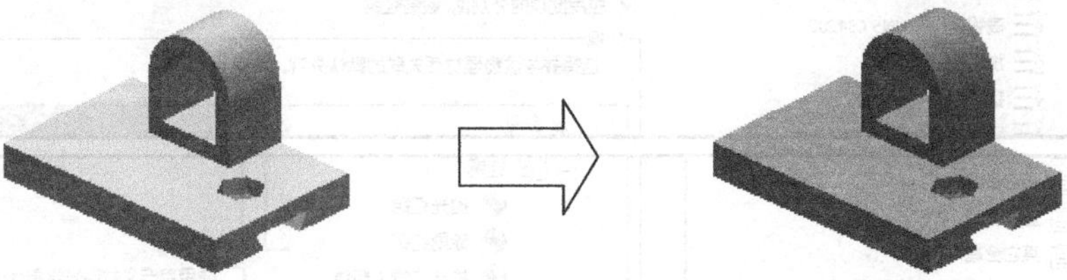

a）应用材质前　　　b）应用材质后

图 5.4.3 应用“黄铜”材质

说明：应用了新材料后，用户可以在“设计树”中找到相应的材料，并对其进行编辑或者删除。

Step2. 创建新材料。

（1）选择下拉菜单 编辑(E) → 外观(A) → 材质(M)... 命令，系统弹出“材料”对话框。

（2）右击列表中 ⊞ 红铜合金中的 铜选项，在弹出的快捷菜单中选择复制(C)命令。

（3）在列表底部的 自定义材料上右击，在系统弹出的快捷菜单中选择新类别(N)命令，然后输入“自定义红铜”字样。

（4）在列表底部的 自定义红铜上右击，在系统弹出的快捷菜单中选择粘帖(P)命令。然后将 自定义红铜节点下的 铜字样改为“锻制红铜”。此时在对话框的下部区域显示各物理属性数值（也可以编辑修改这些数值），如图 5.4.4 所示。

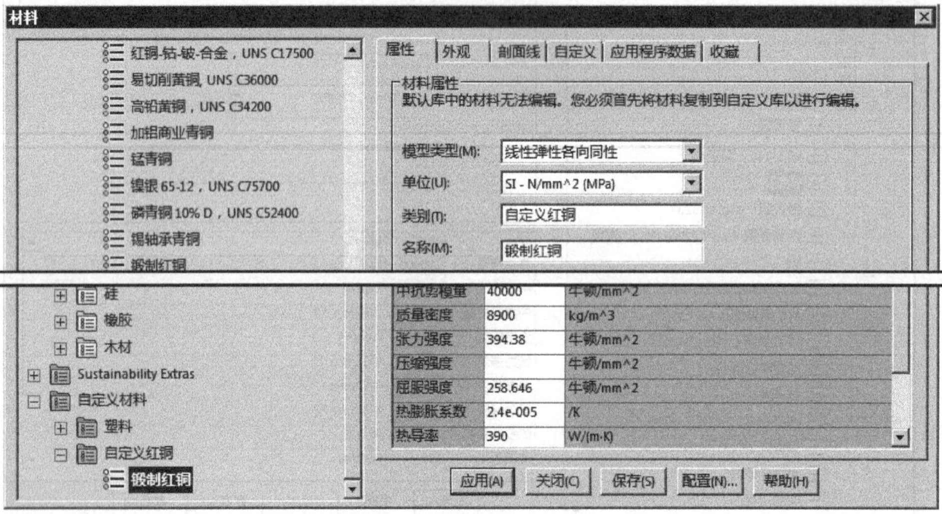

图 5.4.4 “材料”对话框（三）

（5）单击外观选项卡，在该选项卡的列表中选择 锻制红铜选项，如图 5.4.5 所示。

图 5.4.5 “外观”选项卡

（6）单击 保存(S) 按钮，保存自定义的材料。

（7）在“材料”对话框中单击 应用(A) 按钮，应用设置的自定义材料，如图 5.4.6 所示。

（8）单击 关闭(C) 按钮，关闭“材料”对话框。

图 5.4.6 应用自定义材料

5.4.3 零件模型单位的设置

每个模型都有一个基本的米制和非米制单位系统，以确保该模型的所有材料属性保持测量和定义的一贯性。SolidWorks 系统提供了一些预定义单位系统，其中一个是默认单位系统，但用户也可以定义自己的单位和单位系统（称为定制单位和定制单位系统）。在进行产品设计前，应使产品中的各元件具有相同的单位系统。

选择下拉菜单 工具(T) → 选项(P)... 命令，在“文档属性”选项卡中可以设置、更改模型的单位系统。

如果要对当前模型中的单位制进行修改（或创建自定义的单位系统），可参考下面的操作方法进行。

Step1. 选择下拉菜单 工具(T) → 选项(P)... 命令，系统弹出“系统选项（S）- 普通”对话框。

Step2. 在该对话框中单击 文档属性(D) 选项卡，然后在对话框左侧的列表中选择 单位 选项，此时对话框右侧出现单位系统，确认 MMGS (毫米、克、秒) 处于选中状态，如图 5.4.7 所示。

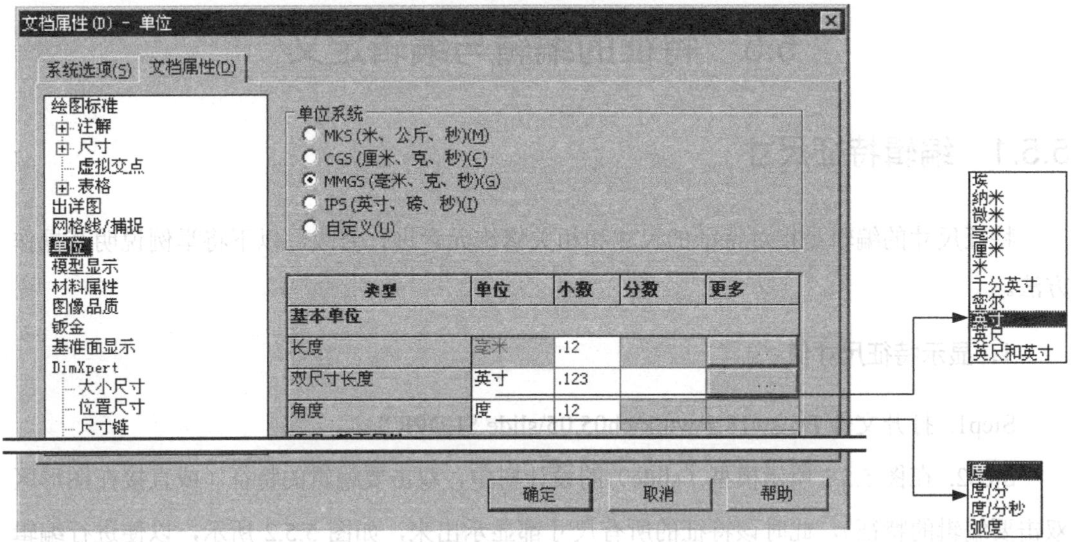

图 5.4.7 “文档属性（D）-单位”对话框（一）

Step3. 如果要对模型应用系统提供其他单位系统，只需在对话框的 单位系统 选项组中选择所要应用的单选项即可；除此之外，只可更改 双尺寸长度 和 角度 区域中的选项；若要自定义单位系统，须先在 单位系统 选项组中选择 ⊙ 自定义(U) 单选项，此时 **基本单位** 和 **质量/截面属性** 区域中的各选项将变亮，如图 5.4.8 所示，用户可根据自身需要来定制相应的单位系统。

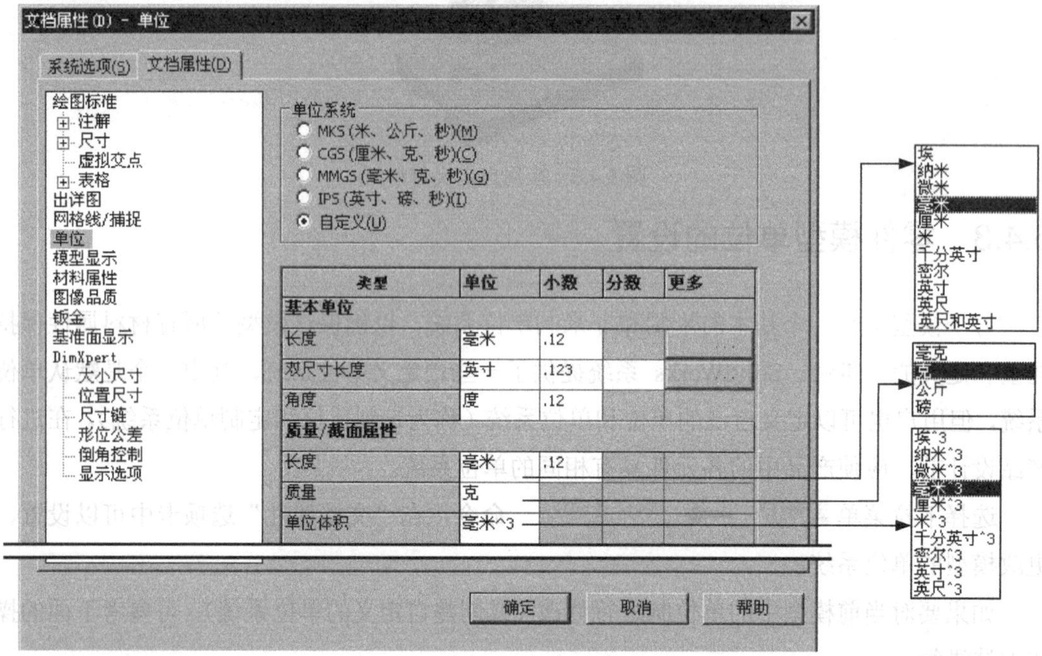

图 5.4.8 “文档属性（D）-单位”对话框（二）

Step4. 完成修改操作后，单击该对话框中的 确定 按钮。

说明：在各单位系统区域均可调整小数位数，此参数由所需显示数据的精确程度决定，默认小数位数为 2。

5.5 特征的编辑与编辑定义

5.5.1 编辑特征尺寸

特征尺寸的编辑是指对特征的尺寸和相关修饰元素进行修改，以下将举例说明其操作方法。

1. 显示特征尺寸值

Step1. 打开文件 D:\sw18.1\work\ch05.05\slide.SLDPRT。

Step2. 在图 5.5.1 所示模型（slide）的设计树中，双击要编辑的特征（或直接在图形区双击要编辑的特征），此时该特征的所有尺寸都显示出来，如图 5.5.2 所示，以便进行编辑

（若 Instant3D 按钮处于按下状态，只需单击特征即可显示尺寸）。

2. 修改特征尺寸值

通过上述方法进入尺寸的编辑状态后，如果要修改特征的某个尺寸值，方法如下。

Step1. 在模型中双击要修改的某个尺寸，系统弹出如图 5.5.3 所示的“修改”对话框。

Step2. 在“修改”对话框的文本框中输入新的尺寸，并单击对话框中的按钮。

Step3. 编辑特征的尺寸后，必须进行重建操作，重新生成模型，这样修改后的尺寸才会重新驱动模型。方法是选择下拉菜单 编辑(E) → 重建模型(R) 命令（或单击“标准”工具栏中的按钮）。

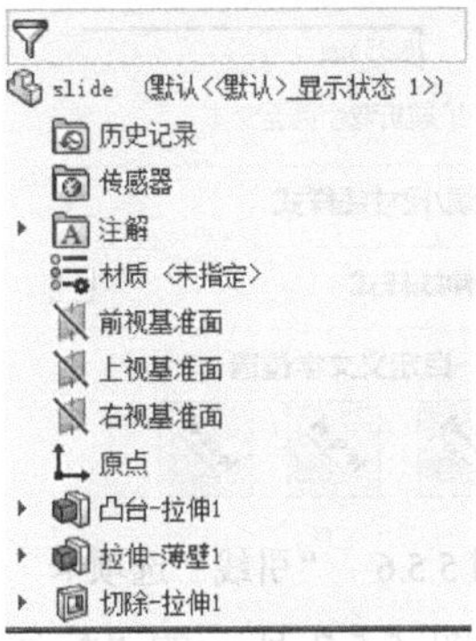

图 5.5.1 设计树

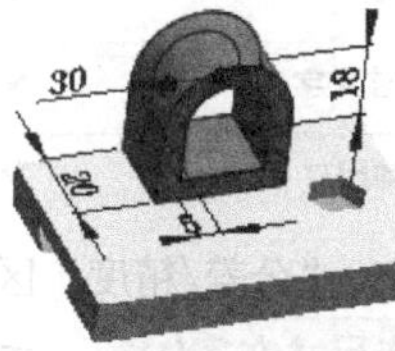

图 5.5.2 编辑零件模型的尺寸

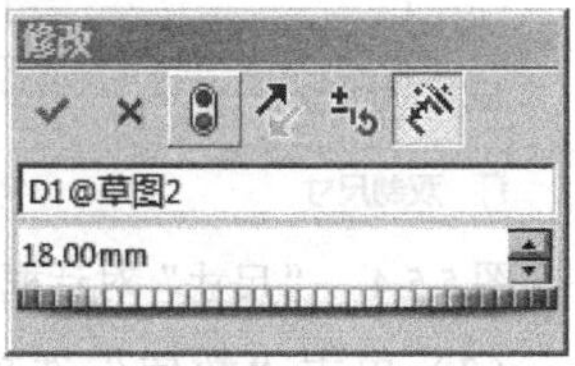

图 5.5.3 “修改”对话框

图 5.5.3 所示的“修改”对话框中各按钮的说明如下。

- 按钮：保存当前数值并退出“修改”对话框。
- 按钮：恢复原始数值并退出“修改”对话框。
- 按钮：以当前数值重建模型。
- 按钮：用于反转尺寸方向的设置。
- 按钮：重新设置数值框的增（减）量值。
- 按钮：标注要输入工程图中的尺寸。

3. 修改特征尺寸的修饰

如果要修改特征的某个尺寸的修饰，其一般操作步骤如下。

Step1. 双击选中要修改尺寸的特征，在模型中单击要修改其修饰的某个尺寸，系统弹出图 5.5.4 所示的“尺寸”对话框。

Step2. 在“尺寸”对话框中可进行尺寸数值、字体、公差/精度和显示等相应修饰项的设置修改。

（1）单击“尺寸”对话框中的 公差/精度(P)，系统将展开如图 5.5.5 所示的 公差/精度(P) 区域，在此区域中可以进行尺寸公差/精度的设置。

（2）单击“尺寸”对话框中的 引线 选项卡，系统将切换到如图 5.5.6 所示的界面，在该界面中可对 尺寸界线/引线显示(W) 进行设置。选中 ☑ 自定义文字位置 复选框，可以对文字位置进行设置。

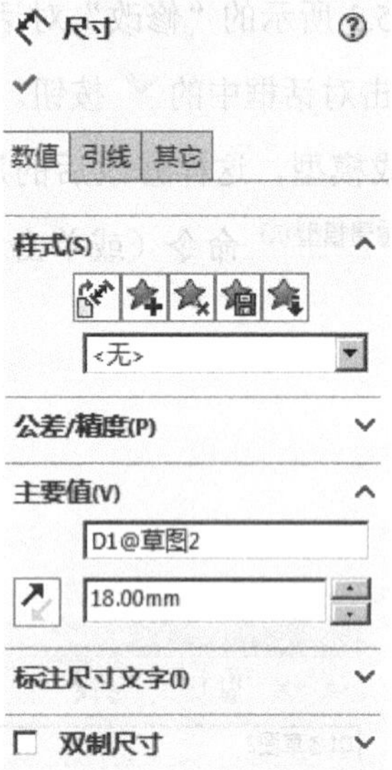

图 5.5.4 “尺寸”对话框

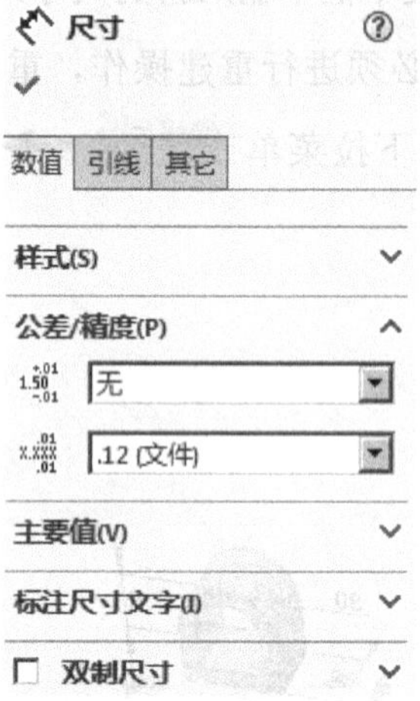

图 5.5.5 “公差/精度”区域

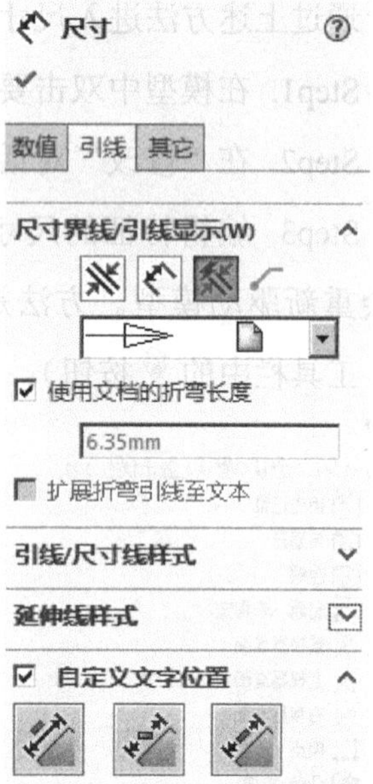

图 5.5.6 “引线”选项卡

（3）单击“数值”选项卡中的 标注尺寸文字(I) ，系统将展开图 5.5.7 所示的“标注尺寸文字”区域，在该区域中可进行尺寸文字的修改。

（4）单击 其它 选项卡，系统切换到如图 5.5.8 所示的界面，在该界面中可进行单位和文本字体的设置。

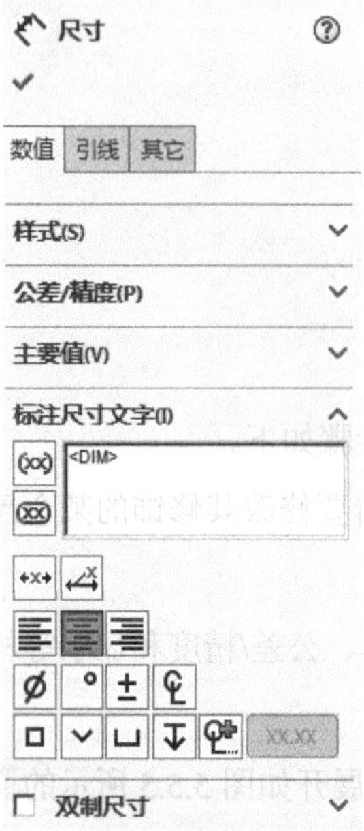

图 5.5.7 “标注尺寸文字”区域

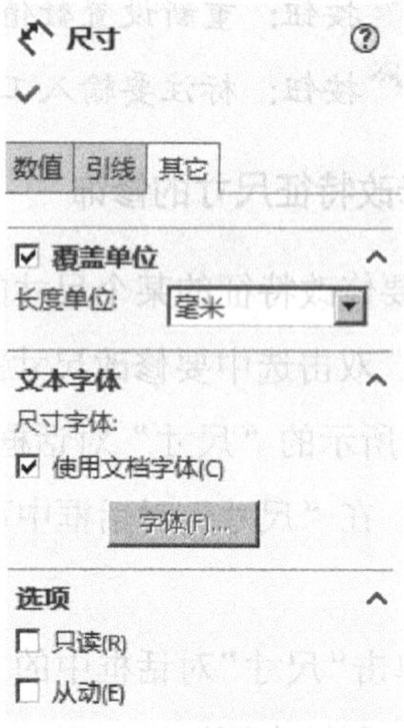

图 5.5.8 “其它”选项卡

5.5.2 查看特征父子关系

在设计树中右击所要查看的特征（如拉伸-薄壁 1），在系统弹出的图 5.5.9 所示的快捷菜单中选择 父子关系... (I) 命令，弹出如图 5.5.10 所示的“父子关系”对话框，在此对话框中可查看所选特征的父特征和子特征。

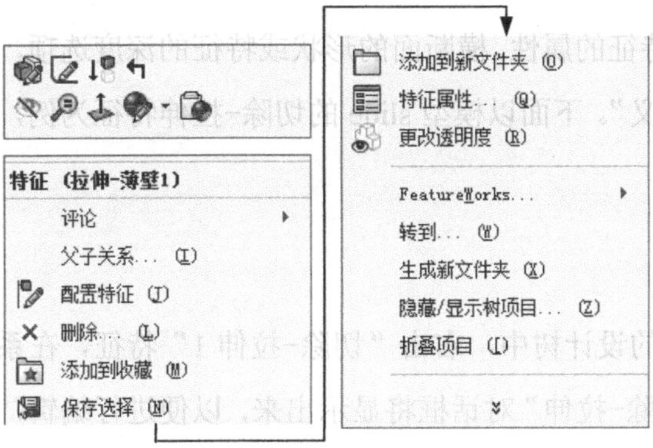

图 5.5.9 快捷菜单

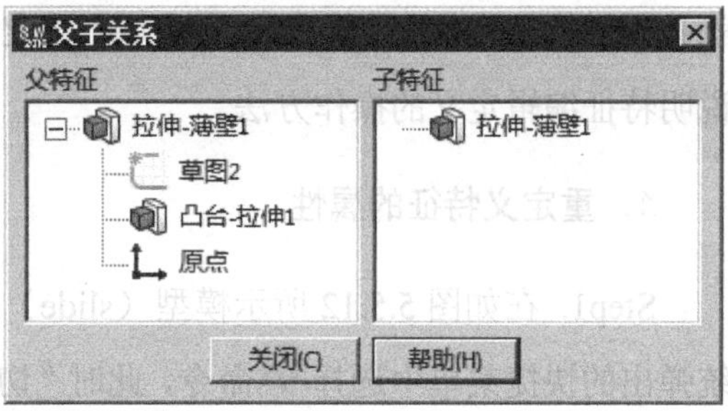

图 5.5.10 “父子关系”对话框

5.5.3 删除特征

删除特征的一般操作步骤如下。

(1) 选择命令。在如图 5.5.9 所示的快捷菜单中选择 删除... (L) 命令，系统弹出图 5.5.11 所示的“确认删除”对话框。

(2) 定义是否删除内含的特征。在“确认删除”对话框中选中 ☑ 删除内含特征(F) 复选框。

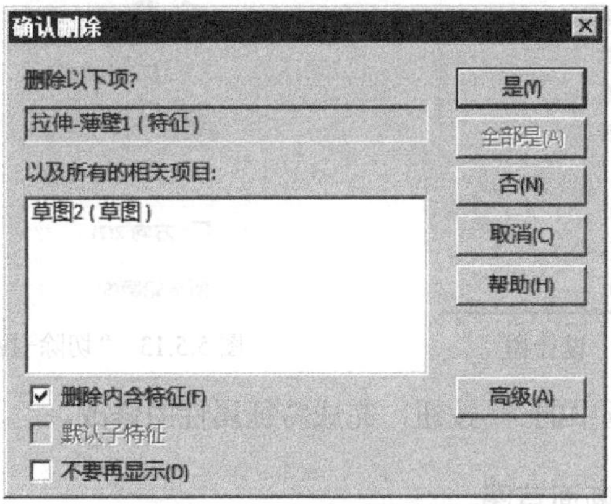

图 5.5.11 “确认删除”对话框

说明： 内含特征即所选特征的子代特征。如本例中所选特征的内含特征即为“草图 2（草图）”；若取消选中的 ☐ 删除内含特征(F) 复选框，则系统执行删除命令时，只删除特征，而不删除草图。

（3）单击该对话框中的 是(Y) 按钮，完成特征的删除。

说明：如果要删除的特征是零部件的基础特征（如模型 slide 中的拉伸特征“拉伸 1”），需选中 ☑ 默认子特征 复选框，否则其子特征将因为失去参考而重建失败。

5.5.4 特征的编辑定义

当特征创建完毕后，如果需要重新定义特征的属性、横断面的形状或特征的深度选项，就必须对特征进行“编辑定义”，也叫“重定义”。下面以模型 slide 的切除-拉伸特征为例，说明特征编辑定义的操作方法。

1．重定义特征的属性

Step1. 在如图 5.5.12 所示模型（slide）的设计树中，右击“切除-拉伸 1”特征，在系统弹出的快捷菜单中选择命令，此时“切除-拉伸”对话框将显示出来，以便进行编辑，如图 5.5.13 所示。

Step2. 在该对话框中重新设置特征的深度类型和深度值及拉伸方向等属性。

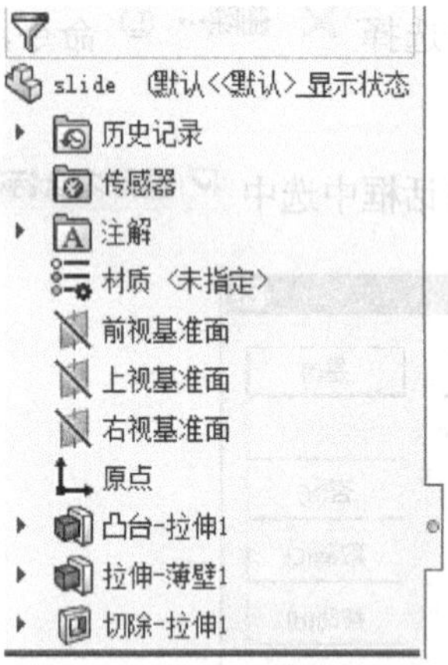

图 5.5.12　设计树

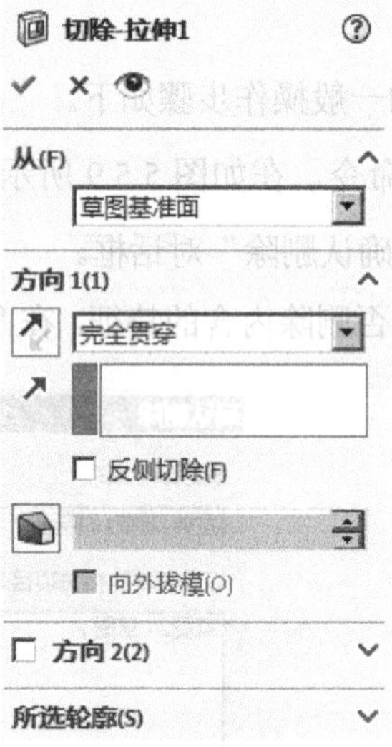

图 5.5.13　“切除-拉伸 1”对话框

Step3. 单击该对话框中的 ✔ 按钮，完成特征属性的修改。

2．重定义特征的横断面草图

Step1. 在如图 5.5.12 所示的设计树中右击“切除-拉伸 1”特征，在系统弹出的快捷菜单中选择命令，进入草图绘制环境。

Step2. 在草图绘制环境中修改特征草绘横断面的尺寸、约束关系和形状等。

Step3. 单击右上角的“退出草图”按钮，退出草图绘制环境，完成特征的修改。

说明：在编辑特征的过程中可能需要修改草图基准平面，其方法是在如图 5.5.14 所示的设计树中右击 草图3，从系统弹出的图 5.5.15 所示的快捷菜单中选择 命令，系统将弹出如图 5.5.16 所示的“草图绘制平面”对话框，在此对话框中可更改草图基准面。

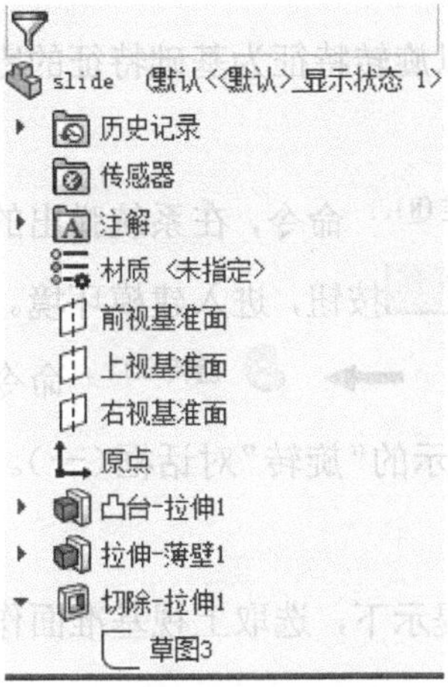

图 5.5.14　设计树

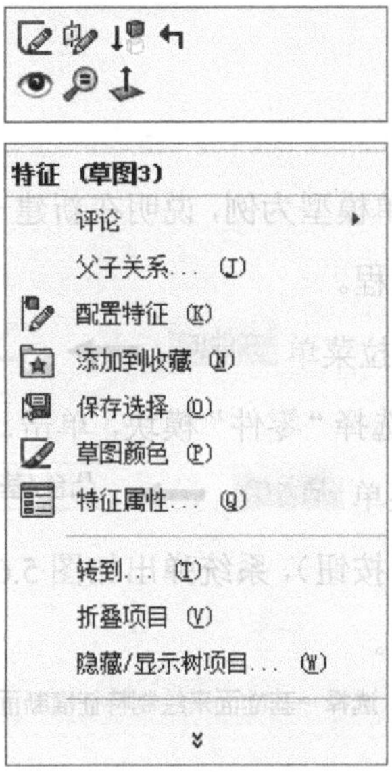

图 5.5.15　快捷菜单

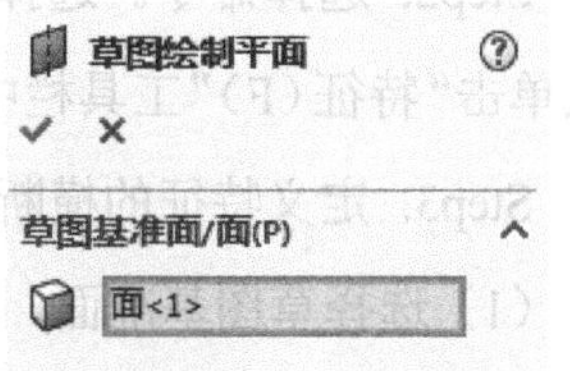

图 5.5.16　“草图绘制平面”对话框

5.6 旋转特征

5.6.1 旋转特征简述

旋转（Revolve）特征是将横断面草图绕着一条轴线旋转而形成的实体特征。注意旋转特征必须有一条绕其旋转的轴线（如图 5.6.1 所示为凸台旋转特征）。

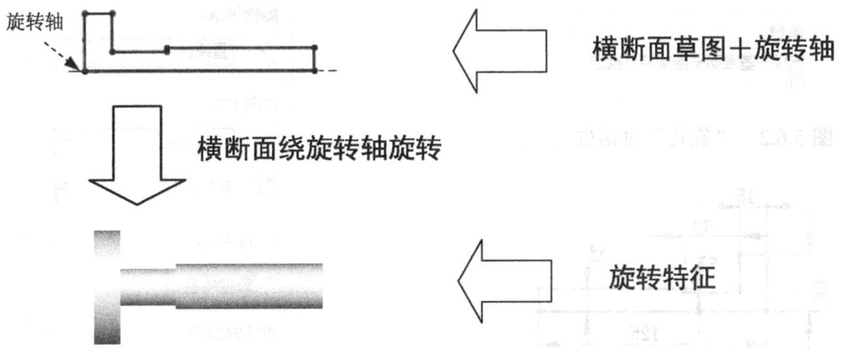

图 5.6.1　旋转特征示意图

要创建或重新定义一个旋转体特征，可按下列操作顺序给定特征要素：定义特征属性

（草图基准面）→绘制特征横断面草图→确定旋转轴线→确定旋转方向→输入旋转角度。

注意：旋转体特征分为凸台旋转特征和切除旋转特征，这两种旋转特征的横断面都必须是封闭的。

5.6.2 创建旋转凸台特征

下面以图 5.6.1 所示的一个简单模型为例，说明在新建一个以旋转特征为基础特征的零件模型时，创建旋转特征的详细过程。

Step1. 新建模型文件。选择下拉菜单 文件(F) → 新建(N)... 命令，在系统弹出的“新建 SolidWorks 文件”对话框中选择“零件”模块，单击 确定 按钮，进入建模环境。

Step2. 选择命令。选择下拉菜单 插入(I) → 凸台/基体(B) → 旋转(R)... 命令（或单击“特征(F)”工具栏中的按钮），系统弹出如图 5.6.2 所示的“旋转”对话框（一）。

Step3. 定义特征的横断面草图。

（1）选择草图基准面。在系统 选择一基准面来绘制特征横断面。 的提示下，选取上视基准面作为草图基准面，进入草图绘制环境。

（2）绘制如图 5.6.3 所示的横断面草图（包括旋转中心线）。

① 绘制草图的大致轮廓。

② 建立如图 5.6.3 所示的几何约束和尺寸约束，修改并整理尺寸。

（3）完成草图绘制后，选择下拉菜单 插入(I) → 退出草图 命令，退出草图绘制环境，系统弹出如图 5.6.4 所示的“旋转”对话框（二）。

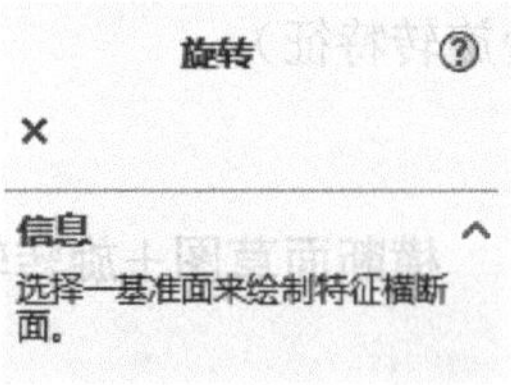

图 5.6.2 “旋转”对话框（一）

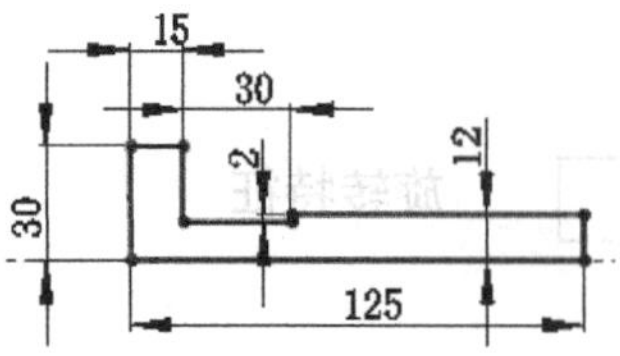

图 5.6.3 横断面草图

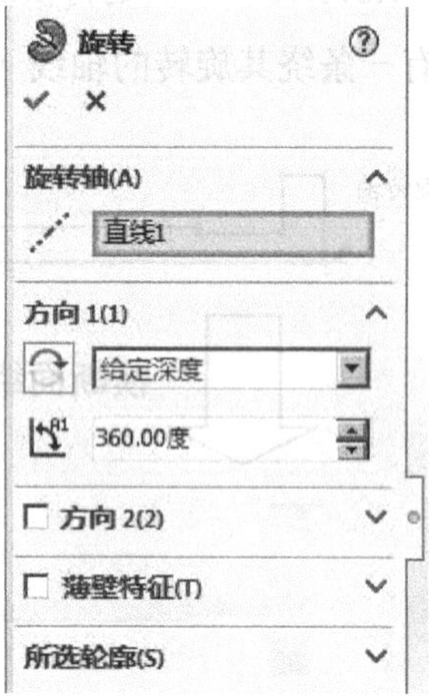

图 5.6.4 “旋转”对话框（二）

Step4. 定义旋转轴线。采用草图中绘制的中心线作为旋转轴线，此时“旋转”对话框

（二）中显示所选中心线的名称。

Step5. 定义旋转属性。

（1）定义旋转方向。在如图 5.6.4 所示的“旋转”对话框（二）的 **方向 1(1)** 区域的下拉列表中选择 给定深度 选项，采用系统默认的旋转方向。

（2）定义旋转角度。在 **方向 1(1)** 区域的 文本框中输入数值 360.0。

Step6. 单击“旋转”对话框中的 ✔ 按钮，完成旋转凸台的创建。

Step7. 选择下拉菜单 文件(F) → 保存(S) 命令，在弹出的对话框中将其命名为 revolve.SLDPRT，保存零件模型。

说明：

- 旋转特征必须有一条旋转轴线，围绕轴线旋转的草图只能在该轴线的一侧。
- 旋转轴线一般是用 中心线(N) 命令绘制的一条中心线，也可以是用 直线(L) 命令绘制的一条直线，还可以是草图轮廓的一条直线边。
- 如果旋转轴线是在横断面草图中，则系统会自动识别。

5.6.3 创建旋转切除特征

下面以图 5.6.5 所示的一个简单模型为例，说明创建旋转切除特征的一般操作步骤。

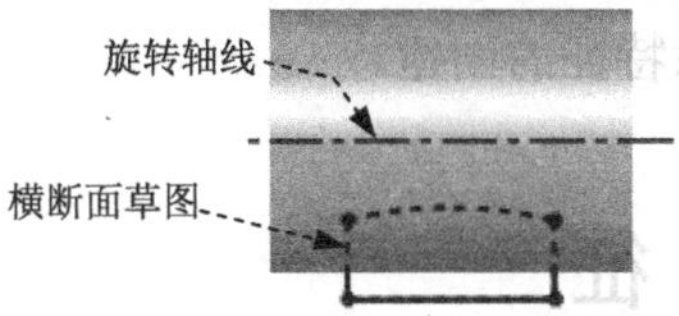

a）旋转前

b）旋转后

图 5.6.5 旋转切除特征

Step1. 打开文件 D:\sw18.1\work\ch05.06\revolve_cut.SLDPRT。

Step2. 选择命令。选择下拉菜单 插入(I) → 切除(C) → 旋转(R)... 命令（或单击“特征（F）”工具栏中的 按钮），系统弹出如图 5.6.6 所示的“旋转”对话框（一）。

Step3. 定义特征的横断面草图。

（1）选择草图基准面。在系统 选择: 1) 一基准面、平面或边线来绘制特征横断面 的提示下，在设计树中选择前视基准面作为草图基准面，进入草绘环境。

（2）绘制如图 5.6.7 所示的横断面草图（包括旋转中心线）。

① 绘制草图的大致轮廓。

② 建立如图 5.6.7 所示的几何约束和尺寸约束，修改并整理尺寸。

（3）完成草图绘制后，选择下拉菜单 插入(I) → 退出草图 命令，退出草图绘制环境，系统弹出如图 5.6.8 所示的“旋转”对话框（二）。

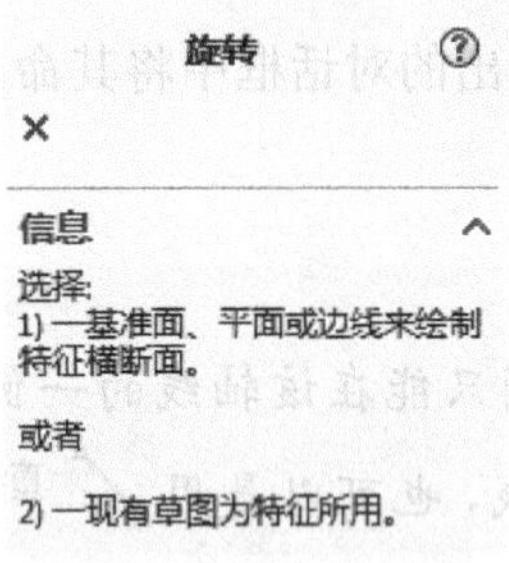

图 5.6.6 “旋转”对话框（一）

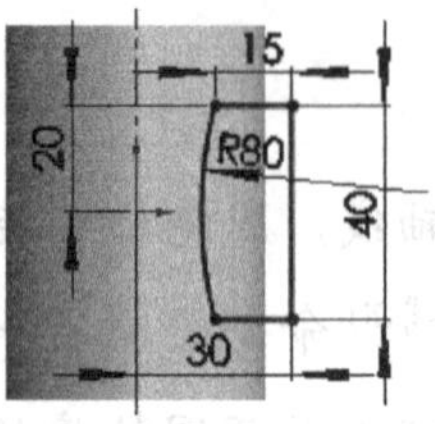

图 5.6.7 横断面草图

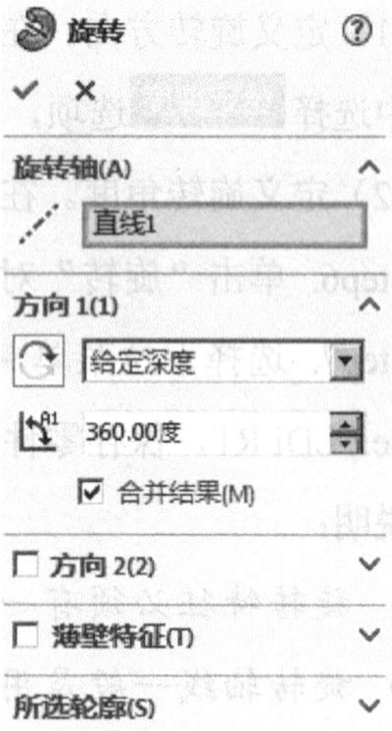

图 5.6.8 “旋转”对话框（二）

Step4. 定义旋转轴线。采用草图中绘制的中心线作为旋转轴线。

Step5. 定义旋转属性。

（1）定义旋转方向。在“旋转”对话框（二）的 方向1 区域的下拉列表中选择 给定深度 选项，采用系统默认的旋转方向。

（2）定义旋转角度。在 方向1 区域的 文本框中输入数值 360.00。

Step6. 单击该对话框中的 ✔ 按钮，完成旋转切除特征的创建。

5.7 倒 角 特 征

倒角（Chamfer）特征实际是在两个相交面的交线上建立斜面的特征。

下面以图 5.7.1 所示的一个简单模型为例，说明创建倒角特征的一般操作步骤。

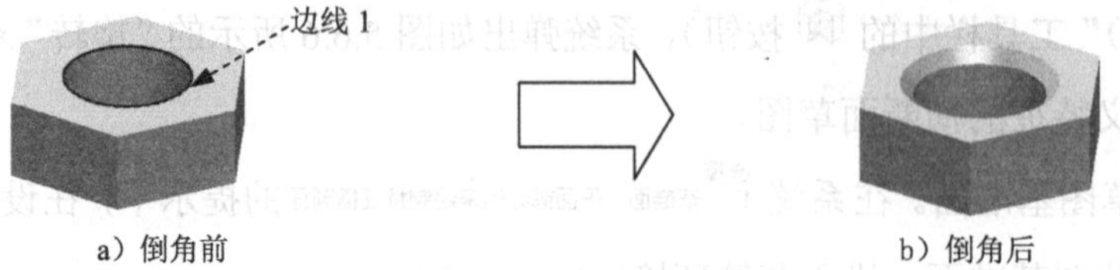

a）倒角前　　　b）倒角后

图 5.7.1 倒角特征

Step1. 打开文件 D:\sw18.1\work\ch05.07\chamfer.SLDPRT。

Step2. 选择命令。选择下拉菜单 插入(I) → 特征(F) → 倒角(C)... 命令（或单击“特征（F）”工具栏中的 按钮），系统弹出如图 5.7.2 所示的“倒角”对话框。

Step3. 定义倒角类型。在“倒角”对话框 倒角类型 区域中单击 选项。

Step4. 定义倒角对象。在系统的提示下，选取如图 5.7.1a 所示的边线 1 作为倒角对象。

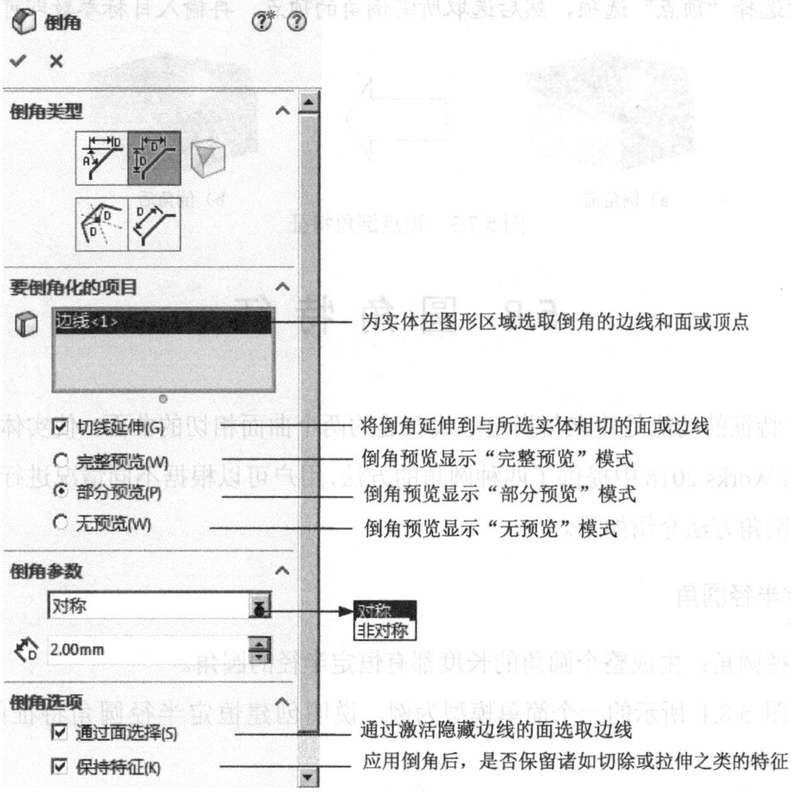

图 5.7.2　“倒角”对话框

Step5. 定义倒角参数。在“倒角”对话框 倒角参数 区域的下拉列表中选择 对称 选框，然后在 文本框中输入数值 2.00。

Step6. 单击该对话框中的 ✓ 按钮，完成倒角特征的创建。

说明：

- 若在“倒角”对话框 倒角类型 区域中单击 选项，则可以在 和 文本框中输入参数，以定义倒角特征。
- 倒角类型的各子选项说明如下。

☑ 切线延伸(T) 复选框：选中此复选框，可将倒角延伸到与所选实体相切的面或边线。

☑ 在“倒角”对话框中选择 ⊙ 完整预览(W)、⊙ 部分预览(P) 或 ⊙ 无预览(N) 单选项，可以定义倒角的预览模式。

☑ 通过面选择(S) 复选框：选中此复选框，可以通过激活隐藏边线的面选取边线。

☑ 保持特征(K) 复选框：选中此复选框，可以保留倒角处的特征（如拉伸、切除等），一般应用倒角命令时，这些特征将被移除。

- 利用“倒角”对话框还可以创建如图 5.7.3 所示的顶点倒角特征，方法是在定义倒角类型时选择“顶点”选项，然后选取所需倒角的顶点，再输入目标参数即可。

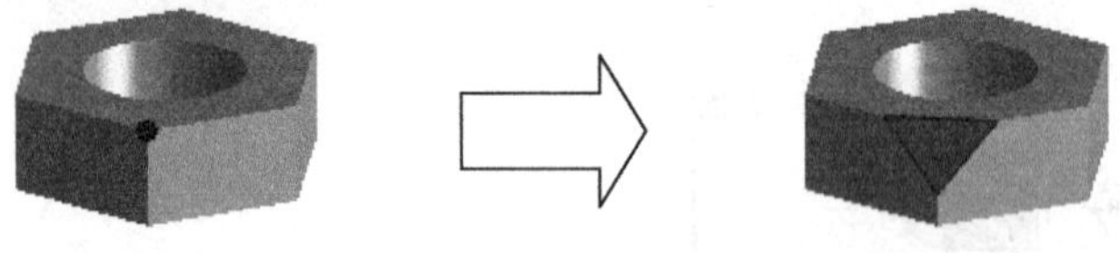

a）倒角前　　　　b）倒角后

图 5.7.3　顶点倒角特征

5.8　圆 角 特 征

“圆角”特征的功能是建立与指定边线相连的两个曲面相切的曲面，使实体曲面实现圆滑过渡。SolidWorks 2018 中提供了四种圆角的方法，用户可以根据不同情况进行圆角操作，其中的三种圆角方法介绍如下。

1. 恒定半径圆角

恒定半径圆角：生成整个圆角的长度都有恒定半径的圆角。

下面以图 5.8.1 所示的一个简单模型为例，说明创建恒定半径圆角特征的一般操作步骤。

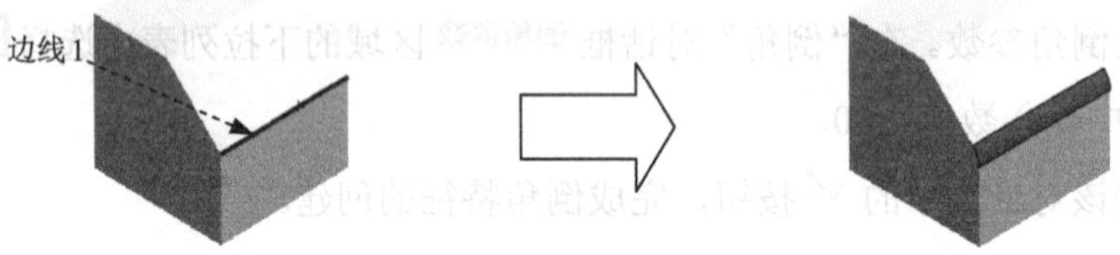

a）圆角前　　　　b）圆角后

图 5.8.1　恒定半径圆角特征

Step1. 打开文件 D:\sw18.1\work\ch05.08\edge_fillet01.SLDPRT。

Step2. 选择命令。选择下拉菜单 插入(I) → 特征(F) → 圆角(U)... 命令（或单击“特征（F）”工具栏中的按钮），系统弹出如图 5.8.2 所示的“圆角”对话框。

Step3. 定义圆角类型。在“圆角”对话框 手工 选项卡的 圆角类型(Y) 选项组中单击选项。

Step4. 选取要圆角的对象。在系统的提示下，选取如图 5.8.1a 所示的模型边线 1 为要圆角的对象。

Step5. 定义圆角参数。在“圆角”对话框 圆角参数(P) 区域的文本框中输入数值 10.00。

Step6. 单击“圆角”对话框中的按钮，完成恒定半径圆角特征的创建。

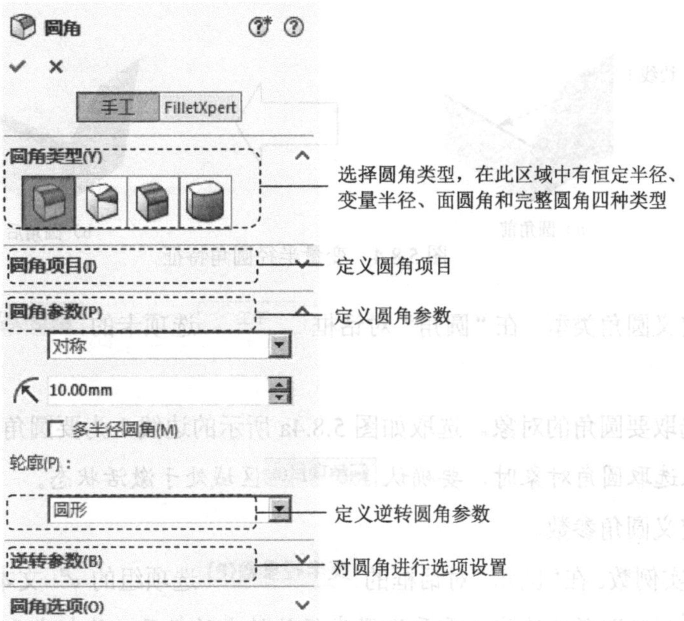

图 5.8.2 “圆角”对话框

说明：

在“圆角”对话框中还有一个 FilletXpert 选项卡，此选项卡仅在创建恒定半径圆角特征时发挥作用，使用此选项卡可生成多个圆角，并在需要时自动将圆角重新排序。

恒定半径圆角特征的圆角对象也可以是面或环等元素。例如选取图 5.8.3a 所示的模型表面 1 为圆角对象，则可创建图 5.8.3b 所示的圆角特征。

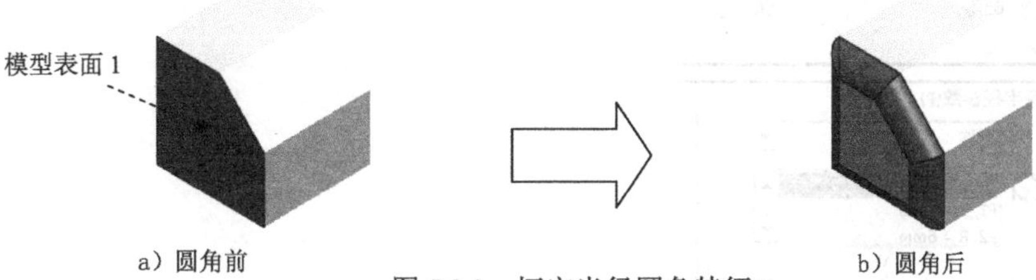

a）圆角前　　b）圆角后

图 5.8.3　恒定半径圆角特征

2. 变量半径圆角

变量半径圆角：生成包含变量半径值的圆角，可以使用控制点帮助定义圆角。

下面以图 5.8.4 所示的一个简单模型为例，说明创建变量半径圆角特征的一般操作步骤。

Step1. 打开文件 D:\sw18.1\work\ch05.08\edge_fillet02.SLDPRT。

Step2. 选择命令。选择下拉菜单 插入(I) → 特征(F) → 圆角(U)... 命令（或单击“特征（F）”工具栏中的 按钮），系统弹出如图 5.8.5 所示的“圆角”对话框。

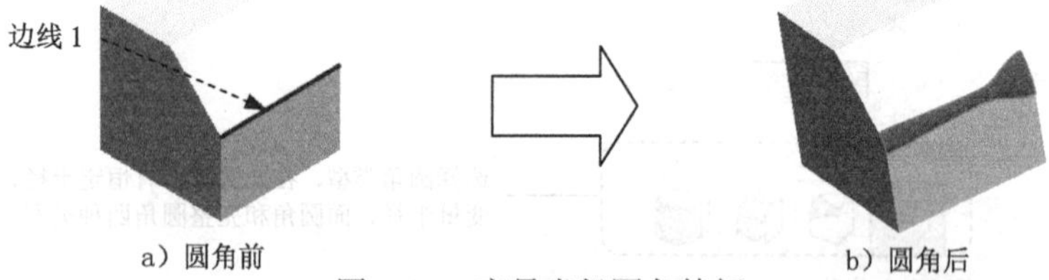

图 5.8.4　变量半径圆角特征

Step3. 定义圆角类型。在“圆角”对话框 手工 选项卡的 圆角类型(Y) 选项组中单击 选项。

Step4. 选取要圆角的对象。选取如图 5.8.4a 所示的边线 1 为要圆角的对象。

说明：在选取圆角对象时，要确认 圆角项目(I) 区域处于激活状态。

Step5. 定义圆角参数。

（1）定义实例数。在“圆角”对话框的 变半径参数(P) 选项组的 文本框中输入数值 2。

说明：实例数即所选边线上需要设置半径值的点的数目（除起点和端点外）。

（2）定义起点与端点半径。在 变半径参数(P) 区域的“附加的半径”列表中选择“V1”，然后在 文本框中输入数值 10（即设置左端点的半径），按 Enter 键确认；在 列表中选择“V2”，输入半径值 20，如图 5.8.5 所示，按 Enter 键确认。

（3）在图形区选取如图 5.8.6 所示的点 1（此时点 1 被加入 列表中），然后在列表中选择点 1 的表示项“P1”，在 文本框中输入数值 8，按 Enter 键确认；用同样的方法操作点 2，半径值为 6，按 Enter 键确认。

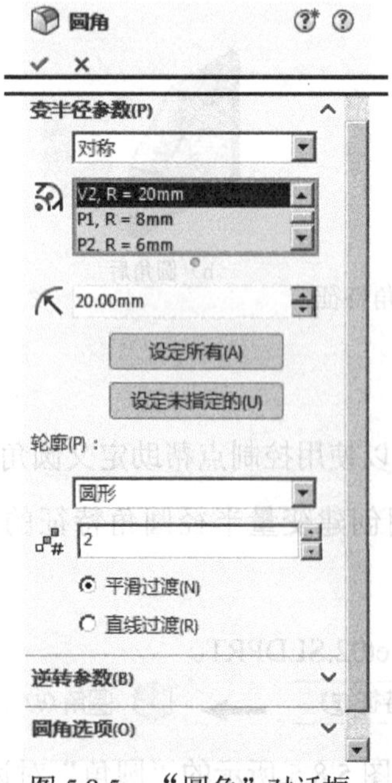

图 5.8.5　“圆角”对话框

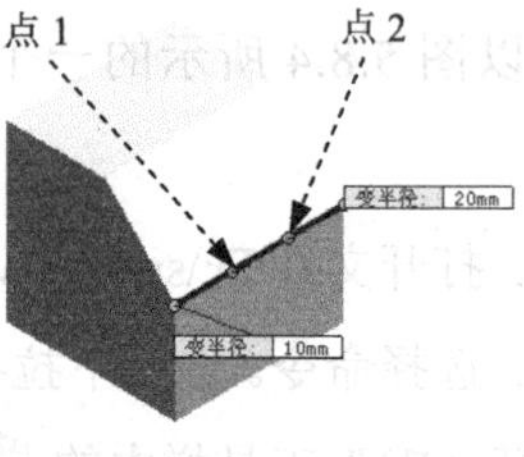

图 5.8.6　定义圆角参数

Step6. 单击“圆角”对话框中的 ✔ 按钮，完成变量半径圆角特征的创建。

3. 完整圆角

完整圆角：生成相切于三个相邻面组（与一个或多个面相切）的圆角。

下面以图 5.8.7 所示的一个简单模型为例，说明创建完整圆角特征的一般操作步骤。

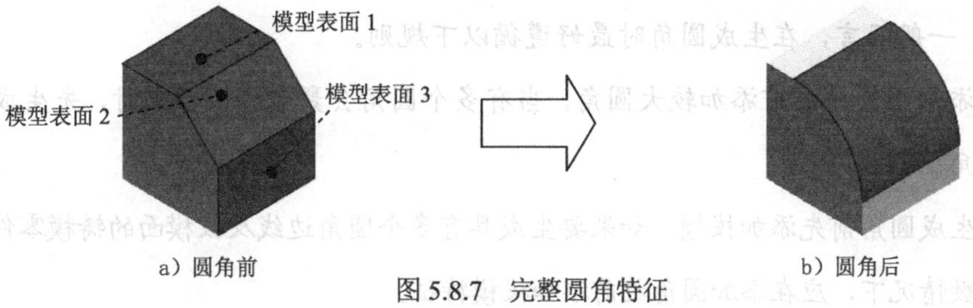

图 5.8.7 完整圆角特征

Step1. 打开文件 D:\sw18.1\work\ch05.08\edge_fillet03.SLDPRT。

Step2. 选择命令。选择下拉菜单 插入(I) → 特征(F) → 圆角(U)... 命令（或单击“特征（F）”工具栏中的 按钮），系统弹出如图 5.8.8 所示的“圆角”对话框。

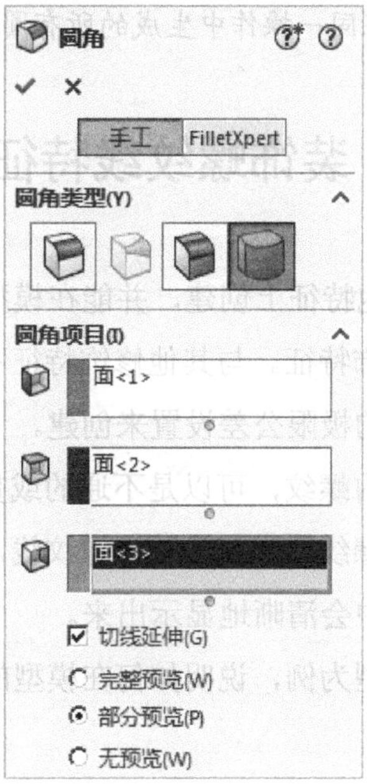

图 5.8.8 “圆角”对话框

Step3. 定义圆角类型。在“圆角”对话框 手工 选项卡的 圆角类型(Y) 选项组中单击 选项。

Step4. 定义中央面组和边侧面组。

（1）定义边侧面组 1。选取图 5.8.7a 所示的模型表面 1 作为边侧面组 1。

（2）定义中央面组。在“圆角”对话框的 圆角项目(I) 区域单击以激活“中央面组”文本框，然后选取如图 5.8.7a 所示的模型表面 2 作为中央面组。

（3）定义边侧面组 2。单击以激活“边侧面组 2”文本框，然后选取如图 5.8.7a 所示的模型表面 3 作为边侧面组 2。

Step5. 单击“圆角”对话框中的 ✓ 按钮，完成完整圆角特征的创建。

说明：一般而言，在生成圆角时最好遵循以下规则。

- 在添加小圆角之前添加较大圆角。当有多个圆角会聚于一个顶点时，先生成较大的圆角。
- 在生成圆角前先添加拔模。如果要生成具有多个圆角边线及拔模面的铸模零件，在大多数情况下，应在添加圆角之前添加拔模特征。
- 最后添加装饰用的圆角。在大多数其他几何体定位后，尝试添加装饰圆角。越早添加，系统需要花费越长的时间重建零件。
- 如要加快零件重建的速度，请使用单一圆角操作来处理需要相同半径圆角的多条边线。如果改变此圆角的半径，则在同一操作中生成的所有圆角都会改变。

5.9 装饰螺纹线特征

装饰螺纹线（Thread）是在其他特征上创建，并能在模型上清楚地显示出来的起修饰作用的特征，是表示螺纹直径的修饰特征。与其他修饰特征不同，螺纹的线型是不能修改修饰的，本例中的螺纹以系统默认的极限公差设置来创建。

装饰螺纹线可以表示外螺纹或内螺纹，可以是不通的或贯通的，可通过指定螺纹内径或螺纹外径（分别对于外螺纹和内螺纹）来创建装饰螺纹线，装饰螺纹线在零件建模时并不能完整地反映螺纹，但在工程图中会清晰地显示出来。

这里以 thread.SLDPRT 零件模型为例，说明如何在模型的圆柱面上创建如图 5.9.1b 所示的装饰螺纹线。

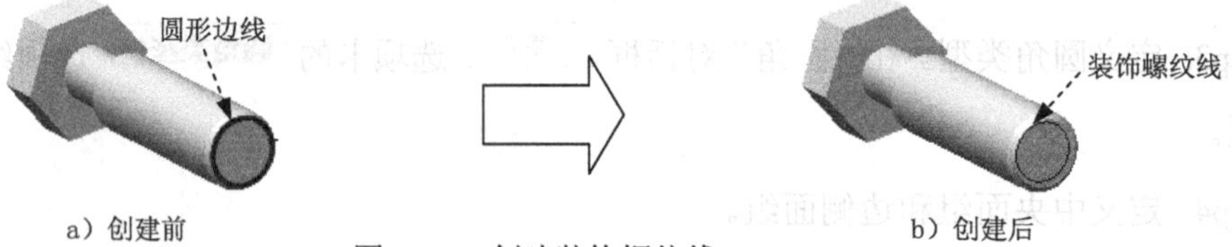

图 5.9.1　创建装饰螺纹线

Step1. 打开文件 D:\sw18.1\work\ch05.09\thread.SLDPRT。

Step2. 选择命令。选择下拉菜单 插入(I) ➡ 注解(N) ➡ 装饰螺纹线(Q)… 命令，系统弹出如图 5.9.2 所示的“装饰螺纹线”对话框（一）。

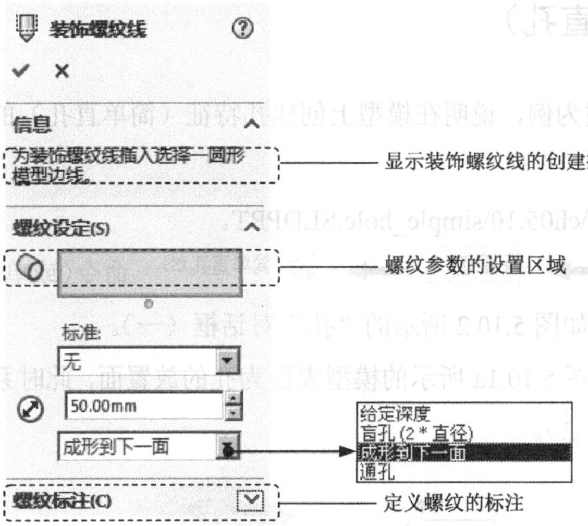

图 5.9.2 “装饰螺纹线”对话框（一）

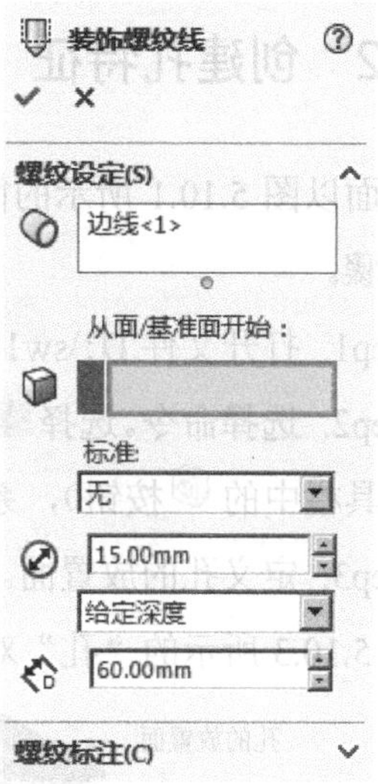

图 5.9.3 “装饰螺纹线”对话框（二）

Step3. 定义螺纹的圆形边线。选取如图 5.9.1a 所示的边线为螺纹的圆形边线。

Step4. 定义螺纹的次要直径。在如图 5.9.3 所示的“装饰螺纹线”对话框（二）的 ⊘ 文本框中输入数值 15.00。

Step5. 定义螺纹深度类型和深度值。在图 5.9.3 所示的“装饰螺纹线”对话框（二）的下拉列表中选择 给定深度 选项，然后在 文本框中输入数值 60.00。

Step6. 单击“装饰螺纹线”对话框（二）中的 ✔ 按钮，完成装饰螺纹线的创建。

5.10 孔 特 征

SolidWorks 2018 系统中提供了专门的孔（Hole）特征命令，用户可以方便、快速地创建各种要求的孔。

5.10.1 孔特征简述

孔特征命令的功能是在实体上钻孔。在 SolidWorks 2018 中可以创建以下两种类型的孔特征。

- 简单孔：具有圆截面的切口，它始于放置曲面并延伸到指定的终止曲面或用户定义的深度。

- 异形向导孔：具有基本形状的螺孔。它是基于相关工业标准的、可带有不同末端形状的标准沉头孔和埋头孔。对选定的紧固件，既可计算攻螺纹，也可计算间隙直径；用户既可利用系统提供的标准查找表，也可自定义孔的大小。

5.10.2 创建孔特征（简单直孔）

下面以图 5.10.1 所示的简单模型为例，说明在模型上创建孔特征（简单直孔）的一般操作步骤。

Step1. 打开文件 D:\sw18.1\work\ch05.10\simple_hole.SLDPRT。

Step2. 选择命令。选择 插入(I) ➡ 特征(F) ➡ 简单直孔(S)... 命令（或单击“特征”工具栏中的按钮），系统弹出如图 5.10.2 所示的“孔”对话框（一）。

Step3. 定义孔的放置面。选取如图 5.10.1a 所示的模型表面为孔的放置面，此时系统弹出如图 5.10.3 所示的“孔”对话框（二）。

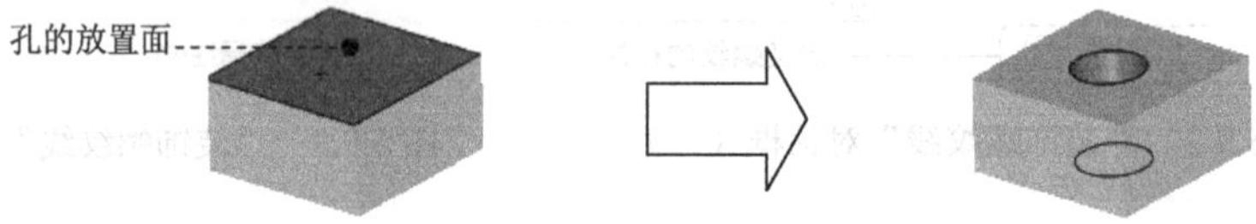

a）钻孔前　　b）钻孔后

图 5.10.1　孔特征（简单直孔）

Step4. 定义孔的参数。

（1）定义孔的深度。在如图 5.10.3 所示的“孔”对话框（二）方向 1 区域的下拉列表中选择 完全贯穿 选项。

（2）定义孔的直径。在如图 5.10.3 所示的“孔”对话框（二）方向 1 区域的文本框中输入数值 8.00。

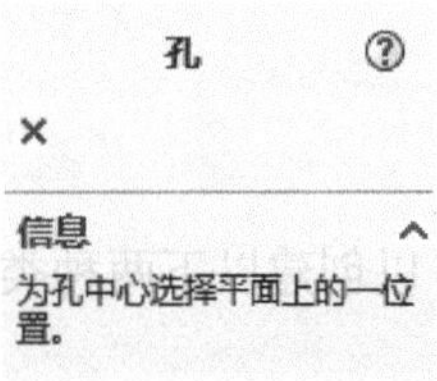

图 5.10.2　“孔”对话框（一）

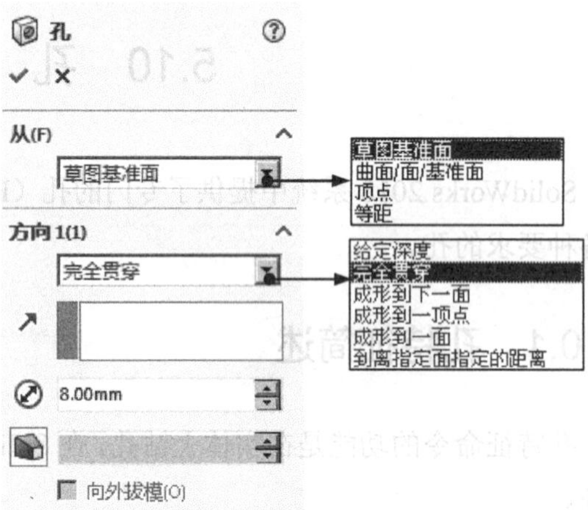

图 5.10.3　“孔”对话框（二）

Step5. 单击“孔”对话框中的 ✔ 按钮，完成简单直孔的创建。

说明：此时完成的简单直孔是没有经过定位的，孔所创建的位置即为用户选择孔的放置面时，鼠标在模型表面单击的位置。

Step6. 编辑孔的定位。

（1）进入定位草图。在设计树中右击 孔1，从系统弹出的快捷菜单中选择 命令，进入草图绘制环境。

（2）添加尺寸约束。创建如图 5.10.4 所示的两个尺寸，并修改为设计要求的尺寸值。

（3）约束完成后，单击图形区右上角的“退出草图”按钮 ，退出草图绘制环境。

说明：“孔”对话框中有两个区域——从(F) 区域和 方向 1 区域。从(F) 区域主要定义孔的起始条件；方向 1 区域用来设置孔的终止条件。

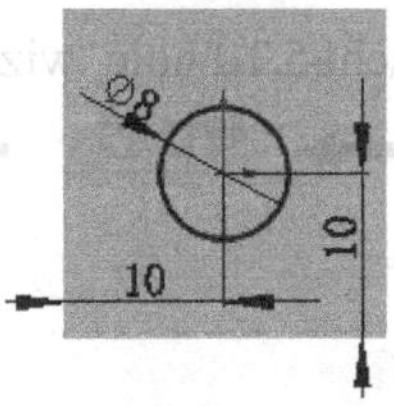

图 5.10.4 尺寸约束

- 在如图 5.10.3 所示“孔”对话框的 从(F) 区域中，单击“草图基准面”选项后的小三角形，可选择四种起始条件选项，各选项功能如下。
  - ☑ 草图基准面 选项：表示特征从草图基准面开始生成。
  - ☑ 曲面/面/基准面 选项：若选择此选项，则需选择一个面作为孔的起始面。
  - ☑ 顶点 选项：若选择此选项，则需选择一个顶点，并且所选顶点所在的与草绘基准面平行的面即为孔的起始面。
  - ☑ 等距 选项：若选择此选项，则需输入一个数值，此数值代表的含义是孔的起始面与草绘基准面的距离。必须注意的是，控制距离的反向可以用下拉列表右侧的“反向”按钮，但不能在文本框中输入负值。
- 在图 5.10.3 所示的“孔”对话框（二）的 方向 1 区域中，单击 完全贯穿 选项后的小三角形，可选择六种终止条件选项，各选项功能如下。
  - ☑ 给定深度 选项：可以创建确定深度尺寸类型的特征，此时特征将从草绘平面开始，按照所输入的数值（即拉伸深度值）向特征创建的方向一侧生成。
  - ☑ 完全贯穿 选项：特征将与所有曲面相交。
  - ☑ 成形到下一面 选项：特征在拉伸方向上延伸，直至与平面或曲面相交。
  - ☑ 成形到一顶点 选项：特征在拉伸方向上延伸，直至与指定顶点所在的且与草图基准面平行的面相交。
  - ☑ 成形到一面 选项：特征在拉伸方向上延伸，直到与指定的平面相交。
  - ☑ 到离指定面指定的距离 选项：若选择此选项，则需先选择一个面，并输入指定的距离，特征将从孔的起始面开始到所选面指定距离处终止。

5.10.3 创建异形向导孔

下面以图 5.10.5 所示的简单模型为例，说明创建异形向导孔的一般操作步骤。

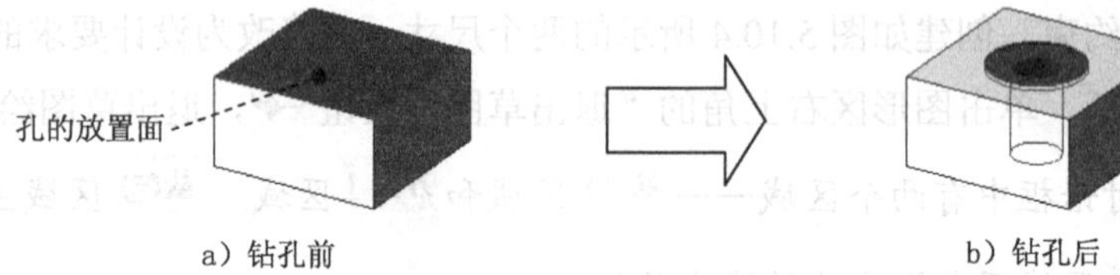

图 5.10.5 孔特征（异形向导孔）

Step1. 打开文件 D:\sw18.1\work\ch05.10\hole_wizard.SLDPRT。

Step2. 选择命令。选择 插入(I) → 特征(F) → 孔向导(W)... 命令，系统弹出如图 5.10.6 所示的“孔规格”对话框。

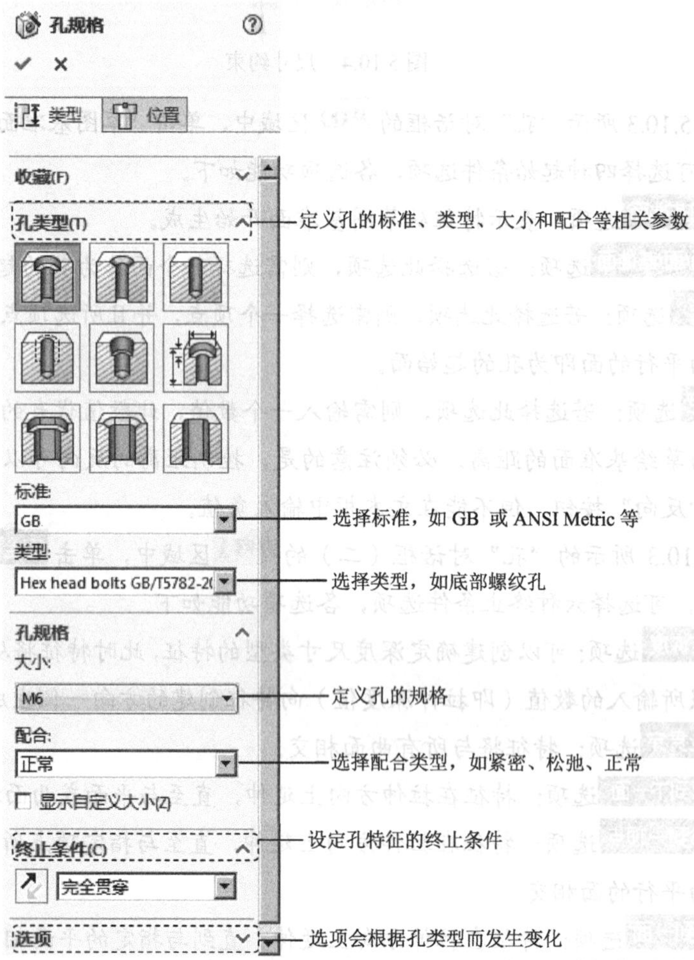

图 5.10.6 “孔规格”对话框

Step3. 定义孔的位置。

（1）定义孔的放置面。在“孔规格”对话框中单击 位置 选项卡，系统弹出如图 5.10.7 所示的“孔位置”对话框；选取如图 5.10.5a 所示的模型表面为孔的放置面，在放置面上单击以确定孔的位置。

（2）建立尺寸约束。在“草图”选项卡中单击 按钮，创建如图 5.10.8 所示的尺寸约束。

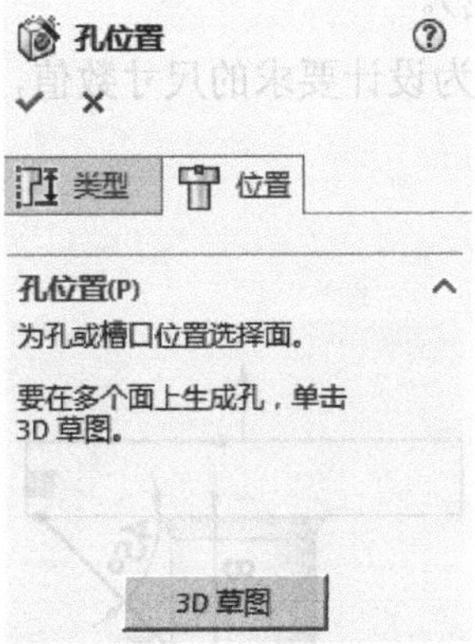

图 5.10.7 “孔位置”对话框

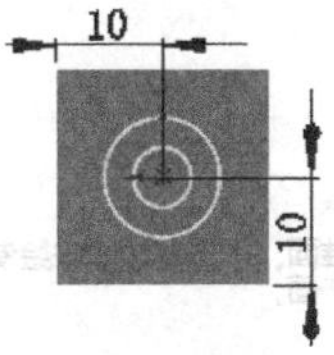

图 5.10.8 添加尺寸约束

Step4. 定义孔的参数。

（1）定义孔的规格。在图 5.10.6 所示的“孔规格”对话框中单击 类型 选项卡，选择孔类型为（柱形沉头孔），标准为 GB，类型为 Hex head bolts GB/T5782-2000，大小为 M6，配合为 正常。

（2）定义孔的终止条件。在“孔规格”对话框的 终止条件(C) 下拉列表中选择 完全贯穿 选项。

Step5. 单击“孔规格”对话框中的 按钮，完成异形向导孔的创建。

5.11 筋（肋）特征

筋（肋）特征的创建过程与拉伸特征基本相似，不同的是，筋（肋）特征的截面草图是不封闭的，其截面只是一条直线（图 5.11.1b）。但必须注意的是：截面两端必须与接触面对齐。

下面以图 5.11.1 所示的模型为例，说明筋（肋）特征创建的一般操作步骤。

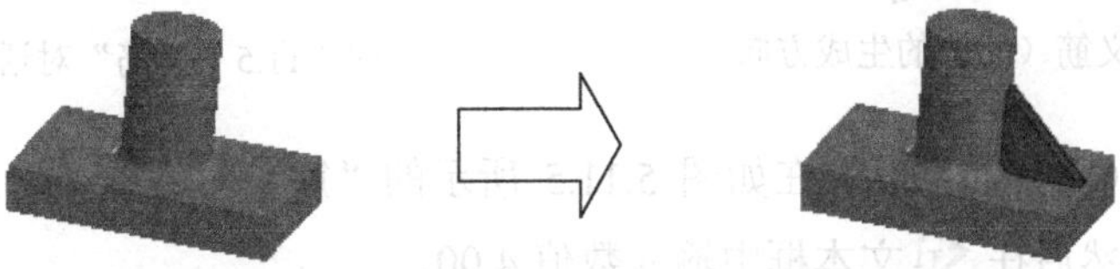

a）创建筋（肋）前 b）创建筋（肋）后

图 5.11.1 筋（肋）特征

Step1. 打开文件 D:\sw18.1\work\ch05.11\rib_feature.SLDPRT。

Step2. 选择命令。选择下拉菜单 插入(I) → 特征(F) → 筋(R)... 命令（或单击“特征”工具栏中的按钮）。

Step3. 定义筋（肋）特征的横断面草图。

（1）选择草图基准面。完成上步操作后，系统弹出图 5.11.2 所示的“筋”对话框（一），在系统的提示下，选择上视基准面作为筋的草图基准面，进入草图绘制环境。

（2）绘制截面的几何图形（如图 5.11.3 所示的直线）。

（3）添加几何约束和尺寸约束，并将尺寸数值修改为设计要求的尺寸数值，如图 5.11.3 所示。

（4）单击按钮，退出草图绘制环境。

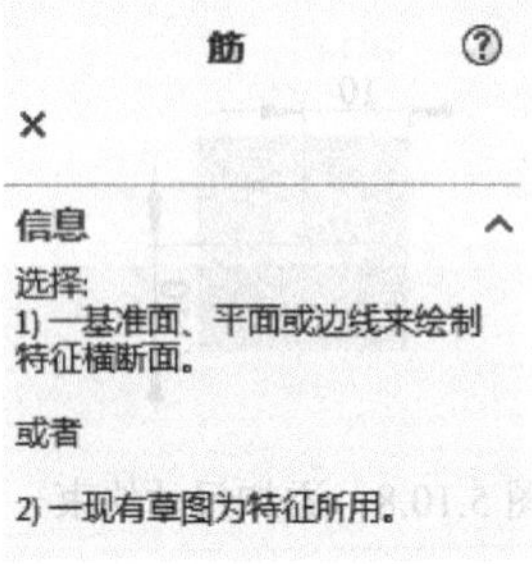

图 5.11.2 “筋”对话框（一）

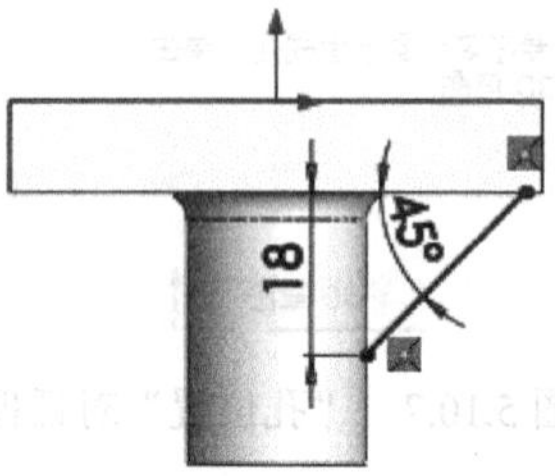

图 5.11.3 截面草图

Step4. 定义筋（肋）特征的参数。

（1）定义筋（肋）的生成方向。如图 5.11.4 所示的箭头指示的是筋（肋）的正确生成方向，若方向与之相反，可选中如图 5.11.5 所示“筋”对话框（二） 参数(P) 区域的 ☑ 反转材料方向(F) 复选框。

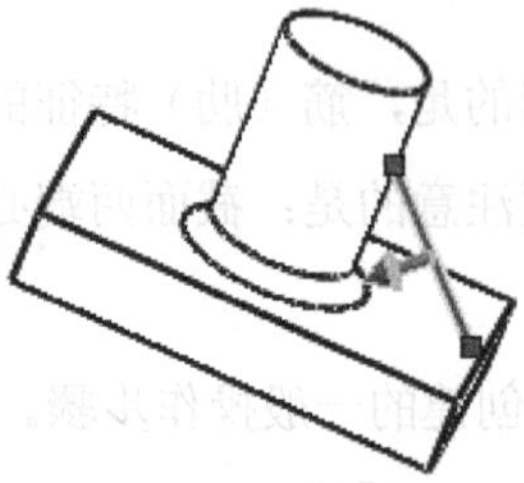

图 5.11.4 定义筋（肋）的生成方向

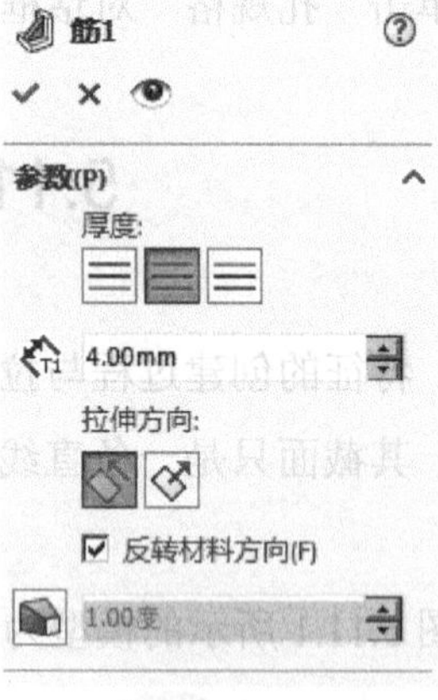

图 5.11.5 “筋”对话框（二）

（2）定义筋（肋）的厚度。在如图 5.11.5 所示的“筋”对话框（二）的 参数(P) 区域中单击按钮，然后在文本框中输入数值 4.00。

Step5. 单击“筋”对话框中的按钮，完成筋（肋）特征的创建。

5.12 抽壳特征

抽壳（Shell）特征是将实体的内部掏空，留下一定壁厚（等壁厚或多壁厚）的空腔，该空腔可以是封闭的，也可以是开放的，如图 5.12.1 所示。在使用该命令时，要注意各特征的创建次序。

1. 等壁厚抽壳

下面以图 5.12.1 所示的简单模型为例，说明创建等壁厚抽壳特征的一般操作步骤。

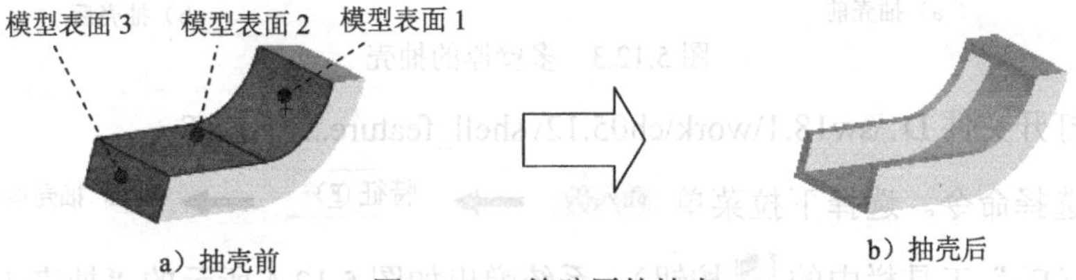

图 5.12.1 等壁厚的抽壳

Step1. 打开文件 D:\sw18.1\work\ch05.12\shell_feature.SLDPRT。

Step2. 选择命令。选择下拉菜单 插入(I) → 特征(F) → 抽壳(S)... 命令（或单击“特征（F）”工具栏中的 按钮），系统弹出如图 5.12.2 所示的“抽壳 1”对话框。

Step3. 定义抽壳厚度。在 参数(P) 区域的 文本框中输入数值 2.00。

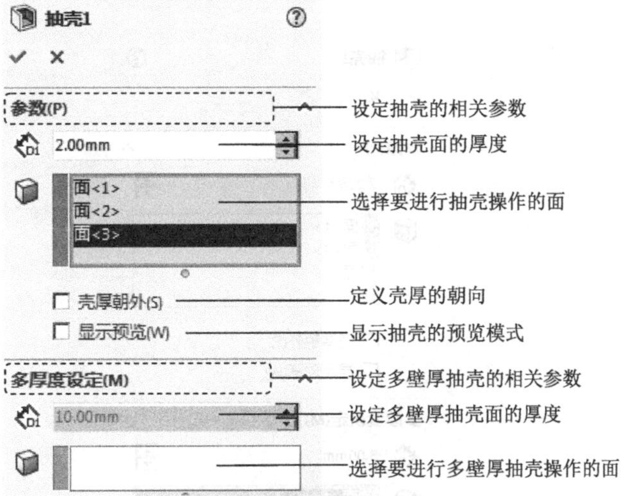

图 5.12.2 “抽壳 1”对话框

Step4. 选取要移除的面。选取如图 5.12.1a 所示的模型表面 1、模型表面 2 和模型表面 3 为要移除的面。

Step5. 单击“抽壳 1”对话框中的 ✓ 按钮，完成抽壳特征的创建。

2. 多壁厚抽壳

利用多壁厚抽壳可以生成在不同面上具有不同壁厚的抽壳特征。

下面以图 5.12.3 所示的简单模型为例，说明创建多壁厚抽壳特征的一般操作步骤。

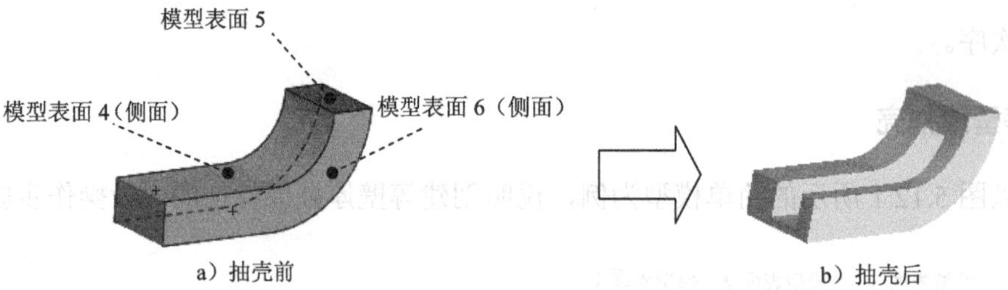

图 5.12.3　多壁厚的抽壳

Step1. 打开文件 D:\sw18.1\work\ch05.12\ shell_feature.SLDPRT。

Step2. 选择命令。选择下拉菜单 插入(I) → 特征(F) → 抽壳(S)... 命令（或单击“特征（F）”工具栏中的 按钮），系统弹出如图 5.12.4 所示的“抽壳 1”对话框。

Step3. 选取要移除的面。选取如图 5.12.1a 所示的模型表面 1、模型表面 2 和模型表面 3 为要移除的面。

Step4. 定义抽壳厚度。

（1）定义抽壳剩余面的默认厚度。在如图 5.12.4 所示的“抽壳 1”对话框 参数(P) 区域的 D1 文本框中输入数值 2.00。

图 5.12.4　“抽壳 1”对话框

（2）定义抽壳剩余面中指定面的厚度。

① 在如图 5.12.4 所示的“抽壳 1”对话框中单击 多厚度设定(M) 区域中的“多厚度面”文本框。

② 选取如图 5.12.3a 所示的模型表面 4 为指定厚度的面，然后在“多厚度设定”区域的 D1 文本框中输入数值 8.00。

③ 选取如图 5.12.3a 所示的模型表面 5 和模型表面 6 为指定厚度的面，分别输入厚度值 6.00 和 4.00。

Step5. 单击“抽壳 1”对话框中的 ✔ 按钮，完成多壁厚抽壳特征的创建。

5.13 特征的重新排序及插入操作

5.13.1 概述

在 5.12 节中曾提到对一个零件进行抽壳时，零件中特征的创建顺序非常重要，如果各特征的顺序安排不当，抽壳特征会生成失败，有时即使能生成抽壳，但结果也不会符合设计的要求，可按下面的操作方法进行验证。

Step1. 打开文件 D:\sw18.1\work\ch05.13\compositor.SLDPRT。

Step2. 将模型设计树中的 圆角1 的半径从 R6 改为 R15，会看到模型的底部出现多余的实体区域，如图 5.13.1b 所示，显然这不符合设计意图。之所以会产生这样的问题，是因为圆角特征和抽壳特征的顺序安排不当。解决办法是，将圆角特征调整到抽壳特征的前面，这种特征顺序的调整就是特征的重排顺序（Reorder）。

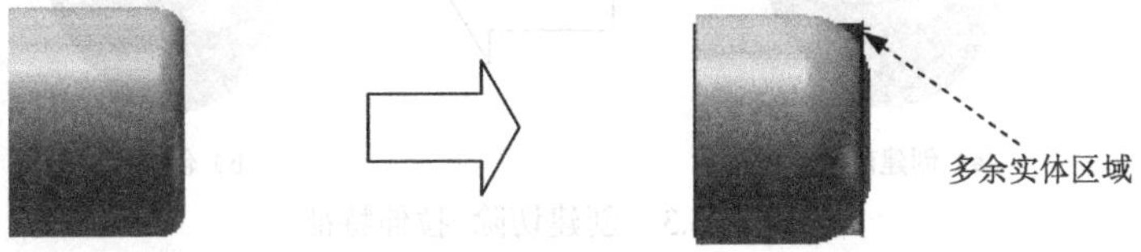

a）改变圆角半径前　　b）改变圆角半径后

图 5.13.1 注意抽壳特征的顺序

5.13.2 重新排序的操作方法

这里仍以 compositor.SLDPRT 文件为例，说明特征重新排序（Reorder）的操作方法。如图 5.13.2 所示，在零件的设计树中选取 圆角1 特征，按住鼠标左键不放并拖动鼠标，拖至 抽壳1 特征的上面，然后松开鼠标，这样瓶底圆角特征就调整到抽壳特征的前面了。

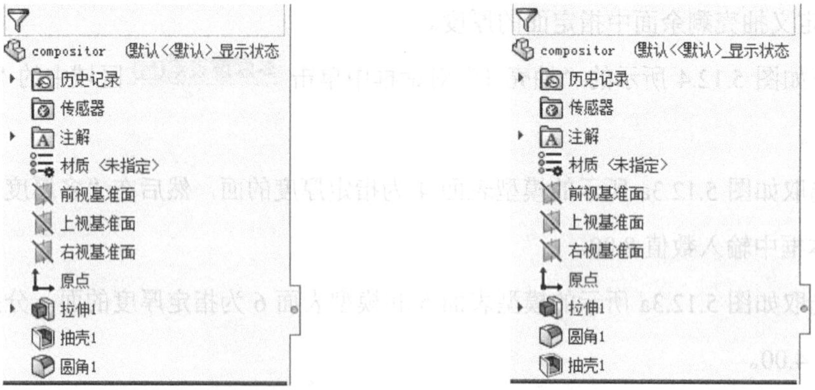

a）重新排序前　　　　　　　　　　　　　　b）重新排序后

图 5.13.2　特征的重新排序

注意：特征的重新排序（Reorder）是有条件的，条件是不能将一个子特征拖至其父特征的前面。如果要调整有父子关系的特征的顺序，必须先解除特征间的父子关系。解除父子关系有两种方法，一是改变特征截面的标注参照基准或约束方式；二是改变特征的重定次序（Reroute），即改变特征的草绘平面和草绘平面的参照平面。

5.13.3　特征的插入操作

在 5.13.2 节的 compositor.SLDPRT 的练习中，当所有的特征创建完成以后，假如还要创建一个如图 5.13.3b 所示的切除-拉伸特征，并要求该特征创建在 圆角1 特征的后面，利用“特征的插入”功能可以满足这一要求。下面说明其一般操作步骤。

a）创建前　　　　　　　　　　　　　　b）创建后

图 5.13.3　创建切除-拉伸特征

Step1. 定义创建特征的位置。在设计树中，将退回控制棒拖动到 圆角1 特征之后。

Step2. 定义创建的特征。

（1）选择命令。选择下拉菜单 插入(I) → 切除(C) → 拉伸(E)... 命令。

（2）定义横断面草图。选取如图 5.13.3a 所示的模型表面为草图基准面，绘制如图 5.13.4 所示的横断面草图。

（3）定义深度属性。采用系统默认的方向，在深度类型下拉列表中选择 给定深度 选项，输入深度值 10.00。

Step3. 完成切除-拉伸特征的创建后，将退回控制棒拖动到 抽壳1 特征之后，显示所有特征，如图 5.13.5 所示。

说明：若不用退回控制棒插入特征，而直接将切除-拉伸特征添加到 抽壳1 之后，则生成的模型如图 5.13.6 所示。

图 5.13.4 绘制横断面草图

图 5.13.5 退回添加特征后

图 5.13.6 直接添加特征后

5.14 特征生成失败及其解决方法

在创建或重定义特征时，若给定的数据不当或参照丢失，就会出现特征生成失败的警告，以下将说明特征生成失败的情况及其解决方法。

5.14.1 特征生成失败

这里以一个简单模型为例进行说明。如果进行下列“编辑定义”操作（图 5.14.1），将会出现特征生成失败。

Step1. 打开文件 D:\sw18.1\work\ch05.14\fail.SLDPRT。

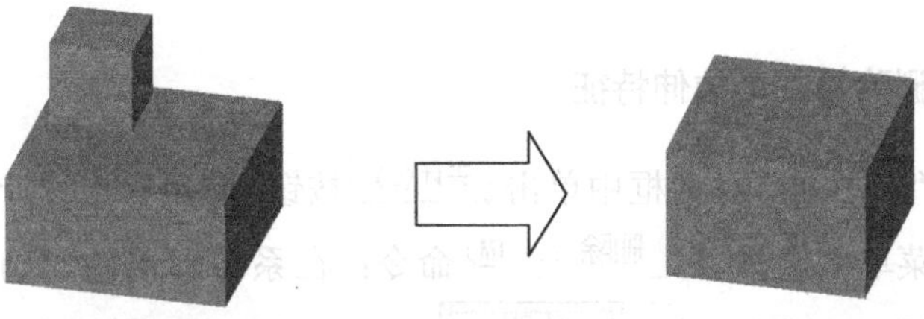

a）编辑特征前 b）编辑特征后

图 5.14.1 特征的编辑定义

Step2. 在如图 5.14.2 所示的设计树中，单击 拉伸1 节点前的“三角符号”展开拉伸 1 特征，右击截面草图标识 草图1，从系统弹出的快捷菜单中单击按钮，进入草图绘制环境。

Step3. 修改截面草图。将截面草图尺寸约束改为如图 5.14.3 所示，单击按钮，完成截面草图的修改。

Step4. 退出草图绘制环境后，系统弹出如图 5.14.4 所示的“什么错”对话框，提示拉伸 2 特征有问题。这是因为，拉伸 2 采用的是“成形到下一面”的终止条件，重定义拉伸 1 后，新的终止条件无法完全覆盖拉伸 2 的截面草图，造成特征的终止条件丢失，特征生成失败。

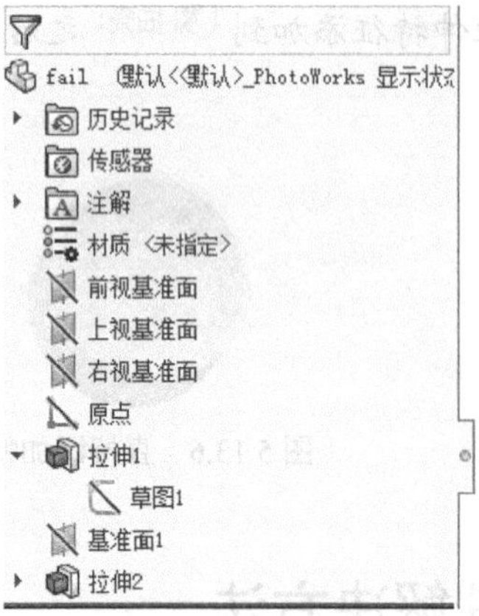

图 5.14.2 设计树

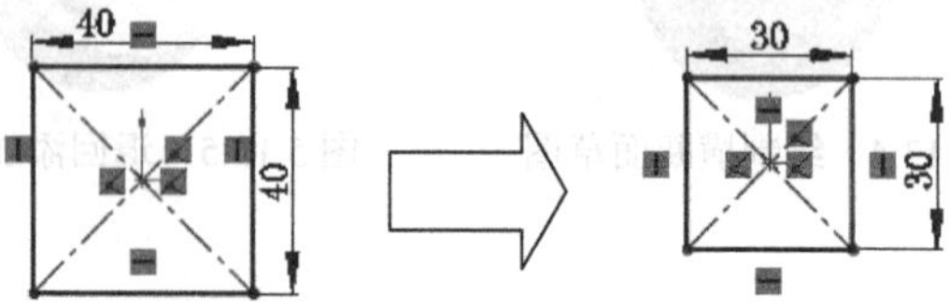

a）修改前 b）修改后

图 5.14.3 修改截面草图

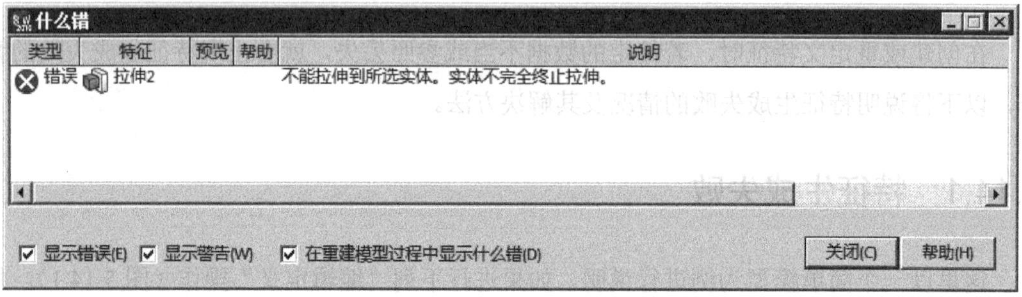

图 5.14.4 “什么错”对话框

5.14.2 特征生成失败的解决方法

解决方法一：删除第二个拉伸特征

在系统弹出的“什么错”对话框中单击 关闭(C) 按钮，然后右击设计树中的 拉伸2，从系统弹出的快捷菜单中选择 删除... (M) 命令；在系统弹出的“确认删除”对话框中选中 删除内含特征(F) 复选框，单击 是(Y) 按钮，删除第二个拉伸特征及其草图。

解决方法二：更改第二个拉伸特征的草图基准面

在“什么错”对话框中单击 关闭(C) 按钮，然后右击设计树中的 草图2，从系统弹出的快捷菜单中选择 命令，修改成图 5.14.5b 所示的横断面草图。

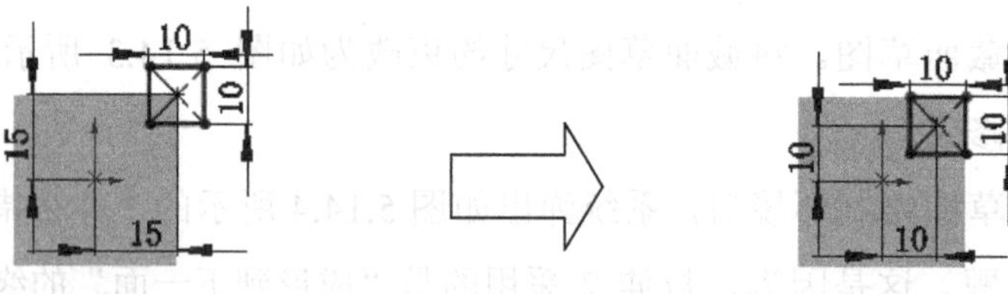

a）修改前 b）修改后

图 5.14.5 修改横断面草图

5.15 参考几何体

SolidWorks 中的参考几何体包括基准面、基准轴和点等基本几何元素，这些几何元素可作为其他几何体构建时的参照物，在创建零件的一般特征、曲面、零件的剖切面及装配中起着非常重要的作用。

5.15.1 基准面

基准面也称基准平面。在创建一般特征时，如果模型上没有合适的平面，用户可以创建基准面作为特征截面的草图平面及其参照平面，也可以根据一个基准面进行标注，就好像它是一条边。基准面的大小可以调整，以使其看起来适合零件、特征、曲面、边、轴或半径。

要选择一个基准面，可以选择其名称，或选择它的一条边界。

1. 通过直线/点创建基准面

利用一条直线和直线外一点创建基准面，此基准面包含指定直线和点（由于直线可由两点确定，因此这种方法也可通过选择三点来完成）。

如图 5.15.1 所示，通过直线/点创建基准平面的一般操作步骤如下。

Step1. 打开文件 D:\sw18.1\work\ch05.15.01\create_datum_plane01.SLDPRT。

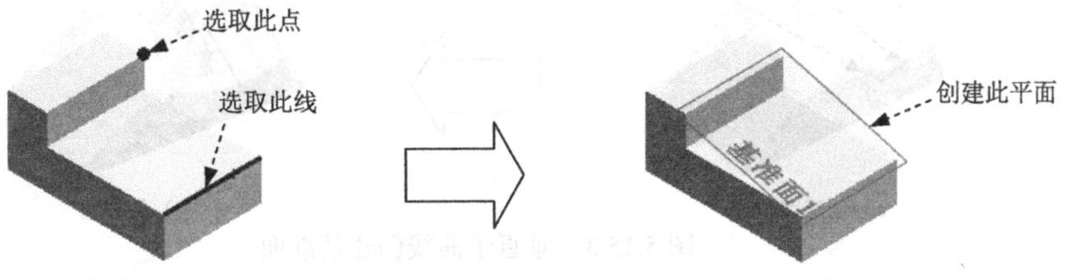

a）创建前　　b）创建后

图 5.15.1 通过直线/点创建基准面

Step2. 选择命令。选择下拉菜单 插入(I) → 参考几何体(G) → 基准面(P)... 命令（或单击“参考几何体”工具栏中的 按钮），系统弹出图 5.15.2 所示的“基准面”对话框。

Step3. 定义基准面的参考实体。选取如图 5.15.1a 所示的直线和点作为所要创建的基准面的参考实体。

Step4. 单击“基准面”对话框中的 ✔ 按钮，完成基准面的创建。

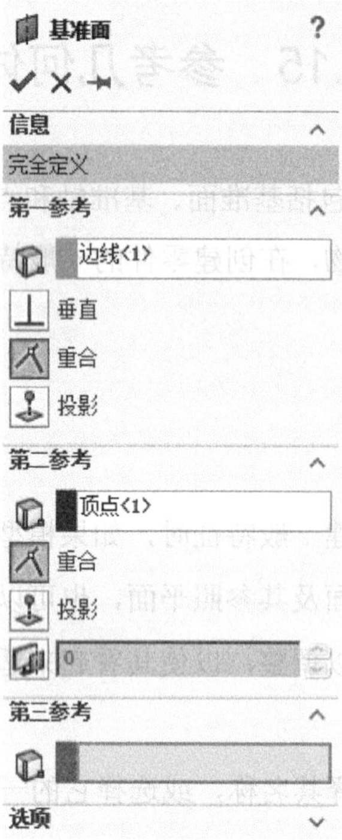

图 5.15.2 “基准面”对话框

2. 垂直于曲线创建基准面

利用点与曲线创建基准面，此基准面通过所选点，且与选定的曲线垂直。

如图 5.15.3 所示，通过垂直于曲线创建基准面的一般操作步骤如下。

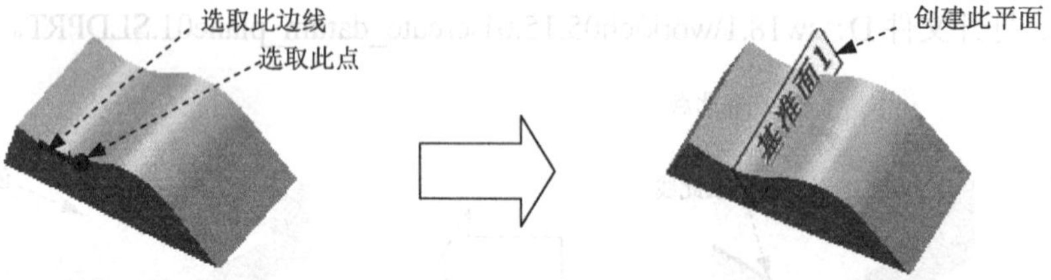

a）创建前　　b）创建后

图 5.15.3 垂直于曲线创建基准面

Step1. 打开文件 D:\sw18.1\work\ch05.15.01\create_datum_plane02.SLDPRT。

Step2. 选择命令。选择下拉菜单 插入(I) → 参考几何体(G) → 基准面(P)... 命令（或单击“参考几何体”工具栏中的 按钮），系统弹出如图 5.15.2 所示的“基准面”对话框。

Step3. 定义基准面的参考实体。选取如图 5.15.3a 所示的点和边线作为所要创建的基准面的参考实体。

Step4. 单击“基准面”对话框中的 ✔ 按钮，完成基准面的创建。

3. 创建与曲面相切的基准面

通过选择一个曲面创建基准面，此基准面与所选曲面相切，需要注意的是，创建时应指定方向矢量。下面介绍创建如图 5.15.4 所示的与曲面相切的基准面的一般操作步骤。

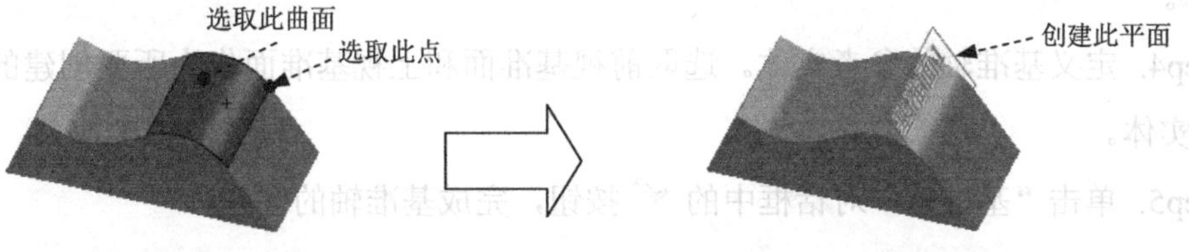

a）创建前　　b）创建后

图 5.15.4　创建与曲面相切的基准面

Step1. 打开文件 D:\sw18.1\work\ch05.15.01\create_datum_plane03.SLDPRT。

Step2. 选择命令。选择下拉菜单 插入(I) ➡ 参考几何体(G) ➡ 基准面(P)... 命令（或单击“参考几何体”工具栏中的 按钮），系统弹出如图 5.15.2 所示的“基准面”对话框。

Step3. 定义基准面的参考实体。选取如图 5.15.4a 所示的点和曲面作为所要创建的基准面的参考实体。

Step4. 单击“基准面”对话框中的 ✔ 按钮，完成基准面的创建。

5.15.2 基准轴

“基准轴（Axis）”按钮的功能是在零件设计模块中建立轴线。同基准面一样，基准轴也可以用于特征创建时的参照，并且基准轴对创建基准平面、同轴放置项目和径向阵列特别有用。

创建基准轴后，系统用基准轴 1、基准轴 2 等依次自动分配其名称。要选取一个基准轴，可选择基准轴线自身或其名称。

1. 利用两平面创建基准轴

可以利用两个平面的交线创建基准轴。平面可以是系统提供的基准面，也可以是模型表面。如图 5.15.5b 所示，利用两平面创建基准轴的一般操作步骤如下。

Step1. 打开文件 D:\sw18.1\work\ch05.15.02\create_datum_axis01.SLDPRT。

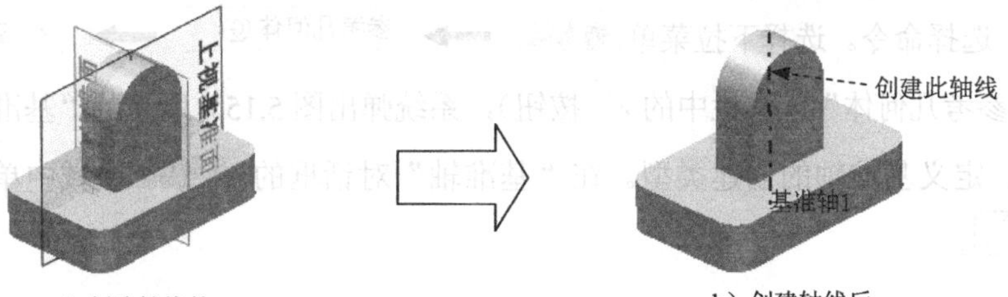

a）创建轴线前　　b）创建轴线后

图 5.15.5　利用两平面创建基准轴

Step2. 选择命令。选择下拉菜单 插入(I) ➡ 参考几何体(G) ➡ 基准轴(A)... 命令（或单击“参考几何体”工具栏中的 按钮），系统弹出图 5.15.6 所示的“基准轴”对话框。

Step3. 定义基准轴的创建类型。在“基准轴”对话框的 选择(S) 区域中单击“两平面”按钮。

Step4. 定义基准轴的参考实体。选取前视基准面和上视基准面作为所要创建的基准轴的参考实体。

Step5. 单击“基准轴”对话框中的 按钮，完成基准轴的创建。

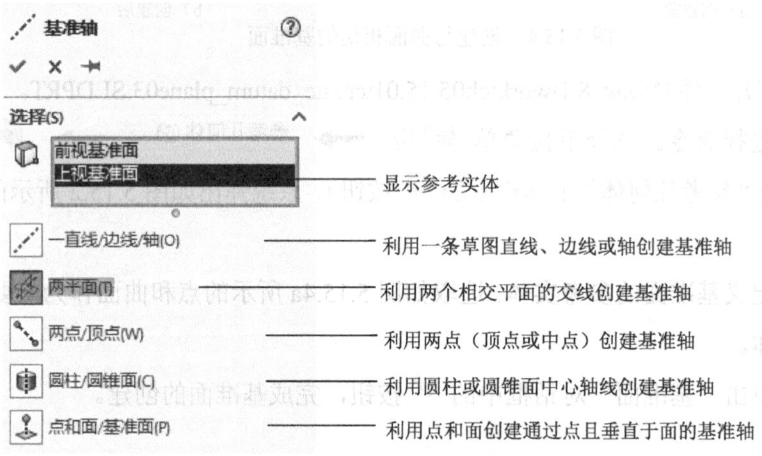

图 5.15.6 “基准轴”对话框

2. 利用两点/顶点创建基准轴

利用两点连线创建基准轴。点可以是顶点、边线中点或其他基准点。

下面介绍创建如图 5.15.7b 所示的基准轴的一般操作步骤。

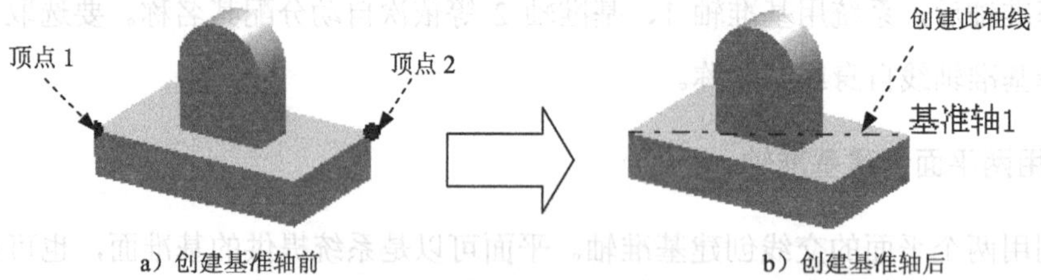

图 5.15.7 利用两点/顶点创建基准轴

Step1. 打开文件 D:\sw18.1\work\ch05.15.02\create_datum_axis02.SLDPRT。

Step2. 选择命令。选择下拉菜单 插入(I) ➡ 参考几何体(G) ➡ 基准轴(A)... 命令（或单击“参考几何体”工具栏中的 按钮），系统弹出图 5.15.6 所示的“基准轴”对话框。

Step3. 定义基准轴的创建类型。在“基准轴”对话框的 选择(S) 区域中单击“两点/顶点”按钮。

Step4. 定义基准轴参考实体。选取如图 5.15.7a 所示的顶点 1 和顶点 2 作为基准轴的参考实体。

Step5. 单击“基准轴”对话框中的 ✔ 按钮，完成基准轴的创建。

3. 利用圆柱/圆锥面创建基准轴

下面介绍创建如图 5.15.8b 所示的基准轴的一般操作步骤。

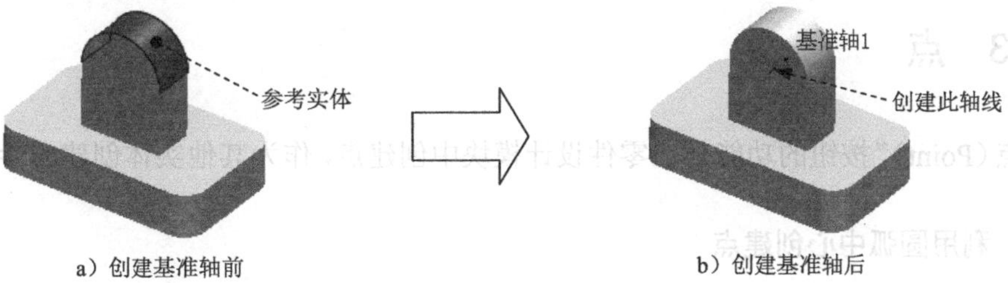

图 5.15.8 利用圆柱/圆锥面创建基准轴

Step1. 打开文件 D:\sw18.1\work\ch05.15.02\create_datum_axis03.SLDPRT。

Step2. 选择命令。选择下拉菜单 插入(I) → 参考几何体(G) → 基准轴(A)... 命令（或单击“参考几何体”工具栏中的 按钮），系统弹出如图 5.15.6 所示的“基准轴”对话框。

Step3. 定义基准轴的创建类型。在“基准轴”对话框的 选择(S) 区域中单击“圆柱/圆锥面”按钮 。

Step4. 定义基准轴参考实体。选取如图 5.15.8a 所示的半圆柱面为基准轴的参考实体。

Step5. 单击“基准轴”对话框中的 ✔ 按钮，完成基准轴的创建。

4. 利用点和面/基准面创建基准轴

选择一个曲面（或基准面）和一个点生成基准轴，此基准轴通过所选点且垂直于所选曲面（或基准面）。需要注意的是，如果所选面是曲面，那么所选点必须位于曲面上。

下面介绍创建如图 5.15.9b 所示的基准轴的一般操作步骤。

Step1. 打开文件 D:\sw18.1\work\ch05.15.02\create_datum_axis04.SLDPRT。

Step2. 选择命令。选择下拉菜单 插入(I) → 参考几何体(G) → 基准轴(A)... 命令（或单击“参考几何体”工具栏中的 按钮），系统弹出图 5.15.6 所示的“基准轴”对话框。

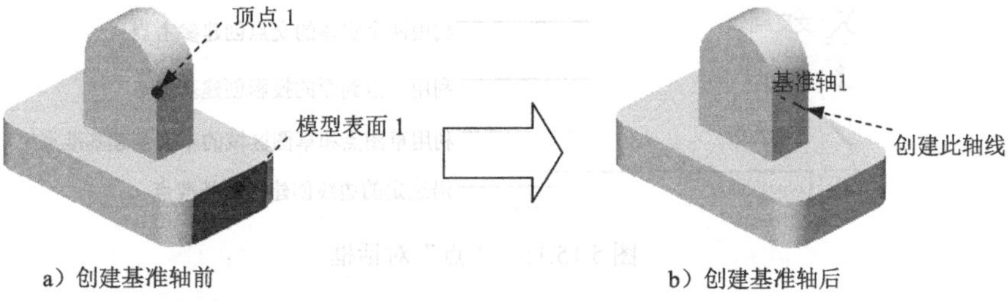

图 5.15.9 利用点和面/基准面创建基准轴

Step3. 定义基准轴的创建类型。在“基准轴”对话框的 选择(S) 区域中单击“点和面/基准面”按钮。

Step4. 定义基准轴参考实体。

（1）定义轴线通过的点。选取如图 5.15.9a 所示的顶点 1 为轴线通过的点。

（2）定义轴线的法向平面。选取如图 5.15.9a 所示的模型表面 1 为轴线的法向平面。

Step5. 单击“基准轴”对话框中的 ✔ 按钮，完成基准轴的创建。

5.15.3 点

“点（Point）”按钮的功能是在零件设计模块中创建点，作为其他实体创建的参考元素。

1. 利用圆弧中心创建点

下面介绍创建如图 5.15.10b 所示点的一般操作步骤。

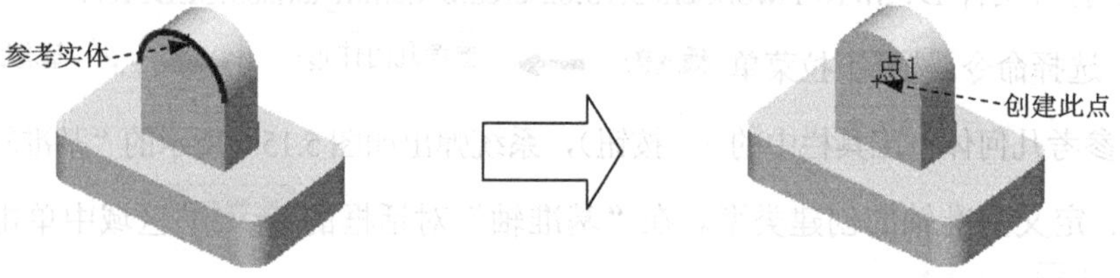

a）创建点前　　b）创建点后

图 5.15.10　利用圆弧中心创建点

Step1. 打开文件 D:\sw18.1\work\ch05.15.03\create_datum_point01.SLDPRT。

Step2. 选择命令。选择下拉菜单 插入(I) → 参考几何体(G) → 点(O)... 命令（或单击“参考几何体”工具栏中的 按钮），系统弹出如图 5.15.11 所示的“点”对话框。

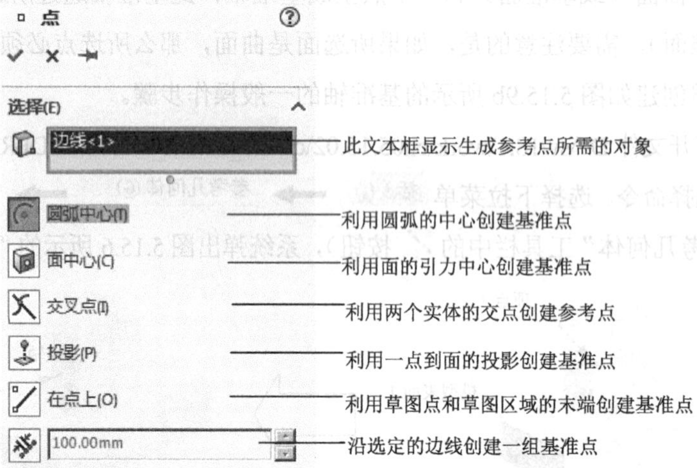

图 5.15.11　“点”对话框

Step3. 定义点的创建类型。在“点”对话框的 选择(S) 区域中单击“圆弧中心”按钮。

Step4. 定义点的参考实体。选取如图 5.15.10a 所示的边线为点的参考实体。

Step5. 单击“点”对话框中的 ✔ 按钮，完成点的创建。

2. 利用面的中心创建点

利用所选面的中心创建点。下面介绍创建如图 5.15.12b 所示点的一般操作步骤。

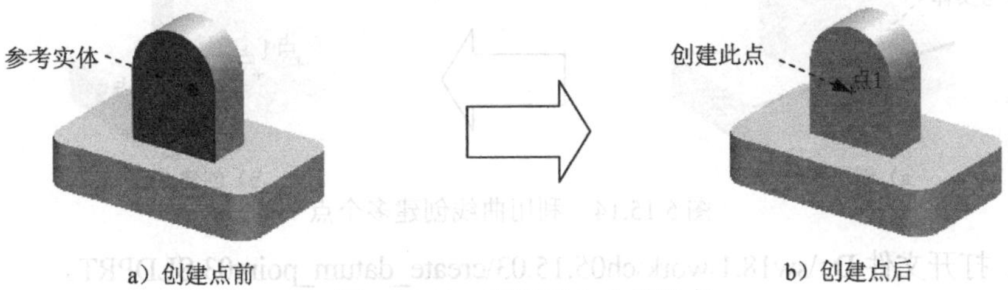

图 5.15.12　利用面中心创建点

Step1. 打开文件 D:\sw18.1\work\ch05.15.03\create_datum_point01.SLDPRT。

Step2. 选择命令。选择下拉菜单 插入(I) → 参考几何体(G) → 点(O)... 命令（或单击“参考几何体”工具栏中的 按钮），系统弹出如图 5.15.11 所示的“点”对话框。

Step3. 定义点的创建类型。在“点”对话框的 选择(S) 区域中单击“面中心”按钮。

Step4. 定义点的参考实体。选取如图 5.15.12a 所示的模型表面为点的参考实体。

Step5. 单击“点”对话框中的 ✔ 按钮，完成点的创建。

3. 利用交叉点创建点

在所选参考实体的交点处创建点，参考实体可以是边线、曲线或草图线段。

下面介绍创建如图 5.15.13b 所示点的一般操作步骤。

Step1. 打开文件 D:\sw18.1\work\ch05.15.03\create_datum_point01.SLDPRT。

Step2. 选择命令。选择下拉菜单 插入(I) → 参考几何体(G) → 点(O)... 命令（或单击“参考几何体”工具栏中的 按钮），系统弹出如图 5.15.11 所示的“点”对话框。

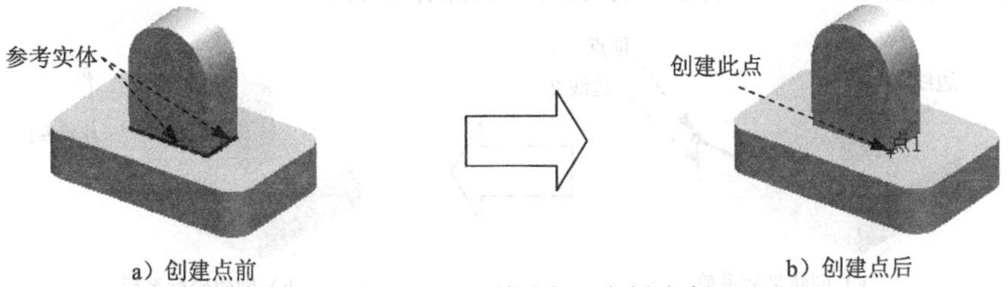

图 5.15.13　利用交叉点创建点

Step3. 定义点的创建类型。在“点”对话框的 选择(S) 区域中单击“交叉点”按钮。

Step4. 定义点的参考实体。选取如图 5.15.13a 所示的两条边线为点的参考实体。

Step5. 单击“点”对话框中的 ✔ 按钮，完成点的创建。

4. 沿曲线创建多个点

可以沿选定曲线生成一组点，曲线可以是模型边线或草图线段。下面介绍如图 5.15.14b 所示的点的一般操作步骤。

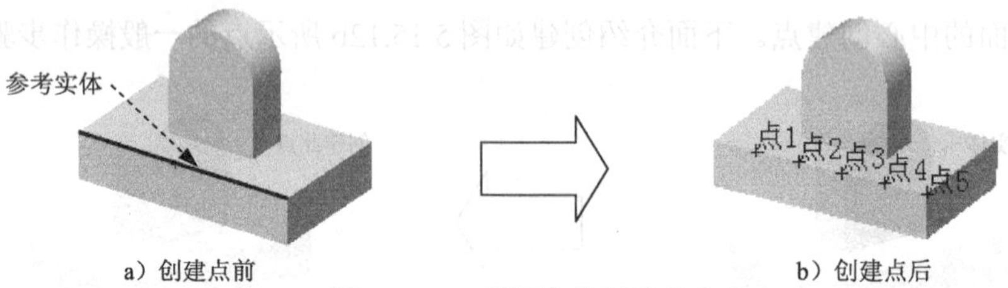

图 5.15.14　利用曲线创建多个点

Step1. 打开文件 D:\sw18.1\work\ch05.15.03\create_datum_point03.SLDPRT。

Step2. 选择命令。选择下拉菜单 插入(I) ➡ 参考几何体(G) ➡ 点(O)... 命令（或单击“参考几何体”工具栏中的 按钮），系统弹出如图 5.15.11 所示的“点”对话框。

Step3. 定义点的创建类型。在“点”对话框的 选择(E) 区域中单击“沿曲线距离或多个参考点”按钮 。

Step4. 定义点的参考实体。

（1）定义生成点的直线。选取如图 5.15.14a 所示的边线为生成点的直线。

（2）定义点的分布类型和数值。在“点”对话框中选择 ⊙ 距离(D) 单选项，在 按钮后的文本框中输入数值 10.00；在 按钮后的文本框中输入数值 5.00，并按 Enter 键。

Step5. 单击“点”对话框中的 ✔ 按钮，完成点的创建。

5.15.4　坐标系

“坐标系（Coordinate）”按钮的功能是在零件设计模块中创建坐标系，作为其他实体创建的参考元素。

下面介绍创建图 5.15.15b 所示坐标系的一般操作步骤。

图 5.15.15　创建坐标系

Step1. 打开文件 D:\sw18.1\work\ch05.15.04\create_datum_coordinate.SLDPRT。

Step2. 选择命令。选择下拉菜单 插入(I) ➡ 参考几何体(G) ➡ 坐标系(C)... 命令（或单击“参考几何体”工具栏中的 按钮），系统弹出如图 5.15.16 所示的“坐标系”对话框。

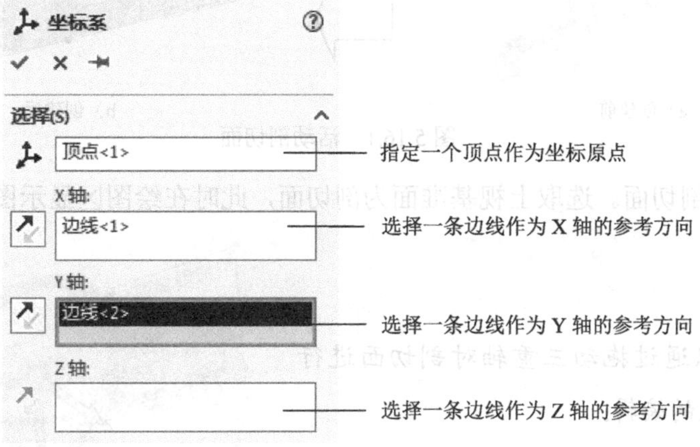

图 5.15.16 “坐标系”对话框

Step3. 定义坐标系参数。

(1) 定义坐标系原点。选取如图 5.15.15a 所示的顶点为坐标系原点。

说明：有两种方法可以更改选择，一是在图形区右击，从系统弹出的快捷菜单中选择 消除选择(L) 命令，然后重新选择；二是在“原点”按钮 后的文本框中右击，从系统弹出的快捷菜单中选择 消除选择(A) 或 删除(D) 命令，然后重新选择。

(2) 定义坐标系 X 轴。选取如图 5.15.15a 所示的边线 1 为 X 轴所在边线，方向如图 5.15.15b 所示。

(3) 定义坐标系 Y 轴。选取如图 5.15.15a 所示的边线 2 为 Y 轴所在边线，方向如图 5.15.15b 所示。

说明：坐标系的 Z 轴所在边线及其方向由 X 轴和 Y 轴决定，可以通过单击“反转”按钮 实现 X 轴和 Y 轴方向的改变。

Step4. 单击“坐标系”对话框中的 ✔ 按钮，完成坐标系的创建。

5.16 活动剖切面

SolidWorks 2018 活动剖切面功能已经增强，用户可以一直显示多个活动剖面并自动随模型保存。下面以图 5.16.1 所示的模型为例，介绍创建活动剖切面的一般操作步骤。

Step1. 打开文件 D:\sw18.1\work\ch05.16\down_base.SLDPRT。

Step2. 选择命令。选择下拉菜单 插入(I) ➡ 参考几何体(G) ➡ 活动剖切面(L) 命令，系统弹出“选取剖切面”对话框。

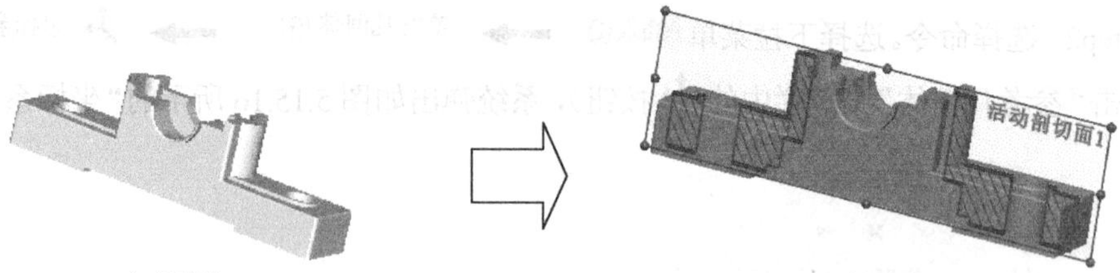

a）创建前　　b）创建后

图 5.16.1　活动剖切面

Step3. 定义剖切面。选取上视基准面为剖切面，此时在绘图区显示图 5.16.2 所示的剖切面及三重轴。

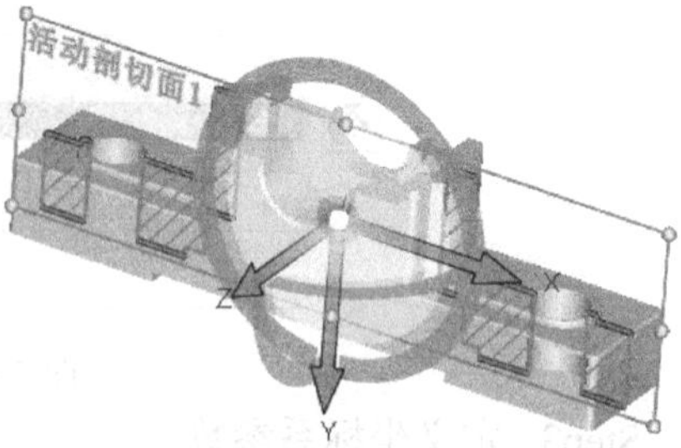

图 5.16.2　剖切面和三重轴

说明：

- 用户可以通过拖动三重轴对剖切面进行空间位置的编辑。
- 活动剖切面会使用默认名称活动剖切面 1 显示。基准面会根据选定的面调整大小。用户也可以拖动基准面的控标来调整其大小。
- 活动剖切面文件夹显示在设计树中，其中存储了所有活动剖切面。

Step4. 在绘图区任意位置单击，完成活动剖切面的创建。

说明：如果用户需要创建多个剖切面，则参照步骤 Step2~Step4 进行多个活动剖切面的创建。

5.17　特征的镜像

特征的镜像复制就是将源特征相对一个平面（这个平面称为镜像基准面）进行镜像，从而得到源特征的一个副本。如图 5.17.1 所示，对这个切除-拉伸特征进行镜像复制的一般操作步骤如下。

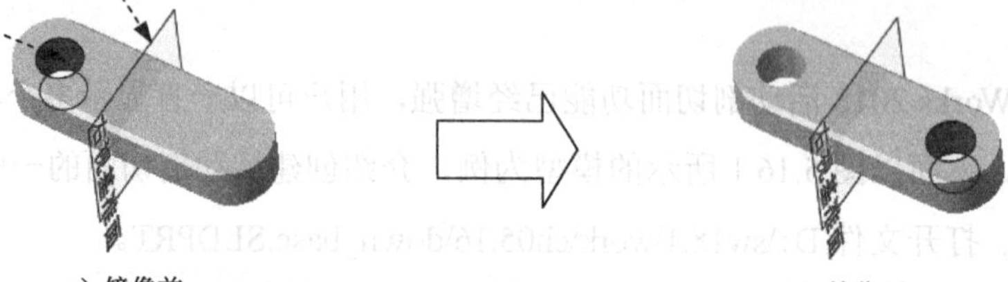

a）镜像前　　b）镜像后

图 5.17.1　镜像特征

Step1. 打开文件 D:\sw18.1\work\ch05.17\mirror_copy.SLDPRT。

Step2. 选择命令。选择下拉菜单 插入(I) → 阵列/镜像(E) → 镜向(M)... 命令（或单击“特征（F）”工具栏中的 按钮），系统弹出如图 5.17.2 所示的“镜向”对话框。

Step3. 选取镜像基准面。选取右视基准面作为镜像基准面。

Step4. 选取要镜像的特征。选取如图 5.17.1a 所示的切除-拉伸特征作为要镜像的特征。

Step5. 单击“镜向”对话框中的 ✔ 按钮，完成特征的镜像操作。

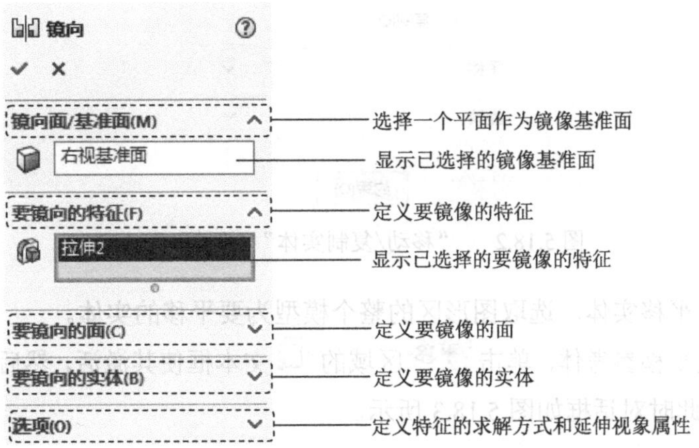

图 5.17.2 “镜向”对话框

5.18 模型的平移与旋转

5.18.1 模型的平移

“平移（Translation）”命令的功能是将模型沿着指定方向移动到指定距离的新位置，此功能不同于 5.2.2 节中的视图平移。模型平移是相对于坐标系移动，模型的坐标没有改变，而视图平移则是模型和坐标系同时移动。

下面对图 5.18.1a 所示的模型进行平移，其一般操作步骤如下。

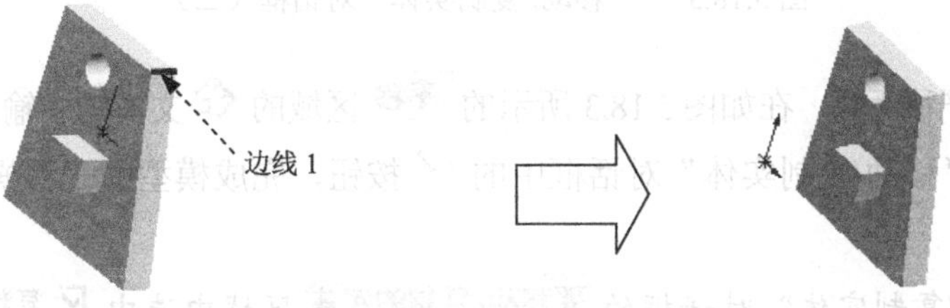

a）平移前　　b）平移后

图 5.18.1 模型的平移

Step1. 打开文件 D:\sw18.1\work\ch05.18.01\translate.SLDPRT。

Step2. 选择命令。选择下拉菜单 插入(I) → 特征(F) → 移动/复制(V)... 命令

（或单击“特征”工具栏中 按钮），系统弹出如图 5.18.2 所示的“移动/复制实体”对话框（一）。

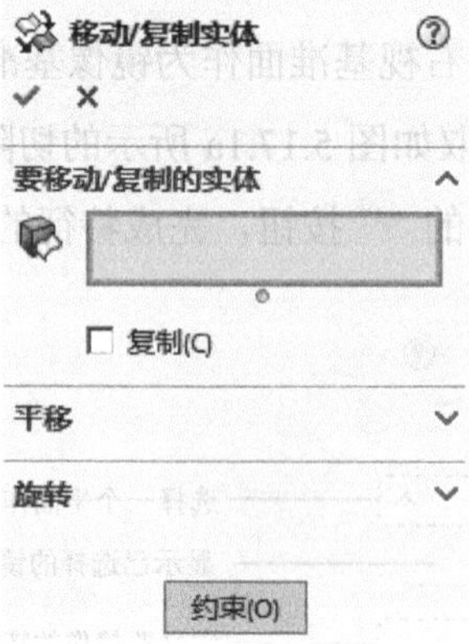

图 5.18.2　“移动/复制实体”对话框（一）

Step3. 定义平移实体。选取图形区的整个模型为要平移的实体。

Step4. 定义平移参考体。单击 平移 区域的 文本框使其激活，然后选取如图 5.18.1a 所示的边线 1，此时对话框如图 5.18.3 所示。

图 5.18.3　“移动/复制实体”对话框（二）

Step5. 定义平移距离。在如图 5.18.3 所示的 平移 区域的 文本框中输入数值 50.00。

Step6. 单击“移动/复制实体”对话框中的 按钮，完成模型的平移操作。

说明：

- 在“移动/复制实体”对话框的 要移动/复制的实体 区域中选中 ☑ 复制(C) 复选框，即可在平移的同时复制实体。在 文本框中输入复制实体的数值 2（图 5.18.4），完成平移复制后的模型如图 5.18.5b 所示。

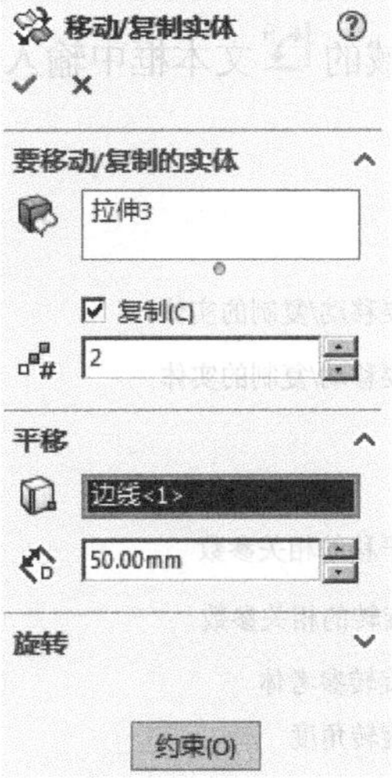

图 5.18.4 “移动/复制实体”对话框（三）

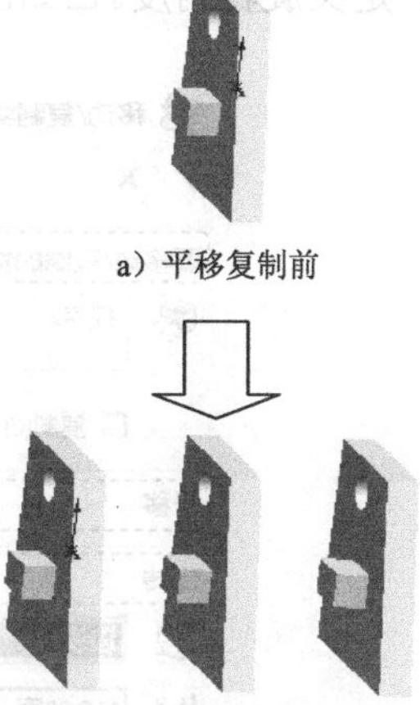

a）平移复制前

b）平移复制后

图 5.18.5 模型的平移复制

- 在图 5.18.4 所示的对话框中单击 约束(O) 按钮，将展开对话框中的约束部分，在此对话框中可以定义实体之间的配合关系。完成约束之后，可以单击对话框底部的 平移/旋转(R) 按钮，切换到参数设置的界面。

5.18.2 模型的旋转

“旋转”命令的功能是将模型绕轴线旋转到新位置，此功能不同于 5.2.2 中的视图旋转。模型旋转是相对于坐标系旋转，模型的坐标没有改变，而视图旋转则是模型和坐标系同时旋转。

下面对图 5.18.6a 所示的模型进行旋转，其一般操作步骤如下。

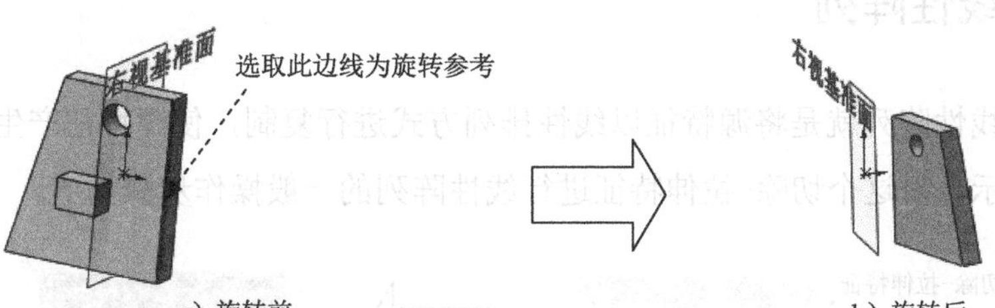

a）旋转前　　b）旋转后

图 5.18.6 模型的旋转

Step1. 打开文件 D:\sw18.1\work\ch05.18.02\rotate.SLDPRT。

Step2. 选择命令。选择下拉菜单 插入(I) → 特征(F) → 移动/复制(V)... 命令（或单击“特征”工具栏中的 按钮），系统弹出“移动/复制实体”对话框。

Step3. 定义旋转实体。选取图形区的整个模型为旋转实体。

Step4. 定义旋转参考体。选取如图 5.18.6a 所示的边线为旋转参考体。

说明：定义的旋转参考不同，所需定义旋转参数的方式也不同。如选取一个顶点，则需定义实体在X、Y、Z三个轴上的旋转角度。

Step5. 定义旋转角度。在如图5.18.7所示的旋转区域的文本框中输入数值110.00。

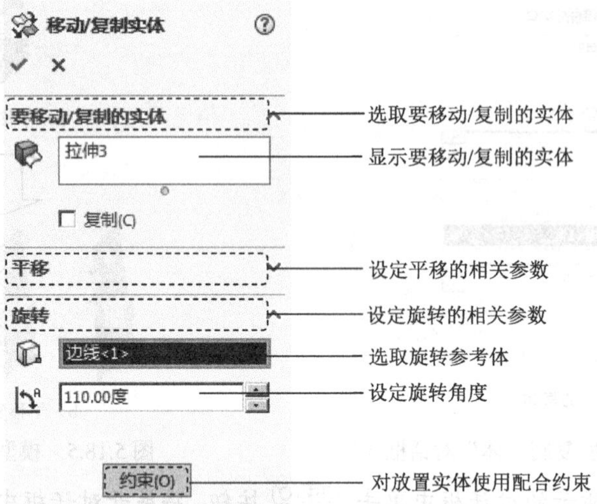

图5.18.7 “移动/复制实体”对话框

Step6. 单击“移动/复制实体”对话框中的✔按钮，完成模型的旋转操作。

5.19 特征的阵列

特征的阵列功能是按线性或圆周形式复制源特征，阵列的方式包括线性阵列、圆周阵列、草图（或曲线）驱动的阵列及填充阵列。以下将详细介绍四种阵列方式。

5.19.1 线性阵列

特征的线性阵列就是将源特征以线性排列方式进行复制，使源特征产生多个副本。如图5.19.1所示，对这个切除-拉伸特征进行线性阵列的一般操作步骤如下。

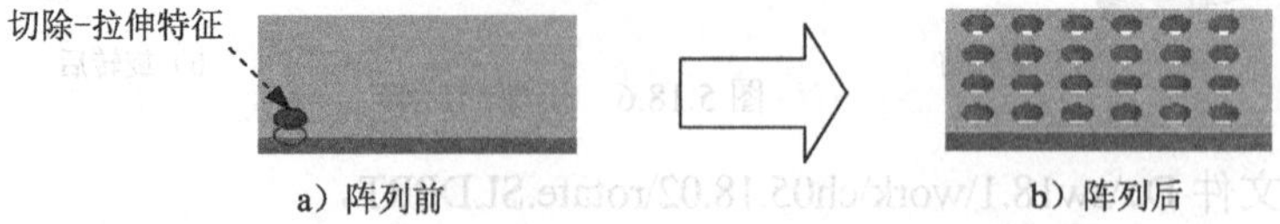

图5.19.1 线性阵列

Step1. 打开文件D:\sw18.1\work\ch05.19.01\rectangular.SLDPRT。

Step2. 选择命令。选择下拉菜单 插入(I) → 阵列/镜像(E) → 线性阵列(L)... 命令（或单击“特征（F）”工具栏中按钮），系统弹出如图5.19.2所示的“线性阵列”对话框。

Step3. 定义阵列源特征。单击以激活 特征和面(F) 选项组区域中的文本框，选取如图 5.19.1a 所示的切除-拉伸特征作为阵列的源特征。

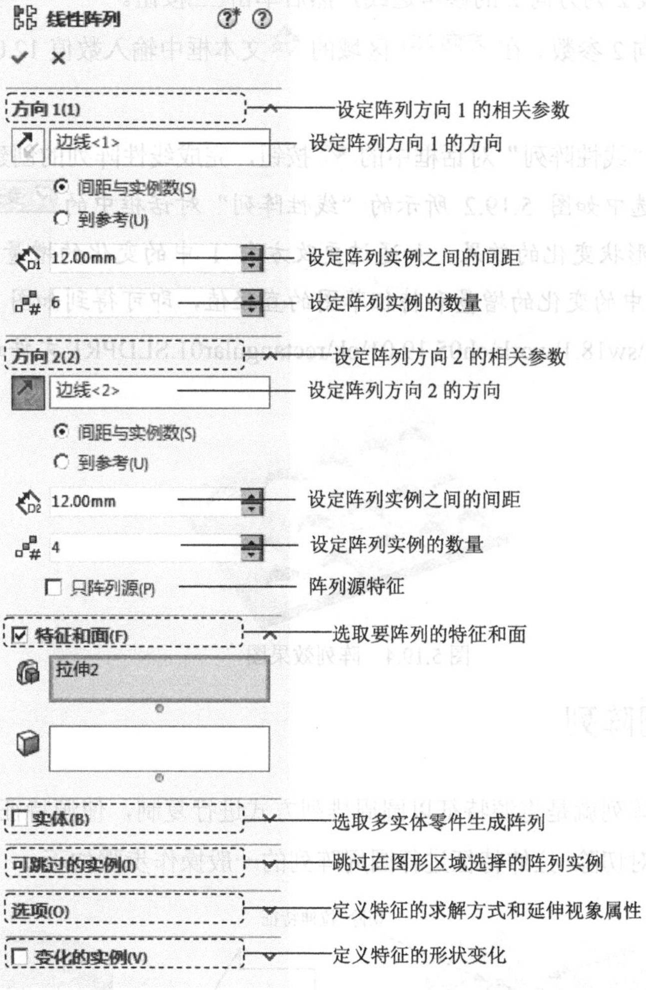

图 5.19.2 “线性阵列”对话框

Step4. 定义阵列参数。

（1）定义方向 1 参考边线。单击以激活 方向 1(1) 区域中的 文本框，选取如图 5.19.3 所示的边线 1 为方向 1 的参考边线。

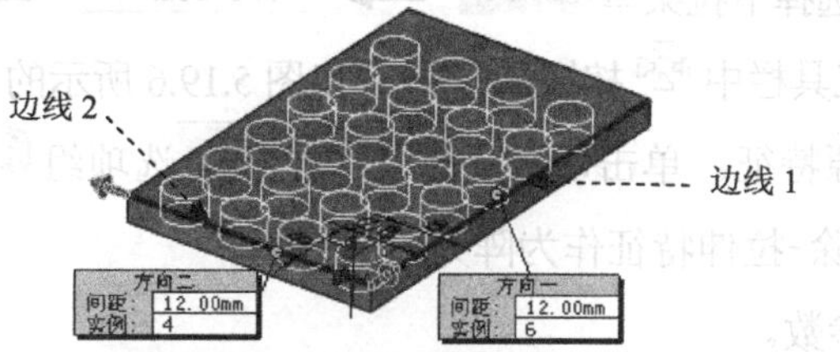

图 5.19.3 定义阵列参数

（2）定义方向 1 参数。在 方向 1(1) 区域的 文本框中输入数值 12.00；在 文本框中输入数值 6。

（3）选择方向 2 参考边线。单击以激活 方向 2(2) 区域中按钮后的文本框，选取如图 5.19.3 所示的边线 2 为方向 2 的参考边线，然后单击按钮。

（4）定义方向 2 参数。在 方向 2(2) 区域的文本框中输入数值 12.00；在文本框中输入数值 4。

Step5. 单击“线性阵列”对话框中的按钮，完成线性阵列的创建。

说明： 通过选中如图 5.19.2 所示的“线性阵列”对话框中的 ☑ 变化的实例(V) 复选框，还可以实现特征形状变化的效果。如通过更改方向 1 中的变化的增量和特征草图的直径值，以及方向 2 中的变化的增量和特征草图的直径值，即可得到如图 5.19.4 所示的阵列结果，可打开 D:\sw18.1\work\ch05.19.01\ok\rectangular01.SLDPRT 文件进行查看。

图 5.19.4　阵列效果图

5.19.2　圆周阵列

特征的圆周阵列就是将源特征以圆周排列方式进行复制，使源特征产生多个副本。如图 5.19.5 所示，对切除-拉伸特征进行圆周阵列的一般操作步骤如下。

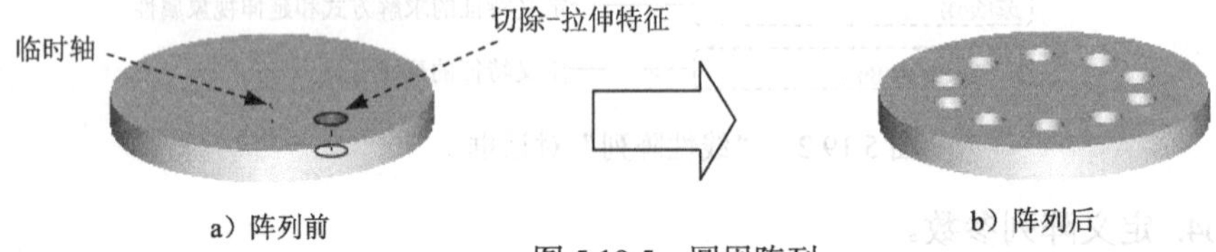

图 5.19.5　圆周阵列

Step1. 打开文件 D:\sw18.1\work\ch05.19.02\circle_pattern.SLDPRT。

Step2. 选择命令。选择下拉菜单 插入(I) ➡ 阵列/镜像(E) ➡ 圆周阵列(C)... 命令（或单击“特征（F）”工具栏中按钮），系统弹出图 5.19.6 所示的“阵列（圆周）”对话框。

Step3. 定义阵列源特征。单击以激活 ☑ 特征和面(F) 选项组区域中的文本框，选取如图 5.19.5a 所示的切除-拉伸特征作为阵列的源特征。

Step4. 定义阵列参数。

（1）定义阵列轴。选择下拉菜单 视图(V) ➡ 隐藏/显示(H) ➡ 临时轴(X)，即显示临时轴；选取如图 5.19.5 所示的临时轴为圆周阵列轴。

（2）定义阵列间距。在 参数(P) 区域的文本框中输入数值 36.00。

（3）定义阵列实例个数。在 参数(P) 区域的 文本框中输入数值10。

（4）取消选中 □ 等间距(E) 复选框。

Step5. 单击“阵列（圆周）”对话框中的 ✔ 按钮，完成圆周阵列的创建。

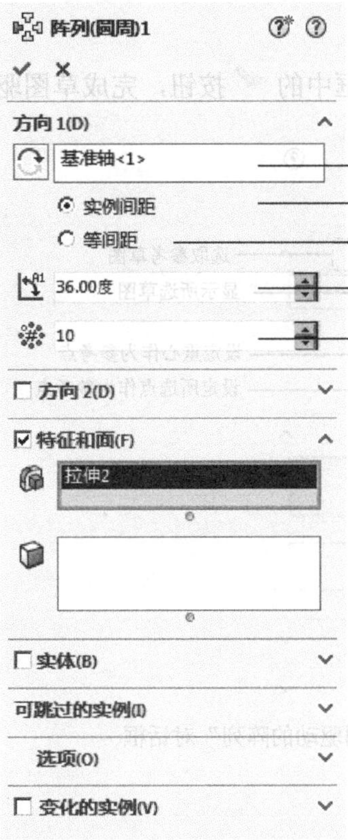

图 5.19.6 “阵列（圆周）”对话框

5.19.3 草图驱动的阵列

草图驱动的阵列就是将源特征复制到用户指定的位置（指定位置一般以草绘点的形式表示），使源特征产生多个副本。如图 5.19.7 所示，对切除-拉伸特征进行草图驱动阵列的一般操作步骤如下。

Step1. 打开文件 D:\sw18.1\work\ch05.19.03\sketch_array.SLDPRT。

Step2. 选择命令。选取下拉菜单 插入(I) ➡ 阵列/镜像(E) ➡ 草图驱动的阵列(S)... 命令（或单击“特征（F）”工具栏中的 按钮），系统弹出图 5.19.8 所示的“由草图驱动的阵列”对话框。

a）阵列前　　b）阵列后

图 5.19.7 草图驱动的阵列

Step3. 定义阵列源特征。单击以激活 ☑ 特征和面(F) 选项组 区域中的文本框，选取如图 5.19.7a 所示的切除-拉伸特征作为阵列的源特征。

Step4. 定义阵列的参考草图。单击以激活 选择(S) 区域的 文本框，然后选取设计树中的 草图3 作为阵列的参考草图。

Step5. 单击“由草图驱动的阵列”对话框中的 ✔ 按钮，完成草图驱动的阵列的创建。

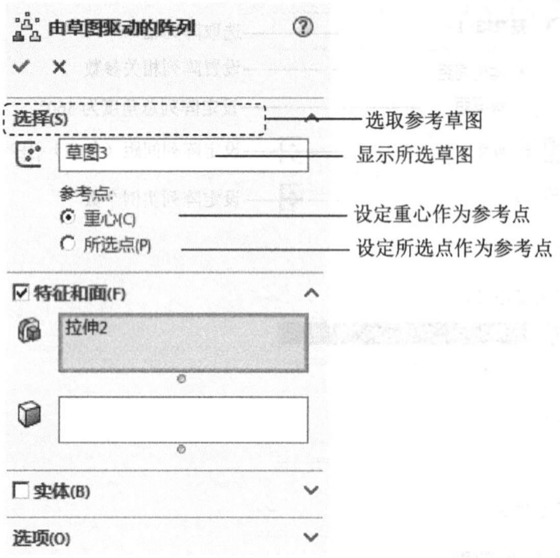

图 5.19.8 “由草图驱动的阵列”对话框

5.19.4 填充阵列

填充阵列就是将源特征填充到指定的位置（指定位置一般为一片草图区域），使源特征产生多个副本。如图 5.19.9 所示，对这个切除-拉伸特征进行填充阵列的一般操作步骤如下。

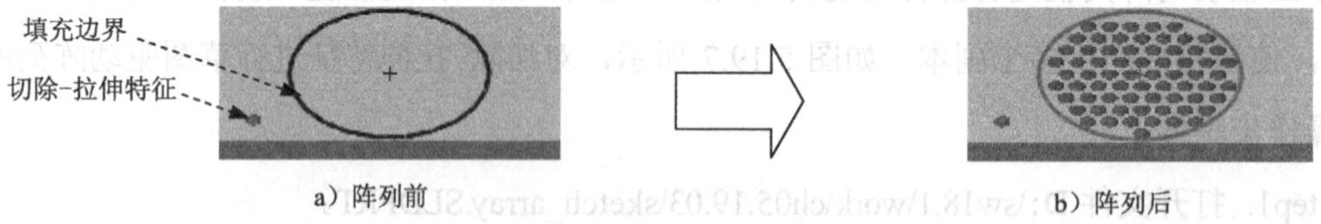

图 5.19.9 填充阵列

Step1. 打开文件 D:\sw18.1\work\ch05.19.04\fill_array.SLDPRT。

Step2. 选择命令。选择下拉菜单 插入(I) → 阵列/镜像(E) → 填充阵列(F)... 命令（或单击“特征（F）”工具栏中 按钮），系统弹出如图 5.19.10 所示的“填充阵列”对话框。

Step3. 定义阵列源特征。单击以激活“填充阵列”对话框 ☑ 特征和面(F) 选项组 区域中的文本框，选取如图 5.19.9a 所示的切除-拉伸特征作为阵列的源特征。

Step4. 定义阵列参数。

（1）定义阵列的填充边界。激活 填充边界(L) 区域中的文本框，选取设计树中的 草图3 为阵列的填充边界。

（2）定义阵列布局。

① 定义阵列模式。在“填充阵列”对话框的 阵列布局(O) 区域中单击 按钮。

② 定义阵列方向。激活 阵列布局(O) 区域的 文本框，选取如图 5.19.11 所示的边线作为阵列方向。

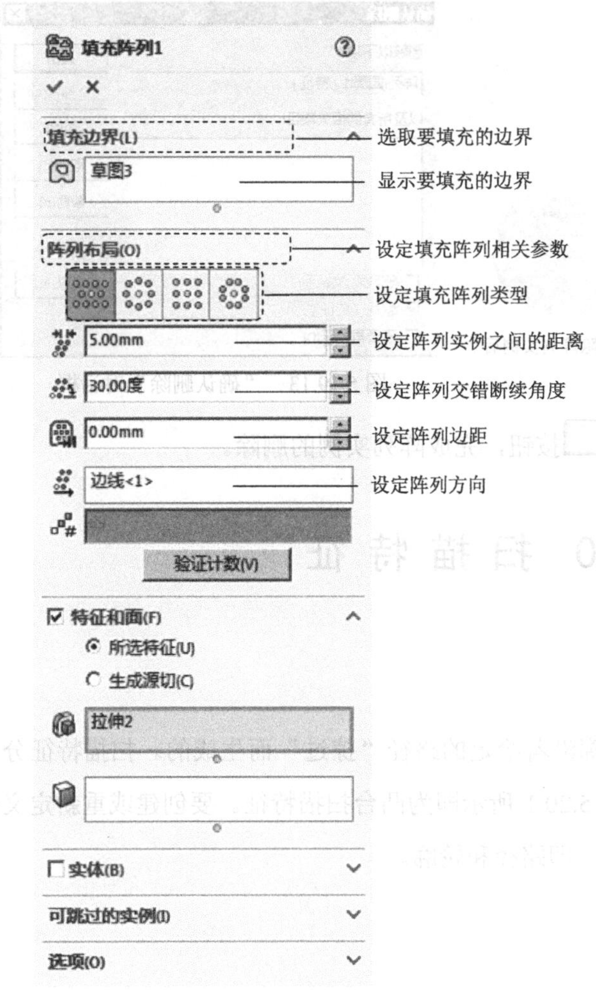

图 5.19.10 “填充阵列”对话框

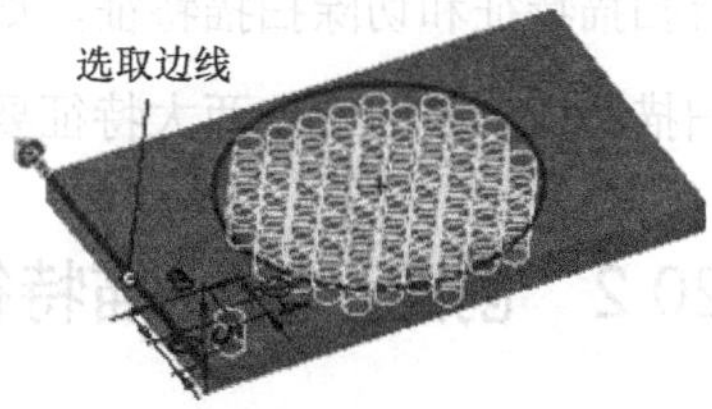

图 5.19.11 选取阵列方向

注意：线性尺寸也可以作为阵列方向。

③ 定义阵列尺寸。在 阵列布局(O) 区域的 文本框中输入数值 5.00，在 文本框中输入数值 30.00，在 文本框中输入数值 0.00。

Step5. 单击“填充阵列”对话框中的 按钮，完成填充阵列的创建。

5.19.5 删除阵列实例

下面以图 5.19.12 所示的图形为例，说明删除阵列实例的一般操作步骤。

Step1. 打开文件 D:\sw18.1\work\ch05.19.05\delete_pattern.SLDPRT。

Step2. 选择命令。在图形区右击要删除的阵列实例（图 5.19.12a），从系统弹出的快捷菜单中选择 删除... (Y) 命令（或选取该阵列实例，然后按 Delete 键），系统弹出如图 5.19.13 所示的“确认删除”对话框。

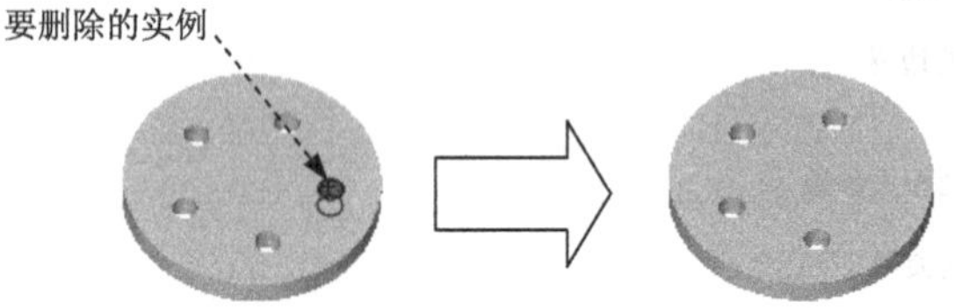

a）删除阵列实例前　　b）删除阵列实例后

图 5.19.12　删除实例

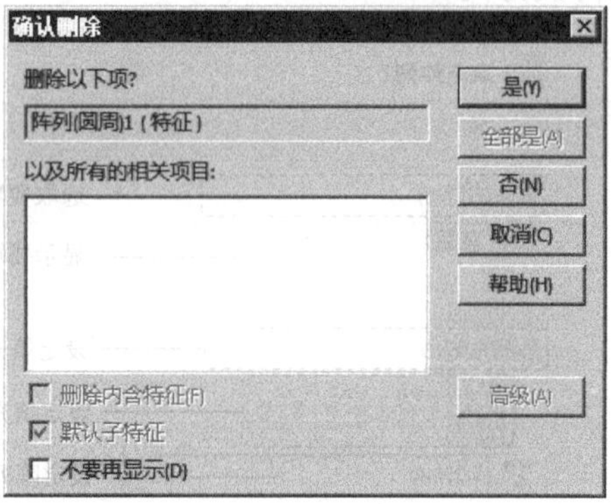

图 5.19.13　“确认删除”对话框

Step3. 单击该对话框中的 是(Y) 按钮，完成阵列实例的删除。

5.20 扫描特征

5.20.1 扫描特征简述

扫描（Sweep）特征是将一个轮廓沿着给定的路径“掠过”而生成的。扫描特征分为凸台扫描特征和切除扫描特征，如图 5.20.1 所示即为凸台扫描特征。要创建或重新定义一个扫描特征，必须给定两大特征要素，即路径和轮廓。

5.20.2 创建凸台扫描特征

下面以图 5.20.1 为例，说明创建凸台扫描特征的一般操作步骤。

Step1. 打开文件 D:\sw18.1\work\ch05.20\sweep_example.SLDPRT。

Step2. 选择命令。选择下拉菜单 插入(I) → 凸台/基体(B) → 扫描(S)... 命令（或单击“特征（F）”工具栏中的 按钮），系统弹出如图 5.20.2 所示的“扫描”对话框。

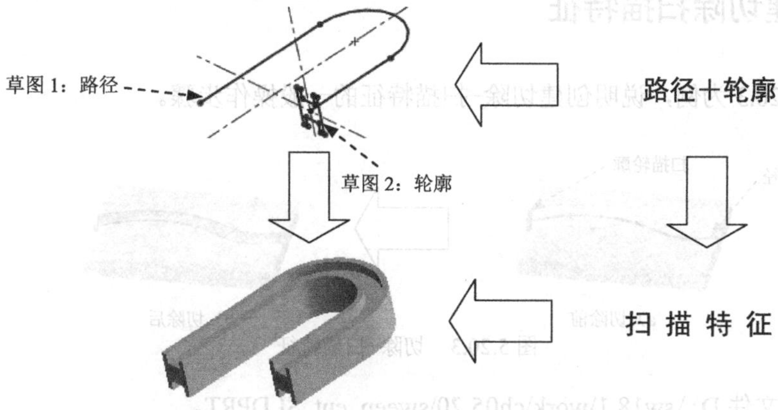

图 5.20.1 凸台扫描特征

Step3. 选取扫描轮廓。选取草图 2 作为扫描轮廓。

Step4. 选取扫描路径。选取草图 1 作为扫描路径。

Step5. 在“扫描”对话框中单击 ✔ 按钮，完成扫描特征的创建。

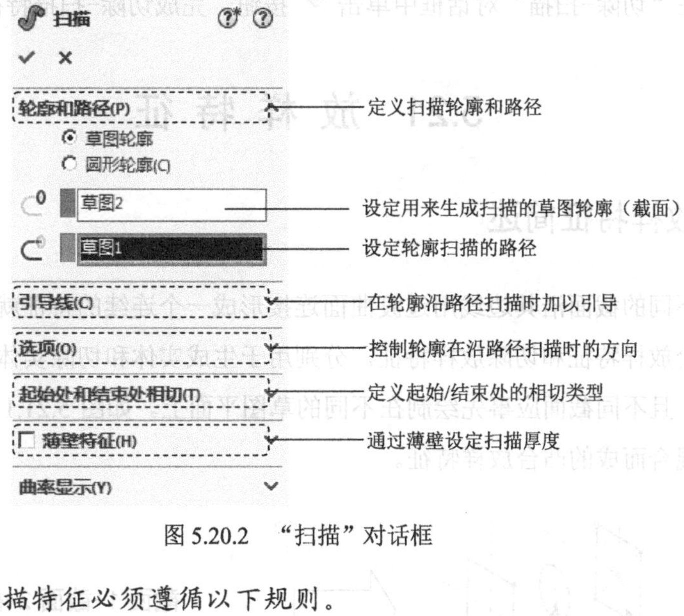

图 5.20.2 “扫描”对话框

说明：创建扫描特征必须遵循以下规则。

- 对于扫描凸台/基体特征而言，轮廓必须是封闭环，若是曲面扫描，则轮廓可以是开环也可以是闭环。
- 路径可以为开环或闭环。
- 路径可以是一张草图、一条曲线或模型边线。
- 路径的起点必须位于轮廓的基准面上。
- 不论是截面、路径还是所要形成的实体，都不能出现自相交叉的情况。

5.20.3 创建切除扫描特征

下面以图 5.20.3 为例，说明创建切除-扫描特征的一般操作步骤。

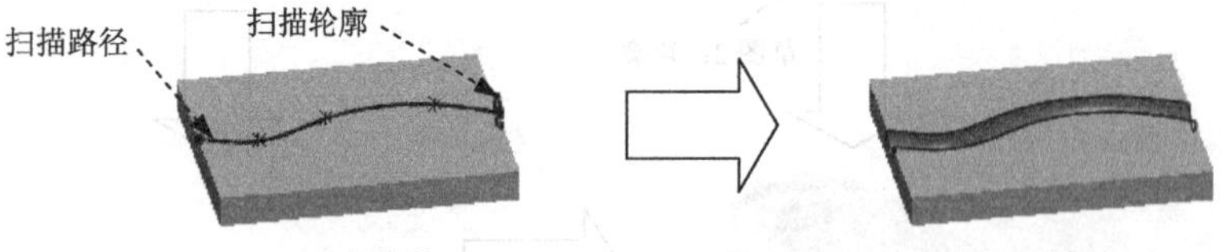

图 5.20.3 切除-扫描特征

Step1. 打开文件 D:\sw18.1\work\ch05.20\sweep_cut. SLDPRT。

Step2. 选择命令。选择下拉菜单 插入(I) → 切除(C) → 扫描(S)... 命令（或单击"特征（F）"工具栏中的 按钮），系统弹出"切除-扫描"对话框。

Step3. 选取扫描轮廓。选取如图 5.20.3a 所示的扫描轮廓。

Step4. 选取扫描路径。选取如图 5.20.3a 所示的扫描路径。

Step5. 在"切除-扫描"对话框中单击 ✔ 按钮，完成切除-扫描特征的创建。

5.21 放 样 特 征

5.21.1 放样特征简述

将一组不同的截面沿其边线用过渡曲面连接形成一个连续的特征就是放样特征。放样特征分为凸台放样特征和切除放样特征，分别用于生成实体和切除实体。放样特征至少需要两个截面，且不同截面应事先绘制在不同的草图平面上。如图 5.21.1 所示的放样特征是由三个截面混合而成的凸台放样特征。

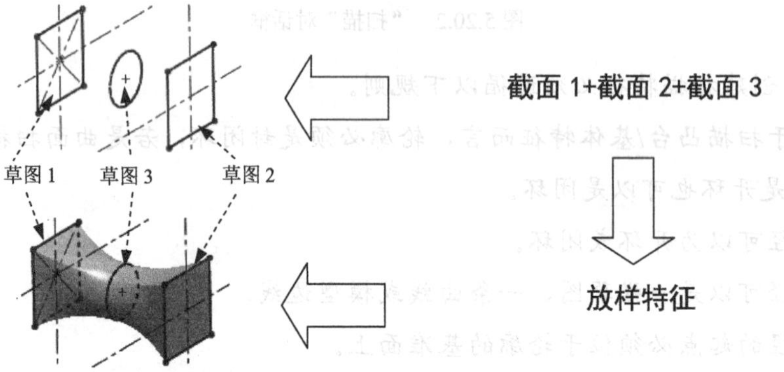

图 5.21.1 放样特征

5.21.2 创建凸台放样特征

Step1. 打开文件 D:\sw18.1\work\ch05.21\blend.SLDPRT。

Step2. 选择命令。选择下拉菜单 插入(I) → 凸台/基体(B) → 放样(L)... 命令（或单击“特征（F）”工具栏中的 按钮），系统弹出如图 5.21.2 所示的“放样”对话框。

Step3. 选取截面轮廓。依次选取图 5.21.1 中的草图 2、草图 3 和草图 1 作为凸台放样特征的截面轮廓。

注意：

- 凸台放样特征实际上是利用截面轮廓以渐变的方式生成的，所以在选择的时候要注意截面轮廓的先后顺序，否则无法正确生成实体。
- 选取一个截面轮廓，单击 按钮或 按钮可以调整轮廓的顺序。

Step4. 选取引导线。本例中使用系统默认的引导线。

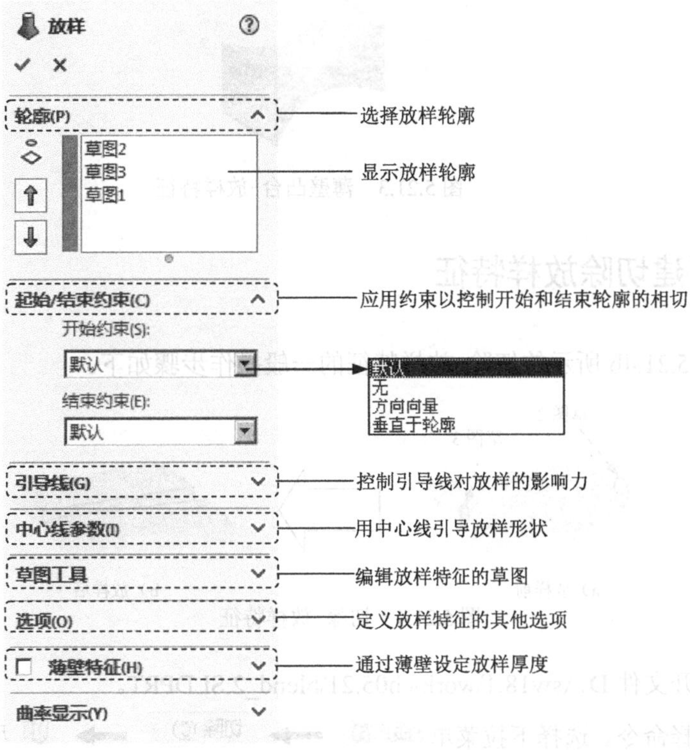

图 5.21.2 “放样”对话框

说明：在一般情况下，系统默认的引导线经过截面轮廓的几何中心。

Step5. 单击“放样”对话框中的 按钮，完成凸台放样特征的创建。

说明：

- 使用引导线放样时，可以使用一条或多条引导线来连接轮廓，引导线可控制放样实体的中间轮廓。需注意的是，引导线与轮廓之间应存在几何关系，否则无法生成目标放样实体。

- 起始/结束约束(C) 区域的各选项说明如下。
  - ☑ 默认选项：系统将在起始轮廓和结束轮廓间建立抛物线，利用抛物线中的相切来约束放样曲面，使产生的放样实体更具可预测性并且更自然。
  - ☑ 无选项：不应用到相切约束。
  - ☑ 方向向量选项：根据所选轮廓，选择合适的方向向量以应用相切约束。操作时，选择一个方向向量之后，需选择一个基准面、线性边线或轴来定义方向向量。
  - ☑ 垂直于轮廓选项：系统将建立垂直于开始轮廓或结束轮廓的相切约束。
- 在“放样”对话框中选中 ☑ 薄壁特征(T) 复选框，可以通过设定参数创建如图 5.21.3 所示的薄壁凸台-放样特征。

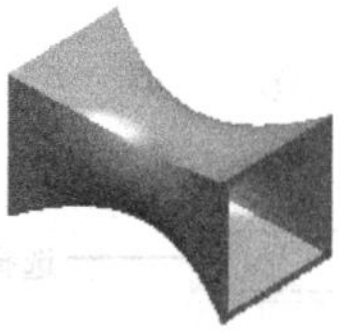

图 5.21.3　薄壁凸台-放样特征

5.21.3　创建切除放样特征

创建如图 5.21.4b 所示的切除-放样特征的一般操作步骤如下。

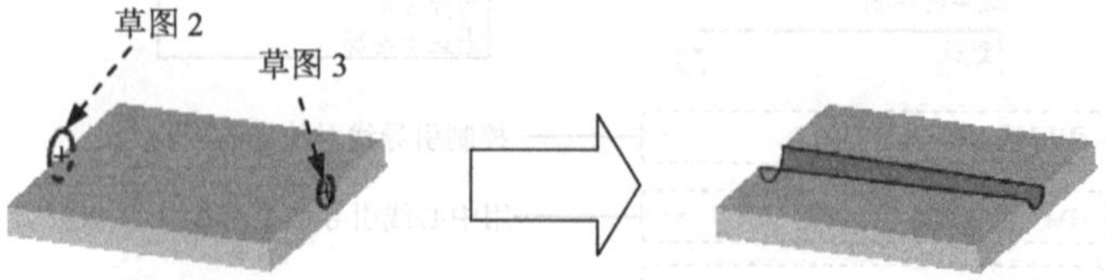

a）放样前　　b）放样后

图 5.21.4　切除-放样特征

Step1. 打开文件 D:\sw18.1\work\ch05.21\blend_2.SLDPRT。

Step2. 选择命令。选择下拉菜单 插入(I) → 切除(C) → 放样(L)... 命令（或单击“特征（F）”工具栏中的 按钮），系统弹出如图 5.21.5 所示的“切除-放样”对话框。

Step3. 选取截面轮廓。依次选取图 5.21.4a 中的草图 2 和草图 3 作为切除-放样特征的截面轮廓。

Step4. 选取引导线。本例中使用系统默认的引导线。

Step5. 单击“切除-放样”对话框中的 ✔ 按钮，完成切除-放样特征的创建。

说明：

- 开始和结束约束的各相切类型选项说明如下（由于前三种相切类型在凸台放样中已经介绍过，此处只介绍剩下的两种）。
  - ☑ 与面相切选项：使相邻面与起始轮廓或结束轮廓相切。
  - ☑ 与面的曲率选项：在轮廓的开始处或结束处应用平滑、连续的曲率放样。
- 在“切除-放样”对话框中选中 ☑ 薄壁特征(H) 复选框，也可以通过设定参数创建薄壁切除-放样特征。

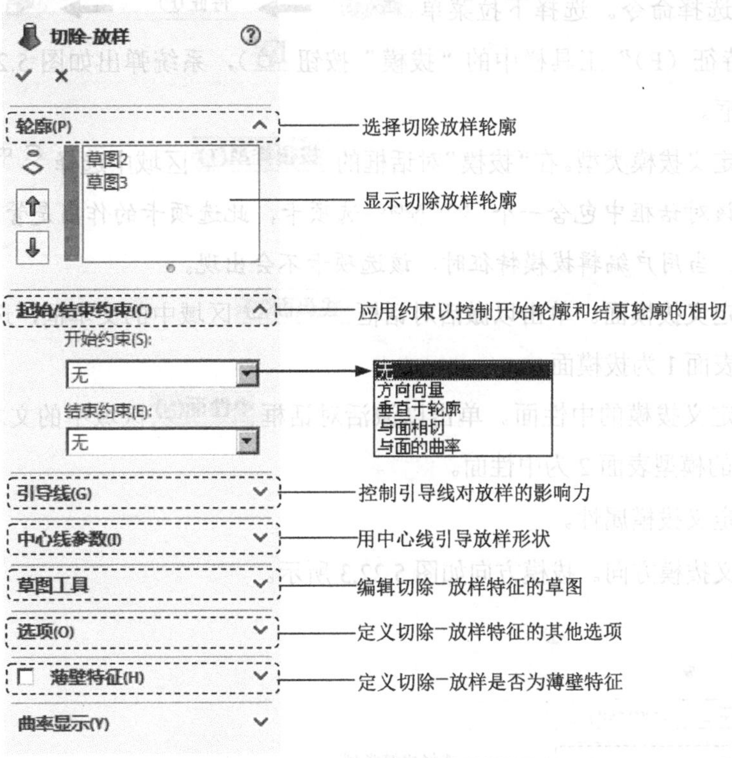

图 5.21.5 “切除-放样”对话框

5.22 拔 模 特 征

注塑件和铸件往往需要一个拔模斜面才能顺利脱模，SolidWorks 2018 中的拔模特征就是用来创建模型的拔模斜面的。

拔模特征共有三种：中性面拔模、分型线拔模和阶梯拔模。下面将介绍建模中最常用的中性面拔模。

中性面拔模特征是通过指定拔模面、中性面和拔模方向等参数生成以指定角度切削所选拔模面的特征。

下面以图 5.22.1 所示的简单模型为例，说明创建中性面拔模特征的一般操作步骤。

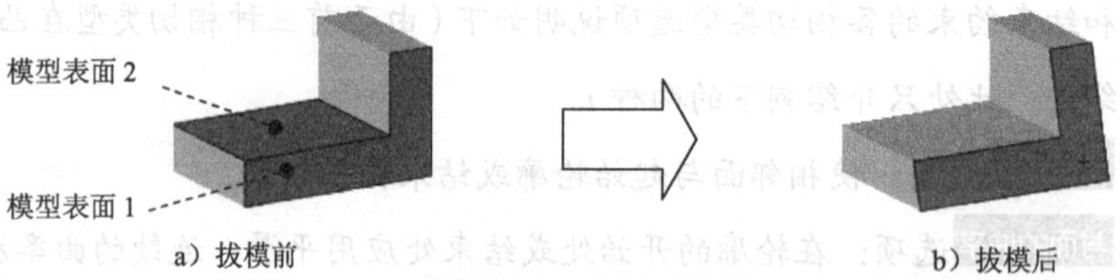

图 5.22.1 中性面拔模

Step1. 打开文件 D:\sw18.1\work\ch05.22\draft.SLDPRT。

Step2. 选择命令。选择下拉菜单 插入(I) → 特征(F) → 拔模(D)... 命令（或单击“特征（F）”工具栏中的“拔模”按钮），系统弹出如图 5.22.2 所示的“拔模 1”对话框。

Step3. 定义拔模类型。在“拔模”对话框的 拔模类型(T) 区域中选择 ⊙ 中性面(E) 单选项。

注意：该对话框中包含一个 DraftXpert 选项卡，此选项卡的作用是管理中性面拔模的生成和修改。当用户编辑拔模特征时，该选项卡不会出现。

Step4. 定义拔模面。单击以激活对话框 拔模面(F) 区域中的文本框，选取如图 5.22.1a 所示的模型表面 1 为拔模面。

Step5. 定义拔模的中性面。单击以激活对话框 中性面(N) 区域中的文本框，选取如图 5.22.1a 所示的模型表面 2 为中性面。

Step6. 定义拔模属性。

（1）定义拔模方向。拔模方向如图 5.22.3 所示。

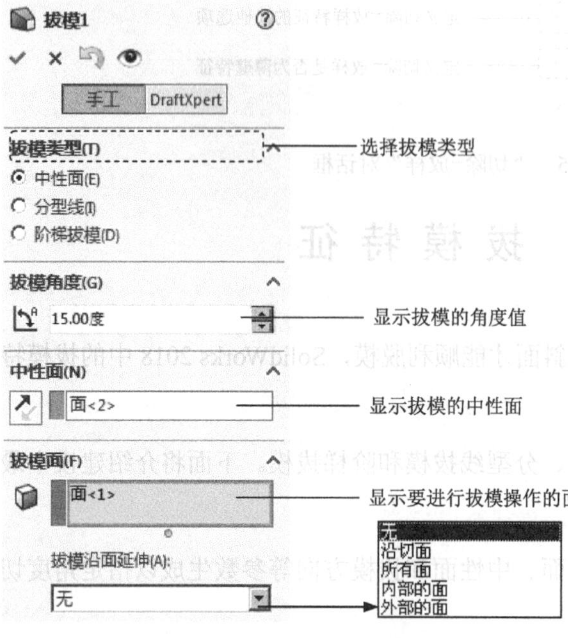

图 5.22.2 “拔模 1”对话框

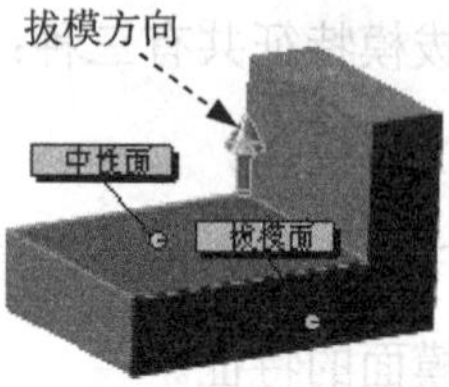

图 5.22.3 定义拔模方向

说明：在定义拔模的中性面之后，模型表面将出现一个指示箭头，箭头表明的是拔模方向（即所选拔模中性面的法向），如图 5.22.3 所示；可单击 中性面(N) 区域中的“反向”按钮，反转拔模方向。

（2）输入角度值。在“拔模”对话框 拔模角度(G) 区域的文本框中输入角度值 15.00。

Step7. 单击“拔模”对话框中的 ✔ 按钮，完成中性面拔模特征的创建。

图 5.22.2 所示 拔模面(F) 区域的 拔模沿面延伸(A): 的下拉列表中各选项的说明如下。

- 无 选项：选择此选项，系统将只对所选拔模面进行拔模操作。
- 沿切面 选项：选择此选项，拔模操作将延伸到所有与所选拔模面相切的面。
- 所有面 选项：选择此选项，系统将对所有从中性面开始拉伸的面进行拔模操作。
- 内部的面 选项：选择此选项，系统将对所有从中性面开始拉伸的内部面进行拔模操作。
- 外部的面 选项：选择此选项，系统将对所有从中性面开始拉伸的外部面进行拔模操作。

5.23 SolidWorks 零件设计实际应用 1 ——滑动轴承座

应用概述

本应用是讲解滑动轴承座的设计，主要运用了拉伸、孔和圆角等特征创建命令。需要注意在选取草绘基准面、圆角顺序等过程中所用到的技巧。滑动轴承座的零件模型如图 5.23.1 所示。

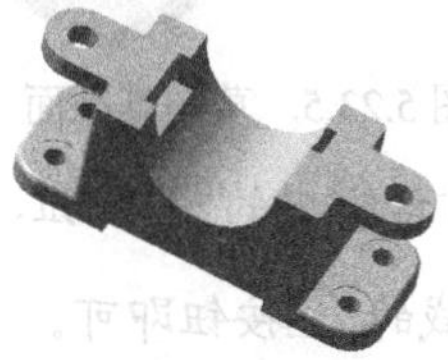

图 5.23.1 滑动轴承座的零件模型

Step1. 新建模型文件。选择下拉菜单 文件(F) → 新建(N)... 命令，在系统弹出的“新建 SolidWorks 文件”对话框中选择“零件”模块，单击 确定 按钮，进入建模环境。

Step2. 创建图 5.23.2 所示的零件基础特征—— 凸台-拉伸 1。

（1）选择命令。选择下拉菜单 插入(I) → 凸台/基体(B) → 拉伸(E)... 命令（或单击“特征（F）”工具栏中的按钮）。

（2）定义特征的横断面草图。选取前视基准面作为草图基准面；在草图绘制环境中绘制如图 5.23.3 所示的横断面草图；选择下拉菜单 插入(I) ➡ 退出草图 命令，系统弹出“凸台-拉伸”对话框。

说明：为了清楚地表现草图，图 5.23.3 中的几何约束（对称、水平和垂直等）均被隐藏。

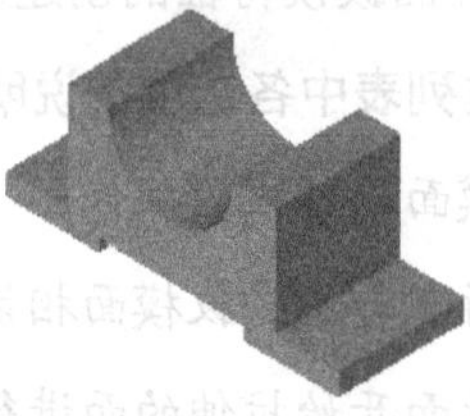

图 5.23.2 凸台-拉伸 1

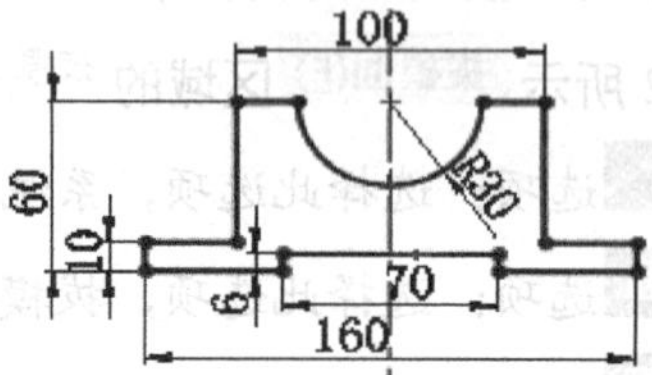

图 5.23.3 横断面草图

（3）定义拉伸深度属性。采用系统默认的深度方向；在“凸台-拉伸”对话框的 方向 1 区域中选择 两侧对称 选项，输入深度值 60.00。

（4）单击该对话框中的 ✔ 按钮，完成凸台-拉伸 1 的创建。

Step3. 创建如图 5.23.4 所示的零件特征——凸台-拉伸 2。选择下拉菜单 插入(I) ➡ 凸台/基体(B) ➡ 拉伸(E)... 命令（或单击 按钮）；选取如图 5.23.5 所示的模型表面作为草图基准面；在草图绘制环境中绘制如图 5.23.6 所示的横断面草图；在“凸台-拉伸”的 方向 1 区域的下拉列表中选择 给定深度 选项，输入深度值 10.00，单击 方向 1 区域的 按钮；单击 ✔ 按钮，完成凸台-拉伸 2 的创建。

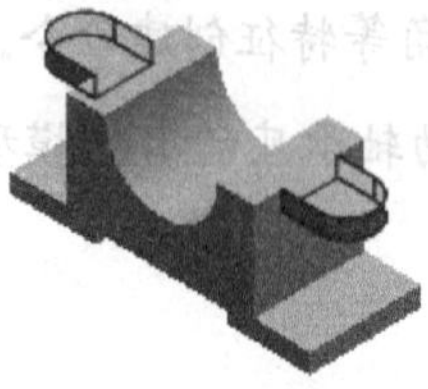

图 5.23.4 凸台-拉伸 2

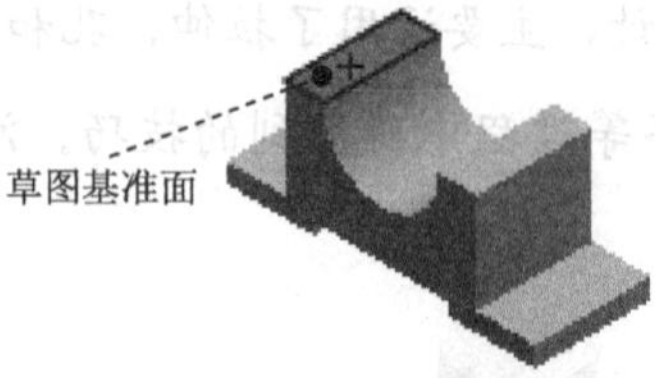

图 5.23.5 草图基准面

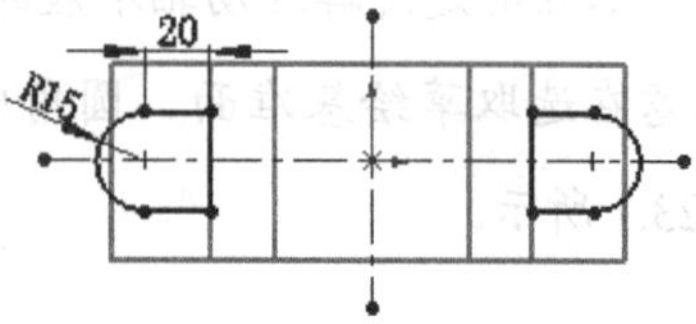

图 5.23.6 横断面草图

说明：定义完成后，可单击该对话框中的 按钮，观察拉伸的方向是否与图 5.23.4 相同；如果相反，只需单击 方向 1 区域的 按钮即可。

Step4. 创建如图 5.23.7 所示的零件特征——孔 1。选择下拉菜单 插入(I) ➡ 特征(F) ➡ 简单直孔(S)... 命令，此时系统弹出“孔”对话框；选取如图 5.23.8 所示的模型表面为孔 1 的放置面；在“孔”对话框 方向 1 区域的下拉列表中选择 给定深度 选项，输入深度值 10.00；在 方向 1 区域的 文本框中输入数值 12.00；单击“孔”对话框中的 ✔ 按钮，完成孔 1 的创建；在设计树中右击“孔 1”，从系统弹出的快捷菜单中选择 命令，进入草图绘制环境；按住 Ctrl 键，选择孔 1 和如图 5.23.9 所示的圆弧，在系统弹出的如图 5.23.10 所示的“属性”对话框中单击 同心(N) 按钮，约束孔 1 和如图 5.23.6 所绘制的圆弧同心；

单击按钮，退出草图绘制环境；单击“孔”对话框中的按钮，完成孔 1 的创建。

Step5. 创建如图 5.23.11b 所示的圆角 1。选取如图 5.23.11a 所示的边线为要圆角的对象；在“圆角”对话框中输入圆角半径值 15.00；单击“圆角”对话框中的按钮，完成圆角 1 的创建。

图 5.23.7 孔 1

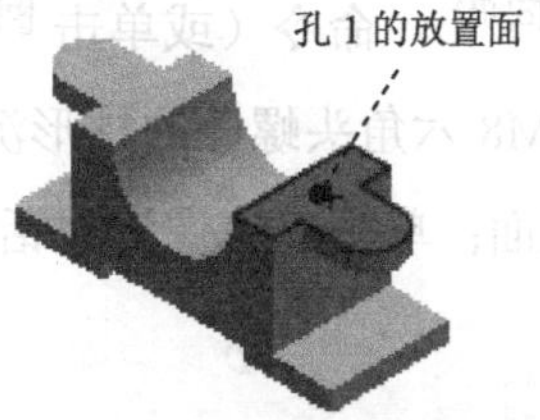

图 5.23.8 定义孔的放置面

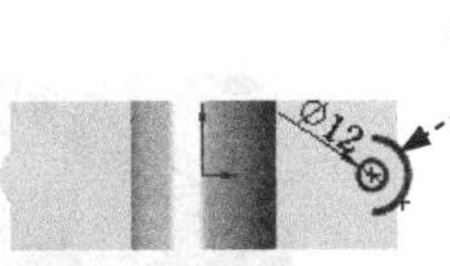

图 5.23.9 孔的定位

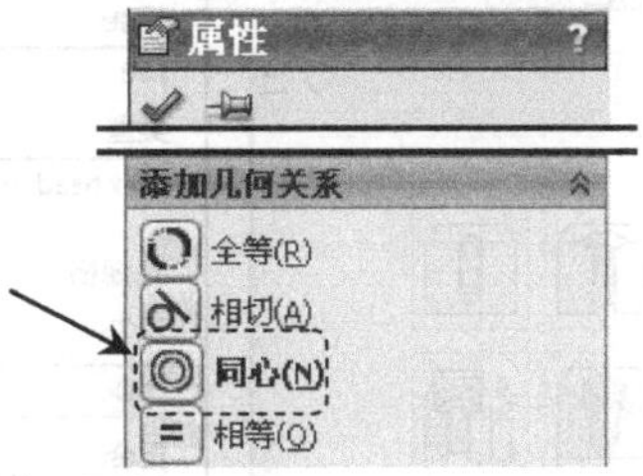

图 5.23.10 “属性”对话框

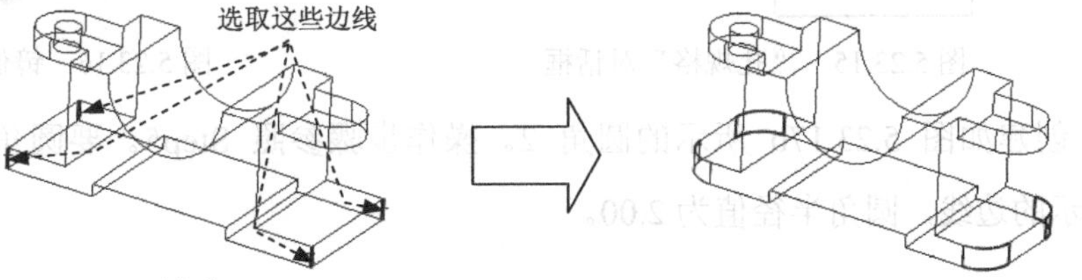

a）圆角前 b）圆角后

图 5.23.11 圆角 1

Step6. 创建如图 5.23.12 所示的零件特征——沉头孔 1。

（1）选择命令。选择 插入(I) → 特征(F) → 孔向导(W)... 命令，系统弹出“孔规格”对话框。

（2）定义孔的位置。单击“孔规格”对话框中的 位置 选项卡，选取如图 5.23.13 所示的模型表面为孔的放置面，在合适的位置单击以放置孔（两个）；完成上步操作后，在图形区中右击，在系统弹出的快捷菜单中选择 选择(K) 选项；按住 Ctrl 键，依次选取沉头孔 1 和其相邻的圆弧（图 5.23.14）建立同心约束；单击该对话框中的按钮，完成沉头孔 1 的创建。

图 5.23.12 沉头孔 1

图 5.23.13 定义孔的放置面

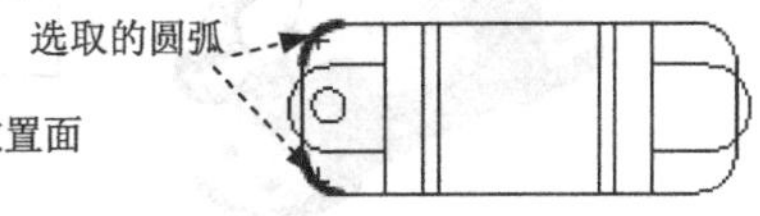

图 5.23.14 定义孔的位置

说明：孔 1 表示的两个沉头孔，所以在平面上单击两次，显示两个孔后再分别进行约束。

（3）孔的类型及参数如图 5.23.15 所示。

（4）单击“孔规格”对话框中的 ✔ 按钮，完成沉头孔 1 的创建。

Step7. 创建如图 5.23.16 所示的镜像 1。选择下拉菜单 插入(I) → 阵列/镜向(E) → 镜向(M)... 命令（或单击 按钮），系统弹出“镜像”对话框；在设计树中选择“孔 1”和“M8 六角头螺栓的柱形沉头孔 1”作为镜像的对象；在设计树中选取右视基准面为镜像基准面；单击“镜像”对话框中的 ✔ 按钮，完成镜像 1 的创建。

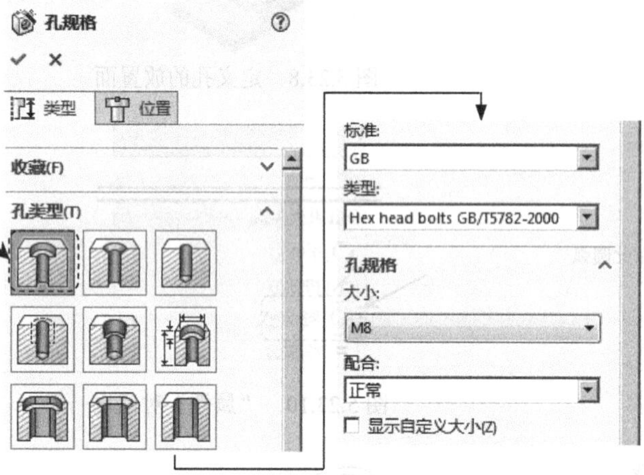

图 5.23.15 “孔规格”对话框

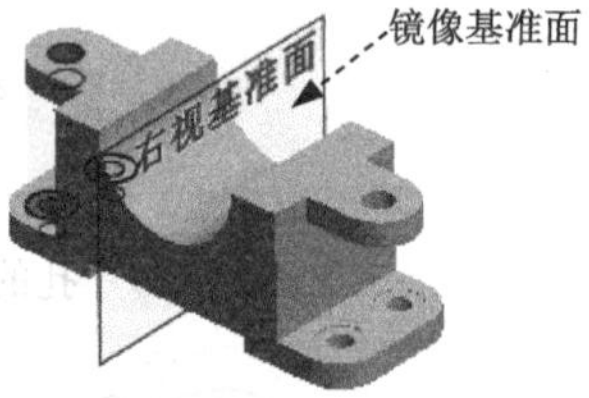

图 5.23.16 镜像 1

Step8. 创建如图 5.23.17b 所示的圆角 2。操作步骤参照 Step5。要圆角的对象为图 5.23.17a 所示的边线，圆角半径值为 2.00。

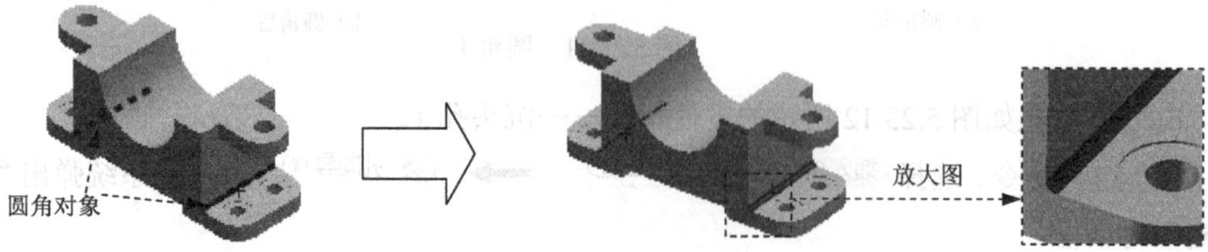

a）圆角前　　b）圆角后

图 5.23.17 圆角 2

Step9. 创建如图 5.23.18b 所示的圆角 3。要圆角的对象为图 5.23.18a 所示的边线，圆角半径值为 2.00mm。

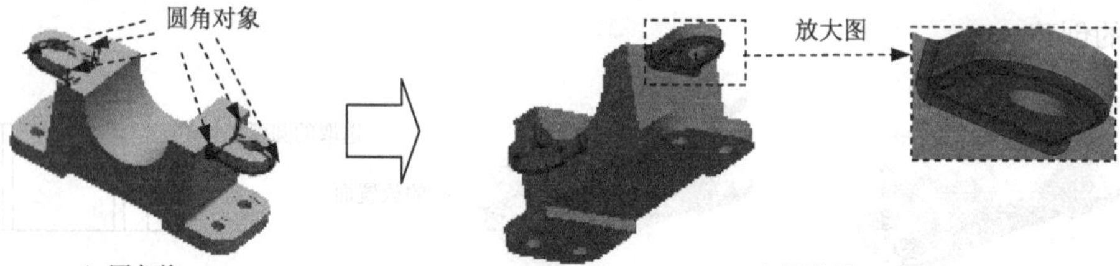

a）圆角前　　b）圆角后

图 5.23.18 圆角 3

Step10. 创建如图 5.23.19b 所示的圆角 4。要圆角的对象为图 5.23.19a 所示的边线，圆角半径值为 2.00。

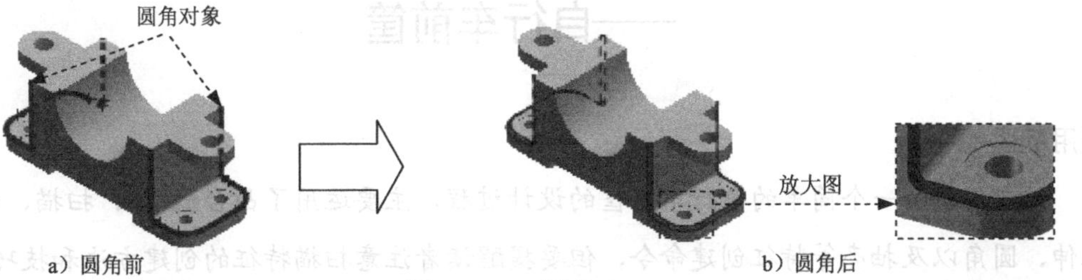

图 5.23.19　圆角 4

Step11. 创建如图 5.23.20b 所示的圆角 5。要圆角的对象为图 5.23.20a 所示的边线，圆角半径值为 2.00。

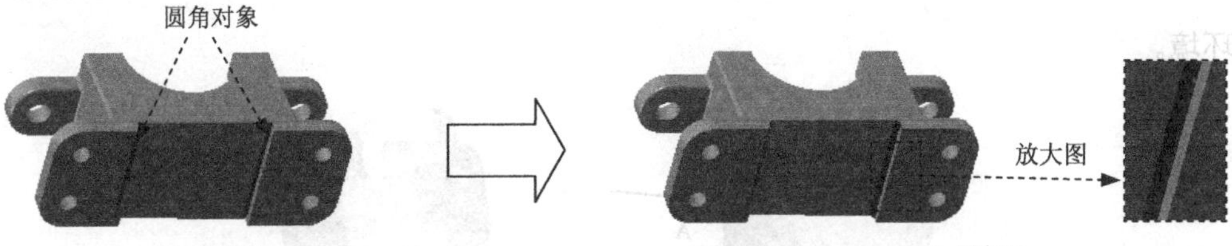

图 5.23.20　圆角 5

Step12. 创建如图 5.23.21 所示的零件特征——切除-拉伸 1。

（1）选择命令。选择下拉菜单 插入(I) → 切除(C) → 拉伸(E)... 命令。

（2）定义特征的横断面草图。选取如图 5.23.22 所示的模型表面作为草图基准面；绘制如图 5.23.23 所示的横断面草图；选择下拉菜单 插入(I) → 退出草图 命令，系统弹出“切除-拉伸”对话框。

注意：在绘制图 5.23.23 所示的横断面草图时应使用“中心矩形”命令，并约束所绘矩形中点与原点重合。

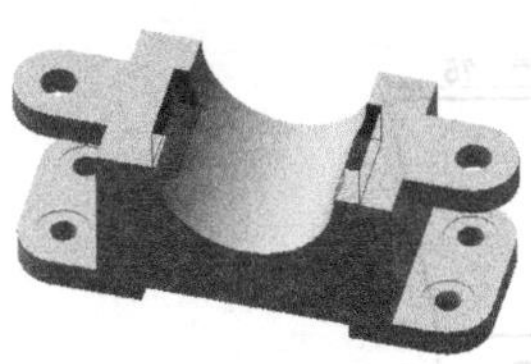

图 5.23.21　切除-拉伸 1

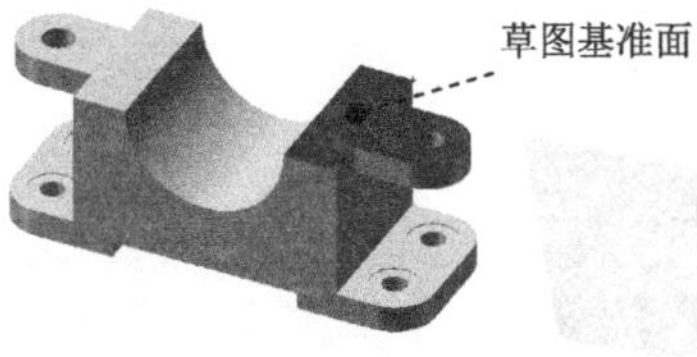

图 5.23.22　草图基准面

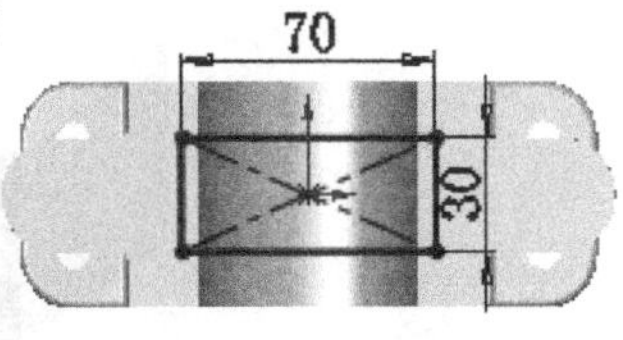

图 5.23.23　横断面草图

（3）定义拉伸深度属性。采用系统默认的深度方向，在“切除-拉伸”对话框 方向 1 区域的下拉列表中选择 给定深度 选项，输入深度值 15.00。

（4）单击该对话框中的 ✔ 按钮，完成切除-拉伸 1 的创建。

Step13. 至此，滑动轴承基座的零件模型创建完毕，选择下拉菜单 文件(F) → 保存(S) 命令，将文件命名为 down_base，即可保存零件模型。

5.24　SolidWorks 零件设计实际应用 2 ——自行车前筐

应用概述

该应用讲解一个简单的自行车前筐的设计过程，主要运用了凸台-拉伸、扫描、切除-拉伸、圆角以及抽壳等特征创建命令，但要提醒读者注意扫描特征的创建方法和技巧。该零件模型如图 5.24.1 所示。

Step1. 新建模型文件。选择下拉菜单 文件(F) → 新建(N)... 命令，在系统弹出的“新建 SolidWorks 文件”对话框中选择“零件”模块，单击 确定 按钮，系统进入建模环境。

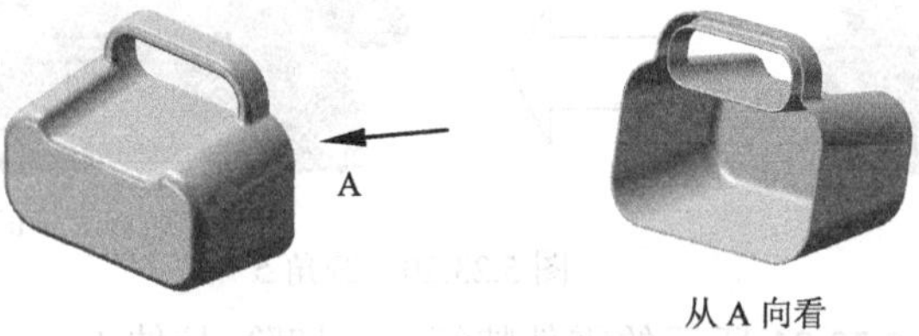

图 5.24.1　自行车前筐零件模型

Step2. 创建如图 5.24.2 所示的零件基础特征——凸台-拉伸 1。

（1）选择命令。选择下拉菜单 插入(I) → 凸台/基体(B) → 拉伸(E)... 命令。

（2）定义特征的横断面草图。选取前视基准面作为草图基准面；在草图绘制环境中绘制如图 5.24.3 所示的横断面草图；选择下拉菜单 插入(I) → 退出草图 命令，系统弹出“凸台-拉伸”对话框。

图 5.24.2　凸台-拉伸 1

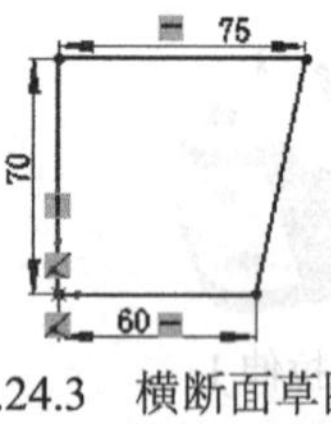

图 5.24.3　横断面草图

（3）定义拉伸深度属性。采用系统默认的深度方向；在“凸台-拉伸”对话框 方向 1 区域的下拉列表中选择 给定深度 选项，输入深度值 115.00。

（4）单击 ✔ 按钮，完成凸台-拉伸 1 的创建。

Step3. 绘制草图 2。选取如图 5.24.4 所示的模型表面 1 为草图基准面，绘制如图 5.24.5 所示的草图 2。

Step4. 绘制草图 3。选取如图 5.24.4 所示的模型表面 2 为草图基准面，绘制如图 5.24.6 所示的草图 3。

Step5. 创建图 5.24.7 所示的零件特征——扫描 1。选择下拉菜单 插入(I) ➡ 凸台/基体(B) ➡ 扫描(S)... 命令，系统弹出“扫描”对话框；选取草图 2 为扫描特征的轮廓，选取草图 3 为扫描特征的路径；单击该对话框中的 ✔ 按钮，完成扫描 1 的创建。

Step6. 创建如图 5.24.8 所示的零件特征——切除-拉伸 1。

（1）选择命令。选择下拉菜单 插入(I) ➡ 切除(C) ➡ 拉伸(E)... 命令。

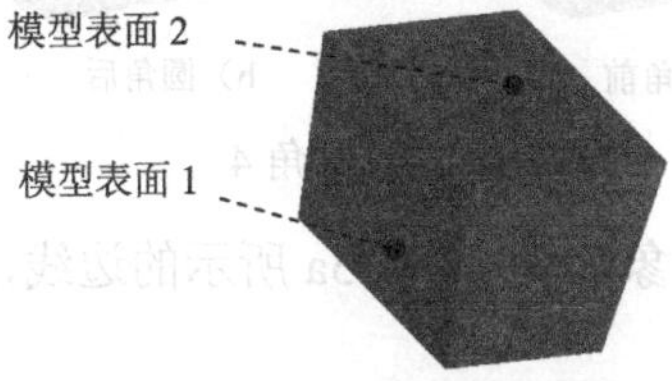

图 5.24.4 选取草图基准面

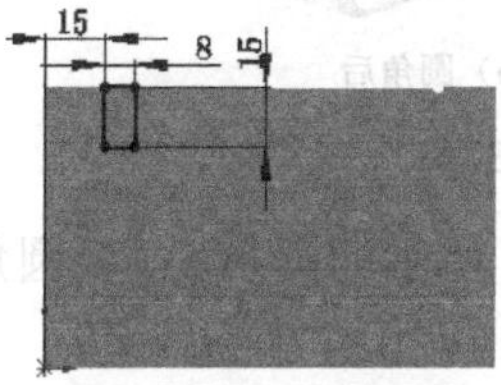

图 5.24.5 草图 2

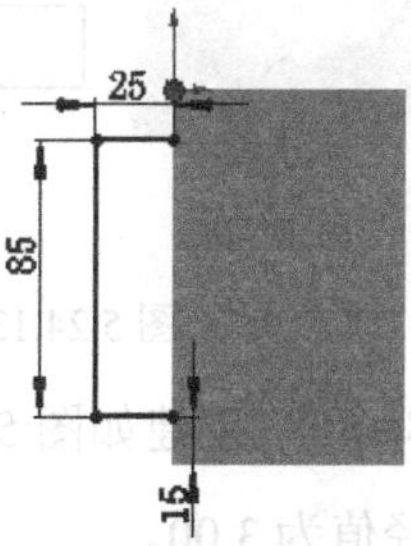

图 5.24.6 草图 3

（2）定义特征的横断面草图。选取如图 5.24.9 所示的模型表面作为草图基准面，绘制如图 5.24.10 所示的横断面草图。

图 5.24.7 扫描 1

图 5.24.8 切除-拉伸 1

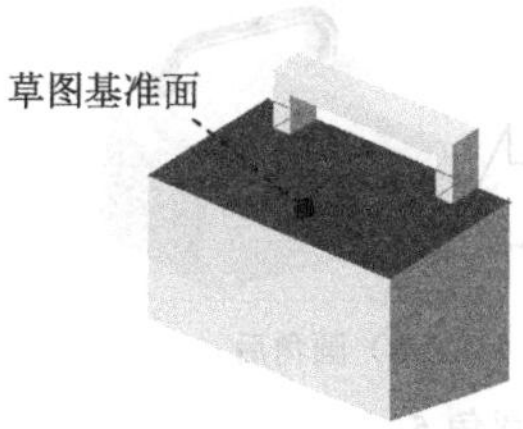

图 5.24.9 选取图基准面

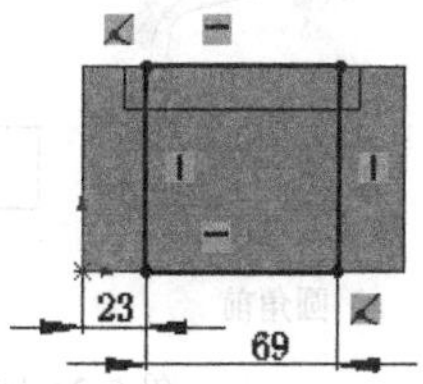

图 5.24.10 横断面草图

（3）定义拉伸深度属性。采用系统默认的深度方向，在“切除-拉伸”对话框 方向 1 区域的下拉列表中选择 给定深度 选项，输入深度值 10.00。

（4）单击该对话框中的 ✔ 按钮，完成切除-拉伸 1 的创建。

Step7. 创建如图 5.24.11b 所示的圆角 1。选择下拉菜单 插入(I) ➡ 特征(F) ➡ 圆角(U)... 命令；选取如图 5.24.11a 中加亮的边线为要圆角的对象；在“圆角”对话框中输入圆角半径值 20.00；单击 ✔ 按钮，完成圆角 1 的创建。

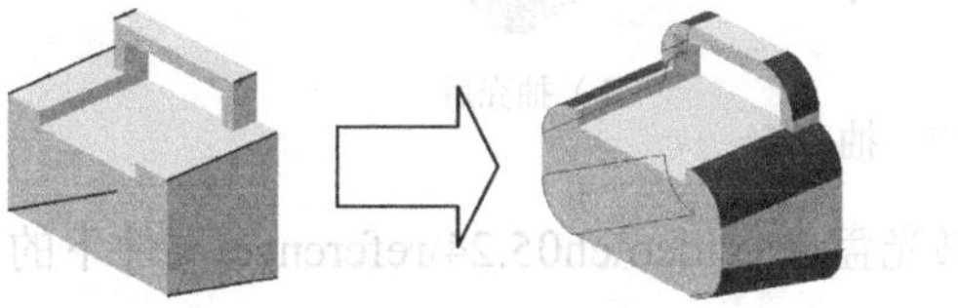
a）圆角前　　b）圆角后

图 5.24.11 圆角 1

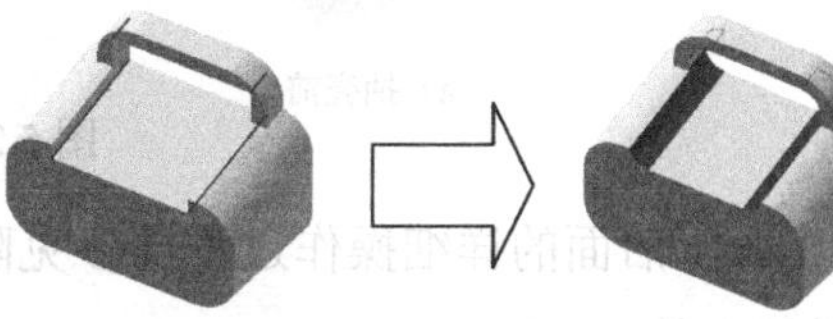
a）圆角前　　b）圆角后

图 5.24.12 圆角 2

Step8. 创建如图 5.24.12b 所示的圆角 2。要圆角的对象为图 5.24.12a 中加亮的边线，圆角半径值为 10.00。

Step9. 创建如图 5.24.13b 所示的圆角 3。要圆角的对象为图 5.24.13a 所示的边线，圆角半径值为 6.00。

Step10. 创建如图 5.24.14b 所示的圆角 4。要圆角的对象为图 5.24.14a 所示的边线，圆角半径值为 4.00。

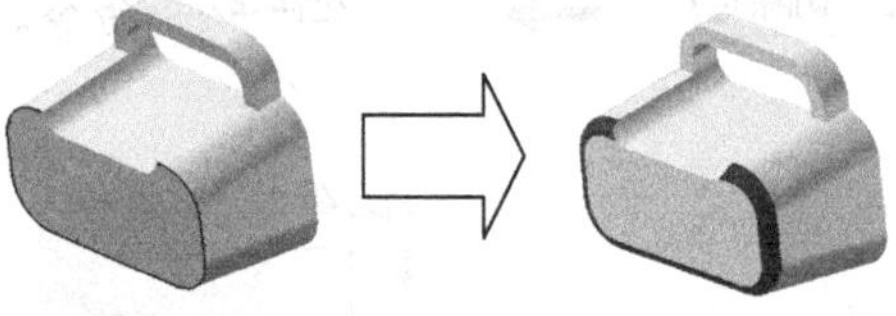
a）圆角前　b）圆角后

图 5.24.13　圆角 3

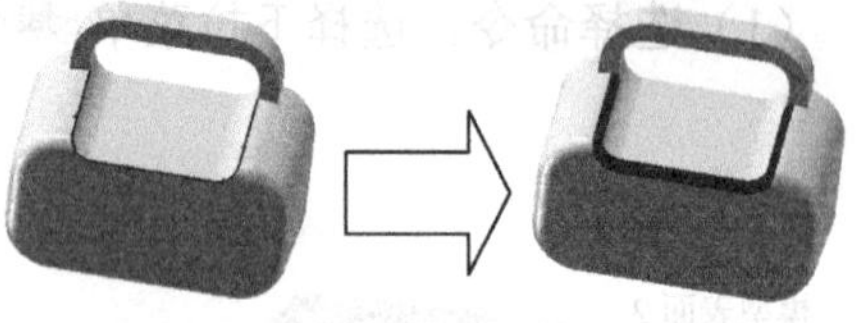
a）圆角前　b）圆角后

图 5.24.14　圆角 4

Step11. 创建如图 5.24.15b 所示的圆角 5。要圆角的对象为图 5.24.15a 所示的边线，圆角半径值为 3.00。

Step12. 创建如图 5.24.16b 所示的圆角 6。要圆角的对象为图 5.24.16a 所示的边线，圆角半径值为 3.00。

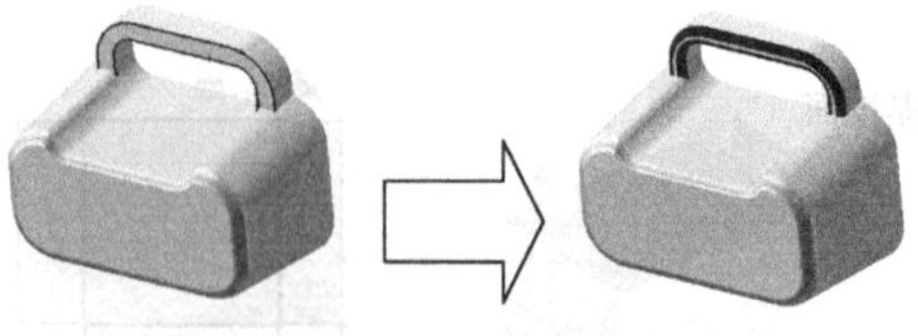
a）圆角前　b）圆角后

图 5.24.15　圆角 5

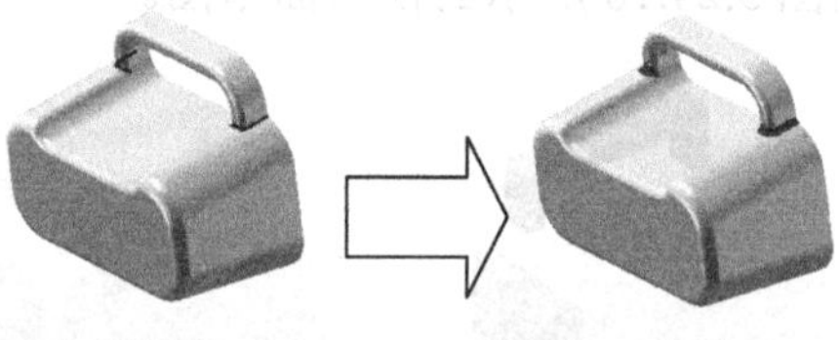
a）圆角前　b）圆角后

图 5.24.16　圆角 6

Step13. 创建如图 5.24.17b 所示的零件特征——抽壳 1。选择下拉菜单 插入(I) → 特征(F) → 抽壳(S)... 命令；选取图 5.24.17a 所示的模型表面为要移除的面；在“抽壳 1”对话框的 参数(P) 区域输入壁厚值 2.00mm；单击该对话框中的 ✓ 按钮，完成抽壳 1 的创建。

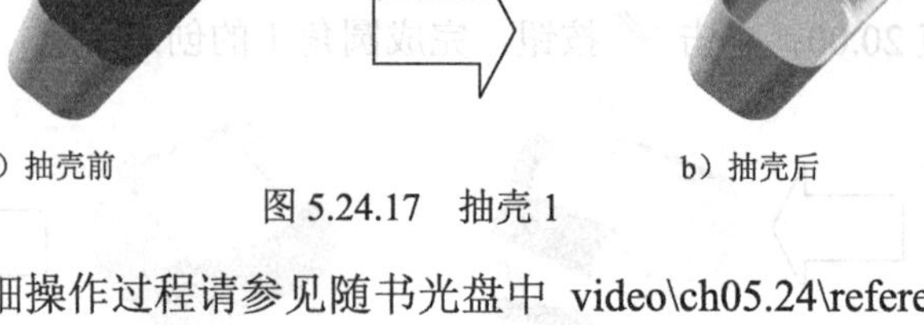

a）抽壳前　b）抽壳后

图 5.24.17　抽壳 1

Step14. 后面的详细操作过程请参见随书光盘中 video\ch05.24\reference\文件下的语音视频讲解文件 toy_basket-r01。

5.25 SolidWorks 零件设计实际应用 3
——波纹塑料软管

应用概述

本应用讲解下水波纹塑料软管的设计过程，主要运用了旋转、阵列、抽壳等特征创建命令。需要注意在选取草图基准面、创建旋转特征等过程中用到的技巧。该零件实体模型如图 5.25.1 所示。

图 5.25.1 波纹塑料软管零件模型

Step1. 新建模型文件。选择下拉菜单 文件(F) → 新建(N)... 命令，在系统弹出的"新建 SolidWorks 文件"对话框中选择"零件"模块，单击 确定 按钮，进入建模环境。

Step2. 创建如图 5.25.2 所示的零件基础特征——旋转 1。

(1)选择命令。选择下拉菜单 插入(I) → 凸台/基体(B) → 旋转(R)... 命令(或单击"特征（F）"工具栏中的 按钮)。

(2) 定义特征的横断面草图。选取右视基准面作为草图基准面；在草图绘制环境中绘制如图 5.25.3 所示的横断面草图；选择下拉菜单 插入(I) → 退出草图 命令，系统弹出"旋转"对话框。

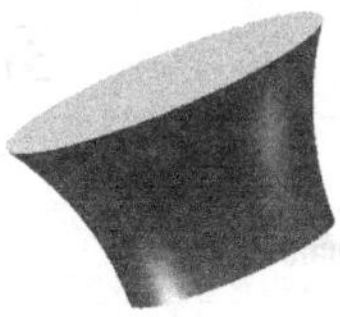

图 5.25.2 旋转 1

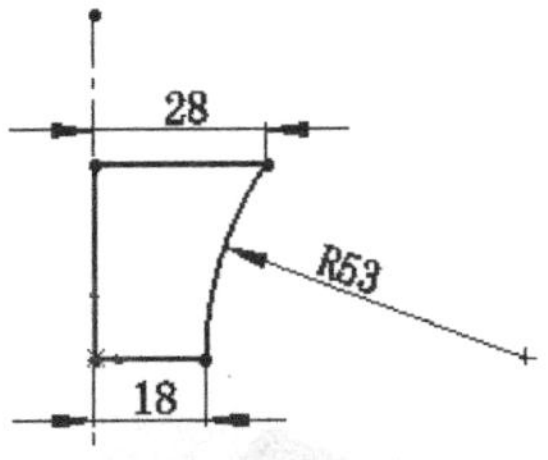

图 5.25.3 横断面草图

(3) 定义旋转轴线。采用草图中绘制的中心线作为旋转轴线。

(4) 定义旋转属性。在"旋转"对话框的 方向1 区域的下拉列表中选择 给定深度 选项，采用系统默认的旋转方向；在 方向1 区域的 文本框中输入数值 360.00。

(5) 单击该对话框中的 按钮，完成旋转 1 的创建。

Step3. 创建如图 5.25.4 所示的零件特征——旋转 2。选择下拉菜单 插入(I) →

凸台/基体(B) → 旋转(R)... 命令；选取右视基准面作为草图基准面；在草图绘制环境中绘制如图 5.25.5 所示的横断面草图；采用草图中绘制的中心线作为旋转轴线；在“旋转”对话框的 方向1 区域下拉列表中选择 给定深度 选项，采用系统默认的旋转方向；在 文本框中输入数值 360.00；单击 按钮，完成旋转 2 的创建。

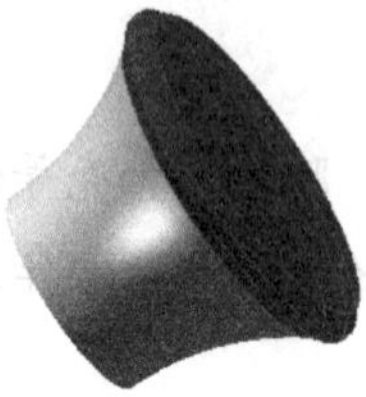

图 5.25.4 旋转 2

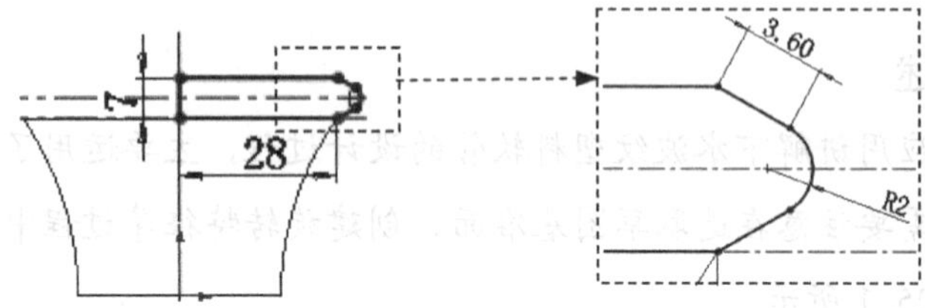

图 5.25.5 横断面草图

Step4. 创建如图 5.25.6 所示的阵列（线性）1。

（1）选择命令。选择下拉菜单 插入(I) → 阵列/镜向(E) → 线性阵列(L)... 命令（或单击 按钮），系统弹出如图 5.25.7 所示的“阵列（线性）1”对话框。

（2）定义阵列方向。选择下拉菜单 视图(V) → 隐藏/显示(H) → 临时轴(X)（即显示临时轴），然后在图形区选择临时轴作为阵列的方向。

（3）定义要阵列的特征。在设计树中选择“旋转 2”为要阵列的特征。

（4）定义阵列参数。在该对话框的 方向 1 区域输入间距值 7.00，输入实例个数值 15，如图 5.25.7 所示。

图 5.25.6 阵列（线性）1

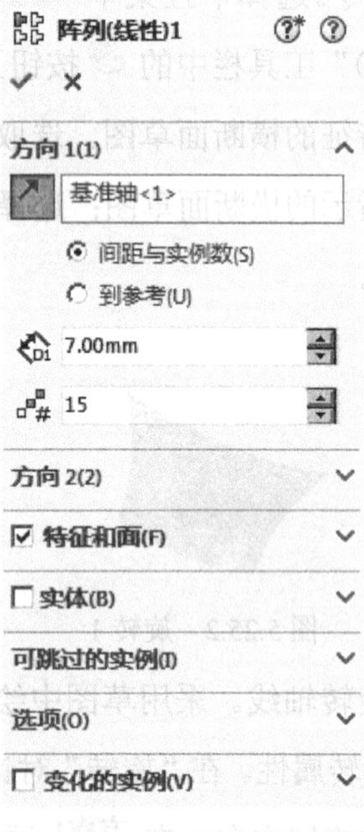

图 5.25.7 “线性阵列”对话框

说明：定义完阵列的所有参数后，可查看阵列的方向是否与图 5.25.6 所示的方向相同，如果相反，只需单击 方向 1 区域的 按钮即可。

（5）单击该对话框中的 ✔ 按钮，完成阵列（线性）1 的创建。

Step5. 创建如图 5.25.8 所示的零件特征——旋转 3。选择下拉菜单 插入(I) → 凸台/基体(B) → 旋转(R)... 命令；选取右视基准面作为草图基准面；在草绘环境中绘制如图 5.25.9 所示的横断面草图；采用草图中绘制的中心线作为旋转轴线；在“旋转”对话框的 方向1 区域的下拉列表中选择 给定深度 选项，采用系统默认的旋转方向；在 文本框中输入数值 360.00；单击该对话框中的 ✔ 按钮，完成旋转 3 的创建。

图 5.25.8 旋转 3

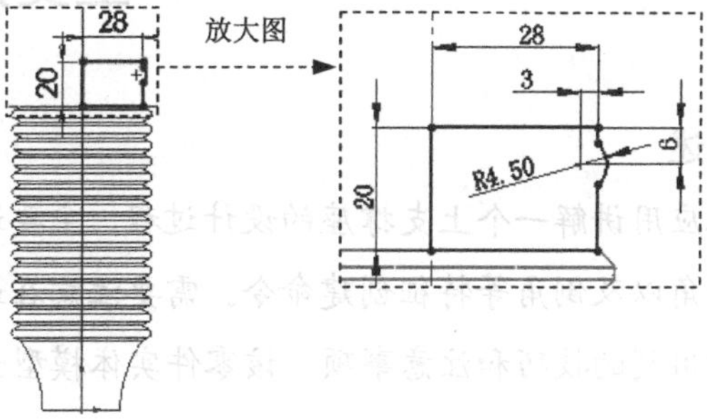

图 5.25.9 横断面草图

Step6. 创建如图 5.25.10b 所示的零件特征——抽壳 1。选择下拉菜单 插入(I) → 特征(F) → 抽壳(S)... 命令，系统弹出“抽壳 1”对话框；选取如图 5.25.10a 所示模型的两个端面为要移除的面；在“抽壳 1”对话框中的 参数(P) 区域输入壁厚值 1.50；单击该对话框中的 ✔ 按钮，完成抽壳 1 的创建。

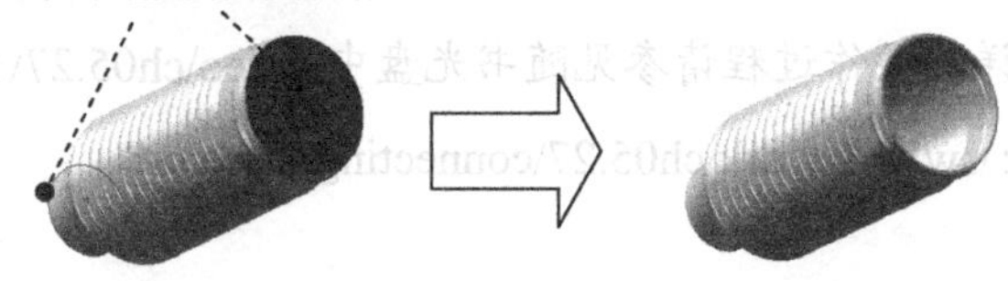

a）抽壳前　　b）抽壳后

图 5.25.10 抽壳 1

Step7. 至此，零件模型创建完毕，选择下拉菜单 文件(F) → 保存(S) 命令，将文件命名为 instance_air_pipe，即可保存零件模型。

5.26 SolidWorks 零件设计实际应用 4 ——箱体

应用概述

该应用讲解一个简单箱体的设计过程，主要运用了凸台-拉伸、切除-拉伸、抽壳以及圆角等特征创建命令，但要注意其中基准面 1 的创建方法和圆角特征的顺序。该零件模型如图 5.26.1 所示。

说明：本范例的详细操作过程请参见随书光盘中 video\ch05.26\文件下的语音视频讲解文件。模型文件为 D:\sw18.1\work\ch05.26\箱体.prt。

5.27 SolidWorks 零件设计实际应用 5 ——上支撑座

应用概述

本应用讲解一个上支撑座的设计过程，主要运用了凸台-拉伸、切除-拉伸、异形向导孔、圆角以及倒角等特征创建命令。需要注意在选取草图基准面、圆角顺序及在柱面打孔过程中用到的技巧和注意事项。该零件实体模型如图 5.27.1 所示。

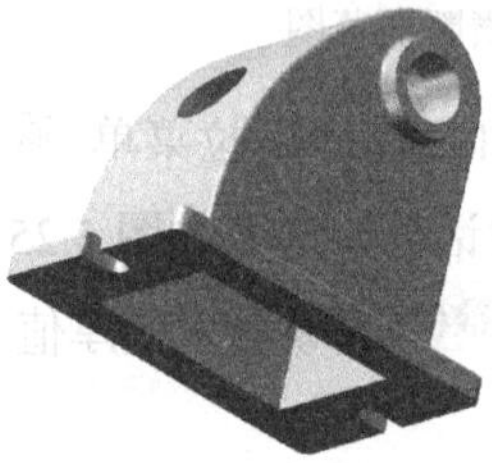

图 5.26.1 箱体零件模型

图 5.27.1 上支撑座零件模型

说明：本范例的详细操作过程请参见随书光盘中 video\ch05.27\文件下的语音视频讲解文件。模型文件为 D:\sw18.1\work\ch05.27\connecting_base.prt。

5.28 SolidWorks 零件设计实际应用 6 ——连接件

应用概述

本应用讲解一个连接件的设计过程，主要运用了凸台-拉伸、切除-拉伸、镜像、基准面、扫描以及圆角特征创建命令。读者需要注意在扫描特征用到的技巧和注意事项。该零件实体模型如图 5.28.1 所示。

说明：本范例的详细操作过程请参见随书光盘中 video\ch05\文件下的语音视频讲解文件。模型文件为 D:\sw18.1\work\ch05.28\connecting_base.prt。

5.29 SolidWorks 零件设计实际应用 7
——陀螺底座

应用概述

本应用讲解一个陀螺玩具的底座设计过程，主要运用了旋转、凸台-拉伸、切除-拉伸、移动/复制、圆角以及倒角等特征创建命令。读者需要注意选取草图基准面、圆角顺序及移动/复制实体的技巧和注意事项。该零件实体模型如图 5.29.1 所示。

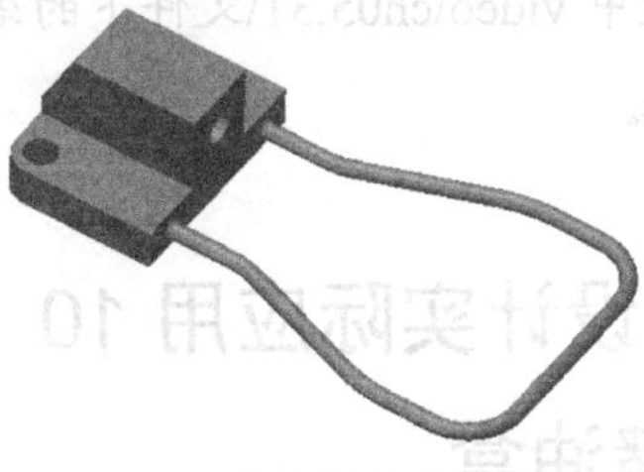

图 5.28.1 连接件零件模型

图 5.29.1 陀螺底座零件模型

说明：本范例的详细操作过程请参见随书光盘中 video\ch05.29\文件下的语音视频讲解文件。模型文件为 D:\sw18.1\work\ch05.29\declivity.prt。

5.30 SolidWorks 零件设计实际应用 8
——把手

应用概述

本应用的创建方法是一种典型的“搭积木”式的方法，命令大部分也是一些基本命令（如拉伸、镜像、旋转、阵列、切除-拉伸、圆角等），但要提醒读者注意其中创建筋特征的方法和技巧。该零件模型如图 5.30.1 所示。

说明：本范例的详细操作过程请参见随书光盘中 video\ch05.30\文件下的语音视频讲解文件。模型文件为 D:\sw18.1\work\ch05.30\handle_body.prt。

5.31 SolidWorks 零件设计实际应用 9
——摇臂

应用概述

本应用的创建方法也是一种典型的“搭积木”式的方法，但要提醒读者注意其中创建筋特征和异形向导孔的方法和技巧。该零件模型如图 5.31.1 所示。

图 5.30.1　把手零件模型

图 5.31.1　摇臂零件模型

说明：本范例的详细操作过程请参见随书光盘中 video\ch05.31\文件下的语音视频讲解文件。模型文件为 D:\sw18.1\work\ch05.31\pole.prt。

5.32　SolidWorks 零件设计实际应用 10
——油烟机储油盒

应用概述

本应用主要运用了拉伸、拔模、镜像、抽壳和圆角等特征创建命令，其中在创建切除-拉伸 1 时，草绘平面的创建方法有一定的技巧性，同时需要注意拔模特征的创建方法。该零件实体模型如图 5.32.1 所示。

说明：本范例的详细操作过程请参见随书光盘中 video\ch05.32\文件下的语音视频讲解文件。模型文件为 D:\sw18.1\work\ch05.32\oil_shell.prt。

5.33　SolidWorks 零件设计实际应用 11
——休闲茶杯

应用概述

本应用讲解一款休闲茶杯的设计过程，主要运用了放样、圆角、抽壳和扫描等特征创建命令，读者需要注意杯体及把手的创建过程。该零件实体模型如图 5.33.1 所示。

说明：本范例的详细操作过程请参见随书光盘中 video\ch05.33\文件下的语音视频讲解文件。模型文件为 D:\sw18.1\work\ch05.33\tea_cup.prt。

图 5.32.1 油烟机储油盒零件模型

图 5.33.1 休闲茶杯零件模型

5.34 SolidWorks 零件设计实际应用 12 ——机械手部件

应用概述

本范例介绍了一个机械手部件的创建过程，其中用到的命令有凸台-拉伸、切除-拉伸及圆角命令。该零件模型如图 5.34.1 所示。

说明：本范例的详细操作过程请参见随书光盘中 video\ch05.34\文件下的语音视频讲解文件。模型文件为 D:\sw18.1\work\ch05.34\machine hand.prt。

5.35 SolidWorks 零件设计实际应用 13 ——支撑座

应用概述

本范例介绍了支撑座的设计过程。通过对本范例的学习，读者可以对拉伸、圆角等特征有更为深入的理解。在创建过程中，读者需要注意在特征定位过程中用到的技巧。该零件模型如图 5.35.1 所示。

图 5.34.1 机械手部件零件模型

图 5.35.1 支撑座零件模型

说明：本范例的详细操作过程请参见随书光盘中 video\ch05.35\文件下的语音视频讲解文件。模型文件为 D:\sw18.1\work\ch05.35\support_base.prt。

5.36 SolidWorks 零件设计实际应用 14 ——塑料凳

应用概述

本应用详细讲解了一款塑料凳的设计过程，该设计过程运用的命令包括：实体拉伸、拔模、抽壳、阵列和倒圆角等。其中，拔模的操作技巧性较强，需要读者用心体会。该零件模型如图 5.36.1 所示。

图 5.36.1　塑料凳零件模型

说明：本应用的详细操作过程请参见随书光盘中 video\ch05.36\文件下的语音视频讲解文件。模型文件为 D:\sw18.1\work\ch05.36\塑料凳.prt。

5.37 SolidWorks 零件设计实际应用 15 ——差速箱

应用概述：

本应用主要讲解了凸轮往复运动机构中差速箱（图 5.37.1）的设计过程，主要使用了拉伸、螺纹孔、简单孔和阵列等命令。另外，读者还需要注意的是拉伸各个选项的合理运用等问题。

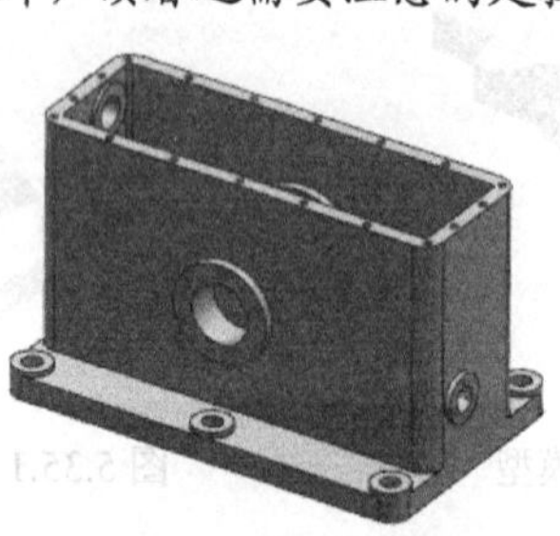

图 5.37.1　差速箱模型

说明：本应用的详细操作过程请参见随书光盘中 video\ch05.37\文件下的语音视频讲解文件。模型文件为 D:\sw18.1\work\ch05.37\transmission-box.SLDPRT。

5.38 SolidWorks 零件设计实际应用 16
——支架

应用概述

本应用介绍了一个支架的创建过程，主要使用了实体的拉伸、抽壳、旋转、镜像和倒圆角等特征的应用。该零件模型如图 5.38.1 所示。

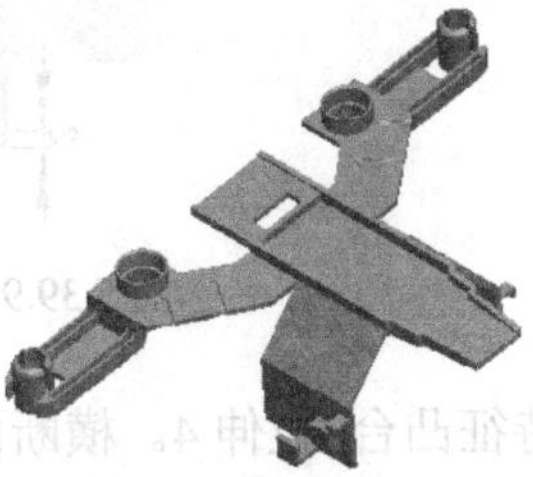

图 5.38.1　支架零件模型

说明：本范例的详细操作过程请参见随书光盘中 video\ch05.38\文件下的语音视频讲解文件。模型文件为 D:\sw18.1\work\ch05.38\toy_cover.prt。

5.39　习　　题

1. 创建图 5.39.1 所示的零件模型。

Step1. 新建一个模型文件，选择零件模块。

Step2. 创建如图 5.39.2 所示的特征凸台-拉伸 1。横断面草图如图 5.39.3 所示。

图 5.39.1 零件模型

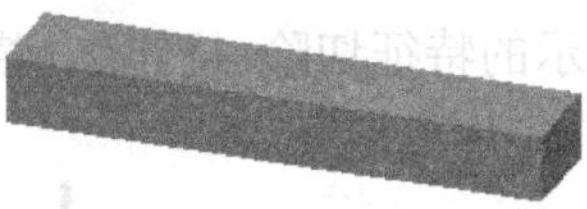

图 5.39.2　凸台-拉伸 1

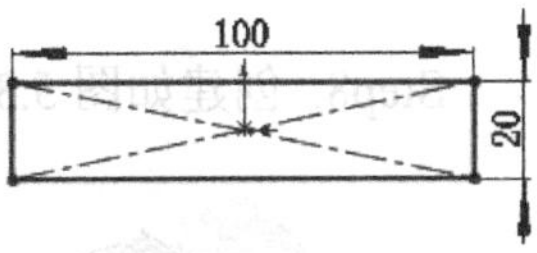

图 5.39.3 横断面草图（一）

Step3. 创建如图 5.39.4 所示的特征凸台-拉伸 2。横断面草图如图 5.39.5 所示。

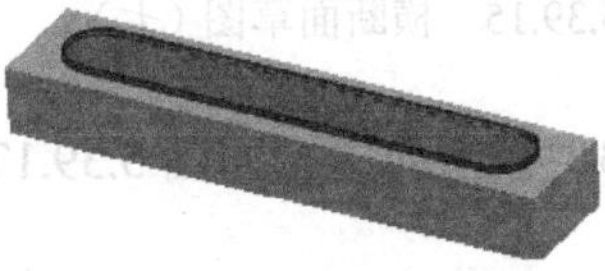

图 5.39.4　凸台-拉伸 2

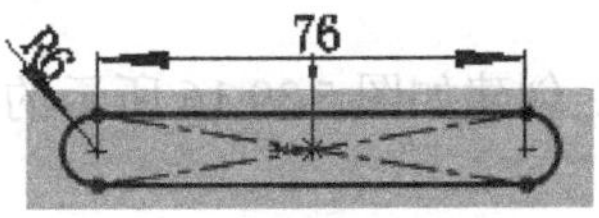

图 5.39.5　横断面草图（二）

Step4. 创建如图 5.39.6 所示的特征凸台-拉伸 3。横断面草图如图 5.39.7 所示。

图 5.39.6　凸台-拉伸 3

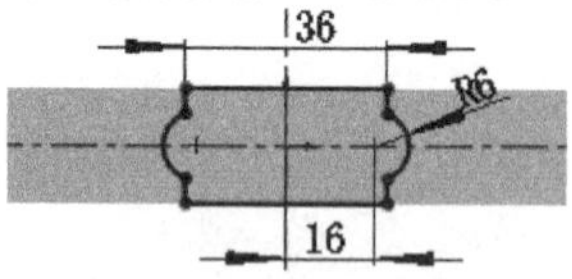

图 5.39.7　横断面草图（三）

Step5. 创建如图 5.39.8 所示的特征切除-拉伸 1。横断面草图如图 5.39.9 所示。

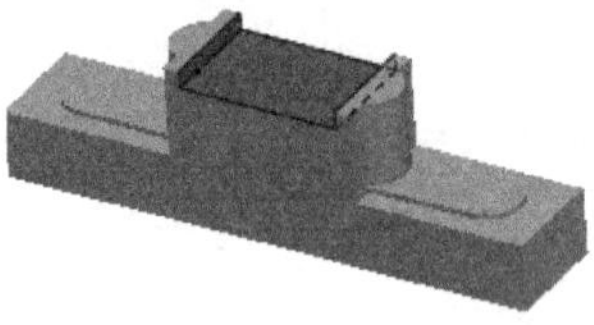

图 5.39.8　切除-拉伸 1

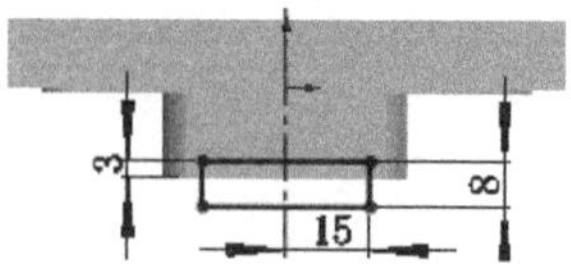

图 5.39.9　横断面草图（四）

Step6. 创建如图 5.39.10 所示的特征凸台-拉伸 4。横断面草图如图 5.39.11 所示。

Step7. 创建如图 5.39.12 所示的特征切除-旋转 1。横断面草图如图 5.39.13 所示。

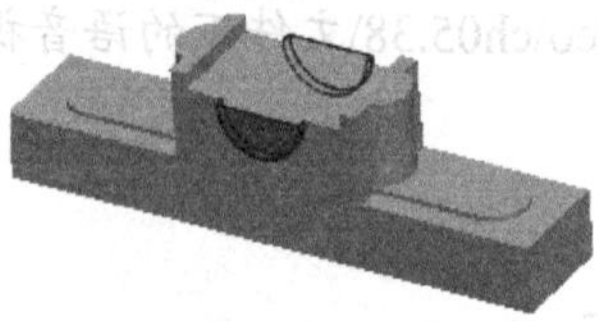

图 5.39.10　凸台-拉伸 4

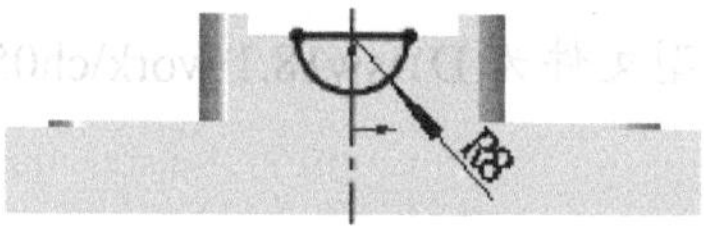

图 5.39.11　横断面草图（五）

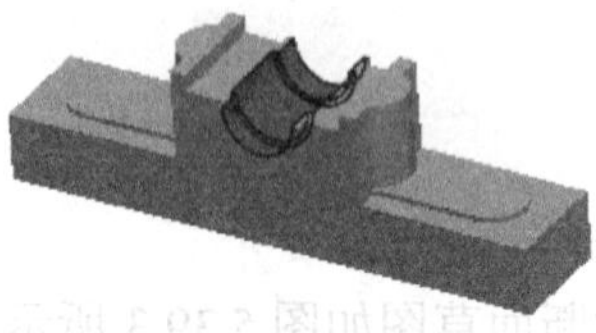

图 5.39.12　切除-旋转 1

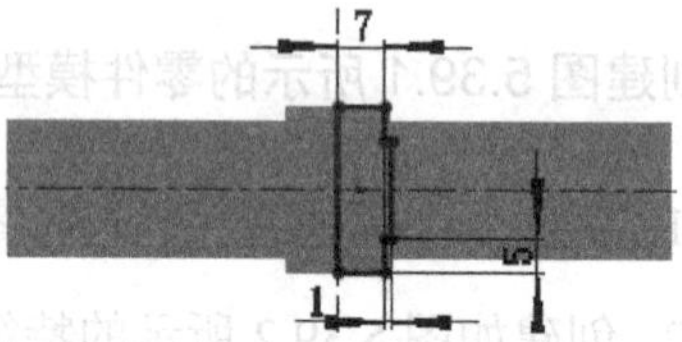

图 5.39.13　横断面草图（六）

Step8. 创建如图 5.39.14 所示的特征切除-拉伸 2。横断面草图如图 5.39.15 所示。

图 5.39.14　切除-拉伸 2

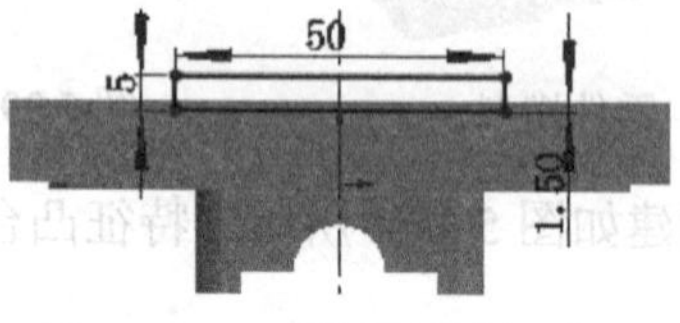

图 5.39.15　横断面草图（七）

Step9. 创建如图 5.39.16 所示的特征切除-拉伸 3。横断面草图如图 5.39.17 所示。

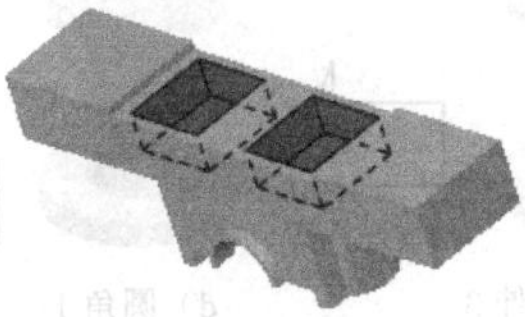

图 5.39.16　切除-拉伸 3

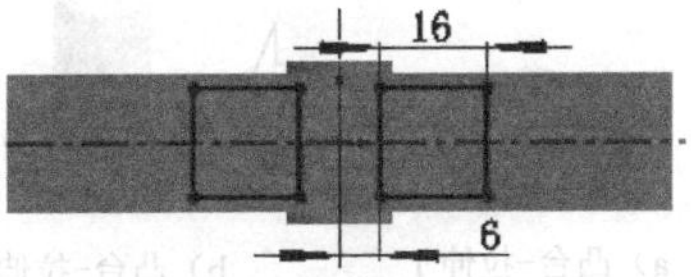

图 5.39.17　横断面草图（八）

Step10. 创建如图 5.39.18 所示的特征切除-拉伸 4。横断面草图如图 5.39.19 所示。

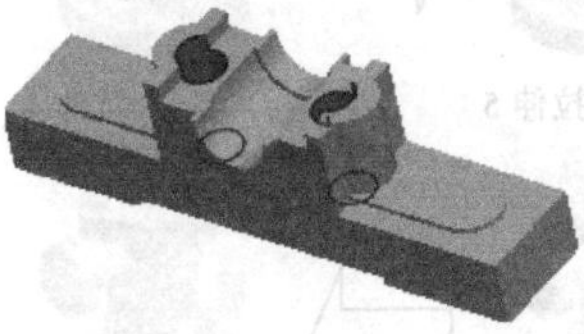

图 5.39.18　切除-拉伸 4

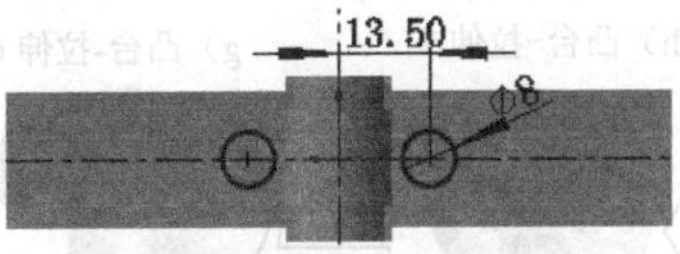

图 5.39.19　横断面草图（九）

Step11. 创建如图 5.39.20 所示的特征切除-拉伸 5。横断面草图如图 5.39.21 所示。

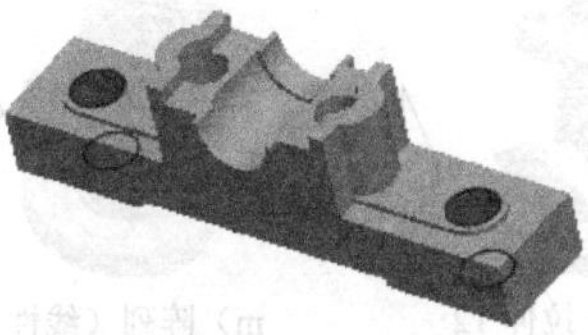

图 5.39.20　切除-拉伸 5

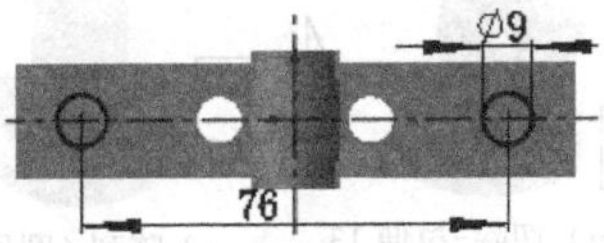

图 5.39.21　横断面草图（十）

Step12. 创建如图 5.39.22 所示的特征圆角 1。圆角半径值为 1.00。

Step13. 创建如图 5.39.23 所示的特征倒角 1。倒角长度值为 0.50。

Step14. 创建如图 5.39.24 所示的特征圆角 2。圆角半径值为 0.50。

Step15. 创建如图 5.39.25 所示的特征切除-拉伸 6。横断面草图如图 5.39.26 所示。

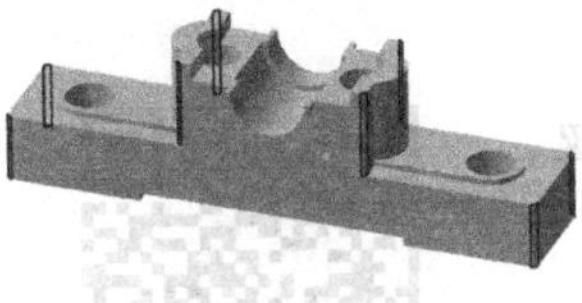

图 5.39.22　圆角 1

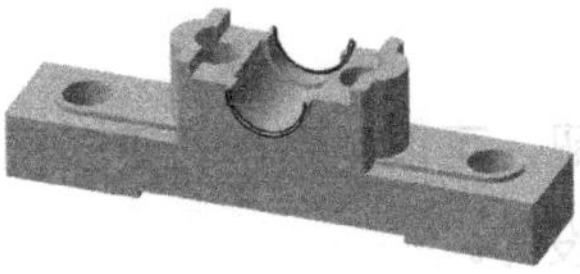

图 5.39.23　倒角 1

图 5.39.24　圆角 2

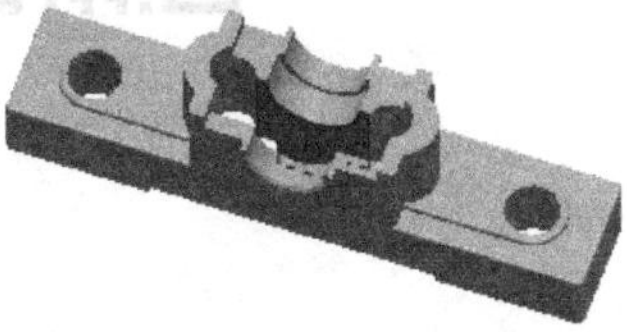

图 5.39.25　切除-拉伸 6

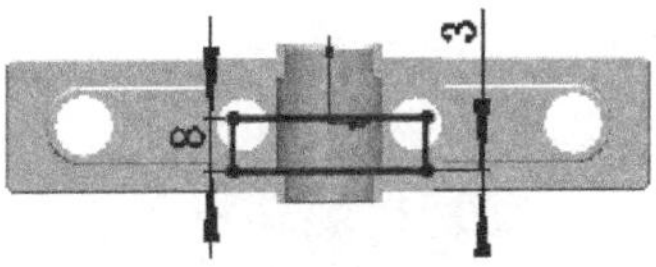

图 5.39.26　横断面草图（十一）

2. 根据图 5.39.27 所示的步骤创建三维模型，将零件命名为 multiple_connecting_base.SLDPRT。

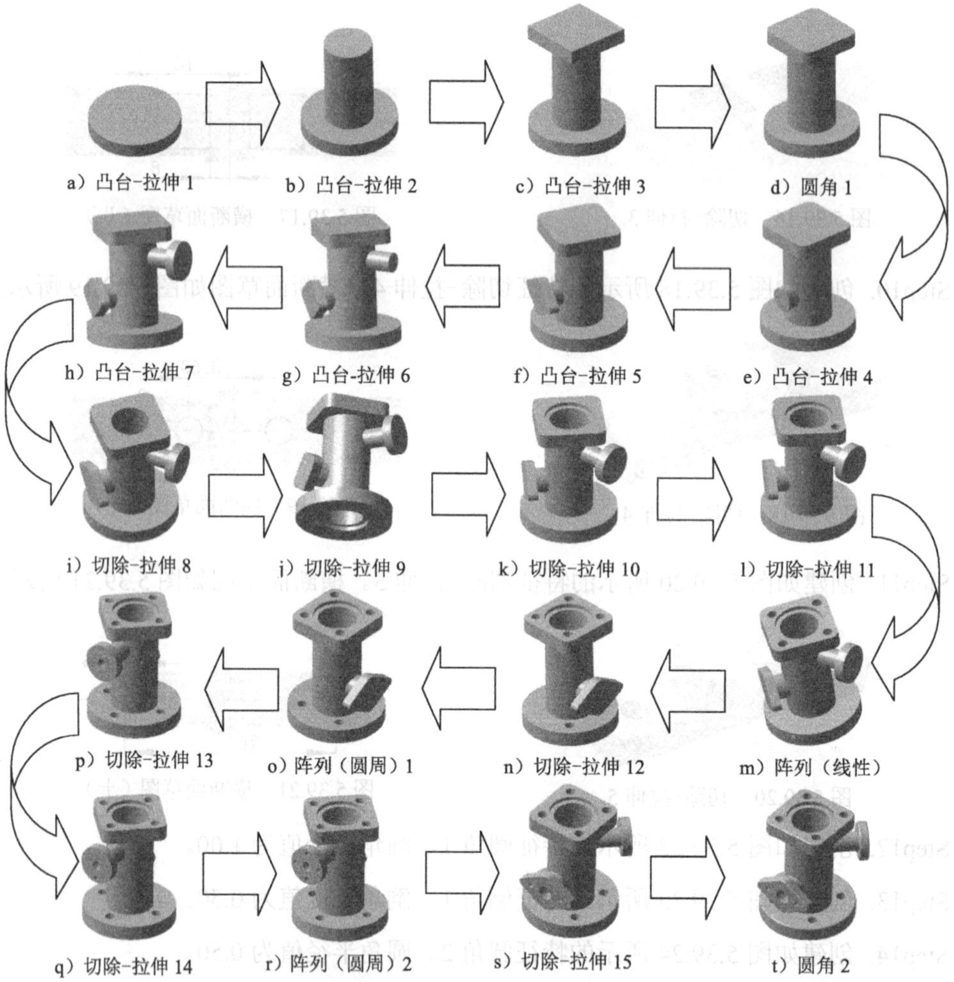

图 5.39.27　支架模型创建步骤

学习拓展：扫一扫右侧二维码，可以免费学习更多视频讲解。

讲解内容：产品的自顶向下设计。

第6章 曲面设计

本章提要 SolidWorks 的曲面造型工具对于创建复杂曲面零件非常有用。与一般实体零件的创建相比，曲面零件的创建过程和方法比较特殊，技巧性也很强，掌握起来不太容易，本章将介绍曲面造型的基本知识，主要包括以下内容。

- 曲线的创建。
- 曲面的创建。
- 曲面的圆角。
- 曲面的剪裁。
- 曲面的延伸。
- 曲面的缝合。
- 将曲面面组转化为实体。

6.1 曲面设计概述

SolidWorks 中的曲面（Surface）设计功能主要用于创建形状复杂的零件。这里要注意，曲面是一种零厚度、特殊类型的几何特征，不要将曲面与实体里的薄壁特征相混淆，薄壁特征有一个壁的厚度值，本质上是实体，只不过它的壁很薄。

在 SolidWorks 中，通常将一个曲面或几个曲面的组合称为面组。

用曲面创建形状复杂的零件的主要过程如下。

（1）创建数个单独的曲面。

（2）对曲面进行剪裁、填充和等距等操作。

（3）将各个单独的曲面缝合为一个整体的面组。

（4）将曲面（面组）转化为实体零件。

6.2 创建曲线

曲线是构成曲面的基本元素，在绘制许多形状不规则的零件时，经常要用到曲线工具。本节主要介绍通过 XYZ 点的曲线、通过参考点的曲线、螺旋线/涡状线、投影曲线、组合曲线和分割线的一般创建过程。

6.2.1 通过 XYZ 点的曲线

通过 XYZ 点的曲线是通过输入 X、Y、Z 的坐标值建立点之后，再将这些点连接成曲线。创建通过 XYZ 点的曲线的一般操作过程如下。

Step1. 打开文件 D:\sw18.1\work\ch06.02.01\Curve Through_XYZ _Points.SLDPRT。

Step2. 选择命令。选择下拉菜单 插入(I) → 曲线(U) → 通过 XYZ 点的曲线... 命令，系统弹出如图 6.2.1 所示的“曲线文件”对话框。

Step3. 定义曲线通过的点。通过双击该对话框中的 X、Y 和 Z 坐标列中的单元格，并在每个单元格中输入如图 6.2.1 所示的坐标值来生成一系列点。

说明：

- 在最后一行的单元格中双击即可添加新点。
- 在 点 下方选择要删除的点，然后按 Delete 键即可删除该点。

Step4. 单击 确定 按钮，完成曲线的创建，结果如图 6.2.2 所示。

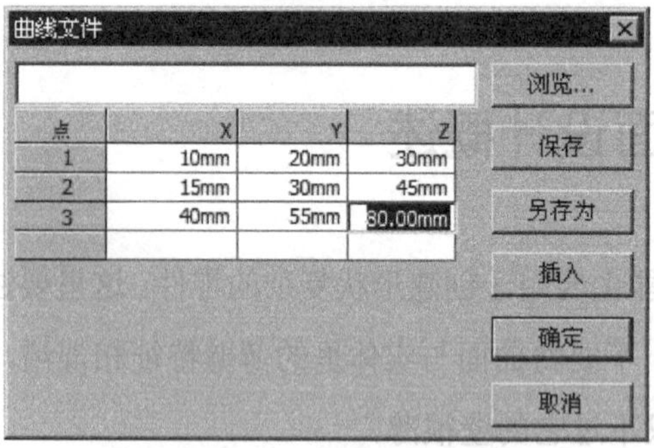

图 6.2.1 “曲线文件”对话框

图 6.2.2 创建通过 XYZ 点的曲线

如图 6.2.1 所示的“曲线文件”对话框中各选项按钮的说明如下。

- 浏览... 按钮：可以打开曲线文件，也可以打开 X、Y、Z 坐标清单的 TXT 文件，但是文件中不能包括任何标题。
- 保存 按钮：可以保存已创建的曲线文件。
- 另存为 按钮：可以另存已创建的曲线文件。
- 插入 按钮：可以插入新的点。具体方法是，在 点 下方选择插入点的位置（某一行），然后单击 插入 按钮。

6.2.2 通过参考点的曲线

通过参考点的曲线就是通过已有的点来创建曲线。下面以图 6.2.3 为例来介绍通过参考点创建曲线的一般操作步骤。

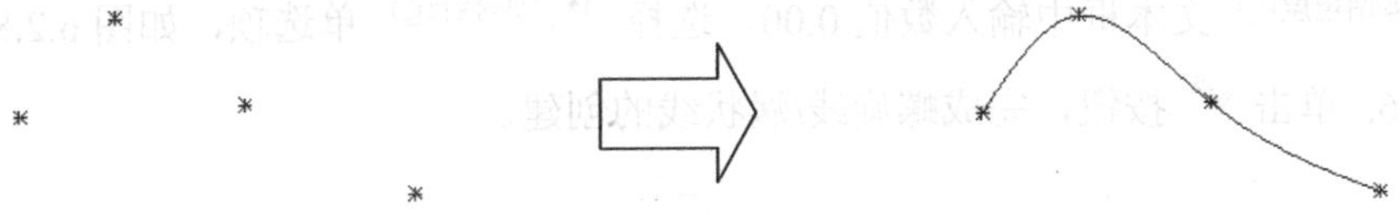

a）创建前　　b）创建后

图 6.2.3　创建通过参考点的曲线

Step1. 打开文件 D:\sw18.1\work\ch06.02.02\Curve_Through_Reference_Points.SLDPRT。

Step2. 选择命令。选择下拉菜单 插入(I) → 曲线(U) → 通过参考点的曲线(T)... 命令，系统弹出如图 6.2.4 所示的“通过参考点的曲线”对话框。

Step3. 定义通过点。依次选取如图 6.2.5 所示的点 1、点 2、点 3 和点 4 为曲线通过点。

Step4. 单击 ✔ 按钮，完成曲线的创建。

说明：如果选中该对话框中的 ☑ 闭环曲线(O) 复选框，则创建的曲线为封闭曲线，如图 6.2.6 所示。

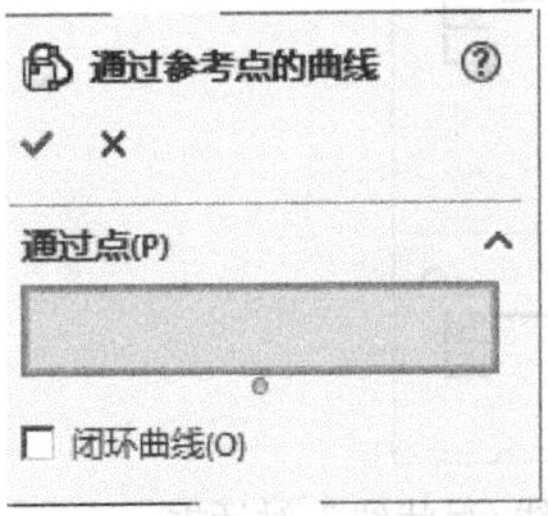

图 6.2.4　“通过参考点的曲线”对话框

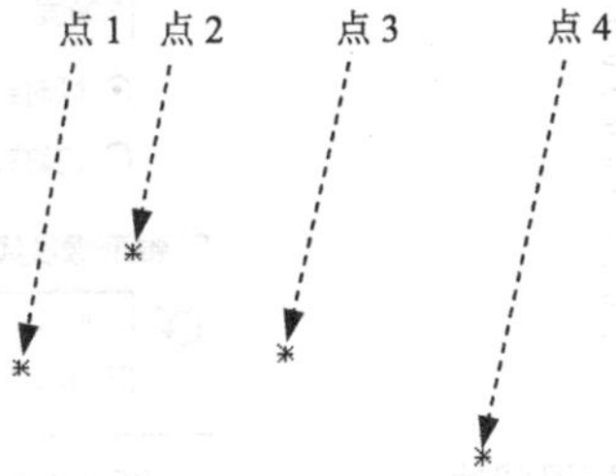

6.2.5　定义通过点

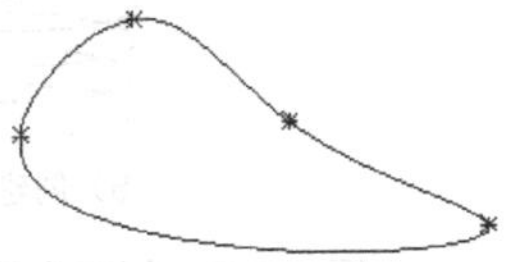

图 6.2.6　封闭曲线

6.2.3　螺旋线/涡状线

螺旋线可以用于扫描特征的一个路径或引导曲线，或用于放样特征的引导曲线。在创建螺旋线/涡状线之前，必须绘制一个圆或选取包含单一圆的草图来定义螺旋线的断面。下面以图 6.2.7 为例来介绍创建螺旋线/涡状线的一般操作步骤。

Step1. 打开文件 D:\sw18.1\work\ch06.02.03\Helix_Spiral.Part。

Step2. 选择命令。选择下拉菜单 插入(I) → 曲线(U) → 螺旋线/涡状线(H)... 命令，系统弹出“螺旋线/涡状线”对话框。

Step3. 定义螺旋线横断面。选取如图 6.2.7a 所示的圆为螺旋线横断面。

Step4. 定义螺旋线的方式。在“螺旋线/涡状线”对话框 定义方式(D): 区域的下拉列表中选择 螺距和圈数 选项。

Step5. 定义螺旋线参数。在“螺旋线/涡状线”对话框的 参数(P) 区域中选中

⊙ 恒定螺距(C) 单选项，在 螺距(I): 文本框中输入数值 10.00；在 圈数(R): 文本框中输入数值 10，在 起始角度(S): 文本框中输入数值 0.00，选择 ⊙ 顺时针(C) 单选项，如图 6.2.8 所示。

Step6. 单击 ✔ 按钮，完成螺旋线/涡状线的创建。

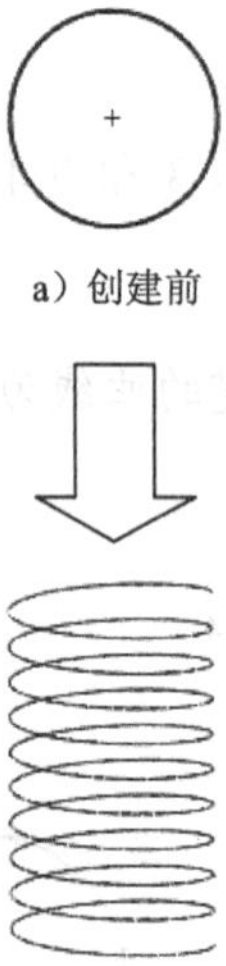

a）创建前

b）创建后

图 6.2.7　创建螺旋线/涡状线

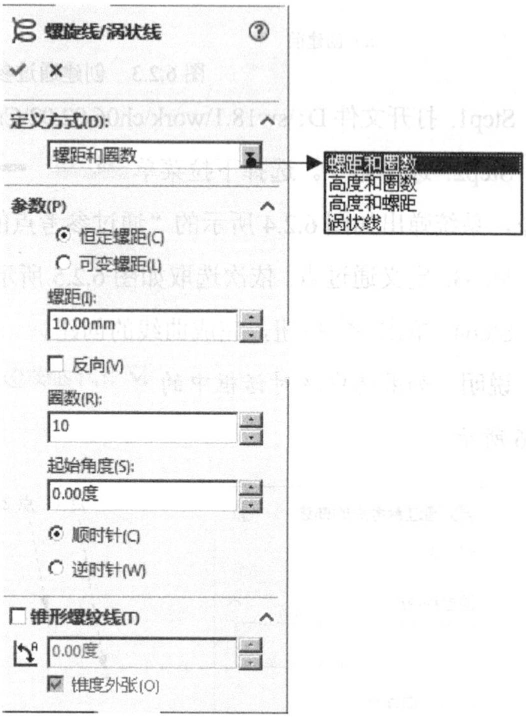

图 6.2.8　“螺旋线/涡状线”对话框

如图 6.2.8 所示的“螺旋线/涡状线”对话框中部分选项的说明如下。

- 定义方式(D): 区域：提供了四种创建螺旋线的方式。
  - ☑ 螺距和圈数 选项：通过定义螺距和圈数生成一条螺旋线。
  - ☑ 高度和圈数 选项：通过定义高度和圈数生成一条螺旋线。
  - ☑ 高度和螺距 选项：通过定义高度和螺距生成一条螺旋线。
  - ☑ 涡状线 选项：通过定义螺距和圈数生成一条涡状线。
- 参数(P) 区域：用以定义螺旋线或涡状线的参数。
  - ☑ ⊙ 恒定螺距(C) 单选项：生成的螺旋线的螺距是恒定的。
  - ☑ ⊙ 可变螺距(L) 单选项：根据用户指定的参数，生成可变螺距的螺旋线。
  - ☑ 螺距(I): 文本框：输入螺旋线的螺距值。
  - ☑ ☑ 反向(V) 复选框：使螺旋线或涡状线的生成方向相反。
  - ☑ 圈数(R): 文本框：输入螺旋线或涡状线的旋转圈数。
  - ☑ 起始角度(S): 文本框：设置螺旋线或涡状线在断面上旋转的起始位置。

☑ ⊙ 顺时针(C) 单选项：旋转方向设置为顺时针。

☑ ⊙ 逆时针(W) 单选项：旋转方向设置为逆时针。

6.2.4 投影曲线

投影曲线就是将曲线沿其所在平面的法向投射到指定曲面上而生成的曲线。投影曲线的产生包括“面上草图”和“草图上草图”两种方式。下面以图 6.2.9 为例来介绍创建投影曲线的一般操作步骤。

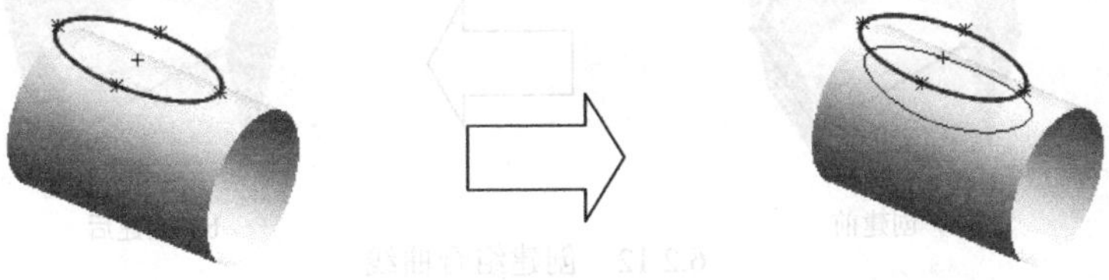

a）投影前　　b）投影后

图 6.2.9　创建投影曲线

Step1. 打开文件 D:\sw18.1\work\ch06.02.04\projection_ Curves.SLDPRT。

Step2. 选择命令。选择下拉菜单 插入(I) ➡ 曲线(U) ➡ 投影曲线(P)... 命令，系统弹出如图 6.2.10 所示的“投影曲线”对话框。

Step3. 定义投影方式。在“投影曲线”对话框的 选择(S) 区域选中 ⊙ 面上草图(K) 单选项。

Step4. 定义投影曲线。选取如图 6.2.11 所示的曲线为投影曲线。

Step5. 定义投影面。在“投影曲线”对话框中单击 列表框，选取如图 6.2.11 所示的圆柱面为投影面。

Step6. 定义投影方向。在“投影曲线”对话框中选中 选择(S) 区域中的 ☑ 反转投影(R) 复选框（图 6.2.10），使投影方向朝向投影面，如图 6.2.9b 所示。

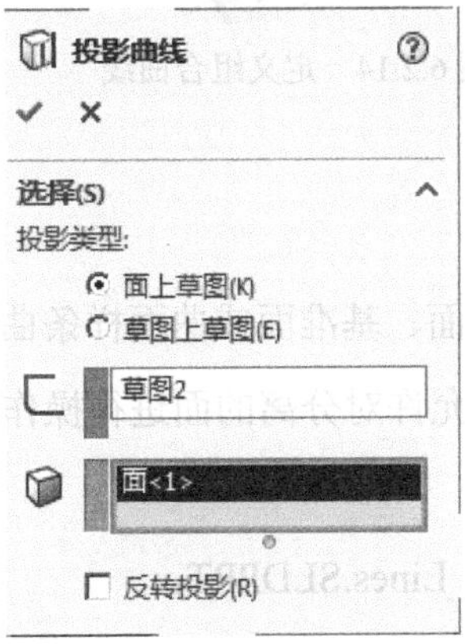

图 6.2.10　“投影曲线”对话框

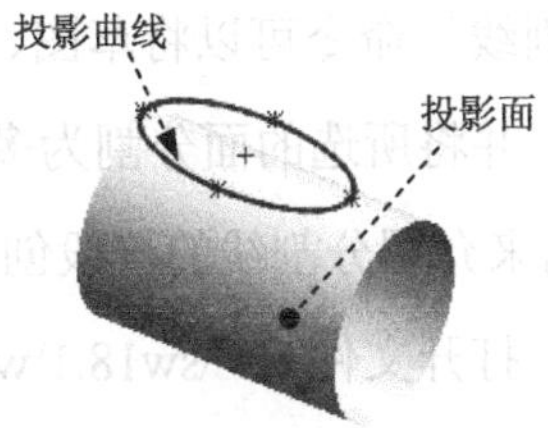

图 6.2.11　定义投影参照

Step7. 单击 ✔ 按钮，完成投影曲线的创建。

说明： 只有草绘曲线才可以进行投影，实体的边线及下面所讲到的分割线等是无法使用“投影曲线”命令的。

6.2.5 组合曲线

组合曲线是将一组连续的曲线、草图或模型的边线组合成一条曲线。下面以图 6.2.12 为例来介绍创建组合曲线的一般操作步骤。

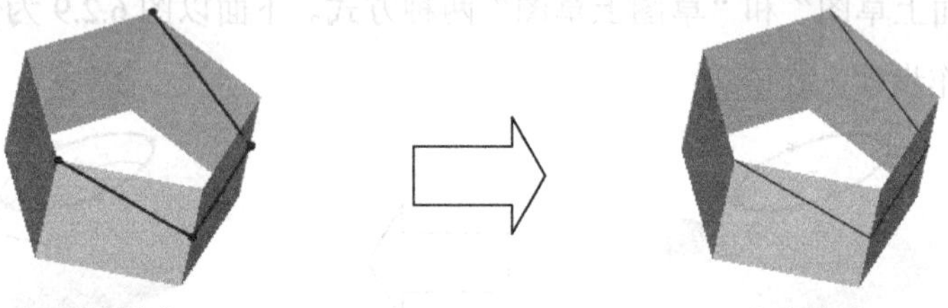

a）创建前　　　　b）创建后

6.2.12 创建组合曲线

Step1. 打开文件 D:\sw18.1\work\ch06.02.05\Composite_Curve.SLDPRT。

Step2. 选择命令。选择下拉菜单 插入(I) → 曲线(U) → 组合曲线(C)... 命令，系统弹出如图 6.2.13 所示的“组合曲线”对话框。

Step3. 定义组合曲线。依次选取如图 6.2.14 所示的曲线 1、曲线 2 和曲线 3 为组合对象。

Step4. 单击 ✔ 按钮，完成组合曲线的创建。

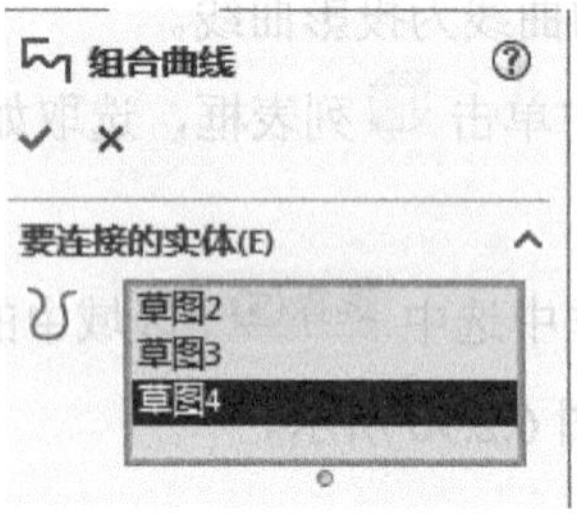

图 6.2.13 “组合曲线”对话框

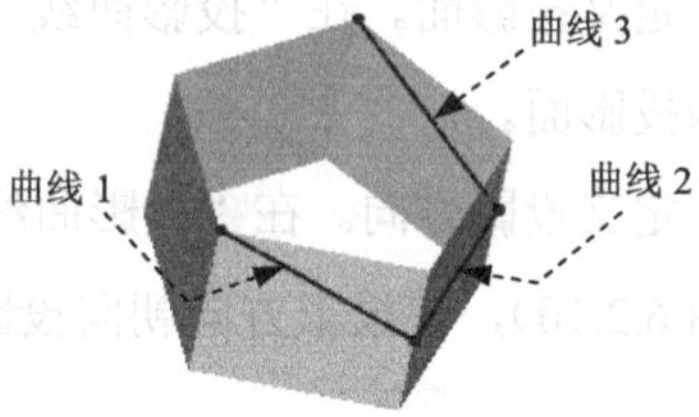

图 6.2.14 定义组合曲线

6.2.6 分割线

“分割线”命令可以将草图、实体边缘、曲面、面、基准面或曲面样条曲线投影到曲面或平面，并将所选的面分割为多个分离的面，从而允许对分离的面进行操作。下面以图 6.2.15 为例来介绍分割线的一般创建过程。

Step1. 打开文件 D: \sw18.1\work\ch06.02.06\Split_Lines.SLDPRT。

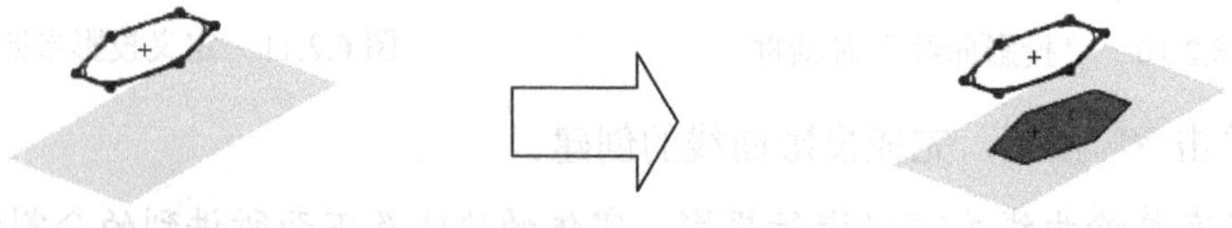

a）创建前　　　　b）创建后

6.2.15 创建分割线

Step2. 选择命令。选择下拉菜单 插入(I) → 曲线(U) → 分割线(S)... 命令，系统弹出如图 6.2.16 所示的“分割线”对话框。

Step3. 定义分割类型。在“分割线”对话框的 分割类型(T) 区域中选中 ⊙ 投影(P) 单选项。

Step4. 定义投影曲线。选取如图 6.2.17 所示的曲线为投影曲线。

Step5. 定义分割面。选取如图 6.2.17 所示的曲面为分割面。

Step6. 单击 ✔ 按钮，完成分割线的创建。

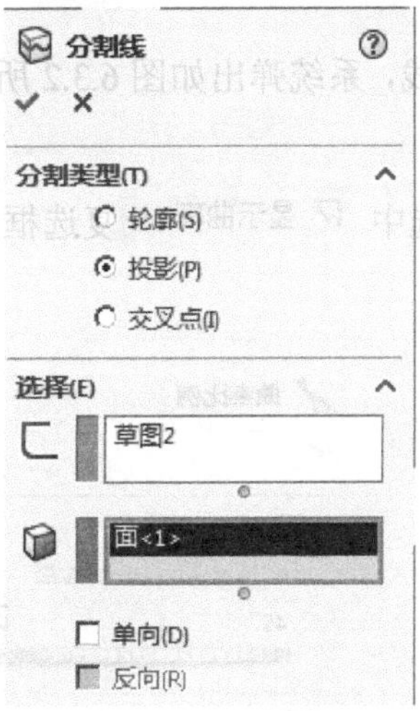

图 6.2.16 “分割线”对话框

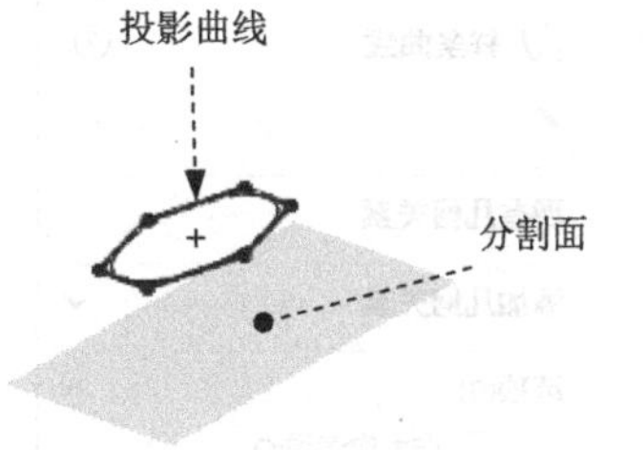

图 6.2.17 定义分割参照

图 6.2.16 所示的“分割线”对话框中部分选项的说明如下。

- 分割类型(T) 区域提供了以下三种分割类型。
  - ☑ ⊙ 轮廓(S) 单选项：以基准平面、模型表面或曲面相交生成的轮廓作为分割线。
  - ☑ ⊙ 投影(P) 单选项：将曲线投影到曲面或模型表面，生成分割线。
  - ☑ ⊙ 交叉点(I) 单选项：以所选择的实体、曲面、面、基准面或曲面样条曲线的相交线生成分割线。
- 选择(E) 区域：包括了需要选取的元素。
  - ☑ 文本框：单击该文本框后，选择投影草图。
  - ☑ 列表框：单击该列表框后，选择要分割的面。

6.3 曲线曲率的显示

在创建曲面时，必须认识到曲线是形成曲面的基础，要得到高质量的曲面，必须先有高质量的曲线，质量差的曲线不可能得到质量好的曲面。通过显示曲线的曲率，用户可以方便地查看和修改曲线，从而使曲线更光滑，使设计的产品更完美。

下面以图 6.3.1 所示的曲线为例，说明显示曲线曲率的一般操作步骤。

Step1. 打开文件 D:\sw18.1\work\ch06.03\curve_curvature.SLDPRT。

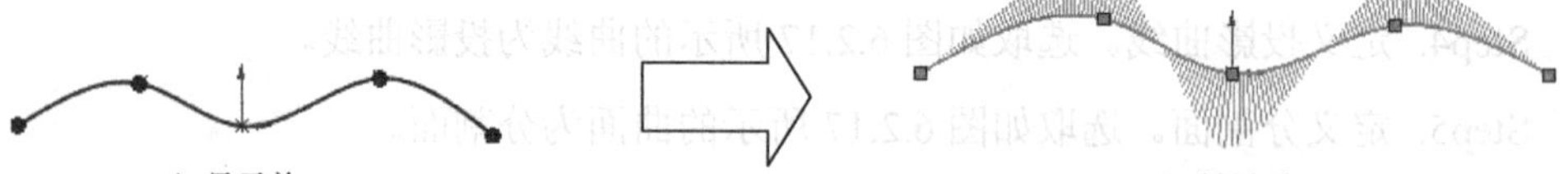

a）显示前　　b）显示后

图 6.3.1　显示曲线曲率

Step2. 在图形区选取如图 6.3.1a 所示的样条曲线，系统弹出如图 6.3.2 所示的“样条曲线”对话框。

Step3. 在“样条曲线”对话框的 选项(O) 区域选中 ☑ 显示曲率 复选框，系统弹出如图 6.3.3 所示的“曲率比例”对话框。

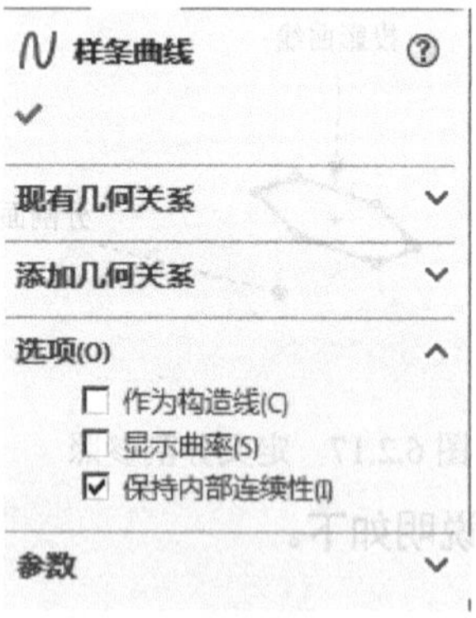

图 6.3.2　“样条曲线”对话框

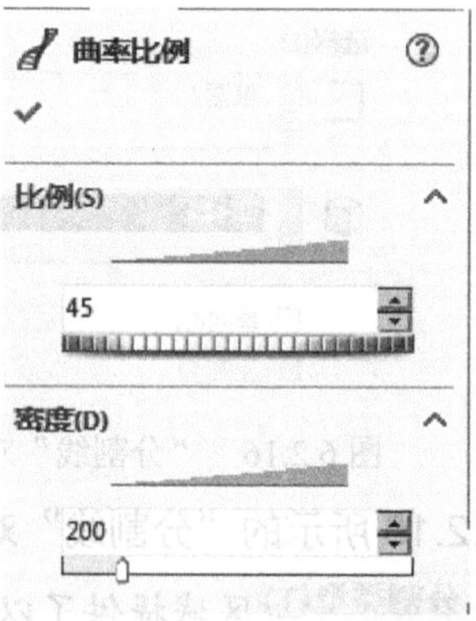

图 6.3.3　“曲率比例”对话框

Step4. 定义比例和密度。在 比例(S) 区域的文本框中输入数值 45，在 密度(D) 区域的文本框中输入数值 200。

说明：定义曲率的比例时，可以拖动 比例(S) 区域中的轮盘来改变比例值；定义曲率的密度时，可以拖动 密度(D) 区域中的滑块来改变密度值。

Step5. 单击“曲率比例”对话框中的 ✔ 按钮，完成曲线曲率的显示操作。

显示曲线的曲率时要注意以下几点。

- 每绘制一条曲线后，都应用显示曲线曲率的方法来查看曲线的质量，不要单凭曲线的视觉表现来判断曲线质量。例如，凭视觉表现，如图 6.3.4 所示的曲线应该还算光滑，但从它的曲率图（图 6.3.5）可以发现有尖点，说明曲线并不光滑。
- 绘制曲线时，在不影响所需曲线形状的前提下，要尽量减少曲线上点的个数，曲线上点的个数越多，其曲率图就越复杂，曲线的质量也就越难保证。
- 从曲率图上看，曲线上尽量不要出现如图 6.3.6 所示的反曲点。

图 6.3.4　曲线

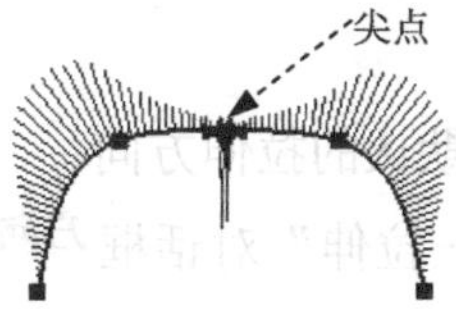

图 6.3.5　曲率图（一）

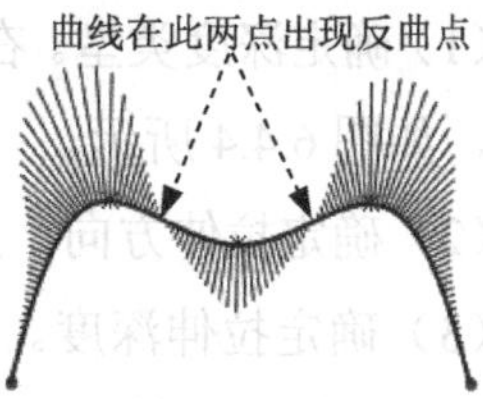

图 6.3.6　曲率图（二）

6.4　创 建 曲 面

6.4.1　拉伸曲面

拉伸曲面是将曲线或直线沿指定的方向拉伸所形成的曲面。下面以图 6.4.1 为例来介绍创建拉伸曲面的一般操作步骤。

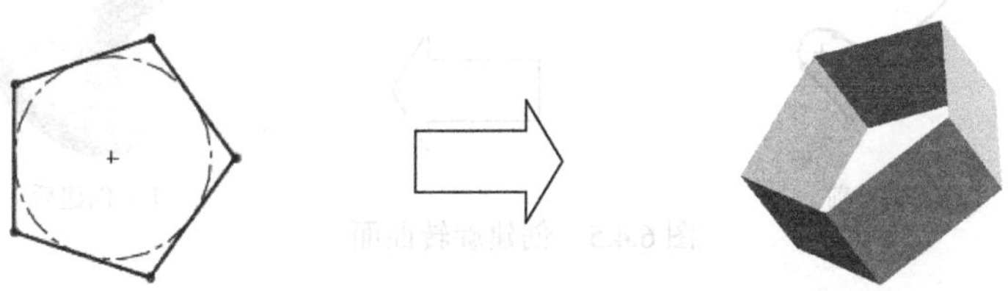

a）创建前　　b）创建后

图 6.4.1　创建拉伸曲面

Step1. 打开文件 D:\sw18.1\work\ch06.04.01\extrude.SLDPRT。

Step2. 选择命令。选择下拉菜单 插入(I) ➡ 曲面(S) ➡ 拉伸曲面(E)... 命令，系统弹出如图 6.4.2 所示的“拉伸”对话框。

Step3. 定义拉伸曲线。选取如图 6.4.3 所示的曲线为拉伸曲线。

Step4. 定义深度属性。在“曲面-拉伸”对话框（图 6.4.4）中设置深度的属性。

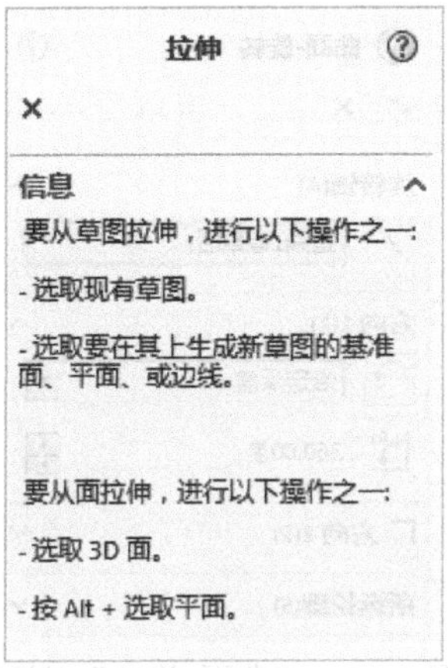

图 6.4.2　“拉伸”对话框

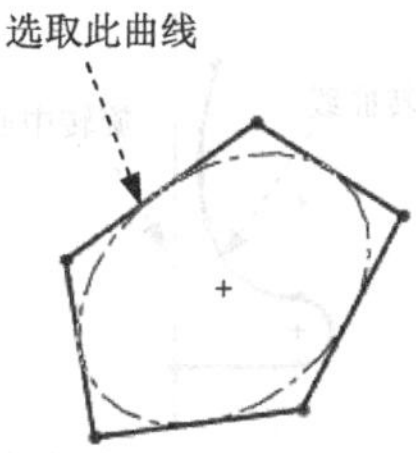

图 6.4.3　定义拉伸曲线

图 6.4.4　“曲面-拉伸”对话框

（1）确定深度类型。在“曲面-拉伸”对话框 方向 1(1) 区域的 下拉列表中选择 给定深度 选项，如图 6.4.4 所示。

（2）确定拉伸方向。采用系统默认的拉伸方向。

（3）确定拉伸深度。在“曲面-拉伸”对话框 方向 1(1) 区域的 文本框中输入深度值 20.00，如图 6.4.4 所示。

Step5. 在该对话框中单击 按钮，完成拉伸曲面的创建。

6.4.2 旋转曲面

旋转曲面是将曲线绕中心线旋转所形成的曲面。下面以图 6.4.5 所示的模型为例来介绍创建旋转曲面的一般操作步骤。

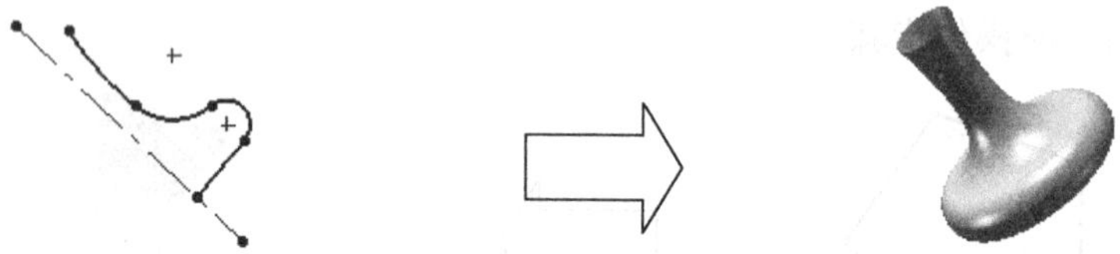

a）创建前　　b）创建后

图 6.4.5 创建旋转曲面

Step1. 打开文件 D:\sw18.1\work\ch06.04.02\rotate.SLDPRT。

Step2. 选择命令。选择下拉菜单 插入(I) → 曲面(S) → 旋转曲面(R)... 命令，系统弹出如图 6.4.6 所示的“旋转”对话框。

Step3. 定义旋转曲线。选取图 6.4.7 所示的曲线为旋转曲线，系统弹出如图 6.4.8 所示的“曲面-旋转”对话框。

Step4. 定义旋转轴。采用系统默认的旋转轴。

说明：在选取旋转曲线时，系统自动将图 6.4.7 所示的中心线选取为旋转轴，所以此例不需要再选取旋转轴；用户可以通过单击 文本框来选择中心线。

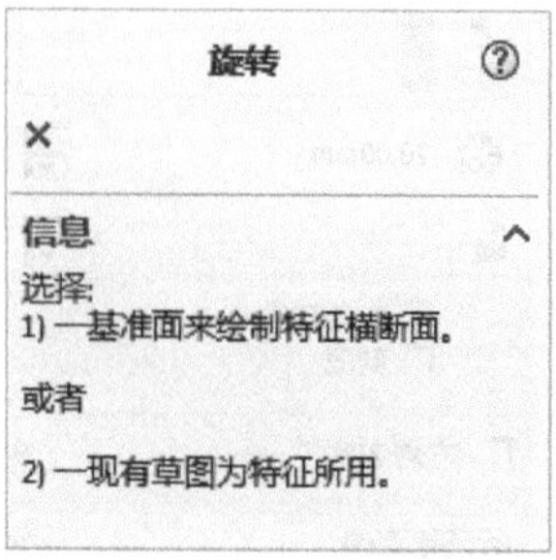

图 6.4.6 “旋转”对话框

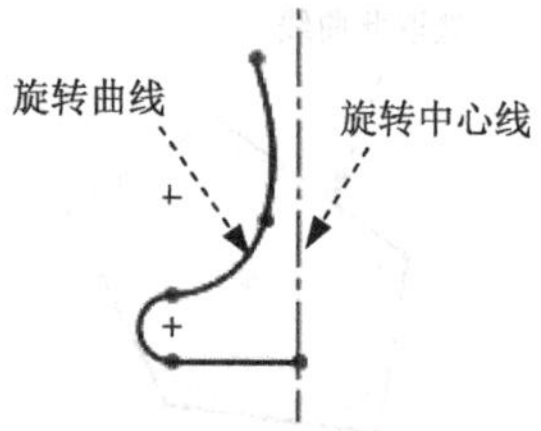

图 6.4.7 定义旋转曲线

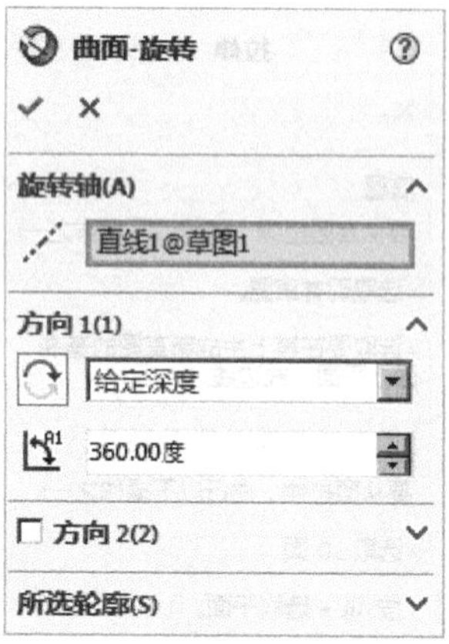

图 6.4.8 “曲面-旋转”对话框

Step5. 定义旋转类型及角度。在“曲面-旋转”对话框 方向1(1) 区域的下拉列表中选择 给定深度 选项；在文本框中输入角度值 360.00，如图 6.4.8 所示。

Step6. 单击 ✔ 按钮，完成旋转曲面的创建。

6.4.3 扫描曲面

扫描曲面是将轮廓曲线沿一条路径和引导线进行移动所产生的曲面。下面以图 6.4.9 所示的模型为例，介绍创建扫描曲面的一般操作步骤。

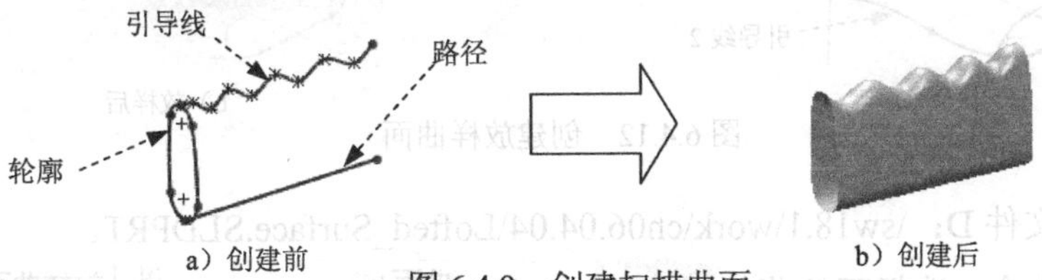

图 6.4.9 创建扫描曲面

Step1. 打开文件 D:\sw18.1\work\ch06.04.03\sweep.SLDPRT。

Step2. 选择命令。选择下拉菜单 插入(I) → 曲面(S) → 扫描曲面(S)... 命令，系统弹出如图 6.4.10 所示的“曲面-扫描”对话框。

Step3. 定义轮廓曲线。选取如图 6.4.11 所示的曲线 1 为扫描轮廓。

Step4. 定义扫描路径。选取如图 6.4.11 所示的曲线 2 为扫描路径。

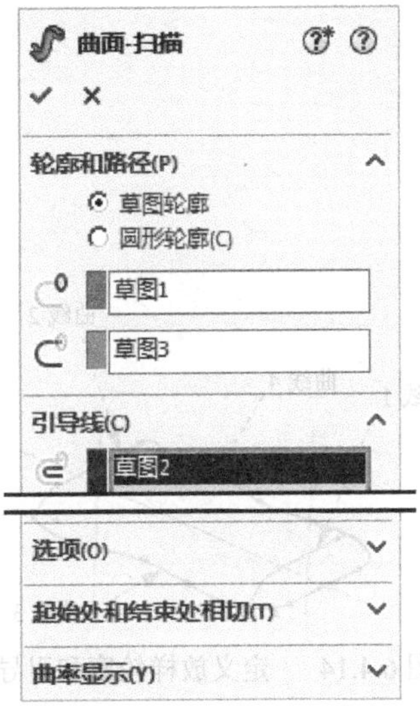

图 6.4.10 “曲面-扫描”对话框

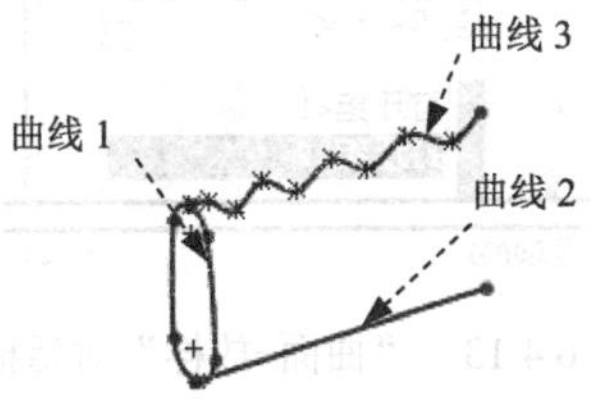

图 6.4.11 定义轮廓曲线

Step5. 定义扫描引导线。在“曲面-扫描”对话框的 引导线(C) 区域中单击后的列表框，选取如图 6.4.11 所示的曲线 3 为引导线，其他参数采用系统默认设置值，如图 6.4.10 所示。

Step6. 在该对话框中单击 ✔ 按钮，完成扫描曲面的创建。

6.4.4 放样曲面

放样曲面是将两个或多个不同的轮廓通过引导线连接所生成的曲面。下面以图 6.4.12 所示的模型为例，介绍创建放样曲面的一般操作步骤。

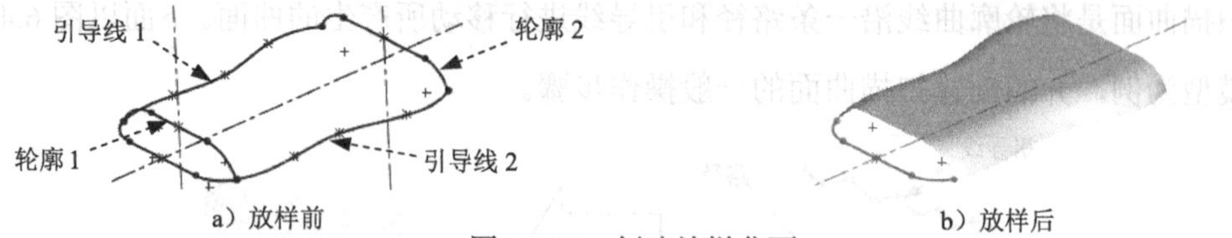

图 6.4.12 创建放样曲面

Step1. 打开文件 D:\sw18.1\work\ch06.04.04\Lofted_Surface.SLDPRT。

Step2. 选择命令。选择下拉菜单 插入(I) → 曲面(S) → 放样曲面(L)... 命令，系统弹出如图 6.4.13 所示的“曲面-放样”对话框。

Step3. 定义放样轮廓。选取如图 6.4.14 所示的曲线 1 和曲线 2 为轮廓。

Step4. 定义放样引导线。选取如图 6.4.14 所示的曲线 3 和曲线 4 为引导线，其他参数采用系统默认设置值，如图 6.4.13 所示。

Step5. 在该对话框中单击 ✔ 按钮，完成放样曲面的创建。

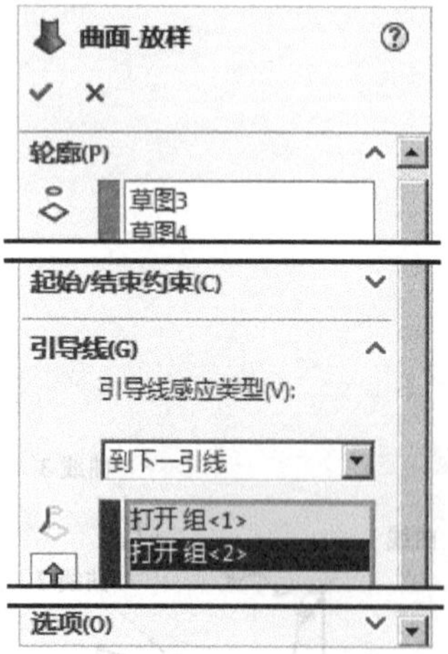

图 6.4.13 “曲面-放样”对话框

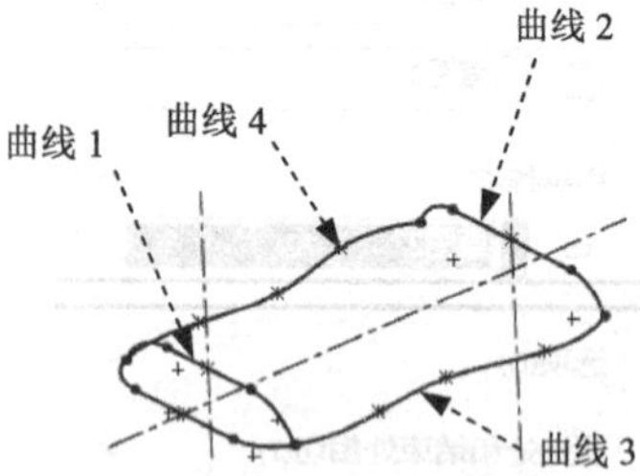

图 6.4.14 定义放样轮廓和引导线

6.4.5 边界曲面

边界曲面可用于生成在两个方向上（曲面的所有边）相切或曲率连续的曲面。多数情况下，边界曲面的结果比放样曲面的结果质量更高。下面以图 6.4.15 为例，介绍创建边界曲面的一般操作步骤。

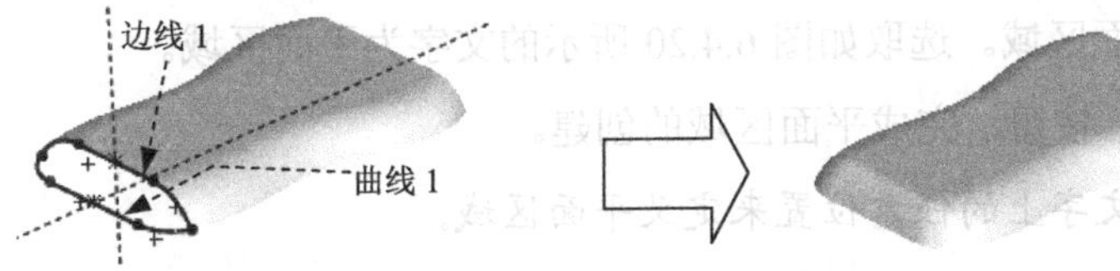

a）创建前　　　　b）创建后

图 6.4.15　创建边界曲面

Step1. 打开文件 D:\sw18.1\work\ch06.04.05\boundary_Surface.SLDPRT。

Step2. 选择命令。选择下拉菜单 插入(I) → 曲面(S) → 边界曲面(B)... 命令，系统弹出如图 6.4.16 所示的“边界-曲面”对话框。

Step3. 定义边界曲线。分别选取如图 6.4.15a 所示的边线 1 和曲线 1 为边界曲线。

Step4. 设置约束相切。在“边界-曲面”对话框 方向 1(1) 区域的列表框中选择 边线<1> 选项，在列表框下面的下拉列表中选择 与面相切 选项，单击 按钮，调整相切方向至如图 6.4.17 所示，其他参数采用系统默认设置值，如图 6.4.16 所示。

Step5. 单击 ✓ 按钮，完成边界曲面的创建。

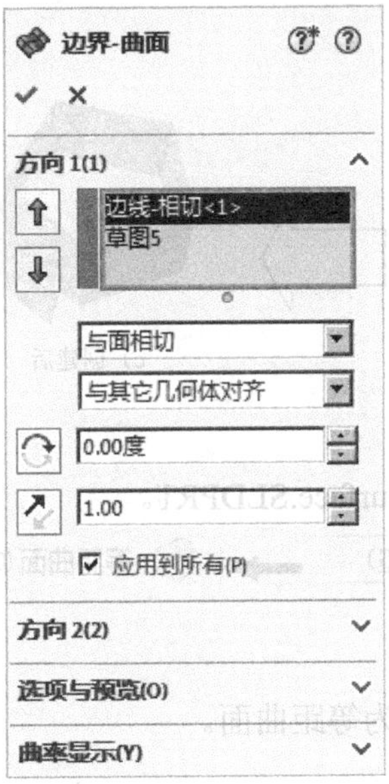

图 6.4.16　“边界-曲面”对话框

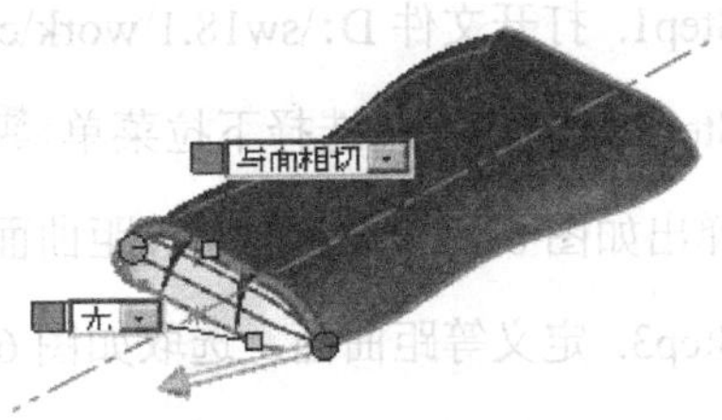

图 6.4.17　定义边界曲线

6.4.6　平面区域

平面区域命令可以通过一个非相交、单一轮廓的闭环边界来生成平面。下面以图 6.4.18 为例介绍创建平面区域的一般操作步骤。

Step1. 打开文件 D:\sw18.1\work\ch06.04.06\planar_Surface.SLDPRT。

Step2. 选择命令。选择下拉菜单 插入(I) ➡ 曲面(S) ➡ 平面区域(P)... 命令，系统弹出如图 6.4.19 所示的“平面”对话框。

Step3. 定义平面区域。选取如图 6.4.20 所示的文字为平面区域。

Step4. 单击 ✔ 按钮，完成平面区域的创建。

说明：可选择文字上的任意位置来定义平面区域。

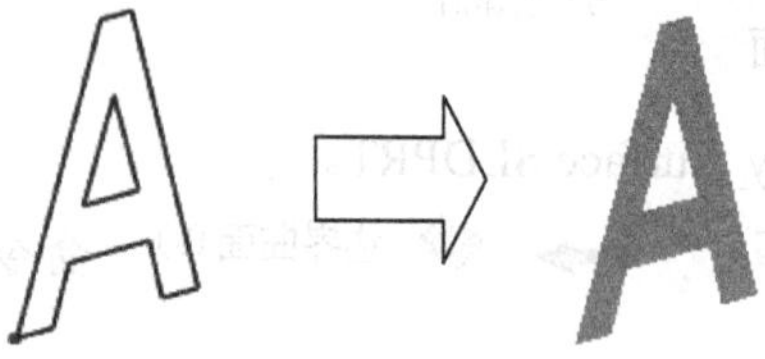

a）创建前　　b）创建后

图 6.4.18　创建平面区域

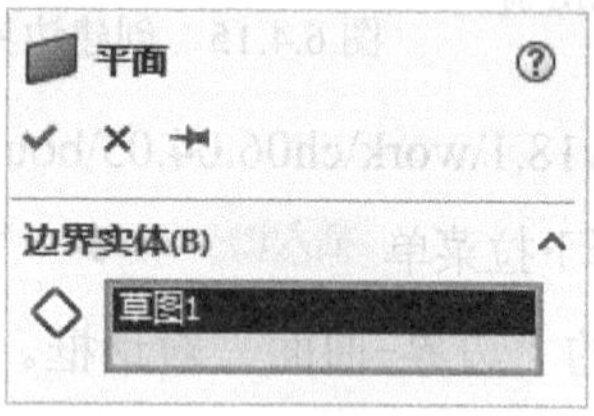

图 6.4.19　“平面”对话框

图 6.4.20　定义平面区域

6.4.7　等距曲面

等距曲面是将选定曲面沿其法线方向偏移后所生成的曲面。下面介绍创建如图 6.4.21 所示的等距曲面的一般操作步骤。

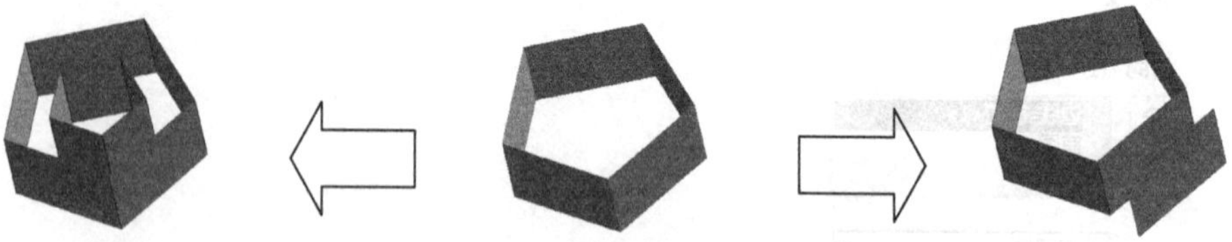

b）创建后　　a）创建前　　c）创建后

图 6.4.21　创建等距曲面

Step1. 打开文件 D:\sw18.1\work\ch06.04.07\offset_Surface.SLDPRT。

Step2. 选择命令。选择下拉菜单 插入(I) ➡ 曲面(S) ➡ 等距曲面(O)... 命令，系统弹出如图 6.4.22 所示的“等距曲面”对话框。

Step3. 定义等距曲面。选取如图 6.4.23 所示的曲面为等距曲面。

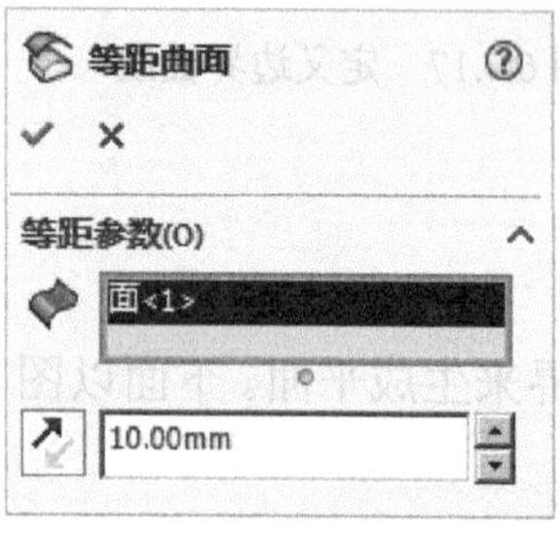

图 6.4.22　“等距曲面”对话框

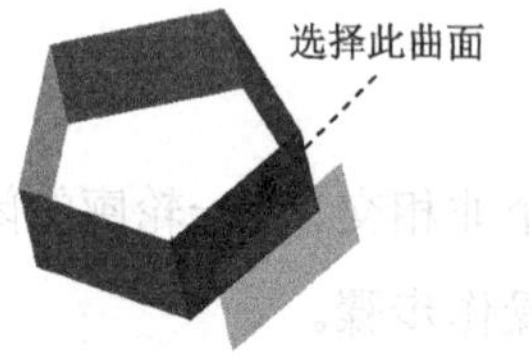

图 6.4.23　定义等距曲面

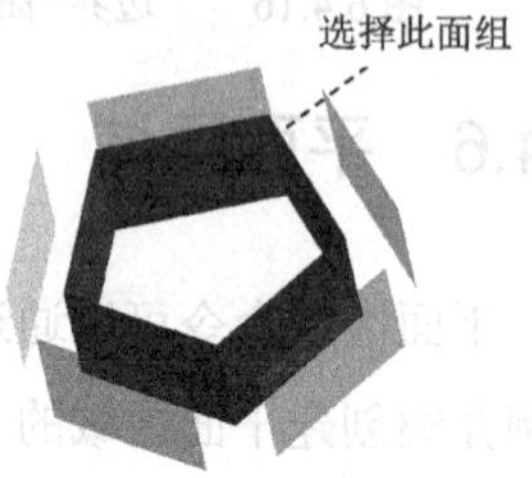

图 6.4.24　定义等距面组

Step4. 定义等距面组。在“等距曲面”对话框 等距参数(O) 区域的 文本框中输入数值 10.00，等距曲面预览如图 6.4.23 所示。

说明： 选取图 6.4.24 所示的面组为等距曲面，结果如图 6.4.21b 所示。

Step5. 单击 ✔ 按钮，完成等距曲面的创建。

6.4.8 填充曲面

填充曲面是将现有模型的边线、草图或曲线定义为边界，在其内部构建任何边数的曲面修补。下面以图 6.4.25 所示的模型为例，介绍创建填充曲面的一般操作步骤。

Step1. 打开文件 D:\sw18.1\work\ch06.04.08\filled_Surface.SLDPRT。

图 6.4.25 曲面的填充

Step2. 选择命令。选择下拉菜单 插入(I) ➡ 曲面(S) ➡ 填充(I)... 命令，系统弹出如图 6.4.26 所示的“填充曲面”对话框。

Step3. 定义修补边界。选取如图 6.4.27 所示的四条边线为修补边界。

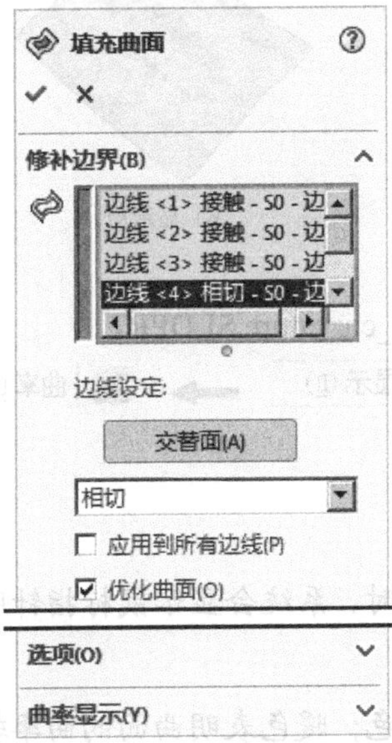

图 6.4.26 “填充曲面”对话框

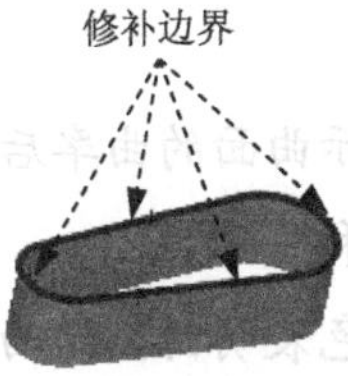

图 6.4.27 定义修补边界

Step4. 在该对话框中单击 ✔ 按钮，完成填充曲面的创建，如图 6.4.25b 所示。

说明：

- 若在选取每条边之后，都在"填充曲面"对话框"修补边界"区域的下拉列表中选择 相切 选项，单击 交替面(A) 按钮可以调整曲面的凹凸方向，则填充曲面的创建结果如图 6.4.25c 所示。
- 为了方便快速地选取修补边界，在填充前可对需要进行修补的边界进行组合（选择下拉菜单 插入(I) → 曲线(U) → 组合曲线(C)... 命令）。

6.5 曲面的曲率分析

在生成曲线时，虽然已经对曲线进行了分析，从一定程度上保证了曲面的质量，但在曲面生成后，同样非常有必要对曲面的一些特性（如半径、反射和斜率）进行评估，以确定曲面是否达到设计要求。下面通过简单的实例分析来说明曲面特性分析的一般方法及操作步骤。

6.5.1 曲面曲率的显示

下面以图 6.5.1 所示的曲面为例，说明曲面曲率显示的一般操作步骤。

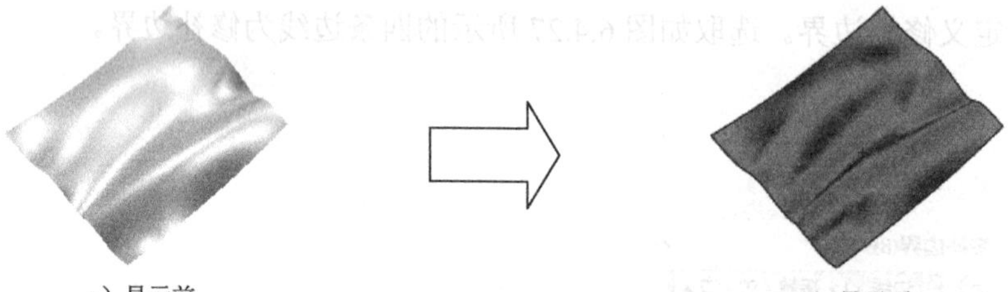

a）显示前　b）显示后

图 6.5.1 显示曲面曲率

Step1. 打开文件 D:\sw18.1\work\ch06.05.01\surface_curvature.SLDPRT。

Step2. 选择命令。选择下拉菜单 视图(V) → 显示(D) → 曲率(C) 命令，图形区立即显示曲面的曲率图。

说明：

- 显示曲面的曲率后，当鼠标指针移动到曲面上时，系统会显示鼠标指针所在点的曲率和曲率半径。
- 冷色表明曲面的曲率较低，如黑色、紫色和蓝色；暖色表明曲面的曲率较高，如红色和绿色。

6.5.2　曲面斑马条纹的显示

下面以图 6.5.2 为例，说明曲面斑马条纹显示的一般操作步骤。

Step1. 打开文件 D:\sw18.1\work\ch06.05.02\surface_curvature.SLDPRT。

Step2. 选择命令。选择下拉菜单 视图(V) → 显示(D) → 斑马条纹(Z) 命令，系统弹出图 6.5.3 所示的“斑马条纹”对话框，同时图形区显示曲面的斑马条纹图。

Step3. 设置参数。在“斑马条纹”对话框中选中 ⊙ 水平条纹(H) 单选项，其他参数采用系统默认设置值，然后单击 ✔ 按钮，完成曲面的斑马条纹显示操作。

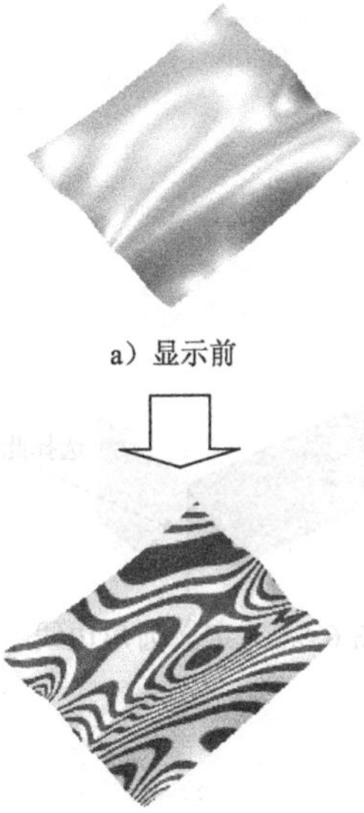

图 6.5.2　显示曲面斑马条纹

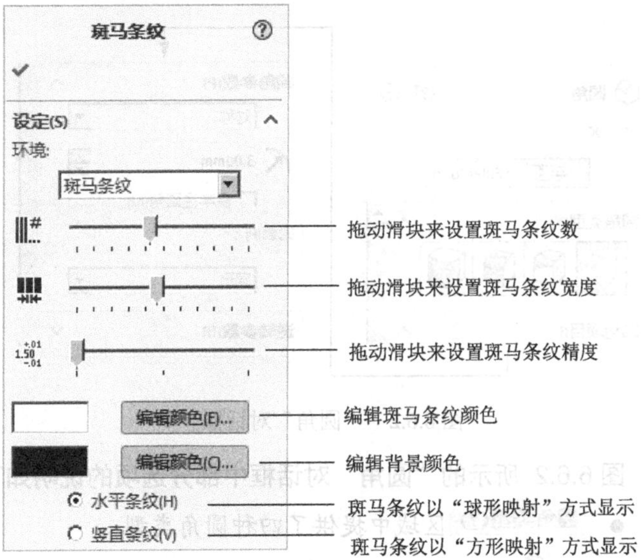

图 6.5.3　“斑马条纹”对话框

6.6　曲面的圆角

曲面的圆角可以在两组曲面之间建立光滑连接的过渡曲面。生成的过渡曲面的剖面线可以是圆弧、二次曲线、等参数曲线或其他类型的曲线。

6.6.1　恒定半径圆角

下面以图 6.6.1 所示的模型为例，介绍创建恒定半径圆角的一般操作步骤。

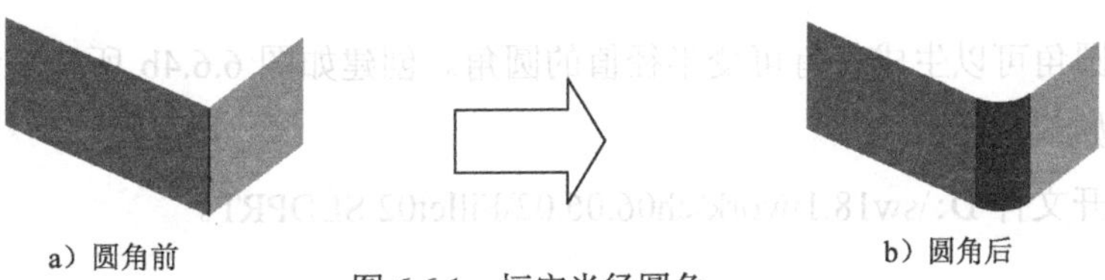

图 6.6.1　恒定半径圆角

Step1. 打开文件 D:\sw18.1\work\ch06.06.01\Fillet01.SLDPRT。

Step2. 选择命令。选择下拉菜单 插入(I) → 曲面(S) → 圆角(U)... 命令，系统弹出如图 6.6.2 所示的“圆角”对话框。

Step3. 定义圆角类型。在“圆角”对话框的 圆角类型(Y) 区域中单击 选项。

Step4. 定义圆角对象。选取如图 6.6.3 所示的边线为圆角对象。

Step5. 定义圆角半径。在“圆角”对话框 圆角参数(P) 区域的 文本框中输入数值 3.00，其他参数采用系统默认设置值。

Step6. 在该对话框中单击 ✔ 按钮，完成恒定半径圆角的创建。

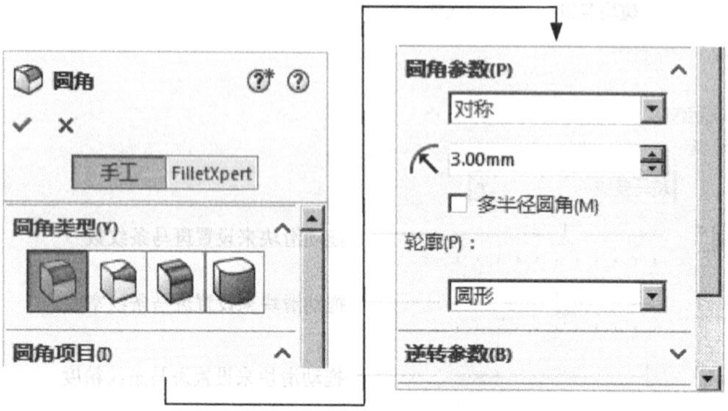

图 6.6.2 “圆角”对话框

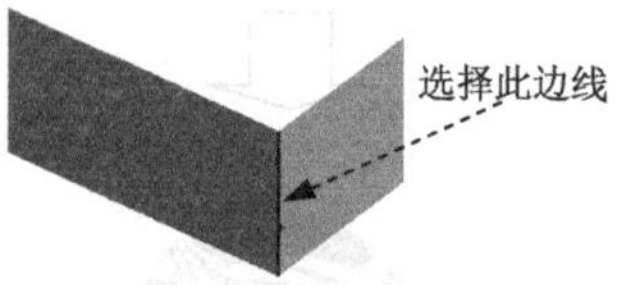

图 6.6.3 定义圆角边线

图 6.6.2 所示的“圆角”对话框中部分选项的说明如下。

- 圆角类型(Y) 区域中提供了四种圆角类型。
  - ☑ 选项：生成整个半径相同的圆角。
  - ☑ 选项：生成带有可变半径值的圆角。
  - ☑ 选项：用圆角将两个没有接触的面相连接。
  - ☑ 选项：生成相切于三个相邻面的圆角。
- 圆角参数(P) 区域用来设置圆角的参数。
  - ☑ 文本框：用于输入圆角半径值。
  - ☑ 选中 ☑ 多半径圆角(M) 复选框后，将圆角延伸到所有与所选面相切的面。
  - ☑ 轮廓(P)：下拉列表：用于设定圆角的轮廓形状为圆形或圆锥。

6.6.2 变量半径圆角

变量半径圆角可以生成带有可变半径值的圆角。创建如图 6.6.4b 所示变量半径圆角的一般操作步骤如下。

Step1. 打开文件 D:\sw18.1\work\ch06.06.02\Fillet02.SLDPRT。

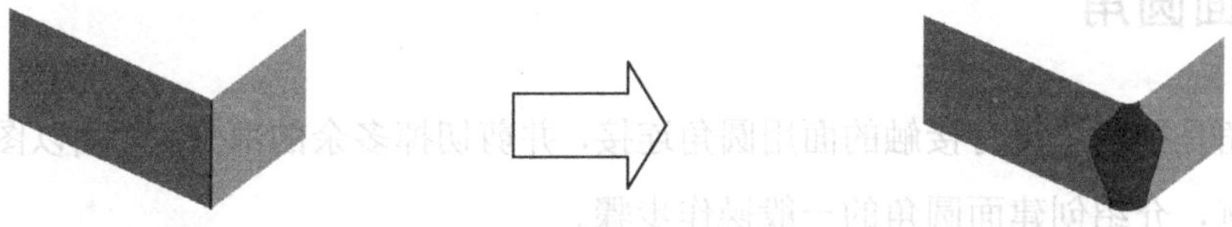

a）创建前　　　　b）创建后

图 6.6.4　创建变量半径圆角

Step2. 选择下拉菜单 插入(I) → 曲面(S) → 圆角(U)... 命令，系统弹出如图 6.6.5 所示的“圆角”对话框。

Step3. 定义圆角类型。在“圆角”对话框的 圆角类型(Y) 区域中单击选项。

Step4. 定义圆角对象。选取如图 6.6.6 所示的边线为圆角对象。

Step5. 设置实例数（变量半径数）。在“圆角”对话框 变半径参数(P) 区域的文本框中输入数值 1，按 Enter 键。

Step6. 定义变圆角半径。

（1）单击如图 6.6.7 所示的边线上的点，在“圆角”对话框 变半径参数(P) 区域中的文本框中输入数值 4.00，按 Enter 键。

（2）在“圆角”对话框 变半径参数(P) 区域的列表框中选择 V1 选项，在文本框中输入数值 2.00，按 Enter 键。

（3）在“圆角”对话框 变半径参数(P) 区域的列表框中选择 V2 选项，在文本框中输入数值 1.00，按 Enter 键。其他参数采用系统默认设置值。

Step7. 单击按钮，完成变量半径圆角的创建。

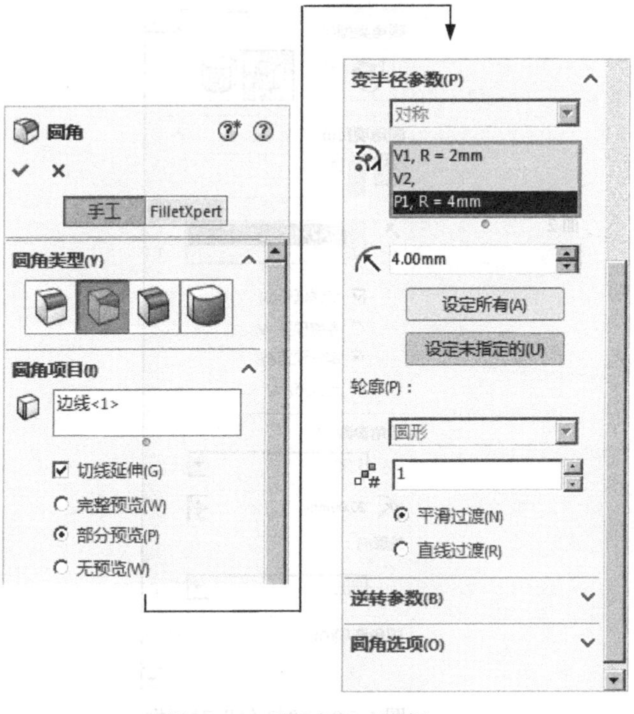

图 6.6.5　“圆角”对话框

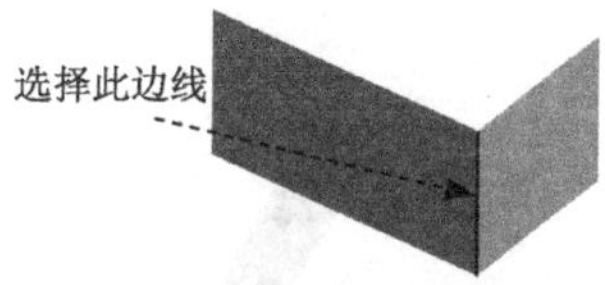

图 6.6.6　定义圆角边线

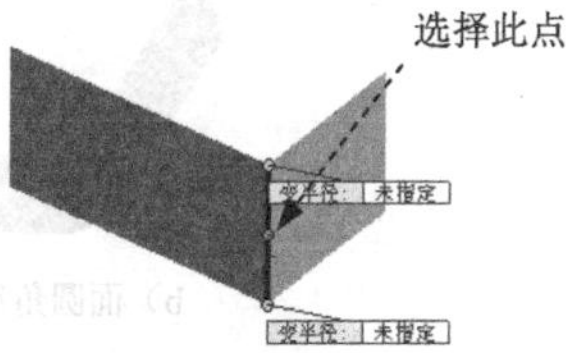

图 6.6.7　创建变量半径圆角

6.6.3 面圆角

面圆角是把两个没有接触的面用圆角连接，并剪切掉多余的部分。下面以图 6.6.8 所示的模型为例，介绍创建面圆角的一般操作步骤。

Step1. 打开文件 D:\sw18.1\work\ch06.06.03\Fillet_03.SLDPRT。

Step2. 选择下拉菜单 插入(I) → 曲面(S) → 圆角(U)... 命令，系统弹出如图 6.6.9 所示的“圆角”对话框。

Step3. 定义圆角类型。在“圆角”对话框的 圆角类型(Y) 区域中单击 选项。

Step4. 定义圆角面。在“圆角”对话框的 圆角项目(I) 区域中单击第一个列表框后，选取图 6.6.8a 所示的面 1；单击面 1 列表框前面的 按钮；单击第二个列表框后，选取图 6.6.8a 所示的面 2。

注意：选取面组后会出现一个箭头，单击面组列表框前面的 按钮，调整箭头指向，使两箭头在其指向的延长线方向相交，否则无法生成面圆角。

Step5. 定义圆角半径。在“圆角”对话框 圆角参数(P) 区域的 文本框中输入数值 20.00，其他参数采用系统默认设置值。

Step6. 在该对话框中单击 按钮，完成面圆角的创建。

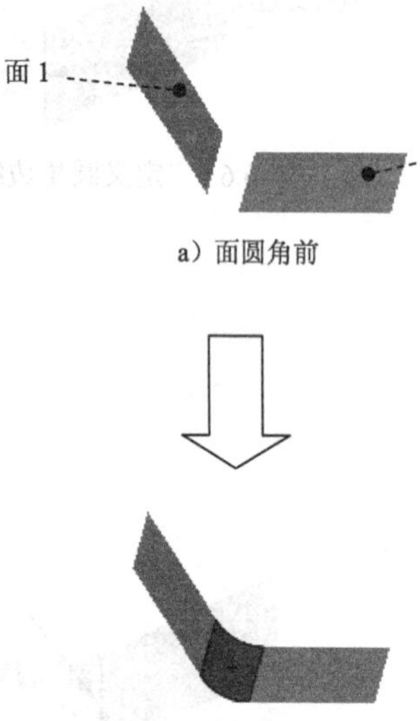

a）面圆角前

b）面圆角后

图 6.6.8 创建面圆角

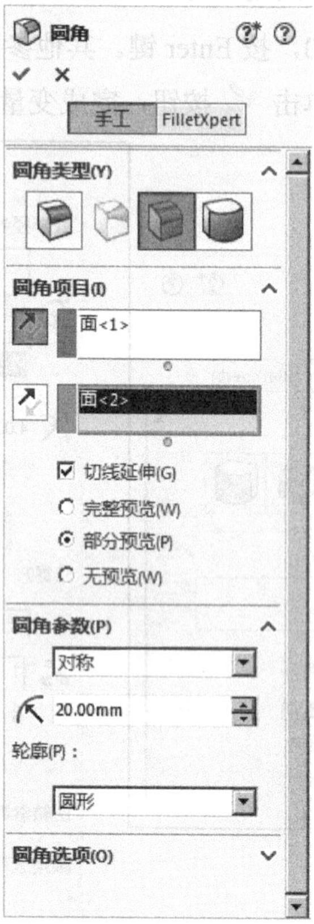

图 6.6.9 “圆角”对话框

6.6.4 完整圆角

完整圆角是相切于三个相邻面的圆角。下面以图 6.6.10 所示的模型为例，介绍创建完整圆角的一般操作步骤。

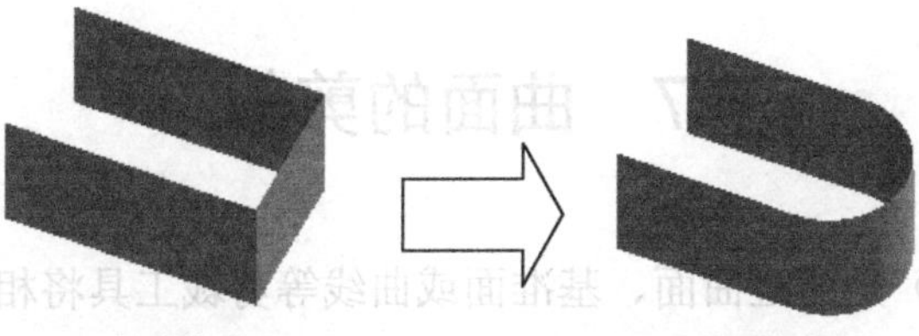

a）创建前　　b）创建后

图 6.6.10 创建完整圆角

Step1. 打开文件 D: \sw18.1\work\ch06.06.04\Fillet_04.SLDPRT。

Step2. 选择下拉菜单 插入(I) → 曲面(S) → 圆角(U)... 命令，系统弹出如图 6.6.11 所示的“圆角”对话框。

Step3. 定义圆角类型。在“圆角”对话框的 圆角类型(Y) 区域中单击 选项，如图 6.6.11 所示。

Step4. 定义圆角面。

（1）定义边侧面组 1。在“圆角”对话框的 圆角项目(I) 区域中单击 列表框，选取如图 6.6.12 所示的曲面 1 为边侧面组 1。

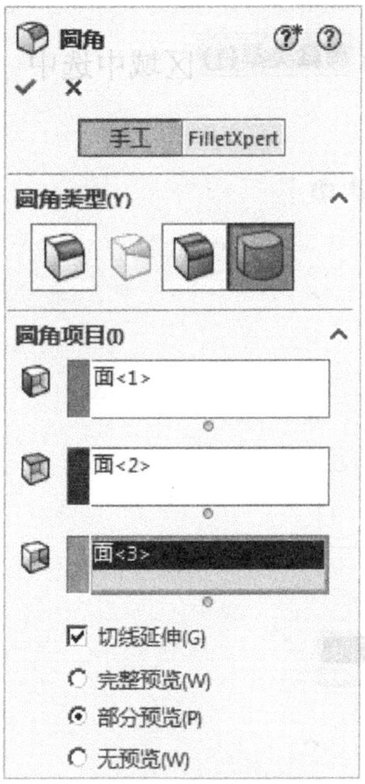

图 6.6.11 “圆角”对话框

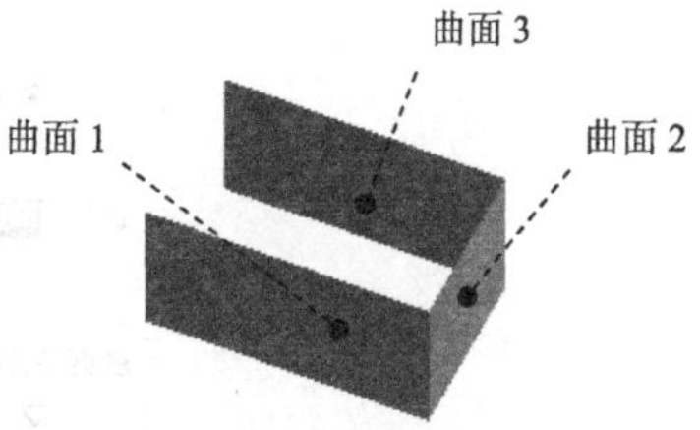

图 6.6.12 定义圆角面

（2）定义边中央面组。在“圆角”对话框的 圆角项目(I) 区域中单击 列表框，选取如图 6.6.12 所示的曲面 2 为中央面组。

（3）定义边侧面组 2。在“圆角”对话框的 圆角项目(I) 区域中单击 列表框，选取如图 6.6.12 所示的曲面 3 为边侧面组 2。

Step5. 在该对话框中单击 ✔ 按钮，完成完整圆角的创建。

6.7 曲面的剪裁

曲面的剪裁（Trim）是通过曲面、基准面或曲线等剪裁工具将相交的曲面进行剪切，它类似于实体的切除（Cut）功能。

下面以图 6.7.1 为例来介绍剪裁曲面的一般操作步骤。

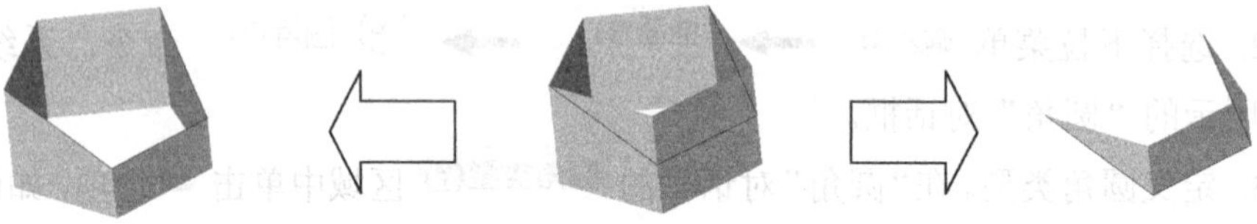

b）保留内侧　　a）剪裁前　　c）保留外侧

图 6.7.1　曲面的剪裁

Step1. 打开文件 D:\sw18.1\work\ch06.07\Trim_Surface.SLDPRT。

Step2. 选择命令。选择下拉菜单 插入(I) ➡ 曲面(S) ➡ 剪裁曲面(T)... 命令，系统弹出如图 6.7.2 所示的“剪裁曲面”对话框。

Step3. 定义剪裁类型。在“剪裁曲面”对话框的 剪裁类型(T) 区域中选中 ⊙ 标准(D) 单选项。

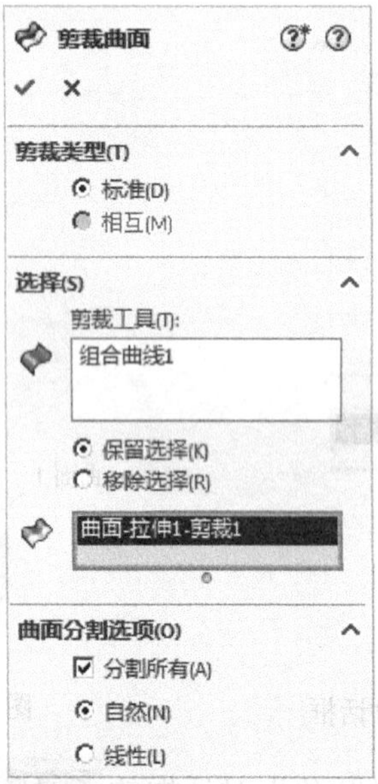

图 6.7.2 “剪裁曲面”对话框

如图 6.7.2 所示的“剪裁曲面”对话框中各选项的说明如下。

- **剪裁类型(T)** 区域提供了两种剪裁类型。
  - ☑ ⊙ 标准(D) 单选项：使用曲面、草图、曲线和基准面等剪裁工具来剪裁曲面。
  - ☑ ⊙ 相互(M) 单选项：使用相交曲面的交线来剪裁两个曲面。
- **选择(S)** 域用以选择剪裁工具及选择保留面或移除面。
  - ☑ 剪裁工具(T): 文本框：单击该文本框，可以在图形区域中选择曲面、草图、曲线或基准面作为剪裁其他曲面的工具。
  - ☑ ⊙ 保留选择(K) 单选项：选择要保留的部分。
  - ☑ ⊙ 移除选择(R) 单选项：选择要移除的部分。
  - ☑ 单击 列表框后，选取需要保留或移除的部分。
- **曲面分割选项(O)** 区域包括 ☑ 分割所有(A) 、 ⊙ 自然(N) 和 ⊙ 线性(L) 三个选项。
  - ☑ ☑ 分割所有(A) 复选框：显示曲面中的所有分割。
  - ☑ ⊙ 自然(N) 单选项：使边界边线随曲面形状变化。
  - ☑ ⊙ 线性(L) 单选项：使边界边线随剪裁点的线性方向变化。

Step4. 定义剪裁工具。选取如图 6.7.3 所示的组合曲线为剪裁工具。

Step5. 定义保留曲面。在“剪裁曲面”对话框的 **选择(S)** 区域中选中 ⊙ 保留选择(K) 单选项；选取如图 6.7.4 所示的曲面为保留曲面，其他参数采用系统默认设置值。

Step6. 在该对话框中单击 ✔ 按钮，完成剪裁曲面的创建。

注意：在选取需要保留的曲面时，如果选取如图 6.7.5 所示的曲面为保留曲面，则结果如图 6.7.1c 所示。

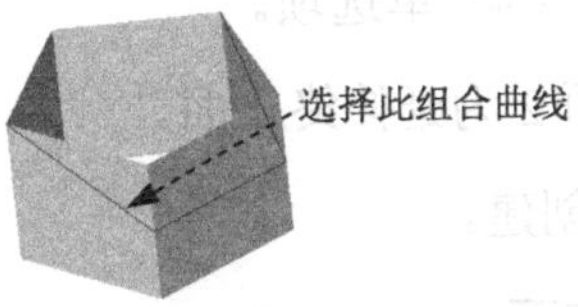

图 6.7.3　定义剪裁工具

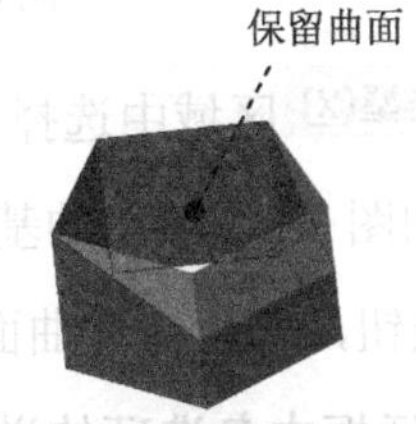

图 6.7.4　定义保留曲面（一）

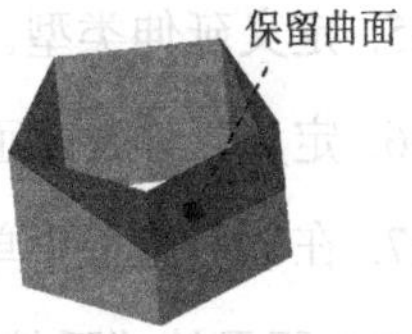

图 6.7.5　定义保留曲面（二）

6.8　曲面的延伸

曲面的延伸就是将曲面延长某一距离、延伸到某一平面或某一点，延伸部分的曲面与原始曲面类型可以相同，也可以不同。下面以图 6.8.1 为例来介绍曲面延伸的一般操作步骤。

Step1. 打开文件 D:\sw18.1\work\ch06.08\extension.SLDPRT。

Step2. 选择命令。选择下拉菜单 插入(I) → 曲面(S) → 延伸曲面(X)... 命令，系统弹出如图 6.8.2 所示的“延伸曲面”对话框。

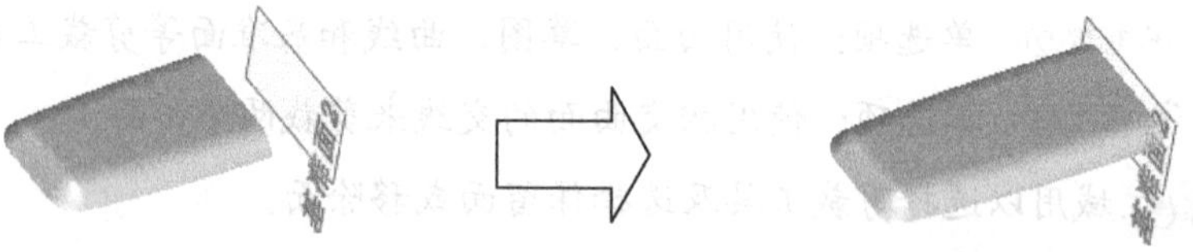

a）延伸前　　b）延伸后

图 6.8.1　曲面的延伸

Step3. 定义延伸边线。选取如图 6.8.3 所示的边线为延伸边线。

Step4. 定义终止条件类型。在如图 6.8.2 所示的“延伸曲面”对话框的 终止条件(C): 区域中选中 ⊙ 成形到某一面(T) 单选项。

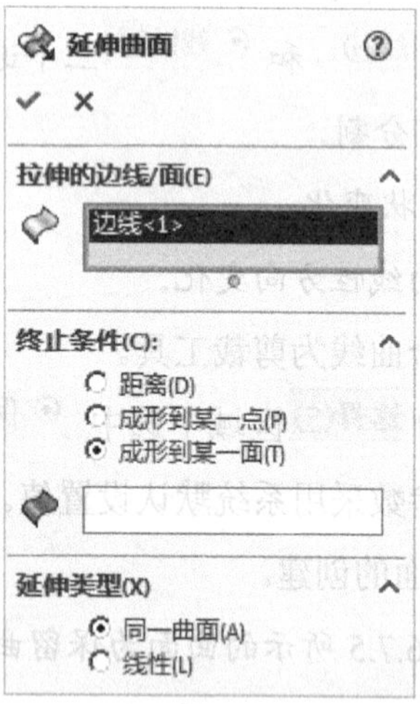

图 6.8.2　“延伸曲面”对话框

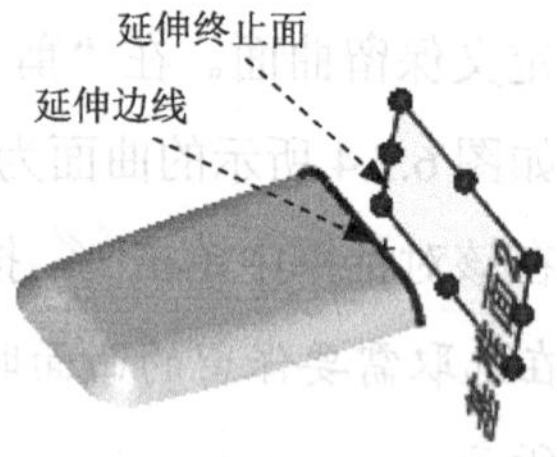

图 6.8.3　定义延伸边线和延伸终止面

Step5. 定义延伸类型。在 延伸类型(X) 区域中选择 ⊙ 线性(L) 单选项。

Step6. 定义延伸终止面。选取如图 6.8.3 所示的基准面 2 为延伸终止面。

Step7. 在该对话框中单击 ✔ 按钮，完成延伸曲面的创建。

图 6.8.2 所示的“延伸曲面”对话框中各选项的说明如下。

- 终止条件(C): 区域中包含了关于曲面延伸终止的相关设置。
  - ☑ ⊙ 距离(D) 单选项：按给定的距离来定义延伸长度。
  - ☑ ⊙ 成形到某一点(P) 单选项：将曲面边延伸到一个指定的点。
  - ☑ ⊙ 成形到某一面(T) 单选项：将曲面边延伸到一个指定的终止平面。
- 延伸类型(X) 区域提供了两种延伸的类型。
  - ☑ ⊙ 同一曲面(A) 单选项：沿着曲面的几何体延伸曲面。
  - ☑ ⊙ 线性(L) 单选项：沿边线相切于原有曲面的方向来延伸曲面。

6.9 曲面的缝合

缝合曲面可以将多个独立曲面缝合到一起，作为一个曲面。下面以图 6.9.1 所示的模型为例，介绍创建曲面缝合的一般操作步骤。

Step1. 打开文件 D:\sw18.1\work\ch06.09\sew.SLDPRT。

Step2. 选择命令。选择下拉菜单 插入(I) → 曲面(S) → 缝合曲面(K)... 命令，系统弹出图 6.9.2 所示的“缝合曲面”对话框。

Step3. 定义缝合对象。选取如图 6.9.3 所示的曲面 1 和曲面 2 为缝合对象。

Step4. 在该对话框中单击 ✓ 按钮，完成缝合曲面的创建。

图 6.9.1 曲面的缝合

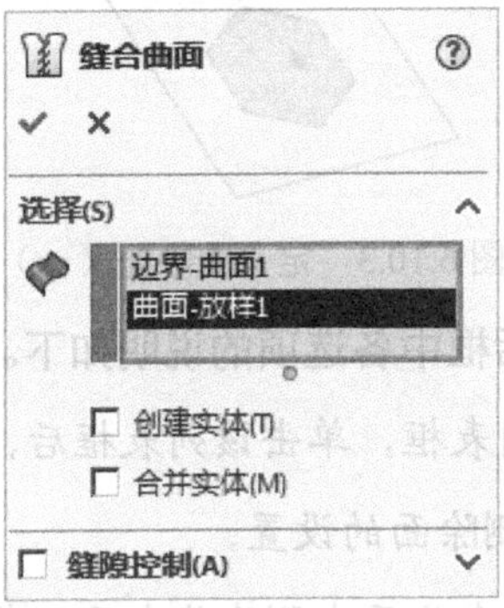

图 6.9.2 “缝合曲面”对话框

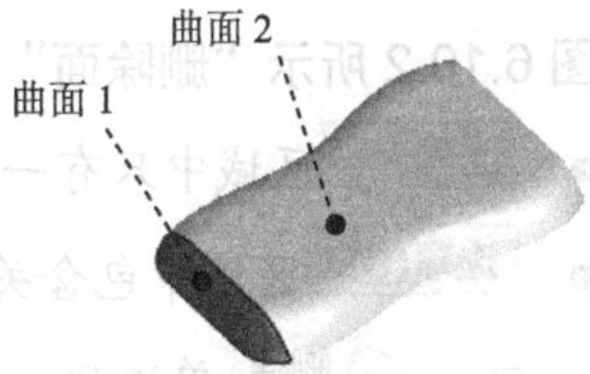

图 6.9.3 定义缝合对象

6.10 删 除 面

删除命令可以把现有多个面删除，并对删除后的曲面进行修补或填充。下面以图 6.10.1 为例来说明其一般操作步骤。

Step1. 打开文件 D:\sw18.1\work\ch06.10\Delete_Face.SLDPRT。

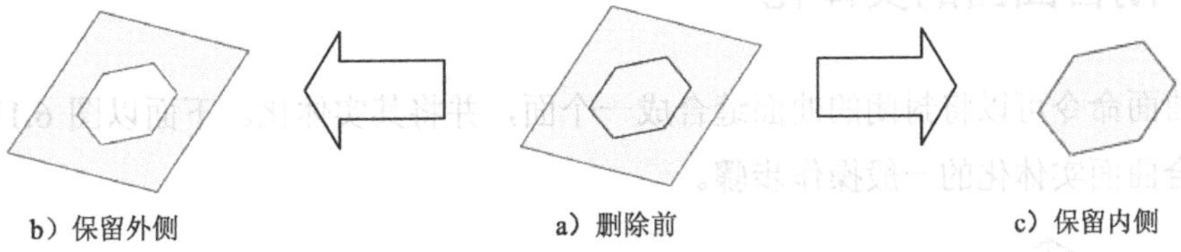

图 6.10.1 删除面

Step2. 选择命令。选择下拉菜单 插入(I) → 面(F) → 删除(D)... 命令，系统弹出如图 6.10.2 所示的“删除面”对话框。

Step3. 定义删除面。选取如图 6.10.3 所示的曲面 1 为要删除的面。

Step4. 定义删除类型。在 选项(0) 区域中选择 ⊙ 删除 单选项，其他参数采用系统默认设置值。

Step5. 在该对话框中单击 ✔ 按钮，完成面的删除，结果如图 6.10.1b 所示。

注意：在选取删除面时，如果选取图 6.10.4 所示的曲面 2 为要删除的面，结果如图 6.10.1c 所示。

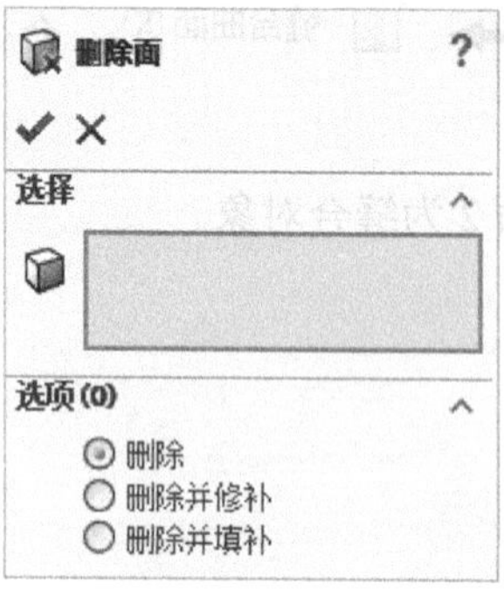

图 6.10.2 “删除面”对话框

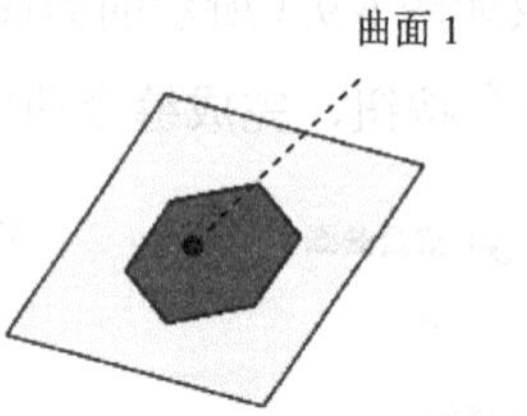

图 6.10.3 定义删除面（一）

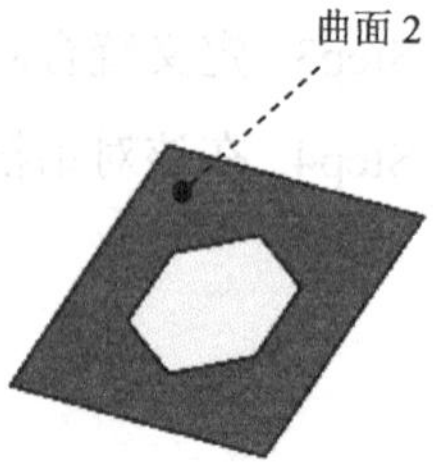

图 6.10.4 定义删除面（二）

图 6.10.2 所示“删除面”对话框中各选项的说明如下。

- 选择 区域中只有一个列表框，单击该列表框后，选取要删除的面。
- 选项(0) 区域中包含关于删除面的设置。
  - ☑ ⊙ 删除 单选项：从多个曲面中删除某个面，或从实体中删除一个或多个面。
  - ☑ ⊙ 删除并修补 单选项：从曲面或实体中删除一个面，并自动对实体进行修补和剪裁。
  - ☑ ⊙ 删除并填补 单选项：删除面并生成单一面，并将任何缝隙填补起来。

6.11 将曲面转化为实体

6.11.1 闭合曲面的实体化

缝合曲面命令可以将封闭的曲面缝合成一个面，并将其实体化。下面以图 6.11.1 为例来介绍闭合曲面实体化的一般操作步骤。

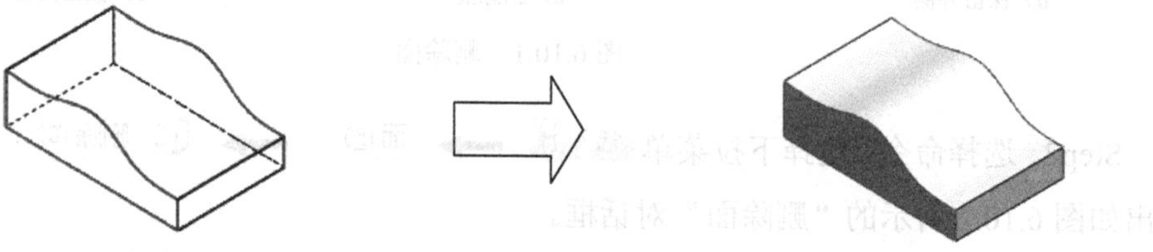

a）合并前　　b）合并后

图 6.11.1 闭合曲面实体化

Step1. 打开文件 D:\sw18.1\work\ch06.11.01\Thickening_ the _ Model.SLDPRT。

Step2. 用剖面视图的方法检测零件模型为曲面。

（1）选择剖面视图命令。选择下拉菜单 视图(V) → 显示(D) → 剖面视图(V) 命令，系统弹出如图 6.11.2 所示的“剖面视图”对话框。

（2）定义剖面。在“剖面视图”对话框的 剖面 1(1) 区域中单击按钮，以前视基准面作为剖面，此时可看到在绘图区中显示的特征为曲面，如图 6.11.3 所示；单击 ✖ 按钮，关闭“剖面视图”对话框。

Step3. 选择缝合曲面命令。选择下拉菜单 插入(I) → 曲面(S) → 缝合曲面(K)... 命令，系统弹出如图 6.11.4 所示的“缝合曲面”对话框。

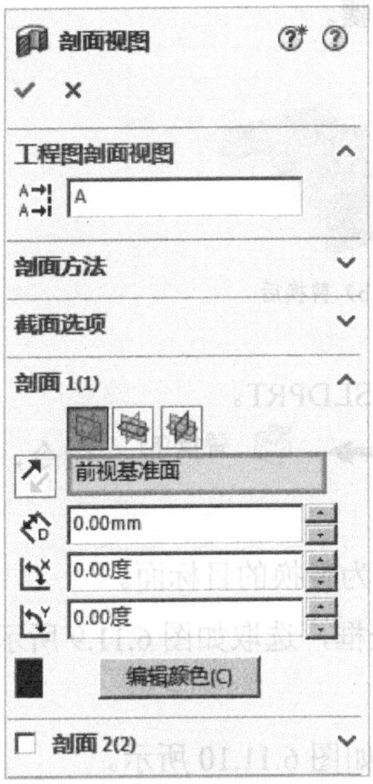

图 6.11.2 “剖面视图”对话框

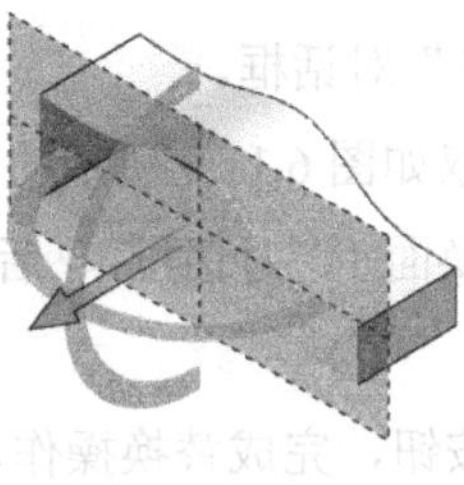

图 6.11.3 定义参考剖面

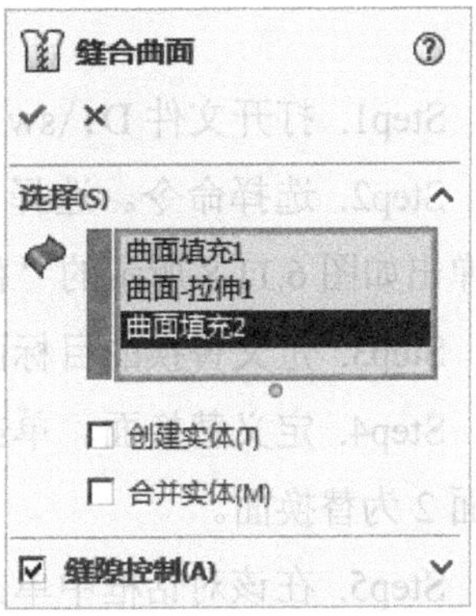

图 6.11.4 “缝合曲面”对话框

Step4. 定义缝合对象。选取如图 6.11.5 所示的曲面 1、曲面 2 和曲面 3（或在设计树上选择 曲面-拉伸1、曲面填充1 和 曲面填充2）为缝合对象。

Step5. 定义实体化。在“缝合曲面”对话框的 选择(S) 区域中选中 ☑ 创建实体(T) 复选框。

Step6. 单击 ✔ 按钮，完成曲面实体化的操作。

Step7. 用剖面视图查看零件模型为实体。

（1）选择剖面视图命令。选择下拉菜单 视图(V) → 显示(D) → 剖面视图(V) 命令，系统弹出如图 6.11.2 所示的“剖面视图”对话框。

（2）定义剖面。在“剖面视图”对话框的 剖面 1(1) 区域中单击按钮，以前视基准面作为剖面，此时可看到在绘图区中显示的特征为曲面，如图 6.11.6 所示。单击 ✖ 按钮，关闭“剖面视图”对话框。

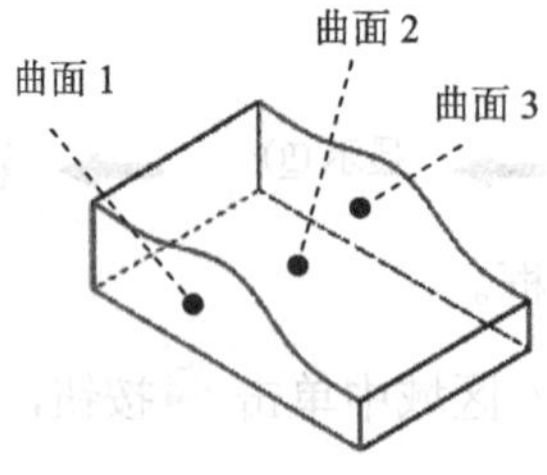

图 6.11.5　定义缝合对象

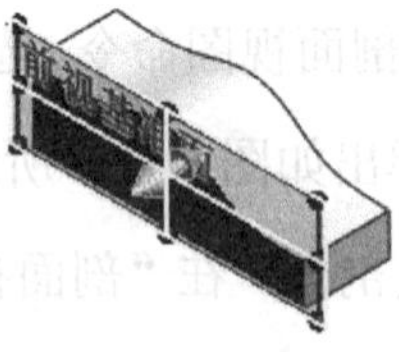

图 6.11.6　定义参考剖面

6.11.2　用曲面替换实体表面

使用替换命令可以用曲面替代实体的表面，替换曲面不必与实体表面有相同的边界。下面以图 6.11.7 为例来说明用曲面替换实体表面的一般操作步骤。

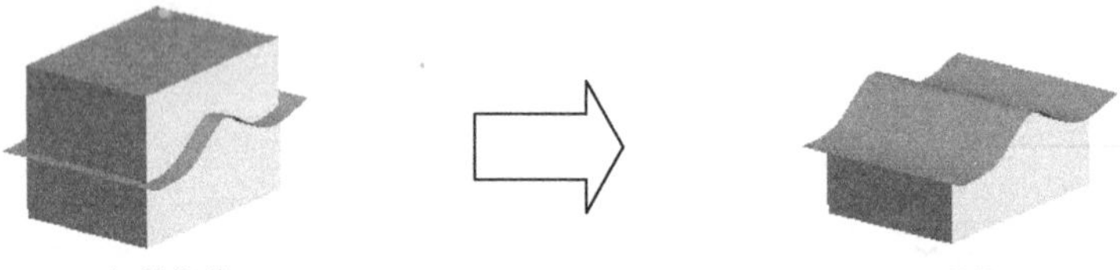

a）替换前　　b）替换后

图 6.11.7　用曲面替换实体表面

Step1. 打开文件 D:\sw18.1\work\ch06.11.02\Replace_Face.SLDPRT。

Step2. 选择命令。选择下拉菜单 插入(I) → 面(F) → 替换(R)... 命令，系统弹出如图 6.11.8 所示的“替换面 1”对话框。

Step3. 定义替换的目标面。选取如图 6.11.9 所示的曲面 1 为替换的目标面。

Step4. 定义替换面。单击“替换面 1”对话框 后的列表框，选取如图 6.11.9 所示的曲面 2 为替换面。

Step5. 在该对话框中单击 按钮，完成替换操作，结果如图 6.11.10 所示。

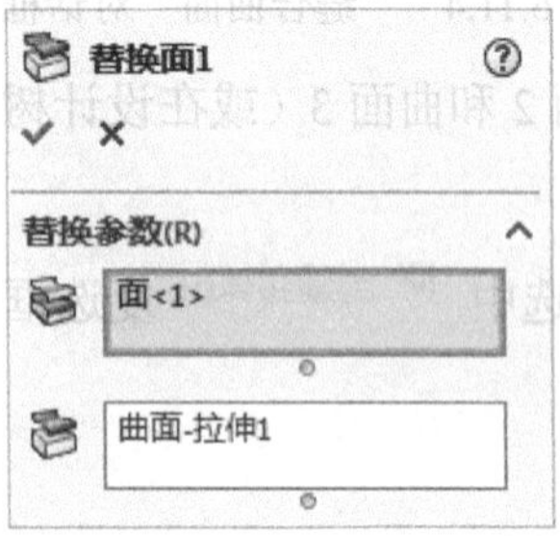

图 6.11.8　“替换面 1”对话框

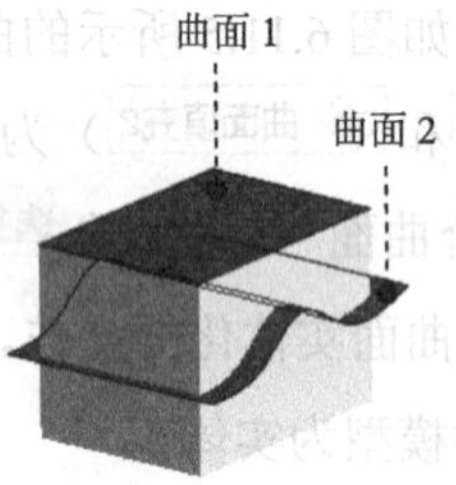

图 6.11.9　定义替换的目标面

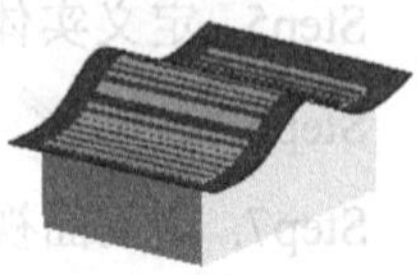

图 6.11.10　定义替换面

6.11.3　开放曲面的加厚

加厚命令可以将开放的曲面（或开放的面组）转化为薄壁实体特征。下面以图 6.11.11 为例，说明加厚曲面的一般操作步骤。

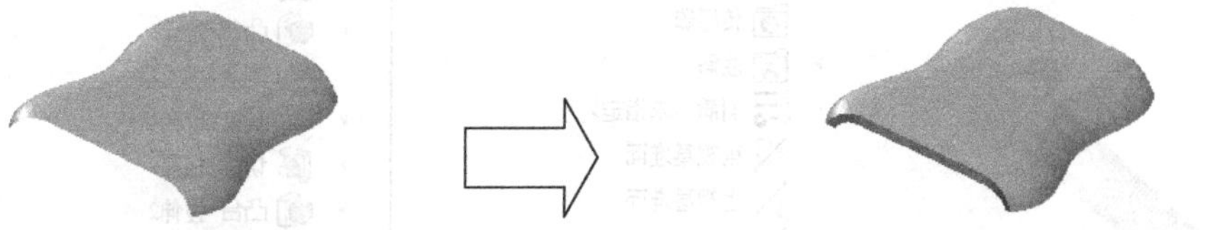

a）加厚前　　　　b）加厚后

图 6.11.11　开放曲面的加厚

Step1. 打开文件 D:\sw18.1\work\ch06.11.03\thicken.SLDPRT。

Step2. 选择命令。选择下拉菜单 插入(I) → 凸台/基体(B) → 加厚(T)... 命令，系统弹出如图 6.11.12 所示的“加厚”对话框。

Step3. 定义加厚曲面。选取如图 6.11.13 所示的曲面为加厚曲面。

注意： *在加厚多个相邻的曲面时，必须先缝合曲面。*

Step4. 定义加厚方向。在“加厚”对话框的 加厚参数(T) 区域中单击 ☰ 按钮。

Step5. 定义厚度。在“加厚”对话框 加厚参数(T) 区域的 T1 文本框中输入数值 3.00。

Step6. 在该对话框中单击 ✔ 按钮，完成开放曲面的加厚。

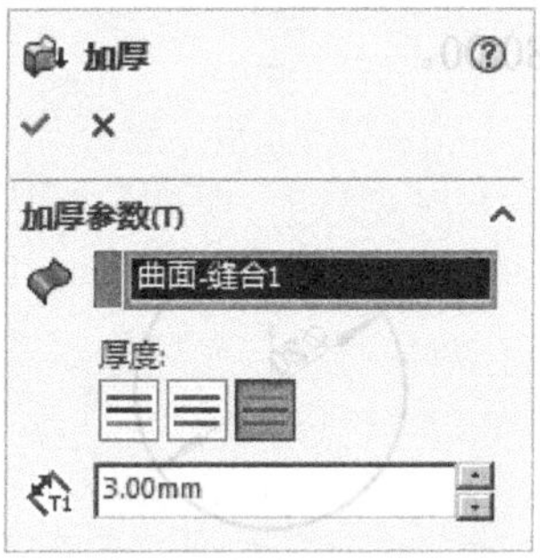

图 6.11.12　“加厚”对话框

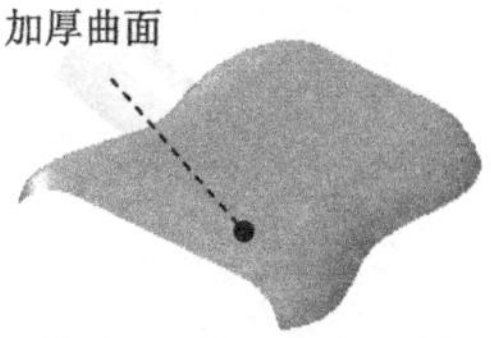

图 6.11.13　定义加厚曲面

6.12　SolidWorks 曲面零件设计实际应用 1——六角头螺栓

应用概述

本应用详细介绍了六角头螺栓的设计过程，主要运用了拉伸、倒角、切除-扫描、切除-旋转等特征创建命令。读者需要注意螺旋线的创建过程及使用切除-扫描命令的技巧。该零件模型及相应的设计树如图 6.12.1 所示。

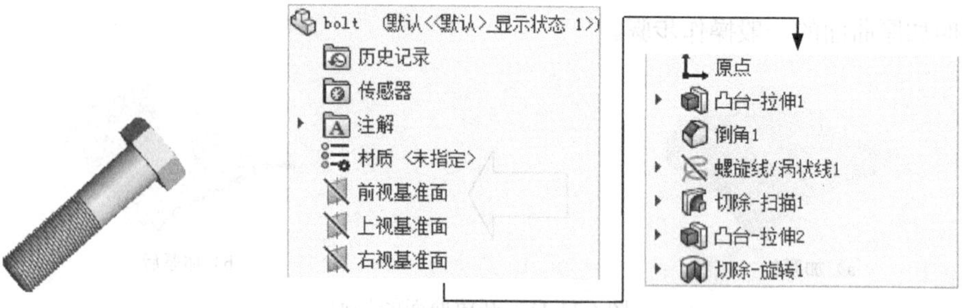

图 6.12.1　六角头螺栓零件模型和设计树

Step1. 新建模型文件。选择下拉菜单 文件(F) → 新建(N)... 命令，在系统弹出的“新建 SolidWorks 文件”对话框中选择“零件”模块，单击 确定 按钮，进入建模环境。

Step2. 创建如图 6.12.2 所示的零件基础特征——凸台-拉伸 1。

（1）选择命令。选择下拉菜单 插入(I) → 凸台/基体(B) → 拉伸(E)... 命令。

（2）定义特征的横断面草图。选取前视基准面作为草图基准面；在草图绘制环境中绘制如图 6.12.3 所示的横断面草图；选择下拉菜单 插入(I) → 退出草图 命令，系统弹出“凸台-拉伸”对话框。

（3）定义拉伸深度属性。采用系统默认的深度方向；在“凸台-拉伸”对话框 方向 1(1) 区域的下拉列表中选择 给定深度 选项，输入深度值 80.00。

（4）单击 ✔ 按钮，完成凸台-拉伸 1 的创建。

图 6.12.2　凸台-拉伸 1

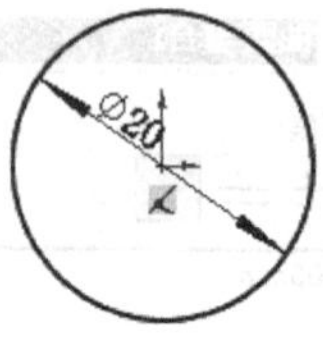

图 6.12.3　横断面草图

Step3. 创建如图 6.12.4b 所示的倒角 1。

（1）选择命令。选择下拉菜单 插入(I) → 特征(F) → 倒角(C)... 命令，系统弹出“倒角”对话框。

（2）定义倒角对象。选取如图 6.12.4a 所示的边线（该边线在前视基准面上）为倒角对象。

（3）确定倒角的模式。在“倒角”对话框的 倒角类型 区域中单击 选项。

（4）确定倒角的距离及角度。在“倒角”对话框的 文本框中输入倒角距离值 1.50，在 文本框中输入角度值 45.00。

（5）单击 ✔ 按钮，完成倒角 1 的创建。

Step4. 创建如图 6.12.5 所示的草图 2。选择下拉菜单 插入(I) → 草图绘制 命令；

选取如图 6.12.6 所示的模型表面为草图基准面，绘制如图 6.12.5 所示的横断面草图；选择下拉菜单 插入(I) → 退出草图 命令，完成草图 2 的创建。

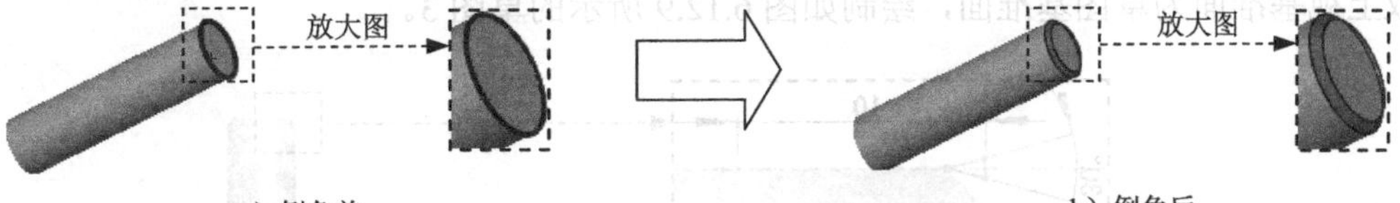

a）倒角前 b）倒角后

图 6.12.4 倒角 1

Step5. 创建如图 6.12.7 所示的螺旋线 1。

（1）选择命令。选择下拉菜单 插入(I) → 曲线(U) → 螺旋线/涡状线(H)... 命令。

（2）定义螺旋线的横断面。选取草图 2 作为螺旋线的横断面。

（3）定义螺旋线的方式。在系统弹出的如图 6.12.8 所示的“螺旋线/涡状线”对话框 定义方式(D): 区域的下拉列表中选择 高度和螺距 选项。

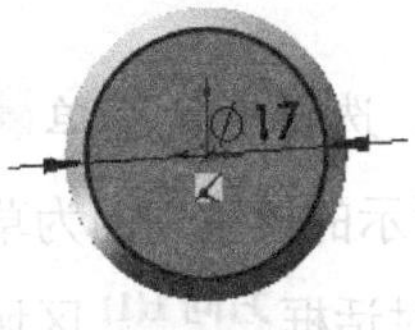

图 6.12.5 草图 2

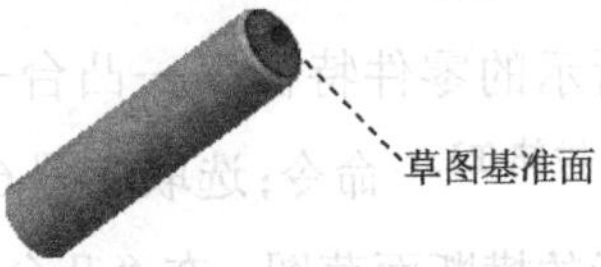

图 6.12.6 草图基准面

图 6.12.7 螺旋线 1

（4）定义螺旋线的参数。在“螺旋线/涡状线”对话框的 参数(P) 区域中选中 ⊙ 恒定螺距(C) 单选项；在 高度(H): 文本框中输入数值 46.00，在 螺距(I): 文本框中输入数值 1.50，选中 ☑ 反向(V) 复选框，在 起始角度(S): 文本框中输入数值 0.00，选中 ⊙ 顺时针(C) 单选项，如图 6.12.8 所示。

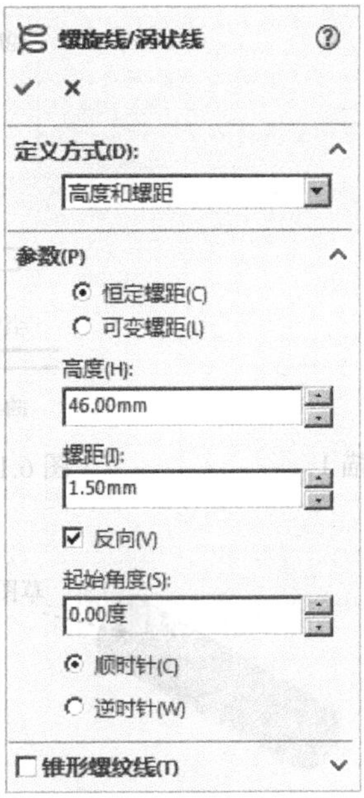

图 6.12.8 “螺旋线/涡状线”对话框

（5）单击 ✔ 按钮，完成螺旋线1的创建。

Step6. 创建如图6.12.9所示的草图3。选择下拉菜单 插入(I) → 草图绘制 命令，选取上视基准面为草图基准面，绘制如图6.12.9所示的草图3。

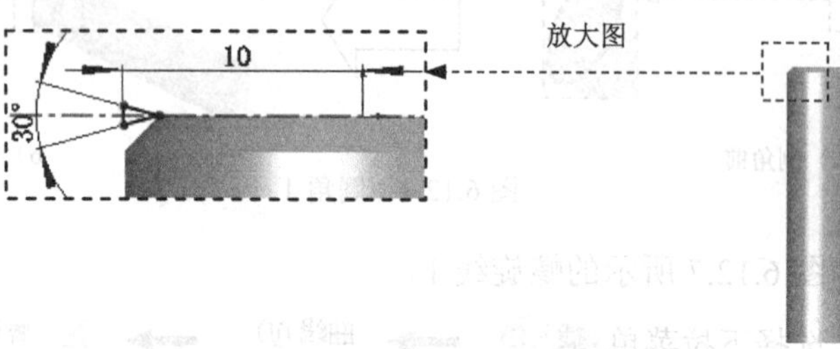

图6.12.9　草图3

Step7. 创建如图6.12.10所示的零件特征——切除-扫描1。选择下拉菜单 插入(I) → 切除(C) → 扫描(S)... 命令，系统弹出如图6.12.11所示的“切除-扫描”对话框；在图形区中选取草图3为切除-扫描的轮廓；在图形区中选取螺旋线1为切除-扫描的路径；单击 ✔ 按钮，完成切除-扫描1的创建。

Step8. 创建如图6.12.12所示的零件特征——凸台-拉伸2。选择下拉菜单 插入(I) → 凸台/基体(B) → 拉伸(E)... 命令；选取如图6.12.13所示的模型表面为草图基准面，然后绘制如图6.12.14所示的横断面草图；在“凸台-拉伸”对话框 方向1(1) 区域的下拉列表中选择 给定深度 选项，在 D 文本框中输入数值12.50，选中 ☑ 合并结果(M) 复选框；单击 ✔ 按钮，完成凸台-拉伸2的创建。

图6.12.10　切除-扫描1

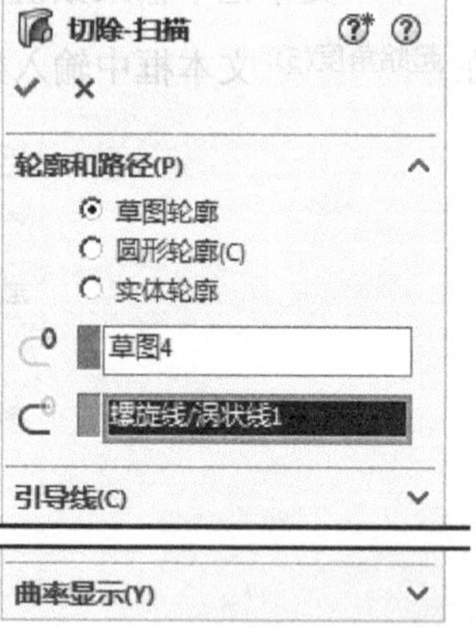

图6.12.11　“切除-扫描”对话框

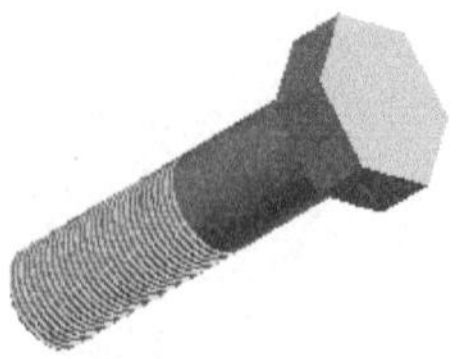

图6.12.12　凸台-拉伸2

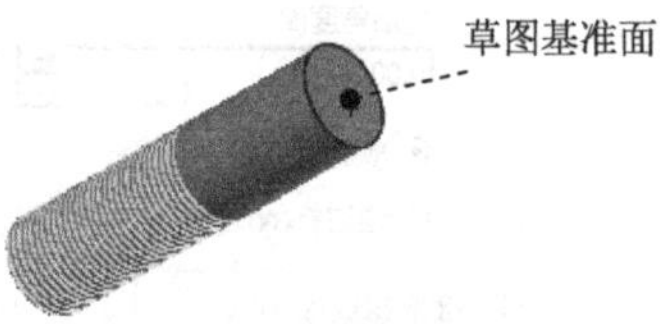

图6.12.13　定义草图基准面

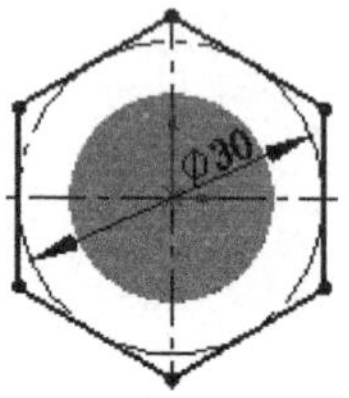

图6.12.14　横断面草图

Step9. 创建如图 6.12.15 所示的零件基础特征——切除-旋转 1。

（1）选择命令。选择下拉菜单 插入(I) → 切除(C) → 旋转(R)... 命令（或单击“特征”工具栏中的按钮）。

（2）定义特征的横断面草图。选取右视基准面作为草图基准面，在草图绘制环境中绘制如图 6.12.16 所示的横断面草图。

说明：在绘制横断面草图时，应绘制一条水平并与原点重合的中心线作为切除-旋转特征的旋转轴。

（3）选择下拉菜单 插入(I) → 退出草图 命令，系统弹出“切除-旋转”对话框。

（4）定义“切除-旋转”类型。在“切除-旋转”对话框 方向 1(1) 区域后的下拉列表中选择 给定深度 选项。

（5）定义旋转轴。选择下拉菜单 视图(V) → 隐藏/显示(H) → 临时轴(X) 命令（即显示临时轴），然后在图形区选择临时轴作为旋转轴。

（6）定义旋转角度。在“切除-旋转”对话框 方向 1(1) 区域的文本框中输入数值 360.00。

（7）单击按钮，完成切除-旋转 1 的创建。

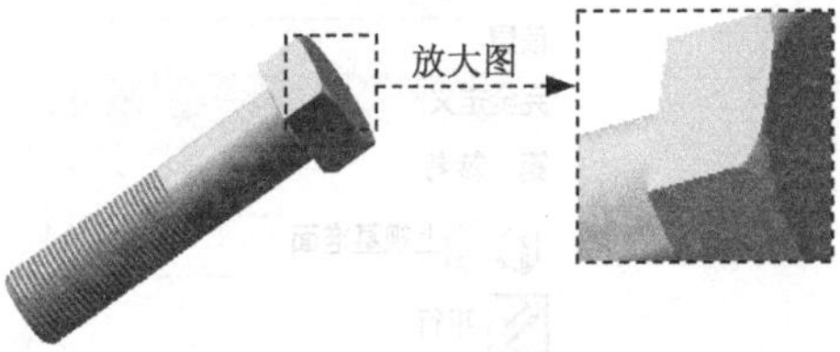

图 6.12.15 切除-旋转 1

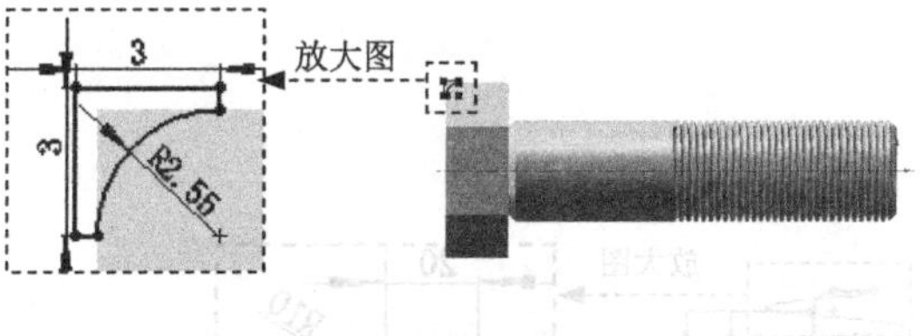

图 6.12.16 横断面草图

Step10. 至此，零件模型创建完毕，选择下拉菜单 文件(F) → 保存(S) 命令，将文件命名为 bolt，即可保存模型文件。

6.13 SolidWorks 曲面零件设计实际应用 2 ——螺旋加热丝

应用概述

本应用主要介绍了螺旋加热丝的设计过程。通过学习本应用，可以进一步掌握螺旋线在零件设计中的应用及曲线的建立、组合等命令。该零件实体模型及相应的设计树如图 6.13.1 所示。

说明：本应用前面的详细操作过程请参见随书光盘中 video\ch06.13\reference\文件下的语音视频讲解文件 boiler-r01。

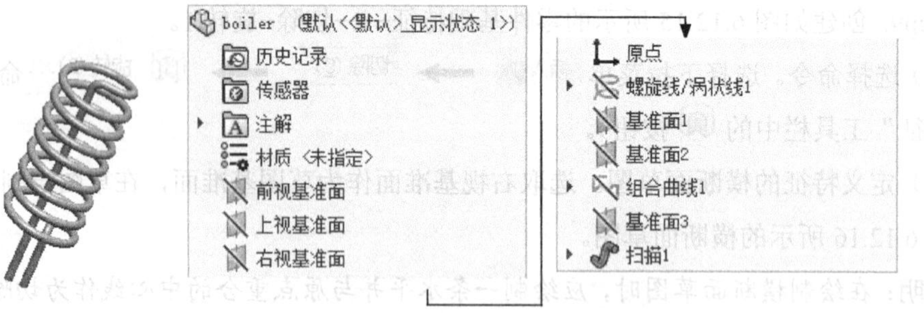

图 6.13.1　螺旋加热丝零件模型及设计树

Step1. 打开文件 D:\sw18.1\work\ch06.13\boiler_ex.prt。

Step2. 创建基准面 1。螺旋加热丝的草绘曲线如图 6.13.2 所示，创建图 6.13.3 所示的基准面 1。选择下拉菜单 插入(I) → 参考几何体(G) → 基准面(P)... 命令，系统弹出如图 6.13.4 所示的“基准面”对话框；选取上视基准面和如图 6.13.3 所示的点作为创建基准面的参考实体；单击该对话框中的 ✔ 按钮，完成基准面 1 的创建。

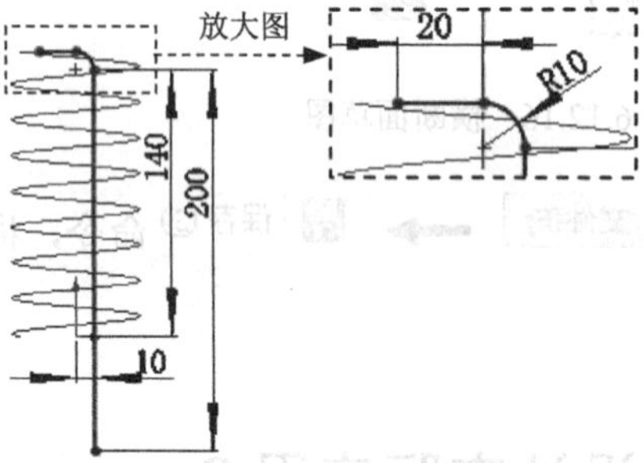

图 6.13.2　草绘曲线

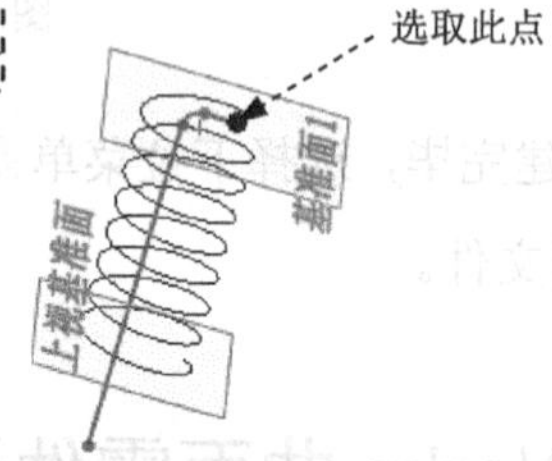

图 6.13.3　基准面 1

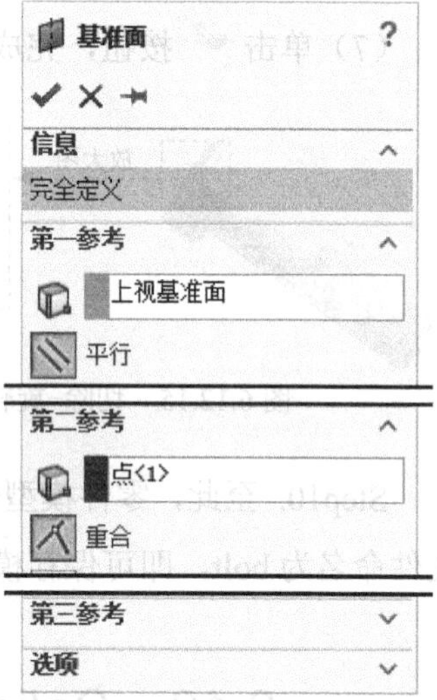

图 6.13.4　“基准面”对话框

Step3. 创建如图 6.13.5 所示的草图 3。选取基准面 1 为草图基准面，系统进入草图绘制环境，绘制如图 6.13.6 所示的草图 3（圆弧）。

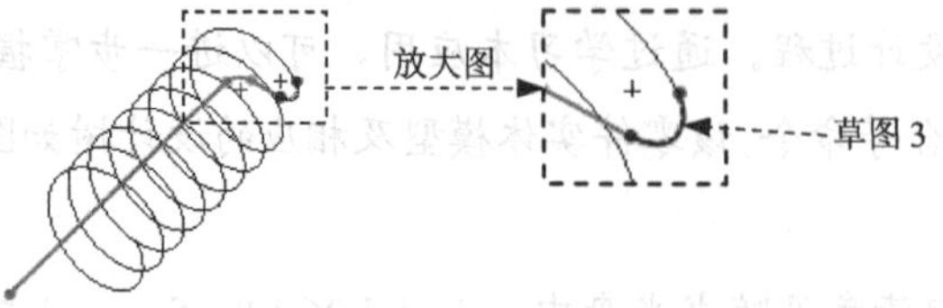

图 6.13.5　草图 3

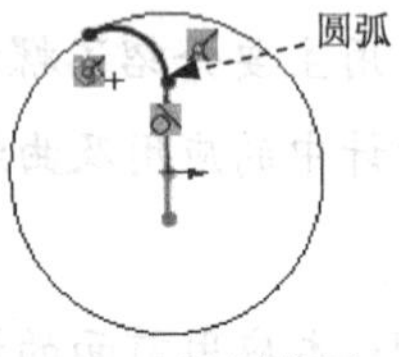

图 6.13.6　绘制草图 3

Step4. 创建如图 6.13.7 所示的草图 4。选取右视基准面为草图基准面，在草图绘制环境中绘制如图 6.13.8 所示的草图 4。

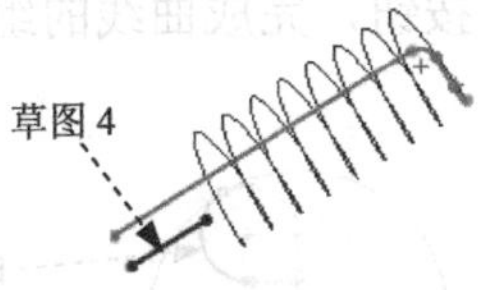

图 6.13.7 草图 4

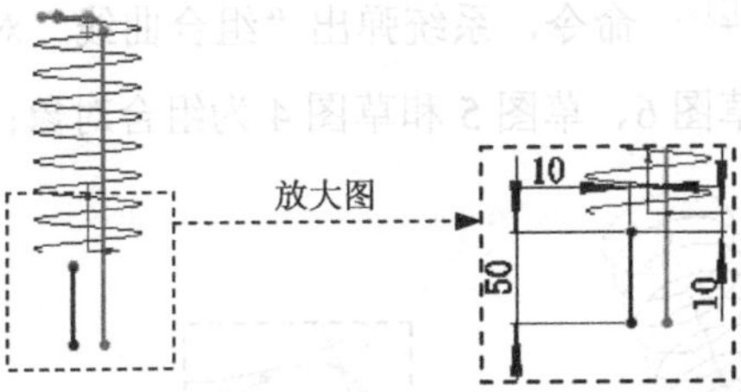

图 6.13.8 绘制草图 4

Step5. 创建如图 6.13.9 所示的基准面 2。选择下拉菜单 插入(I) ➡ 参考几何体(G) ➡ 基准面(P)... 命令，系统弹出如图 6.13.10 所示的“基准面”对话框；选取前视基准面和如图 6.13.9 所示的点作为基准平面的参考实体；单击该对话框中的 ✔ 按钮，完成基准面 2 的创建。

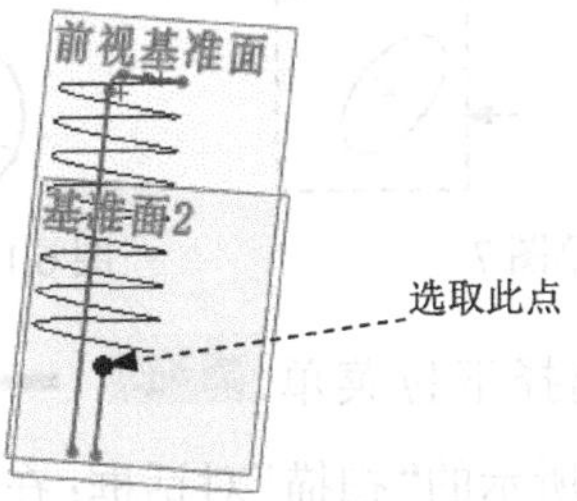

图 6.13.9 基准面 2

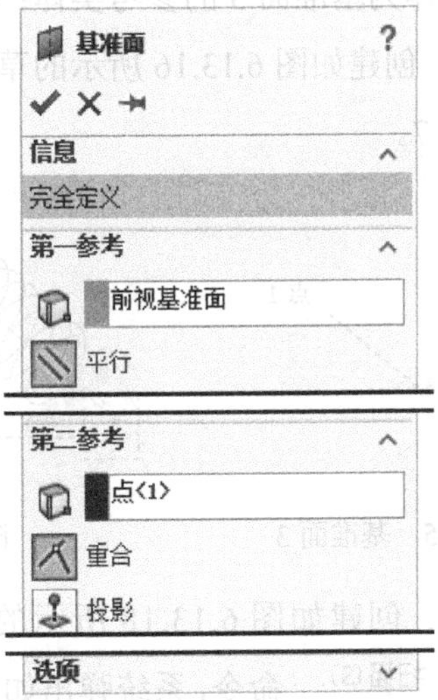

图 6.13.10 “基准面”对话框

Step6. 创建如图 6.13.11 所示的草图 5。选取基准面 2 为草图基准面，绘制如图 6.13.12 所示的草图 5。

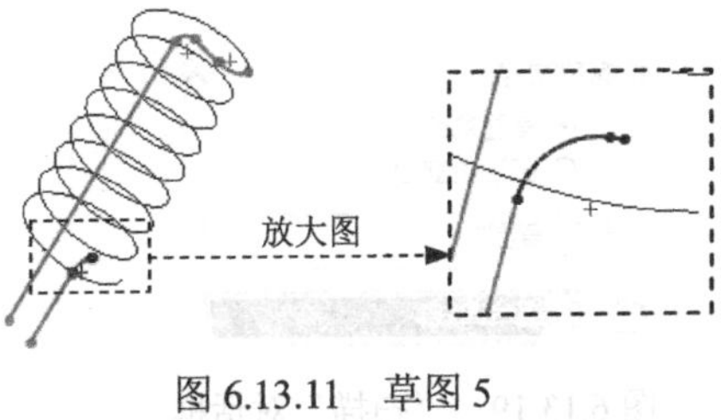

图 6.13.11 草图 5

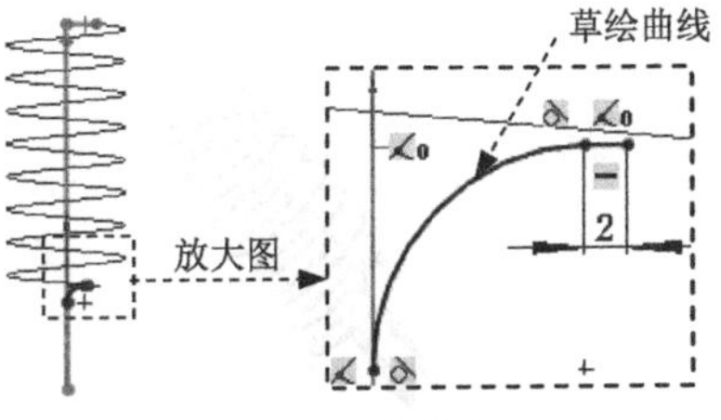

图 6.13.12 绘制草图 5

Step7. 创建如图 6.13.13 所示的草图 6。选取上视基准面为草图基准面，绘制如图 6.13.14 所示的草图 6。

Step8. 创建组合曲线 1。选择下拉菜单 插入(I) → 曲线(U) → 组合曲线(C)... 命令，系统弹出“组合曲线”对话框；依次选取草图 2、草图 3、螺旋线/涡状线 1、草图 6、草图 5 和草图 4 为组合对象；单击 ✔ 按钮，完成曲线的组合。

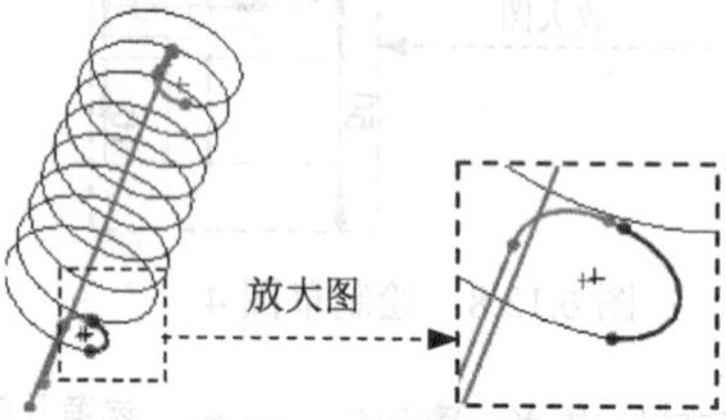

图 6.13.13　草图 6

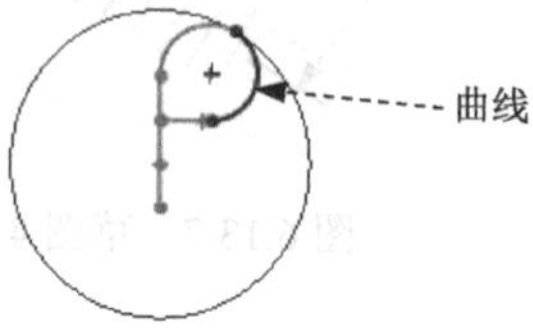

图 6.13.14　绘制草图 6

Step9. 创建如图 6.13.15 所示的基准面 3。选择下拉菜单 插入(I) → 参考几何体(G) → 基准面(P)... 命令，系统弹出“基准面”对话框；选取上视基准面和如图 6.13.15 所示的点 1 作为基准面 3 的参考实体；单击该对话框中的 ✔ 按钮，完成基准面 3 的创建。

Step10. 创建如图 6.13.16 所示的草图 7。选取基准面 3 为草图基准面，绘制如图 6.13.17 所示的草图 7。

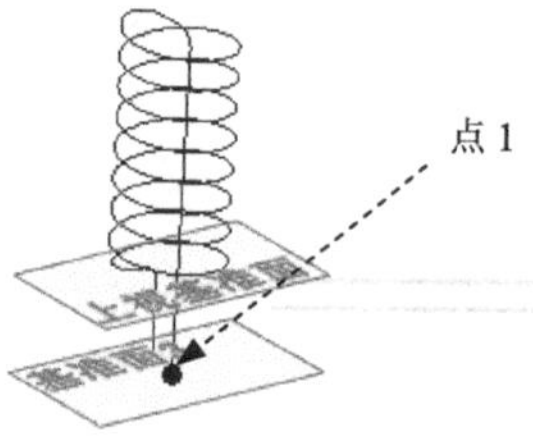

图 6.13.15　基准面 3

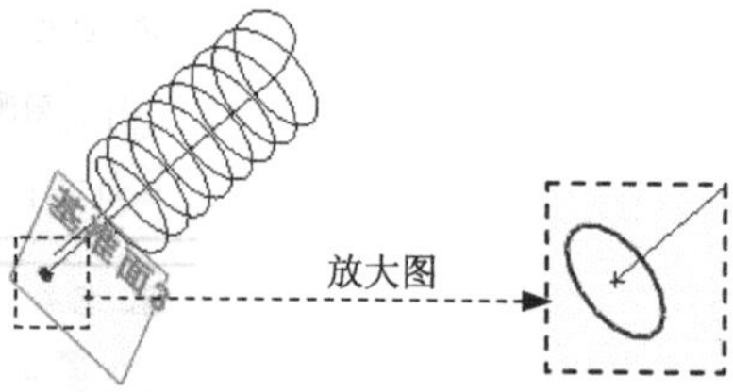

图 6.13.16　草图 7

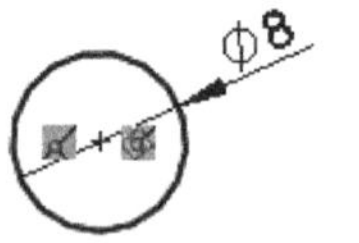

图 6.13.17　绘制草图 7

Step11. 创建如图 6.13.18 所示的扫描 1。选择下拉菜单 插入(I) → 凸台/基体(B) → 扫描(S)... 命令，系统弹出如图 6.13.19 所示的“扫描”对话框；在系统 选择扫描轮廓 的提示下，选取草图 7 作为扫描轮廓；在系统 选择扫描路径 的提示下，选取组合曲线 1 作为扫描路径；在“扫描”对话框中单击 ✔ 按钮，完成扫描 1 的创建。

图 6.13.18　扫描 1

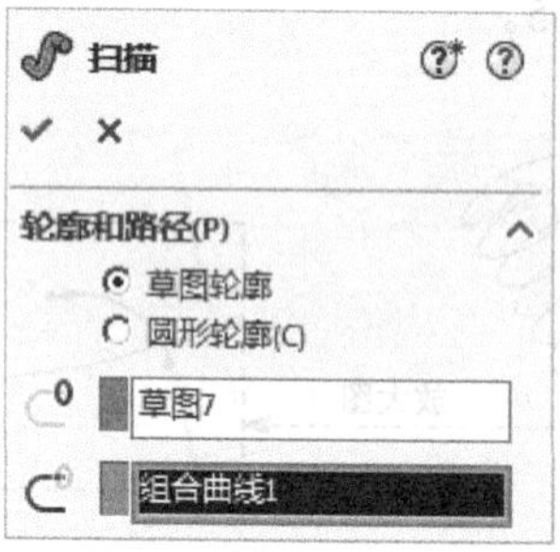

图 6.13.19　“扫描”对话框

Step12. 选择下拉菜单 视图(V) → 隐藏/显示(H) → 隐藏所有类型(Y) 命令，使图形区中只显示模型。

Step13. 至此，零件模型创建完毕，选择下拉菜单 文件(F) → 保存(S) 命令，将文件命名为 boiler，即可保存零件模型。

6.14 SolidWorks 曲面零件设计实际应用 3——空调叶轮

应用概述

本应用详细介绍了空调叶轮的设计过程，其设计过程是将草绘曲线向曲面上投影，然后根据投影曲线生成曲面，最后将曲面加厚生成实体。该零件实体模型及相应的设计树如图 6.14.1 所示。

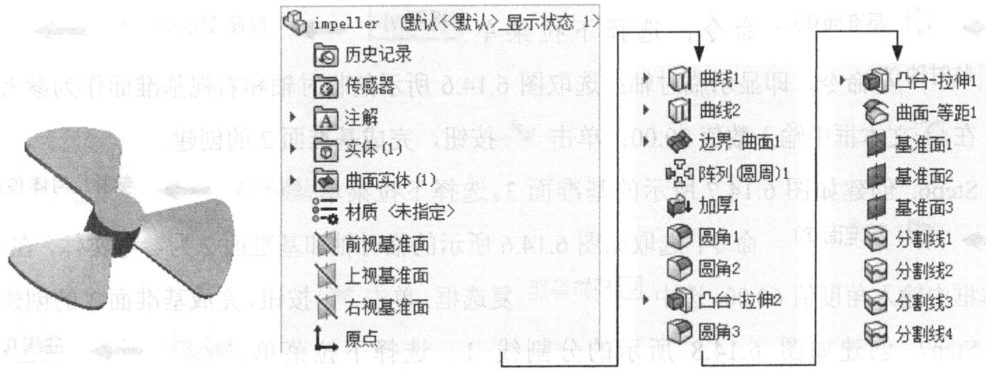

图 6.14.1 空调叶轮零件模型和设计树

Step1. 新建模型文件。新建一个“零件”模块的模型文件，进入建模环境。

Step2. 创建如图 6.14.2 所示的零件基础特征——凸台-拉伸 1。选择下拉菜单 插入(I) → 凸台/基体(B) → 拉伸(E)... 命令；选取前视基准面作为草图基准面；在草图绘制环境中绘制如图 6.14.3 所示的横断面草图；采用系统默认的深度方向；在“凸台-拉伸”对话框 方向 1(1) 区域的下拉列表中选择 给定深度 选项，输入深度值 20.00；单击 ✔ 按钮，完成凸台-拉伸 1 的创建。

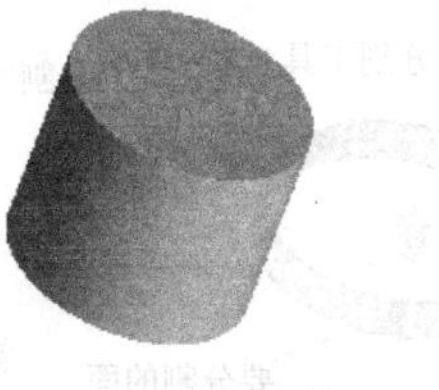

图 6.14.2 凸台-拉伸 1

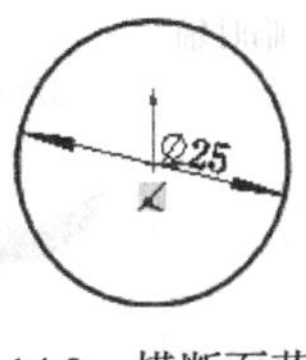

图 6.14.3 横断面草图

Step3. 创建如图 6.14.4 所示的曲面-等距 1。选择下拉菜单 插入(I) → 曲面(S) → 等距曲面(O)... 命令，系统弹出“等距曲面”对话框；选取如图 6.14.4 所示的实体表面为等距曲面；在“等距曲面”对话框的 文本框中输入数值 50.00；单击 按钮，完成曲面-等距 1 的创建。

Step4. 创建如图 6.14.5 所示的基准面 1。选择下拉菜单 插入(I) → 参考几何体(G) → 基准面(P)... 命令，系统弹出“基准面”对话框；选取上视基准面作为参考实体；在 文本框中输入数值 80.00；单击该对话框中的 按钮，完成基准面 1 的创建。

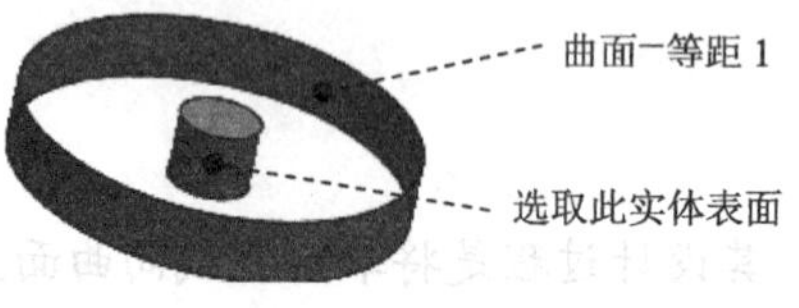

图 6.14.4　曲面-等距 1

图 6.14.5　基准面 1

Step5. 创建如图 6.14.6 所示的基准面 2。选择下拉菜单 插入(I) → 参考几何体(G) → 基准面(P)... 命令；选择下拉菜单 视图(V) → 隐藏/显示(H) → 临时轴(X) 命令，即显示临时轴；选取图 6.14.6 所示的临时轴和右视基准面作为参考实体；在 文本框中输入数值 30.00；单击 按钮，完成基准面 2 的创建。

Step6. 创建如图 6.14.7 所示的基准面 3。选择下拉菜单 插入(I) → 参考几何体(G) → 基准面(P)... 命令；选取如图 6.14.6 所示的临时轴和基准面 2 为参考实体，在 文本框中输入角度值 60.00，选中 ☑反转等距 复选框；单击 按钮，完成基准面 3 的创建。

Step7. 创建如图 6.14.8 所示的分割线 1。选择下拉菜单 插入(I) → 曲线(U) → 分割线(S)... 命令，系统弹出“分割线”对话框；在 分割类型 区域中选中 ⊙ 轮廓(S) 单选项；在设计树中选择基准面 3 为分割工具；选取如图 6.14.8 所示的模型表面为要分割的面；单击 按钮，完成分割线 1 的创建。

Step8. 创建如图 6.14.9 所示的分割线 2。选择下拉菜单 插入(I) → 曲线(U) → 分割线(S)... 命令，系统弹出“分割线”对话框；在 分割类型 区域中选中 ⊙ 轮廓(S) 单选项；在设计树中选择基准面 2 为分割工具；选取如图 6.14.9 所示的模型表面为要分割的面；单击 按钮，完成分割线 2 的创建。

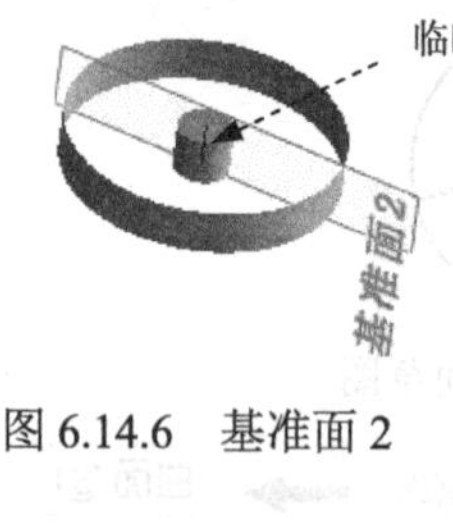

图 6.14.6　基准面 2

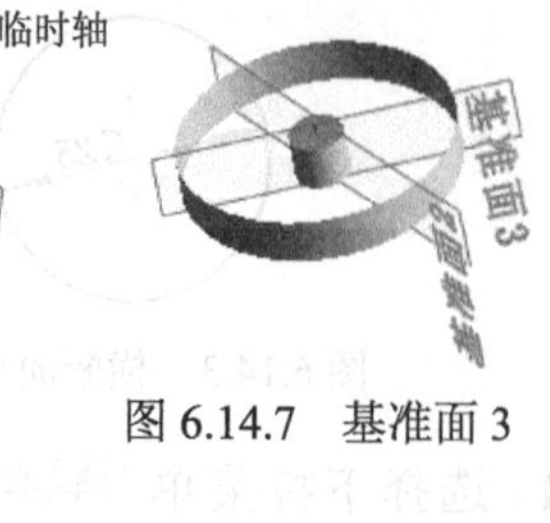

图 6.14.7　基准面 3

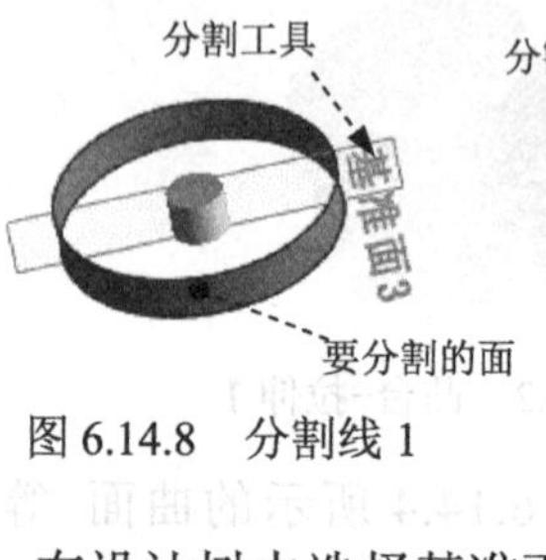

图 6.14.8　分割线 1

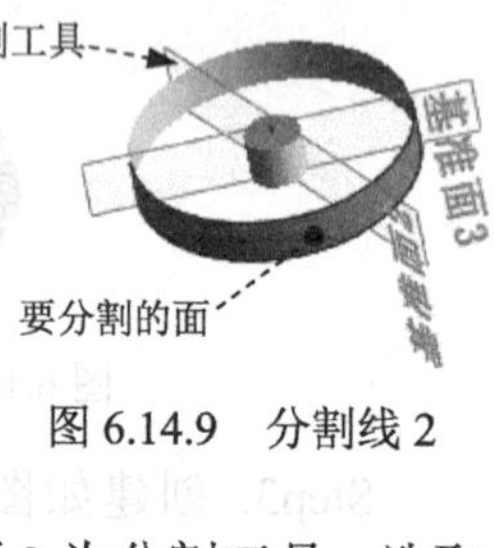

图 6.14.9　分割线 2

Step9. 创建如图 6.14.10 所示的分割线 3。在设计树中选择基准面 3 为分割工具；选取如图 6.14.10 所示的模型表面为要分割的面。

Step10. 创建如图 6.14.11 所示的分割线 4。在设计树中选择基准面 2 为分割工具；选取图 6.14.11 所示的模型表面为要分割的面。

Step11. 创建如图 6.14.12 所示的草图 2。草图基准面为基准面 1。

Step12. 创建如图 6.14.13 所示的草图 3。草图基准面为基准面 1。

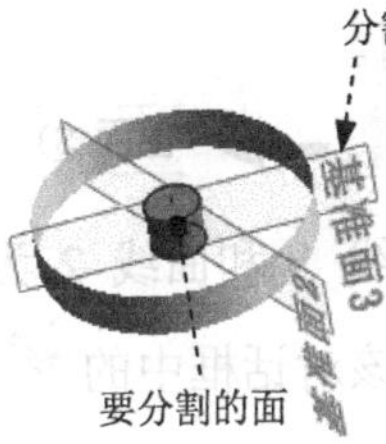

图 6.14.10　分割线 3

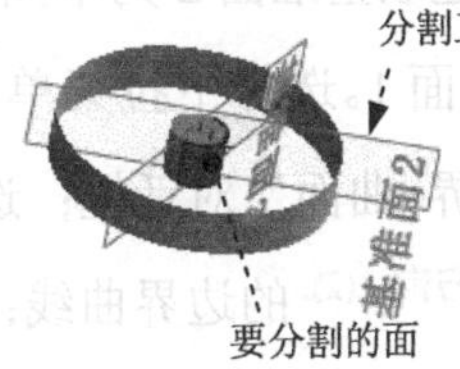

图 6.14.11　分割线 4

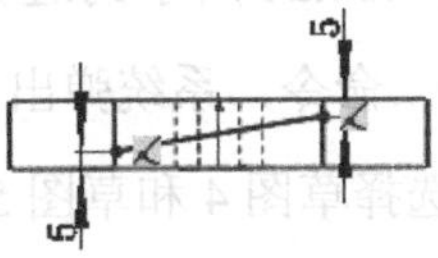

图 6.14.12　草图 2

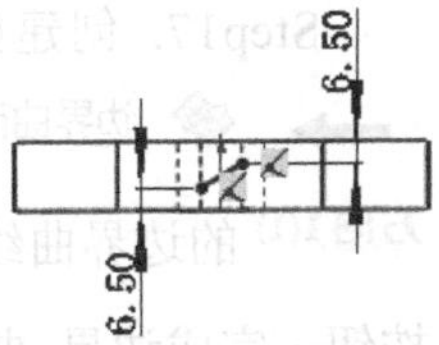

图 6.14.13　草图 3

Step13. 创建如图 6.14.14 所示的曲线 1。

（1）选择命令。选择下拉菜单 插入(I) → 曲线(U) → 投影曲线(P)... 命令，系统弹出“投影曲线”对话框。

（2）选择投影类型。在“投影曲线”对话框的下拉列表中选中 ⊙ 面上草图(K) 单选项。

（3）定义要投影的草图。选取草图 2 为要投影的草图。

（4）定义要投影到的面。选取如图 6.14.15 所示的模型表面为要投影到的面，选中 ☑ 反转投影(R) 复选框。

（5）单击该对话框中的 ✔ 按钮，完成曲线 1 的创建。

图 6.14.14　曲线 1

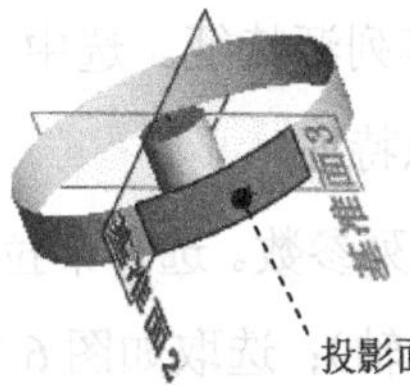

图 6.14.15　选取投影面

Step14. 创建如图 6.14.16 所示的曲线 2。

（1）选择命令。选择下拉菜单 插入(I) → 曲线(U) → 投影曲线(P)... 命令。

（2）在“投影曲线”对话框的下拉列表中选中 ⊙ 面上草图(K) 单选项。

（3）选取草图 3 为要投影的草图；选取如图 6.14.17 所示的模型表面为要投影到的面，选中 ☑ 反转投影(R) 复选框。

（4）单击 ✔ 按钮，完成曲线 2 的创建。

Step15. 创建如图 6.14.18 所示的草图 4。选取基准面 3 为草图基准面。

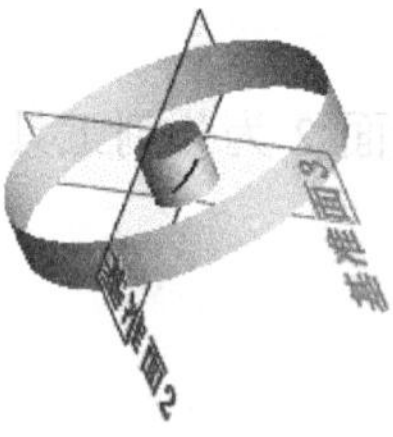

图 6.14.16　曲线 2

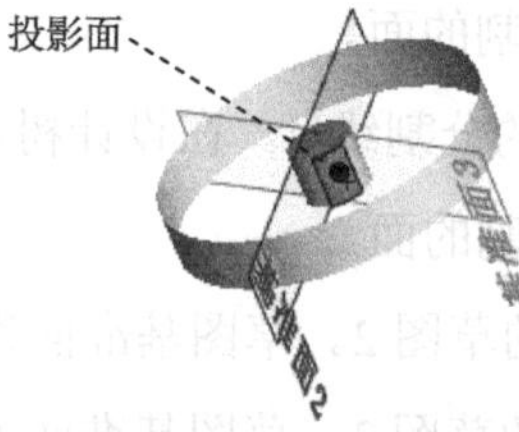

图 6.14.17　选取投影面

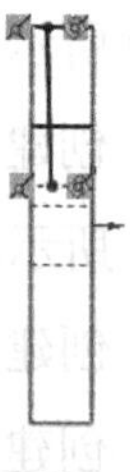

图 6.14.18　草图 4

Step16. 创建如图 6.14.19 所示的草图 5。选取基准面 2 为草图基准面。

Step17. 创建如图 6.14.20 所示的边界-曲面 1。选择下拉菜单 插入(I) → 曲面(S) → 边界曲面(B)... 命令，系统弹出“边界-曲面”对话框；选择曲线 1 和曲线 2 为 **方向 1(1)** 的边界曲线；选择草图 4 和草图 5 为 **方向 2(2)** 的边界曲线；单击该对话框中的 ✔ 按钮，完成边界-曲面 1 的创建。

Step18. 创建如图 6.14.21 所示的阵列（圆周）1。

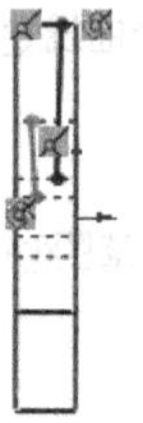

图 6.14.19　草图 5

图 6.14.20　边界-曲面 1

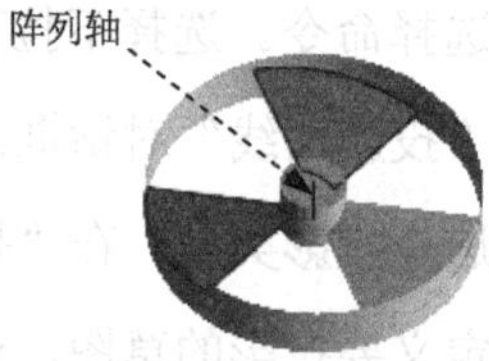

图 6.14.21　阵列（圆周）1

（1）选择下拉菜单 插入(I) → 阵列/镜像(E) → 圆周阵列(C)... 命令，系统弹出“阵列（圆周）”对话框。

（2）定义阵列源特征。选中 ☑ **特征和面(F)** 复选框，激活 后的文本框，选择边界-曲面 1 为阵列的源特征。

（3）定义阵列参数。选择下拉菜单 视图(V) → 隐藏/显示(H) → 临时轴(X) 命令（显示临时轴）；选取如图 6.14.21 所示的临时基准轴为圆周阵列轴；在 文本框中输入数值 120.00；在 文本框中输入数值 3。

（4）单击该对话框中的 ✔ 按钮，完成阵列（圆周）1 的创建。

Step19. 隐藏曲面-等距 1。在设计树中右击“分割线 1”或“分割线 2”，然后在系统弹出的快捷菜单中选择 选项，完成“曲面-等距 1”的隐藏，如图 6.14.22 所示。

Step20. 创建如图 6.14.23b 所示的加厚 1。

（1）选择下拉菜单 插入(I) → 凸台/基体(B) → 加厚(T)... 命令，系统弹出“加厚”对话框。

（2）定义要加厚的曲面。在设计树中选择阵列（圆周）1 为要加厚的曲面。

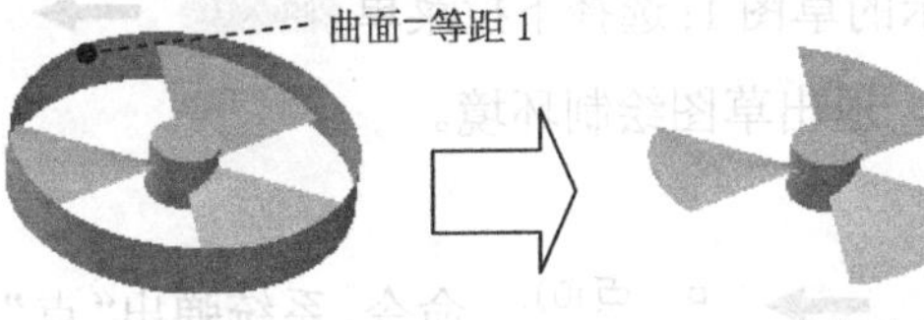

a）隐藏前　　b）隐藏后

图 6.14.22　隐藏曲面-等距 1

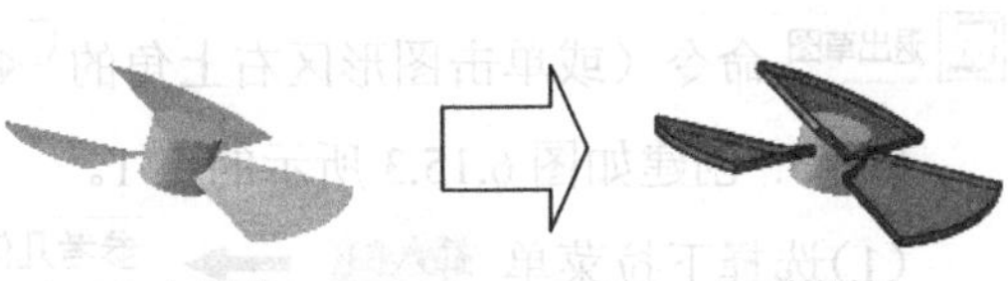

a）加厚前　　b）加厚后

图 6.14.23　加厚 1

（3）定义厚度参数。在 厚度: 下单击 按钮，在 加厚参数(T) 区域的 文本框中输入数值 1.50。

（4）单击该对话框中的 按钮，完成加厚 1 的创建。

Step21. 后面的详细操作过程请参见随书光盘中 video\ch06.14\reference\文件下的语音视频讲解文件 impeller-r01。

6.15　SolidWorks 曲面零件设计实际应用 4——电吹风造型

应用概述

本应用介绍了一款电吹风外壳的曲面设计过程。曲面零件设计的一般方法是，先创建一系列草绘曲线和空间曲线，然后利用所创建的曲线构建几个独立的曲面，再利用缝合等工具将独立的曲面变成一个整体面，最后将整体面变成实体模型。该零件实体模型及相应的设计树如图 6.15.1 所示。

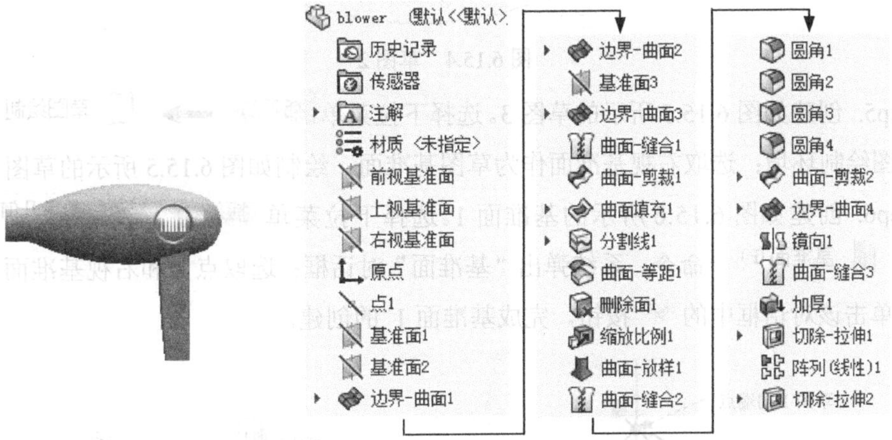

图 6.15.1　电吹风零件模型和设计树

Step1. 新建模型文件。新建一个“零件”模块的模型文件，进入建模环境。

Step2. 创建如图 6.15.2 所示的草图 1。选择下拉菜单 插入(I) → 草图绘制 命令，选取前视基准面作为草图基准面，绘制图 6.15.2 所示的草图 1；选择下拉菜单 插入(I) ➡ 退出草图 命令（或单击图形区右上角的 按钮），退出草图绘制环境。

Step3. 创建如图 6.15.3 所示的点 1。

(1)选择下拉菜单 插入(I) ➡ 参考几何体(G) ➡ 点(O)... 命令，系统弹出“点”对话框。

(2) 定义点的创建类型。在“点”对话框中单击 按钮，然后选中 百分比(G) 单选项。

(3)定义点的位置和点数。在 文本框中输入百分比值 55，在 文本框中输入值 1。

(4) 定义参考曲线。选取如图 6.15.3 所示的圆弧为参考曲线。

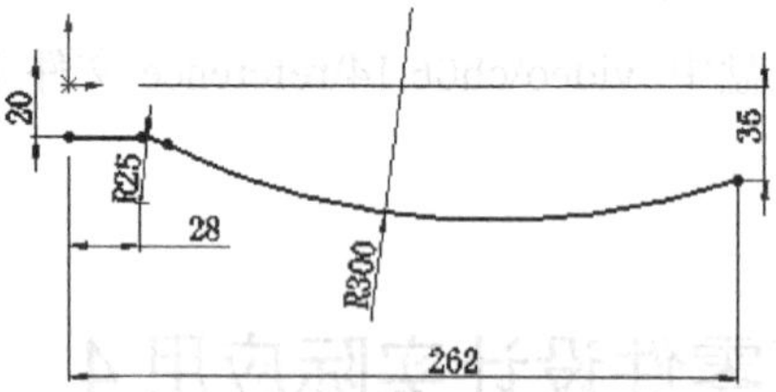

图 6.15.2 草图 1

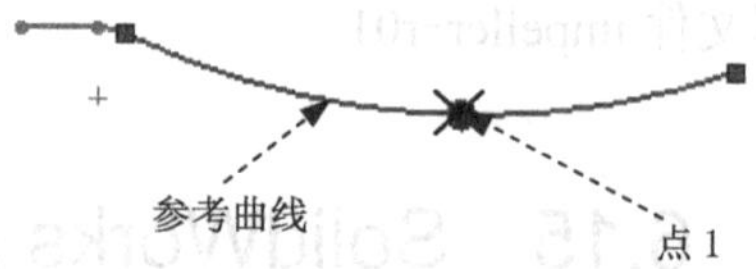

图 6.15.3 参考曲线

(5) 单击 按钮，完成点 1 的创建。

Step4. 创建如图 6.15.4 所示的草图 2。

(1) 选择下拉菜单 插入(I) ➡ 草图绘制 命令，进入草图绘制环境。

(2) 选取前视基准面作为草图基准面，绘制如图 6.15.4 所示的草图 2。

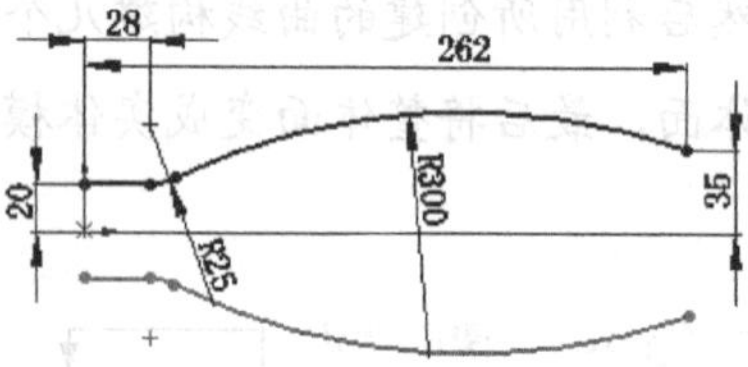

图 6.15.4 草图 2

Step5. 创建如图 6.15.5 所示的草图 3。选择下拉菜单 插入(I) ➡ 草图绘制 命令，进入草图绘制环境；选取右视基准面作为草图基准面，绘制如图 6.15.5 所示的草图 3。

Step6. 创建如图 6.15.6 所示的基准面 1。选择下拉菜单 插入(I) ➡ 参考几何体(G) ➡ 基准面(P)... 命令，系统弹出“基准面”对话框；选取点 1 和右视基准面为参考元素；单击该对话框中的 按钮，完成基准面 1 的创建。

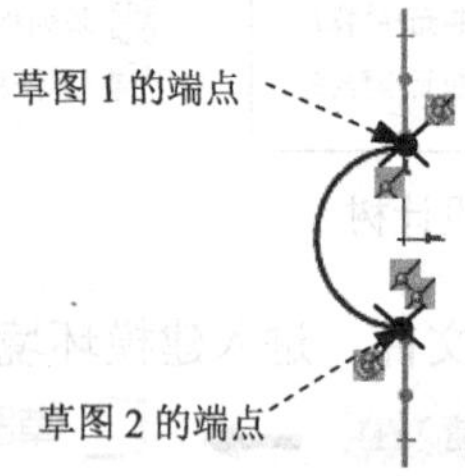

图 6.15.5 草图 3

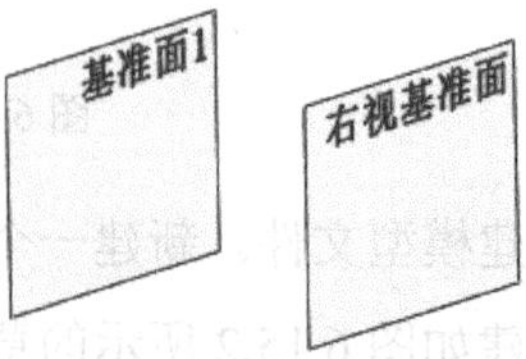

图 6.15.6 基准面 1

Step7. 创建如图 6.15.7 所示的基准面 2。选择下拉菜单 插入(I) → 参考几何体(G) → 基准面(P)... 命令；选取草图 1 的端点（图 6.15.8）和右视基准面为参考元素；单击该对话框中的 ✔ 按钮，完成基准面 2 的创建。

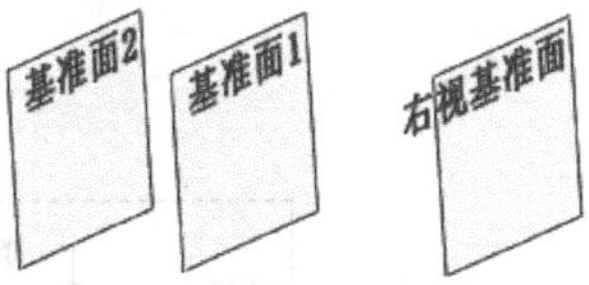

图 6.15.7　基准面 2

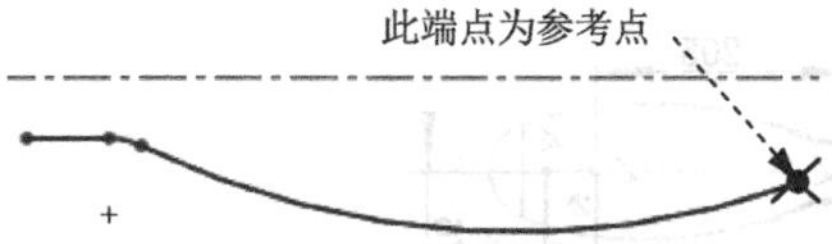

图 6.15.8　选择参考元素

Step8. 创建如图 6.15.9 所示的草图 4。选取基准面 1 作为草图基准面，绘制如图 6.15.9 所示的草图 4。

Step9. 创建如图 6.15.10 所示的草图 5。选取基准面 2 作为草图基准面，绘制如图 6.15.10 所示的草图 5。

Step10. 创建如图 6.15.11 所示的边界-曲面 1。

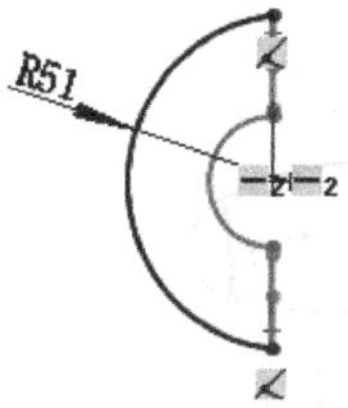

图 6.15.9　草图 4

图 6.15.10　草图 5

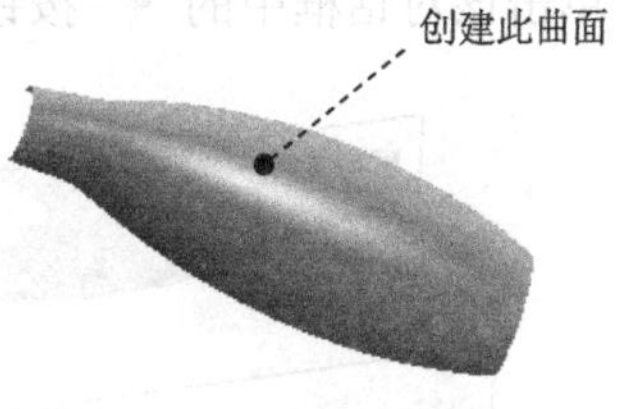

图 6.15.11　边界-曲面 1

（1）选择命令。选择下拉菜单 插入(I) → 曲面(S) → 边界曲面(B)... 命令，系统弹出“边界-曲面”对话框。

（2）定义方向 1 的边界曲线。选取草图 3、草图 4 和草图 5 为方向 1 的边界曲线。

（3）定义方向 2 的边界曲线。选取草图 1 和草图 2 为方向 2 的边界曲线。

（4）其他参数采用系统默认的设置值；单击 ✔ 按钮，完成边界-曲面 1 的创建。

Step11. 创建如图 6.15.12 所示的草图 6。选取前视基准面作为草图基准面，绘制如图 6.15.12 所示的草图 6。

Step12. 创建如图 6.15.13 所示的边界-曲面 2。选择下拉菜单 插入(I) → 曲面(S) → 边界曲面(B)... 命令；选取如图 6.15.14 所示的草图 6 和边线 1 为方向 1 的边界曲线；然后在“边界-曲面”对话框中选取边线 1；在 **方向 1(1)** 区域的下拉列表中选择 与面相切 选项，采用系统默认的相切方向；单击 ✔ 按钮，完成边界-曲面 2 的创建。

图 6.15.12　草图 6

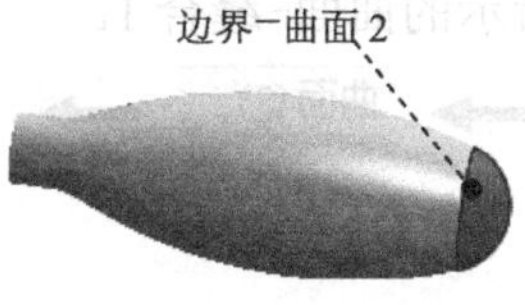

图 6.15.13　边界-曲面 2

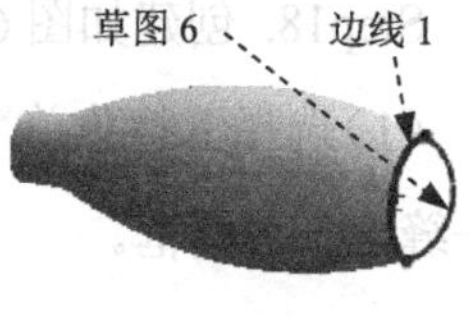

图 6.15.14　选择边界曲线

Step13. 创建如图 6.15.15 所示的草图 7。选取前视基准面作为草图基准面，绘制如图 6.15.15 所示的草图 7。

Step14. 创建如图 6.15.16 所示的草图 8。选取上视基准面作为草图基准面，绘制如图 6.15.16 所示的草图 8。

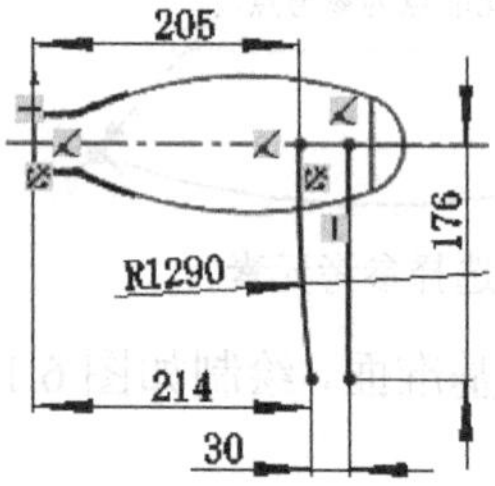

图 6.15.15　草图 7

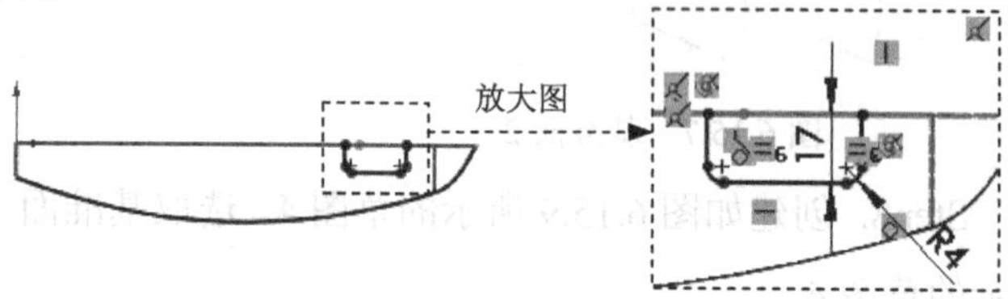

图 6.15.16　草图 8

Step15. 创建如图 6.15.17 所示的基准面 3。选择下拉菜单 插入(I) → 参考几何体(G) → 基准面(P)... 命令；选取如图 6.15.18 所示的点和上视基准面为基准面 3 的参考元素；单击该对话框中的 ✔ 按钮，完成基准面 3 的创建。

图 6.15.17　基准面 3

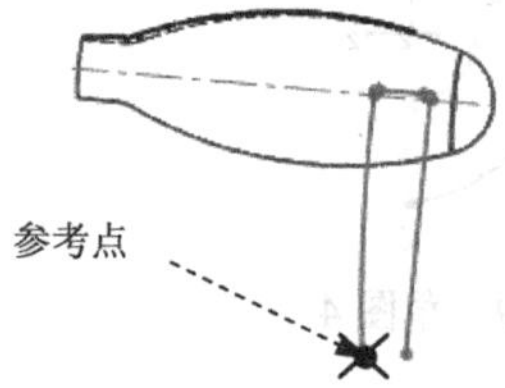

图 6.15.18　选择参考元素

Step16. 创建如图 6.15.19 所示的草图 9。选取基准面 3 作为草图基准面，绘制如图 6.15.19 所示的草图 9。

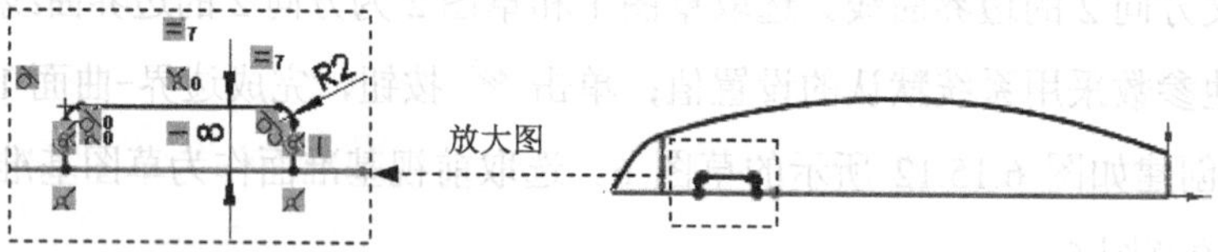

图 6.15.19　草图 9

Step17. 创建如图 6.15.20 所示的边界-曲面 3。选择下拉菜单 插入(I) → 曲面(S) → 边界曲面(B)... 命令，选取如图 6.15.21 所示的边线 1 和边线 2 为方向 1 的边界曲线，选取草图 8 和草图 9 为方向 2 的边界曲线。单击 ✔ 按钮，完成边界-曲面 3 的创建。

Step18. 创建如图 6.15.22 所示的曲面-缝合 1。

(1)选择下拉菜单 插入(I) → 曲面(S) → 缝合曲面(K)... 命令，系统弹出“曲面-缝合”对话框。

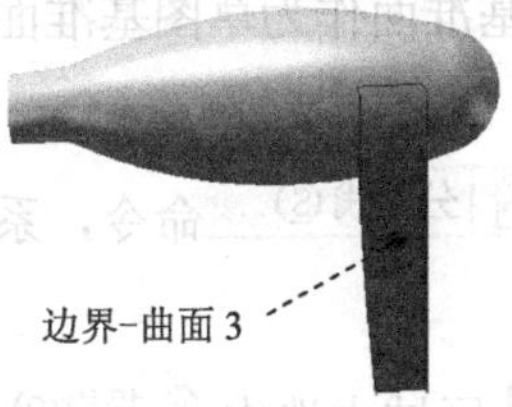

图 6.15.20 边界-曲面 3

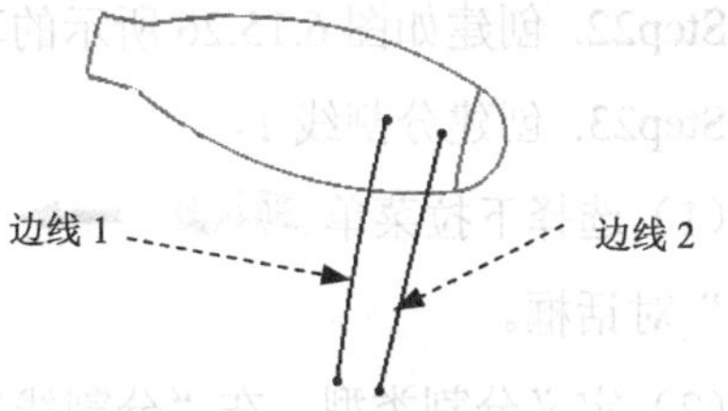

图 6.15.21 选择边界曲线

（2）选取如图 6.15.22 所示的边界-曲面 1 和边界-曲面 2 为要缝合的曲面。

（3）单击该对话框中的 ✔ 按钮，完成曲面-缝合 1 的创建。

Step19. 创建如图 6.15.23 所示的曲面-剪裁 1。

（1）选择下拉菜单 插入(I) → 曲面(S) → 剪裁曲面(T)... 命令，系统弹出“剪裁曲面”对话框。

（2）在剪裁类型区域选择 ⊙ 相互(M) 单选项。

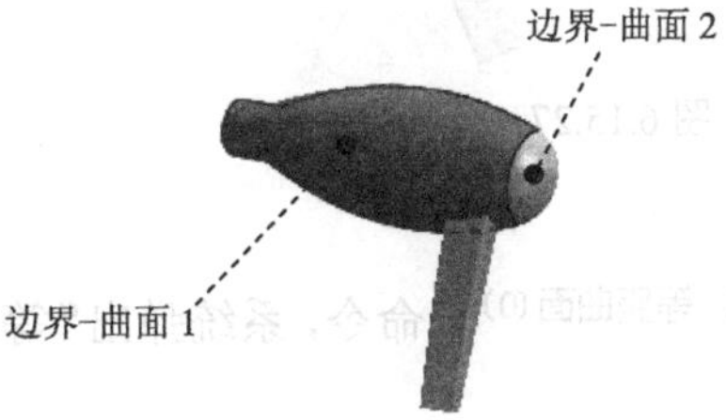

图 6.15.22 曲面-缝合 1

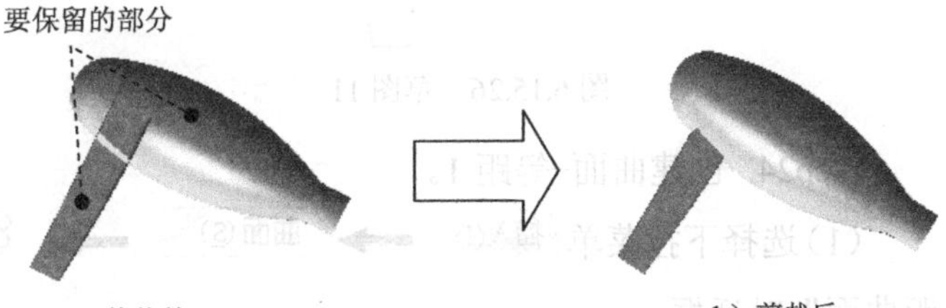

a）剪裁前　b）剪裁后

图 6.15.23 曲面-剪裁 1

（3）选取边界-曲面 3 和曲面-缝合 1 为剪裁对象。

（4）选取如图 6.15.23a 所示的部分为要保留的部分。

（5）其他参数采用系统默认的设置值，单击该对话框中的 ✔ 按钮，完成曲面-剪裁 1 的创建。

Step20. 选取基准面 3 作为草图基准面，绘制如图 6.15.24 所示的草图 10。

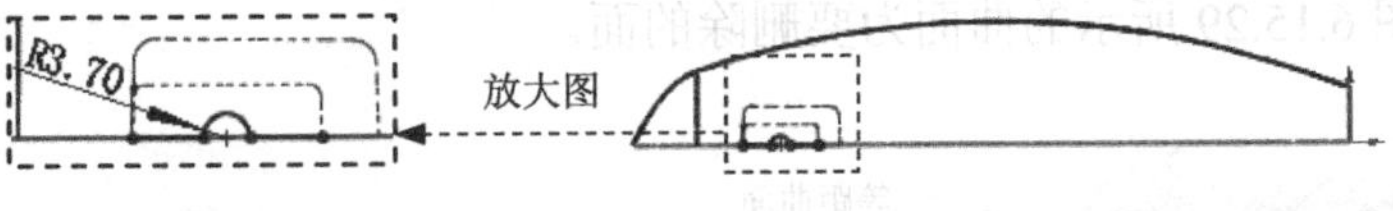

图 6.15.24 草图 10

Step21. 创建如图 6.15.25 所示的曲面填充 1。选择下拉菜单 插入(I) → 曲面(S) → 填充(I)... 命令，系统弹出“填充曲面”对话框；选取草图 9 和草图 10 为修补边界；单击该对话框中的 ✔ 按钮，完成曲面填充 1 的创建。

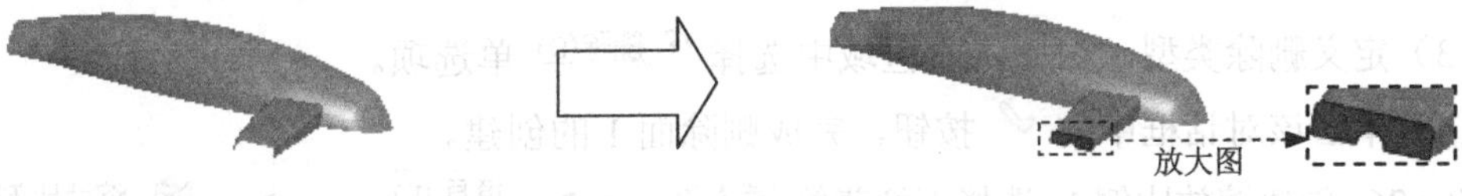

a）填充前　b）填充后

图 6.15.25 曲面填充 1

Step22. 创建如图 6.15.26 所示的草图 11。选取前视基准面作为草图基准面。

Step23. 创建分割线 1。

（1）选择下拉菜单 插入(I) → 曲线(U) → 分割线(S)... 命令，系统弹出“分割线”对话框。

（2）定义分割类型。在“分割线”对话框的 分割类型 区域中选中 ⊙ 投影(P) 单选项。

（3）选取草图 11 为投影曲线。

（4）选取如图 6.15.27 所示的边界–曲面 1 为分割面。

（5）单击 ✔ 按钮，完成分割线 1 的创建。

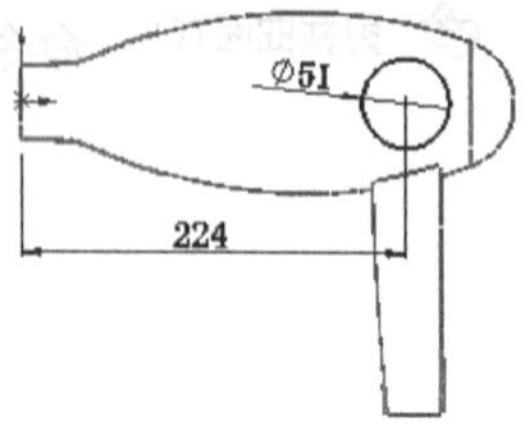

图 6.15.26 草图 11

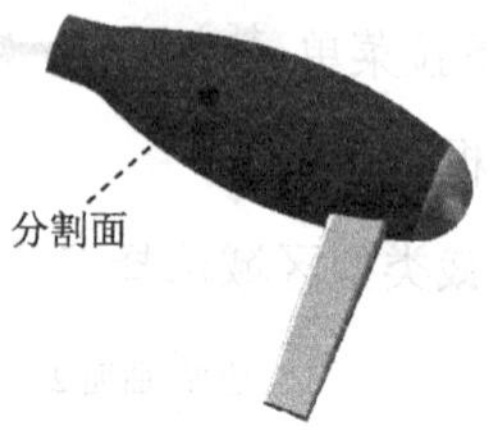

图 6.15.27 分割线 1

Step24. 创建曲面–等距 1。

（1）选择下拉菜单 插入(I) → 曲面(S) → 等距曲面(O)... 命令，系统弹出“等距曲面”对话框。

（2）选取如图 6.15.28 所示的曲面为等距曲面。

（3）输入等距距离值 3.00，单击 按钮调整曲面向内部偏移。

（4）单击该对话框中的 ✔ 按钮，完成曲面–等距 1 的创建。

Step25. 创建删除面 1。

（1）选择下拉菜单 插入(I) → 面(F) → 删除(D)... 命令，系统弹出“删除面”对话框。

（2）选取图 6.15.29 所示的曲面为要删除的面。

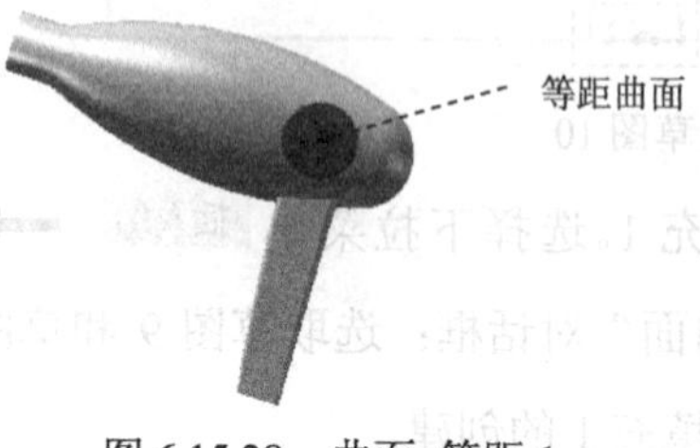

图 6.15.28 曲面–等距 1

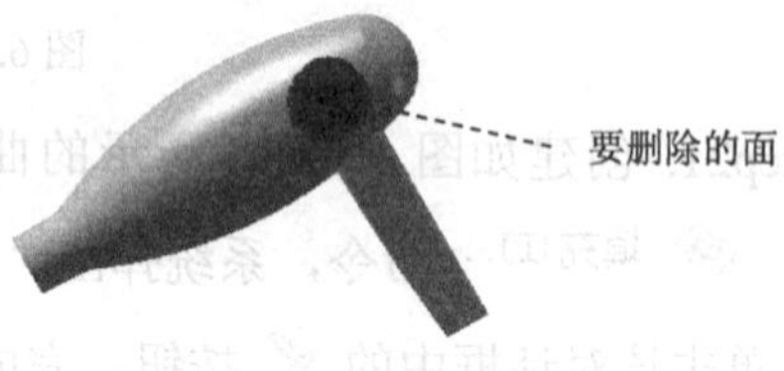

图 6.15.29 删除面 1

（3）定义删除类型。在 选项(O) 区域中选择 ⊙ 删除(D) 单选项。

（4）单击该对话框中的 ✔ 按钮，完成删除面 1 的创建。

Step26. 创建缩放比例 1。选择下拉菜单 插入(I) → 模具(L) → 缩放比例(A)...

命令，系统弹出“缩放比例”对话框；选取曲面-等距 1 为要缩放比例的实体；输入比例因子值 0.95；单击该对话框中的 ✔ 按钮，完成缩放比例 1 的创建。

Step27. 创建如图 6.15.30b 所示的曲面-放样 1。

（1）选择下拉菜单 插入(I) → 曲面(S) → 放样曲面(L)... 命令，系统弹出“曲面-放样”对话框。

（2）选取如图 6.15.30a 所示的两条边线为曲面-放样 1 的轮廓。

（3）单击该对话框中的 ✔ 按钮，完成曲面-放样 1 的创建。

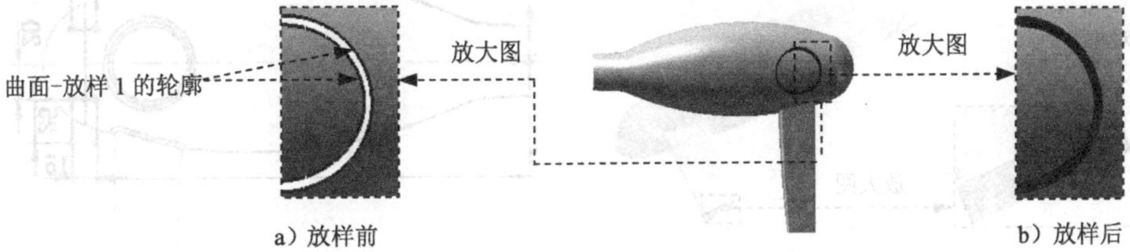

图 6.15.30 曲面-放样 1

Step28. 创建曲面-缝合 2。

（1）选择下拉菜单 插入(I) → 曲面(S) → 缝合曲面(K)... 命令，系统弹出“缝合曲面”对话框。

（2）在设计树中选取曲面-放样 1、缩放比例 1、删除面 1 和曲面填充 1 为要缝合的曲面，在对话框中取消选中 ☐ 缝隙控制(A) 复选框。

（3）单击该对话框中的 ✔ 按钮，完成曲面-缝合 2 的创建。

Step29. 创建如图 6.15.31b 所示的圆角 1。选择下拉菜单 插入(I) → 曲面(S) → 圆角(U)... 命令，选取如图 6.15.31a 所示的边线为圆角对象，圆角半径值为 2.50。

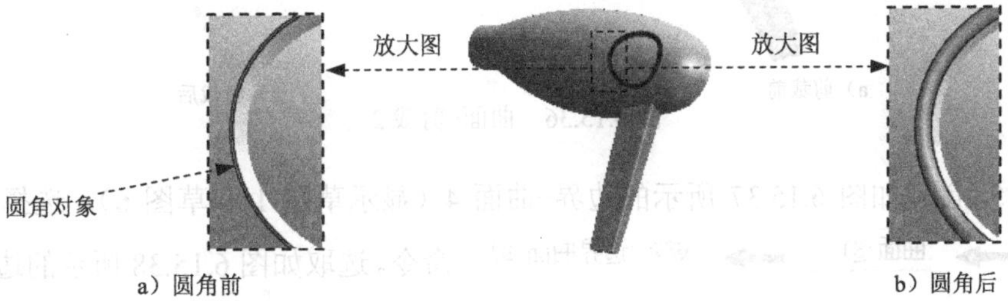

图 6.15.31 圆角 1

Step30. 添加圆角 2。要圆角的对象为图 6.15.32 所示的边线，圆角半径值为 2.00。

Step31. 添加圆角 3。要圆角的对象为图 6.15.33 所示的边线，圆角半径值为 3.00。

Step32. 创建圆角 4。要圆角的对象为图 6.15.34 所示的边线，圆角半径值为 1.50。

Step33. 创建如图 6.15.35 所示的草图 12。选取前视基准面作为草图基准面，绘制如图 6.15.35 所示的草图 12。

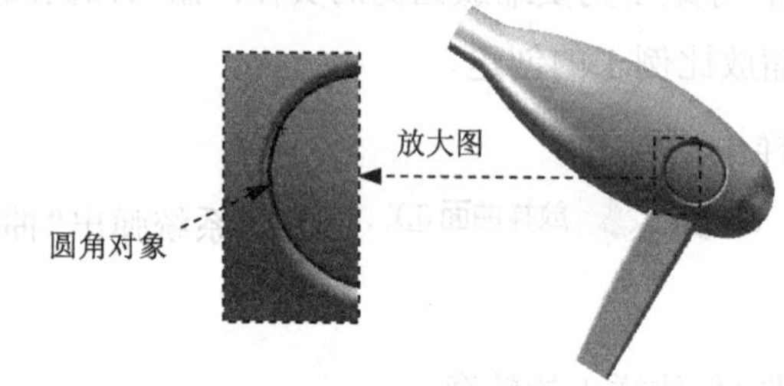

图 6.15.32　圆角 2

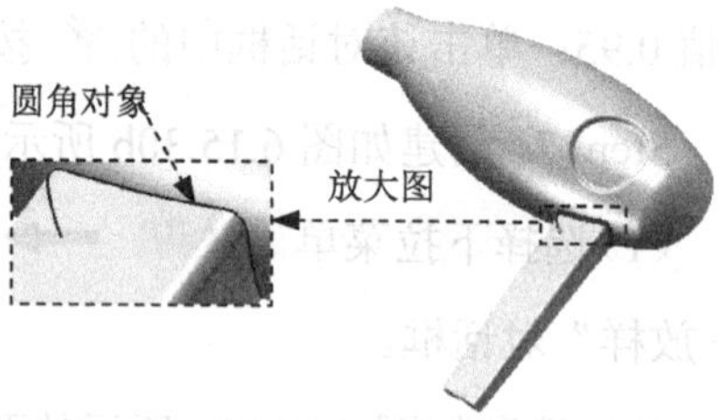

图 6.15.33　圆角 3

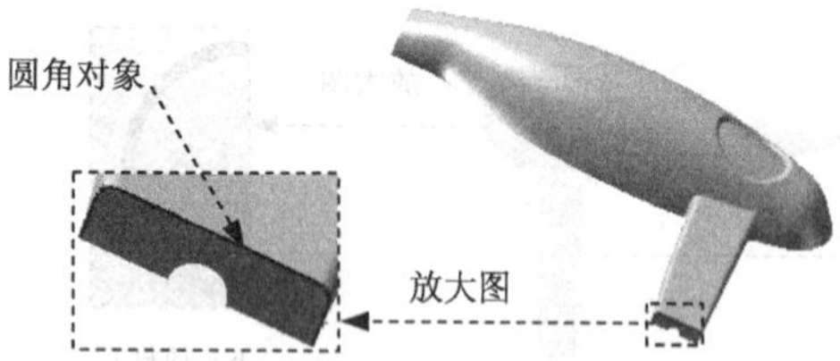

图 6.15.34　圆角 4

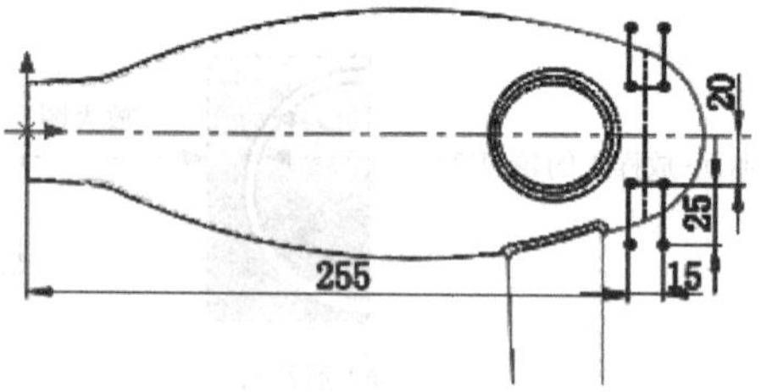

图 6.15.35　草图 12

Step34. 创建如图 6.15.36 所示的曲面-剪裁 2。选择下拉菜单 插入(I) → 曲面(S) → 剪裁曲面(T)... 命令，选中 ⊙ 标准(D) 单选项。选取草图 12 为剪裁对象。选取如图 6.15.36a 所示的部分为要保留的部分；其他参数采用系统默认设置值。单击该对话框中的 ✔ 按钮，完成曲面-剪裁 2 的创建。

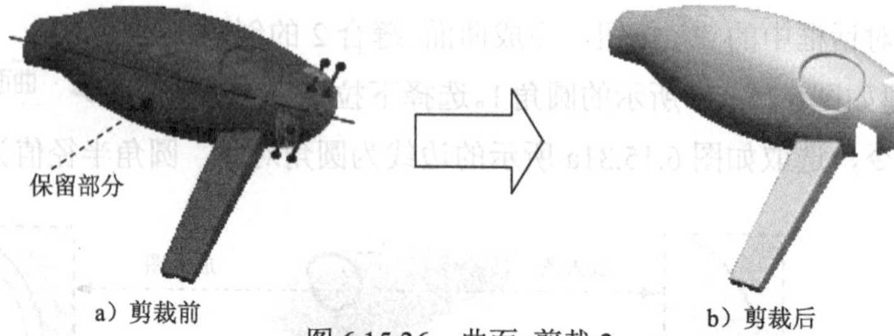

图 6.15.36　曲面-剪裁 2

Step35. 创建如图 6.15.37 所示的边界-曲面 4（显示草图 1 和草图 6）。选择下拉菜单 插入(I) → 曲面(S) → 边界曲面(B)... 命令。选取如图 6.15.38 所示的边界曲线 1 和边界曲线 2 为方向 1 的边界曲线；选取如图 6.15.38 所示的边界曲线 3 和边界曲线 4 为方向 2 的边界曲线。定义边界曲线 1、边界曲线 3 和边界曲线的边界条件为曲面相切，其他参数采用系统默认设置值；单击 ✔ 按钮，完成边界-曲面 4 的创建。

说明：在选取方向 1 的边界曲线时，先在空白处右击，在系统弹出的快捷菜单中选择 SelectionManager (N) 命令，系统弹出快捷工具条，然后选取作为边界曲线的边线或草图。单击 ✔ 按钮，完成边界曲线的选取。

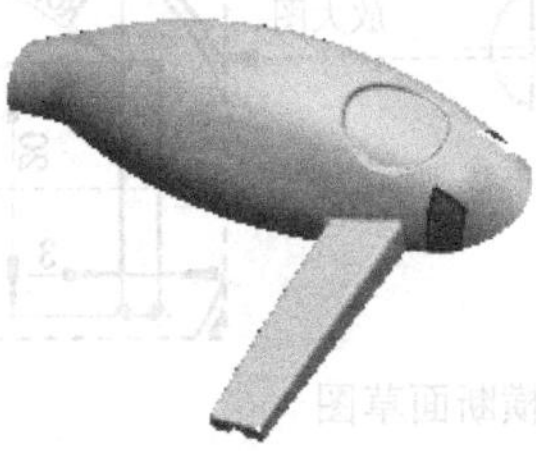

图 6.15.37 边界-曲面 4

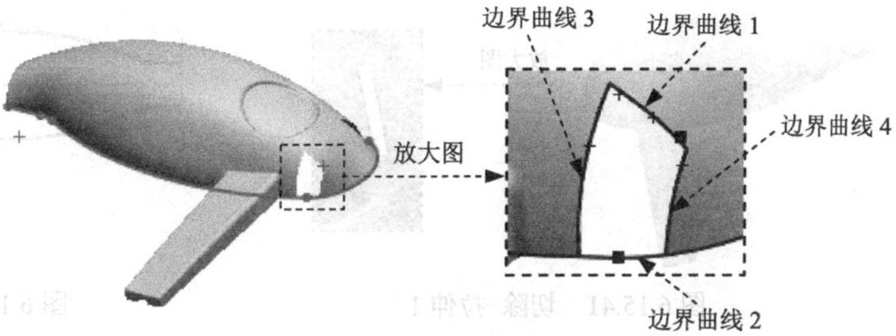

图 6.15.38 选取边界曲线

Step36. 创建如图 6.15.39 所示的镜像 1。选择下拉菜单 插入(I) → 阵列/镜像(E) → 镜向(M)... 命令。选取上视基准面为镜像平面，选取边界-曲面 4 为要镜像的对象；单击 ✔ 按钮，完成镜像 1 的创建。

Step37. 创建如图 6.15.40 所示的曲面-缝合 3。选择下拉菜单 插入(I) → 曲面(S) → 缝合曲面(K)... 命令，选取曲面-剪裁 2、边界-曲面 4 和镜像 1 为缝合对象。

Step38. 创建如图 6.15.40 所示的加厚 1。

（1）选择下拉菜单 插入(I) → 凸台/基体(B) → 加厚(T)... 命令，系统弹出“加厚”对话框。

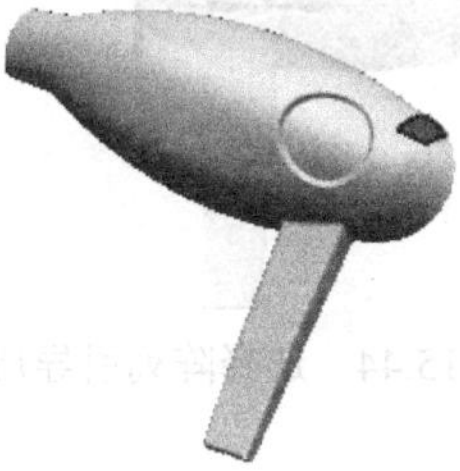

图 6.15.39 镜像 1

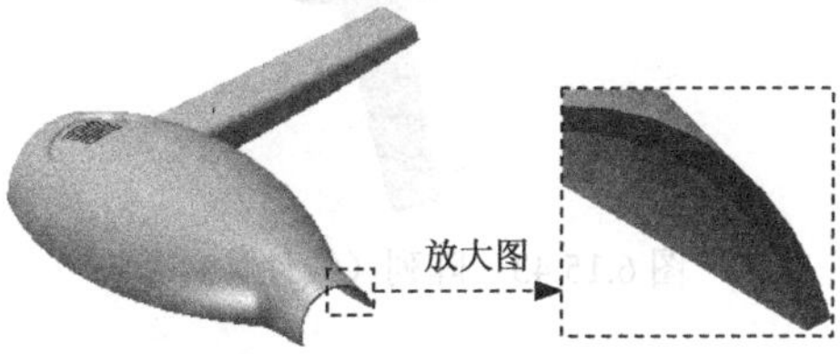

图 6.15.40 加厚 1

（2）选取圆角 4 为要加厚的曲面。

（3）定义加厚方向。在 厚度: 下单击 按钮。

（4）定义厚度值。在 加厚参数(T) 区域的 文本框中输入数值 1。

（5）单击该对话框中的 ✔ 按钮，完成加厚 1 的创建。

Step39. 创建如图 6.15.41 所示的切除-拉伸 1。

（1）选择下拉菜单 插入(I) → 切除(C) → 拉伸(E)... 命令。

（2）选取前视基准面作为草图基准面，绘制图 6.15.42 所示的横断面草图。

（3）在“切除-拉伸”对话框 方向 1(1) 区域的下拉列表中选择 完全贯穿 选项，然后单击 按钮。

（4）单击该对话框中的 ✔ 按钮，完成切除-拉伸 1 的创建。

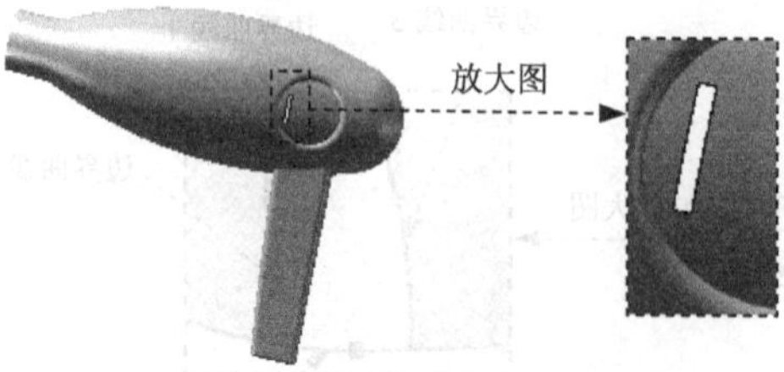

图 6.15.41　切除-拉伸 1

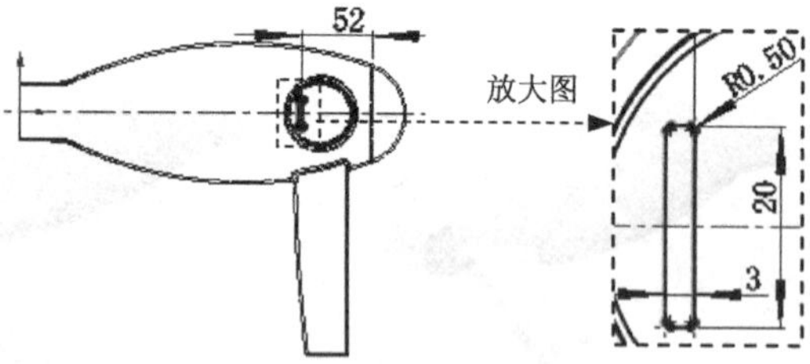

图 6.15.42　横断面草图

Step40. 创建如图 6.15.43 所示的阵列（线性）1。

（1）选择下拉菜单 插入(I) → 阵列/镜像(E) → 线性阵列(L)... 命令，系统弹出“线性阵列”对话框。

（2）选取切除-拉伸 1 为要阵列的特征。

（3）选取如图 6.15.44 所示的尺寸为阵列（线性）1 的引导尺寸。

（4）在 方向 1(1) 区域中输入间距值 5.00，输入实例数值 7，单击按钮。

（5）单击该对话框中的 ✔ 按钮，完成阵列（线性）1 的创建。

图 6.15.43　阵列（线性）1

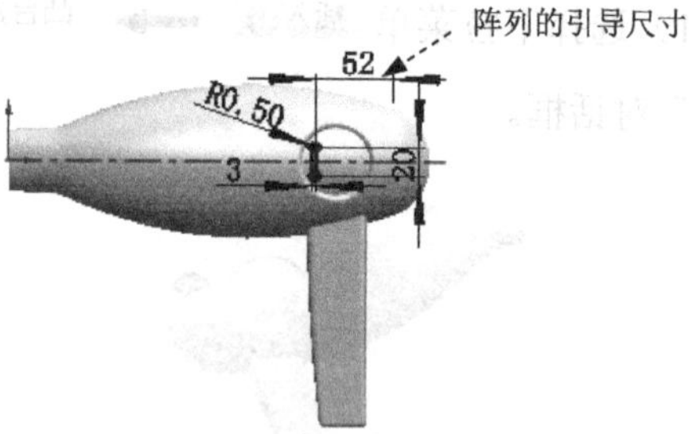

图 6.15.44　选择阵列引导尺寸

Step41. 创建切除-拉伸 2。选取上视基准面作为草图基准面，绘制如图 6.15.45 所示的横断面草图；在该对话框 方向 1(1) 和 方向 2(2) 区域的下拉列表中均选择 完全贯穿 选项；单击 ✔ 按钮，完成切除-拉伸 2 的创建。

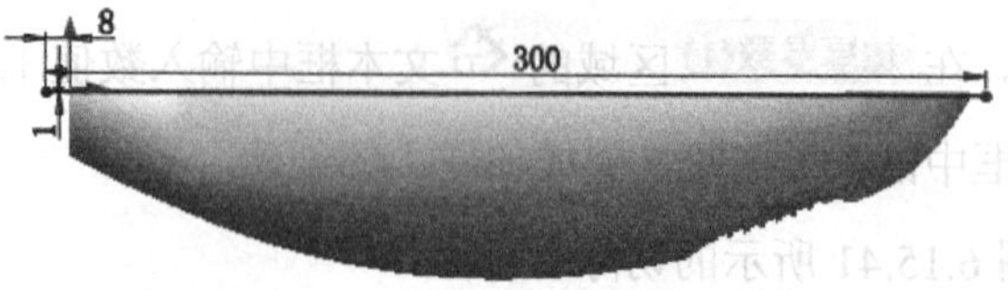

图 6.15.45　横断面草图

Step42. 至此，零件模型创建完毕，选择下拉菜单 文件(F) → 保存(S) 命令，将文件命名为 blower，即可保存零件模型。

6.16　SolidWorks 曲面零件设计实际应用 5
——咖啡壶

应用概述

本应用是讲解咖啡壶的设计过程，主要运用了扫描、旋转、缝合、填充、剪裁、加厚和圆角等特征创建命令。读者需要注意在创建及选取草绘基准面等过程中用到的技巧。该零件实体模型如图 6.16.1 所示。

说明：本应用的详细操作过程请参见随书光盘中 video\ch06.16\文件下的语音视频讲解文件。模型文件为 D:\sw18.1\work\ch06.16\coffeepot.prt。

6.17　SolidWorks 曲面零件设计实际应用 6
——门把手

应用概述

本应用是一个门把手的设计，主要运用了凸台-拉伸、基准面、曲面-放样、边界-曲面、曲面-基准面、曲面-缝合、3D 草图、投影曲线等特征创建命令。读者需要注意创建草图及 3D 草图的创建思路与技巧。门把手零件实体模型如图 6.17.1 所示。

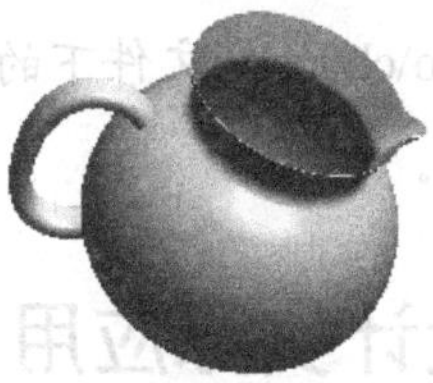

图 6.16.1　咖啡壶零件模型

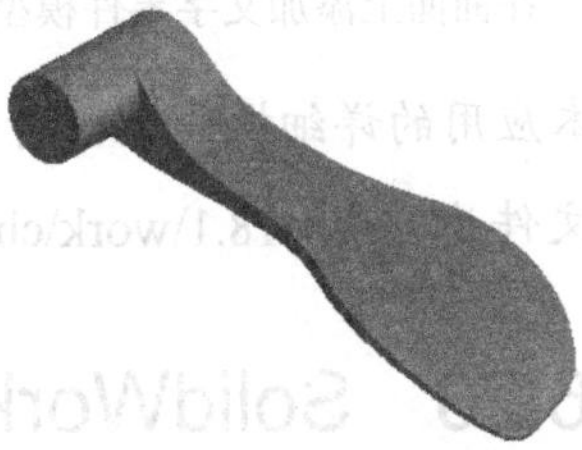

图 6.17.1　门把手零件模型

说明：本应用的详细操作过程请参见随书光盘中 video\ch06.17\文件下的语音视频讲解文件。模型文件为 D:\sw18.1\work\ch06.17\handle.prt。

6.18 SolidWorks 曲面零件设计实际应用 7 ——在曲面上添加文字

应用概述

本应用详细讲解了在曲面上添加文字的设计过程。在曲面上添加文字零件实体模型如图 6.18.1 所示。

说明：本应用的详细操作过程请参见随书光盘中 video\ch06.18\文件下的语音视频讲解文件。模型文件为 D:\sw18.1\work\ch06.18\text.prt。

6.19 SolidWorks 曲面零件设计实际应用 8 ——水嘴旋钮

应用概述

本应用主要介绍水嘴旋钮的设计过程。通过学习本例，读者可以掌握一般曲面创建的思路：先创建一系列草绘曲线，再利用草绘曲线构建出多个曲面，然后利用缝合等工具将曲面合并成一个整体曲面，最后将整体曲面转变成实体模型。该零件实体模型如图 6.19.1 所示。

图 6.18.1　在曲面上添加文字零件模型

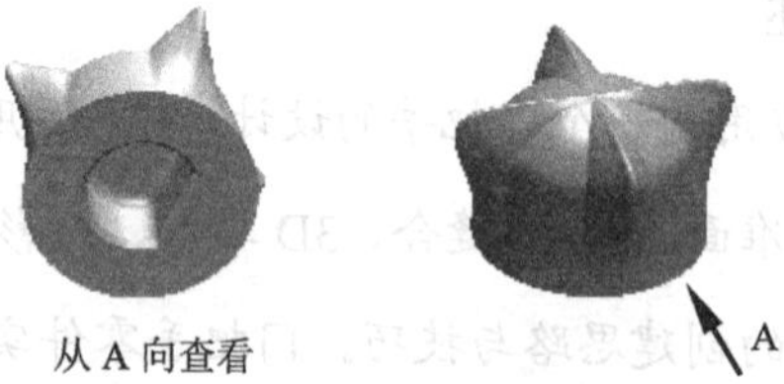

图 6.19.1　水嘴旋钮零件模型

说明：本应用的详细操作过程请参见随书光盘中 video\ch06.19\文件下的语音视频讲解文件。模型文件为 D:\sw18.1\work\ch06.19\faucet_knob.prt。

6.20 SolidWorks 曲面零件设计实际应用 9 ——充电器上盖

应用概述

本应用介绍了充电器上盖的设计过程。通过本例，读者可以掌握一般曲面创建的思路：先创建一系列草绘曲线，再利用草绘曲线构建出多个曲面，然后利用缝合等工具将曲面合并成一个整体曲面，最后将整体曲面转变成实体模型。该零件实体模型如图 6.20.1 所示。

说明：本应用的详细操作过程请参见随书光盘中 video\ch06.20\文件下的语音视频讲解

文件。模型文件为 D:\sw18.1\work\ch06.20\upper_cover.prt。

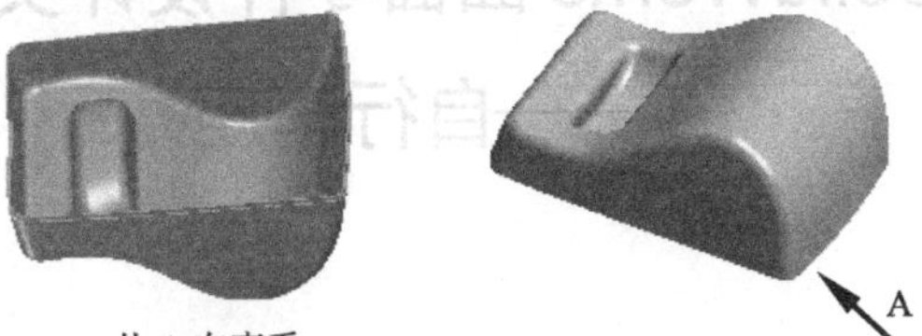

图 6.20.1 充电器上盖零件模型

6.21 SolidWorks 曲面零件设计实际应用 10 ——饮料瓶

应用概述

本应用详细介绍了饮料瓶的设计过程，主要设计思路是先用扫描命令创建一个基础实体，然后使用曲面切除、切除旋转、切除扫描等命令来修饰基础实体，最后进行抽壳后得到最终模型。读者应注意其中投影曲线和螺旋线/涡状线的使用技巧。该零件实体模型如图 6.21.1 所示。

说明：本应用的详细操作过程请参见随书光盘中 video\ch06.21\文件下的语音视频讲解文件。模型文件为 D:\sw18.1\work\ch06.21\bottle.prt。

6.22 SolidWorks 曲面零件设计实际应用 11 ——遥控器上盖

应用概述

本应用主要介绍了遥控器上盖的设计过程。其中，曲面上的曲线也可以用两曲面的相交来创建，只是步骤较烦琐。由于曲面上的曲线为样条曲线，所以读者在创建时会与本应用有些不同。该零件实体模型如图 6.22.1 所示。

说明：本应用的详细操作过程请参见随书光盘中 video\ch06.22\文件下的语音视频讲解文件。模型文件为 D:\sw18.1\work\ch06.22\remote_control.prt。

图 6.21.1 饮料瓶零件模型

图 6.22.1 遥控器上盖零件模型

6.23 SolidWorks 曲面零件设计实际应用 12 ——自行车座

应用概述

本应用介绍了自行车座的创建过程，主要运用了拉伸曲面、放样曲面、缝合曲面和加厚等特征命令。在本例中，读者应着重练习样条曲线创建草图的方法。该零件模型如图 6.23.1 所示。

说明：本应用的详细操作过程请参见随书光盘中 video\ch06.23\文件下的语音视频讲解文件。模型文件为 D:\sw18.1\work\ch06.23\bike-seat-surface。

6.24 SolidWorks 曲面零件设计实际应用 13 ——椅子

应用概述

本应用主要介绍了椅子的设计过程，主要讲解了样条曲线的定位方法，包括创建基准面、约束点位置和调整样条曲线的曲率等，希望读者能够勤加练习，从而达到熟练使用样条曲线的目的。该零件实体模型如图 6.24.1 所示。

说明：本应用的详细操作过程请参见随书光盘中 video\ch06.24\文件下的语音视频讲解文件。模型文件为 D:\sw18.1\work\ch06.24 \chair.prt。

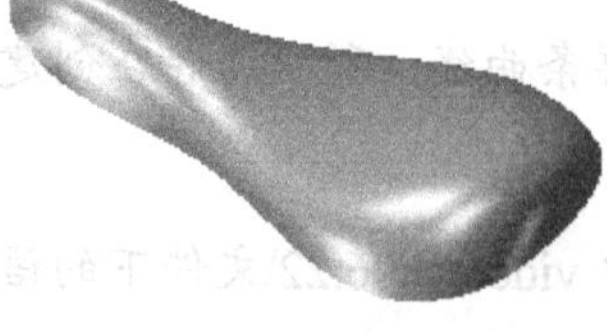

图 6.23.1 自行车座零件模型

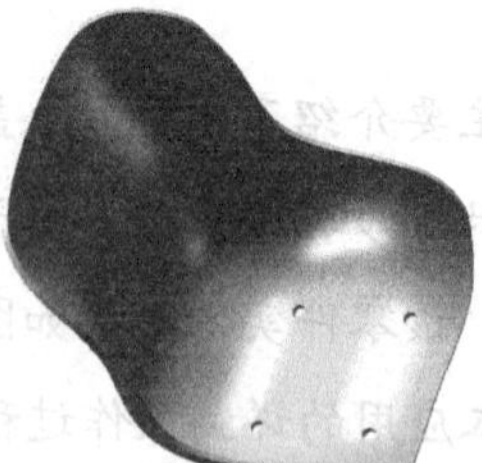

图 6.24.1 椅子零件模型

6.25 SolidWorks 曲面零件设计实际应用 14 ——手柄

应用概述

本应用介绍了一个手柄的设计过程。曲面零件设计的一般方法是先创建一系列草绘曲线和空间曲线，然后利用所创建的曲线构建几个独立的曲面，再利用缝合等工具将独立的曲面变成一个整体面，最后将整体面变成实体模型。该零件实体模型如图 6.25.1 所示。

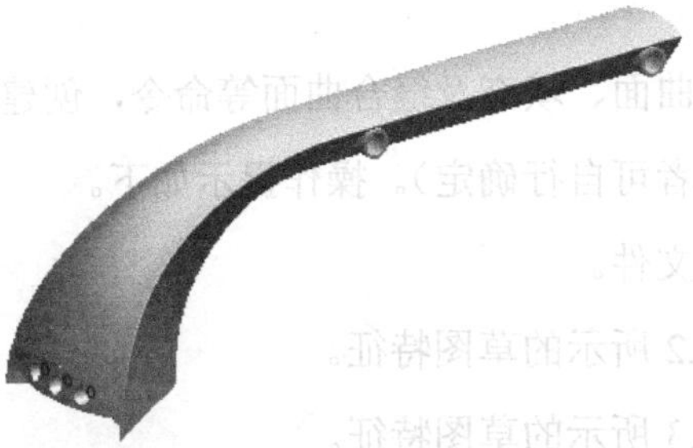

图 6.25.1　手柄零件模型

说明：本应用的详细操作过程请参见随书光盘中 video\ch06.25\文件下的语音视频讲解文件。模型文件为 D:\sw18.1\work\ch06.25\Handle-01.prt。

6.26　SolidWorks 曲面零件设计实际应用 15 ——肥皂盒

应用概述

本应用介绍了一个简易肥皂盒的设计过程，采用了一体化设计方法，如图 6.26.1 所示。一体化设计是产品设计的重要方法之一，通过建立产品的总体参数或整体造型，实现控制产品的细节设计，采用这种方法可以得到较好的整体造型。许多家用电器（如手机、吹风机以及固定电话等）都可以采用这种方法进行设计。

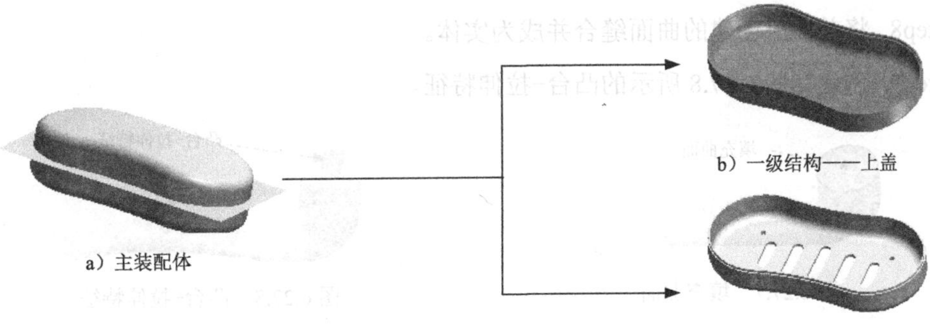

图 6.26.1　肥皂盒的一体化设计

说明：本应用的详细操作过程请参见随书光盘中 video\ch06.26\文件下的语音视频讲解文件。模型文件为 D:\sw18.1\work\ch06.26\cover.SLDASM。

6.27 习　题

利用放样曲面、边界曲面、填充及缝合曲面等命令，创建图 6.27.1 所示的门把手零件模型（对于模型尺寸，读者可自行确定）。操作提示如下。

Step1. 新建一个模型文件。

Step2. 创建如图 6.27.2 所示的草图特征。

Step3. 创建如图 6.27.3 所示的草图特征。

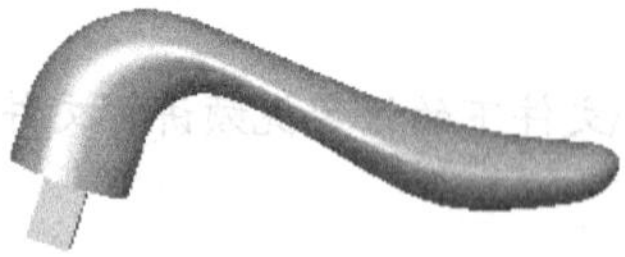

图 6.27.1　门把手零件模型

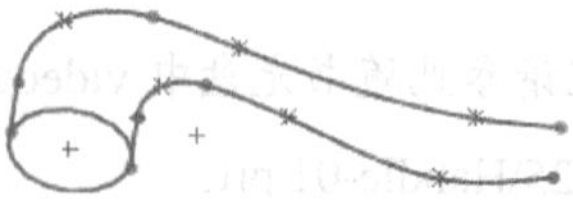

图 6.27.2　草图特征

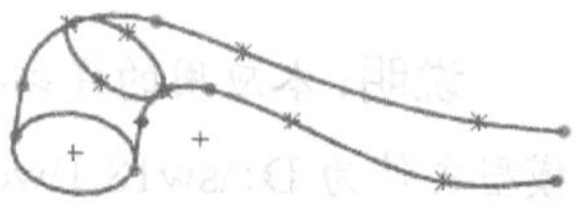

图 6.27.3　草图特征

Step4. 创建如图 6.27.4 所示的草图特征。

Step5. 创建如图 6.27.5 所示的放样曲面。

Step6. 创建如图 6.27.6 所示的边界曲面。

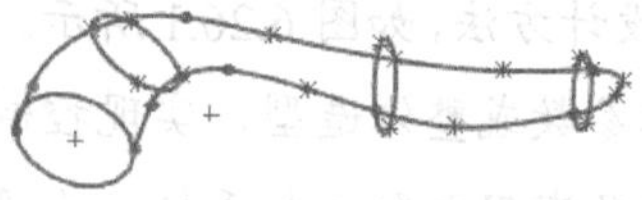

图 6.27.4　草图特征

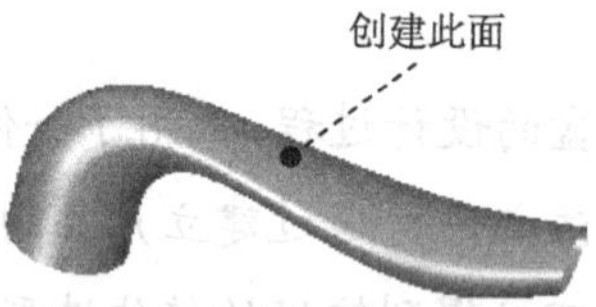

图 6.27.5　放样曲面

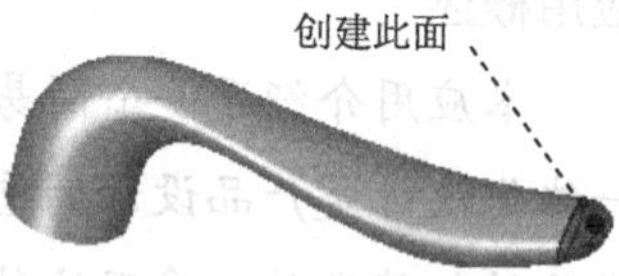

图 6.27.6　边界曲面

Step7. 创建如图 6.27.7 所示的填充曲面。

Step8. 将前面所创建的曲面缝合并成为实体。

Step9. 创建如图 6.27.8 所示的凸台-拉伸特征。

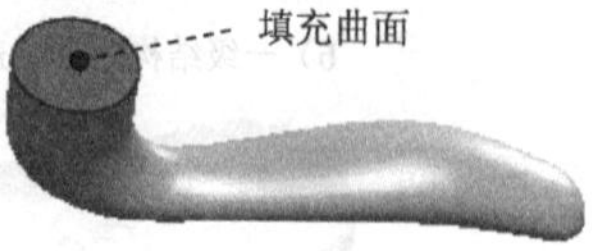

图 6.27.7　填充曲面

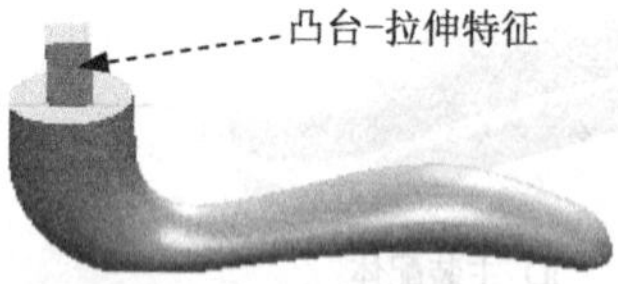

图 6.27.8　凸台-拉伸特征

学习拓展：扫一扫右侧二维码，可以免费学习更多视频讲解。

讲解内容：曲面的基本概念，常用的曲面设计方法及流程。

第 7 章　装配设计

本章提要　一个产品往往由多个零件组合（装配）而成，SolidWorks 中零件的组合是在装配模块中完成的。通过对本章的学习，可以了解产品装配的一般过程，掌握一些基本的装配技能。本章包括以下主要内容。

- 各种装配配合的基本概念。
- 装配配合的编辑定义。
- 装配的一般过程。
- 在装配体中修改部件。
- 在装配体中对称和阵列部件。
- 模型的外观处理。
- 装配爆炸图的创建。

7.1　概　述

一个产品往往由多个零件组合（装配）而成，装配模块用来建立零件间的相对位置关系，从而形成复杂的装配体。零件间位置关系的确定主要通过添加配合实现。

装配设计一般有两种基本方式：自底向上装配和自顶向下装配。如果首先设计好全部零件，然后将零件作为部件添加到装配体中，则称为自底向上装配；如果首先设计好装配体模型，然后在装配体中组建模型，最后生成零件模型，则称为自顶向下装配。

SolidWorks 提供了自底向上和自顶向下装配功能，并且两种方式可以混合使用。自底向上装配是一种常用的装配模式，本书主要介绍自底向上装配。

SolidWorks 的装配模块具有以下特点：

- 提供了方便的部件定位方法，轻松设置部件间的位置关系。系统提供了七种配合方式，通过对部件添加多个配合，可以准确地把部件装配到位。
- 提供了强大的爆炸图工具，可以方便地生成装配体的爆炸图。

相关术语和概念

零件： 组成部件与产品最基本的单位。

部件： 可以是一个零件，也可以是多个零件的装配结果。它是组成产品的主要单位。

装配体：也称产品，是装配设计的最终结果。它是由部件之间的配合关系及部件组成的。

配合：在装配过程中，配合是指部件之间的相对限制条件，可用于确定部件的位置。

7.2 装配体环境中的下拉菜单及工具条

在装配体环境中，“插入”菜单（图 7.2.1）中包含了大量进行装配操作的命令，而“装配体（A）”工具条（图 7.2.2）中则包含了装配操作的常用按钮，这些按钮是进行装配的主要工具，有些按钮没有出现在下拉菜单中。

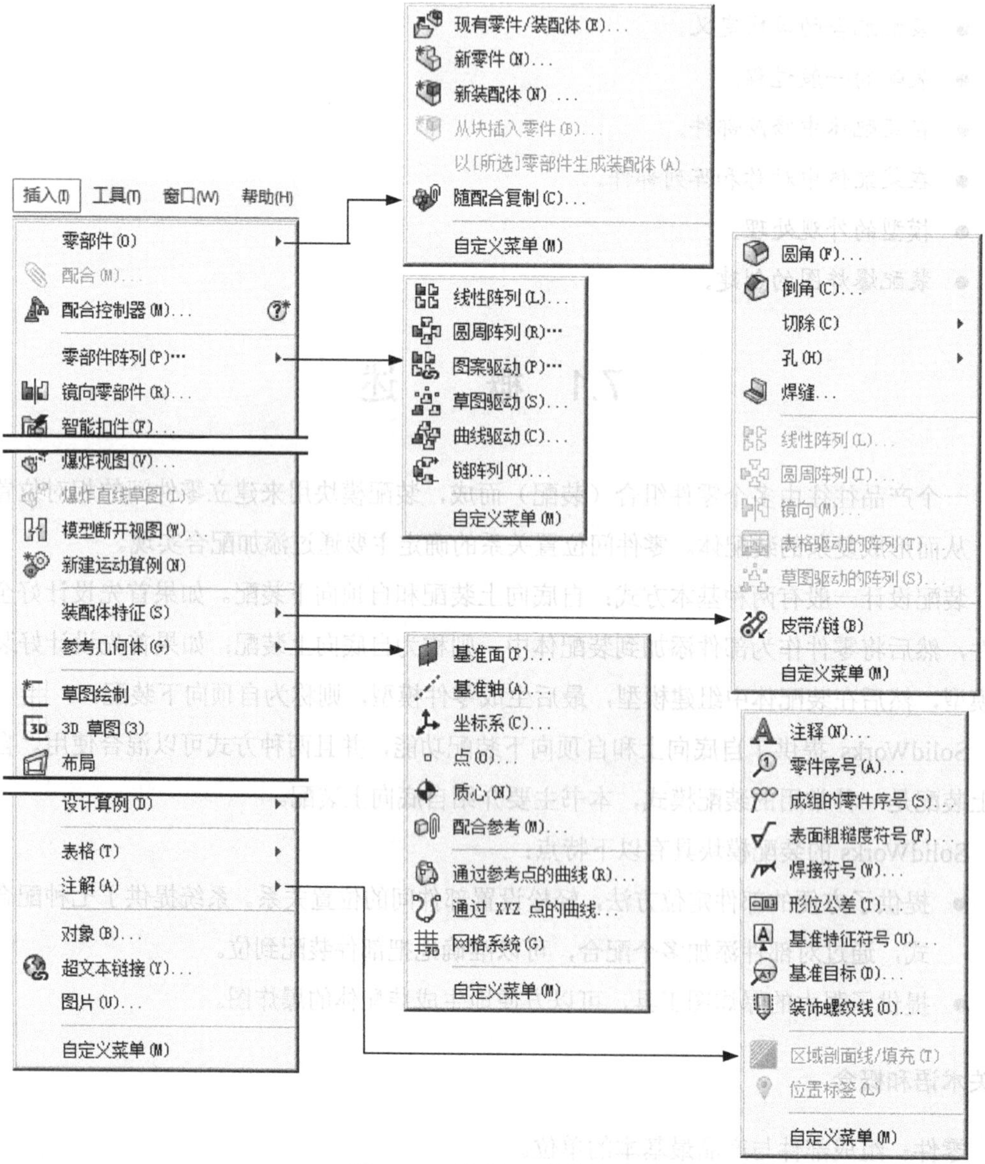

图 7.2.1 “插入”菜单

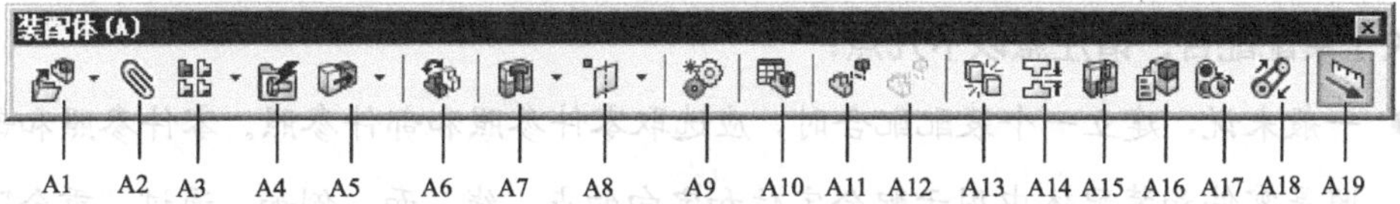

图 7.2.2 “装配体（A）”工具条

图 7.2.2 所示的“装配体（A）”工具条中各按钮的说明如下。

A1：插入零部件。将一个现有零件或子装配体插入装配体中。

A2：配合。为零部件添加配合。

A3：线性阵列。将零部件沿着一个或两个方向进行线性阵列。

A4：智能扣件。使用 SolidWorks Toolbox 标准件库，将扣件添加到装配体中。

A5：移动零部件。在零部件的自由度内移动零部件。

A6：显示隐藏的零部件。隐藏或显示零部件。

A7：装配体特征。用于创建各种装配体特征。

A8：参考几何体。用于创建装配体中的各种参考特征。

A9：新建运动算例。插入新运动算例。

A10：材料明细表。用于创建材料明细表。

A11：爆炸视图。将零部件按指定的方向分离。

A12：爆炸直线草图。添加或编辑显示爆炸的零部件之间的 3D 草图。

A13：干涉检查。检查零部件之间的任何干涉。

A14：间隙验证。验证零部件之间的间隙。

A15：孔对齐。检查装配体中零部件之间的孔是否对齐。

A16：装配体直观。为零部件添加不同外观颜色便于区分。

A17：性能评估。显示相应的零件、装配体等相关统计，如零部件的重建次数和数量。

A18：皮带/链。插入传动带/传动链。

A19：Instant3D。启用拖动控标、尺寸及草图来动态修改特征。

7.3 装配配合

通过定义装配配合，可以指定零件相对于装配体中其他部件的位置。装配配合的类型包括重合、平行、垂直和同轴心等。在 SolidWorks 中，一个零件通过装配配合添加到装配体后，它的位置会随着与其有约束关系的零部件的位置改变而相应地改变，而且配合设置值作为参数可随时修改，并可与其他参数建立关系方程，这样整个装配体实际上是一个参数化的装配体。

关于装配配合，请注意以下几点：

- 一般来说，建立一个装配配合时，应选取零件参照和部件参照。零件参照和部件参照是零件和装配体中用于配合定位和定向的点、线、面。例如，通过“重合”约束将一根轴放入装配体的一个孔中，轴的中心线就是零件参照，而孔的中心线就是部件参照。
- 系统一次只添加一个配合。例如，不能用一个“重合”约束将一个零件上两个不同的孔与装配体中的另一个零件上两个不同的孔对齐，必须定义两个不同的重合约束。
- 要在装配体中完整地指定一个零件的放置和定向（完整约束），往往需要定义几个装配配合。
- 在 SolidWorks 中装配零件时，可以将多于所需的配合添加到零件上。即使从数学的角度来说，零件的位置已完全约束，但还可以根据需要指定附加配合，以确保装配件达到设计意图。

7.3.1 “重合”配合

“重合”配合可以使两个零件的点、直线或平面处于同一点、直线或平面内，并且可以改变它们的朝向，如图 7.3.1 所示。

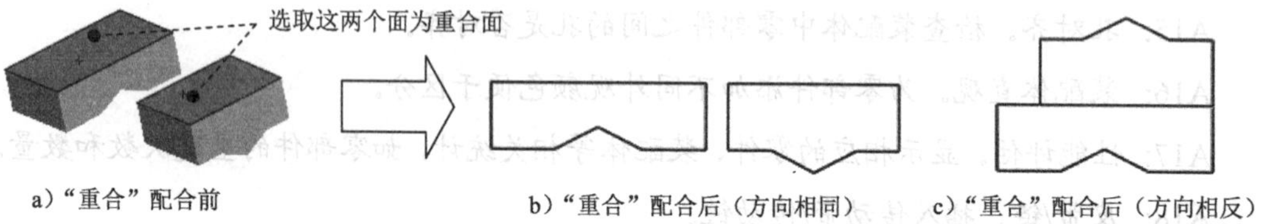

图 7.3.1 “重合”配合

7.3.2 “平行”配合

“平行”配合可以使两个零件的直线或面处于彼此间距相等的位置，并且可以改变它们的朝向，如图 7.3.2 所示。

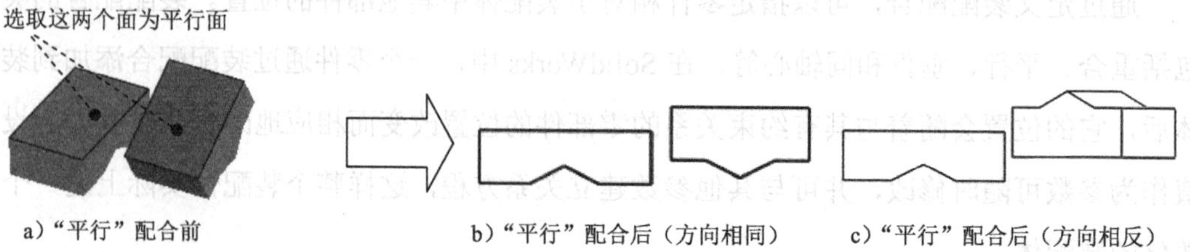

图 7.3.2 “平行” 配合

7.3.3 “垂直”配合

“垂直”配合可以将所选直线或平面处于彼此之间夹角为 90°的位置，并且可以改变它们的朝向，如图 7.3.3 所示。

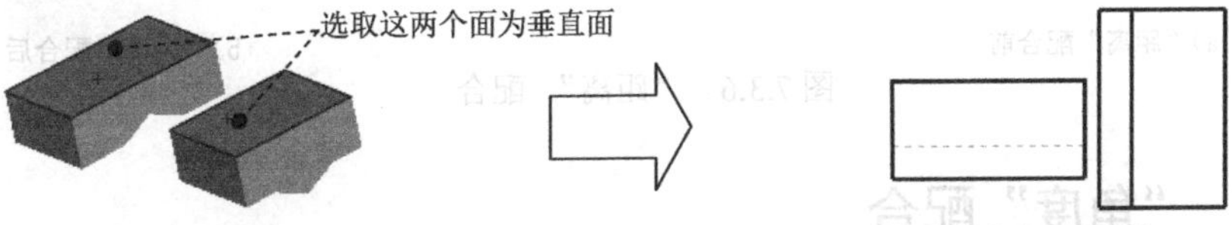

a）“垂直”配合前　　b）“垂直”配合后

图 7.3.3 “垂直” 配合

7.3.4 “相切”配合

“相切”配合可以将所选元素处于相切状态（至少有一个元素必须为圆柱面、圆锥面或球面），并且可以改变它们的朝向，如图 7.3.4 所示。

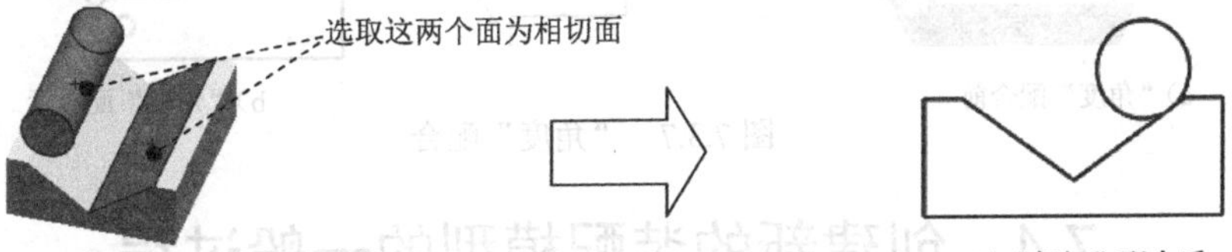

a）“相切”配合前　　b）“相切”配合后

图 7.3.4 “相切” 配合

7.3.5 “同轴心”配合

“同轴心”配合可以使所选的轴线或直线处于重合位置，如图 7.3.5 所示。该配合经常用于轴类零件的装配。

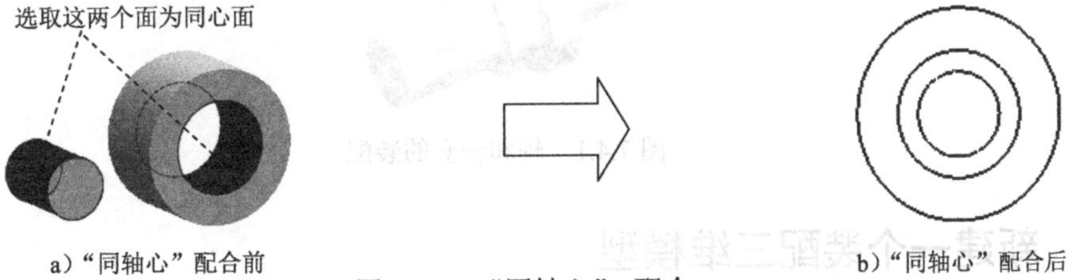

a）“同轴心”配合前　　b）“同轴心”配合后

图 7.3.5 “同轴心” 配合

7.3.6 “距离”配合

用“距离”配合可以使两个零部件上的点、线或面建立一定距离来限制零部件的相对位置关系，而“平行”配合只是将线或面处于平行状态，却无法调整它们的相对距离，所以“平行”配合与“距离”配合经常一起使用，从而更准确地将零部件放置到理想位置，如图 7.3.6 所示。

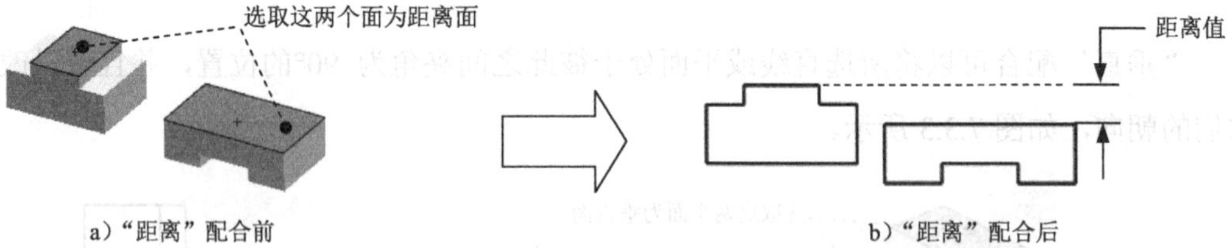

图 7.3.6 “距离” 配合

7.3.7 “角度”配合

用“角度”配合可使两个元件上的线或面建立一个角度关系，从而限制部件的相对位置，如图 7.3.7b 所示。

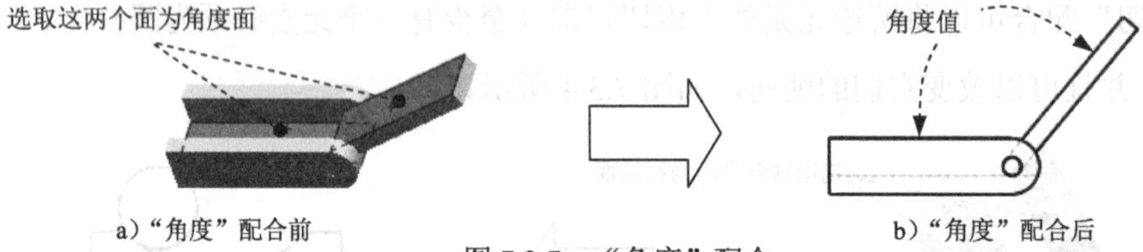

图 7.3.7 “角度”配合

7.4 创建新的装配模型的一般过程

下面以一个装配体模型——轴和轴套的装配（图 7.4.1）为例，说明装配体创建的一般过程。

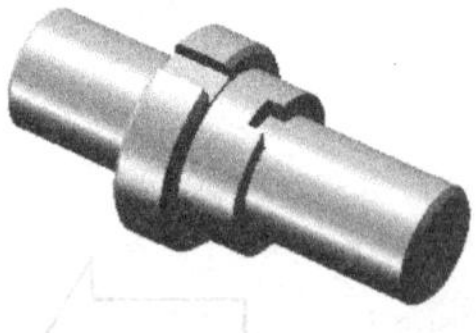

图 7.4.1 轴和轴套的装配

7.4.1 新建一个装配三维模型

新建装配文件的一般操作步骤如下。

Step1. 选择命令。选择下拉菜单 文件(F) → 新建(N)... 命令，系统弹出如图 7.4.2 所示的“新建 SOLIDWORKS 文件”对话框。

Step2. 选择新建模板。在“新建 SOLIDWORKS 文件”对话框中选择“装配体”模板，单击 确定 按钮，系统进入装配体模板。

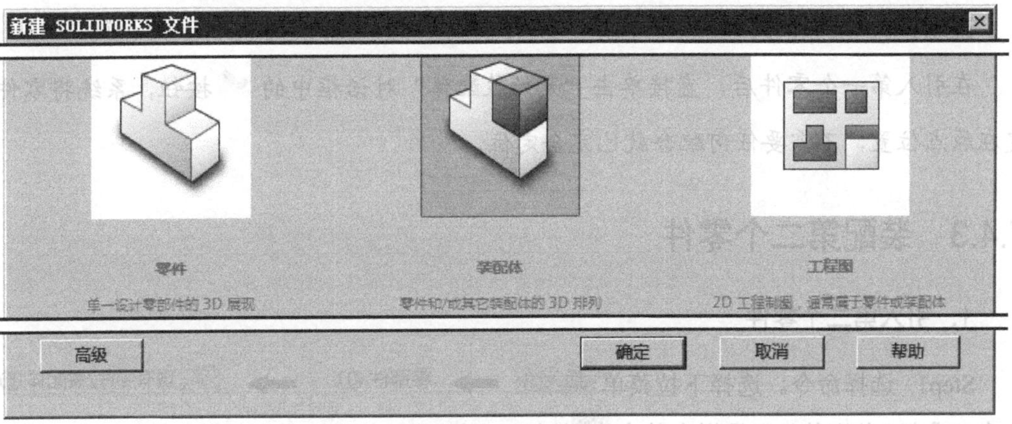

图 7.4.2 “新建 SOLIDWORKS 文件”对话框

7.4.2 装配第一个零件

Step1. 完成上步操作后，系统自动弹出“开始装配体”对话框（图 7.4.3）和“打开”对话框。

Step2. 选取添加模型。在“打开”对话框中选取 D:\sw18.1\work\ch07.04\shaft. SLDPRT 轴零件模型文件，单击 打开 按钮。

Step3. 确定零件位置。在图形区合适的位置处单击，即可把零件放置到当前位置，如图 7.4.4 所示。

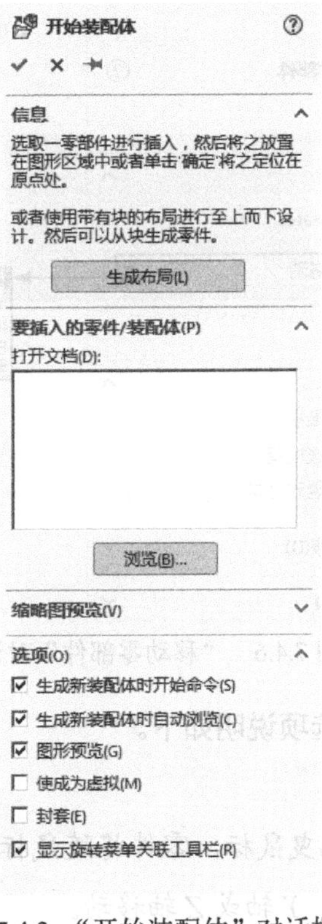

图 7.4.3 “开始装配体”对话框

图 7.4.4 放置第一个零件

说明：

在引入第一个零件后，直接单击“开始装配体”对话框中的 ✔ 按钮，系统将零件固定在原点位置，不需要任何配合就已完全定位。

7.4.3 装配第二个零件

1．引入第二个零件

Step1. 选择命令。选择下拉菜单 插入(I) ➡ 零部件(O) ➡ 现有零件/装配体(E)... 命令（或在“装配体”工具栏中单击按钮），系统弹出“插入零部件”和“打开”对话框。

Step2. 选取添加模型。在“打开”对话框中选取 D:\sw18.1\work\ch07.04\bush.SLDPRT 轴套零件模型文件，单击 打开 按钮。

Step3. 放置第二个零件。在如图 7.4.5 所示的位置单击，将第二个零件放置在当前位置。

2．放置第二个零件前的准备

在放置第二个零件时，可能与第一个组件重合，或者其方向和方位不便于进行装配放置。解决这种问题的方法如下。

Step1. 选择命令。单击“装配体”工具栏中的按钮，系统弹出如图 7.4.6 所示的“移动零部件”对话框。

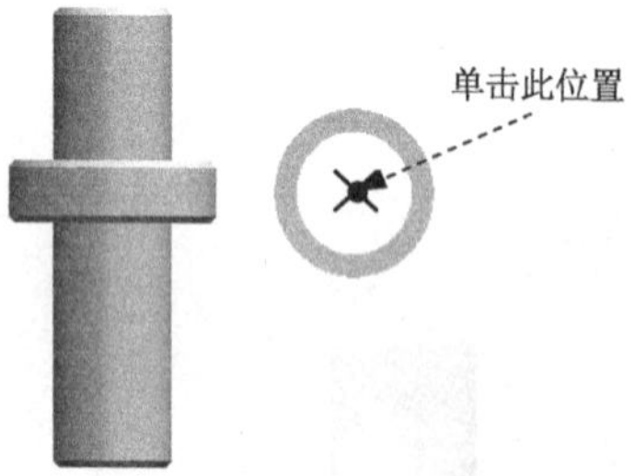

图 7.4.5 放置第二个零件

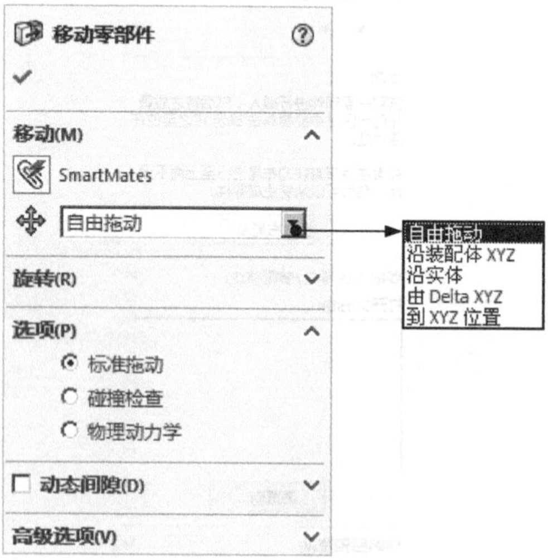

图 7.4.6 “移动零部件”对话框

图 7.4.6 所示的“移动零部件”对话框的部分选项说明如下。

- 下拉列表中提供了五种移动方式。
  - ☑ 自由拖动 选项：选中所要移动的零件后拖曳鼠标，零件将随鼠标移动而移动。
  - ☑ 沿装配体 XYZ 选项：零件沿装配体的 *X* 轴、*Y* 轴或 *Z* 轴移动。

☑ 沿实体选项：零件沿所选中的元素进行移动。

☑ 由 Delta XYZ选项：通过输入 *X* 轴、*Y* 轴和 *Z* 轴的变化值来移动零件。

☑ 到 XYZ 位置选项：通过输入移动后 *X*、*Y*、*Z* 的具体数值来移动零件。

- ⊙ 标准拖动 单选项：系统默认的选项，选中此单选项可以根据移动方式来移动零件。
- ⊙ 碰撞检查 单选项：系统会自动检查碰撞，所移动零件将无法与其余零件发生碰撞。
- ⊙ 物理动力学 单选项：选中此单选项后，用鼠标拖动零部件时，此零部件就会向其接触的零部件施加一个力。

Step2. 选择移动方式。在“移动零部件”对话框 移动(M) 区域的 ✥ 下拉列表中选择 自由拖动 选项。

说明：单击并拖动零件模型也可以将其移动。

Step3. 调整第二个零件的位置。在图形区中选定轴套模型并拖动鼠标，可以看到轴套模型随着鼠标移动，将轴套模型从如图 7.4.7 所示的位置移动到图 7.4.8 所示的位置。

Step4. 单击“移动零部件”对话框中的 ✔ 按钮，完成第二个零件的移动。

图 7.4.7 位置 1

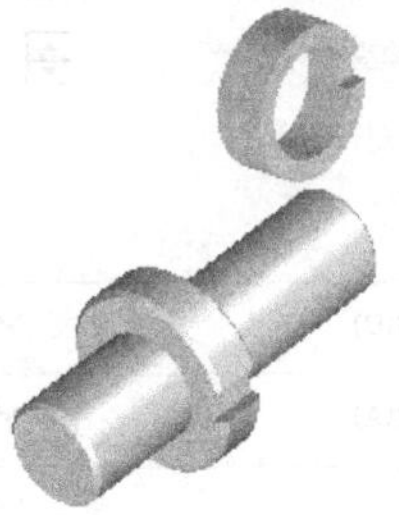

图 7.4.8 位置 2

3. 完全约束第二个零件

使轴套完全定位共需要添加三种约束，分别为同轴配合、轴向配合和径向配合。选择下拉菜单 插入(I) ➡ 配合(M)... 命令（或单击“装配体”工具栏中的 📎 按钮），系统弹出如图 7.4.9 所示的“配合”对话框（以下的所有配合都将在“配合”对话框中完成）。

Step1. 定义第一个装配配合（同轴配合）。

（1）确定配合类型。在“配合”对话框的 标准配合(A) 区域中单击“同轴心”按钮 ◎。

（2）选取配合面。分别选取如图 7.4.10 所示的面 1 与面 2 作为配合面，系统弹出如图 7.4.11 所示的快捷工具条。

（3）在快捷工具条中单击 ✔ 按钮，完成第一个装配配合，如图 7.4.12 所示。

Step2. 定义第二个装配配合（轴向配合）。

（1）确定配合类型。在“配合”对话框的 标准配合(A) 区域中单击“重合”按钮 ⋌。

（2）选取配合面。选取如图 7.4.13 所示的面 1 与面 2 作为配合面，系统弹出快捷工具条。

（3）改变方向。在“配合”对话框的 标准配合(A) 区域的 配合对齐: 后单击“反向对齐”按钮。

（4）在快捷工具条中单击 按钮，完成第二个装配配合，如图 7.4.14 所示。

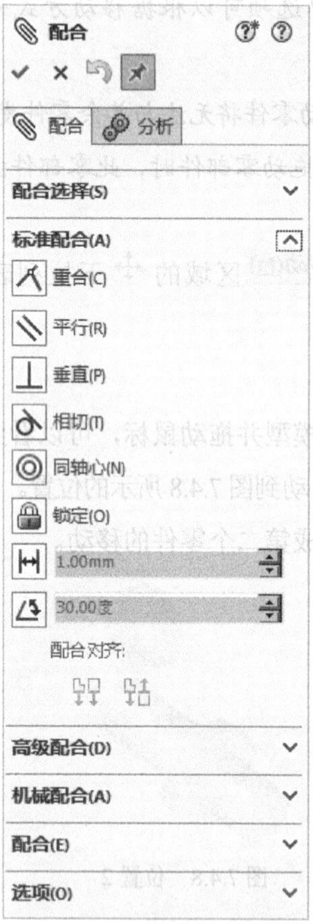

图 7.4.9 “配合”对话框

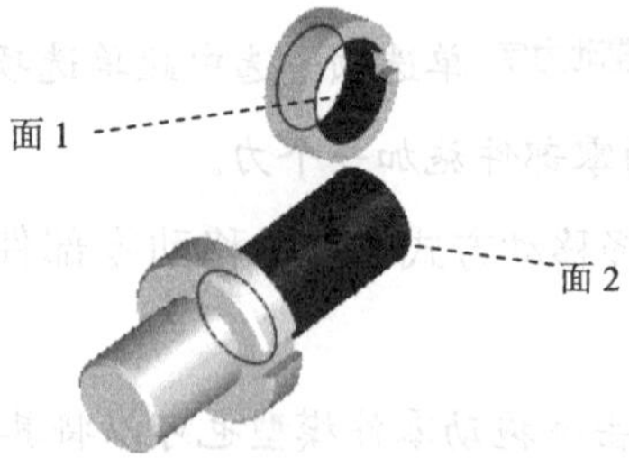

图 7.4.10 选取配合面

图 7.4.11 快捷工具条

图 7.4.12 完成第一个装配配合

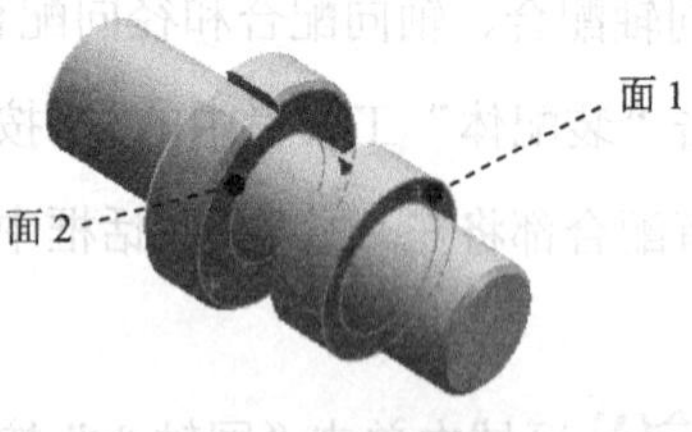

图 7.4.13 选取配合面

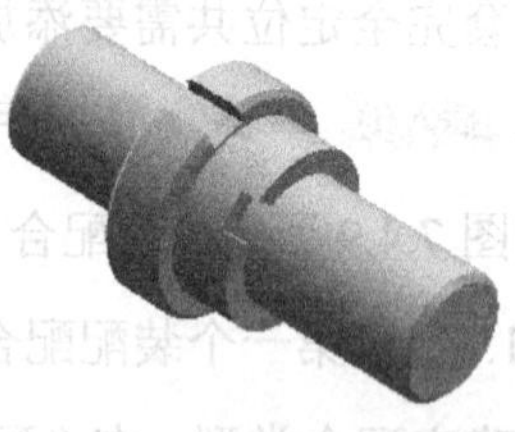

图 7.4.14 完成第二个装配配合

Step3. 定义第三个装配配合（径向配合）。

（1）确定配合类型。在“配合”对话框的 标准配合(A) 区域中单击“重合”按钮。

（2）选取配合面。分别选取如图 7.4.15 所示的面 1 与面 2 作为配合面，系统弹出快捷工具条。

（3）在快捷工具条中单击 按钮，完成第三个装配配合。

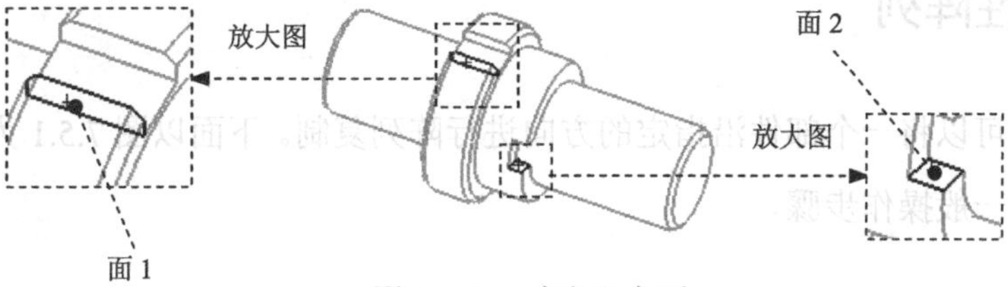

图 7.4.15 选取配合面

Step4. 单击“配合”对话框中的 ✔ 按钮，完成装配体的创建。

7.4.4 利用放大镜进行有效的装配

使用放大镜检查模型，并在不改变总视图的情况下进行选择。这些操作简化了创建配合等操作的实体选择。

Step1. 打开装配文件 D:\sw18.1\work\ch07.04\example.SLDASM。

Step2. 将鼠标指针停留在轴套上，然后按 G 键，放大镜即会打开，如图 7.4.16 所示。

Step3. 向下滚动鼠标中键，此时轴套区域可被放大，同时模型保持不动，如图 7.4.17 所示。

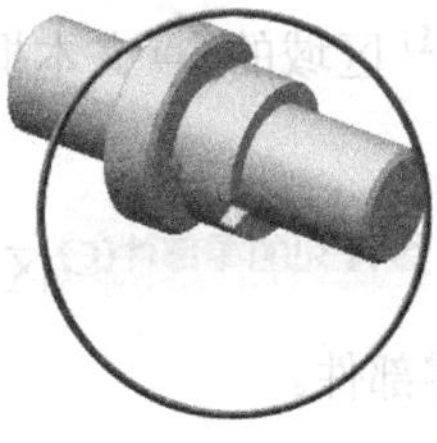

图 7.4.16 打开放大镜

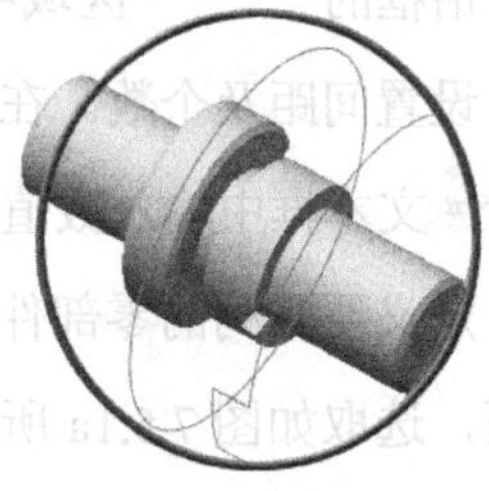

图 7.4.17 放大区域

Step4. 单击鼠标左键，结束放大镜检查模型。

说明：

- 要提高移动控制能力，可以同时按住 Ctrl 键和鼠标中键并拖动鼠标。
- 按住 Ctrl 键可在放大镜状态下选取多个对象。
- 当放大镜处于开启的状态下，再次按 G 键或者按 Esc 键可关闭放大镜。

7.5 零部件阵列

与零件模型中的特征阵列一样，在装配体中也可以对零部件进行阵列。零部件阵列的类型主要包括“线性阵列”“圆周阵列”及“图案驱动”。

7.5.1 线性阵列

线性阵列可以将一个部件沿指定的方向进行阵列复制。下面以图 7.5.1 为例，说明零部件线性阵列的一般操作步骤。

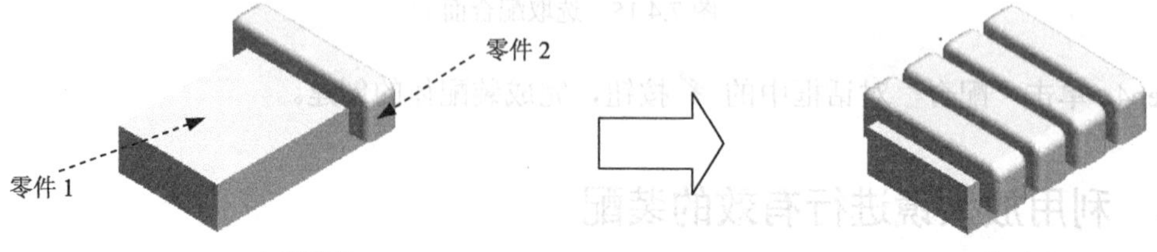

a）阵列前　　　　b）阵列后

图 7.5.1　线性阵列

Step1. 打开装配文件 D:\sw18.1\workch07.05.01\size.SLDASM。

Step2. 选择命令。选择下拉菜单 插入(I) ➡ 零部件阵列(P)… ➡ 线性阵列(L)... 命令，系统弹出如图 7.5.2 所示的“线性阵列”对话框。

Step3. 确定阵列方向。在图形区选取如图 7.5.3 所示的边为阵列参考方向，然后在“线性阵列”对话框的 方向 1(1) 区域中单击“反向”按钮。

Step4. 设置间距及个数。在“线性阵列”对话框 方向 1(1) 区域的 文本框中输入数值 20.00，在 文本框中输入数值 4。

Step5. 定义要阵列的零部件。在“线性阵列”对话框的 要阵列的零部件(C) 区域中单击 后的文本框，选取如图 7.5.1a 所示的零件 2 作为要阵列的零部件。

Step6. 单击 按钮，完成线性阵列的操作。

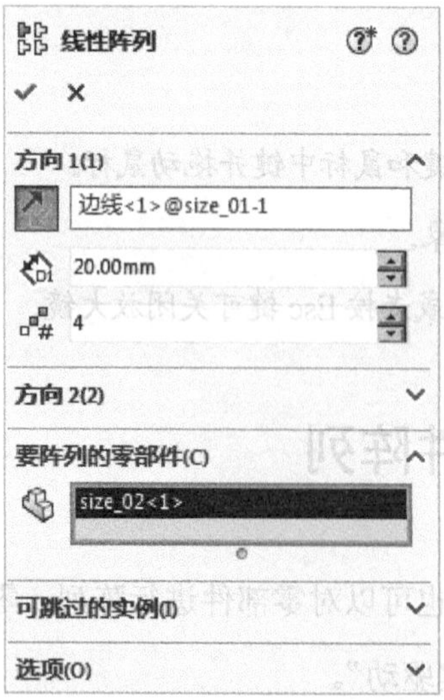

图 7.5.2　“线性阵列”对话框

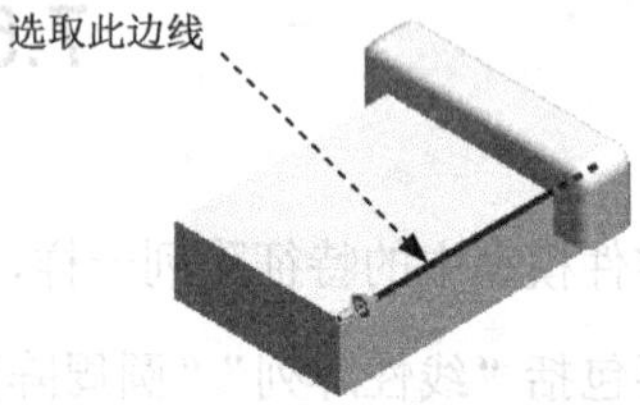

图 7.5.3　选取方向

图 7.5.2 所示的“线性阵列”对话框的部分选项说明如下。

- 方向 1(1) 区域是关于零件在一个方向上阵列的相关设置。
  - ☑ 单击 按钮可以使阵列方向相反。该按钮后面的文本框中显示阵列的参考方向，可以通过单击来激活此文本框。
  - ☑ 在 文本框中输入数值，可以设置阵列后零件的间距。
  - ☑ 在 文本框中输入数值，可以设置阵列零件的总个数（包括源零件）。
- 要阵列的零部件(C) 区域用来选择源零件。
- 若在 可跳过的实例(I) 区域中选择了零件，则在阵列时跳过所选的零件后继续阵列。

7.5.2 圆周阵列

下面以图 7.5.4 所示模型为例，说明创建零部件圆周阵列的一般操作步骤。

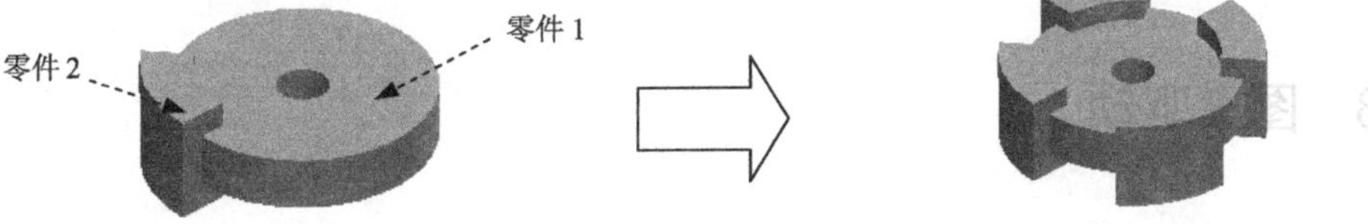

a）阵列前　　b）阵列后

图 7.5.4 圆周阵列

Step1. 打开装配文件 D:\sw18.1\work\ch07.05.02\ rotund.SLDASM。

Step2. 选择命令。选择下拉菜单 插入(I) → 零部件阵列 (P)… → 圆周阵列 (R)… 命令，系统弹出如图 7.5.5 所示的“圆周阵列”对话框。

Step3. 确定阵列轴。在图形区选取图 7.5.6 所示的临时轴为阵列轴。

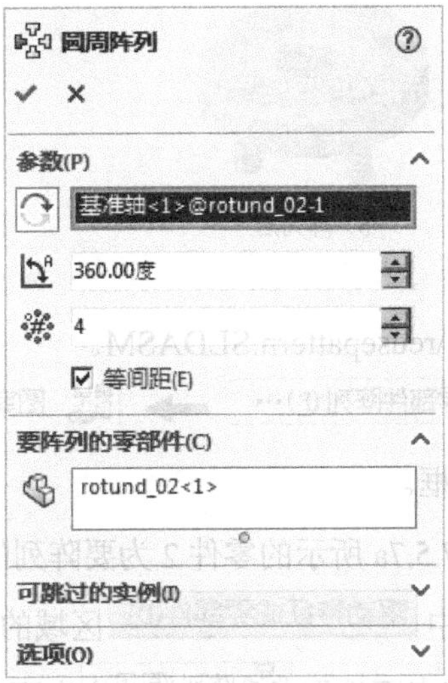

图 7.5.5 “圆周阵列”对话框

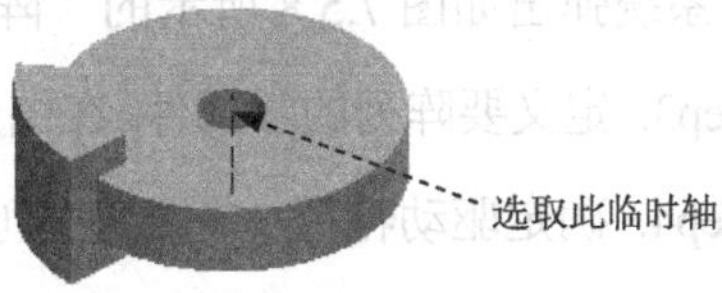

图 7.5.6 选取阵列轴

Step4. 设置角度间距及个数。在“圆周阵列”对话框 参数(P) 区域的 文本框中输入数值 90.00，在 文本框中输入数值 4。

Step5. 定义要阵列的零部件。在“圆周阵列”对话框的 要阵列的零部件(C) 区域中单击 后的文本框，选取如图 7.5.4a 所示的零件 2 作为要阵列的零部件。

Step6. 单击 ✔ 按钮，完成圆周阵列的操作。

图 7.5.5 所示的“圆周阵列”对话框的部分选项说明如下。

- 参数(P) 区域是关于零件圆周阵列的相关设置。
  - ☑ 单击 按钮可以使阵列方向相反。该按钮后面的文本框中需要选取一条基准轴或线性边线，阵列是绕此轴进行旋转的，可以通过单击激活此文本框。
  - ☑ 在 文本框中输入数值，可以设置阵列后零件的角度间距。
  - ☑ 在 文本框中输入数值，可以设置阵列零件的总个数（包括原零件）。
  - ☑ ☑ 等间距(E) 复选框：选中此复选框，系统默认将零件按相应的个数在 360° 内等间距地阵列。

7.5.3 图案驱动

图案驱动是以装配体中某一部件的阵列特征为参照来进行部件复制的。在图 7.5.7b 中，四个螺钉是参照装配体中零件 1 上的四个阵列孔进行创建的，所以在使用“图案驱动”命令之前，应提前在装配体的某一零件中创建阵列特征。下面以图 7.5.7 为例，说明图案驱动的一般操作步骤。

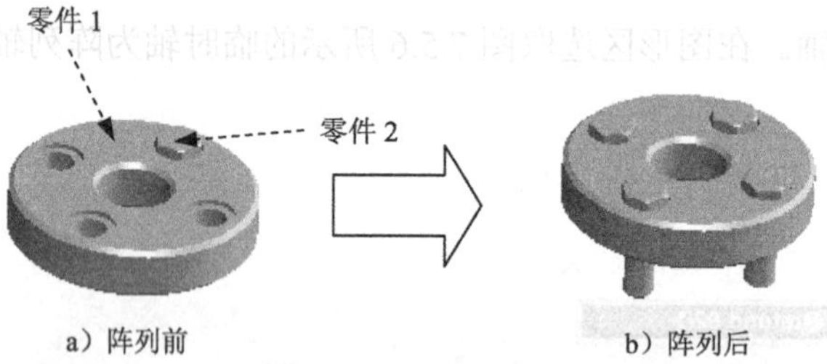

图 7.5.7 图案驱动

Step1. 打开装配文件 D:\sw18.1\work\ch07.05.03\reusepattern.SLDASM。

Step2. 选择命令。选择下拉菜单 插入(I) ➡ 零部件阵列(P)... ➡ 图案驱动(P)... 命令，系统弹出如图 7.5.8 所示的“阵列驱动”对话框。

Step3. 定义要阵列的零部件。在图形区选取如图 7.5.7a 所示的零件 2 为要阵列的零部件。

Step4. 确定驱动特征。单击“阵列驱动”对话框中 驱动特征或零部件(D) 区域的文本框，然后在设计树中展开（固定）cover<1>节点，在其节点下选取 阵列(圆周)1 为驱动特征。

Step5. 单击 ✔ 按钮，完成图案驱动操作。

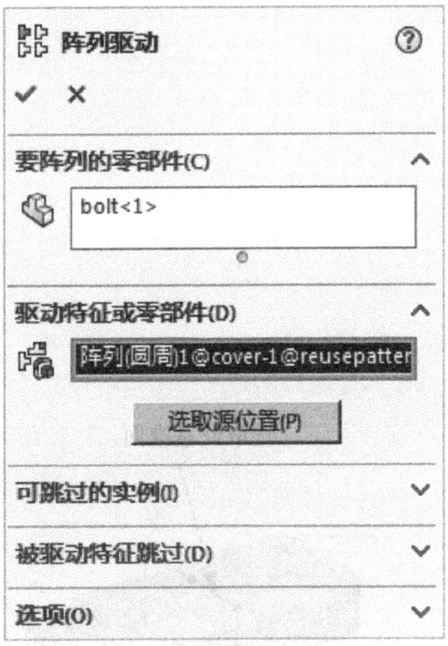

图 7.5.8 “阵列驱动”对话框

7.6 零部件镜像

在装配体中，经常会出现两个部件关于某一平面对称的情况，这时不需要再次为装配体添加相同的部件，只需对原有部件进行镜像复制即可，如图 7.6.1 所示。下面介绍镜像复制操作的一般步骤。

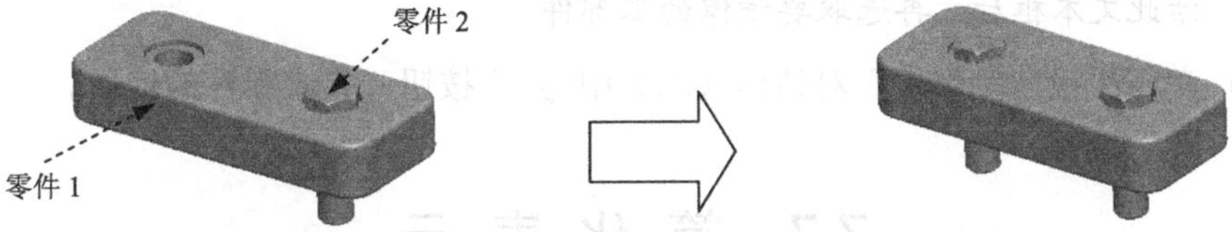

a）复制前　　b）复制后

图 7.6.1 镜像复制

Step1. 打开装配文件 D:\sw18.1\work\ch07.06\symmetry.SLDASM。

Step2. 选择命令。选择下拉菜单 插入(I) → 镜向零部件(R)... 命令，系统弹出如图 7.6.2 所示的“镜向零部件”对话框（一）。

Step3. 定义镜像基准面。在图形区选取如图 7.6.3 所示的基准面作为镜像平面。

Step4. 确定要镜像的零部件。在图形区选取如图 7.6.1a 所示的零件 2 为要镜像的零部件（或在设计树中选取）。

Step5. 单击“镜向零部件”对话框（一）中的 按钮，系统弹出如图 7.6.4 所示的“镜向零部件”对话框（二），进入镜像的下一步操作。

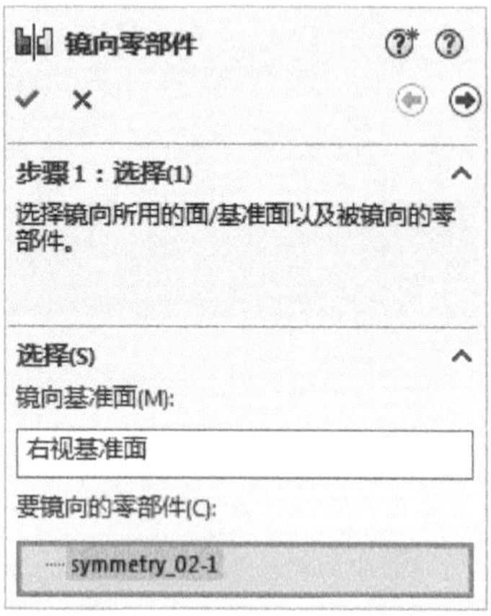

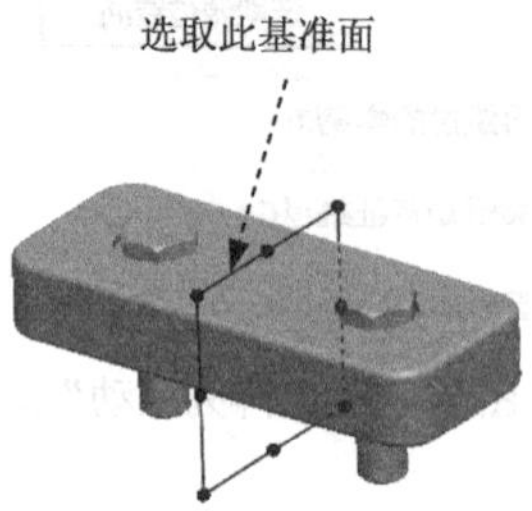

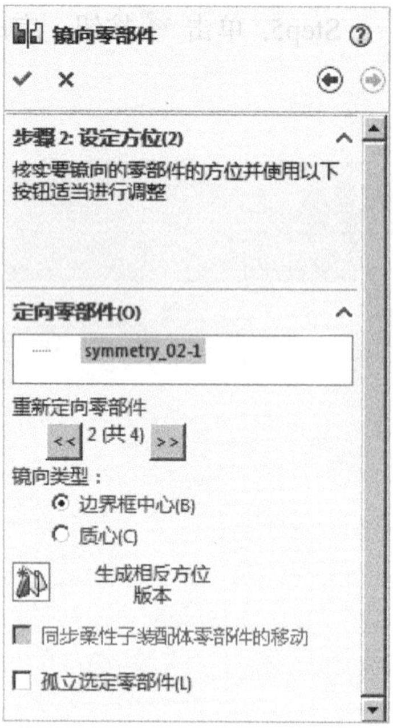

图 7.6.2 “镜向零部件”对话框（一） 图 7.6.3 选取镜像平面 图 7.6.4 “镜向零部件”对话框（二）

如图 7.6.2 所示的“镜向零部件”对话框（一）的部分选项说明如下。

- 选择 区域中包括了选取镜像的基准面及选取要镜像的零部件。
  - ☑ 镜向基准面(M): 后的文本框中显示用户所选取的镜像平面，可以单击激活此文本框后，再选取镜像平面。
  - ☑ 要镜向的零部件(C): 后的文本框中显示用户所选取的要镜像的零部件，可以单击激活此文本框后，再选取要镜像的零部件。

Step6. 单击“镜向零部件”对话框（二）中的 ✔ 按钮，完成零件的镜像。

7.7 简 化 表 示

大型装配体通常包括数百个零部件，这样将会占用极高的系统资源。为了提高系统性能、减少模型重建的时间、生成简化的装配体视图等，可以通过切换零部件的显示状态和改变零部件的压缩状态来简化复杂的装配体。

7.7.1 切换零部件的显示状态

暂时关闭零部件的显示可以将它从视图中移除，以便容易地处理被遮蔽的零部件。隐藏或显示零部件仅影响零部件在装配体中的显示状态，不影响重建模型及计算的速度，但是可提高显示的性能。下面以图 7.7.1 所示模型为例，介绍隐藏零部件的一般操作步骤。

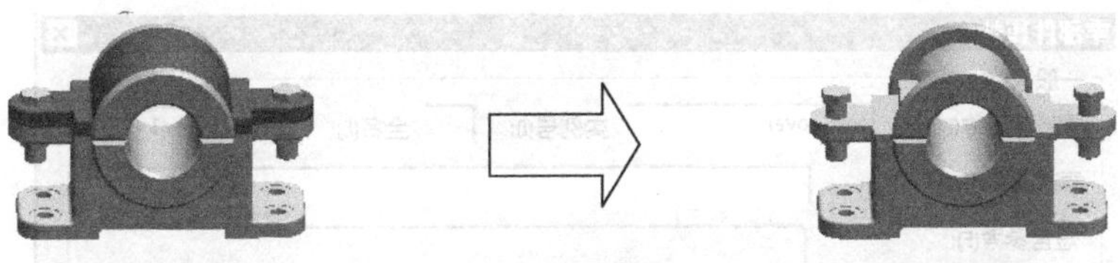

a）隐藏前　　b）隐藏后

图 7.7.1　隐藏零部件

Step1. 打开文件 D:\sw18.1\work\ch07.07.01\asm_example.SLDASM。

Step2. 在设计树中选取 top_cover<1> 为要隐藏的零件。

Step3. 右击 top_cover<1>，在系统弹出的快捷菜单中选择命令，图形区中的该零件已被隐藏，如图 7.7.1b 所示。

说明：显示零部件的方法与隐藏零部件的方法基本相同，即在设计树上右击要显示的零件名称，然后在系统弹出的快捷菜单中选择命令。

7.7.2　压缩状态

压缩状态包括零部件的压缩及轻化。

1．压缩零部件

使用压缩状态可暂时将零部件从装配体中移除，在图形区将隐藏所压缩的零部件。被压缩的零部件无法被选取，并且不装入内存，不再是装配体中有功能的部分。在设计树中，压缩后的零部件呈暗色显示。下面以图 7.7.2 所示模型为例，介绍压缩零部件的一般操作步骤。

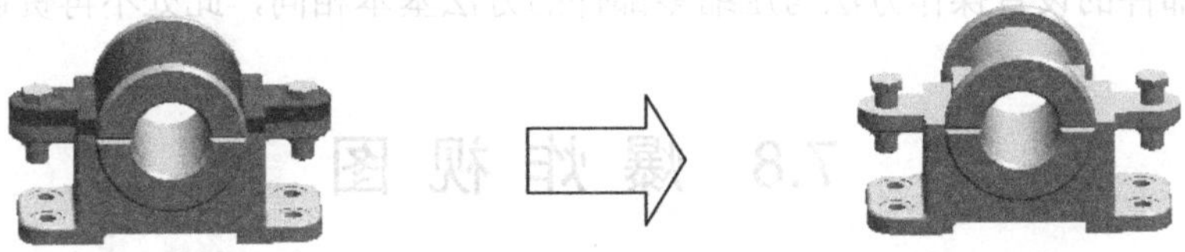

a）压缩前　　b）压缩后

图 7.7.2　压缩零部件

Step1. 打开文件 D:\sw18.1\work\ch07.07.02\asm_example.SLDASM。

Step2. 在设计树中选择 top_cover<1> 为要压缩的零件。

Step3. 右击 top_cover<1>，在系统弹出的快捷菜单中选择命令，弹出如图 7.7.3 所示的“零部件属性”对话框。

Step4. 在“零部件属性”对话框的 压缩状态 区域中选中 压缩(S) 单选项。

Step5. 单击 确定(K) 按钮，完成压缩零部件的操作。

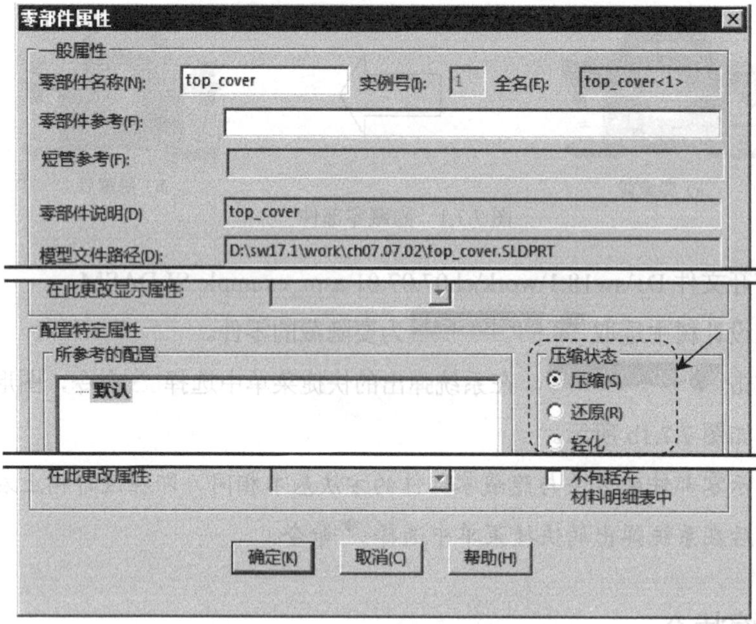

图 7.7.3 “零部件属性”对话框

说明：还原零部件的压缩状态可以在“零部件属性”对话框中更改，也可以直接在设计树上右击要还原的零部件，然后在系统弹出的快捷菜单中选择 设定为还原 (I) 命令。

2. 轻化零部件

当零部件为轻化状态时，只有零件模型的部分数据装入内存，其余的模型数据根据需要装入。使用轻化的零件可以明显地提高大型装配体的性能，使装配体的装入速度更快，计算数据的效率更高。在设计树中，轻化后的零部件的图标为 。

轻化零部件的设置操作方法与压缩零部件的方法基本相同，此处不再赘述。

7.8 爆 炸 视 图

装配体中的爆炸视图就是将装配体中的各零部件沿着直线或坐标轴移动，使各个零件从装配体中分解出来，如图 7.8.1 所示。爆炸视图对于表达各零部件的相对位置十分有帮助，因而常常用于表达装配体的装配过程。

7.8.1 创建爆炸视图

下面以图 7.8.1 所示的模型为例，说明生成爆炸视图的一般操作步骤。

Step1. 打开装配文件 D:\sw18.1\work\ch07.08.01\cluthc_asm.SLDASM。

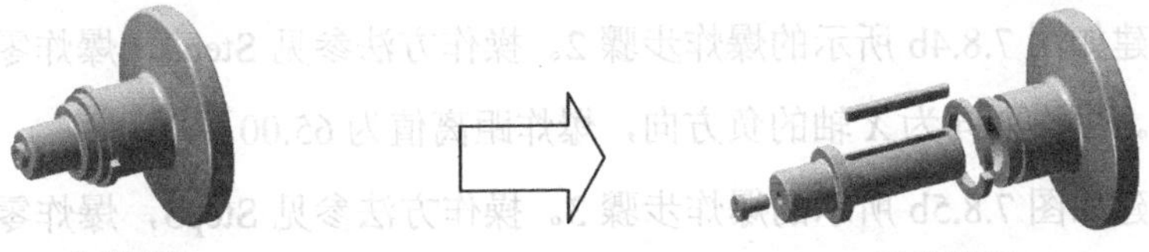

a）爆炸前　　　　b）爆炸后

图 7.8.1　爆炸视图

Step2. 选择命令。选择下拉菜单 插入(I) ➡ 爆炸视图(V)... 命令，系统弹出如图 7.8.2 所示的“爆炸”对话框。

Step3. 创建如图 7.8.3b 所示的爆炸步骤 1。

（1）定义要爆炸的零件。在图形区选取如图 7.8.3a 所示的螺钉。

（2）确定爆炸方向。选取 *X* 轴（红色箭头）为移动参考方向。

（3）定义移动距离。在“爆炸”对话框 设定(T) 区域的 文本框中输入数值 80.00，单击“反向”按钮。

（4）存储爆炸步骤 1。在“爆炸”对话框的 设定(T) 区域中单击 应用(P) 按钮。

（5）单击 完成(D) 按钮，完成爆炸步骤 1 的创建。

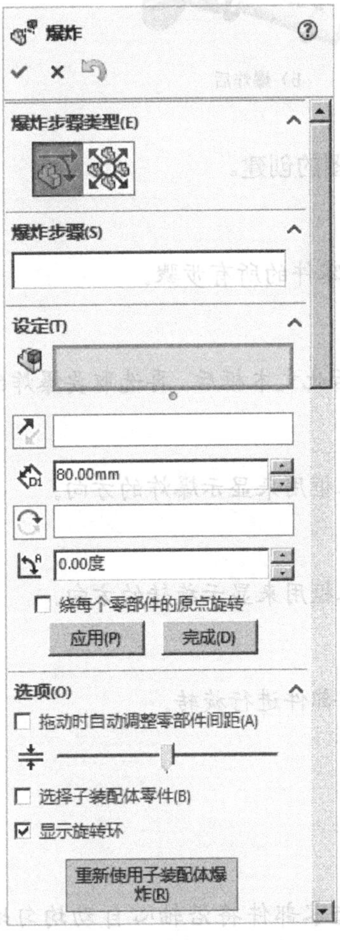

图 7.8.2　“爆炸”对话框

a）爆炸前　　　　b）爆炸后

图 7.8.3　爆炸步骤 1

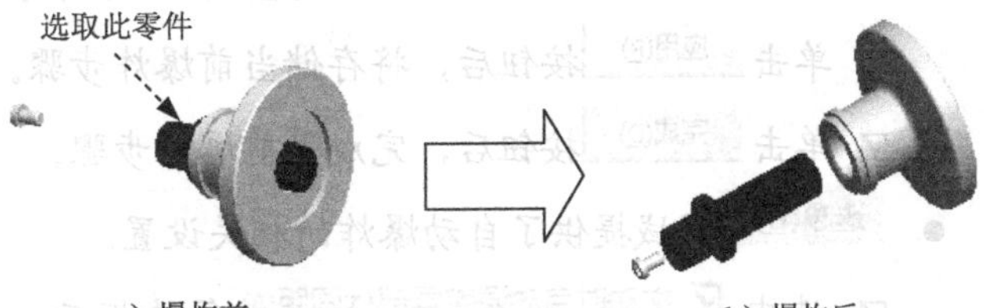

a）爆炸前　　　　b）爆炸后

图 7.8.4　爆炸步骤 2

Step4. 创建如图 7.8.4b 所示的爆炸步骤 2。操作方法参见 Step3，爆炸零件为图 7.8.4a 所示的轴和键。爆炸方向为 X 轴的负方向，爆炸距离值为 65.00。

Step5. 创建如图 7.8.5b 所示的爆炸步骤 3。操作方法参见 Step3，爆炸零件为图 7.8.5a 所示的键，爆炸方向为 Y 轴的正方向，爆炸距离值为 20.00。

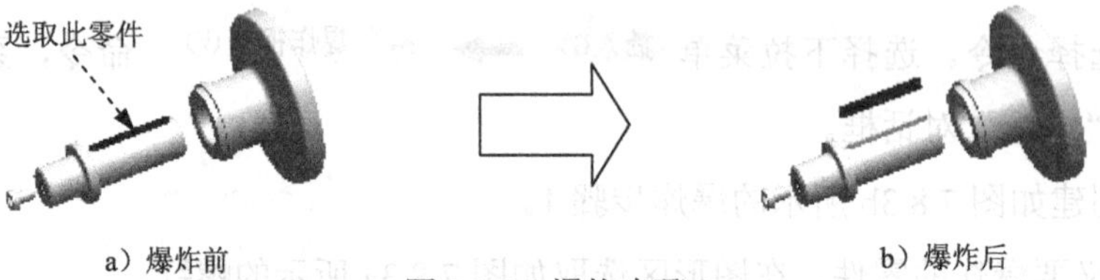

图 7.8.5　爆炸步骤 3

Step6. 创建如图 7.8.6b 所示的爆炸步骤 4。爆炸零件为图 7.8.6a 所示的卡环，爆炸方向为 X 轴的负方向，爆炸距离值为 15.00。

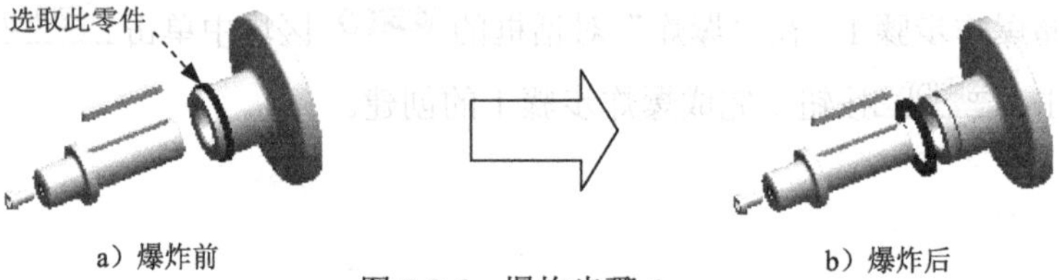

图 7.8.6　爆炸步骤 4

Step7. 单击“爆炸”对话框中的 ✔ 按钮，完成爆炸视图的创建。

图 7.8.2 所示的“爆炸”对话框的部分选项说明如下。

- 爆炸步骤(S) 区域中只有一个文本框，用来记录爆炸零件的所有步骤。
- 设定(T) 区域用来设置关于爆炸的参数。
  - ☑ 文本框用来显示要爆炸的零件，可以单击激活此文本框后，再选取要爆炸的零件。
  - ☑ 单击按钮可以改变爆炸方向，该按钮后的文本框用来显示爆炸的方向。
  - ☑ 在文本框中输入爆炸的距离值。
  - ☑ 单击按钮可以改变旋转方向，该按钮后的文本框用来显示旋转的方向。
  - ☑ 在文本框中可输入旋转的角度值。
  - ☑ 选中 ☑ 绕每个零部件的原点旋转 复选框，可对每个零部件进行旋转。
  - ☑ 单击 应用(P) 按钮后，将存储当前爆炸步骤。
  - ☑ 单击 完成(D) 按钮后，完成当前爆炸步骤。
- 选项(O) 区域提供了自动爆炸的相关设置。
  - ☑ 选中 ☑ 拖动时自动调整零部件间距(A) 复选框后，所选零部件将沿轴心自动均匀地分布。

☑ 调节 ≑ 后的滑块可以改变通过 ☑ 拖动时自动调整零部件间距(A) 爆炸后零部件之间的距离。

☑ 选中 ☑ 选择子装配体的零件(B) 复选框后，可以选择子装配体中的单个零部件；取消选中此复选框，则只能选择整个子装配体。

☑ 选中 ☑ 显示旋转环 复选框，可在图形中显示旋转环。

☑ 单击 重新使用子装配体爆炸(R) 按钮后，可以使用所选子装配体中已经定义的爆炸步骤。

7.8.2 创建步路线

下面以图 7.8.7 所示模型为例，说明创建步路线的一般操作步骤。

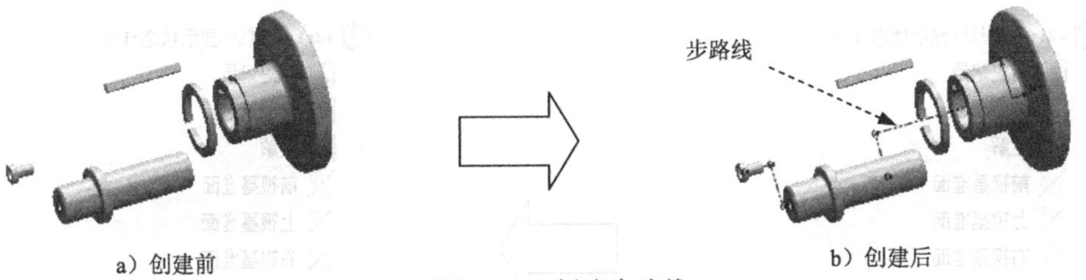

图 7.8.7 创建步路线

Step1. 打开装配文件 D:\sw18.1\work\ch07.08.02\ cluthc_asm.SLDASM。

Step2. 选择命令。选择下拉菜单 插入(I) ➡ 爆炸直线草图(L) 命令，系统弹出如图 7.8.8 所示的“步路线”对话框。

Step3. 定义连接项目。依次选取如图 7.8.9 所示的圆柱面 1、圆柱面 2、圆柱面 3 和圆柱面 4。

Step4. 单击两次 ✔ 按钮后，退出草图绘制环境，完成步路线的创建。

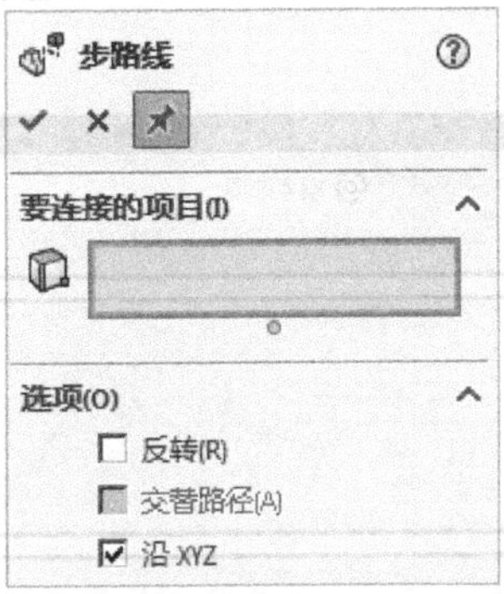

图 7.8.8 “步路线”对话框

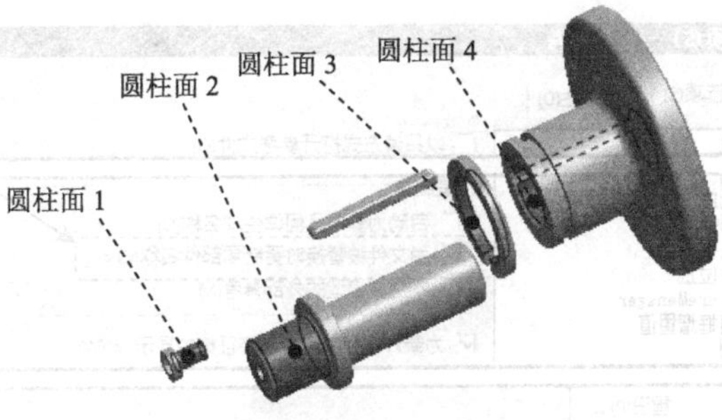

图 7.8.9 选取连接项目

7.9 装配体中零部件的修改

一个装配体完成后，可以对该装配体中的任何零部件进行以下操作：零部件的打开与删除、零部件尺寸的修改、零部件装配配合的修改（如距离配合中距离值的修改）以及部件装配配合的重定义等。完成这些操作一般要从设计树开始。

7.9.1 更改设计树中零部件的名称

大型的装配体中会包括数百个零部件，若要选取某个零件就只能在设计树中进行操作，这样设计树中零部件的名称就显得十分重要。下面以图 7.9.1 为例，说明在设计树中更改零部件名称的一般过程。

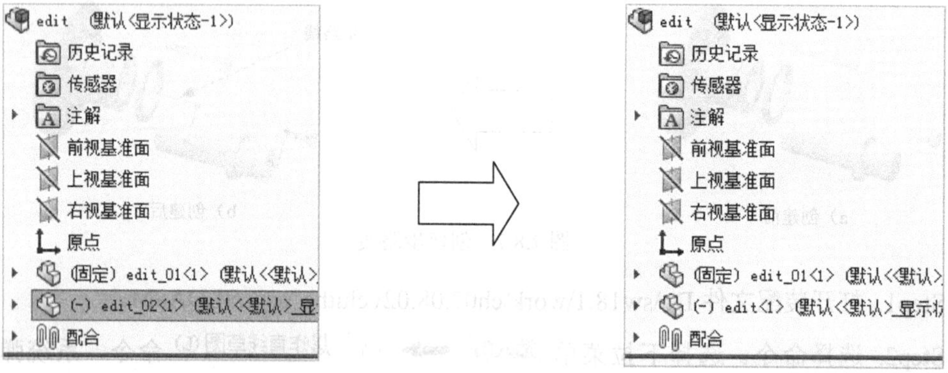

a）更改前　　b）更改后

图 7.9.1　在设计树中更改零部件名称

Step1. 打开装配文件 D:\sw18.1\work\ch07.09.01\edit.SLDASM。

Step2. 更改名称前的准备。

（1）选择下拉菜单 工具(T) ➡ 选项(P)... 命令，系统弹出“系统选项”对话框。

（2）在“系统选项”对话框的 系统选项(S) 选项卡左侧的列表框中单击 外部参考 选项，如图 7.9.2 所示。

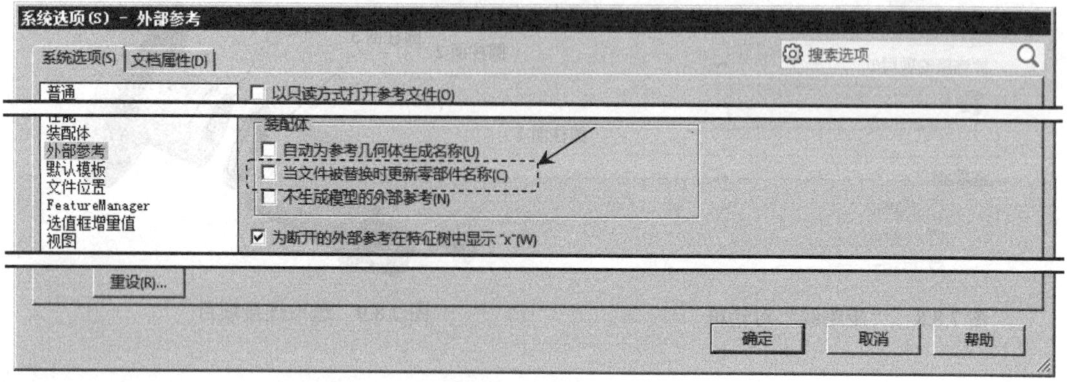

图 7.9.2　“系统选项（S） - 外部参考”对话框

（3）在 装配体 区域取消选中 □ 当文件被替换时更新零部件名称(C) 复选框。

（4）单击 确定 按钮，关闭“系统选项”对话框。

Step3. 在设计树中右击 (-) edit_02<1>，在系统弹出的快捷菜单中选择命令，系统弹出如图 7.9.3 所示的“零部件属性”对话框。

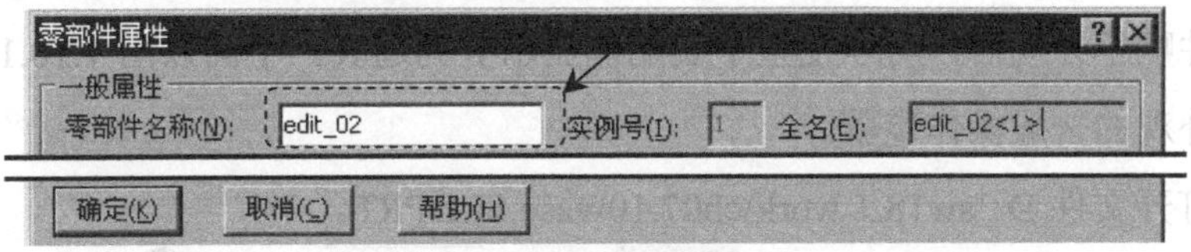

图 7.9.3 “零部件属性”对话框

Step4. 在“零部件属性”对话框的 一般属性 区域中，将 零部件名称(N): 文本框中的内容更改为 edit。

Step5. 单击 确定(K) 按钮，完成更改设计树中零部件名称的操作。

注意：这里更改的名称是在设计树中显示的名称，而不是更改零件模型文件的名称。

7.9.2 修改零部件的尺寸

下面以在图 7.9.4 所示的装配体 edit.SLDASM 中修改 edit_02.SLDPRT 零件的尺寸为例，说明修改装配体中零部件尺寸的一般操作步骤。

Step1. 打开装配文件 D:\sw18.1\work\ch07.09.02\edit.SLDASM。

Step2. 定义要更改的零部件。在设计树（或在图形区）中选取 (-) edit_02<1> 零件。

Step3. 选择命令。在“装配体”工具栏中单击按钮（或右击 (-) edit_02<1>，在系统弹出的快捷菜单中选择命令），此时装配体如图 7.9.5 所示。

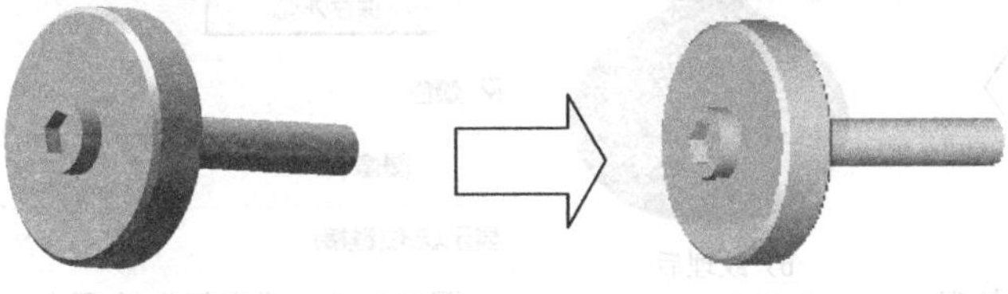

a）修改前　　b）修改后

图 7.9.4 零部件的操作过程

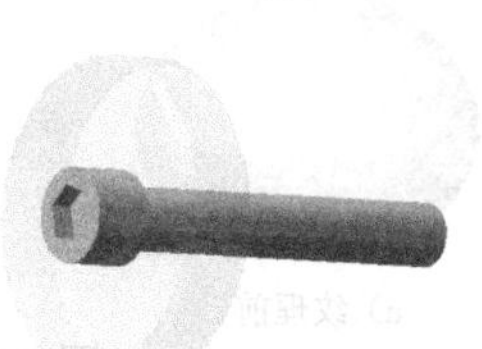

图 7.9.5 装配体

Step4. 单击 (-) edit_02<1> 前的“+”号，展开 (-) edit_02<1> 模型的设计树。

Step5. 定义修改特征。在设计树中右击 拉伸2，在系统弹出的快捷菜单中选择命令，系统弹出“拉伸 2”对话框。

Step6. 更改尺寸。在“拉伸 2”对话框的 **方向 1(1)** 区域中将 D1 后的数值改为 50.00。

Step7. 单击 ✔ 按钮，完成对“拉伸 2”的修改。

Step8. 单击“装配体”工具栏中的按钮，完成对 edit_02 零件的尺寸的修改。

7.10 零部件的外观处理

使用“外观”可以将颜色、材料外观和透明度应用到零件和装配体零部件上。

为零部件赋予外观后，可以使整个装配体显示更为逼真。下面以图 7.10.1 为例，说明赋予零部件外观的一般操作步骤。

Step1. 打开文件 D:\sw18.1\work\ch07.10\vase.SLDPRT。

Step2. 选择命令。选择下拉菜单 编辑(E) ➡ 外观(A) ➡ 外观(A)... 命令，系统弹出“颜色”对话框。

Step3. 定义外观类型。在“颜色”对话框中单击 高级 选项卡，如图 7.10.2 所示；单击 外观 区域中的 浏览(B)... 按钮，然后选择并打开文件 C:\Program Files\SOLIDWORKS Corp\SOLIDWORKS\data\graphics\materials\stone\architectural\granite\grante.p2m。

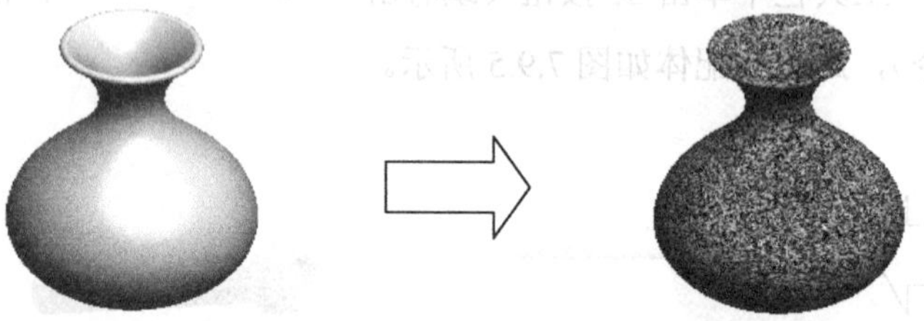

a）纹理前　　b）纹理后

图 7.10.1　赋予外观

图 7.10.2　“高级”选项卡

Step4. 单击 ✓ 按钮，完成零部件外观的更改。

7.11 SolidWorks 装配设计实际应用——机座装配的设计

本节详细讲解了机座装配如图 7.11.1 所示的多部件装配体的设计过程，使读者进一步熟悉 SolidWorks 中的装配操作。可以从 D:\sw18.1\work\ch07.11\中找到该装配体的所有部件。

Step1. 新建一个装配文件。选择下拉菜单 文件(F) ➡ 新建(N)... 命令，在系统弹出的“新建 SolidWorks 文件”对话框中选择“装配体”选项，单击 确定 按钮，进入装配环境。

Step2. 添加下基座零件模型。

（1）引入零件。进入装配环境后，系统会自动弹出“开始装配体”和“打开”对话框；在“打开”对话框中选取 D:\sw18.1\work ch07.11\down_base.SLDPRT，单击 打开 按钮。

（2）单击“开始装配体”对话框中的 ✔ 按钮，零件固定在原点位置。

Step3. 添加如图 7.11.2 所示的轴套并定位。

图 7.11.1　机座装配设计范例

图 7.11.2　添加轴套零件

（1）引入零件。选择下拉菜单 插入(I) ➡ 零部件(O) ➡ 现有零件/装配体(E)... 命令（或在“装配体”工具栏中单击 按钮），系统弹出“插入零部件”和“打开”对话框。在“打开”对话框中选取 sleeve.SLDPRT，单击 打开 按钮；将零件放置到如图 7.11.3 所示的位置。

（2）添加配合，使零件完全定位。

① 选择命令。选择下拉菜单 插入(I) ➡ 配合(M)... 命令（或在“装配体”工具栏中单击 按钮），系统弹出“配合”对话框。

② 添加“重合”配合。单击“配合”对话框中的 按钮，选取如图 7.11.3 所示的两个面为重合面，在弹出的快捷工具条中单击 按钮，再单击 ✔ 按钮。

③ 添加“同轴心”配合。单击“配合”对话框中的 按钮，选取如图 7.11.4 所示的两个面为同轴心面，单击快捷工具条中的 ✔ 按钮。

④ 添加“重合”配合。单击“配合”对话框中的 按钮，选取如图 7.11.5 所示的两个面为重合面，单击快捷工具条中的 ✔ 按钮。

图 7.11.3　选取重合面（一）

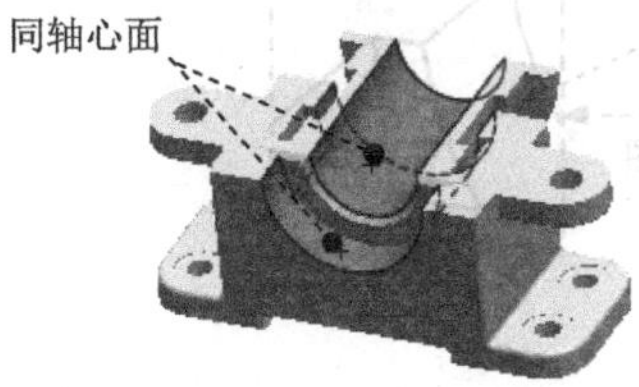

图 7.11.4　选取同轴心面

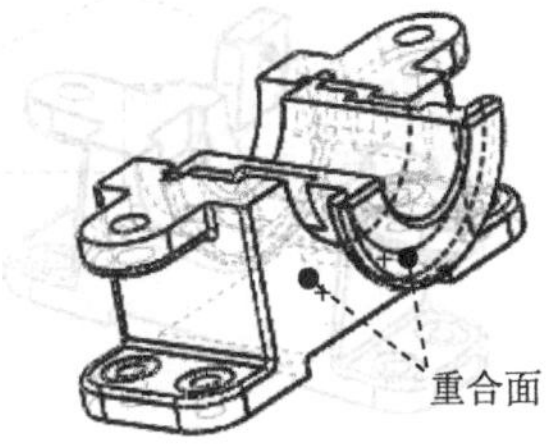

图 7.11.5　选取重合面（二）

⑤ 单击“配合”对话框的 ✔ 按钮，完成零件的定位。

Step4. 添加如图 7.11.6 所示的楔块并定位。

（1）隐藏轴套零件。在设计树中右击 ⊞ sleeve<1>，在系统弹出的快捷菜单中选择 命令。

（2）引入零件。选择下拉菜单 插入(I) ➡ 零部件(O) ➡ 现有零件/装配体(E)... 命令，在系统弹出的“打开”对话框中选取 chock.SLDPRT，单击 打开 按钮；将零件放置于图 7.11.7 所示的位置。

图 7.11.6 添加楔块零件

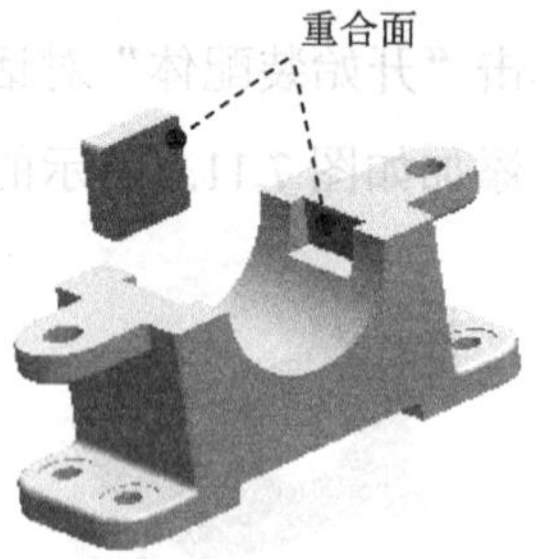

图 7.11.7 选取重合面

（3）添加配合，使零件完全定位。

① 选择命令。选择下拉菜单 插入(I) ➡ 配合(M)... 命令（或在“装配体”工具栏中单击 按钮），系统弹出“配合”对话框。

② 添加“重合”配合。单击“配合”对话框中的 按钮，选取如图 7.11.7 所示的两个面为重合面，单击快捷工具条中的 按钮。

③ 添加“重合”配合。操作方法参照上一步，重合面如图 7.11.8 所示。

④ 添加“重合”配合。操作方法参照上一步，重合面如图 7.11.9 所示。

⑤ 单击“配合”对话框的 ✔ 按钮，完成零件的定位。

Step5. 参照 Step4 完成第二个楔块零件的添加，结果如图 7.11.10 所示。

Step6. 镜像轴套零件，如图 7.11.11 所示。在设计树中右击 ⊞ sleeve<1>，在系统弹出的快捷菜单中选择 命令；选择下拉菜单 插入(I) ➡ 镜向零部件(R)... 命令，系统弹出“镜向零部件”对话框；选取图 7.11.11 所示的平面为镜像平面；选取刚添加的轴套零件为要镜像的零部件；单击 ✔ 按钮，完成镜像操作。

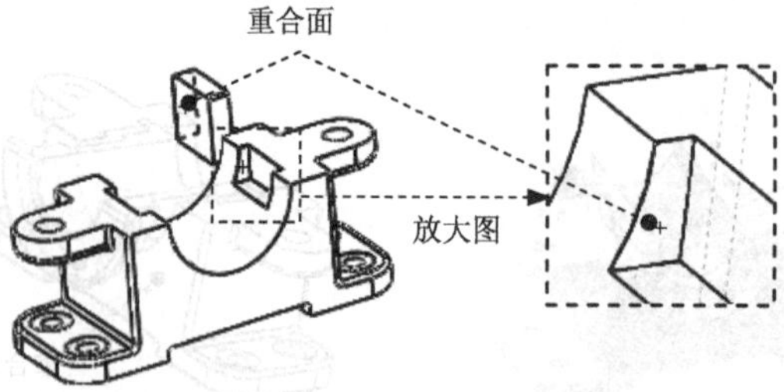

图 7.11.8 选取重合面（一）

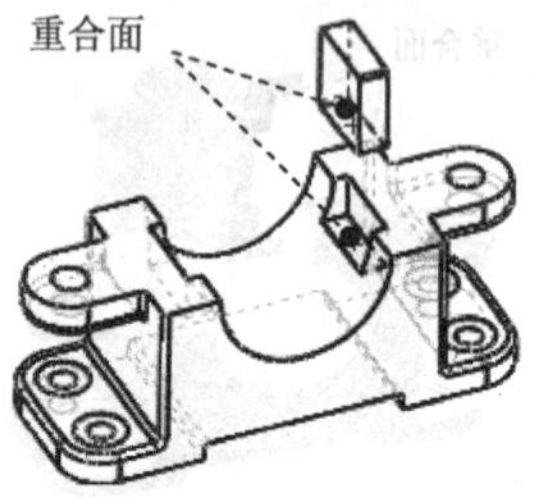

图 7.11.9 选取重合面（二）

图 7.11.10 添加第二个楔块零件

图 7.11.11 镜像轴套零件

Step7. 添加如图 7.11.12 所示的上基座并定位。

（1）引入零件。选择下拉菜单 插入(I) ➡ 零部件(O) ➡ 现有零件/装配体(E)... 命令，在系统弹出的“打开”对话框中选取 top_cover.SLDPRT，单击 打开 按钮；将零件放置于图 7.11.13 所示的位置。

（2）添加配合，使零件完全定位。

① 选择下拉菜单 插入(I) ➡ 配合(M)... 命令，系统弹出“配合”对话框。

② 添加“同轴心”配合。单击“配合”对话框中的 按钮，选取如图 7.11.13 所示的两个面为同轴心面，单击快捷工具条中的 按钮。

图 7.11.12 添加上基座

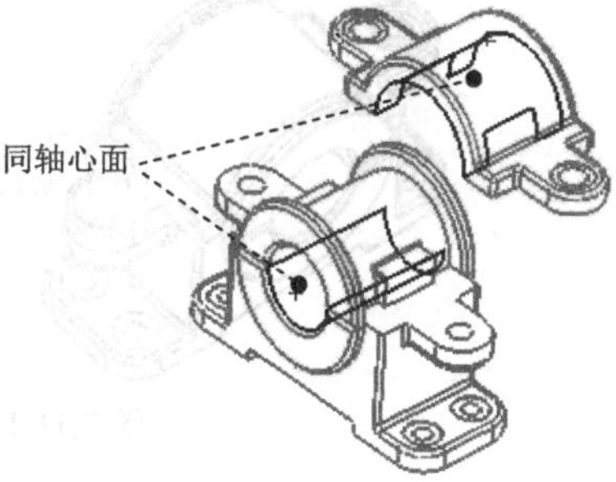

图 7.11.13 选取同轴心面

③ 添加“重合”配合。单击“配合”对话框中的 按钮，选取如图 7.11.14 所示的两个面为重合面，单击快捷工具条中的 按钮。

④ 添加“重合”配合。操作方法参照上一步，重合面如图 7.11.15 所示。

⑤ 单击“配合”对话框的 按钮，完成零件的定位。

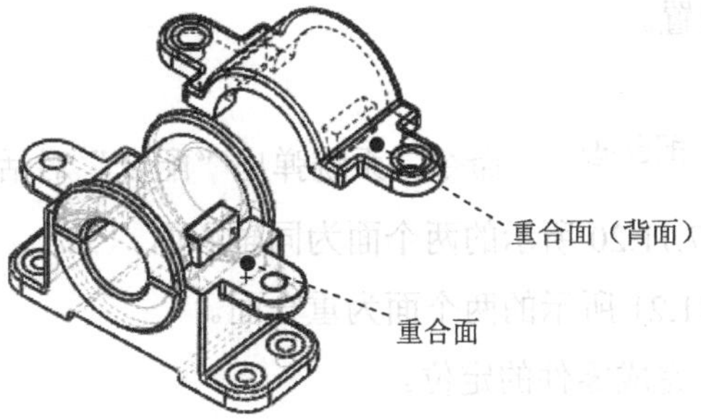

图 7.11.14 选取重合面（一）

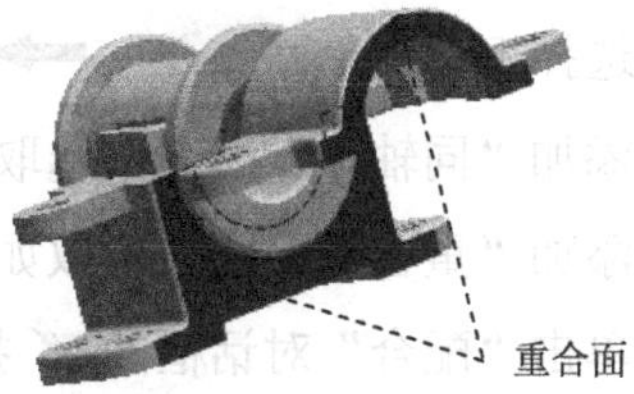

图 7.11.15 选取重合面（二）

Step8. 添加如图 7.11.16 所示的螺栓并定位。

（1）引入零件。选择下拉菜单 插入(I) → 零部件(O) → 现有零件/装配体(E)... 命令，在系统弹出的“打开”对话框中选取 bolt.SLDPRT，单击 打开 按钮；将零件放置于图 7.11.17 所示的位置。

（2）添加配合，使零件定位。

① 选择下拉菜单 插入(I) → 配合(M)... 命令，系统弹出“配合”对话框。

② 添加“同轴心”配合。选取如图 7.11.17 所示的两个面为同轴心面。

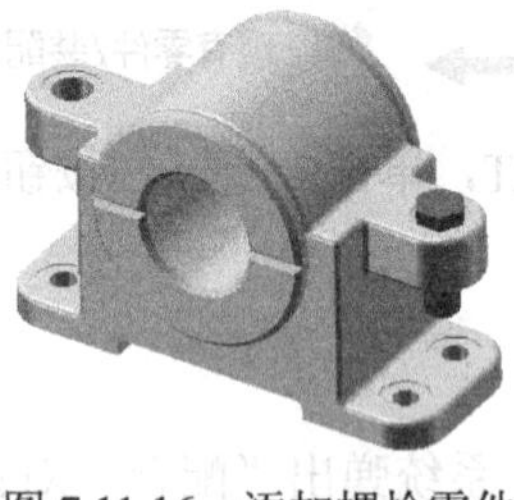

图 7.11.16 添加螺栓零件

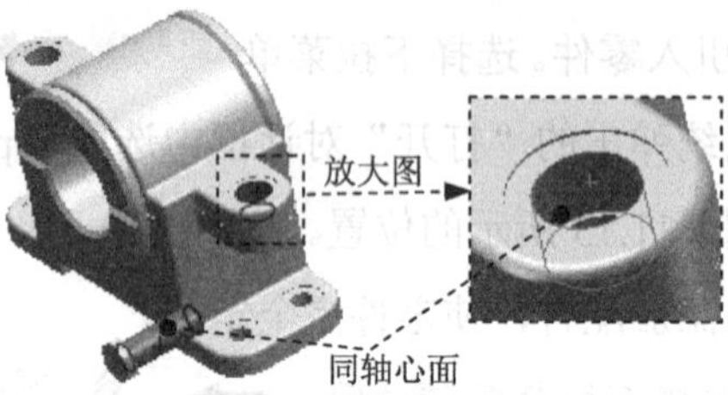

图 7.11.17 选取同轴心面

③ 添加“重合”配合。选取如图 7.11.18 所示的两个面为重合面。

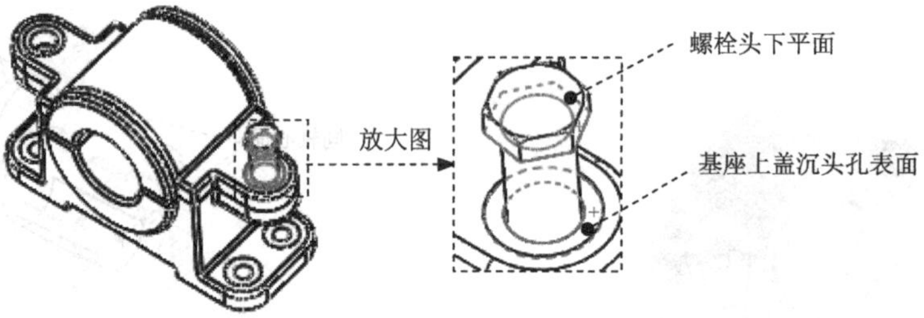

图 7.11.18 选取重合面

④ 单击“配合”对话框的 ✔ 按钮，完成零件的定位。

Step9. 添加如图 7.11.19 所示的螺母并定位。

（1）引入零件。

① 选择命令。选择下拉菜单 插入(I) → 零部件(O) → 现有零件/装配体(E)... 命令，在系统弹出的“打开”对话框中选取 nut.SLDPRT，单击 打开 按钮。

② 将零件放置于图 7.11.20 所示的位置。

（2）添加配合，使零件定位。

① 选择下拉菜单 插入(I) → 配合(M)... 命令，系统弹出“配合”对话框。

② 添加“同轴心”配合。选取如图 7.11.20 所示的两个面为同轴心面。

③ 添加“重合”配合。选取如图 7.11.21 所示的两个面为重合面。

④ 单击“配合”对话框的 ✔ 按钮，完成零件的定位。

图 7.11.19 添加螺母零件

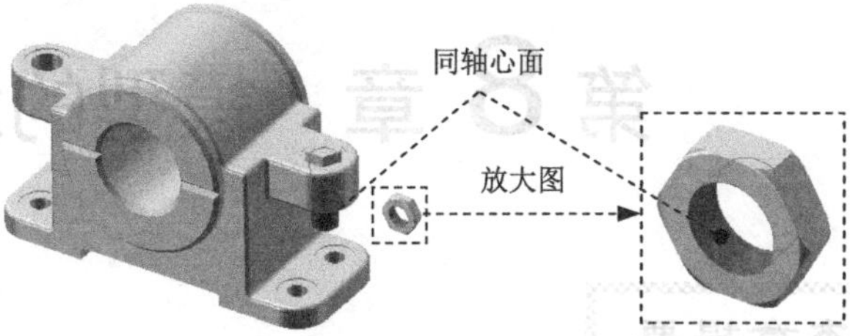

图 7.11.20 选取同轴心面

Step10. 镜像螺栓与螺母，如图 7.11.22 所示。选取如图 7.11.22 所示的右视基准面为镜像平面，选取螺栓与螺母为要镜像的零部件。

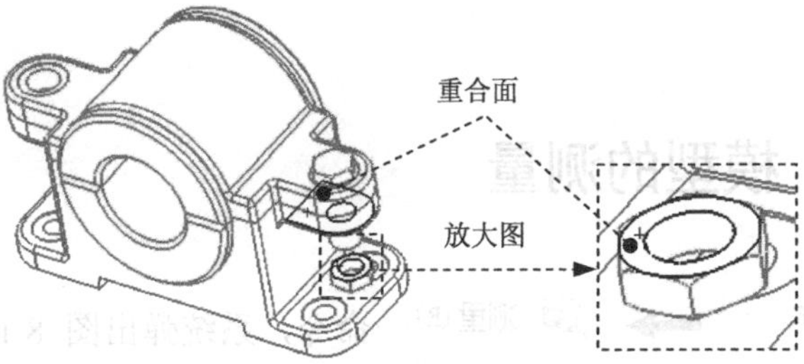

图 7.11.21 选取重合面

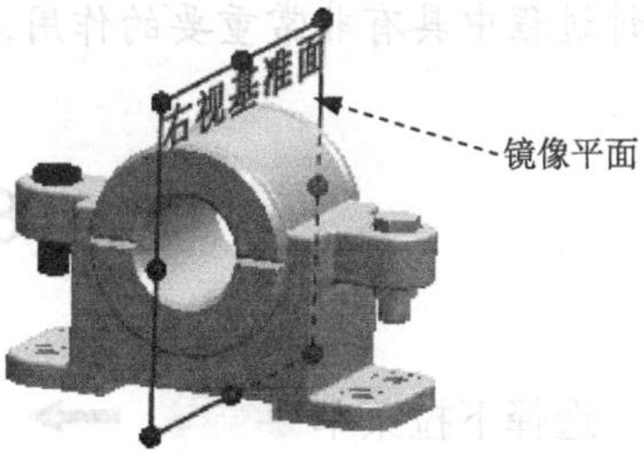

图 7.11.22 镜像零件

7.12 习 题

1. 将 D:\sw18.1\work\ch07.12.01 文件夹中的零件 bolt_1.SLDPRT 和 nut. SLDPRT 装配起来，结果如图 7.12.1 所示；装配配合如图 7.12.2 所示。

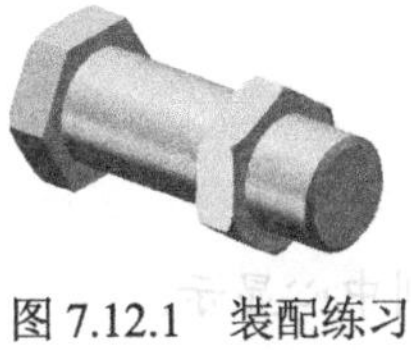

图 7.12.1 装配练习 1

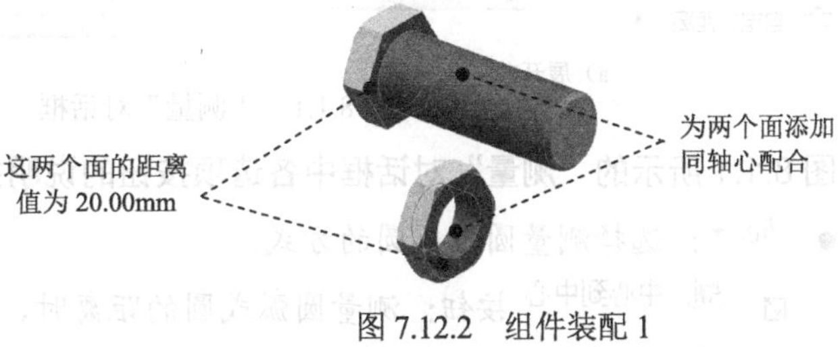

图 7.12.2 组件装配 1

2. 将 D:\sw18.1\work\ch07.12.02 文件夹中的零件 bush_bracket.SLDPRT 和 bush_bush. SLDPRT 装配起来，结果如图 7.12.3 所示；装配配合如图 7.12.4 所示。

图 7.12.3 装配练习 2

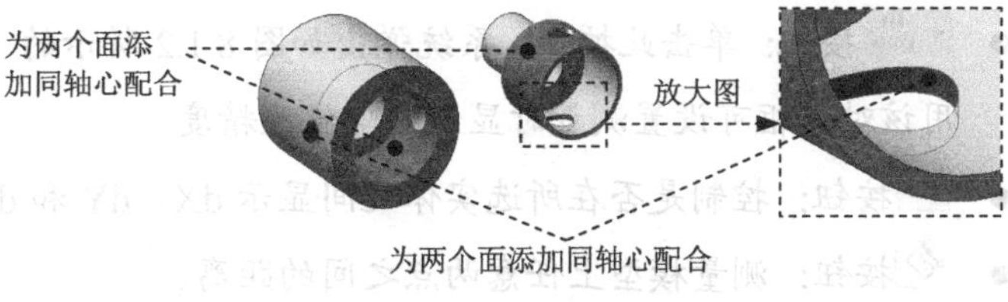

图 7.12.4 组件装配 2

第 8 章　模型的测量与分析

本章提要　严格的产品设计离不开模型的测量与分析，本章主要介绍的是 SolidWorks 中的测量与分析操作，包括测量距离、角度、曲线长度、面积，分析模型的质量属性、装配体中零部件之间的干涉情况以及曲线的曲率等，这些测量和分析功能在产品设计过程中具有非常重要的作用。

8.1　模型的测量

选择下拉菜单 工具(T) → 评估(E) ▸ → 测量(R)... 命令，系统弹出图 8.1.1a 所示的"测量"对话框，单击其中的 按钮后，"测量"对话框如图 8.1.1b 所示。模型的基本测量都可以使用该对话框来操作。

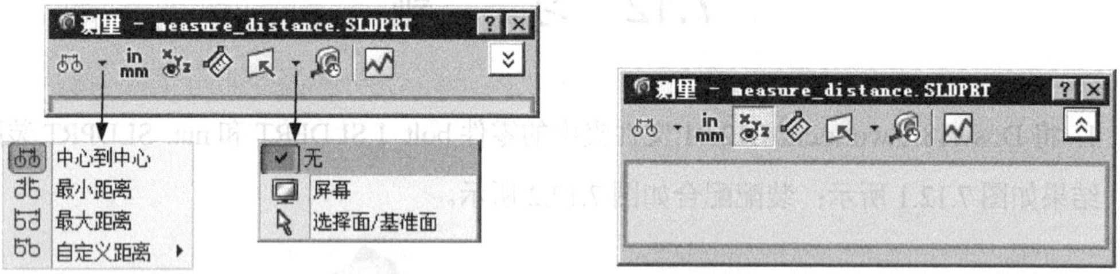

a）展开前　　b）展开后

图 8.1.1　"测量"对话框

图 8.1.1 所示的"测量"对话框中各选项按钮的说明如下。

- ：选择测量圆弧或圆的方式。
  - ☑ 中心到中心 按钮：测量圆弧或圆的距离时，以中心到中心显示。
  - ☑ 最小距离 按钮：测量圆弧或圆的距离时，以最小距离显示。
  - ☑ 最大距离 按钮：测量圆弧或圆的距离时，以最大距离显示。
  - ☑ 自定义距离 ▸ 按钮：测量圆弧或圆的距离时，自定义各测量对象的条件。
- in mm 按钮：单击此按钮，系统弹出如图 8.1.2 所示的"测量单位/精度"对话框，利用该对话框可设置测量时显示的单位及精度。
- 按钮：控制是否在所选实体之间显示 dX、dY 和 dZ 的测量。
- 按钮：测量模型上任意两点之间的距离。
- 按钮：用于选择投影面。

☑ 无 按钮：测量时，投影和正交不计算。

☑ 屏幕 按钮：测量时，投影到屏幕所在的平面。

☑ 选择面/基准面 按钮：测量时，投影到所选的面或基准面。

8.1.1 测量面积及周长

下面以图 8.1.3 为例，说明测量面积及周长的一般操作步骤。

Step1. 打开文件 D:\sw18.1\work\ch08.01\measure_area. SLDPRT。

Step2. 选择命令。选择下拉菜单 工具(T) → 评估(E) ▸ → 测量(R)... 命令（或单击“工具”工具栏中的 按钮），系统弹出“测量”对话框。

Step3. 定义要测量的面。选取图 8.1.3 所示的模型表面为要测量的面。

Step4. 查看测量结果。完成上步操作后，在图形区和如图 8.1.4 所示的“测量”对话框中均会显示测量的结果。

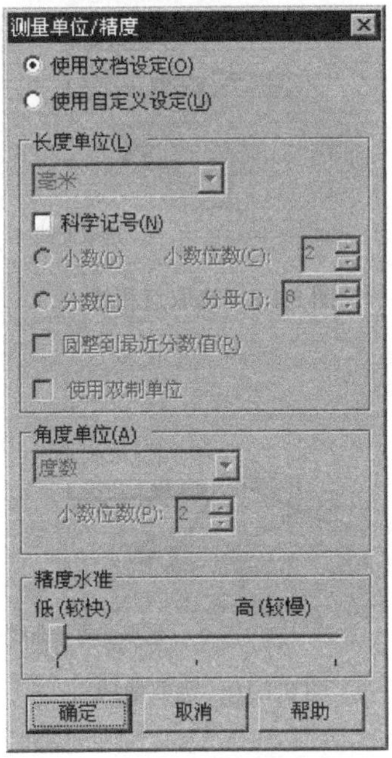

图 8.1.2 “测量单位/精度”对话框

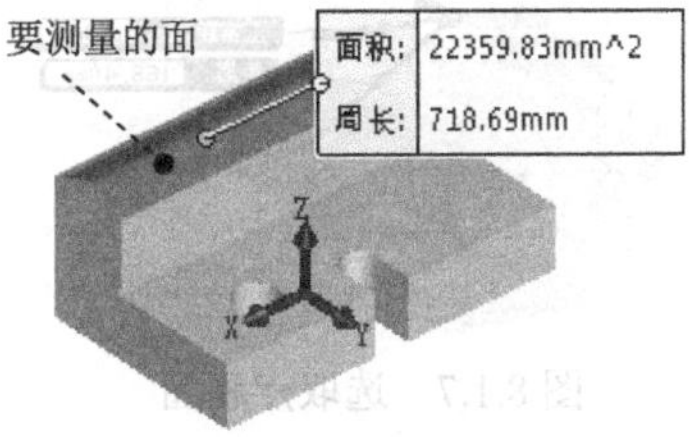

图 8.1.3 选取指示测量的模型表面

图 8.1.4 “测量”对话框

8.1.2 测量距离

下面以一个简单模型为例，说明测量距离的一般操作步骤。

Step1. 打开文件 D:\sw18.1\work\ch08.01\measure_distance.SLDPRT。

Step2. 选择命令。选择下拉菜单 工具(T) → 评估(E) ▸ → 测量(R)... 命令（或单击“工具”工具栏中的 按钮），系统弹出“测量”对话框。

Step3. 在“测量”对话框中单击按钮和按钮，使之处于弹起状态。

Step4. 测量面到面的距离。选取图 8.1.5 所示的模型表面为要测量的面；在图形区和图 8.1.6 所示的“测量”对话框中均会显示测量的结果。

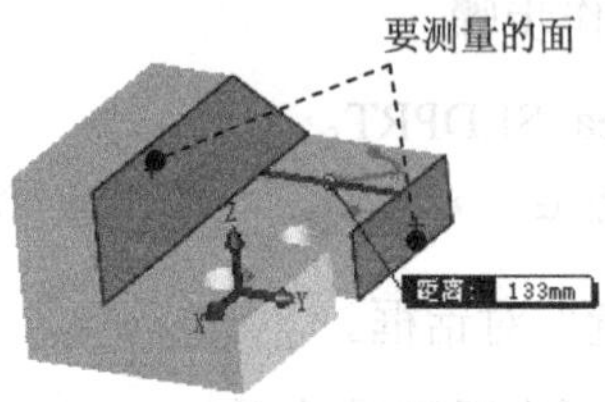

图 8.1.5　选取要测量的面

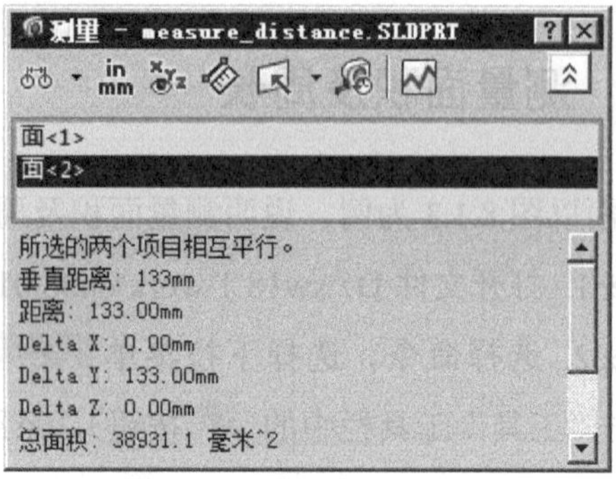

图 8.1.6　“测量”对话框

Step5. 测量点到面的距离，如图 8.1.7 所示。

Step6. 测量点到线的距离，如图 8.1.8 所示。

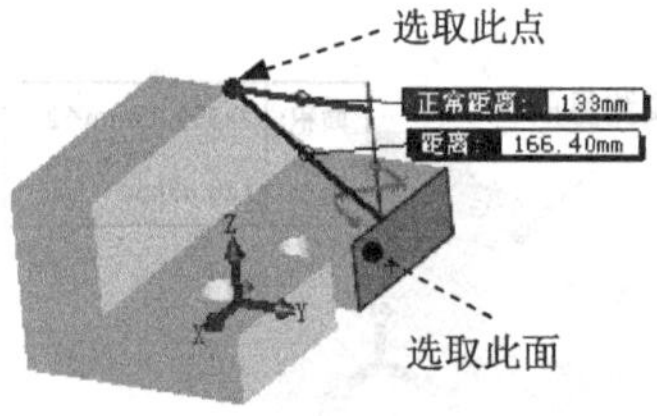

图 8.1.7　选取点和面

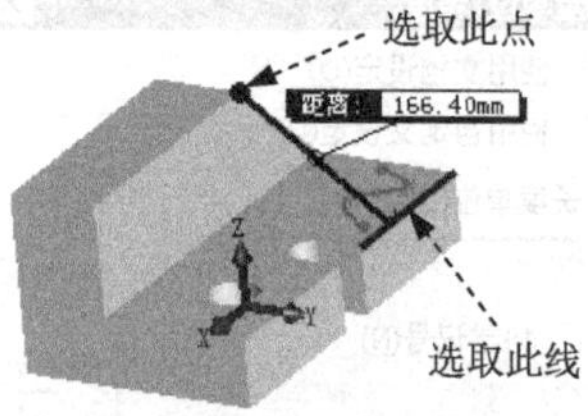

图 8.1.8　选取点和线

Step7. 测量点到点的距离，如图 8.1.9 所示。

Step8. 测量线到线的距离，如图 8.1.10 所示。

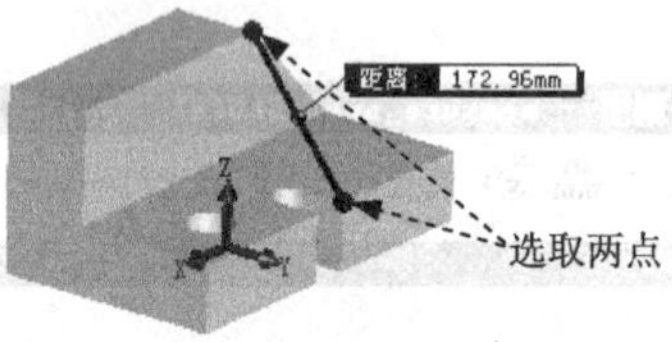

图 8.1.9　选取两点

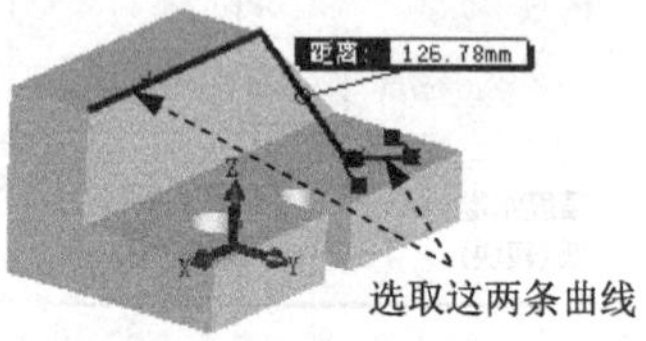

图 8.1.10　选取曲线

Step9. 测量点到曲线的距离，如图 8.1.11 所示。

Step10. 测量线到面的距离，如图 8.1.12 所示。

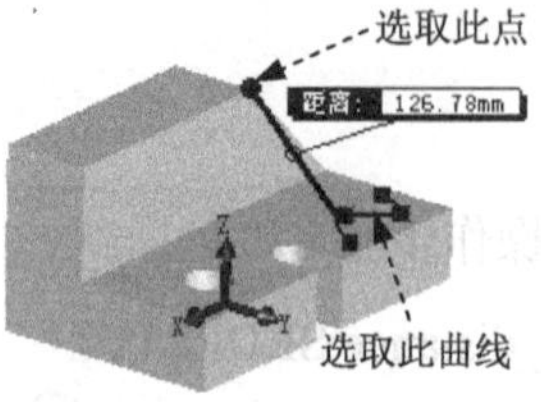

图 8.1.11　选取点和曲线

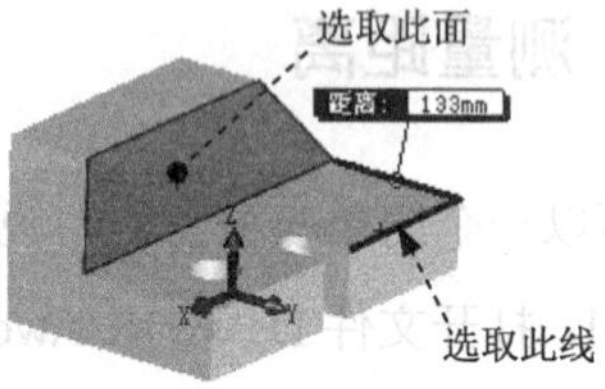

图 8.1.12　选取线和面

Step11. 测量点到点之间的投影距离，如图 8.1.13 所示。

（1）选取图 8.1.13 所示的点 1 和点 2。

（2）在“测量”对话框中单击 按钮，在系统弹出的下拉列表中选择 选择面/基准面 命令。

（3）定义投影面。在“测量”对话框的 投影于: 文本框中单击，然后选取图 8.1.13 所示的模型表面作为投影面。此时选取的两点的投影距离在“测量”对话框中显示（图 8.1.14）。

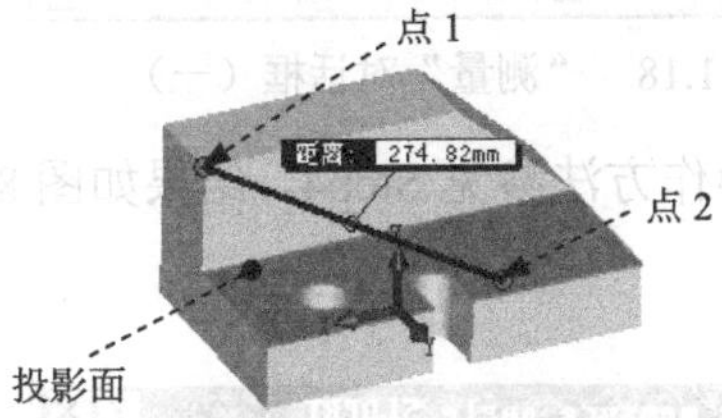

图 8.1.13 选取点和面

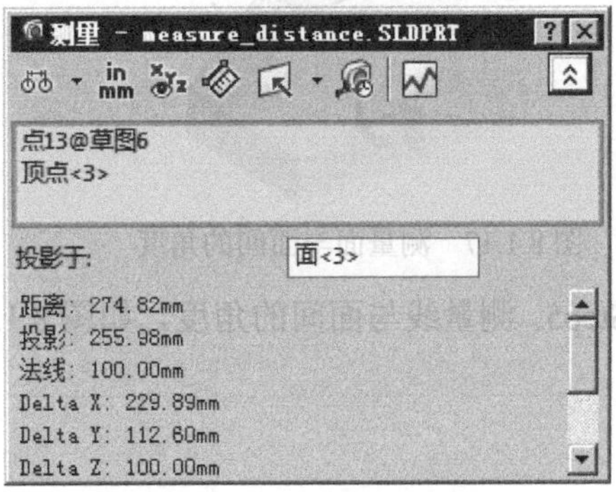

图 8.1.14 “测量”对话框

说明：如果要求显示同一个尺寸的两个不同形式，如毫米（mm）与英寸（in），则用户需在“测量”对话框中单击 in mm 按钮，在系统弹出的“测量单位/精度”对话框中选择 使用自定义设定(U) 单选项，然后选中 使用双制单位 复选框，并在其下拉列表中选择英寸为第二单位，单击 确定 按钮，关闭“测量单位/精度”对话框。测量结果如图 8.1.15 和图 8.1.16 所示。

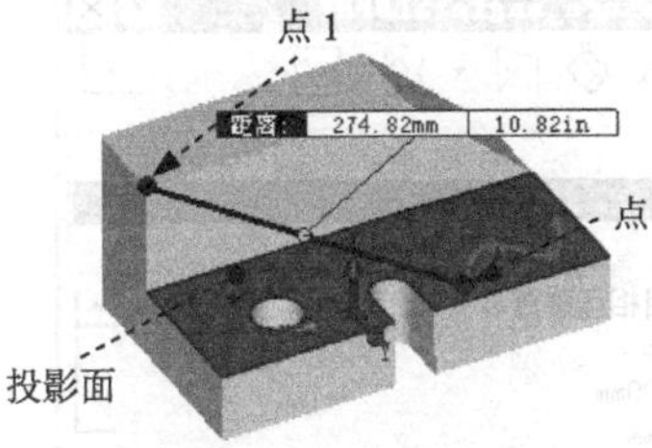

图 8.1.15 选取点和面

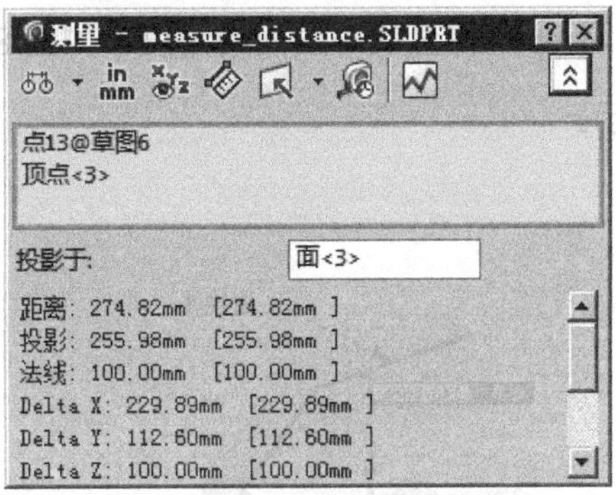

图 8.1.16 “测量”对话框

8.1.3 测量角度

下面以一个简单模型为例，说明测量角度的一般操作步骤。

Step1. 打开文件 D:\sw18.1\work\ch08.01\measure_angle. SLDPRT。

Step2. 选择命令。选择下拉菜单 工具(T) → 评估(E) → 测里(R)... 命令，系统弹出“测量”对话框。

Step3. 在“测量”对话框中单击 按钮，使之处于弹起状态。

Step4. 测量面与面间的角度。选取如图 8.1.17 所示的模型表面 1 和模型表面 2 为要测量的两个面。完成选取后，在图 8.1.18 所示的“测量”对话框（一）中可看到测量的结果。

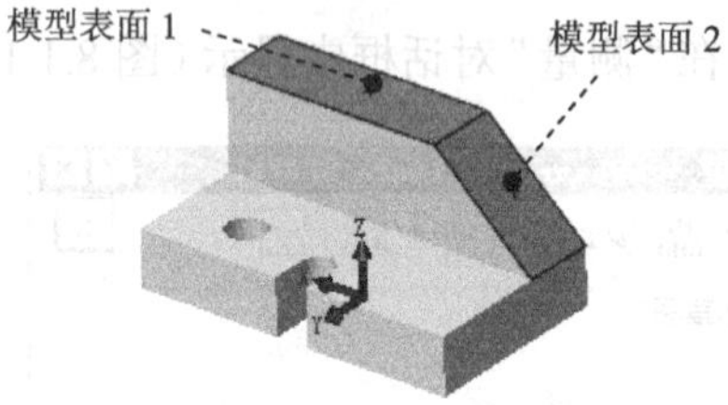

图 8.1.17 测量面与面间的角度

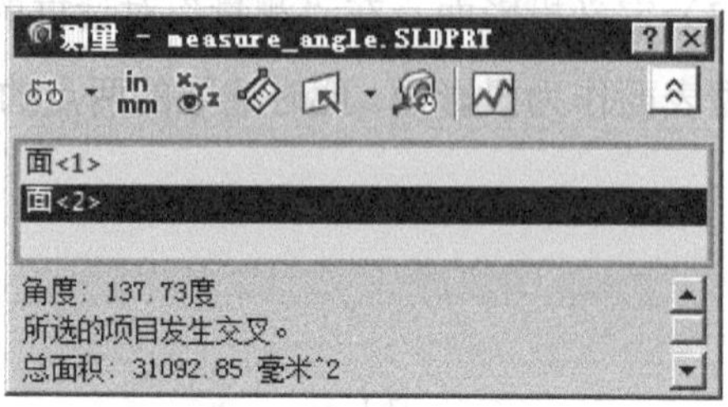

图 8.1.18 “测量”对话框（一）

Step5. 测量线与面间的角度，如图 8.1.19 所示。操作方法参见 Step4，结果如图 8.1.20 所示。

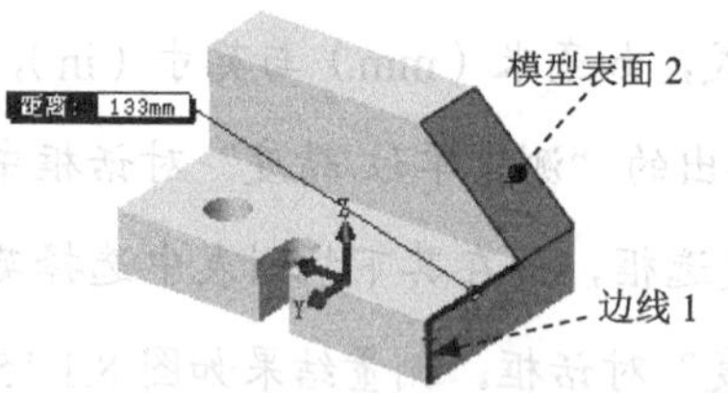

图 8.1.19 测量线与面间的角度

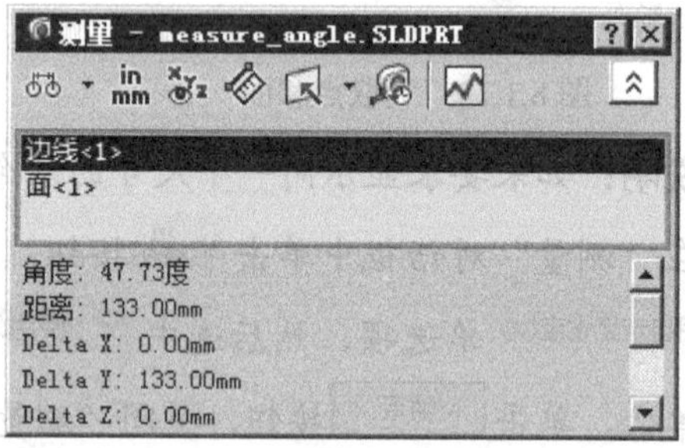

图 8.1.20 “测量”对话框（二）

Step6. 测量线与线间的角度，如图 8.1.21 所示。操作方法参见 Step4，结果如图 8.1.22 所示。

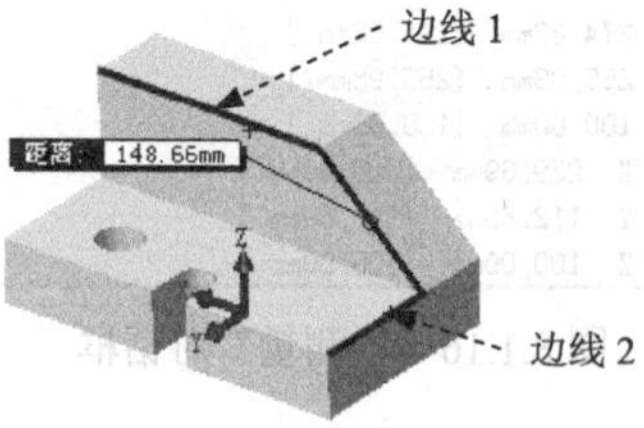

图 8.1.21 测量线与线间的角度

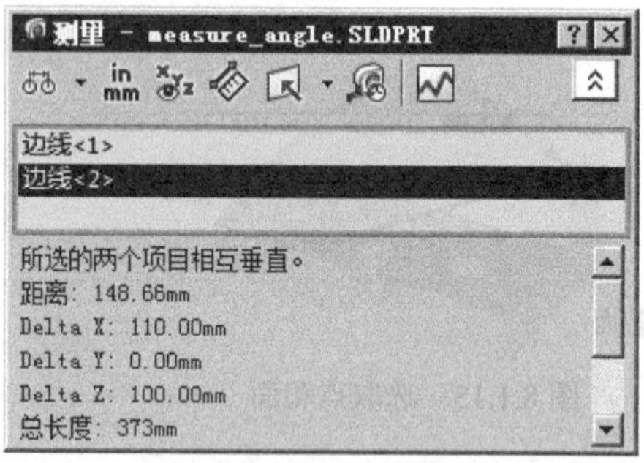

图 8.1.22 “测量”对话框（三）

8.1.4 测量曲线长度

下面以图 8.1.23 为例，说明测量曲线长度的一般操作步骤。

Step1. 打开文件 D:\sw18.1\work\ch08.01\measure_curve_length. SLDPRT。

Step2. 选择命令。选择下拉菜单 工具(T) → 评估(E) → 测量(R)... 命令

（或单击“工具”工具栏中的 按钮），系统弹出“测量”对话框。

Step3. 在“测量”对话框中单击 按钮，使之处于弹起状态。

Step4. 测量曲线的长度。选取如图 8.1.23 所示的样条曲线为要测量的曲线。完成选取后，在图形区和如图 8.1.24 所示的“测量”对话框中均可看到测量的结果。

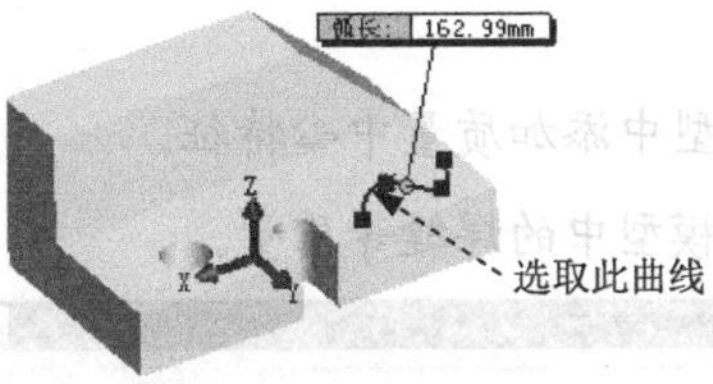

图 8.1.23　选取曲线

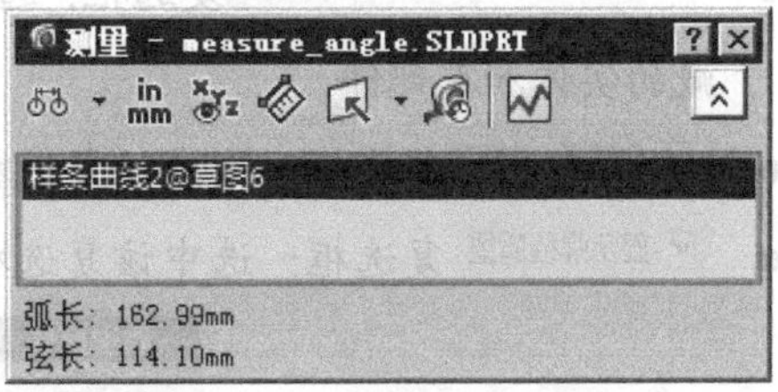

图 8.1.24　“测量”对话框

8.2　模型的基本分析

8.2.1　模型的质量属性分析

通过质量属性的分析，可以获得模型的体积、总的表面积、质量、密度、重心位置、惯性力矩和惯性张量等数据，对产品设计有很大的参考价值。下面以一个简单模型为例，说明质量属性分析的一般操作步骤。

Step1. 打开文件 D:\sw18.1\work\ch08.02.01\mass.part。

Step2. 选择命令。选择 工具(T) ➡ 评估(E) ▸ ➡ 质量属性(M)... 命令，系统弹出“质量属性”对话框。

Step3. 选取项目。在图形区选取如图 8.2.1 所示的模型。

说明：如果图形区只有一个实体，则系统将自动选取该实体作为要分析的项目。

Step4. 在“质量属性”对话框中单击 选项(O)... 按钮，系统弹出如图 8.2.2 所示的“质量/剖面属性选项”对话框。

Step5. 设置单位。在“质量/剖面属性选项”对话框中选中 使用自定义设定(U) 单选项，然后在 质量(M): 下拉列表中选择 千克 选项，在 单位体积(V): 下拉列表中选择 米^3 选项；单击 确定 按钮，完成设置。

Step6. 在“质量属性”对话框中单击 重算(R) 按钮，其列表框中将会显示模型的质量属性，如图 8.2.3 所示。

图 8.2.3 所示的“质量属性”对话框的部分选项说明如下。

- 选项(O)... 按钮：用于打开“质量/剖面属性选项”对话框，利用该对话框可设置质量属性数据的单位以及查看材料属性等。

- 覆盖质量属性... 按钮：手动设置一组值，覆盖质量、质量中心和惯性张量。
- 重算(R) 按钮：用于计算所选项目的质量属性。
- 打印(P)... 按钮：用于打印分析的质量属性数据。
- ☑ 包括隐藏的实体/零部件(H) 复选框：选中该复选框，则在进行质量属性的计算中包括隐藏的实体和零部件。
- ☑ 创建质心特征 复选框：选中该复选框，则在模型中添加质量中心特征。
- ☑ 显示焊缝质量 复选框：选中该复选框，则显示模型中的焊缝等质量。

图 8.2.1 选取模型

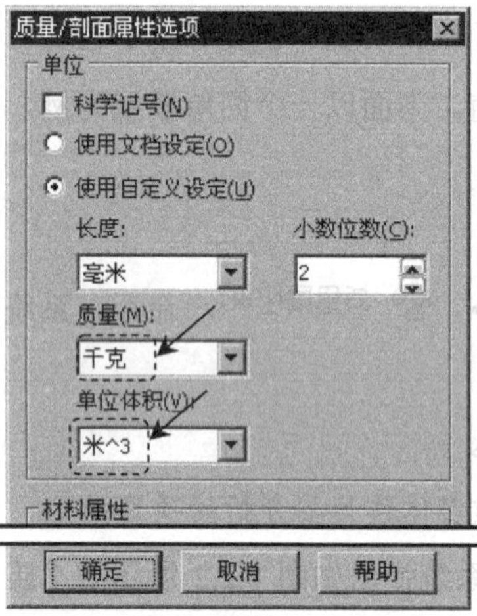

图 8.2.2 “质量/剖面属性选项”对话框

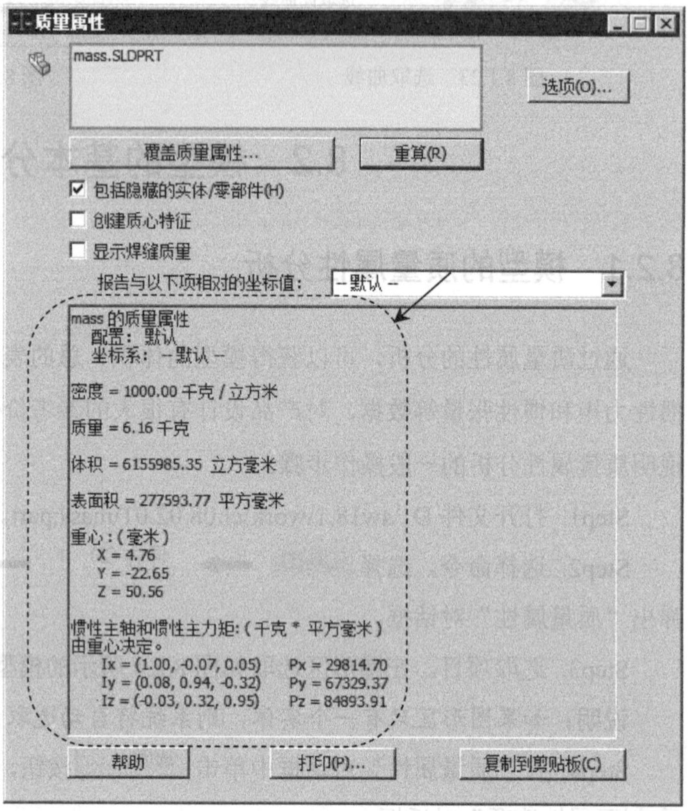

图 8.2.3 “质量属性”对话框

8.2.2 模型的截面属性分析

通过截面属性分析，可以获得模型截面的面积、重心位置、惯性矩和惯性二次矩等数据。下面以一个简单模型为例，说明截面属性分析的一般操作步骤。

Step1. 打开文件 D:\sw18.1\work\ch08.02.02\section.SLDPRT。

Step2. 选择命令。选择下拉菜单 工具(T) → 评估(E) ▸ → 截面属性(I)... 命令，系统弹出“截面属性”对话框。

Step3. 选取项目。在图形区选取如图 8.2.4 所示的模型表面。

说明：选取的模型表面必须是一个平面。

Step4. 在“截面属性”对话框中单击 重算(R) 按钮，其列表框中将显示所选截面的属性，如图 8.2.5 所示。

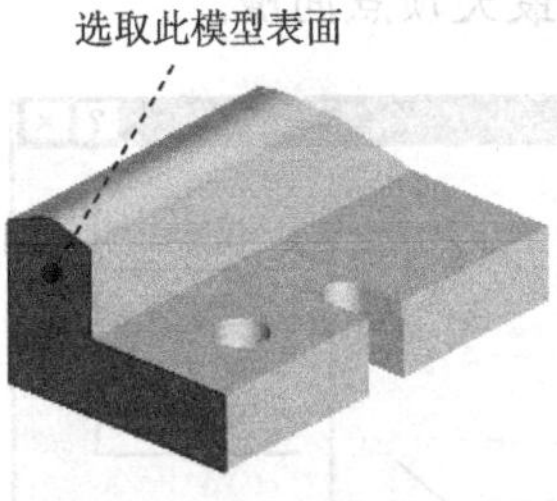

图 8.2.4 选取模型表面

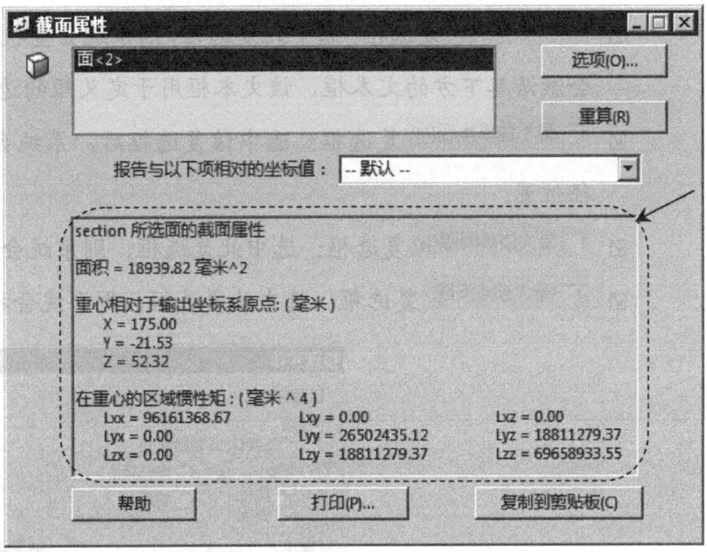

图 8.2.5 “截面属性”对话框

8.2.3 检查实体

通过检查实体可以检查几何体，并识别出不良几何体。下面以图 8.2.6 所示的模型为例，说明检查实体的一般操作步骤。

Step1. 打开文件 D:\sw18.1\work\ch08.02.03\check.SLDPRT。

Step2. 选择命令。选择下拉菜单 工具(T) → 评估(E) → 检查(C)... 命令，系统弹出“检查实体”对话框。

Step3. 选取项目。在“检查实体”对话框的 检查 区域中选中 ⊙ 所有(A) 单选项及 ☑ 实体 复选框和 ☑ 曲面 复选框。

Step4. 在“检查实体”对话框中单击 检查(K) 按钮，在 结果清单 列表框中将显示检查的结果，如图 8.2.7 所示。

如图 8.2.7 所示的“检查实体”对话框中各选项的说明如下。

- 检查 区域用于选择需检查的实体类型。
  - ☑ □ 严格实体/曲面检查(R) 复选框：进行更广泛的检查，但会使性能缓慢。
  - ☑ ⊙ 所有(A) 单选项：选中该单选项，检查整个模型。
  - ☑ ○ 所选项(I) 单选项：选中该单选项，检查在图形区所选的项目。

☑ 特征(F) 单选项：选中该单选项，检查模型中的所有特征。

- 查找 区域用于选择需检查的问题类型。

☑ ☑ 无效的面(A) 复选框：选中此复选框，则系统会检查无效的面。

☑ ☑ 无效的边线(E) 复选框：选中此复选框，则系统会检查无效的边线。

☑ □ 短的边线(S) 复选框：选中此复选框，则系统会查找短的边线。选中该复选框后，会激活其下方的文本框，该文本框用于定义短的边线。

☑ □ 最小曲率半径(M) 复选框：选中该复选框后，系统会查找所选项目的最小曲率半径位置。

☑ □ 最大边线间隙(G) 复选框：选中此复选框，则系统会检查最大边线间隙。

☑ □ 最大顶点间隙 复选框：选中此复选框，则系统会检查最大顶点间隙。

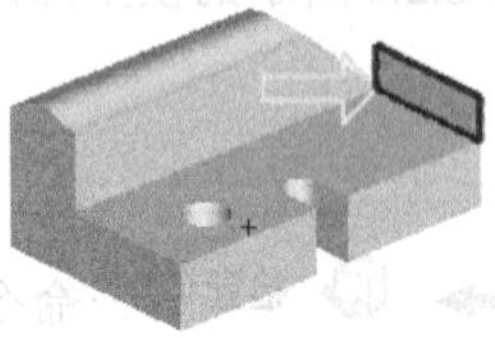

图 8.2.6 检查实体

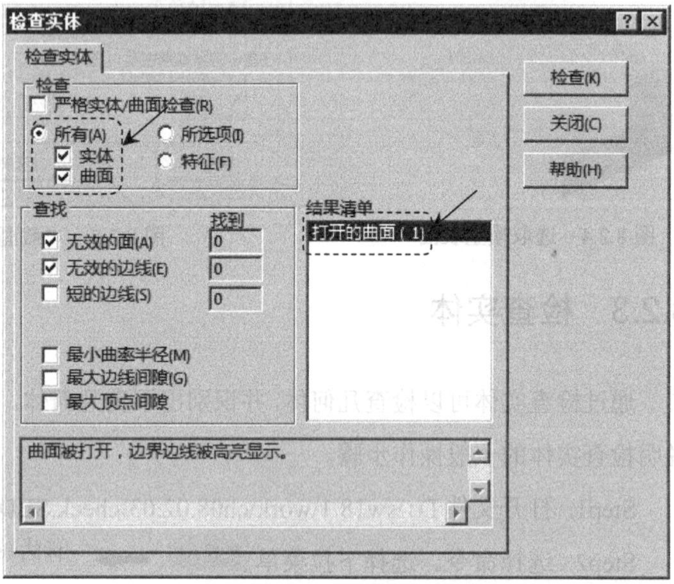

图 8.2.7 “检查实体”对话框

8.2.4 装配干涉分析

在产品设计过程中，当各零部件组装完成后，设计者最关心的是各个零部件之间的干涉情况，使用 工具(T) 下拉菜单 评估(E) ▸ 中的 干涉检查(R)... 命令可以帮助用户了解这些信息。下面以一个简单的装配为例，说明干涉检查的一般操作步骤。

Step1. 打开文件 D:\sw18.1\work\ch08.02.04\asm_clutch.SLDASM。

Step2. 选择命令。选择下拉菜单 工具(T) → 评估(E) ▸ → 干涉检查(R)...命令，系统弹出如图 8.2.8 所示的“干涉检查”对话框。

Step3. 选择需检查的零部件。在设计树中选取整个装配体。

说明：选择 干涉检查(R)... 命令后，系统默认选取整个装配体为需检查的零部件。如果只需要检查装配体中的几个零部件，则可在“干涉检查”对话框 **所选零部件** 区域中的列表框中删除系统默认选取的装配体，然后选取需要检查的零部件。

Step4. 设置参数。在图 8.2.8 所示对话框的 **选项(O)** 区域中选中 ☑ 使干涉零件透明(T) 复选框，在 **非干涉零部件(N)** 区域中选中 ⊙ 使用当前项(E) 单选项。

Step5. 查看检查结果。完成上步操作后，单击“干涉检查”对话框 **所选零部件** 区域中的 计算(C) 按钮，此时在“干涉检查”对话框的 **结果(R)** 区域中显示检查的结果，如图 8.2.8 所示；同时图形区中发生干涉的面也会高亮显示，如图 8.2.9 所示。

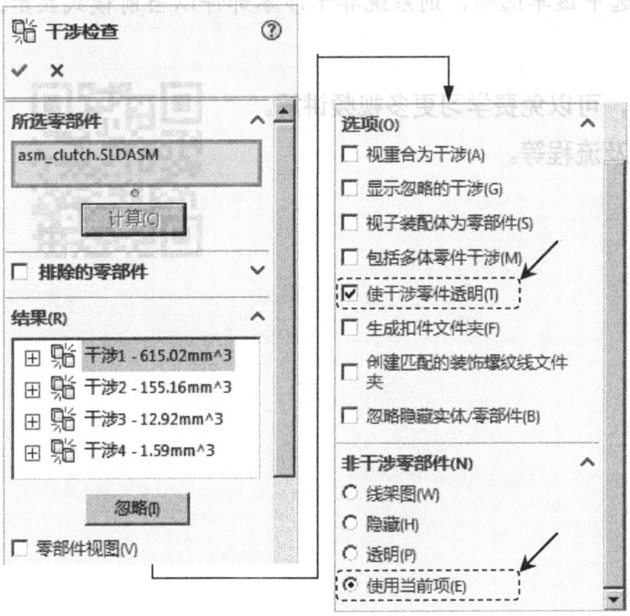

图 8.2.8　“干涉检查”对话框

图 8.2.9　装配干涉分析

如图 8.2.8 所示的“干涉检查”对话框中各选项的说明如下。

- ☐ 视重合为干涉(A) 复选框：若选中该复选框，分析时，系统将零件重合的部分视为干涉。
- ☐ 显示忽略的干涉(G) 复选框：若选中该复选框，分析时，系统显示忽略的干涉。
- ☐ 视子装配体为零部件(S) 复选框：若选中该复选框，系统将子装配体作为单一零部件处理。
- ☐ 包括多体零件干涉(M) 复选框：选择将实体之间的干涉包括在多实体零件内。
- ☑ 使干涉零件透明(T) 复选框：若选中该复选框，则系统以透明模式显示所选干涉的零部件。
- ☐ 生成扣件文件夹(F) 复选框：若选中该复选框，则系统将扣件（如螺母和螺栓）之间的干涉隔离为结果下的单独文件夹。

- □ 创建匹配的装饰螺纹线文件夹 复选框：若选中该复选框，则系统在结果下，将带有适当匹配装饰螺旋纹线的零部件之间的干涉隔离至命名为匹配装饰螺纹线的单独文件夹。
- □ 忽略隐藏实体/零部件(B) 复选框：若选中该复选框，则系统将忽略隐藏的实体。
- ○ 线架图(W) 单选项：若选中该单选项，则非干涉零部件以线架图模式显示。
- ○ 隐藏(H) 单选项：若选中该单选项，则系统将非干涉零部件隐藏。
- ○ 透明(P) 单选项：若选中该单选项，则系统非干涉零部件以透明模式显示。
- ⊙ 使用当前项(E) 单选项：若选中该单选项，则系统非干涉零部件以当前模式显示。

学习拓展：扫一扫右侧二维码，可以免费学习更多视频讲解。

讲解内容：结构分析背景知识及流程等。

第 9 章 工程图制作

本章提要 在产品的研发、设计和制造等过程中，各类技术人员需要经常进行交流和沟通，工程图则是经常使用的交流工具。尽管随着科学技术的发展，3D设计技术有了很大的发展与进步，但是三维模型并不能将所有的设计参数表达清楚，有些信息（如加工要求的尺寸精度、形位公差和表面粗糙度等）仍然需要借助二维的工程图将其表达清楚。因此工程图的创建是产品设计中较为重要的环节，也是设计人员最基本的能力要求。本章将介绍工程图制图的基本知识，包括以下内容。

- 工程图环境中的工具条命令简介。
- 创建工程图的一般过程。
- 工程图环境的设置。
- 各种视图的创建。
- 视图的操作。
- 尺寸的自动标注和手动标注。
- 尺寸公差的标注。
- 尺寸的操作。
- 注释文本的创建。
- SolidWorks 软件的打印出图。

9.1 概 述

使用 SolidWorks 工程图环境中的工具可创建三维模型的工程图，且图样与模型相关联。因此，图样能够反映模型在设计阶段中的更改，可以使图样与装配模型或单个零部件保持同步。其主要特点如下。

- 用户界面直观、简洁、易用，可以快速、方便地创建图样。
- 可以快速地将视图放置到图样上，系统会自动正交对齐视图。
- 具有从图形对话框编辑大多数制图对象（如尺寸和符号等）的功能。用户可以创建制图对象，并立即对其进行编辑。
- 系统可以用图样视图的自动隐藏线渲染。

● 使用对图样进行更新的用户控件，能有效地提高工作效率。

9.1.1 工程图的组成

在学习本节前，请打开文件 D:\sw18.1\work\ch09.01\down_base.SLDDRW。SolidWorks 的工程图主要由三部分组成。

● 视图：包括基本视图（主视图、后视图、左视图、右视图、仰视图、俯视图）、各种剖视图、局部放大图、断裂视图等。在制作工程图时，根据实际零件的特点，选择不同的视图组合，以便简单清楚地把各个设计参数表达清楚。
● 尺寸、公差、表面粗糙度及注释文本：包括形状尺寸、位置尺寸、尺寸公差、基准符号、形状公差、位置公差、零件的表面粗糙度及注释文本。
● 图框、标题栏等。

9.1.2 工程图环境中的工具条

打开文件 D:\sw18.1\work\ch09.01\down_base.SLDDRW，进入工程图环境，此时系统的下拉菜单和工具条将会发生一些变化。下面对工程图环境中较为常用的工具条进行介绍。

1. “工程图”工具条

“工程图”工具条如图 9.1.1 所示。

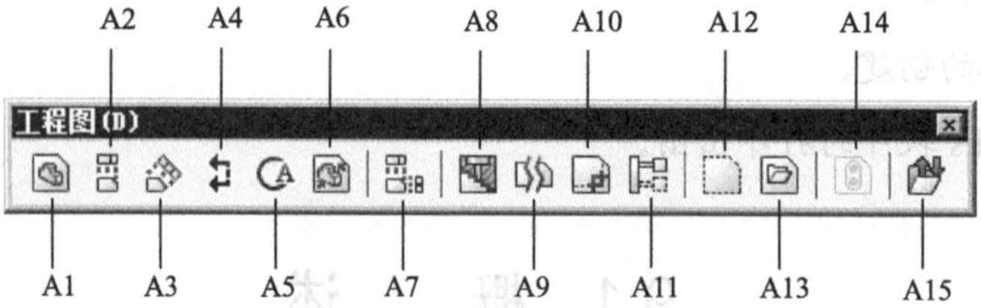

图 9.1.1 “工程图”工具条

图 9.1.1 所示的“工程图”工具条中各按钮的说明如下。

A1：模型视图。
A2：投影视图。
A3：辅助视图。
A4：剖面视图。
A5：局部视图。
A6：相对视图。
A7：标准三视图。
A8：断开的剖视图。
A9：断裂视图。
A10：剪裁视图。
A11：交替位置视图。
A12：空白视图。
A13：预定义的视图。
A14：更新视图。
A15：替换模型。

2. “尺寸/几何关系”工具条

“尺寸/几何关系”工具条如图 9.1.2 所示。

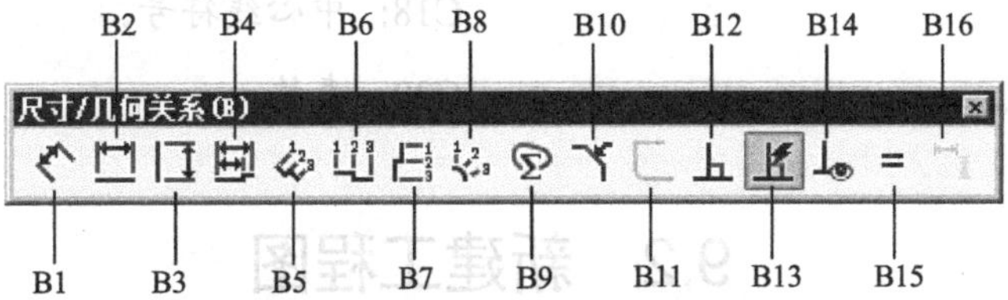

图 9.1.2 “尺寸/几何关系”工具条

图 9.1.2 所示的“尺寸/几何关系”工具条中各按钮的说明如下。

B1：智能尺寸。 B2：水平尺寸。

B3：竖直尺寸。 B4：基准尺寸。

B5：尺寸链。 B6：水平尺寸链。

B7：竖直尺寸链。 B8：角度运行尺寸。

B9：路径长度尺寸。 B10：倒角尺寸。

B11：完全定义草图。 B12：添加几何关系。

B13：自动几何关系。 B14：显示或删除几何关系。

B15：搜索相等关系。 B16：孤立更改的尺寸。

3. “注解”工具条

“注解”工具条如图 9.1.3 所示。

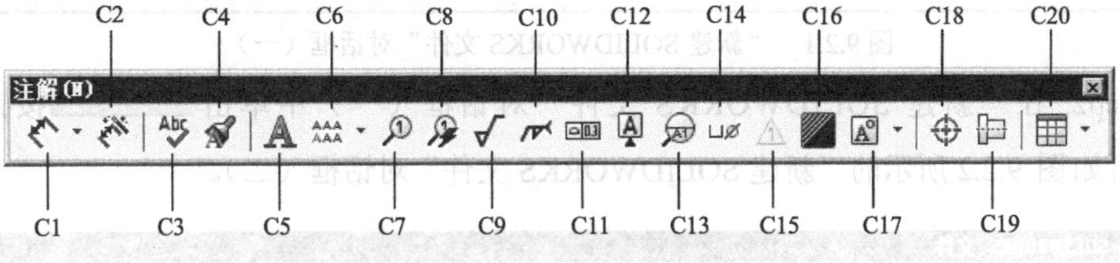

图 9.1.3 “注解” 工具条

图 9.1.3 所示的“注解”工具条中各按钮的说明如下。

C1：智能尺寸。 C2：模型项目。

C3：拼写检验程序。 C4：格式涂刷器。

C5：注释。 C6：线性注释阵列。

C7：零件序号。 C8：自动零件序号。

C9：表面粗糙度符号。 C10：焊接符号。

C11：形位公差。 C12：基准特征。

C13：基准目标。 C14：孔标注。

C15：修订符号。 C16：区域剖面线/填充。

C17：块。 C18：中心线符号。

C19：中心线。 C20：表格。

9.2 新建工程图

在学习本节前，请先将随书光盘中 sw17_system_file 文件夹中的“模板.DRWDOT”文件复制到 C:\ProgramData\SOLIDWORKS\SOLIDWORKS 2018\templates（模板文件目录）文件夹中。

下面介绍新建工程图的一般操作步骤。

Step1. 选择命令。选择下拉菜单 文件(F) → 新建(N)... 命令，系统弹出如图 9.2.1 所示的“新建 SOLIDWORKS 文件”对话框（一）。

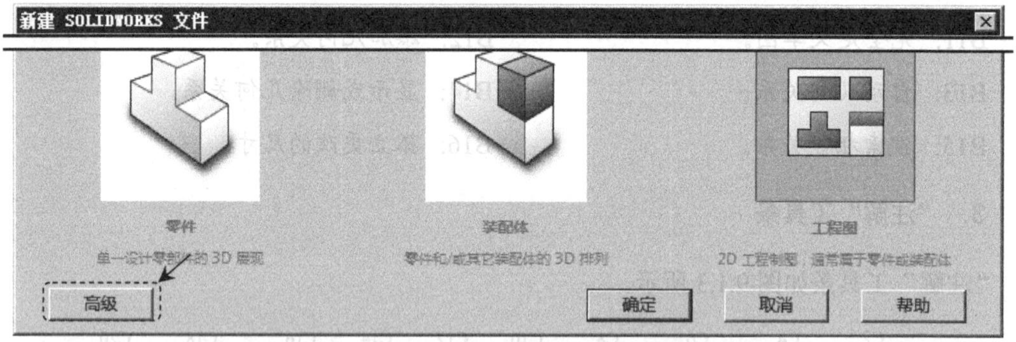

图 9.2.1 “新建 SOLIDWORKS 文件”对话框（一）

Step2. 在“新建 SOLIDWORKS 文件”对话框（一）中单击 高级 按钮，系统弹出如图 9.2.2 所示的“新建 SOLIDWORKS 文件”对话框（二）。

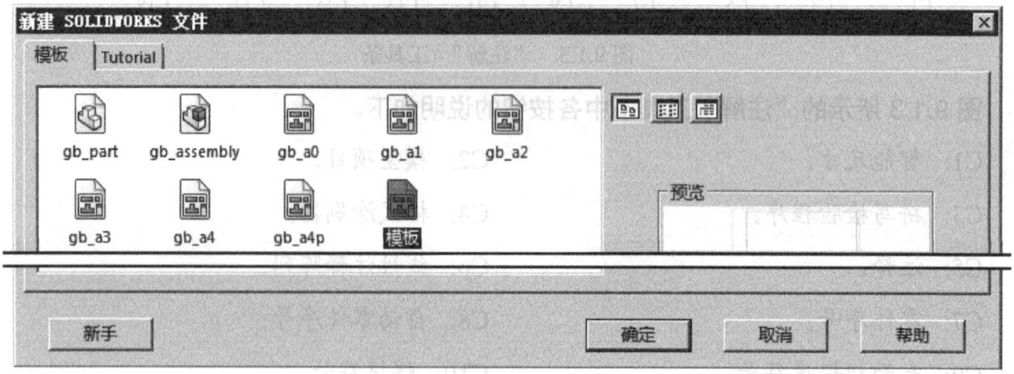

图 9.2.2 “新建 SOLIDWORKS 文件”对话框（二）

Step3. 在“新建 SOLIDWORKS 文件”对话框（二）中选择模板，创建工程图文件，单击 确定 按钮，完成工程图的新建。

9.3　设置符合国标的工程图环境

我国国标（GB 标准）对工程图做出了许多规定，例如尺寸文本的方位与字高、尺寸箭头的大小等都有明确的规定。本书随书光盘中的 sw18.1_system_file 文件夹中提供了 SolidWorks 软件的工程图模板文件，此系统文件中的配置可以使创建的工程图基本符合我国国标。在 9.2 节中已将该文件复制到了指定目录，下面详细介绍设置符合国标的工程图环境的一般操作步骤。

Step1. 选择下拉菜单 工具(T) ➡ 选项(P)... 命令，系统弹出“系统选项（S）”对话框。

Step2. 单击 系统选项(S) 选项卡，在该选项卡左侧的列表中选择 几何关系/捕捉 选项，在对话框中进行如图 9.3.1 所示的设置。

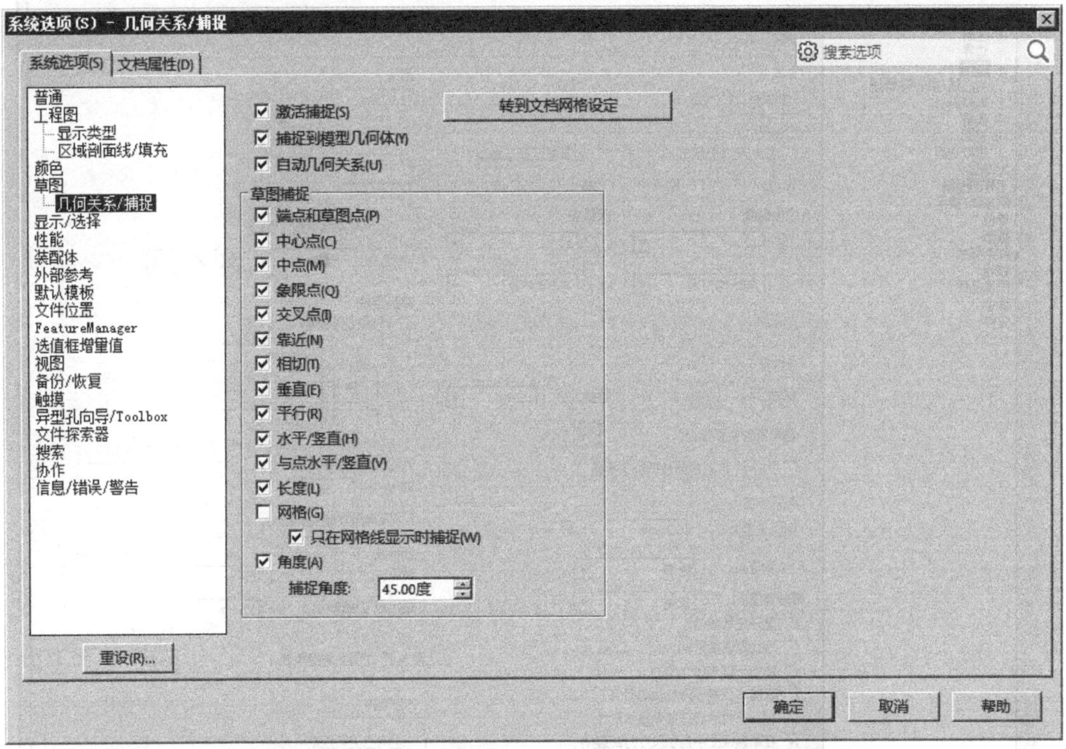

图 9.3.1　“系统选项（S）- 几何关系/捕捉”对话框

Step3. 单击 文档属性(D) 选项卡，在该选项卡左侧的列表中选择 绘图标准 选项，在对话框中进行如图 9.3.2 所示的设置。

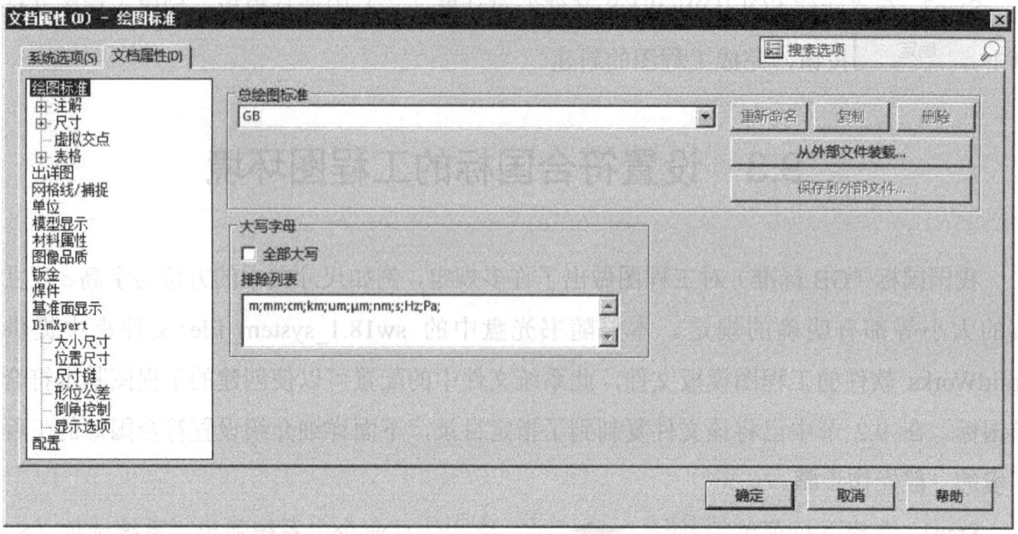

图 9.3.2 “文档属性（D）- 绘图标准”对话框

Step4. 在 文档属性(D) 选项卡左侧的列表中选择 尺寸 选项，进行如图 9.3.3 所示的设置。

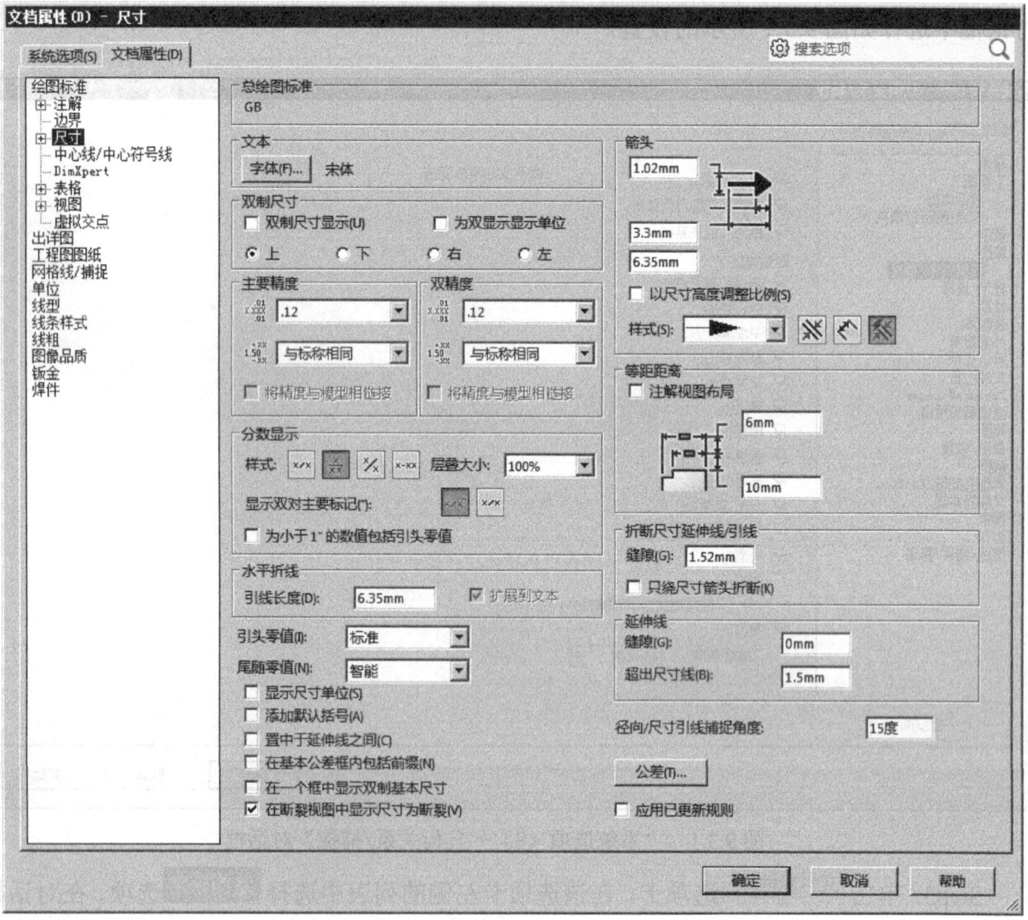

图 9.3.3 “文档属性（D）- 尺寸”对话框

9.4 工程图视图

工程图视图是按照三维模型的投影关系生成的，主要用来表达部件模型的外部结构及形状。在 SolidWorks 的工程图模块中，视图包括基本视图、剖视图、局部放大图和折断视图等。下面分别以具体的实例来介绍各种视图的创建方法。

9.4.1 创建基本视图

基本视图包括主视图和投影视图，下面将分别进行介绍。

1. 创建主视图

下面以 connecting_base.SLDPRT 零件模型为例（图 9.4.1），说明创建主视图的一般操作步骤。

Step1. 新建一个工程图文件。

（1）选择命令。选择下拉菜单 文件(F) → 新建(N)... 命令，系统弹出“新建 SOLIDWORKS 文件”对话框。

（2）在“新建 SOLIDWORKS 文件”对话框中选择模板，单击 确定 按钮，系统弹出“模型视图”对话框。

说明：在工程图模块中，通过选择下拉菜单 插入(I) → 工程图视图(V) → 模型(M)... 命令（图 9.4.2），也可以打开“模型视图”对话框。

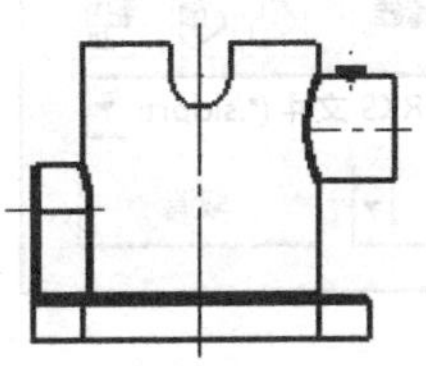

图 9.4.1 零件模型的主视图

图 9.4.2 “插入”下拉菜单

图 9.4.2 所示的“插入”下拉菜单中各命令的说明如下。

A1：插入零件（或装配体）模型并创建基本视图。

A2：创建投影视图。

A3：创建辅助视图。

A4：创建全剖、半剖、旋转剖和阶梯剖等剖面视图。

A5：创建局部放大图。

A6：创建相对视图。

A7：创建标准三视图，包括主视图、俯视图和左视图。

A8：创建局部的剖视图。

A9：创建断裂视图。

A10：创建剪裁视图。

A11：将一个工程视图精确地叠加于另一个工程视图之上。

A12：创建空白视图。

A13：创建预定义的视图。

Step2. 选择零件模型。在系统提示下，单击 要插入的零件/装配体(E) ^ 区域中的 浏览(B)... 按钮，系统弹出如图 9.4.3 所示的“打开”对话框；在“查找范围”下拉列表中选择目录 D:\sw18.1\work\ch09.04.01，然后选择 connecting_base.SLDPRT，单击 打开 按钮，系统弹出“模型视图”对话框。

说明：如果在 要插入的零件/装配体(E) ^ 区域的 打开文档: 列表框中已存在该零件模型，此时只需双击该模型就可将其载入。

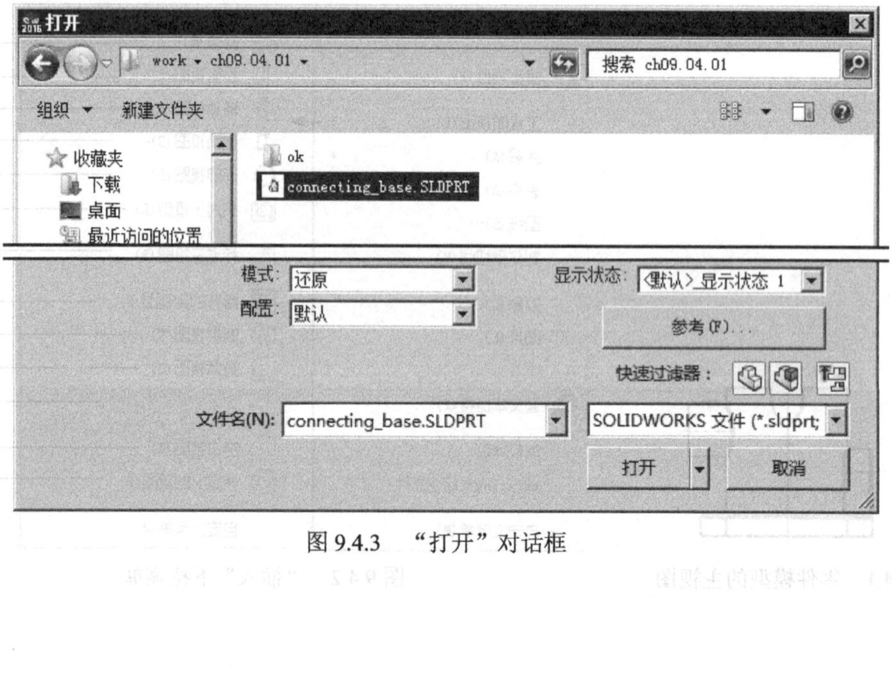

图 9.4.3 “打开”对话框

Step3. 定义视图参数。

（1）在“模型视图”对话框的 方向(O) 区域中单击按钮，再选中 ☑ 预览(P) 复选框，预览要生成的视图，如图 9.4.4 所示。

（2）定义视图比例。在 比例(A) 区域中选中 ⊙ 使用自定义比例(C) 单选项，在其下方的列表框中选择 1:5 选项，如图 9.4.5 所示。

Step4. 放置视图。将鼠标放在图形区会出现视图的预览，如图 9.4.6 所示；选择合适的放置位置单击，以生成主视图。

Step5. 单击对话框中的按钮，完成操作。

说明：如果在生成主视图之前，在 选项(N) 区域中选中 ☑ 自动开始投影视图(A) 复选框，如图 9.4.7 所示，则在生成一个视图之后会继续生成其他投影视图。

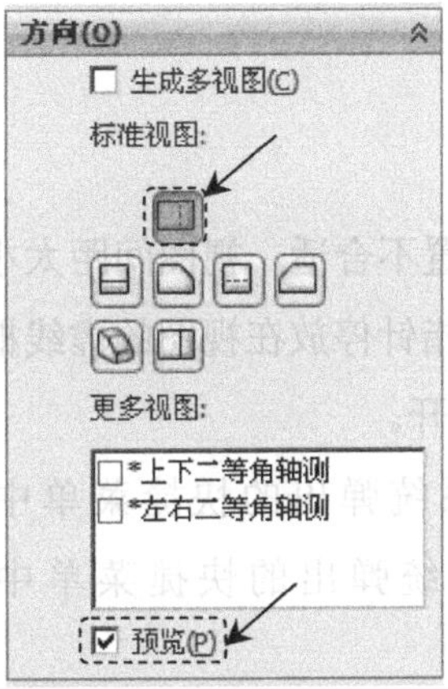

图 9.4.4 “方向”区域

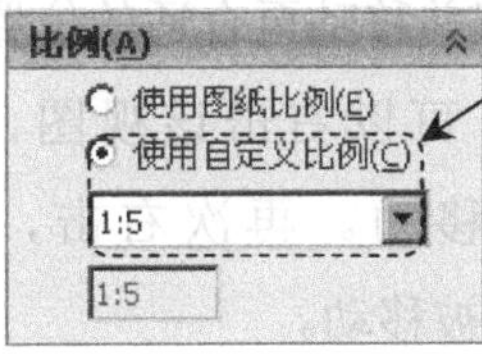

图 9.4.5 “比例”区域

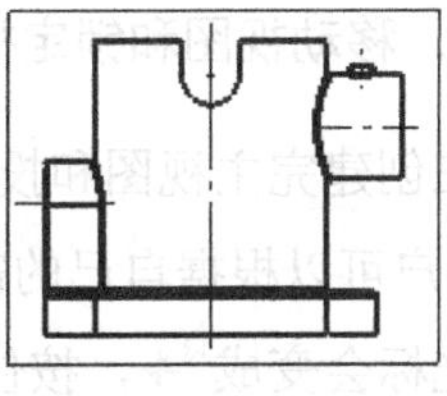

图 9.4.6 主视图预览图

图 9.4.7 “选项”区域

2. 创建投影视图

投影视图包括仰视图、俯视图、右视图和左视图。下面以如图 9.4.8 所示的视图为例，说明创建投影视图的一般操作步骤。

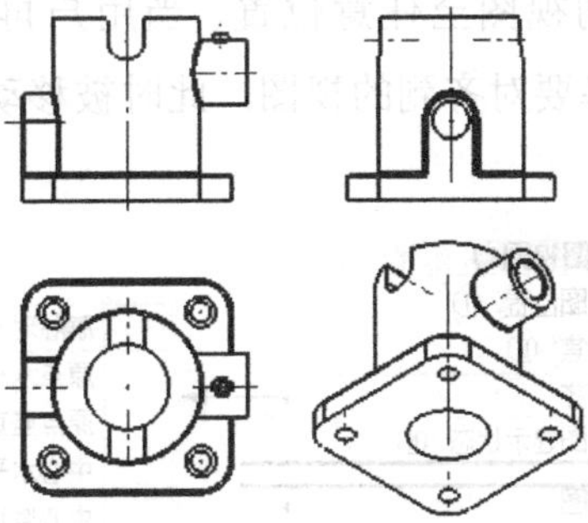

图 9.4.8 创建投影视图

Step1. 打开工程图文件 D:\sw18.1\work\ch09.04.01\connecting_base01. SLDDRW。

Step2. 选择命令。选择下拉菜单 插入(I) → 工程图视图(V) → 投影视图(P) 命令，在该对话框中出现投影视图的虚线框。

Step3. 在系统 选择一投影的工程视图 的提示下，选取如图 9.4.8 所示的主视图作为投影的父视图。

说明：如果该视图中只有一个视图，则系统默认选择该视图为投影的父视图，无须再进行选取。

Step4. 放置视图。在主视图的右侧单击，生成左视图；在主视图的下方单击，生成俯视图；在主视图的右下方单击，生成轴测图。

Step5. 单击“投影视图”对话框中的 ✔ 按钮，完成投影视图的创建操作。

9.4.2 视图的操作

1. 移动视图和锁定视图位置

在创建完主视图和投影视图后，如果它们在图样上的位置不合适，视图间距太小或太大，用户可以根据自己的需要移动视图，具体方法是：将鼠标指针停放在视图的虚线框上，此时光标会变成 ，按住鼠标左键并移动至合适的位置后放开。

当视图的位置放置好了后，可以右击该视图，在系统弹出的快捷菜单中选择 锁住视图位置 命令，使其不能被移动。再次右击，在系统弹出的快捷菜单中选择 解除锁住视图位置 命令，该视图又可被移动。

2. 对齐视图

根据“高平齐、宽相等”的原则（左视图、右视图与主视图水平对齐，俯视图、仰视图与主视图竖直对齐），用户移动投影视图时，只能横向或纵向移动视图。在特征树中选择要移动的视图并右击，在弹出的快捷菜单中依次选择 视图对齐 → 解除对齐关系 (A) 命令，如图 9.4.9 所示，可移动视图至任意位置。当用户再次右击选择 视图对齐 → 中心水平对齐 (D) 命令时，选择要对齐到的视图，此时被移动的视图又会自动与所选视图横向对齐。

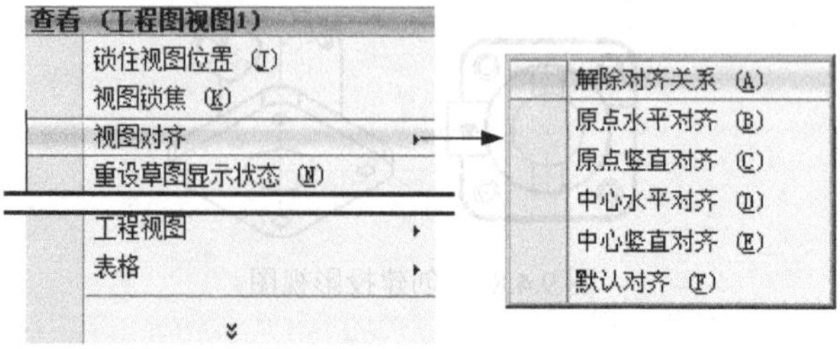

图 9.4.9 解除对齐关系

3．旋转视图

右击要旋转的视图，在系统弹出的快捷菜单中依次选择 缩放/平移/旋转 ▸ → 旋转视图(R) 命令，系统弹出如图 9.4.10 所示的“旋转工程视图”对话框。在“工程视图角度”文本框中输入要旋转的角度值，单击 应用 按钮即可旋转视图，旋转完成后单击 关闭 按钮。也可直接将鼠标指针移至该视图上，按住鼠标左键并移动以旋转视图。

4．删除视图

要将某个视图删除，可先选中该视图并右击，然后在系统弹出的快捷菜单中选择 ✕ 删除(T) 命令或直接按<Delete>键，在系统弹出的图 9.4.11 所示的“确认删除”对话框中单击 是(Y) 按钮，即可删除该视图。

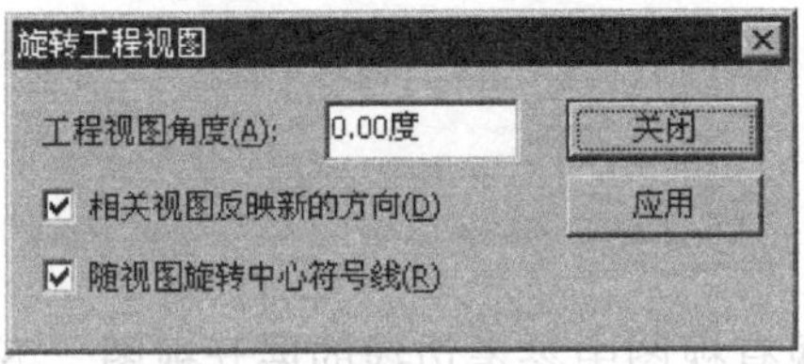

图 9.4.10　“旋转工程视图”对话框

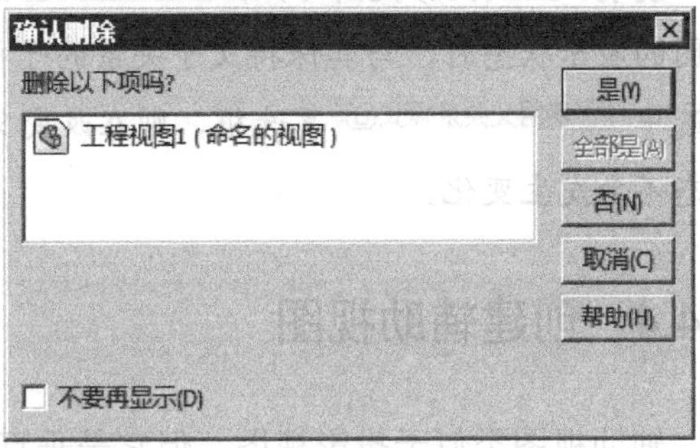

图 9.4.11　“确认删除”对话框

9.4.3　视图的显示模式

在 SolidWorks 的工程图模块中选中视图，利用系统弹出的“工程图视图”对话框可以设置视图的显示模式。下面介绍几种一般的显示模式。

- （线架图）：视图中的不可见边线以实线显示，如图 9.4.12 所示。
- （隐藏线可见）：视图中的不可见边线以虚线显示，如图 9.4.13 所示。
- （消除隐藏线）：视图中的不可见边线以实线显示，如图 9.4.14 所示。
- （带边线上色）：视图以带边上色零件的颜色显示，如图 9.4.15 所示。
- （上色）：视图以上色零件的颜色显示，如图 9.4.16 所示。

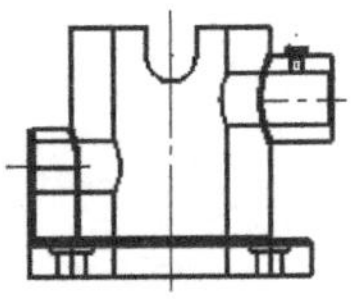

图 9.4.12　“线架图”显示模式

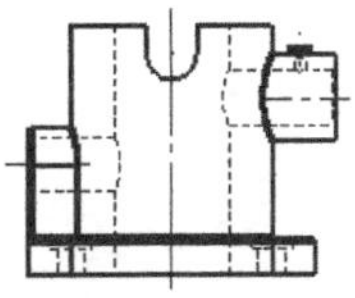

图 9.4.13　“隐藏线可见”显示模式

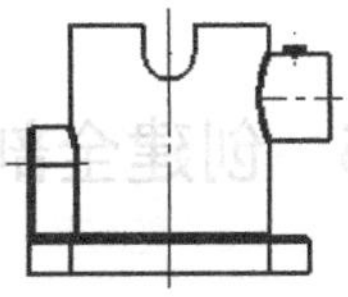

图 9.4.14　“消除隐藏线”显示模式

下面以图 9.4.13 为例，说明如何将视图设置为“隐藏线可见”显示状态。

Step1. 打开文件 D:\sw18.1\work\ch09.04.03\view01.SLDDRW。

Step2. 在设计树中选择 工程图视图1 并右击，在系统弹出的快捷菜单中选择 编辑特征 (C) 命令（或在视图上单击），系统弹出“工程视图 1”对话框。

Step3. 在“工程视图 1”对话框的“显示样式”区域中单击“隐藏线可见”按钮，如图 9.4.17 所示。

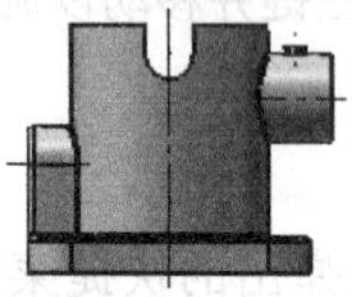
图 9.4.15 “带边线上色”显示模式

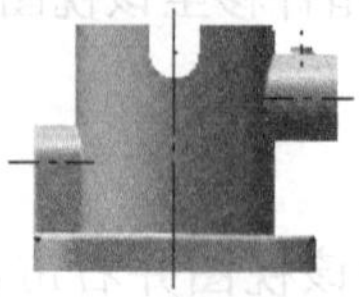
图 9.4.16 “上色”显示模式

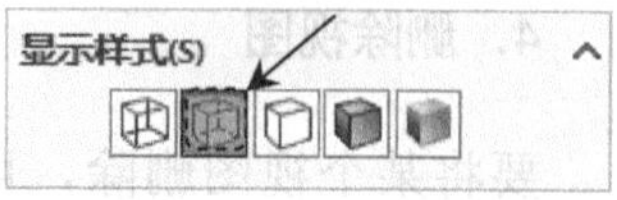

图 9.4.17 “显示样式”区域

Step4. 单击 ✔ 按钮，完成操作。

说明：生成投影视图时，在 显示样式(D) 区域中选中 ☑ 使用父关系样式(U) 复选框，改变父视图的显示状态时，与其保持父子关系的子视图的显示状态也会相应地发生变化；如果取消选中 ☐ 使用父关系样式(U) 复选框，则在改变父视图时，与其保持父子关系的子视图的显示状态不会发生变化。

9.4.4 创建辅助视图

辅助视图类似于投影视图，但它是垂直于现有视图中参考边线的展开视图。下面以图 9.4.18 为例，说明创建辅助视图的一般操作步骤。

Step1. 打开文件 D:\sw18.1\work\ch09.04.04\connecting01.SLDDRW。

Step2. 选择命令。选择下拉菜单 插入(I) → 工程图视图(V) → 辅助视图(A) 命令，系统弹出“辅助视图”对话框。

Step3. 选择参考线。在系统 选择展开视图的一个边线、轴、或草图直线。 的提示下，选取图 9.4.18 所示的直线作为投影的参考边线。

Step4. 放置视图。选择合适的位置单击，生成辅助视图。

Step5. 定义视图符号。在“辅助视图”对话框的 文本框中输入视图标号 A。

说明：如果生成的视图与结果不一致，可以选中 ☑ 反转方向(F) 复选框调整。

Step6. 单击“工程图视图 1”对话框中的 ✔ 按钮，完成辅助视图的创建。

说明：拖动箭头，可以调整箭头的位置。

9.4.5 创建全剖视图

全剖视图是用剖切面完全地剖开零件所得到的剖视图。下面以图 9.4.19 为例，说明创建全剖视图的一般操作步骤。

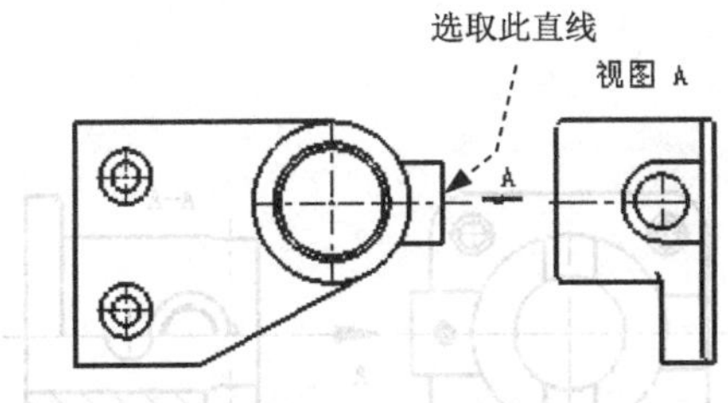

图 9.4.18 创建辅助视图

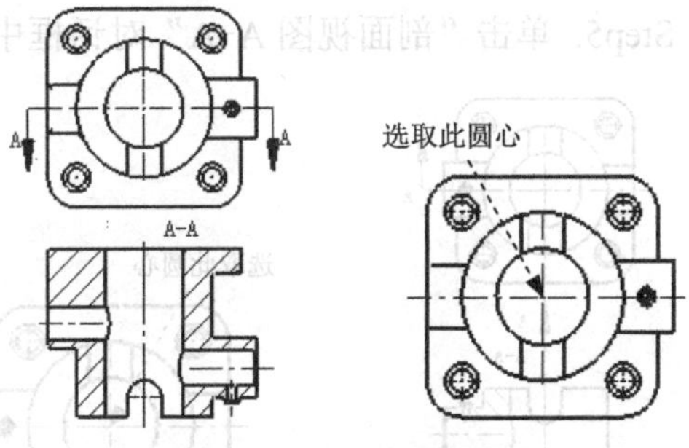

图 9.4.19 创建全剖视图

Step1. 打开文件 D:\sw18.1\work\ch09.04.05\cutaway_view.SLDDRW。

Step2. 选择命令。选择下拉菜单 插入(I) ➡ 工程图视图(V) ➡ 剖面视图(S) 命令，系统弹出“剖面视图辅助”对话框。

Step3. 选取切割线类型。在 切割线 区域单击 按钮，然后选取图 9.4.19 所示的圆心，单击 按钮。

Step4. 在“剖面视图”对话框的 文本框中输入视图标号 A。

说明： 如果生成的剖视图与结果不一致，可以单击 反转方向(L) 按钮来调整。

Step5. 放置视图。选择合适的位置单击，以生成全剖视图。

Step6. 单击“剖面视图 A-A”对话框中的 按钮，完成全剖视图的创建。

9.4.6 创建半剖视图

下面以图 9.4.20 为例，说明创建半剖视图的一般操作步骤。

Step1. 打开工程图文件 D:\sw18.1\work\ch09.04.06\part_cutaway_view. SLDDRW。

Step2. 选择下拉菜单 插入(I) ➡ 工程图视图(V) ➡ 剖面视图(S) 命令，系统弹出“剖面视图辅助”对话框。

Step3. 在“剖面视图”对话框中选择 半剖面 选项卡，在 半剖面 区域单击 按钮，然后选取图 9.4.21 所示的圆心。

Step4. 放置视图。在“剖面视图”对话框的 文本框中输入视图标号 A，选择合适的位置单击，以生成半剖视图。

说明：

- 如果生成的剖视图与结果不一致，可以单击 反转方向(L) 按钮来调整。
- 在选取剖面类型时，若选取的类型不同，会生成不同的半剖视图。当选取的剖面类型为 时，则生成的半剖视图如图 9.4.22 所示。

Step5. 单击“剖面视图 A-A”对话框中的 ✔ 按钮，完成半剖视图的创建。

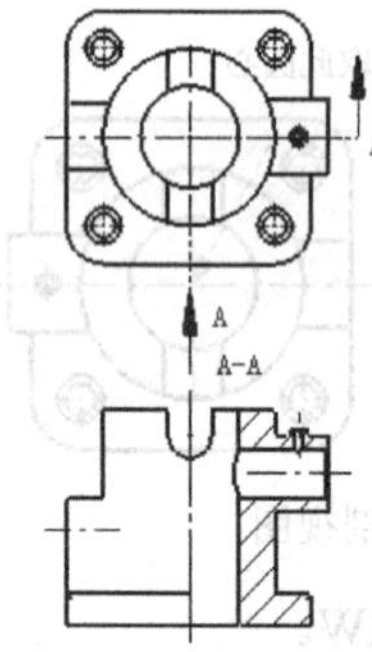

图 9.4.20　创建半剖视图

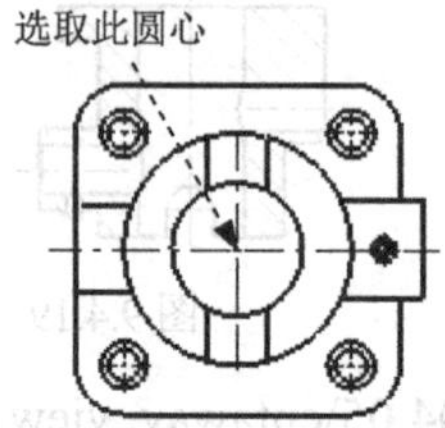

图 9.4.21　选取剖切点

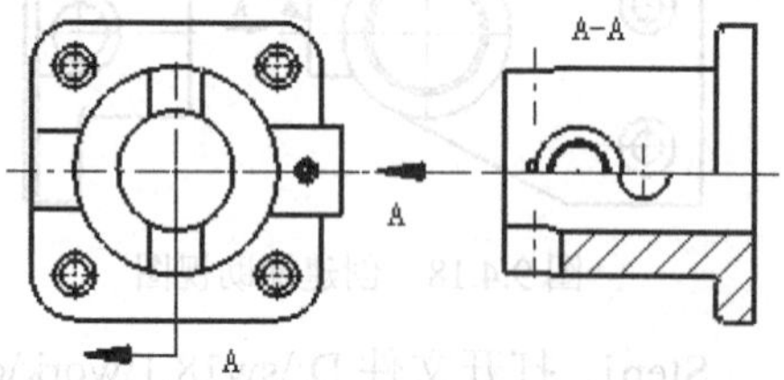

图 9.4.22　半剖视图

9.4.7　创建阶梯剖视图

阶梯剖视图属于 2D 截面视图，与全剖视图在本质上没有区别，但它的截面是偏距截面。创建阶梯剖视图的关键是创建好偏距截面，可以根据不同的需要创建偏距截面来创建阶梯剖视图，以达到充分表达视图的需要。下面以图 9.4.23 为例，说明创建阶梯剖视图的一般操作步骤。

Step1. 打开文件 D:\sw18.1\work\ch09.04.07\stepped_cutting_view. SLDDRW。

Step2. 选择下拉菜单 插入(I) ➡ 工程图视图(V) ➡ 剖面视图(S) 命令，系统弹出“剖面视图辅助”对话框。

Step3. 选取切割线类型。在 切割线 区域单击按钮，取消选中 □ 自动启动剖面实体 复选框。

Step4. 然后选取如图 9.4.24 所示的圆心 1，在系统弹出的快捷菜单中单击按钮，在图 9.4.24 所示的点 1 处单击，在圆心 2 处单击，单击 ✔ 按钮。

说明：点 1 与圆心 1 在同一条水平线上。

Step5. 放置视图。在“剖面视图”对话框的文本框中输入视图标号 A，选择合适的位置单击以生成阶梯剖视图。

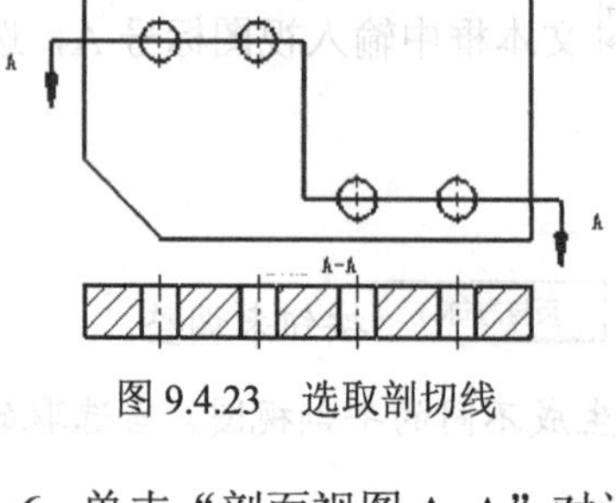

图 9.4.23　选取剖切线

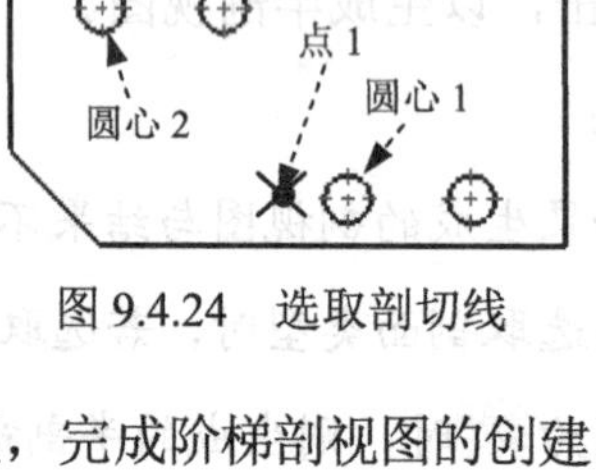

图 9.4.24　选取剖切线

Step6. 单击“剖面视图 A-A”对话框中的 ✔ 按钮，完成阶梯剖视图的创建。

9.4.8 创建旋转剖视图

旋转剖视图是完整的截面视图，但它的截面是一个偏距截面，因此需要创建偏距剖截面。其显示绕某一轴的展开区域的截面视图，且该轴是一条折线。下面以图 9.4.25 为例，说明创建旋转剖视图的一般操作步骤。

Step1. 打开文件 D:\sw18.1\work\ch09.04.08\revolved_cutting_ view.SLDDRW。

Step2. 选择下拉菜单 插入(I) ➡ 工程图视图(V) ➡ 剖面视图(S) 命令，系统弹出“剖面视图辅助”对话框。

Step3. 选取切割线类型。在 切割线 区域单击 按钮，取消选中 ☐ 自动启动剖面实体 复选框。

Step4. 然后选取如图 9.4.26 所示的圆心 1、圆心 2、圆心 3，然后单击 ✔ 按钮。

Step5. 放置视图。在“剖面视图”对话框的 A→| 文本框中输入视图标号 A，取消选中 A→| 下的 ☐ 自动反转 复选框，选择合适的位置单击以生成旋转剖视图。

Step6. 单击“剖面视图 A−A”对话框中的 ✔ 按钮，完成旋转剖视图的创建。

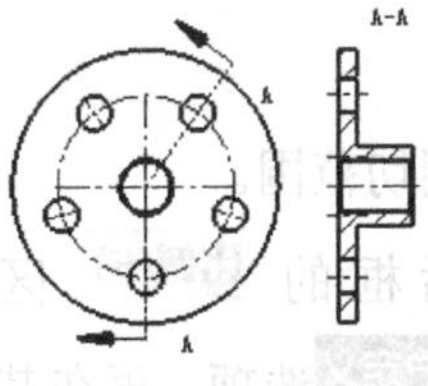

图 9.4.25 创建旋转剖视图

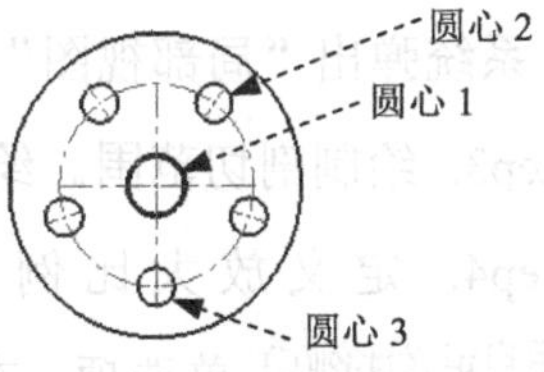

图 9.4.26 选取剖切点

9.4.9 创建局部剖视图

局部剖视图是用剖切面局部地剖开零部件所得到的剖视图。下面以图 9.4.27 为例，说明创建局部剖视图的一般操作步骤。

Step1. 打开文件 D:\sw18.1\work\ch09.04.09\connecting_base.SLDDRW。

Step2. 选择命令。选择 插入(I) ➡ 工程图视图(V) ➡ 断开的剖视图(B)... 命令。

Step3. 绘制剖切范围。绘制如图 9.4.28 所示的样条曲线作为剖切范围。

Step4. 定义深度参考。选择如图 9.4.28 所示的圆作为深度参考放置视图。

Step5. 选中“断开的剖视图”对话框（图 9.4.29）中的 ☑ 预览(P) 复选框，预览生成的视图。

Step6. 单击“断开的剖视图”对话框中的 ✔ 按钮，完成局部剖视图的创建。

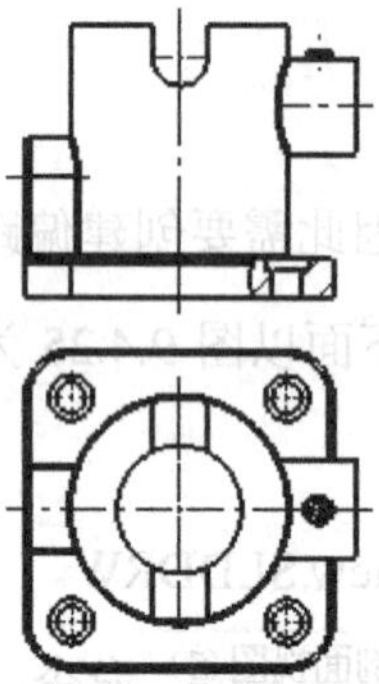

图 9.4.27　创建局部剖视图

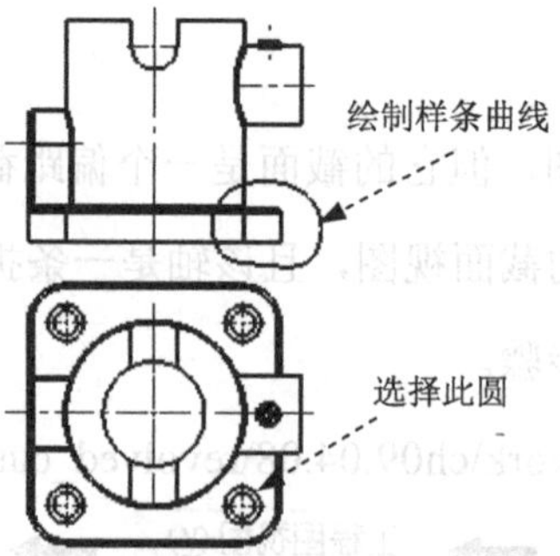

图 9.4.28　绘制剖切范围

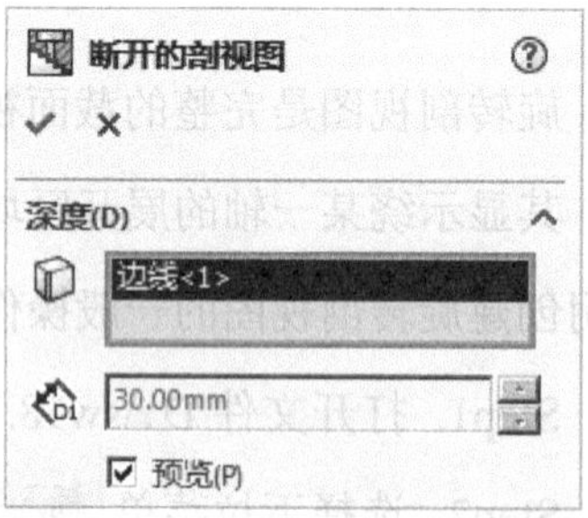

图 9.4.29　选中“预览”复选框

9.4.10　创建局部放大图

局部放大图是将机件的部分结构用大于原图形所采用的比例画出的图形。根据需要可以画成视图、剖视图和断面图，放置时应尽量放在被放大部位的附近。下面以图 9.4.30 为例，说明创建局部放大图的一般操作步骤。

Step1. 打开文件 D:\sw18.1\work\ch09.04.10\connecting01.SLDDRW。

Step2. 选择命令。选择下拉菜单 插入(I) → 工程图视图(V) → 局部视图(D) 命令，系统弹出“局部视图”对话框。

Step3. 绘制剖切范围。绘制如图 9.4.30 所示的圆作为剖切范围。

Step4. 定义放大比例。在“局部视图 I”对话框的 比例(S) 区域中选中 使用自定义比例(C) 单选项，在其下方的下拉列表中选择 用户定义 选项，再在其下方的文本框中输入比例 4:5，按 Enter 键确认，如图 9.4.31 所示。

Step5. 放置视图。选择合适的位置单击以生成局部放大图。

Step6. 单击“局部视图 I”对话框中的 ✔ 按钮，完成局部放大图的创建。

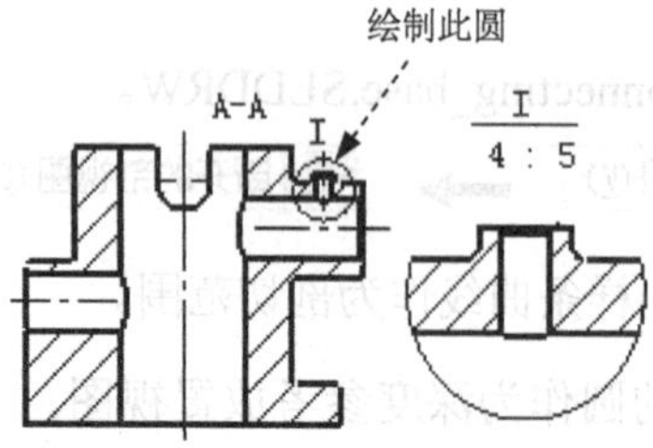

图 9.4.30　创建局部放大图

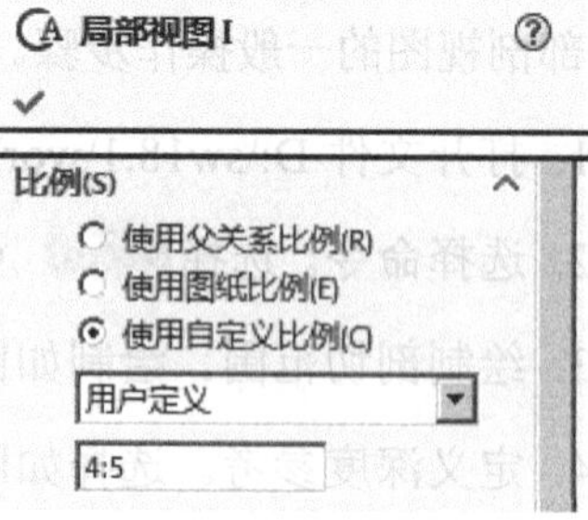

图 9.4.31　定义视图比例

9.4.11　创建断裂视图

在机械制图中经常遇到一些长细形的零组件，若要完整地反映零件的尺寸形状，需用大幅面的图纸来绘制。为了既节省图纸幅面，又反映零件形状尺寸，在实际绘图中常采用断裂视图。断裂视图指的是从零件视图中删除选定两点之间的视图部分，将余下的两部分合并成一个带破断线的视图。下面以图 9.4.32 为例，说明创建断裂视图的一般操作步骤。

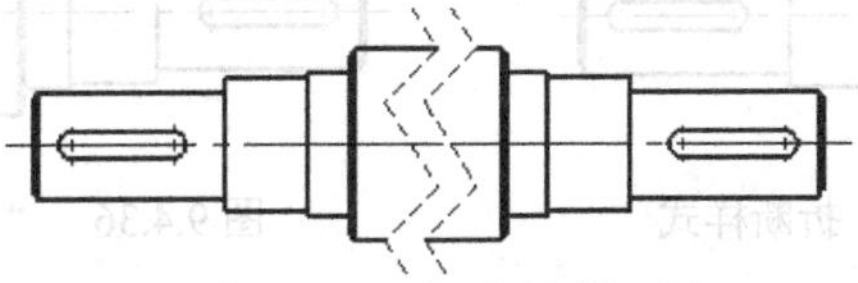

图 9.4.32　创建断裂视图

Step1. 打开文件 D:\sw18.1\work\ch09.04.11\break.SLDDRW。

Step2. 选择命令。选择下拉菜单 插入(I) → 工程图视图(V) → 断裂视图(K) 命令，系统弹出“断裂视图”对话框。

Step3. 选取要断裂的视图，如图 9.4.33 所示。

Step4. 放置第一条折断线，如图 9.4.33 所示。

Step5. 放置第二条折断线，如图 9.4.33 所示。

Step6. 在 断裂视图设置(B) 区域的 缝隙大小: 文本框中输入数值 3，在 折断线样式: 区域中选择选项，如图 9.4.34 所示。

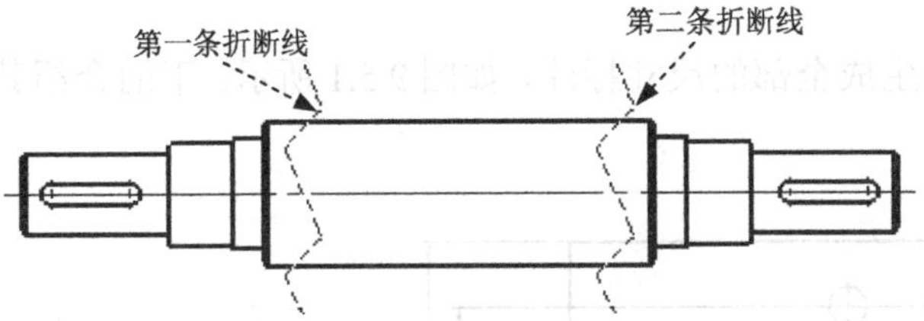

图 9.4.33　选择断裂视图和放置折断线

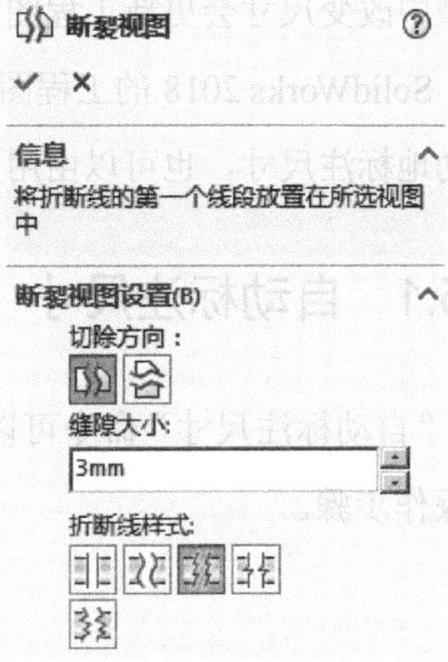

图 9.4.34　选择锯齿线切断

Step7. 单击“断裂视图”对话框中的按钮，完成操作。

图 9.4.34 所示的“断裂视图”对话框中“折断线样式”的各选项说明如下。

- 选项：折断线为直线，如图 9.4.35 所示。
- 选项：折断线为曲线，如图 9.4.36 所示。
- 选项：折断线为锯齿线，如图 9.4.32 所示。

- 选项：折断线为小锯齿线，如图 9.4.37 所示。
- 选项：折断线为锯齿状线，如图 9.4.38 所示。

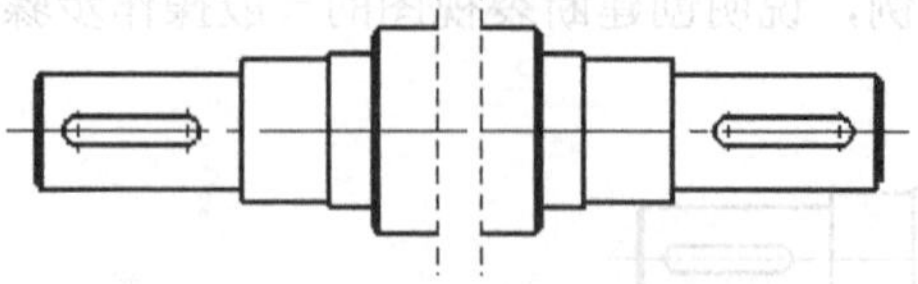

图 9.4.35 “直线切断”折断样式

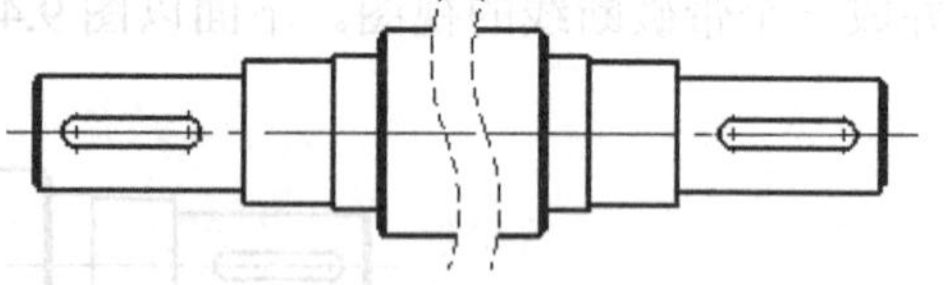

图 9.4.36 “曲线切断” 折断样式

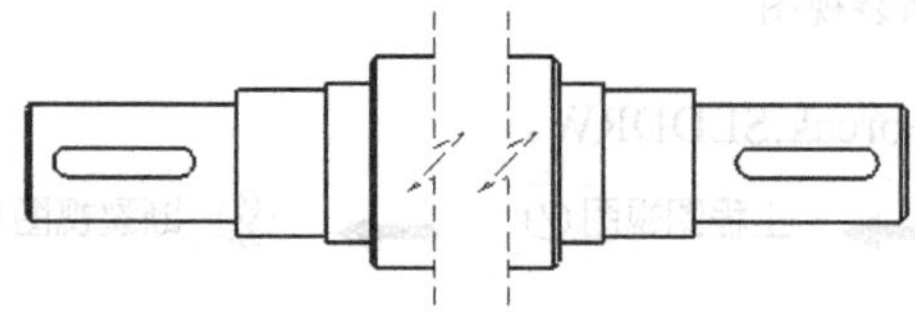

图 9.4.37 “小锯齿线切断” 折断样式

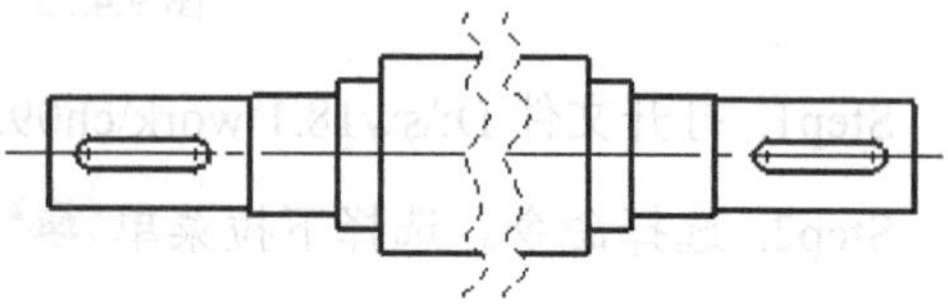

图 9.4.38 “锯齿状线切断” 折断样式

9.5 尺 寸 标 注

工程图中的尺寸标注是与模型相关联的，而且模型中的尺寸修改会反映到工程图中。通常用户在生成每个零件特征时就会生成尺寸，然后将这些尺寸插入各个工程视图中。在模型中改变尺寸会更新工程图，在工程图中改变插入的尺寸也会改变模型。

SolidWorks 2018 的工程图模块具有方便的尺寸标注功能，既可以由系统根据已有约束自动地标注尺寸，也可以由用户根据需要进行手动尺寸标注。

9.5.1 自动标注尺寸

“自动标注尺寸”命令可以一步生成全部的尺寸标注，如图 9.5.1 所示。下面介绍其一般操作步骤。

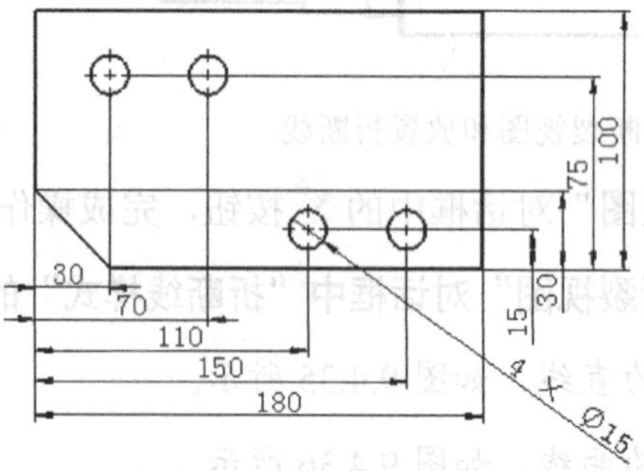

图 9.5.1 自动生成尺寸

Step1. 打开文件 D:\sw18.1\work\ch09.05.01\autogeneration_dimension. SLDDRW。

Step2. 选择命令。选择下拉菜单 工具(T) ⟶ 尺寸(S) ⟶ 智能尺寸(S) 命令，系统弹出图 9.5.2 所示的“尺寸”对话框；单击 自动标注尺寸 选项卡，系统弹出图 9.5.3 所示的“自动标注尺寸”对话框。

Step3. 在 要标注尺寸的实体(E) 区域中选中 所有视图中实体(L) 单选项，在 水平尺寸(H) 和 竖直尺寸(V) 区域中的 略图(M): 下拉列表中均选择 基准 选项。

Step4. 选取要标注尺寸的视图。

说明： 本例中只有一个视图，所以系统默认将其选中。在选择要标注尺寸的视图时，必须要在视图以外、视图虚线框以内的区域单击。

Step5. 单击 ✔ 按钮，完成尺寸的标注。

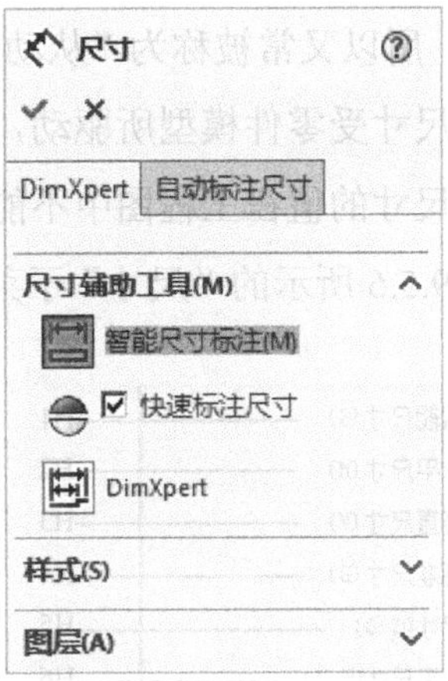

图 9.5.2 “尺寸”对话框

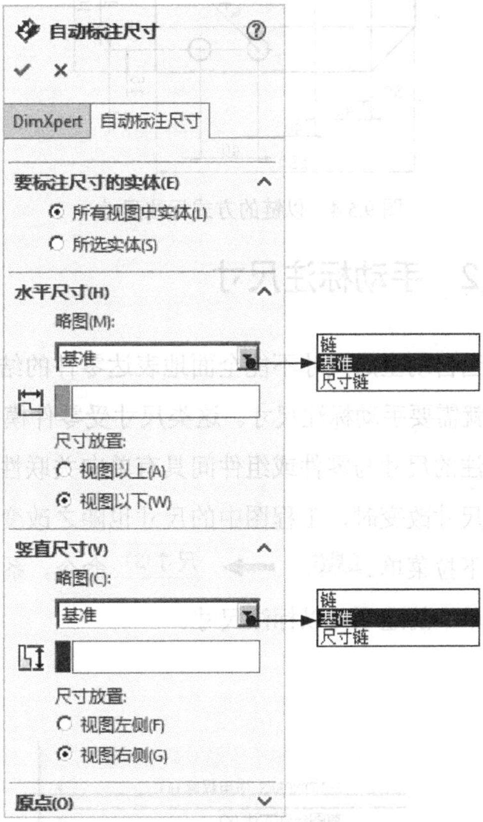

图 9.5.3 “自动标注尺寸”对话框

图 9.5.3 所示的“自动标注尺寸”对话框中各命令的说明如下。

- 要标注尺寸的实体(E) 区域有以下两个单选项。
  - ☑ 所有视图中实体(L) 单选项：标注所选视图中所有实体的尺寸。
  - ☑ 所选实体(S) 单选项：只标注所选实体的尺寸。
- 水平尺寸(H) 区域水平尺寸标注方案控制的尺寸类型包括以下几种。
  - ☑ 链 选项：以链的方式标注尺寸，如图 9.5.4 所示。

☑ 基准 选项：以基准尺寸的方式标注尺寸，如图 9.5.1 所示。

☑ 尺寸链 选项：以尺寸链的方式标注尺寸，如图 9.5.5 所示。

☑ ⊙ 视图以上(A) 单选项：将尺寸放置在视图上方。

☑ ⊙ 视图以下(W) 单选项：将尺寸放置在视图下方。

● 竖直尺寸(V) 区域类似于 水平尺寸(H) 区域。

☑ ⊙ 视图左侧(F) 单选项：将尺寸放置在视图左侧。

☑ ⊙ 视图右侧(G) 单选项：将尺寸放置在视图右侧。

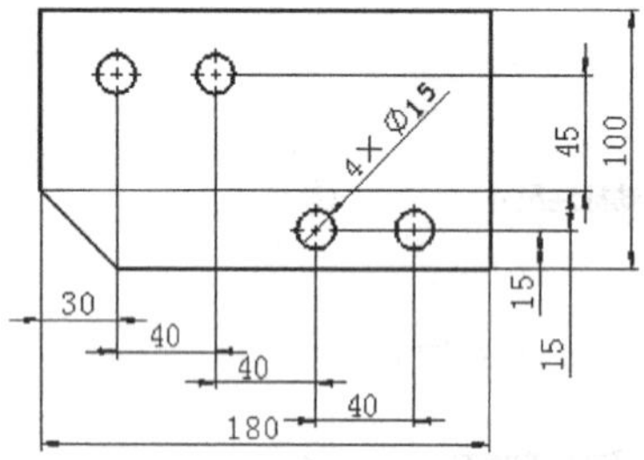

图 9.5.4　以链的方式标注尺寸

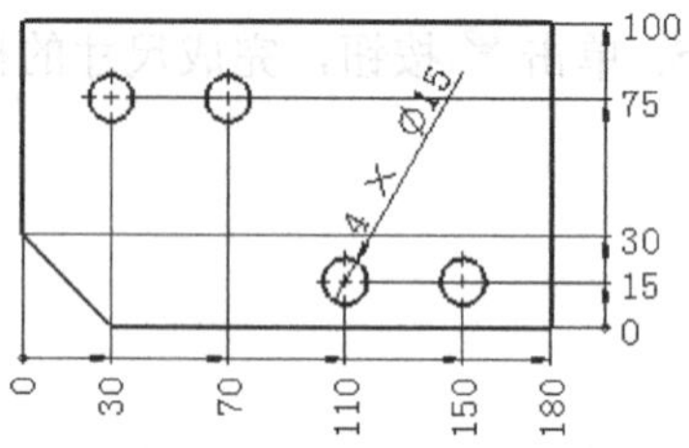

图 9.5.5　以尺寸链的方式标注尺寸

9.5.2　手动标注尺寸

当自动生成尺寸不能全面地表达零件的结构，或在工程图中需要增加一些特定的标注时，就需要手动标注尺寸。这类尺寸受零件模型所驱动，所以又常被称为“从动尺寸”。手动标注的尺寸与零件或组件间具有单向关联性，即这些尺寸受零件模型所驱动，当零件模型的尺寸改变时，工程图中的尺寸也随之改变；但这些尺寸的值在工程图中不能被修改。选择下拉菜单 工具(T) ➡ 尺寸(S) 命令，系统弹出图 9.5.6 所示的“尺寸”子菜单，利用该菜单中的选项可以标注尺寸。

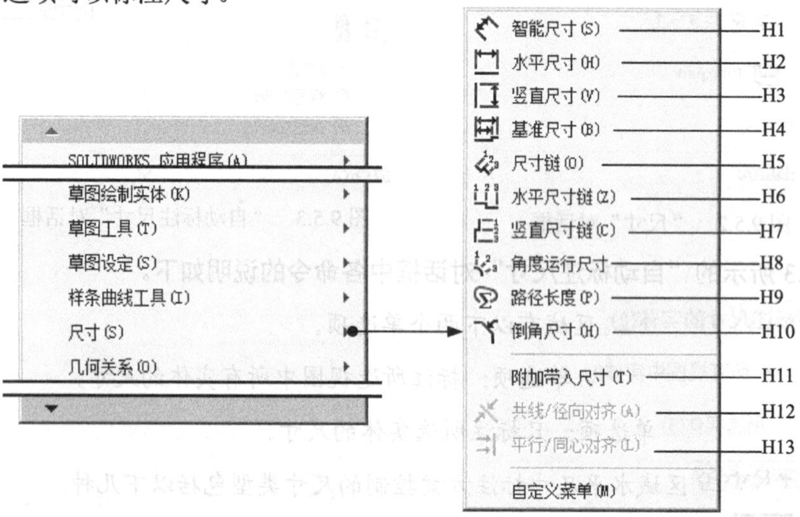

图 9.5.6　“尺寸”子菜单

图 9.5.6 所示的“尺寸”子菜单的各选项说明如下。

H1：根据用户选取的对象及光标位置，智能地判断尺寸类型。

H2：创建水平尺寸。

H3：创建竖直尺寸。

H4：创建基准尺寸。

H5：创建尺寸链。包括水平尺寸链和竖直尺寸链，且尺寸链的类型（水平或竖直）由用户所选点的方位来定义。

H6：创建水平尺寸链。

H7：创建竖直尺寸链。

H8：创建角度运行尺寸。

H9：创建路径长度。

H10：创建倒角尺寸。

H11：添加工程图附加带入的尺寸。

H12：使所选尺寸共线或径向对齐。

H13：使所选尺寸平行或同心对齐。

下面将详细介绍标注基准尺寸、尺寸链和倒角尺寸的方法。

1. 标注基准尺寸

基准尺寸为工程图的参考尺寸，用户无法更改其数值或使用其数值来驱动模型。下面以图 9.5.7 为例，说明标注基准尺寸的一般操作步骤。

Step1. 打开文件 D:\sw18.1\work\ch09.05.02\dimension.SLDDRW。

Step2. 选择命令。选择下拉菜单 工具(T) → 尺寸(S) → 基准尺寸(B) 命令。

Step3. 依次选取图 9.5.8 所示的直线 1、圆心 1、圆心 2、圆心 3、圆心 4 和直线 2。

Step4. 按 Esc 键，完成基准尺寸的标注。

2. 标注水平尺寸链

尺寸链为从工程图或草图中的零坐标开始测量的尺寸组。在工程图中，它们属于参考尺寸，用户不能更改其数值或者使用其数值来驱动模型。下面以图 9.5.9 为例，说明标注水平尺寸链的一般操作步骤。

Step1. 打开文件 D:\sw18.1\work\ch09.05.02\dimension.SLDDRW。

Step2. 选择下拉菜单 工具(T) → 尺寸(S) → 水平尺寸链(Z) 命令。

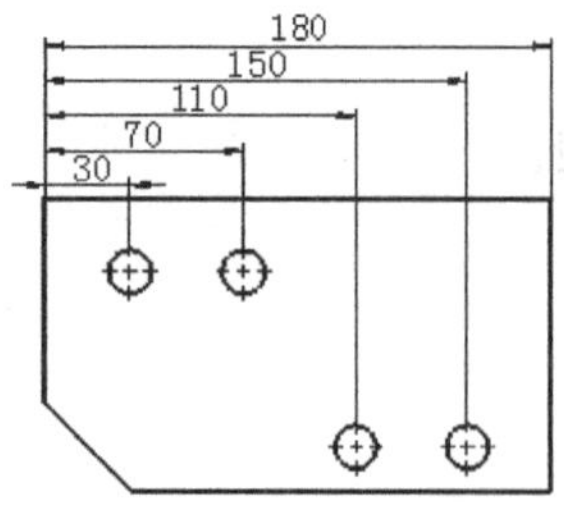

图 9.5.7　标注基准尺寸

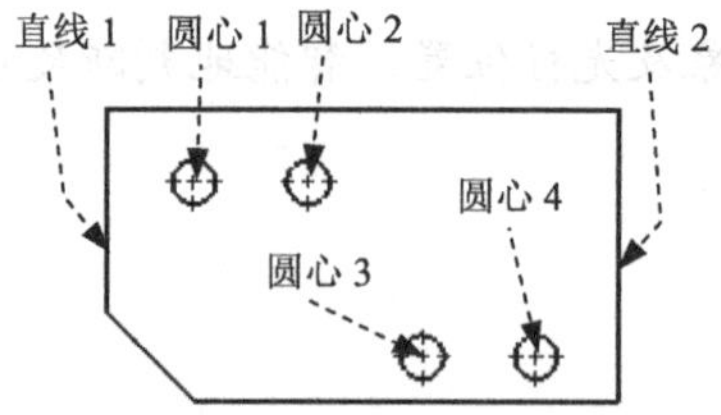

图 9.5.8　选取标注对象

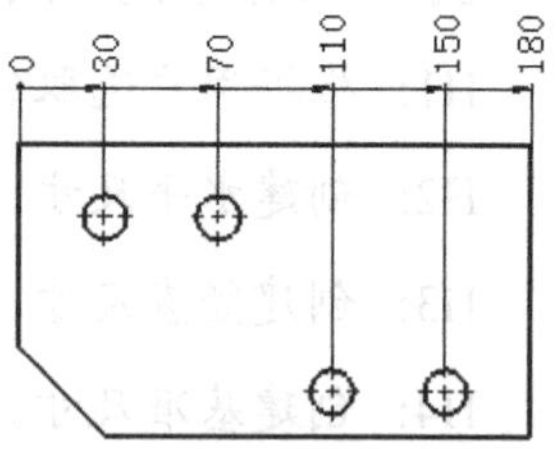

图 9.5.9　标注水平尺寸链

Step3. 定义尺寸放置位置。在系统 选择一个边线/顶点后再选择尺寸文字标注的位置 的提示下，选取图 9.5.8 所示的直线 1，再选择合适的位置单击，以放置第一个尺寸。

Step4. 依次选取图 9.5.8 所示的圆心 1、圆心 2、圆心 3、圆心 4 和直线 2。

Step5. 单击“尺寸”对话框中的 ✔ 按钮，完成水平尺寸链的标注。

3. 标注竖直尺寸链

下面以图 9.5.10 为例，说明标注竖直尺寸链的一般操作步骤。

Step1. 打开文件 D:\sw18.1\work\ch09.05.02\dimension.SLDDRW。

Step2. 选择命令。选择下拉菜单 工具(T) → 尺寸(S) → 竖直尺寸链(C) 命令。

Step3. 定义尺寸放置位置。在系统 选择一个边线/顶点后再选择尺寸文字标注的位置 的提示下，选取图 9.5.11 所示的直线 1，再选择合适的位置单击以放置第一个尺寸。

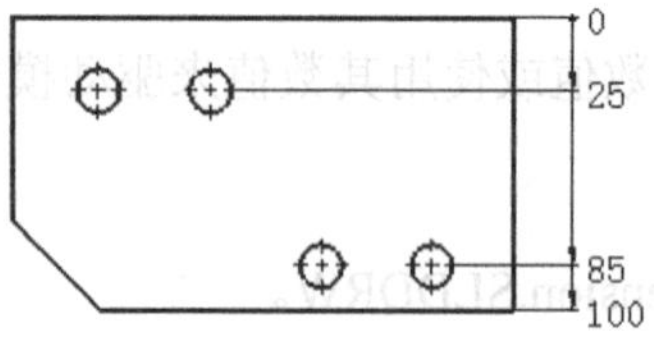

图 9.5.10　标注竖直尺寸链

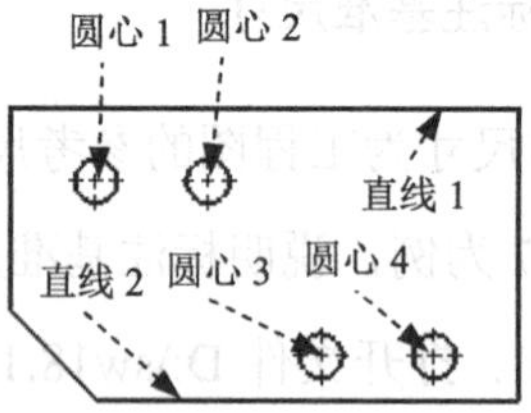

图 9.5.11　选取标注对象

Step4. 依次选取图 9.5.11 所示的圆心 2、圆心 4 和直线 2。

Step5. 单击“尺寸”对话框中的 ✔ 按钮，完成竖直尺寸链的标注。

4. 标注倒角尺寸

下面以图 9.5.12 为例，说明标注倒角尺寸的一般操作步骤。

Step1. 打开文件 D:\sw18.1\work\ch09.05.02\bolt.SLDDRW。

Step2. 选择下拉菜单 工具(T) → 尺寸(S) → 倒角尺寸(H) 命令。

Step3. 在系统 选择倒角的边线、参考边线，然后选择文字位置 的提示下，依次选取图 9.5.12 所示的直线 1 和直线 2。

Step4. 放置尺寸。选择合适的位置单击以放置尺寸。

Step5. 定义标注尺寸文字类型。在图 9.5.13 所示的 标注尺寸文字(I) 区域中单击 C1

按钮。

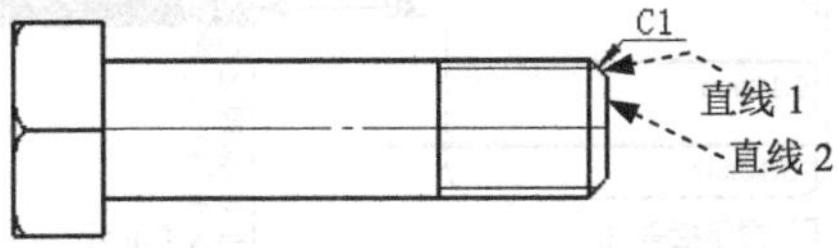

图 9.5.12 标注倒角尺寸

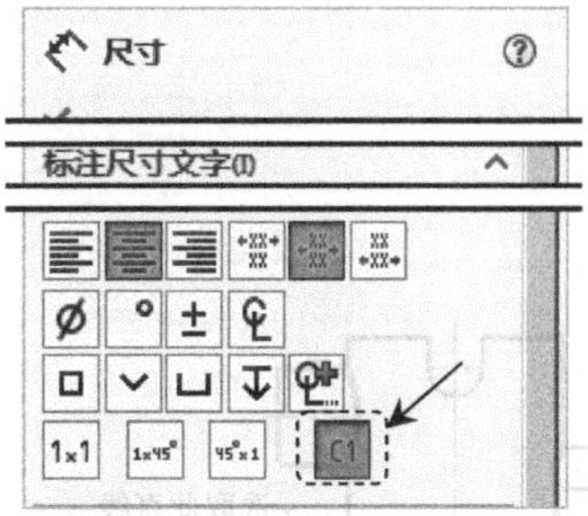

图 9.5.13 “标注尺寸文字”区域

Step6. 单击“尺寸”对话框中的 ✔ 按钮，完成倒角尺寸的标注。

图 9.5.13 所示的“尺寸”对话框中的“标注尺寸文字”区域的部分按钮说明如下。

- 1x1：距离 × 距离，如图 9.5.14 所示。
- 1x45°：距离 × 角度，如图 9.5.15 所示。
- 45°x1：角度 × 距离，如图 9.5.16 所示。
- C1：C 距离，如图 9.5.12 所示。

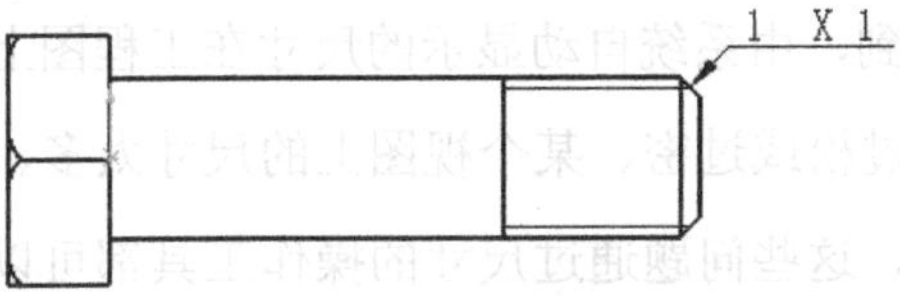

图 9.5.14 “距离×距离”样式

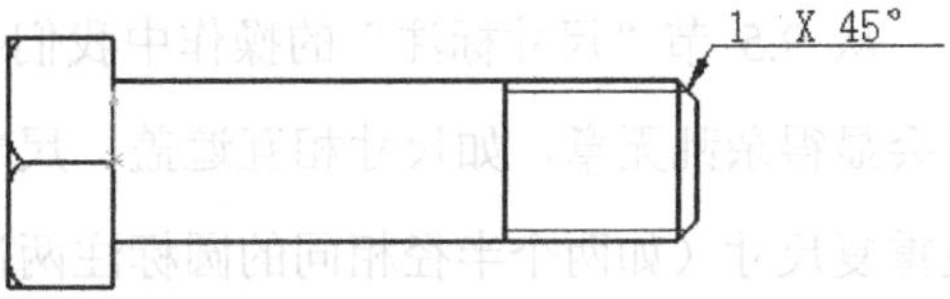

图 9.5.15 “距离×角度”样式

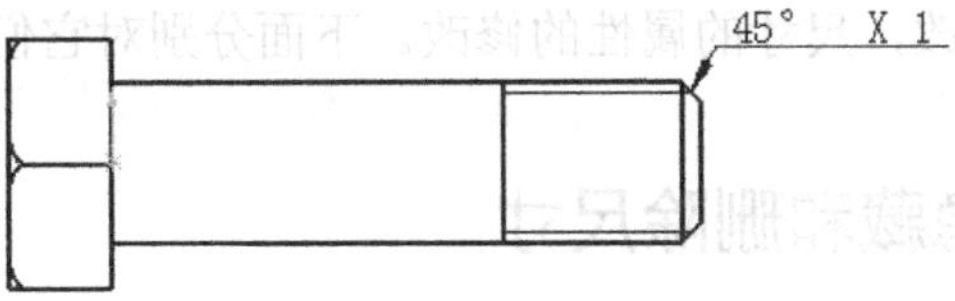

图 9.5.16 “角度×距离”样式

9.6 标注尺寸公差

下面以图 9.6.1 为例，说明标注尺寸公差的一般操作步骤。

Step1. 打开文件 D:\sw18.1\work\ch09.06\connecting_base.SLDDRW。

Step2. 选择命令。选择下拉菜单 工具(T) → 尺寸(S) → 智能尺寸(S) 命令，系统弹出“尺寸”对话框。

Step3. 选取图 9.6.1 所示的直线，选择合适的位置单击以放置尺寸。

Step4. 定义公差。在“尺寸”对话框的 公差/精度(P) 区域中设置图 9.6.2 所示的参数。

Step5. 单击“尺寸”对话框中的 ✔ 按钮，完成尺寸公差的标注。

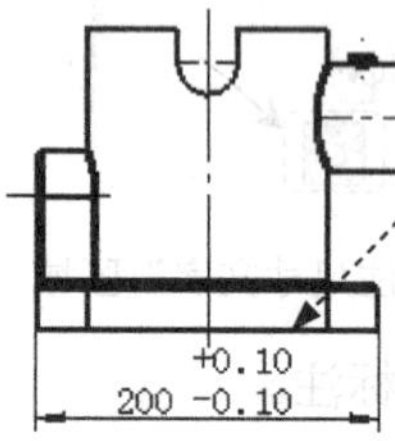

图 9.6.1　标注尺寸公差

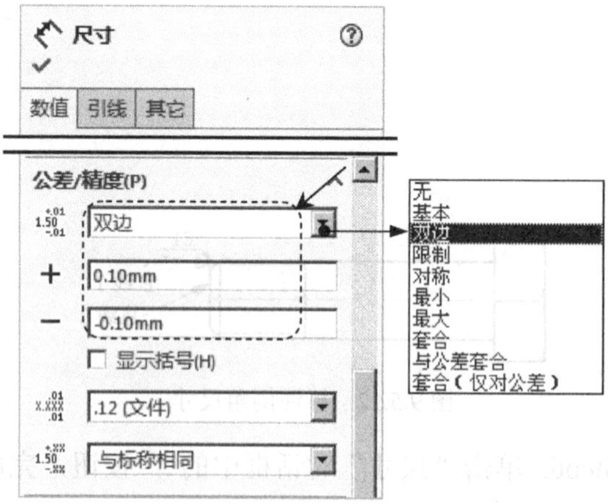

图 9.6.2　“尺寸”对话框

9.7　尺寸的操作

从 9.5 节“尺寸标注”的操作中我们会注意到，由系统自动显示的尺寸在工程图上有时会显得杂乱无章，如尺寸相互遮盖、尺寸间距过松或过密、某个视图上的尺寸太多、出现重复尺寸（如两个半径相同的圆标注两次）等，这些问题通过尺寸的操作工具都可以解决。尺寸的操作包括尺寸（包括尺寸文本）的移动、隐藏和删除，尺寸的切换视图，尺寸线和尺寸延长线的修改，尺寸的属性的修改。下面分别对它们进行介绍。

9.7.1　移动、隐藏和删除尺寸

1．移动尺寸

移动尺寸及尺寸文本有以下三种方法。

- 拖曳要移动的尺寸，可在同一视图内移动尺寸。
- 按住 Shift 键拖曳要移动的尺寸，可将尺寸移至另一个视图。
- 按住 Ctrl 键拖曳要移动的尺寸，可将尺寸复制至另一个视图。

2．隐藏与显示尺寸

隐藏尺寸及其尺寸文本的方法：选中要隐藏的尺寸并右击，在系统弹出的快捷菜单中选择 隐藏 命令。选择下拉菜单 视图(V) ➡ 隐藏/显示(H) ➡ 注解(A) 命令，此时被隐藏的尺寸呈灰色，选择要显示的尺寸，再按 Esc 键即可将其显示出来。

9.7.2 修改尺寸属性

修改尺寸属性包括修改尺寸的精度、尺寸的显示方式、尺寸的文本、尺寸线和尺寸的公差显示等。

打开文件 D:\sw18.1\work\ch09.07\connecting_base.SLDDRW。单击要修改尺寸属性的尺寸，系统弹出“尺寸”对话框；在“尺寸”对话框中有 数值 选项卡（图 9.7.1）、 引线 选项卡（图 9.7.2）和 其它 选项卡（图 9.7.3），利用这三个选项卡可以修改尺寸的属性。

图 9.7.1 所示的 数值 选项卡中各选项的说明如下。

- **主要值(V)** 区域
  - 覆盖数值(O): 复选框：选中此复选框时，可通过输入数值来修改尺寸值。
- **标注尺寸文字(I)** 区域：当尺寸的属性较复杂时，可通过单击 Ø 等按钮，为尺寸添加相应的尺寸属性。

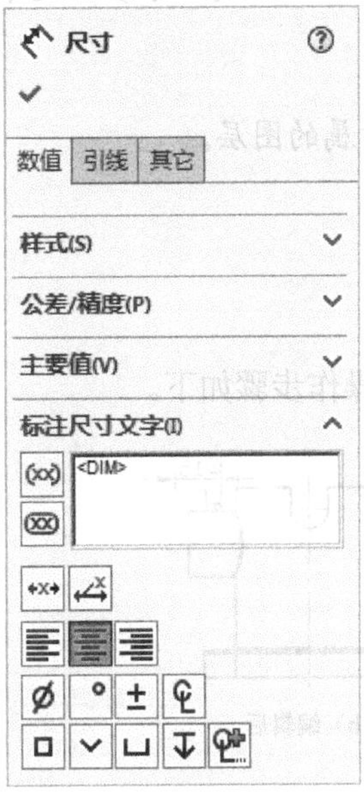

图 9.7.1 “数值”选项卡

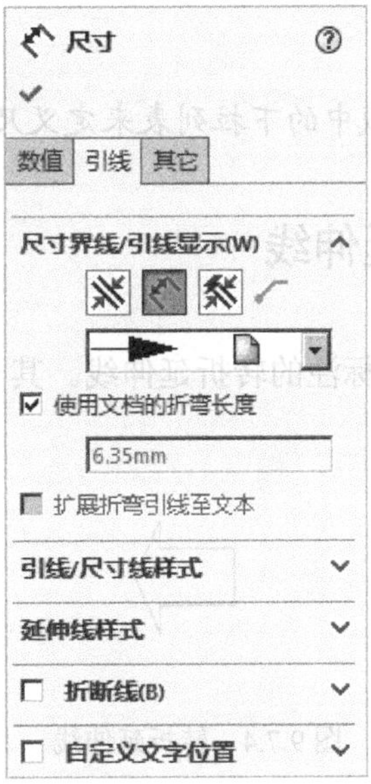

图 9.7.2 “引线”选项卡

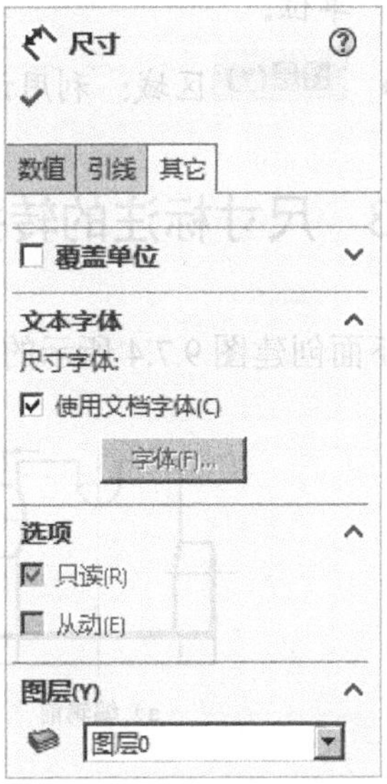

图 9.7.3 “其它”选项卡

图 9.7.2 所示的 引线 选项卡中各选项的说明如下。

- **尺寸界线/引线显示(W)** 区域
  - ☑ 按钮：单击此按钮，尺寸箭头向外放置。
  - ☑ 按钮：单击此按钮，尺寸箭头向内放置。
  - ☑ 按钮：单击此按钮，根据实际情况和用户意向来放置尺寸箭头。
  - ☑ 使用文档的折弯长度 复选框：取消选中此复选框时，引线不使用文档属性中定义的弯折长度，对引线弯折长度自定义。

☑ 在 尺寸界线/引线显示(W) 区域的下拉列表中可选择尺寸标注箭头的类型。

- 引线/尺寸线样式 区域：展开此区域，可设置引线与尺寸线的样式。
- 延伸线样式 区域：展开此区域，可设置延伸线的样式。
- ☐ 折断线(B) 复选框：选中此复选框时，展开“折断线”区域，可设置折断线间隙。
- ☐ 自定义文字位置 复选框：选中此复选框时，展开“自定义文字位置”区域，可设置尺寸标注文字的位置。

图 9.7.3 所示的 其它 选项卡中各选项的说明如下。

- 文本字体 区域：取消选中 ☐ 使用文档字体(C) 复选框，则 字体(F)... 按钮变为可选，单击该按钮，系统弹出“选择字体”对话框，利用该对话框可以定义尺寸文本的字体。
- ☐ 覆盖单位 复选框：选中此复选框时，展开“覆盖单位”区域，可修改尺寸标注单位。
- 图层(Y) 区域：利用该区域中的下拉列表来定义尺寸所属的图层。

9.7.3 尺寸标注的转折延伸线

下面创建图 9.7.4 所示的尺寸标注的转折延伸线。其一般操作步骤如下。

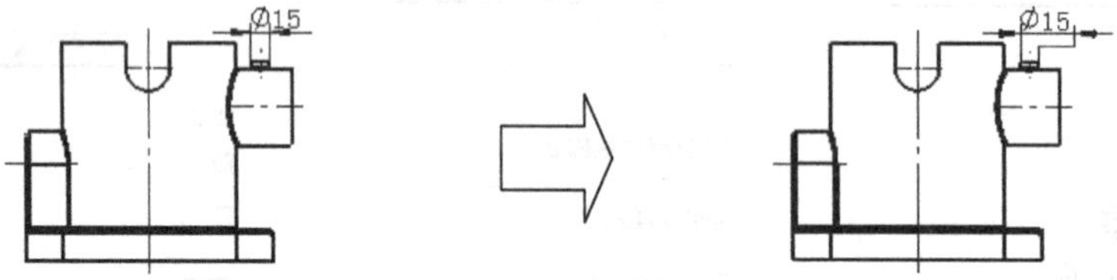

a）编辑前　　b）编辑后

图 9.7.4 转折延伸线

Step1. 打开文件 D:\sw18.1\work\ch09.07\edit.SLDDRW。

Step2. 选择命令。在图 9.7.5 所示的尺寸界线上右击，系统弹出图 9.7.6 所示的快捷菜单。在此快捷菜单中选择 显示选项 ➡ 转折延伸线 (F) 命令。

Step3. 编辑尺寸界线转折。此时在定义的编辑对象上出现两个编辑点，如图 9.7.7 所示。选取图 9.7.7 所示的点，按住鼠标左键不放并向右拖动鼠标，将其拖动到合适位置后放开鼠标左键。

Step4. 按 Esc 键，退出编辑状态。

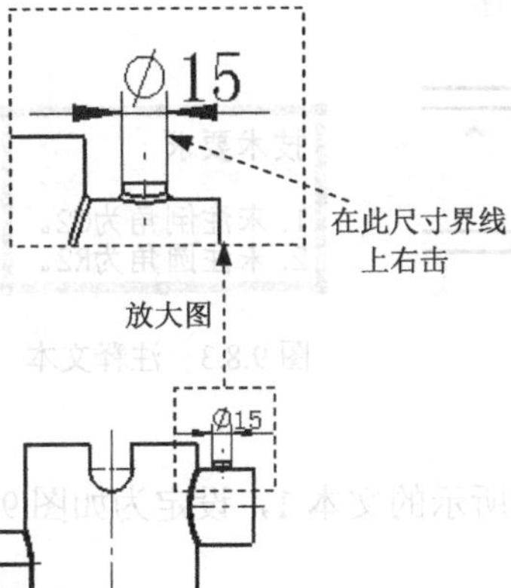

图 9.7.5 定义编辑对象

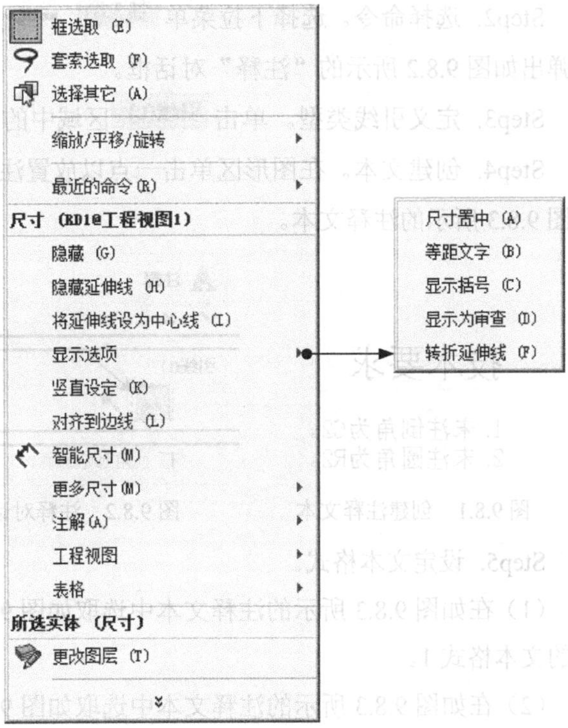

图 9.7.6 快捷菜单

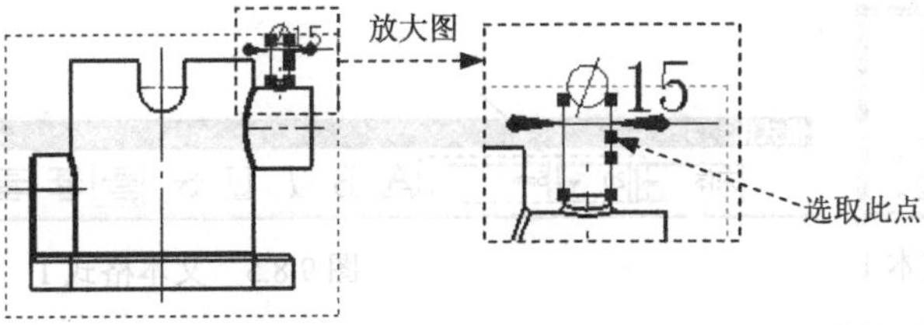

图 9.7.7 定义编辑位置

9.8 注 释 文 本

在工程图中，除了尺寸标注外，还应有相应的文字说明，即技术要求，如工件的热处理要求、表面处理要求等。所以在创建完视图的尺寸标注后，还需要创建相应的注释标注。选择下拉菜单 插入(I) → 注解(A) → A 注释(N)... 命令，系统弹出“注释”对话框，利用该对话框可以创建用户所要求的属性注释。

9.8.1 创建注释文本

下面创建图 9.8.1 所示的注释文本。其一般操作步骤如下。

Step1. 打开文件 D:\sw18.1\work\ch09.08.01\text.SLDDRW。

Step2. 选择命令。选择下拉菜单 插入(I) → 注解(A) → A 注释(N)... 命令，系统弹出如图 9.8.2 所示的“注释”对话框。

Step3. 定义引线类型。单击 引线(L) 区域中的按钮。

Step4. 创建文本。在图形区单击一点以放置注释文本，在系统弹出的注释文本框中输入图 9.8.3 所示的注释文本。

技术要求

1. 未注倒角为C2。
2. 未注圆角为R2。

图 9.8.1　创建注释文本

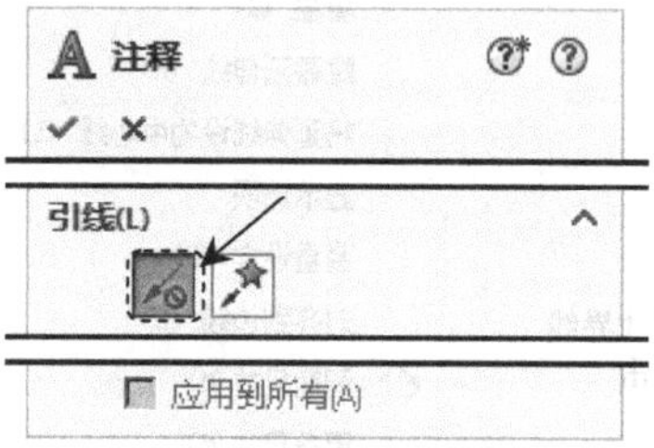

图 9.8.2　注释对话框

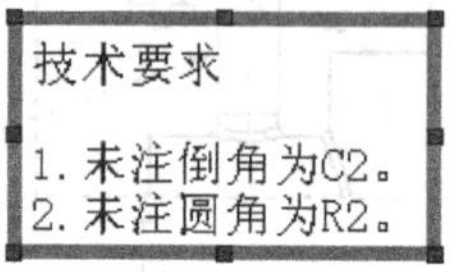

图 9.8.3　注释文本

Step5. 设定文本格式。

（1）在如图 9.8.3 所示的注释文本中选取如图 9.8.4 所示的文本 1，设定为如图 9.8.5 所示的文本格式 1。

（2）在如图 9.8.3 所示的注释文本中选取如图 9.8.6 所示的文本 2，设定为如图 9.8.7 所示的文本格式 2。

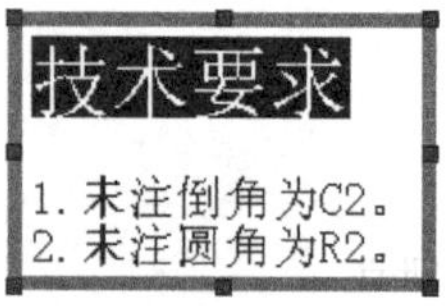

图 9.8.4　选取文本 1

图 9.8.5　文本格式 1

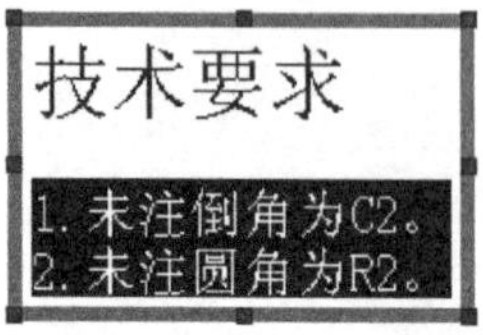

图 9.8.6　选取文本 2

图 9.8.7　文本格式 2

Step6. 单击 ✔ 按钮，完成注释文本的创建。

说明：单击“注释”对话框 引线(L) 区域中的按钮，出现注释文本的引导线，拖动引导线的箭头至如图 9.8.8 所示的直线，再调整注释文本的位置，单击 ✔ 按钮即可创建带有引导线的注释文本，结果如图 9.8.8 所示。

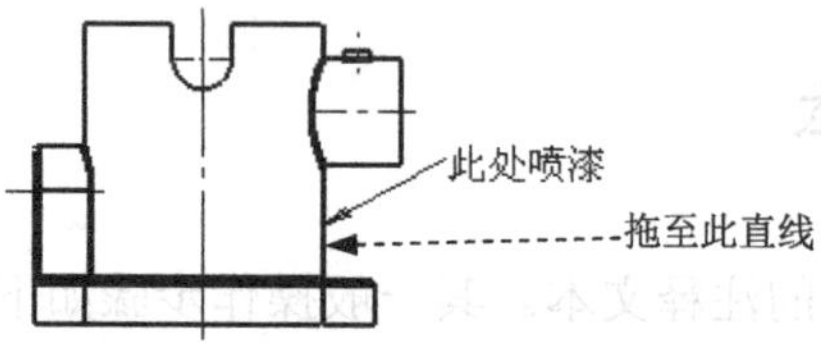

图 9.8.8　添加带有引导线的注释文本

9.8.2 注释文本的编辑

下面以图 9.8.9 为例，说明编辑注释文本的一般操作步骤。

Step1. 打开文件 D:\sw18.1\work\ch09.08.02\edit_text.SLDDRW。

Step2. 双击要编辑的文本，系统弹出“格式化”对话框和“注释”对话框。

Step3. 选取文本。选取如图 9.8.10 所示的文本。

Step4. 定义文本格式。在“格式化”对话框中单击 I 按钮。

Step5. 单击“注释”对话框中的 ✔ 按钮，完成注释文本的编辑。

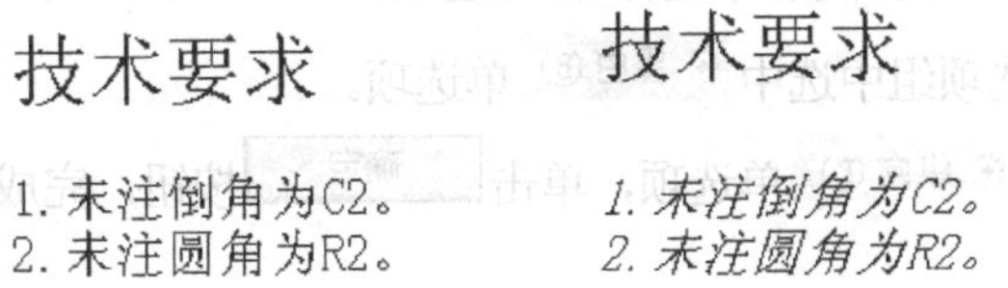

图 9.8.9 编辑注释文本

图 9.8.10 选取文本

9.9 SolidWorks 软件的打印出图

打印出图是 CAD 工程设计中必不可少的一个环节。在 SolidWorks 软件的工程图模块中，选择下拉菜单 文件(F) → 打印(P)... 命令即可进行打印出图操作。

下面举例说明工程图打印的一般操作步骤。

Step1. 打开文件 D:\sw18.1\work\ch09.09\down_base.SLDDRW。

Step2. 选择命令。选择下拉菜单 文件(F) → 打印(P)... 命令，系统弹出如图 9.9.1 所示的“打印”对话框。

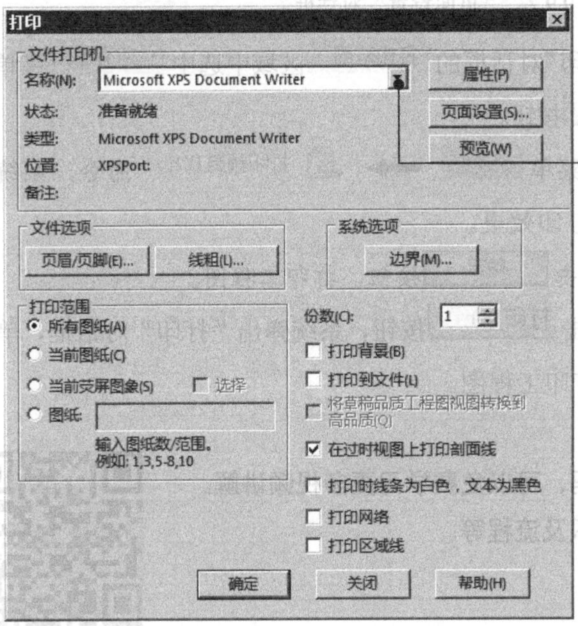

图 9.9.1 “打印”对话框

Step3. 选择打印机。在“打印”对话框的 名称(N): 下拉列表中选择 Microsoft XPS Document Writer 选项。

说明：在名称下拉列表中显示的是当前已连接的打印机，不同的用户可能会出现不同的选项。

Step4. 定义页面设置。

（1）单击“打印”对话框中的 页面设置(S)... 按钮，系统弹出“页面设置”对话框。

（2）定义打印比例。在 比例(S): 文本框中输入 100 以选择 1:1 的打印比例。

（3）定义打印纸张的大小。在 大小(Z): 下拉列表中选择 A4 选项。

（4）选择工程图颜色。在 工程图颜色 选项组中选中 黑白(B) 单选项。

（5）选择方向。在 方向 区域中选中 纵向(P) 单选项，单击 确定 按钮，完成页面设置，如图 9.9.2 所示。

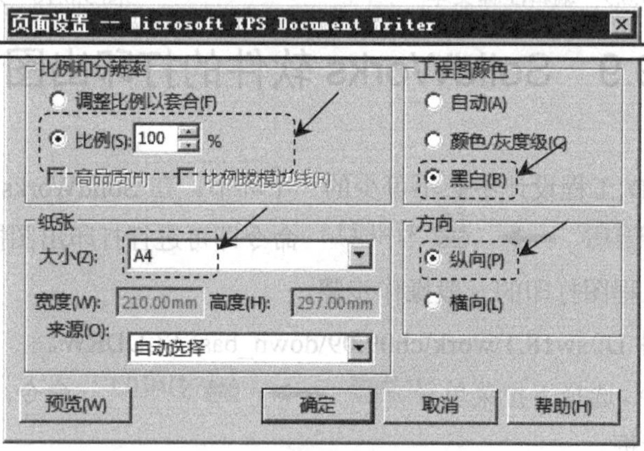

图 9.9.2 “页面设置”对话框

Step5. 选择打印范围。在“打印”对话框的 打印范围 区域中选中 所有图纸(A) 单选项，单击“打印”对话框中的 关闭 按钮。

Step6. 打印预览。选择下拉菜单 文件(F) → 打印预览(V)... 命令，系统弹出打印预览界面，可以预览工程图的打印效果。

说明：在 Step5 中也可直接单击 确定 按钮，打印工程图。

Step7. 在打印预览界面中单击 打印(P)... 按钮，系统弹出“打印”对话框，单击该对话框中的 确定 按钮，即可打印工程图。

学习拓展：扫一扫右侧二维码，可以免费学习更多视频讲解。

讲解内容：渲染设计背景知识及流程等。

第 10 章 钣金设计

本章提要 在机械设计中，钣金件设计占很大的比例，随着钣金的应用越来越广泛，钣金件的设计变成了产品开发过程中很重要的一环。机械工程师必须熟练掌握钣金件的设计技巧，使得设计的钣金件既满足产品的功能和外观等要求，又满足冲压模具制造简单、成本低的要求。本章将介绍 SolidWorks 钣金设计的基本知识，主要包括以下内容。

- 钣金设计入门。
- 钣金法兰。
- 钣金成形特征。
- 钣金综合范例。

10.1 钣金设计入门

10.1.1 钣金设计概述

钣金件是利用金属的可塑性，对金属薄板（一般是指板材厚度 5mm 以下）通过弯边、冲裁、成型等工艺，制造出单个零件，然后通过焊接、铆接等装配成完整的钣金件。其最显著的特征是同一零件的厚度一致。由于钣金成型具有材料利用率高、重量轻、设计及操作方便等特点，钣金件的应用十分普遍，几乎占据了所有行业（如机械、电器、仪器仪表、汽车和航空航天等行业）。在一些产品中，钣金零件占全部金属制品的 80%左右，如图 10.1.1 所示为常见的几种钣金零件。

使用 SolidWorks 软件创建钣金件的一般过程如下。

（1）新建一个“零件”文件，进入建模环境。

（2）以钣金件所支持或保护的内部零部件大小和形状为基础，创建基体-法兰（基础钣金）。例如设计机床床身护罩时，先要按床身的形状和尺寸创建基体-法兰。

（3）创建其余法兰。在创建基体-法兰之后，往往需要在其基础上创建另外的钣金，即边线-法兰、斜接法兰等。

（4）在钣金模型中，还可以随时创建一些实体特征，如（切除）拉伸特征、孔特征、圆角特征和倒角特征等。

（5）进行钣金的折弯。

（6）进行钣金的展开。

（7）创建钣金件的工程图。

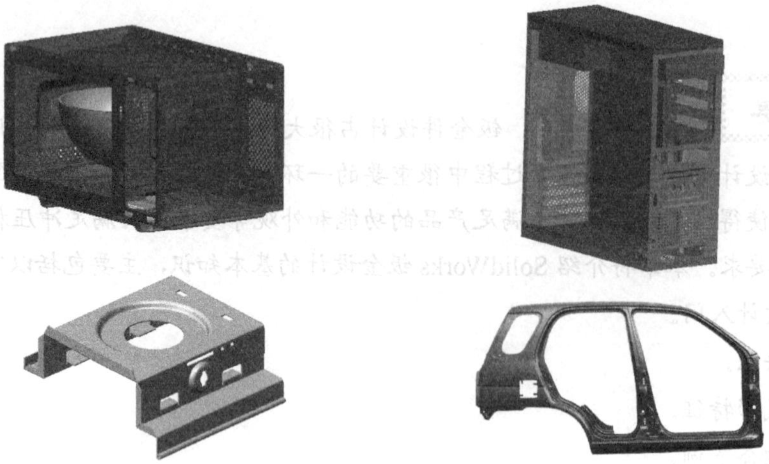

图 10.1.1　常见的几种钣金零件

10.1.2　钣金菜单及其工具条

在学习本节时，请先打开 D:\sw18.1\work\ch10.01\ disc.SLDPR 钣金件模型文件。

1. 钣金菜单

钣金设计的命令主要分布在 插入(I) → 钣金(H) 子菜单中，下拉菜单中包含创建、保存、修改模型和设置 SolidWorks 环境的一些命令。

2. 工具栏按钮

工具栏中的命令按钮为快速进入命令及设置工作环境提供了极大的方便，用户可以根据具体情况定制工具栏。在工具栏处右击，在弹出的快捷菜单确认 钣金(H) 选项被激活（ 钣金(H) 前的按钮被按下），如图 10.1.2 所示，“钣金（H）”工具栏显示在工具栏按钮区。

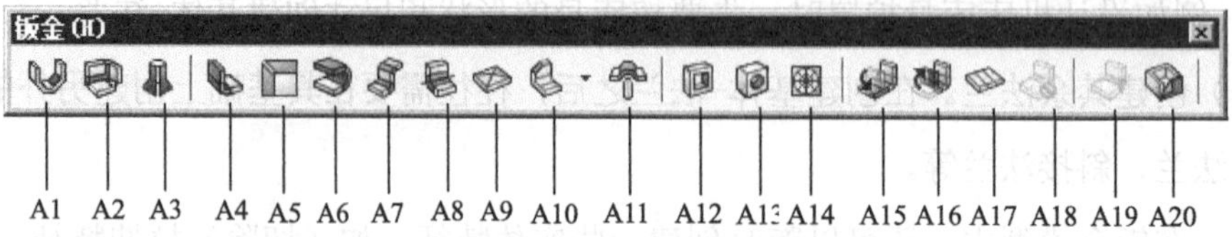

图 10.1.2 “钣金（H）” 工具栏

图 10.1.2 所示的“钣金（H）”工具栏各按钮说明如下。

A1：基体-法兰/薄片
A2：转换到钣金
A3：放样折弯
A4：边线-法兰
A5：斜接法兰
A6：褶边
A7：转折
A8：绘制的折弯
A9：交叉-折断
A10：边角
A11：成形工具
A12：拉伸切除
A13：简单直孔
A14：通风孔
A15：展开
A16：折叠
A17：展开
A18：不折弯
A19：插入折弯
A20：切口

注意：用户会看到有些菜单命令和按钮处于非激活状态（呈灰色，即暗色），这是因为它们目前还没有处在发挥功能的环境中，一旦进入有关的环境，便会自动被激活。

3．状态栏

在用户操作软件的过程中，消息区会实时地显示当前操作、当前状态以及与当前操作相关的提示信息等，以引导用户操作。

10.2 钣金法兰

本节详细介绍了基体-法兰/薄片、边线-法兰、斜接法兰、褶边和平板特征的创建方法及技巧。通过典型范例的讲解，读者可快速掌握这些命令的创建过程，并领悟其中的含义。另外，本节还介绍了折弯系数的设置和释放槽的创建过程。

10.2.1 基体-法兰

1. 基体-法兰概述

使用“基体-法兰”命令可以创建出厚度一致的薄板，它是一个钣金零件的“基础”，其他钣金特征（如成形、折弯、拉伸等）都需要在这个“基础”上创建，因而基体-法兰特征是整个钣金件中最重要的部分。

选取“基体-法兰”命令有以下两种方法。

方法一：从下拉菜单中选择特征命令。选择下拉菜单 插入(I) → 钣金(H) → 基体法兰(A)... 命令。

方法二：从工具栏中获取特征命令。在“钣金(H)”工具栏中单击“基体-法兰”按钮 。

注意： 只有当模型中不含有任何钣金特征时，“基体-法兰”命令才可用；否则“基体-法兰”命令将会成为“薄片”命令，并且每个钣金零件模型中最多只能存在一个“基体-法兰”特征。

“基体-法兰”的类型：基体-法兰特征与实体建模中的拉伸特征相似，都是通过特征的横断面草图拉伸而成的，而基体-法兰特征的横断面草图可以是单一开放环草图、单一封闭环草图或者多重封闭环草图。根据不同类型的横断面草图所创建的基体-法兰也各不相同。下面将详细讲解三种不同类型的基体-法兰特征的创建过程。

2. 创建基体-法兰的一般过程

方法一： 使用“开放环横断面草图”创建基体-法兰

在使用“开放环横断面草图”创建基体-法兰时，需要先绘制横断面草图，然后给定钣金壁厚度值和深度值，则系统将轮廓草图延伸至指定的深度，生成基体-法兰特征，如图10.2.1 所示。

下面以图 10.2.1 所示的模型为例，说明使用“开放环横断面草图”创建基体-法兰的一般操作过程。

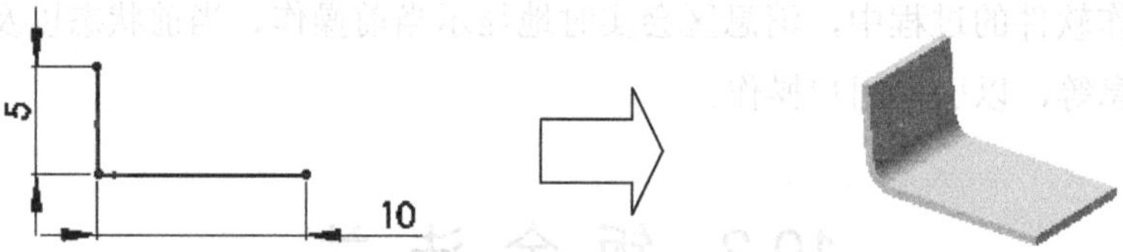

图 10.2.1 用“开放环横断面草图”创建基体-法兰

Step1. 新建模型文件。选择下拉菜单 文件(F) → 新建(N)... 命令，在系统弹出的“新建 SolidWorks 文件”对话框中选择“零件”模块，单击 确定 按钮，进入建模环境。

Step2. 选择命令。选择下拉菜单 插入(I) → 钣金(H) → 基体法兰(A)... 命令。

Step3. 定义特征的横断面草图。

（1）定义草图基准面。选取前视基准面作为草图基准面。

（2）定义横断面草图。在草绘环境中绘制如图 10.2.2 所示的横断面草图。

（3）选择下拉菜单 插入(I) → 退出草图 命令，退出草绘环境，此时系统弹出如图10.2.3 所示的“基体法兰”对话框。

Step4. 定义钣金参数属性。

（1）定义深度类型和深度值。在“基体法兰”对话框 方向 1(1) 区域的 下拉列表中选择 给定深度 选项，在 文本框中输入深度值 10.0。

说明： 也可以拖动图 10.2.4 所示的箭头改变深度和方向。

（2）定义钣金参数。在 钣金参数(S) 区域的 文本框中输入厚度值 0.50，选中 ☑ 反向(E) 复选框，在 文本框中输入圆角半径值 1.00。

（3）定义钣金折弯系数。在 折弯系数(A) 区域的下拉列表中选择 K因子 选项，把 K 因子系数值改为 0.5。

（4）定义钣金自动切释放槽类型。在 自动切释放槽(T) 区域的下拉列表中选择 矩形 选项，选中 使用释放槽比例(A) 复选框，在 比例(T): 文本框中输入比例系数值 0.5。

Step5. 单击 ✓ 按钮，完成基体-法兰特征的创建。

说明： 当完成“基体-法兰 1”的创建后，系统将自动在设计树中生成 钣金6 和 平板型式6 两个特征，用户可以对 平板型式6 特征进行解压缩，把模型展平。

Step6. 保存钣金零件模型。选择下拉菜单 文件(F) ➡ 保存(S) 命令，将零件模型命名为 Base_Flange.01_ok.SLDPRT，即可保存模型。

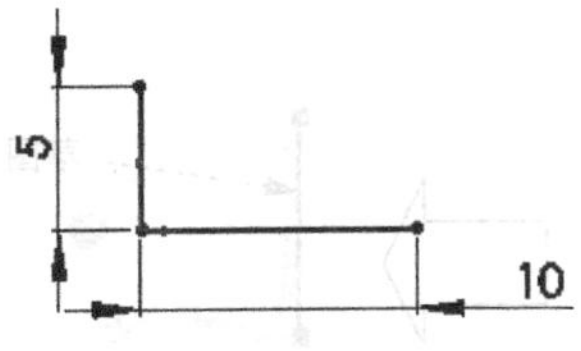

图 10.2.2 横断面草图

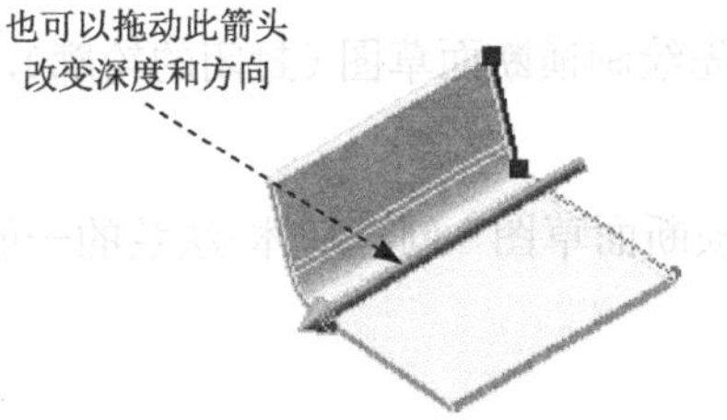

图 10.2.4 设置深度和方向

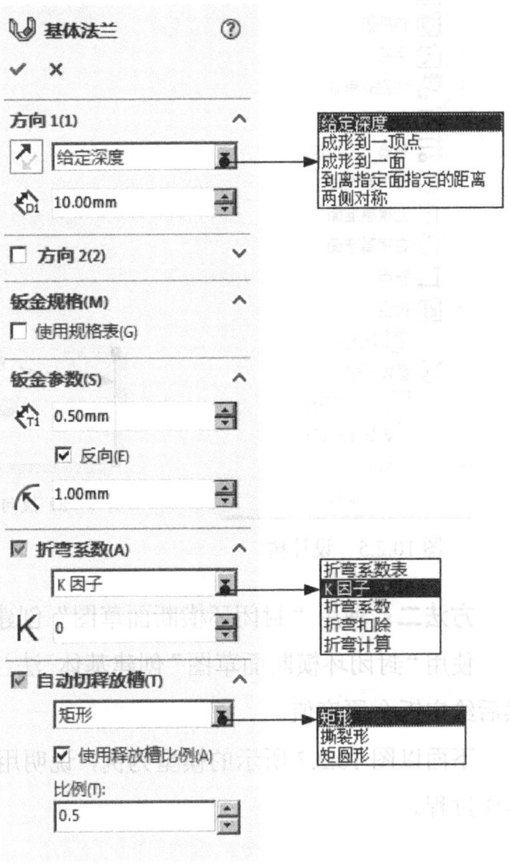

图 10.2.3 “基体法兰”对话框

关于“开放环横断面草图”有以下几点说明。

- 在单一开放环横截面草图中不能包含样条曲线。
- 单一开放环横断面草图中的所有尖角无须进行圆角创建，系统会根据设定的折弯半径在尖角处生成“基体折弯”特征。从上面例子的设计树中可以看到，系统自动生成了一个“基体折弯”特征，如图 10.2.5 所示。

图 10.2.3 所示的“基体法兰”对话框中各选项的说明如下。

- 方向 1(1) 区域的下拉列表用于设置基体-法兰的拉伸类型。
- 钣金规格(M) 区域用于设定钣金零件的规格。
  - ☑ 使用规格表(G)：选中此复选框，则使用钣金规格表设置钣金规格。
- 钣金参数(S) 区域用于设置钣金的参数。
  - ☑ T1：设置钣金件的厚度值。
  - ☑ ☑ 反向(E)：定义钣金厚度的方向（图 10.2.6）。
  - ☑ ：设置钣金的折弯半径值。

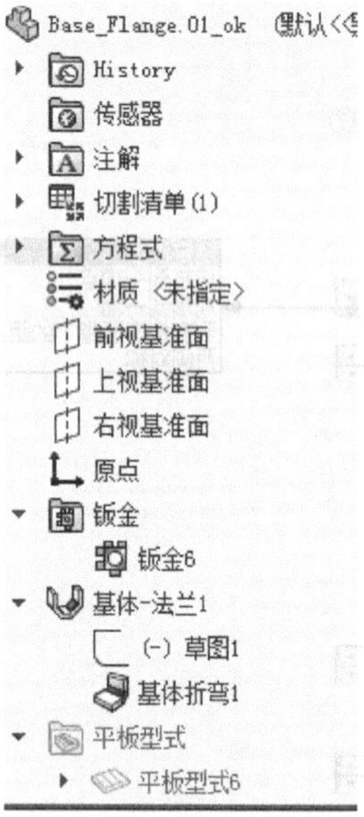

图 10.2.5 设计树

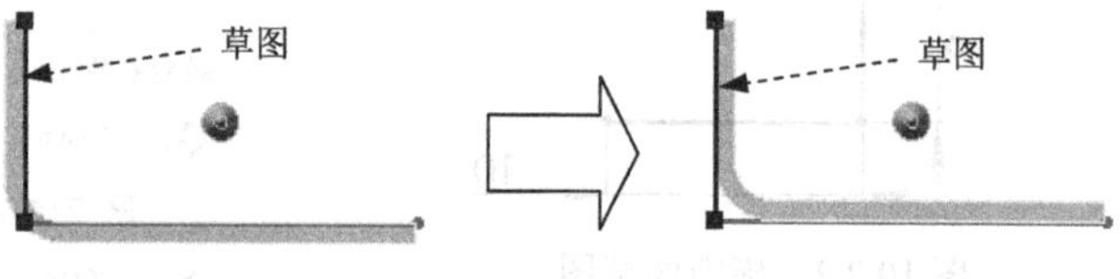

a）反向前 b）反向后

图 10.2.6 设置钣金厚度的方向

方法二：使用“封闭环横断面草图”创建基体-法兰

使用“封闭环横断面草图”创建基体-法兰时，需要先绘制横断面草图（封闭的轮廓），然后给定钣金厚度值。

下面以图 10.2.7 所示的模型为例，说明用“封闭环横断面草图”创建基体-法兰的一般操作过程。

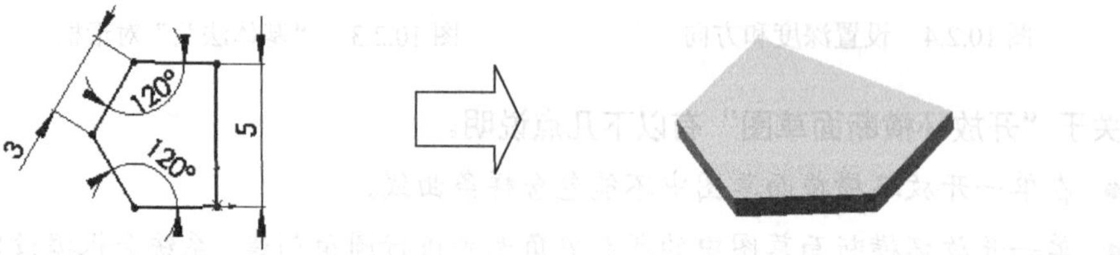

图 10.2.7 用“封闭环横断面草图”创建基体-法兰

Step1. 新建模型文件。选择下拉菜单 文件(F) → 新建(N)... 命令，在系统弹出的“新建 SolidWorks 文件”对话框中选择“零件”模块，单击 确定 按钮，进入建模环境。

Step2. 选择命令。选择下拉菜单 插入(I) → 钣金(H) → 基体法兰(A)... 命令。

Step3. 定义特征的横断面草图。选取前视基准面作为草图基准面，绘制如图 10.2.7 所示的横断面草图。

Step4. 定义钣金参数属性。

（1）定义钣金参数。在“基体法兰”对话框 钣金参数(S) 区域的 文本框中输入厚度值 0.50mm。

（2）定义钣金折弯系数。在 折弯系数(A) 区域的下拉列表中选择 K因子 选项，在 K 因子系数文本框中输入值 0.5。

（3）定义钣金自动切释放槽类型。在 自动切释放槽(T) 区域的下拉列表中选择 矩形 选项，选中 ☑ 使用释放槽比例(A) 复选框，在 比例(T): 文本框中输入比例系数值 0.5。

Step5. 单击 ✓ 按钮，完成基体-法兰特征的创建。

Step6. 保存钣金零件模型。选择下拉菜单 文件(F) → 保存(S) 命令，将零件模型保存命名为 Base_Flange.02_ok.SLDPRT，即可保存模型。

方法三：使用“多重封闭环横断面草图”创建基体-法兰

下面以图 10.2.8 所示的模型为例，说明用“多重封闭环横断面草图”创建基体-法兰的一般操作过程。

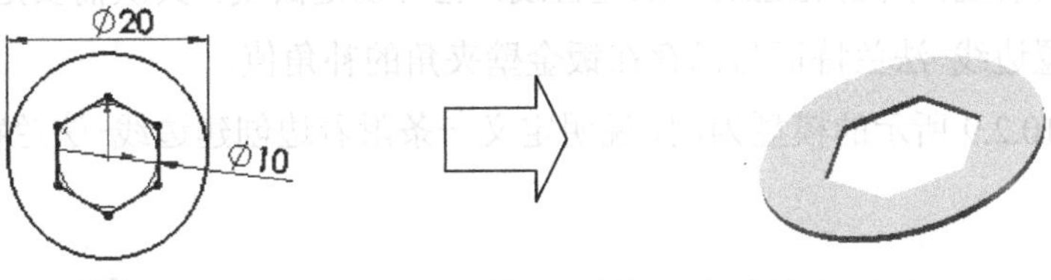

图 10.2.8 用“多重封闭环横断面草图”创建基体-法兰

Step1. 新建模型文件。选择下拉菜单 文件(F) → 新建(N)... 命令，在系统弹出的“新建 SolidWorks 文件”对话框中选择“零件”模块，单击 确定 按钮，系统进入建模环境。

Step2. 选择命令。选择下拉菜单 插入(I) → 钣金(H) → 基体法兰(A)... 命令。

Step3. 定义特征的横断面草图。选取前视基准面作为草图基准面，绘制图 10.2.8 所示的横断面草图。

Step4. 定义钣金参数属性。

（1）定义钣金参数。在 钣金参数(S) 区域的 下拉列表中输入厚度值 0.50。

（2）定义钣金折弯系数。在 折弯系数(A) 区域的文本框中选择 K因子 选项，在 K 因子系数文本框输入数值 0.5。

（3）定义钣金自动切释放槽类型。在 自动切释放槽(T) 区域的下拉列表中选择 矩形 选项，选中 ☑ 使用释放槽比例(A) 复选框，在 比例(T): 文本框中输入比例系数值 0.5。

Step5. 单击 ✔ 按钮，完成基体-法兰特征的创建。

Step6. 保存零件模型。选择下拉菜单 文件(F) ➡ 保存(S) 命令，将零件模型命名为 Base_Flange.03_ok.SLDPRT，即可保存模型。

10.2.2 边线-法兰

边线-法兰是在已存在的钣金壁的边缘上创建出简单的折弯和弯边区域，其厚度与原有钣金厚度相同。

1. 选择“边线-法兰”命令

方法一：从下拉菜单中选择特征命令。选择下拉菜单 插入(I) ➡ 钣金(H) ➡ 边线法兰(E)... 命令。

方法二：从工具栏中选择特征命令。在“钣金(H)”工具栏中单击“边线-法兰”按钮。

2. 创建边线-法兰的一般过程

在创建边线-法兰特征时，须先在已存在的钣金中选取某一条边线或多条边作为边线-法兰钣金壁的附着边，所选的边线可以是直线，也可以是曲线；其次需要定义边线-法兰特征的尺寸，设置边线-法兰特征与已存在钣金壁夹角的补角值。

下面以图 10.2.9 所示的模型为例，说明定义一条附着边创建边线-法兰特征的一般操作过程。

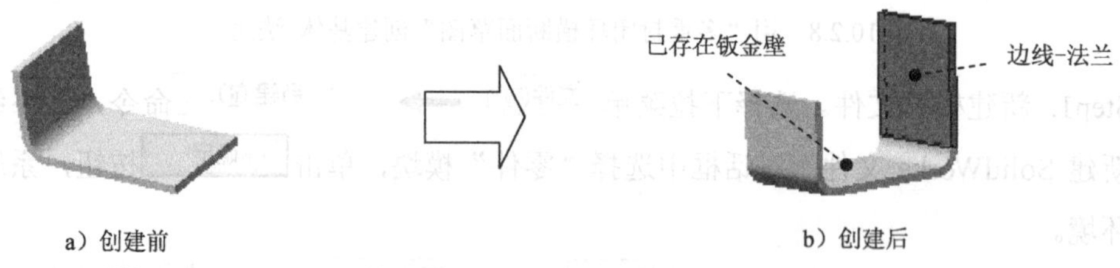

图 10.2.9　定义一条附着边创建边线-法兰特征

Step1. 打开文件 D:\sw18.1\work\ch10.02.02\Edge_Flange_01.SLDPRT。

Step2. 选择命令。选择下拉菜单 插入(I) ➡ 钣金(H) ➡ 边线法兰(E)... 命令。

Step3. 定义附着边。选取如图 10.2.10 所示的模型边线为边线-法兰的附着边。

Step4. 定义法兰参数。

（1）定义法兰角度值。在如图 10.2.11 所示的“边线-法兰 1”对话框 角度(G) 区域中的文本框中输入角度值 90.00 度。

（2）定义长度类型和长度值。

① 在“边线-法兰 1”对话框 法兰长度(L) 区域的 下拉列表中选择 给定深度 选项。

② 方向如图 10.2.12 所示，在 文本框中输入深度值 7.00。

③ 在此区域中单击“外部虚拟交点”按钮 。

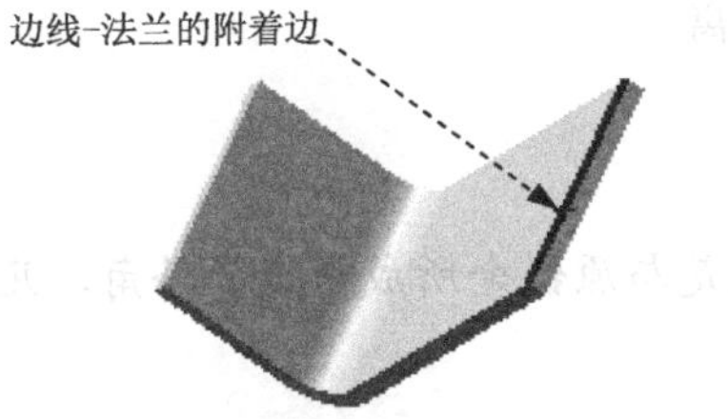

图 10.2.10 选取边线-法兰的附着边

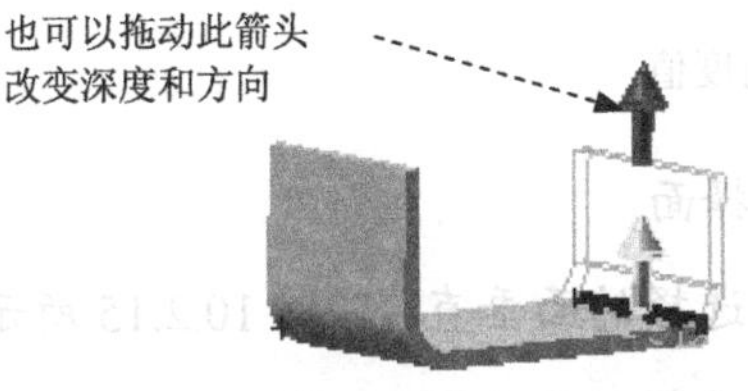

图 10.2.12 设置深度和方向

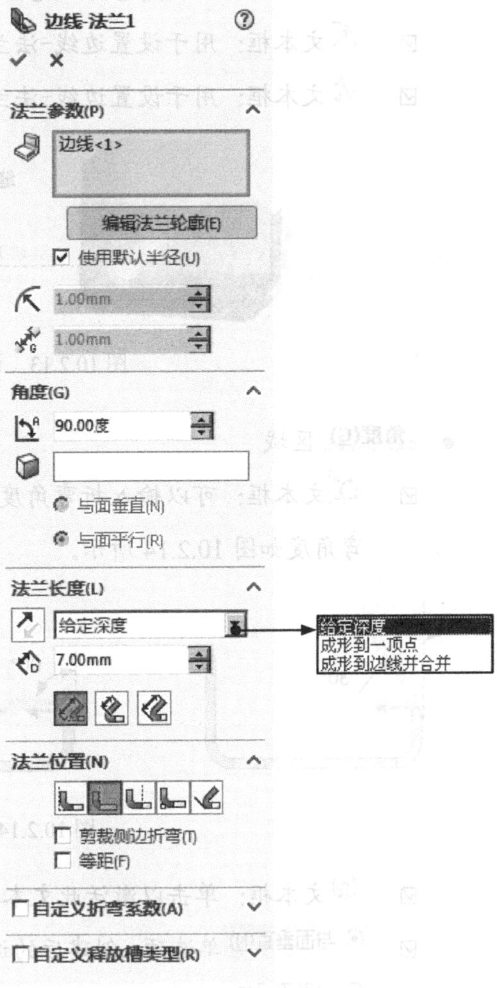

图 10.2.11 “边线-法兰 1”对话框

（3）定义法兰位置。在 法兰位置(N) 区域中单击“材料在外”按钮 ，取消选中 剪裁侧边折弯(T) 复选框和 等距(F) 复选框。

Step5. 单击 按钮，完成边线-法兰的创建。

Step6. 选择下拉菜单 文件(F) → 另存为(A)... 命令，将零件模型命名为 Edge_Flange_01_ok.SLDPRT，即可保存模型。

图 10.2.11 所示的“边线-法兰 1”对话框中各选项的说明如下。

- 法兰参数(P) 区域

☑ 图标旁边的文本框：用于收集所选取的边线-法兰的附着边。

☑ 编辑法兰轮廓(E) 按钮：单击此按钮后，系统弹出“轮廓草图”对话框，并进入编辑草图模式，在此模式下可以编辑边线-法兰的轮廓草图。

☑ 使用默认半径(U) 复选框：是否使用默认的半径。

☑ 文本框：用于设置边线-法兰的折弯半径。

☑ 文本框：用于设置边线-法兰之间的缝隙距离，如图 10.2.13 所示。

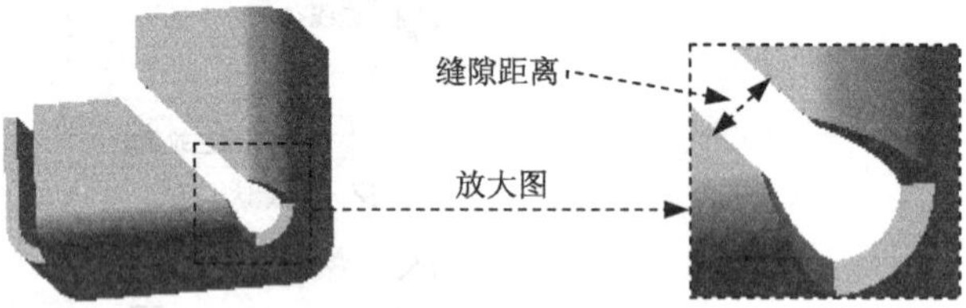

图 10.2.13　设置缝隙距离

- 角度(G) 区域

☑ 文本框：可以输入折弯角度值，该值是与原钣金所成角度的补角，几种折弯角度如图 10.2.14 所示。

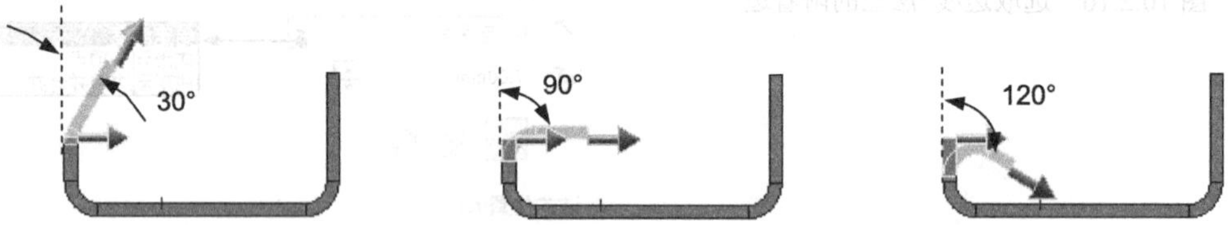

图 10.2.14　设置折弯角度值

☑ 文本框：单击以激活此文本框，用于选择面。

☑ 与面垂直(N) 单选项：创建后的边线-法兰与选择的面垂直，如图 10.2.15 所示。

☑ 与面平行(R) 单选项：创建后的边线-法兰与选择的面平行，如图 10.2.16 所示。

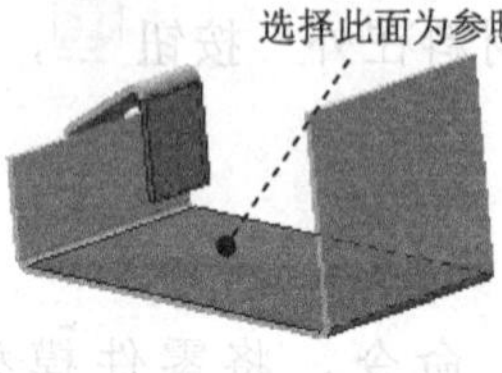

图 10.2.15　与面垂直

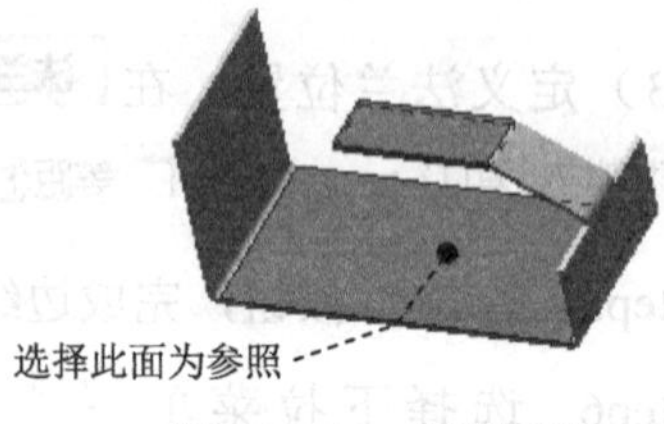

图 10.2.16　与面平行

- 法兰长度(L) 区域

☑ 按钮：单击此按钮，可切换折弯长度的方向（图 10.2.17）。

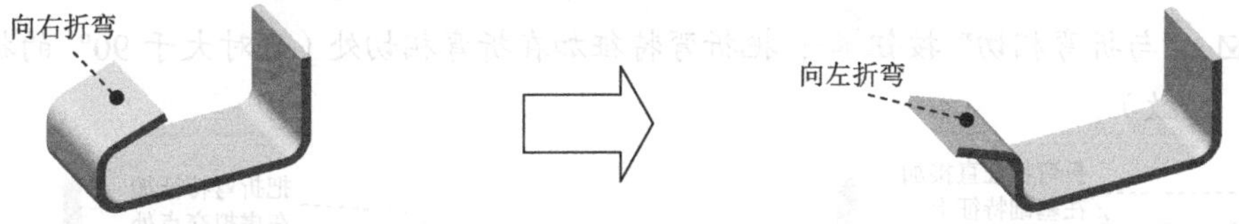

a）反向前　　　　b）反向后

图 10.2.17　设置折弯长度的方向

☑ 给定深度选项：创建确定深度尺寸类型的特征。

☑ 成形到一顶点选项：特征在拉伸方向上延伸，直至与指定顶点所在的面相交（此面必须与草图基准面平行），如图 10.2.19 所示。

☑ 文本框：用于设置深度值。

☑ “外部虚拟交点”按钮：边线-法兰的总长是从折弯面的外部虚拟交点处开始计算，直到折弯平面区域端部为止的距离，如图 10.2.18a 所示。

☑ “内部虚拟交点”按钮：边线-法兰的总长是从折弯面的内部虚拟交点处开始计算，直到折弯平面区域端部为止的距离，如图 10.2.18b 所示。

☑ “双弯曲”按钮：边线-法兰的总长是从折弯面相切虚拟交点处开始计算，直到折弯平面区域的端部为止的距离（只对大于 90° 的折弯有效），如图 10.2.18c 所示。

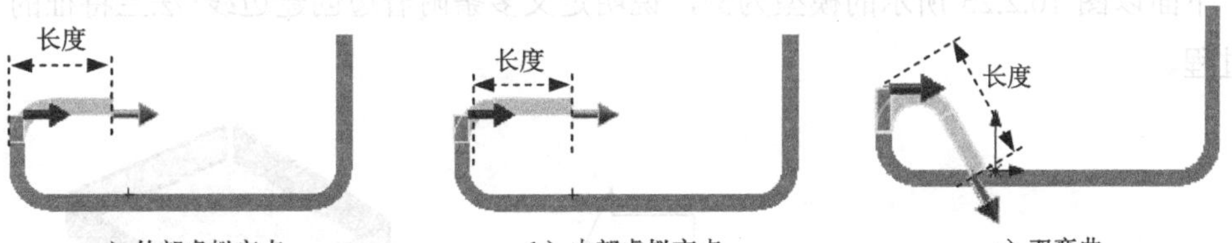

a）外部虚拟交点　　　　b）内部虚拟交点　　　　c）双弯曲

图 10.2.18　设置法兰长度选项

- 法兰位置(N)区域

☑ “材料在内”按钮：边线-法兰的外侧面与附着边平齐，如图 10.2.20 所示。

☑ “材料在外”按钮：边线-法兰的内侧面与附着边平齐，如图 10.2.21 所示。

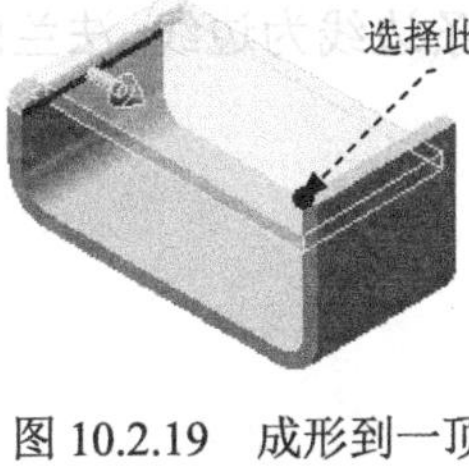

图 10.2.19　成形到一顶点

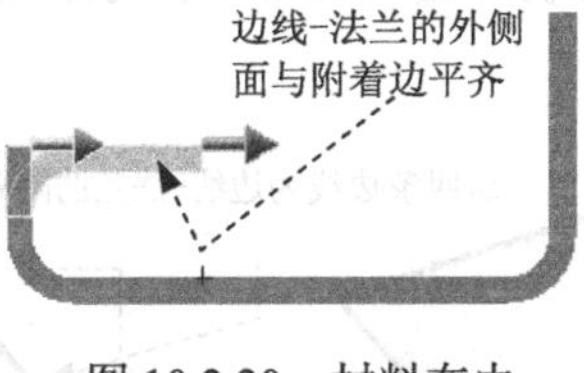

图 10.2.20　材料在内

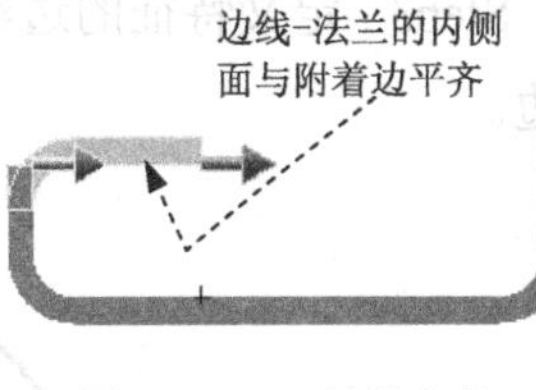

图 10.2.21　材料在外

☑ “折弯在外”按钮：把折弯特征直接加在基础特征上来创建材料，而不改变基础特征尺寸，如图 10.2.22 所示。

☑ “虚拟交点的折弯”按钮：把折弯特征加在虚拟交点处，如图 10.2.23 所示。

☑ “与折弯相切”按钮：把折弯特征加在折弯相切处（只对大于 90° 的折弯有效）。

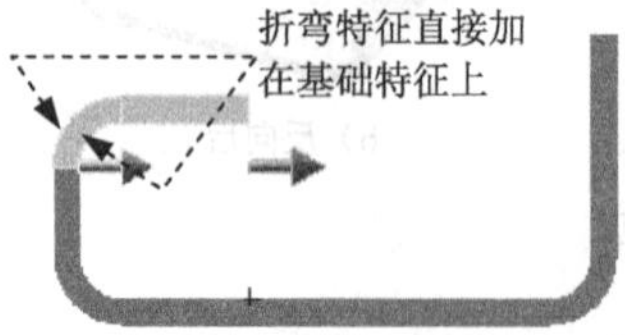

图 10.2.22　折弯在外

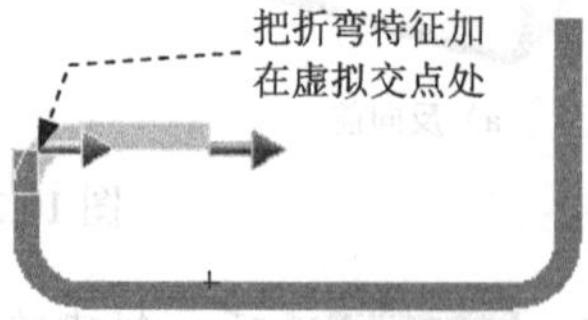

图 10.2.23　虚拟交点的折弯

☑ ☑ 剪裁侧边折弯(T) 复选框：是否移除邻近折弯的多余材料，如图 10.2.24 所示。

☑ ☑ 等距(F) 复选框：选择等距法兰。

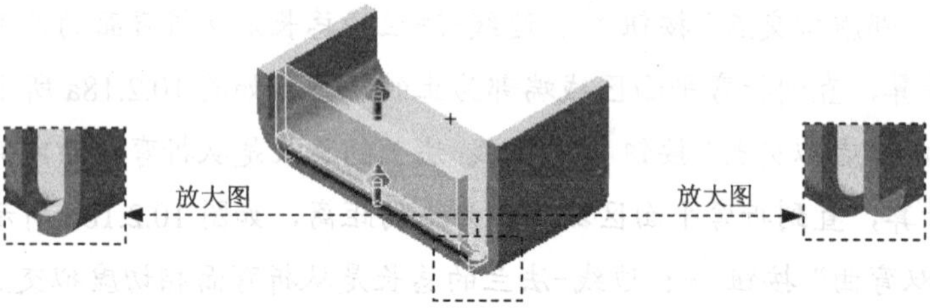

a）取消选中“剪裁侧边折弯”复选框　　b）选中“剪裁侧边折弯”复选框

图 10.2.24　设置是否“剪裁侧边折弯”

下面以图 10.2.25 所示的模型为例，说明定义多条附着边创建边线-法兰特征的一般操作过程。

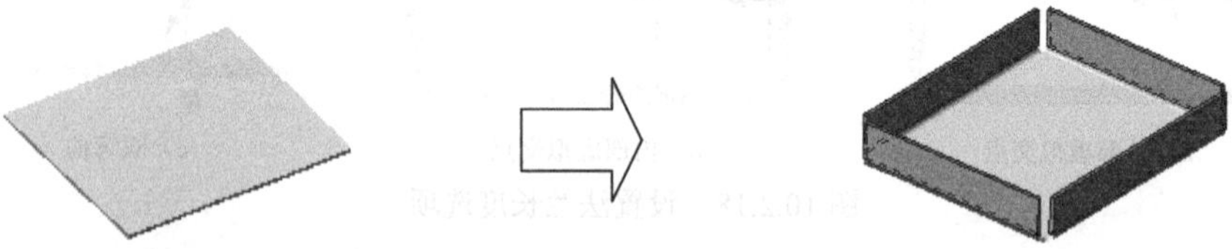

a）创建前　　b）创建后

图 10.2.25　定义多条附着边创建边线-法兰特征

Step1. 打开文件 D:\sw18.1\work\ch10.02.02\Edge_Flange_02.SLDPRT。

Step2. 选择命令。选择下拉菜单 插入(I) → 钣金(H) → 边线法兰(E)... 命令。

Step3. 定义特征的边线。选取如图 10.2.26 所示模型上的四条边线为边线-法兰的附着边。

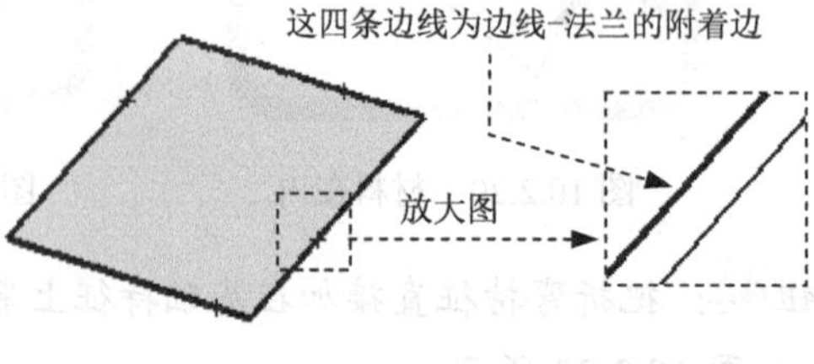

图 10.2.26　选取边线-法兰的附着边

Step4. 定义边线法兰属性。

（1）定义法兰参数。在“边线-法兰”对话框的 法兰参数(P) 区域的 文本框中输入缝隙距离值 1.00。

（2）定义法兰角度值。在 角度(G) 区域中的 文本框中输入角度值 90.00。

（3）定义长度类型和长度值。

① 在“边线-法兰”对话框 法兰长度(L) 区域的 下拉列表中选择 给定深度 选项。

② 在 文本框中输入深度值 5.00。

③ 在此区域中单击“内部虚拟交点”按钮 。

（4）定义法兰位置。在 法兰位置(N) 区域中，单击“折弯在外”按钮 ，取消选中 剪裁侧边折弯(T) 复选框和 等距(F) 复选框。

Step5. 单击 ✔ 按钮，完成边线-法兰的创建。

Step6. 选择下拉菜单 文件(F) ➡ 另存为(A)... 命令，将零件模型命名为 Edge_Flange_02_ok.SLDPRT，即可保存模型。

下面以图 10.2.27 所示的模型为例，说明选取弯曲的边线为附着边创建边线-法兰特征的一般操作过程。

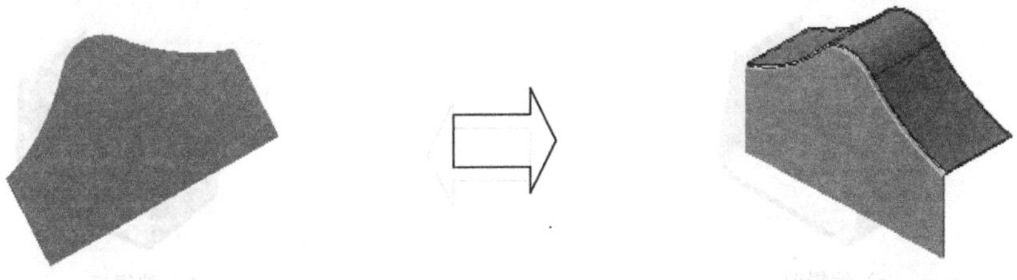

图 10.2.27　创建边线-法兰特征

Step1. 打开文件 D:\sw18.1\work\ch10.02.02\Edge_Flange_03.SLDPRT。

Step2. 选择命令。选择下拉菜单 插入(I) ➡ 钣金(H) ➡ 边线法兰(E)... 命令。

Step3. 定义特征的边线。选取如图 10.2.28 所示的三条边线为边线-法兰的附着边。

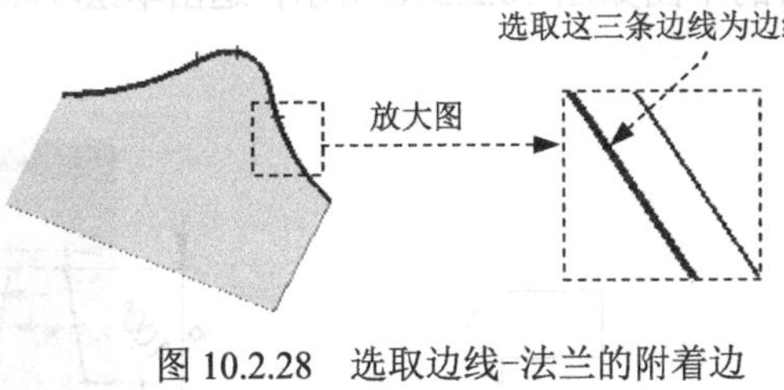

图 10.2.28　选取边线-法兰的附着边

Step4. 定义边线-法兰属性。

（1）定义折弯半径。在“边线-法兰”对话框的 法兰参数(P) 区域中取消选中

☐ 使用默认半径(U) 复选框，在文本框中输入折弯半径值 0.50。

（2）定义法兰角度值。在 角度(G) 区域中的文本框中输入角度值 90.00。

（3）定义长度类型和长度值。

① 在“边线-法兰”对话框 法兰长度(L) 区域的下拉列表中选择 给定深度 选项。

② 在文本框中输入深度值 20.00。

③ 在此区域中单击“内部虚拟交点”按钮。

（4）定义法兰位置。在 法兰位置(N) 区域中单击“折弯在外”按钮，取消选中 ☐ 剪裁侧边折弯(T) 复选框和 ☐ 等距(F) 复选框。

Step5. 单击按钮，完成边线-法兰特征的创建。

Step6. 选择下拉菜单 文件(F) ➡ 另存为(A)... 命令，将零件模型命名为 Edge_Flange_03_ok.SLDPRT，即可保存模型。

3. 自定义边线-法兰的形状

在创建边线-法兰钣金壁后，用户可以自由定义边线-法兰的形状。下面以图 10.2.29 所示的模型为例，说明自定义边线-法兰形状的一般过程。

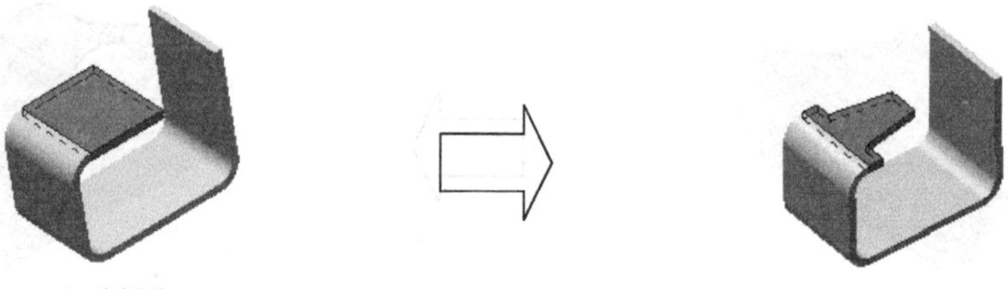

a）编辑前　　b）编辑后

图 10.2.29　编辑边线-法兰的形状

Step1. 打开文件 D:\sw18.1\work\ch10.02.02\Edge_Flange_04.SLDPRT。

Step2. 选择编辑特征。在设计树的 边线-法兰2 上右击，在弹出的快捷菜单中选择命令，系统自动转换为编辑草图模式。

Step3. 编辑草图。修改后的草图如图 10.2.30b 所示；退出草绘环境，完成边线-法兰特征的创建。

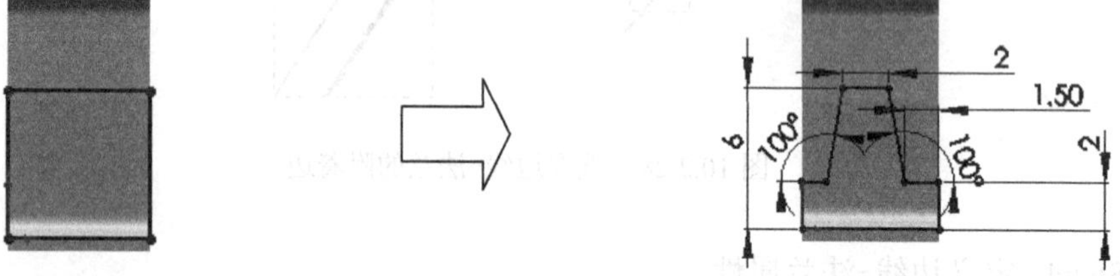

a）修改前　　b）修改后

图 10.2.30　修改横断面草图

Step4. 选择下拉菜单 文件(F) → 另存为(A)... 命令，然后将零件模型命名为Edge_Flange_04_ok.SLDPRT，即可保存模型。

10.2.3 释放槽

1. 释放槽概述

当附加钣金壁部分与附着边相连，并且弯曲角度不为 0 时，需要在连接处的两端创建释放槽（也称减轻槽）。

SolidWorks 2018 系统提供的释放槽分为三种：矩形释放槽、矩圆形释放槽和撕裂形释放槽。

（1）在附加钣金壁的连接处，将主壁材料切割成矩形缺口构建的释放槽为矩形释放槽，如图 10.2.31 所示。

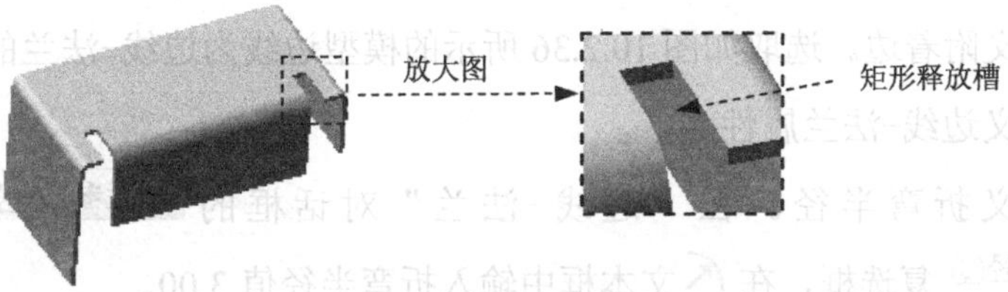

图 10.2.31 矩形释放槽

（2）在附加钣金壁的连接处，将主壁材料切割成矩圆形缺口构建的释放槽为矩圆形释放槽，如图 10.2.32 所示。

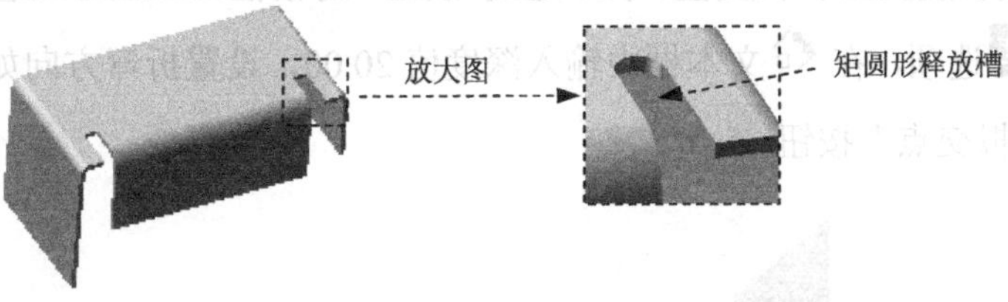

图 10.2.32 矩圆形释放槽

（3）撕裂形释放槽分为切口撕裂形释放槽和延伸撕裂形释放槽两种。

- 切口撕裂形释放槽

在附加钣金壁的连接处，通过垂直切割主壁材料至折弯线处构建的释放槽为切口撕裂形释放槽，如图 10.2.33 所示。

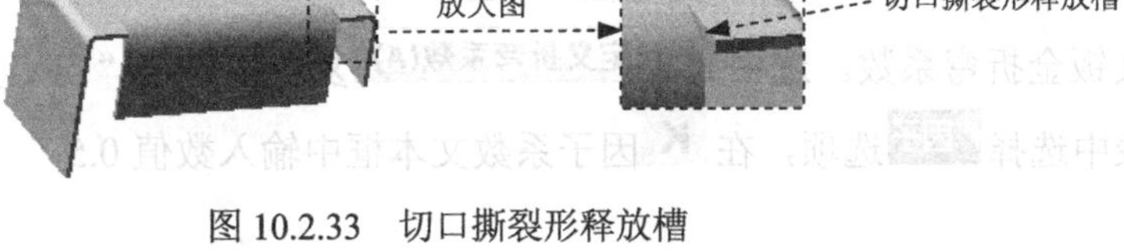

图 10.2.33 切口撕裂形释放槽

● 延伸撕裂形释放槽

在附加钣金壁的连接处用材料延伸折弯构建的释放槽为延伸撕裂形释放槽，如图10.2.34所示。

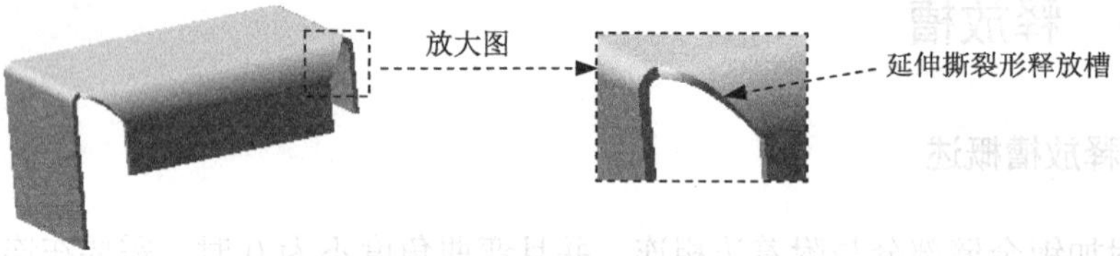

图10.2.34 延伸撕裂形释放槽

2. 创建释放槽的一般过程

Step1. 打开文件D:\sw18.1\work\ch10.02.03\Edge_Flange_relief.SLDPRT。

Step2. 创建如图10.2.35所示的释放槽。

（1）选择命令。选择下拉菜单 插入(I) → 钣金(H) → 边线法兰(E)... 命令。

（2）定义附着边。选取如图10.2.36所示的模型边线为边线-法兰的附着边。

（3）定义边线-法兰属性。

① 定义折弯半径。在“边线-法兰”对话框的 法兰参数(P) 区域中取消选中 □ 使用默认半径(U) 复选框，在文本框中输入折弯半径值3.00。

② 定义法兰角度值。在“边线-法兰”对话框 角度(G) 区域中的文本框中输入角度值90.00。

③ 定义长度类型和长度值。在“边线-法兰”对话框 法兰长度(L) 区域的下拉列表中选择 给定深度 选项，在文本框中输入深度值20.00，设置折弯方向如图10.2.35所示，单击“内部虚拟交点”按钮。

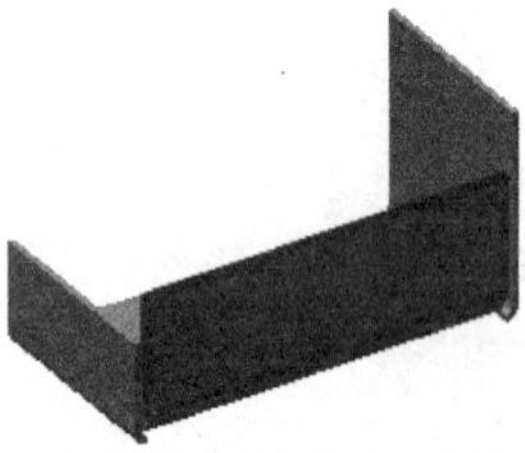

图10.2.35 创建释放槽

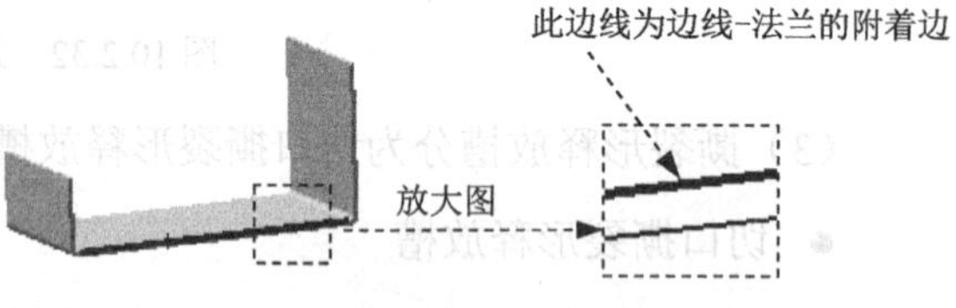

图10.2.36 定义边线-法兰的附着边

（4）定义法兰位置。在 法兰位置(N) 区域中单击“材料在内”按钮，取消选中 □ 剪裁侧边折弯(T) 复选框和 □ 等距(E) 复选框。

（5）定义钣金折弯系数。选中 ☑ 自定义折弯系数(A) 复选框，在“自定义折弯系数”区域的下拉列表中选择 K因子 选项，在 K 因子系数文本框中输入数值0.5。

（6）定义钣金自动切释放槽类型。选中图 10.2.37 所示的 ☑自定义释放槽类型(R) 复选框，在“自定义释放槽类型”区域的下拉列表中选择 撕裂形 选项，单击“切口”按钮。

（7）单击 ✔ 按钮，完成释放槽的创建。

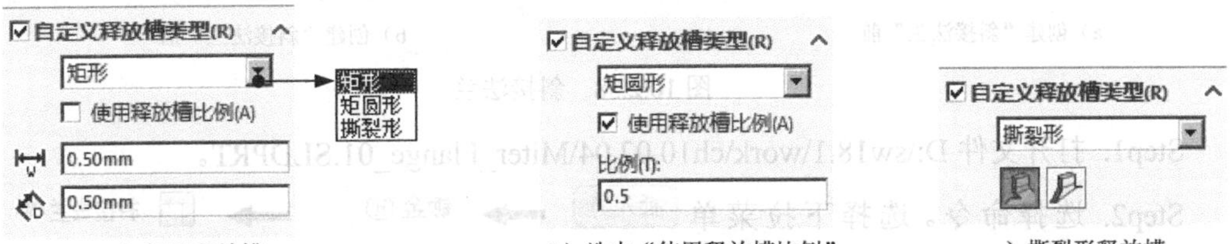

a）矩形释放槽　　b）选中“使用释放槽比例”　　c）撕裂形释放槽

图 10.2.37 “自定义释放槽类型”区域

（8）选择下拉菜单 文件(F) → 另存为(A)... 命令，将零件模型命名为 Edge_Flange_relief_ok.SLDPRT，即可保存模型。

图 10.2.37 所示的 ☑自定义释放槽类型(R) 区域中各选项的说明如下。

- 矩形：将释放槽的形状设置为矩形。
- 矩圆形：将释放槽的形状设置为矩圆形。
  - ☑ ☑使用释放槽比例(A) 复选框：是否使用释放槽比例，如果取消选中此复选框，则可以在 文本框和 文本框中设置释放槽的宽度和深度。
  - ☑ 比例(T): 文本框：设置矩形或长圆形切除的尺寸与材料的厚度比例值。
- 撕裂形：将释放槽的形状设置为撕裂形。
  - ☑ ：设置为撕裂形释放槽。
  - ☑ ：设置为延伸撕裂形释放槽。

10.2.4 斜接法兰

1. 斜接法兰概述

使用“斜接法兰”命令可将一系列法兰创建到钣金零件的一条或多条边线上。创建“斜接法兰”时，首先必须以“基体-法兰”为基础生成“斜接法兰”特征的草图。

选取“斜接法兰”命令有如下两种方法。

方法一：选择下拉菜单 插入(I) → 钣金(H) → 斜接法兰(M)... 命令。

方法二：在“钣金（H）”工具栏中单击 按钮。

2. 在一条边上创建斜接法兰

下面以图 10.2.38 所示的模型为例，讲述在一条边上创建斜接法兰的一般过程。

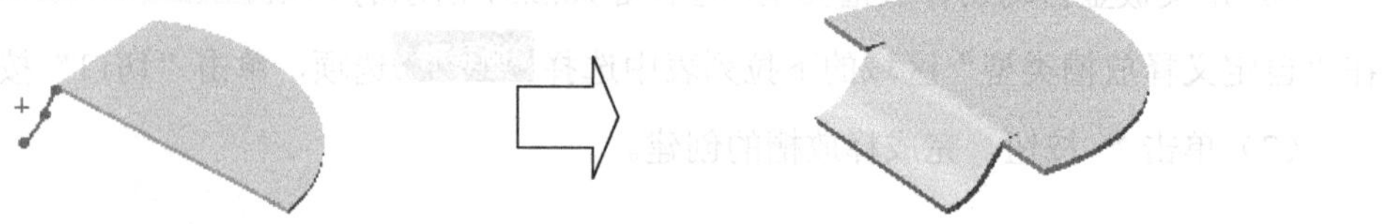

a）创建“斜接法兰”前　　　　b）创建“斜接法兰”后

图 10.2.38　斜接法兰

Step1. 打开文件 D:\sw18.1\work\ch10.02.04\Miter_Flange_01.SLDPRT。

Step2. 选择命令。选择下拉菜单 插入(I) → 钣金(H) → 斜接法兰(M)... 命令。

Step3. 定义斜接参数。

（1）定义边线。选取如图 10.2.39 所示的草图，系统弹出如图 10.2.40 所示的“斜接法兰”对话框。系统默认如图 10.2.41 所示的边线为附着边，图形中出现如图 10.2.41 所示的斜接法兰的预览。

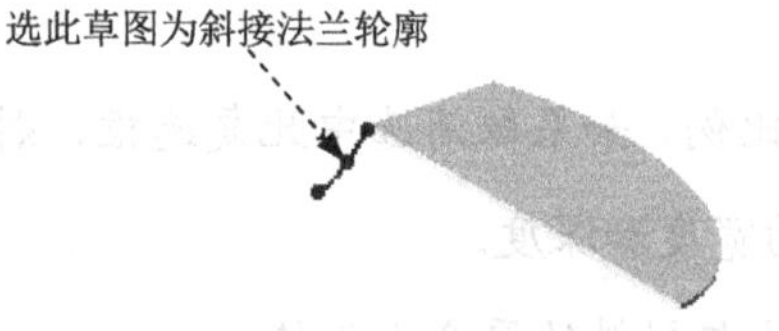

图 10.2.39　定义斜接法兰轮廓

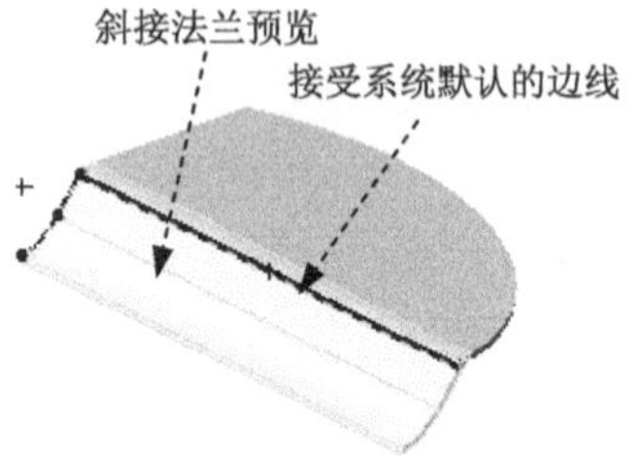

图 10.2.41　初始斜接法兰预览

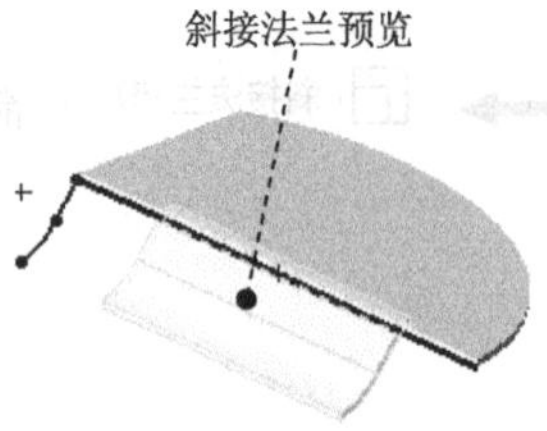

图 10.2.42　参数化后斜接法兰的预览

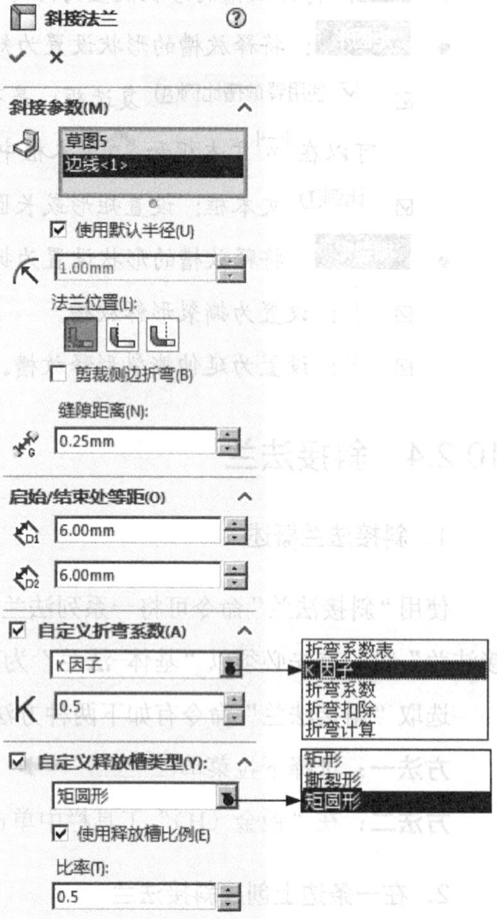

图 10.2.40　“斜接法兰”对话框

（2）定义法兰位置。在“斜接法兰”对话框中的 法兰位置(L): 选项中，单击“材料在内”按钮。

Step4. 定义起始/结束处等距。在“斜接法兰”对话框中的 启始/结束处等距(O) 区域中，在（开始等距距离）文本框中输入数值 6.00，在（结束等距距离）文本框中输入数值 6.00，如图 10.2.42 所示为斜接法兰的预览。

Step5. 定义折弯系数。在“斜接法兰”对话框中选中 自定义折弯系数(A) 复选框，在此区域中的下拉列表中选择 K 因子 选项，并在 K 文本框中输入数值 0.4。

Step6. 定义释放槽。在“斜接法兰”对话框中选中 自定义释放槽类型(Y): 复选框，在其下拉列表中选择 矩圆形 选项，在 自定义释放槽类型(Y): 区域中选中 使用释放槽比例(E) 复选框，在 比例(T): 文本框中输入数值 0.5。

Step7. 单击“斜接法兰”对话框中的按钮，完成斜接法兰的创建。

Step8. 选择下拉菜单 文件(F) → 另存为(A)... 命令，将零件模型命名为 Miter_Flange_01_ok.SLDPRT，即可保存模型。

图 10.2.40 所示的“斜接法兰”对话框中各项说明如下。

- 斜接参数(M) 区域：用于设置斜接法兰的附着边、折弯半径、法兰位置和缝隙距离。
  - ☑ 沿边线列表框：用于显示用户所选择的边线。
  - ☑ 使用默认半径(U) 复选框：取消选中此复选框后，可以在“折弯半径”文本框中输入半径值。
  - ☑ 法兰位置(L): 区域：此区域中提供了与边线法兰相同的法兰位置。
  - ☑ 缝隙距离(N): 区域：若同时选择多条边线，在切口缝隙文本框中输入的数值即为相邻法兰之间的距离。
- 启始/结束处等距(O) 区域：用于设置斜接法兰的第一方向和第二方向的长度，如图 10.2.43 所示。
  - ☑“开始等距距离”文本框：用于设置斜接法兰附加壁的第一个方向的距离。
  - ☑“结束等距距离”文本框：用于设置斜接法兰附加壁的第二个方向的长度。

3. 在多条边上创建斜接法兰

下面以图 10.2.44 所示的模型为例，讲述在多条边上创建斜接法兰的一般操作过程。

Step1. 打开文件 D:\sw18.1\work\ch10.02.04\Miter_Flange_02.SLDPRT。

Step2. 选择命令。选择下拉菜单 插入(I) → 钣金(H) → 斜接法兰(M)... 命令。

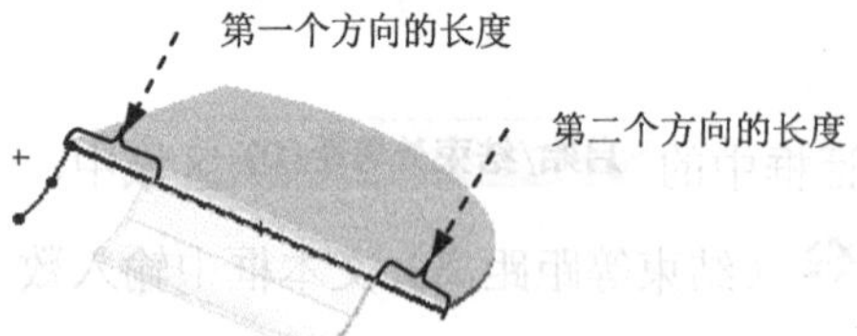

图 10.2.43　设置两个方向的长度

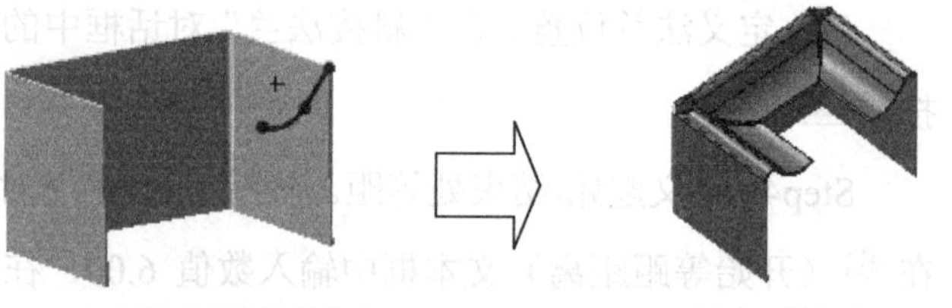

a）创建“斜接法兰”前　　b）创建“斜接法兰”后

图 10.2.44　创建斜接法兰

Step3. 定义斜接参数。

（1）定义斜接法兰轮廓。选取如图 10.2.45 所示的草图为斜接法兰轮廓，系统将自动预览如图 10.2.47 所示的斜接法兰。

（2）定义斜接法兰边线。单击如图 10.2.47 所示的“相切”按钮，系统自动捕捉到与默认边线相切的所有边线，图形中会出现图 10.2.46 所示的斜接法兰的预览。

（3）设置法兰位置。在“斜接法兰”对话框中的 法兰位置(L): 区域中单击“材料在外”按钮。

（4）定义缝隙距离。在“斜接法兰”对话框中的“缝隙距离” 文本框中输入数值 0.10。

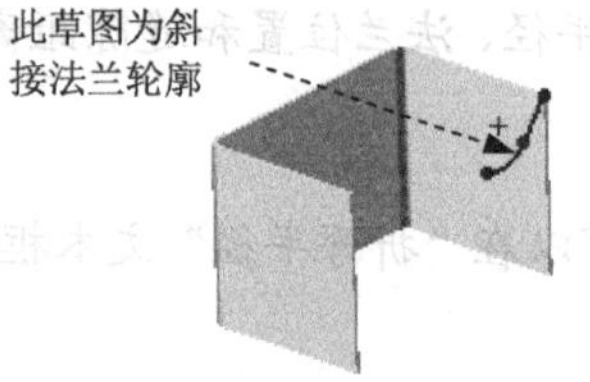

图 10.2.45　定义斜接法兰轮廓

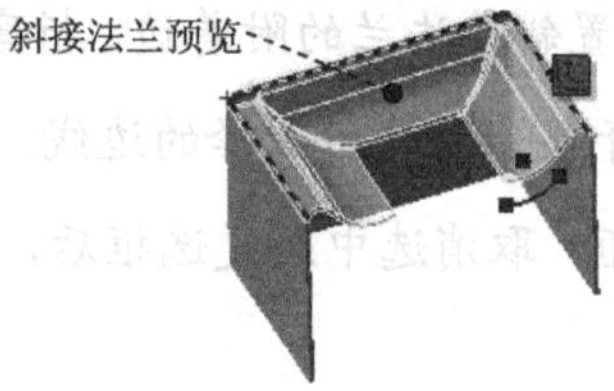

图 10.2.46　斜接法兰的预览

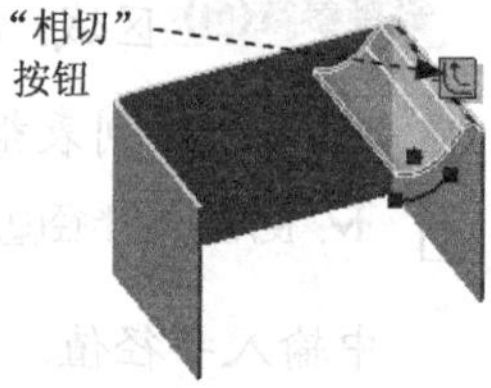

图 10.2.47　定义边线

Step4. 定义起始/结束处等距。在“斜接法兰”对话框中的 启始/结束处等距(O) 区域中的“开始等距距离”文本框中输入数值 0，在“结束等距距离”文本框中输入数值 0。

Step5. 定义折弯系数。在“斜接法兰”对话框中选中 ☑ 自定义折弯系数(A) 复选框，在此区域中的下拉列表中选择 K 因子 选项，并在 K 文本框中输入数值 0.4。

Step6. 单击“斜接法兰”对话框中的“完成”按钮，完成斜接法兰的创建。

Step7. 保存钣金零件模型。选择下拉菜单 文件(F) → 另存为(A)... 命令，将零件模型命名为 Miter_Flange_02 _ok.SLDPRT，即可保存模型。

10.2.5　薄片

使用“薄片”命令可在钣金零件的基础上创建薄片特征，其厚度与钣金零件厚度相同。薄片的草图可以是“单一闭环”或“多重闭环”轮廓，但不能是开环轮廓。绘制草图的面或基准面的法线必须与基体-法兰的厚度方向平行。

1．选择“薄片”命令

方法一： 选择下拉菜单 插入(I) → 钣金(H) → 基体法兰(A)... 命令。

方法二： 在“钣金（H）”工具栏中单击 按钮。

2．使用单一闭环创建薄片的一般过程

下面以图 10.2.48 所示的模型为例，说明使用单一闭环创建薄片的一般操作过程。

Step1. 打开文件 D:\sw18.1\work\ch10.02.05\Sheet_Metal_Tab.SLDPRT。

Step2. 选择命令。选择下拉菜单 插入(I) → 钣金(H) → 基体法兰(A)... 命令。

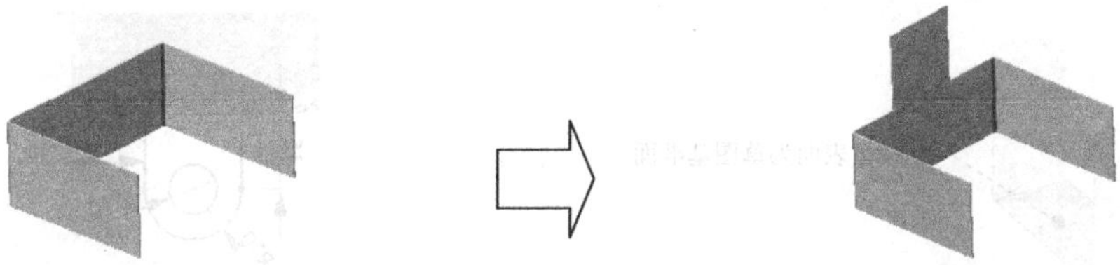

a）创建前　　　　b）创建后

图 10.2.48　使用单一闭环创建薄片特征

Step3. 绘制横断面草图。选取如图 10.2.49 所示的模型表面为草图基准面，绘制如图 10.2.50 所示的横断面草图。

Step4. 单击“基体法兰”对话框中的 按钮，完成薄片特征的创建。

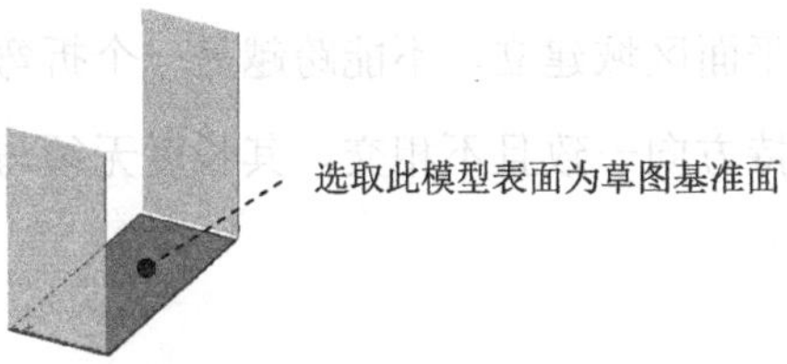

图 10.2.49　定义草图基准面

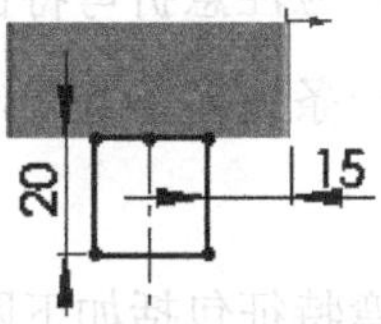

图 10.2.50　横断面草图

Step5. 保存钣金零件模型。选择下拉菜单 文件(F) → 另存为(A)... 命令，将零件模型以 Sheet_Metal_Tab_01_ok.SLDPRT 命名，即可保存模型。

3．使用多重闭环创建薄片的一般过程

下面以图 10.2.51 所示的模型为例，说明使用多重闭环创建薄片的一般操作过程。

Step1. 打开文件 D:\sw18.1\work\ch10.02.05\Sheet_Metal_Tab.SLDPRT。

Step2. 选择命令。选择下拉菜单 插入(I) → 钣金(H) → 基体法兰(A)... 命令。

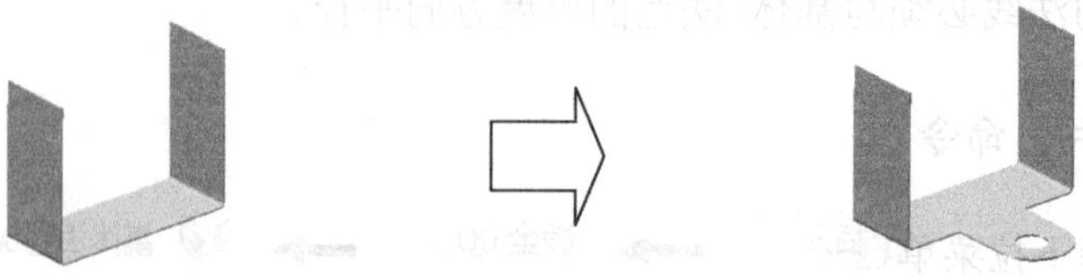

a）创建前　　　　b）创建后

图 10.2.51　使用多重闭环创建薄片特征

Step3. 绘制横断面草图。选取如图 10.2.52 所示的模型表面为草图基准面，绘制如图 10.2.53 所示的横断面草图。

Step4. 单击“基体法兰”对话框中的 ✓ 按钮，完成薄片特征的创建。

Step5. 保存钣金零件模型。选择下拉菜单 文件(F) → 另存为(A)... 命令，将零件模型命名为 Sheet_Metal_Tab_02_ok .SLDPRT，即可保存模型。

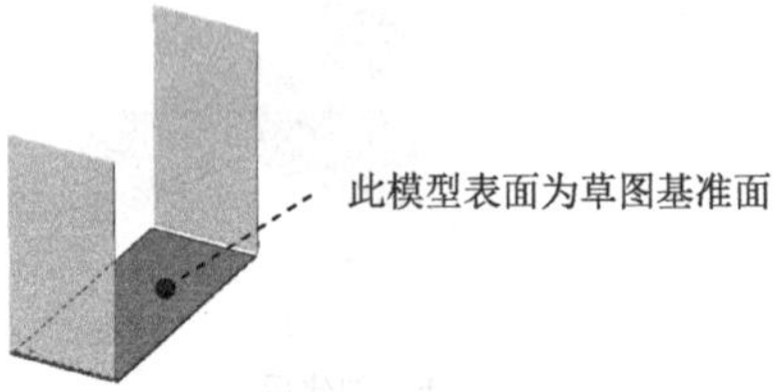

图 10.2.52　定义草图基准面

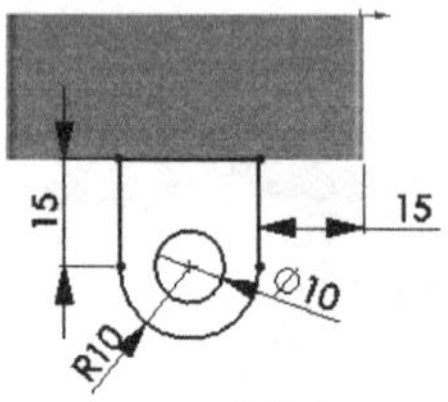

图 10.2.53　横断面草图

10.3　绘制的折弯

使用“绘制的折弯”命令可将钣金的平面区域以折弯线为基准弯曲某个角度。在进行折弯操作时，应注意折弯特征仅能在钣金的平面区域建立，不能跨越另一个折弯特征。折弯线可以是一条或多条直线，各折弯线应保持方向一致且不相交，其长度无须与折弯面的长度相同。

钣金折弯特征包括如下四个要素。

- 折弯线：确定折弯位置和折弯形状的几何线。
- 固定面：折弯时固定不动的面。
- 折弯半径：折弯部分的弯曲半径。
- 折弯角度：控制折弯的弯曲程度。

1．选择“绘制的折弯”命令

方法一：选择下拉菜单 插入(I) → 钣金(H) → 绘制的折弯(S)... 命令。

方法二：在“钣金（H）”工具栏中单击“绘制的折弯”按钮。

2. 创建“绘制的折弯”的一般过程

下面以图 10.3.1 所示的模型为例，介绍折弯线为一条直线的“绘制的折弯”特征创建的一般过程。

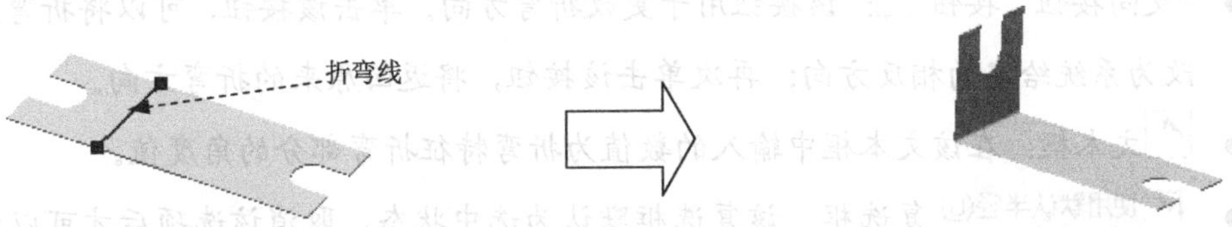

a）折弯前　　b）折弯后

图 10.3.1　绘制的折弯（折弯线为一条直线）

Step1. 打开文件 D:\sw18.1\work\ch10.03\sketched_bend.SLDPRT。

Step2. 选择下拉菜单 插入(I) → 钣金(H) → 绘制的折弯(S)... 命令。

Step3. 定义特征的折弯线。

（1）定义折弯线基准面。选取如图 10.3.2 所示的模型表面作为草图基准面。

（2）定义折弯线草图。在草绘环境中绘制如图 10.3.3 所示的折弯线。

（3）选择下拉菜单 插入(I) → 退出草图 命令，退出草绘环境，此时系统弹出如图 10.3.4 所示的“绘制的折弯”对话框。

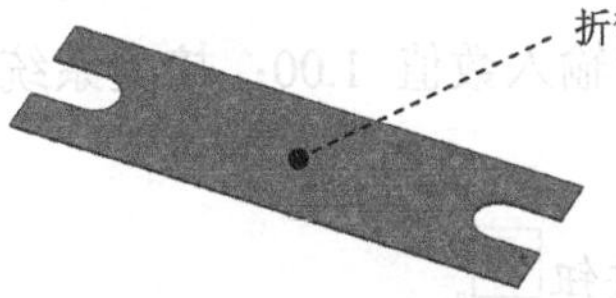

图 10.3.2　折弯线基准面

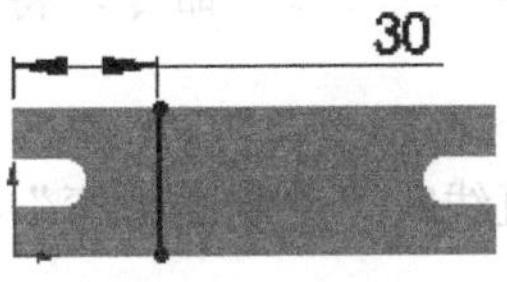

图 10.3.3　折弯线

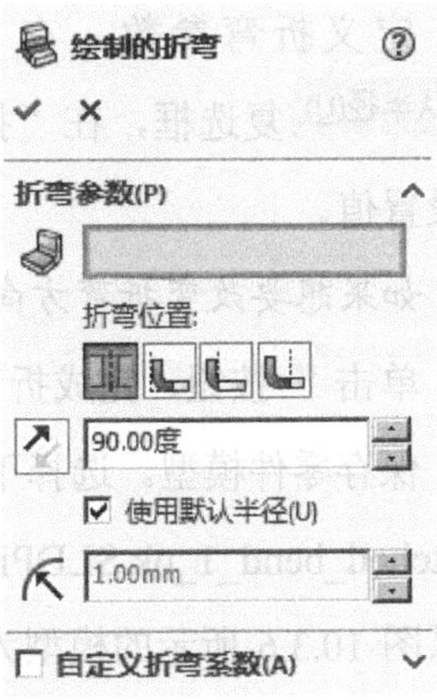

图 10.3.4　“绘制的折弯”对话框

图 10.3.4 所示的“绘制的折弯”对话框中各选项的说明如下。

- 固定面：固定面是指在创建钣金折弯特征中固定不动的平面，该平面是折弯钣金壁的基准。
- “折弯中心线”按钮：单击该按钮，创建的折弯区域将均匀地分布在折弯线两侧。
- “材料在内”按钮：单击该按钮，折弯线将位于固定面所在平面与折弯壁的外表面所在平面的交线上。

- “材料在外”按钮：单击该按钮，折弯线位于固定面所在平面的外表面和折弯壁的内表面所在平面的交线上。
- “折弯在外”按钮：单击该按钮，折弯区域将置于折弯线的外侧。
- “反向按钮”按钮：该按钮用于更改折弯方向。单击该按钮，可以将折弯方向更改为系统给定的相反方向；再次单击该按钮，将返回原来的折弯方向。
- 文本框：在该文本框中输入的数值为折弯特征折弯部分的角度值。
- ☑ 使用默认半径(U) 复选框：该复选框默认为选中状态，取消该选项后才可以对折弯半径进行编辑。
- 文本框：在该文本框中输入的数值为折弯特征折弯部分的半径值。

Step4. 定义折弯线位置。在 折弯位置 区域中单击“材料在内”按钮。

Step5. 定义折弯固定面。在如图 10.3.5 所示的位置处单击，确定折弯固定面。

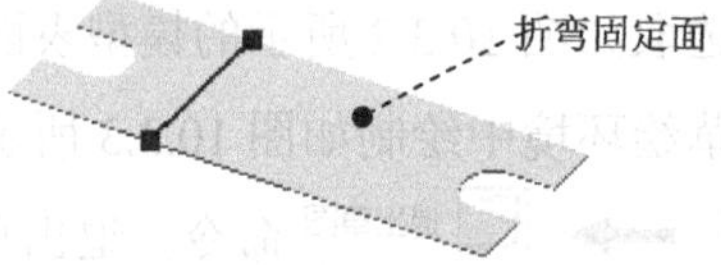

图 10.3.5　折弯固定面

Step6. 定义折弯参数。在“折弯角度”文本框中输入数值 90.00；取消选中 ☐ 使用默认半径(U) 复选框，在“折弯半径”文本框中输入数值 1.00；接受系统默认的其他参数设置值。

说明：如果想要改变折弯方向，可以单击“反向”按钮。

Step7. 单击按钮，完成折弯特征的创建。

Step8. 保存零件模型。选择下拉菜单 文件(F) → 另存为(A)... 命令，将零件模型命名为 sketched_bend_1_ok.SLDPRT，即可保存模型。

下面以图 10.3.6 所示的模型为例，介绍折弯线为多条直线时“绘制的折弯”特征创建的一般过程。

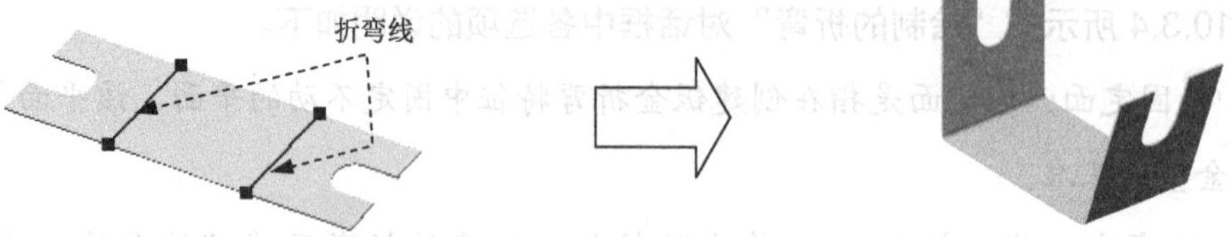

a）折弯前　　b）折弯后

图 10.3.6　绘制的折弯（折弯线为多条直线）

Step1. 打开文件 D:\sw18.1\work\ch10.03\sketched_bend.SLDPRT。

Step2. 选择下拉菜单 插入(I) → 钣金(H) → 绘制的折弯(S)... 命令。

Step3. 定义特征的折弯线。选取如图 10.3.7 所示的模型表面作为草图基准面，绘制如图 10.3.8 所示的折弯线。

Step4. 定义折弯线位置。在 折弯位置: 选项组中单击“材料在外”按钮。

Step5. 定义折弯固定面。在如图 10.3.9 所示的位置处单击，确定折弯固定面。

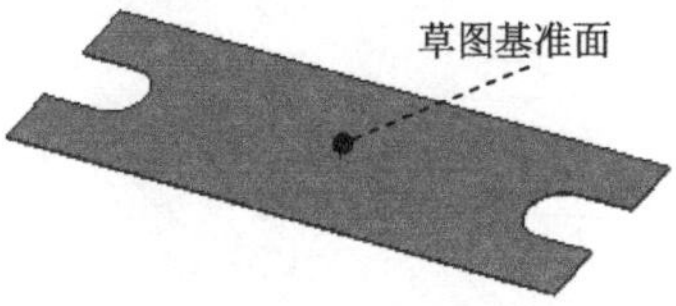

图 10.3.7 草图基准面

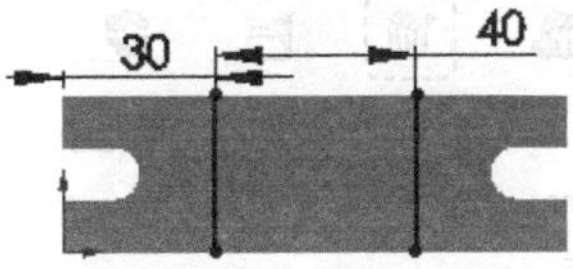

图 10.3.8 折弯线

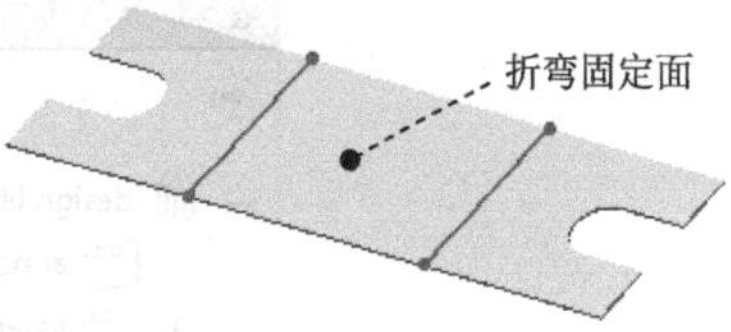

图 10.3.9 定义折弯固定面

Step6. 定义折弯参数。在“折弯角度”文本框中输入数值 60.00；取消选中 □ 使用默认半径(U) 复选框，在“折弯半径”文本框中输入数值 1.00；接受系统默认的其他参数设置值。

说明：如果想要改变折弯方向可以单击“反向”按钮。

Step7. 单击 ✓ 按钮，完成折弯特征的创建。

Step8. 保存零件模型。选择下拉菜单 文件(F) → 另存为(A)... 命令，将零件模型命名为 sketched_bend_2_ok.SLDPRT，即可保存模型。

10.4 钣 金 成 形

本节将详细介绍 SolidWorks 2018 软件中创建钣金成形特征的一般过程，以及定义成形工具文件夹的方法。通过本节提供的一些具体范例的操作，读者可以掌握钣金设计中成形特征的创建方法。

10.4.1 成形工具

在成形特征的创建过程中，成形工具的选择尤其重要，有一个很好的成形工具才可以创建完美的成形特征。在 SolidWorks 2018 中，用户可以直接使用软件提供的成形工具或将其修改后使用，也可按要求自己创建成形工具。本节将详细讲解使用成形工具的几种方法。

1. 软件提供的成形工具

在任务窗格中单击“设计库”按钮，系统打开如图 10.4.1 所示的“设计库”对话框。

SolidWorks 2018 软件在设计库的 forming tools（成形工具）文件夹下提供了一套成形工具的实例，forming tools（成形工具）文件夹是一个被标记为成形工具的零件文件夹，包括 embosses（压凸）文件夹、extruded flanges（冲孔）文件夹、lances（切口）文件夹、louvers（百叶窗）文件夹和 ribs（肋）文件夹。forming tools 文件夹中的零件是 SolidWorks 2018 软件中自带的工具，专门用来在钣金零件中创建成形特征，这些工具称为标准成形工具。

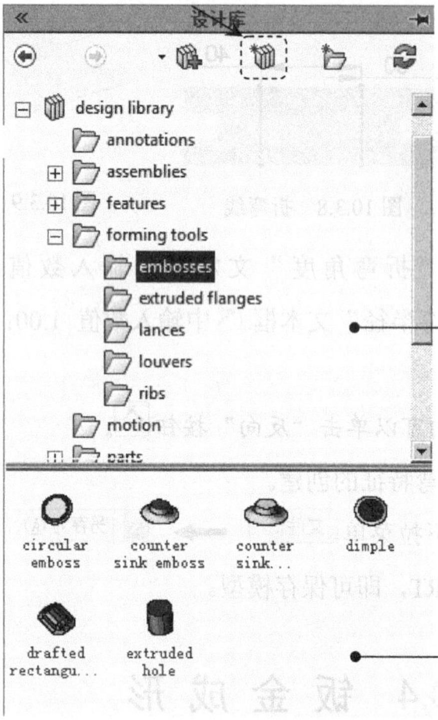

图 10.4.1 “设计库”对话框

如果“设计库”对话框中没有 design library 文件夹，可以按照下面的方法进行创建。

Step1. 在“设计库”对话框中单击“添加文件位置”按钮，系统弹出“选取文件夹”对话框。

Step2. 在 查找范围(I): 下拉列表中找到 C:\ProgramData\SolidWorks\SOLIDWORKS 2018\Design Library 文件夹后，单击 确定 按钮。

2. 转换修改成形工具

SolidWorks 2018 设计库中提供了许多类型的成形工具，但是这些成形工具不是*.sldftp 格式的文件，都是零件文件，而且在设计树中没有“成形工具”特征。下面介绍转换修改成形工具的一般操作步骤。

Step1. 在任务窗格中单击“设计库”按钮，系统打开“设计库”对话框。

Step2. 打开系统提供的成形工具。在 forming tools（成形工具）文件夹下的 ribs（肋）

子文件夹中找到single rib.sldprt文件；右击single rib.sldprt文件，从快捷菜单中选择 打开命令。

Step3. 删除特征。

（1）在设计树中右击 Orientation Sketch 特征，在弹出的快捷菜单中选择 删除… (N) 命令。

（2）用同样的方法删除 Cut-Extrude1 特征和 Sketch3 特征。

Step4. 修改尺寸。单击设计树中 Boss-Extrude1 节点前的“▸”号，右击 Sketch2 特征，在弹出的快捷菜单中选择 命令，进入草图环境；将如图10.4.2所示的尺寸“4”改成“6”，退出草图环境。

Step5. 创建成形工具。

（1）选择命令。选择下拉菜单 插入(I) ➡ 钣金(H) ➡ 成形工具 命令，系统弹出如图10.4.3所示的“成形工具”对话框。

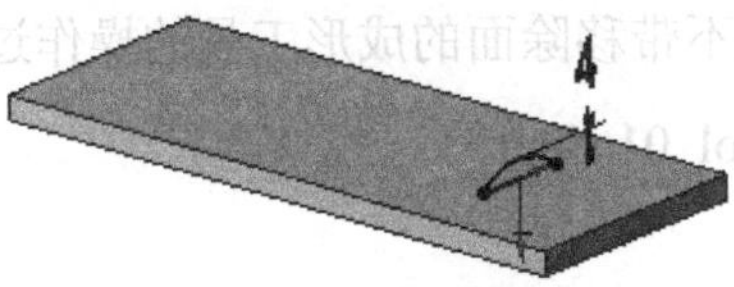

图10.4.2 编辑草图

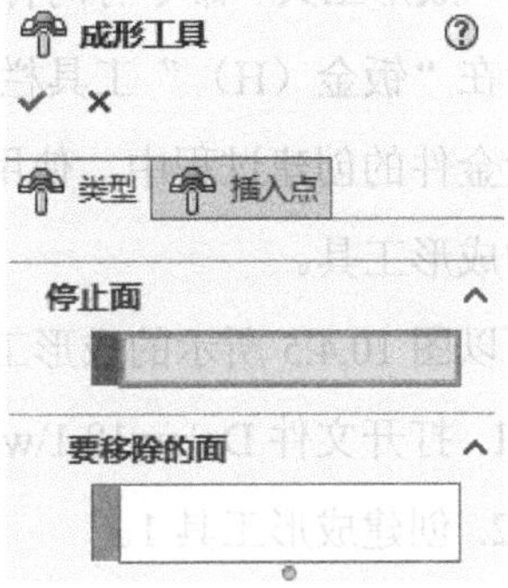

图10.4.3 “成形工具”对话框

（2）定义成形工具属性。

① 定义停止面属性。激活“成形工具”对话框的 停止面 区域，选取如图10.4.4所示的面为停止面。

② 定义移除面属性。由于不涉及移除，成形工具不选取移除面。

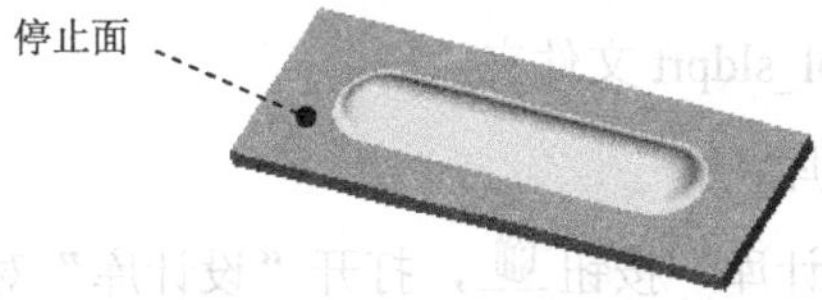

图10.4.4 选取停止面

（3）单击 ✔ 按钮，完成成形工具的创建。

Step6. 转换成形工具。模型保存于D:\sw18.1\work\ch10.04\form_tool文件夹，并命名为form_tool_03， 保存类型(T): 为（*.sldftp）。

Step7. 成形工具调入设计库。

（1）单击任务窗格中的“设计库”按钮，打开“设计库”对话框。

（2）在“设计库”对话框中单击“添加文件位置”按钮，系统弹出“选取文件夹”对话框；在 查找范围(I): 下拉列表中找到 D:\sw18.1\work\ch10.04\form_tool 文件夹后，单击 确定 按钮。

（3）此时在设计库中出现 form_tool 节点，右击该节点，在弹出的快捷菜单中选择 成形工具文件夹 命令，确认 成形工具文件夹 命令前面显示 ✔ 符号。

3. 自定义成形工具

用户也可以自己设计并在“设计库”对话框中创建成形工具文件夹。

说明：在默认情况下，C:\ProgramData\SolidWorks\SOLIDWORKS 2018\DesignLibrary\forming tools 文件夹及其子文件夹被标记为成形工具文件夹。

选择“成形工具”命令有两种方法：选择 插入(I) → 钣金(H) → 成形工具 命令或者在“钣金（H）”工具栏中单击“成形工具”按钮。

在钣金件的创建过程中，使用到的成形工具有两种类型：不带移除面的成形工具和带移除面的成形工具。

下面以图 10.4.5 所示的成形工具为例，讲述创建不带移除面的成形工具的操作过程。

Step1. 打开文件 D:\sw18.1\work\ch10.04\form_tool_01.sldprt。

Step2. 创建成形工具 1。

（1）选择命令。选择下拉菜单 插入(I) → 钣金(H) → 成形工具 命令，系统弹出“成形工具”对话框。

（2）定义成形工具属性。激活“成形工具”对话框的 停止面 区域，选取如图 10.4.5 所示的停止面。

（3）单击 ✔ 按钮，完成成形工具 1 的创建。

Step3. 保存模型。选择下拉菜单 文件(F) → 另存为(A)... 命令，将模型保存于 D:\sw18.1\work\ch10.04\form_tool_sldprt 文件夹。

Step4. 将成形工具调入设计库。

（1）单击任务窗格中的“设计库”按钮，打开“设计库”对话框。

（2）在“设计库”对话框中单击“添加文件位置”按钮，系统弹出“选取文件夹”对话框，在 查找范围(I): 下拉列表中找到 D:\sw18.1\work\ch10.04\form_tool_sldprt 文件夹后，单击 确定 按钮。

（3）此时在设计库中出现 form_tool_sldprt 节点，右击该节点，在弹出的快捷菜单中选择 成形工具文件夹 命令，确认 成形工具文件夹 命令前面显示 ✔ 符号。

下面以图 10.4.6 所示的成形工具为例，讲述带移除面成形工具的创建操作过程。

Step1. 打开文件 D:\sw18.1\work\ch10.04\ form_tool_02.SLDPRT。

Step2. 创建成形工具 2。

（1）选择下拉菜单 插入(I) → 钣金(H) → 成形工具 命令，系统弹出“成形工具”对话框。

（2）定义成形工具属性。

① 定义停止面属性。激活“成形工具”对话框的 停止面 区域，选取如图 10.4.5 所示的面为停止面。

② 定义移除面属性。激活“成形工具”对话框的 要移除的面 区域，选取如图 10.4.6 所示的面为要移除的面。

（3）单击 ✓ 按钮，完成成形工具 2 的创建。

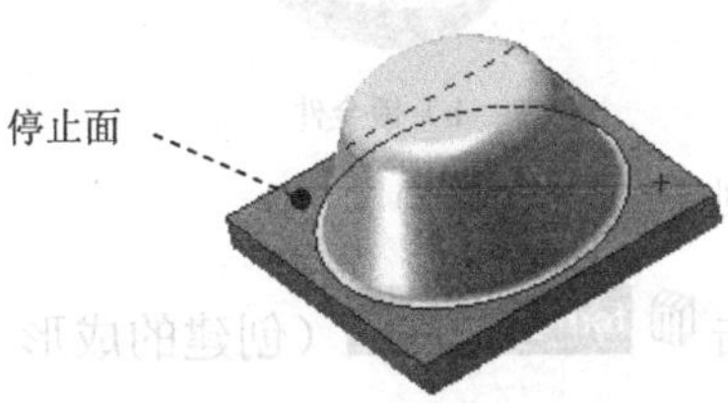

图 10.4.5　选取停止面

图 10.4.6　选取停止面和要移除的面

Step3. 保存模型。选择下拉菜单 文件(F) → 另存为(A)... 命令，把模型保存在 D:\sw18.1\work\ch10.04\form_tool_sldprt 文件夹中。

10.4.2　创建钣金成形特征的一般过程

把一个实体零件（冲模）上的某个形状印贴在钣金件上而形成的特征，就是钣金成形特征。

1. 一般过程

使用设计库中的成形工具，应用到钣金零件上创建成形特征的一般过程如下。

（1）在“设计库预览”对话框中将成形工具拖放到钣金模型中要创建成形特征的表面上。

（2）在松开鼠标左键之前，根据实际需要，使用 Tab 键以切换成形特征的方向。

（3）松开鼠标左键以放置成形工具。

（4）编辑草图以定位成形工具的位置。

（5）编辑定义成形特征以改变尺寸。

注意：设计库中的成形工具可根据设计需要从设计库中提取、修改使用或自己设计创建到设计库中。

2. 实例

下面以图 10.4.7 所示的模型为例，说明用“创建的成形工具”创建成形特征的一般过程。

Step1. 打开文件 D:\sw18.1\work\ch10.04\SM_FORM_01.SLDPRT。

Step2. 单击任务窗格中的“设计库”按钮，打开“设计库”对话框。

Step3. 调入成形工具。

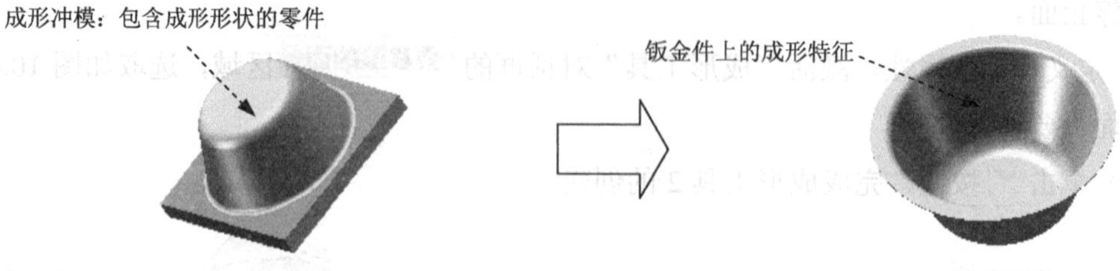

a）成形工具　　b）钣金件

图 10.4.7　创建钣金成形特征（使用“创建的成形工具”）

（1）选择成形工具文件夹。在“设计库”对话框中单击 form_tool_sldprt（创建的成形工具夹）。

（2）查看成形工具文件夹的状态。右击 form_tool_sldprt 文件夹，系统弹出如图 10.4.8 所示的快捷菜单，确认 成形工具文件夹 命令前面显示 ✔ 符号（如果 成形工具文件夹 命令前面没有显示 ✔ 符号，可以在快捷菜单中选择 成形工具文件夹 命令以切换是否显示 ✔ 符号）。

说明：如果在查看某个成形工具文件夹的状态时，成形工具文件夹 命令前面没有显示 ✔ 符号，则使用该成形工具文件夹中的成形工具在钣金件上创建成形特征时，将无法完成成形特征的创建，并且弹出如图 10.4.9 所示的“SOLIDWORKS”对话框。

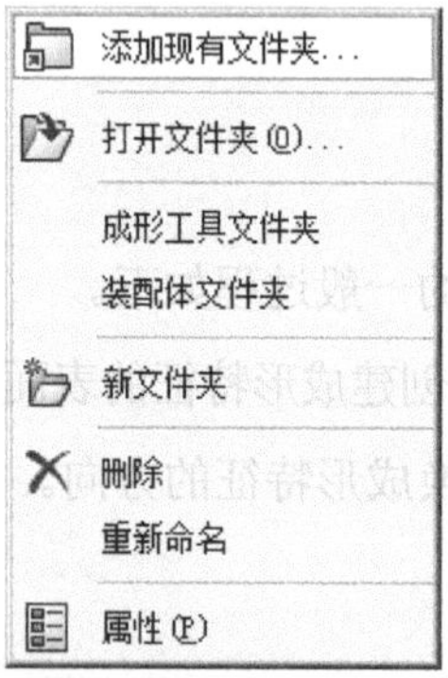

图 10.4.8　快捷菜单

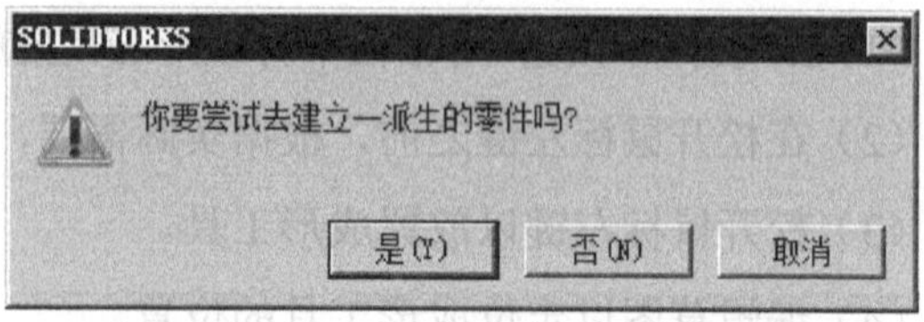

图 10.4.9　“SOLIDWORKS”对话框

Step4. 放置成形工具。

（1）选择成形工具。在“设计库预览”对话框中选择“form_tool_01”文件并拖动到如图 10.4.10 所示的平面，此时系统弹出“成形工具特征”对话框。

说明：在松开鼠标左键之前，通过 Tab 键可以更改成形特征的方向。

（2）在系统弹出的“成形工具特征”对话框中单击✔按钮，完成成形特征的创建。

（3）单击设计树中成形特征节点前的“+”号，右击“草图 2”节点，在弹出的快捷菜单中选择命令，进入草绘环境。

（4）编辑草图，如图 10.4.11 所示。退出草绘环境，完成成形特征 1 的创建。

Step5. 保存零件模型。选择下拉菜单 文件(F) → 另存为(A)... 命令，将零件模型命名为 SM_FORM_01_ok.SLDPRT，即可保存模型。

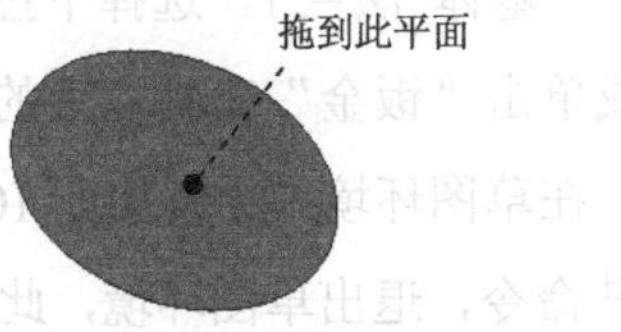

图 10.4.10 成形特征 1

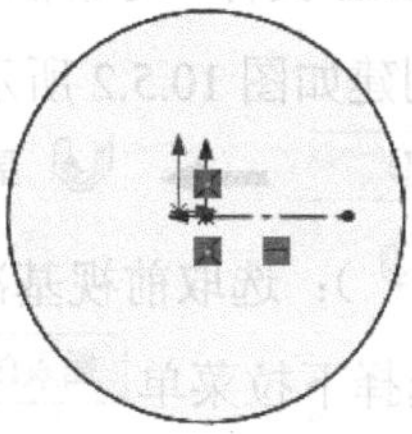

图 10.4.11 编辑草图

说明：此时完成成形特征的创建，从模型上观察到成形特征的大小。若不符合设计要求，可以修改成形工具的尺寸大小。从设计库中打开成型工具，然后进行如下步骤。

- 在设计树中右击 注解，在弹出的快捷菜单中选择 显示特征尺寸 (C) 命令（确认命令的前面显示✔符号），此时成形模型上显示出尺寸。
- 修改成形工具的尺寸。在模型中双击要修改的尺寸，将模具尺寸修改为符合设计要求的尺寸。
- 重建模型。在“标准”工具栏中单击“重建模型”按钮。
- 隐藏尺寸。再次在设计树中右击 注解，在弹出的快捷菜单中选择 显示特征尺寸 (C) 命令（确认命令的前面不显示✔符号）。

10.5 SolidWorks 钣金设计综合实际应用——插座铜芯

应用概述

本应用主要讲解了插座铜芯的创建过程，十分适合于初学钣金的读者。通过学习本范例，既可以对 SolidWorks 中钣金的基本命令有一定的认识，如“基体-法兰”“薄片”“斜接法兰”等，也可以巩固基准面的创建、镜像特征的应用等基础知识。该钣金件模型如图 10.5.1 所示。

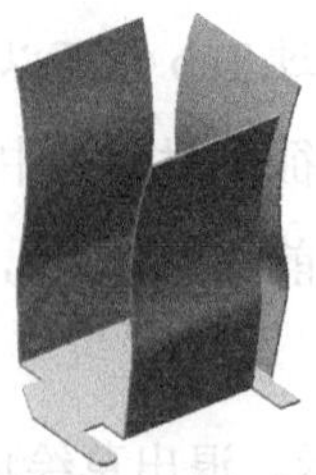

图 10.5.1 插座铜芯钣金件模型

Step1. 新建模型文件。选择下拉菜单 文件(F) → 新建(N)... 命令，在系统弹出的“新建 SolidWorks 文件”对话框中选择“零件”模块，单击 确定 按钮，进入建模环境。

Step2. 创建如图 10.5.2 所示的钣金基础特征——基体-法兰 1。选择下拉菜单 插入(I) → 钣金(H) → 基体法兰(A)... 命令（或单击“钣金”工具栏上的“基体-法兰/薄片”按钮）；选取前视基准面作为草图平面，在草图环境中绘制如图 10.5.3 所示的横断面草图，选择下拉菜单 插入(I) → 退出草图 命令，退出草图环境，此时系统弹出图 10.5.4 所示的“基体法兰”对话框；在 钣金参数(S) 区域的文本框中输入厚度值 0.20，在 折弯系数(A) 区域的下拉列表中选择 K因子 选项，把文本框 K 的因子系数值改为 0.4，在 自动切释放槽(T) 区域的下拉列表中选择 矩形 选项，选中 使用释放槽比例(A) 复选框，在 比例(T): 文本框中输入比例系数值 0.5；单击 ✔ 按钮，完成基体-法兰 1 的创建。

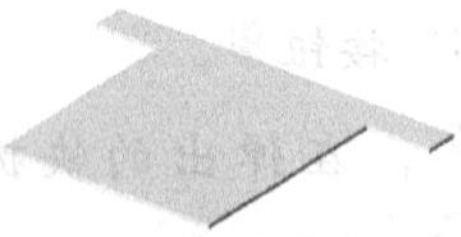

图 10.5.2 基体 - 法兰 1

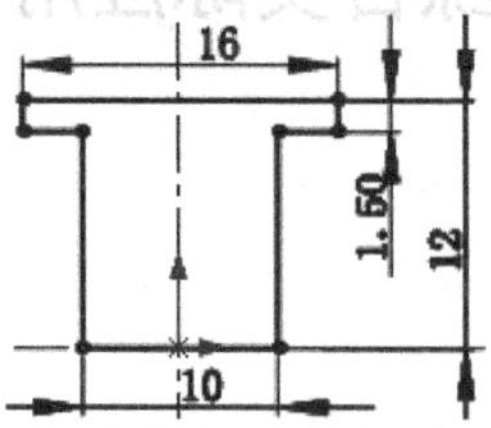

图 10.5.3 横断面草图

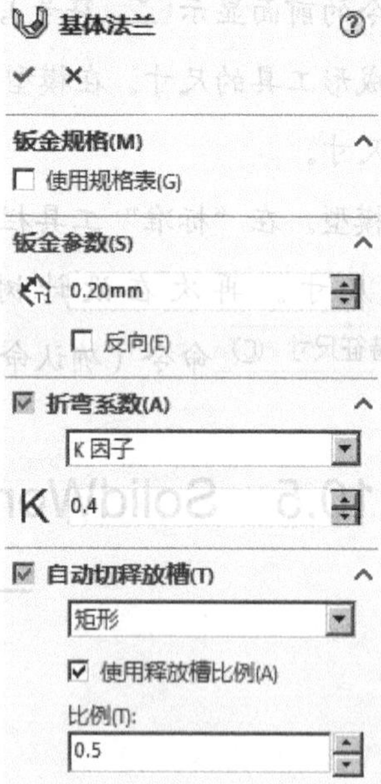

图 10.5.4 “基体法兰”对话框

说明：在 SolidWorks 中，当完成“基体-法兰 1”的创建后，系统将自动生成 钣金6 及 平板型式6 两个特征，在设计树中分别位于“基体-法兰”的上面及下面。默认情况下，平板型式6 特征为压缩状态，用户对其进行“解压缩”操作后可以把模型展平。后面创建的所有特征（不包括“边角剪裁”特征）将位于 平板型式6 特征之上。

Step3. 创建如图 10.5.5 所示的钣金特征——薄片 1。选择下拉菜单 插入(I) → 钣金(H) → 基体法兰(A)... 命令；选取如图 10.5.6 所示的模型表面作为草图平面，在草图环境中绘制如图 10.5.7 所示的横断面草图，选择下拉菜单 插入(I) → 退出草图 命令，退出草图环境，此时系统自动生成薄片 1。

图 10.5.5 薄片 1

图 10.5.6 草图平面

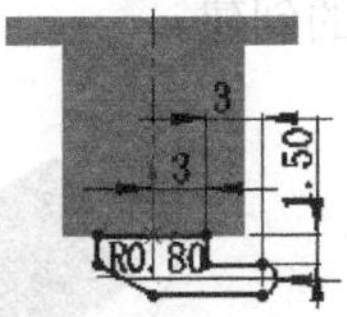

图 10.5.7 横断面草图

Step4. 创建图 10.5.8 所示的钣金特征——斜接法兰 1。选择下拉菜单 插入(I) → 钣金(H) → 斜接法兰(M)... 命令;在模型中选取如图 10.5.9 所示的边线作为斜接法兰线，系统自动生成基准平面 1，并进入草图环境；在草图环境中绘制如图 10.5.10 所示的横断面草图，选择下拉菜单 插入(I) → 退出草图 命令，退出草图环境，系统弹出如图 10.5.11 所示的“斜接法兰 1”对话框；在 法兰位置(N) 区域中，单击“折弯在外”按钮。其他采用系统默认设置值。在 启始/结束处等距(O) 区域的下拉列表 D1 输入值 3.00，在 D2 输入值 3.00。其他采用系统默认设置值。单击 ✔ 按钮，完成斜接法兰 1 的创建。

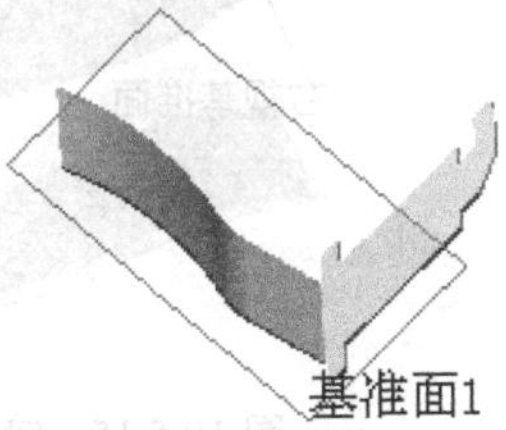

图 10.5.8 斜接法兰 1

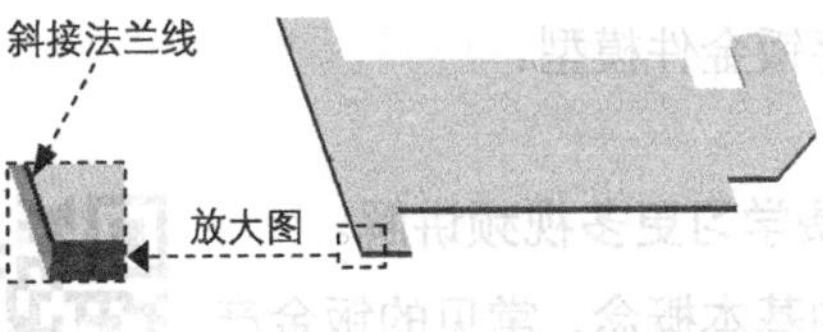

图 10.5.9 斜接法兰线

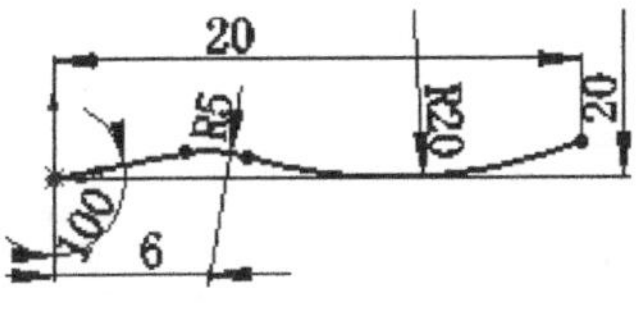

图 10.5.10 横断面草图

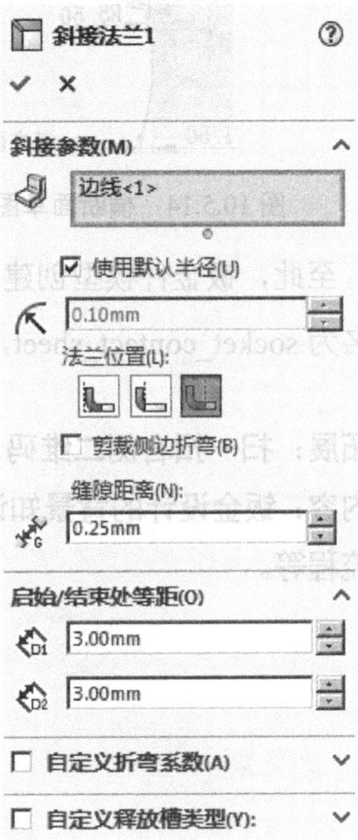

图 10.5.11 “斜接法兰 1”对话框

Step5. 创建如图 10.5.12 所示的钣金特征——斜接法兰 2。选择下拉菜单 插入(I) → 钣金(H) → 斜接法兰(M)... 命令；选取如图 10.5.13 所示的边线作为斜接法兰边线；在草图环境中绘制如图 10.5.14 所示的横断面草图，选择下拉菜单 插入(I) → 退出草图 命令，退出草图环境，此时系统弹出“斜接法兰”对话框；定义法兰位置，在 法兰位置(N) 区域中，单击“折弯在外”按钮；其他采用系统默认设置值；单击✔按钮，完成斜接法兰 2 的创建。

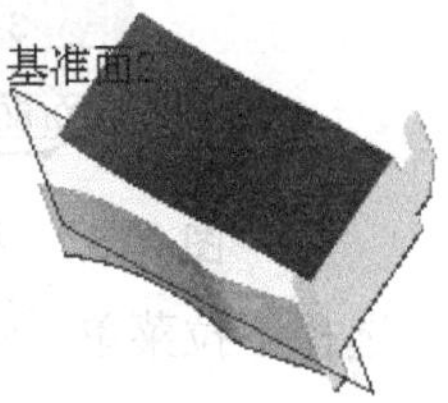

图 10.5.12　斜接法兰 2

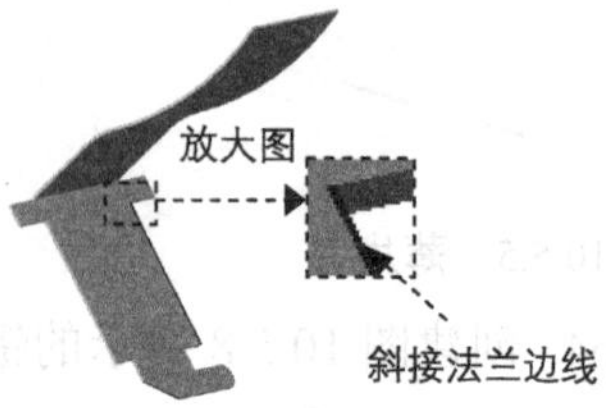

图 10.5.13　斜接法兰边线

Step6. 创建如图 10.5.15 所示的镜像 1。选择下拉菜单 插入(I) → 阵列/镜像(E) → 镜向(M)... 命令，系统弹出“镜向”对话框；选取右视基准面作为镜像基准面；选择斜接法兰 2 作为镜像 1 的对象；单击✔按钮，完成镜像 1 的创建。

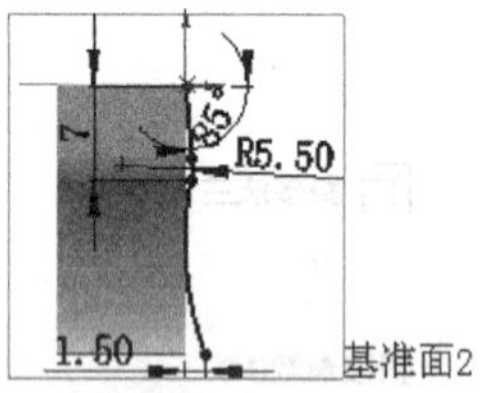

图 10.5.14　横断面草图

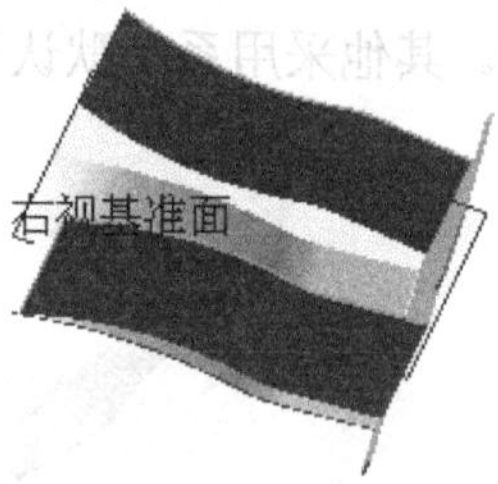

图 10.5.15　镜像 1

Step7. 至此，钣金件模型创建完毕。选择下拉菜单 文件(F) → 保存(S) 命令，将模型命名为 socket_contact_sheet，即可保存钣金件模型。

学习拓展：扫一扫右侧二维码，可以免费学习更多视频讲解。

讲解内容：钣金设计的背景知识，钣金的基本概念，常见的钣金产品及工艺流程等。

第 11 章 动画与机构运动仿真

11.1 动画与机构运动基础

11.1.1 动画与机构运动概述

在 SolidWorks 2018 中，通过运动算例功能可以快速、简单地完成机构的仿真运动及动画设计。运动算例可以模拟图形的运动及装配体中部件的直观属性，可以实现装配体运动的模拟、物理模拟以及 COSMOSMotion，并可以生成基于 Windows 的 avi 视频文件。

装配体运动是通过添加马达进行驱动来控制装配体的运动，或者决定装配体在不同时间时的外观。通过设定键码点，可以确定装配体运动从一个位置跳到另一个位置所需要的顺序。

物理模拟用于模拟装配体上的某些物理特性效果，包括模拟马达、弹簧、阻尼及引力在装配体上的效应。

COSMOSMotion 用于模拟和分析，并输出模拟单元（力、弹簧、阻尼和摩擦等）在装配体上的效应，它是更高一级的模拟，包含所有在物理模拟中可用的工具。

本节重点讲解装配体运动的模拟，装配体运动可以完全模拟各种机构的运动仿真及常见的动画。下面以本章的综合应用案例的运动仿真为例，对运动算例的界面进行讲解。运动算例的界面如图 11.1.1 所示。

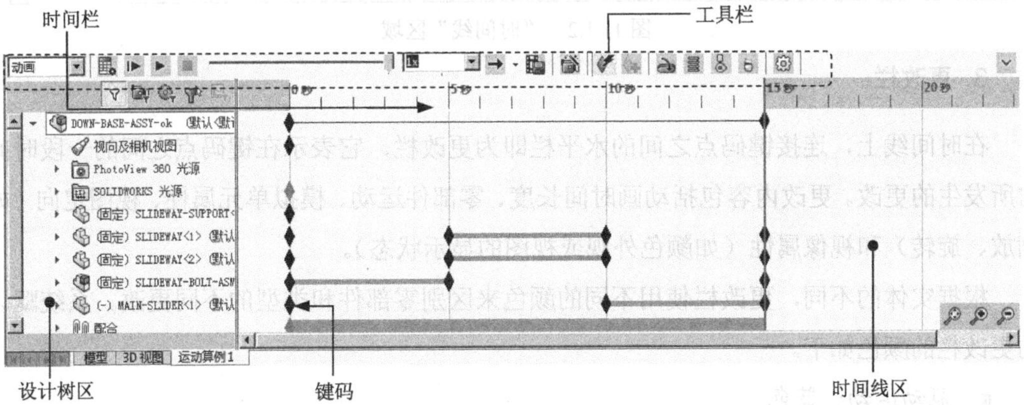

图 11.1.1 运动算例界面

11.1.2 运动仿真与动画中的工具

1. 时间栏

时间线区域中的黑色竖直线即为时间栏，它表示动画的当前时间。通过定位时间栏，可以显示动画中当前时间对应的模型的更改。

定位时间栏有以下三种方法。

（1）单击时间线上对应的时间栏，模型会显示当前时间的更改。

（2）拖动选中的时间栏到时间线上的任意位置。

（3）选中某一时间栏，按一次空格键时间栏会沿时间线往后移动一个时间增量。

2. 时间线

时间线是用来设定和编辑动画时间的标准界面，可以显示出运动算例中动画的时间和类型，如图 11.1.2 所示。从图中可以观察到时间线区被竖直的网格线均匀分开，并且竖直的网格线和时间标识相对应。时间标识是从 00：00：00 开始的，竖直网格线之间的距离可以通过单击运动算例界面右下角的 或 按钮控制。

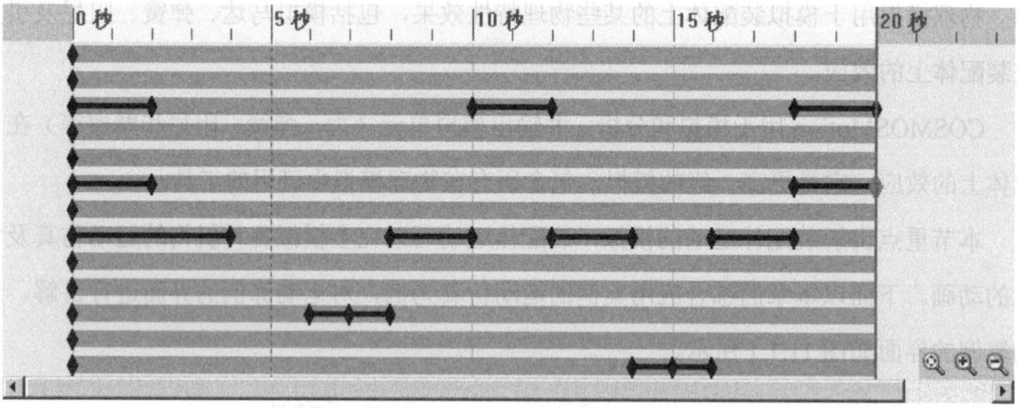

图 11.1.2 “时间线”区域

3. 更改栏

在时间线上，连接键码点之间的水平栏即为更改栏，它表示在键码点之间的一段时间内所发生的更改。更改内容包括动画时间长度、零部件运动、模拟单元属性、视图定向（如缩放、旋转）和视像属性（如颜色外观或视图的显示状态）。

根据实体的不同，更改栏使用不同的颜色来区别零部件和类型的不同更改。系统默认的更改栏的颜色如下。

- 驱动运动：蓝色。
- 从动运动：黄色。
- 爆炸运动：橙色。

- 外观：粉红色。

4. 关键点与键码点

时间线上的◆称为键码，键码所在的位置称为“键码点”，关键位置上的键码点称为“关键点”。在键码操作时，须注意以下事项。

- 拖动装配体的键码（顶层），只更改运动算例的持续时间。
- 所有的关键点都可以复制、粘贴。
- 除了 00：00：00 时间标记处的关键点外，其他都可以剪切和删除。
- 按住 Ctrl 键可以同时选中多个关键点。

11.2 动画工具

11.2.1 产品的装配/拆卸动画

1. 创建动画

通过运动算例中的动画向导功能可以模拟装配体的爆炸效果，下面以图 11.2.1 为例，讲解产品的装配\拆卸动画的创建过程。

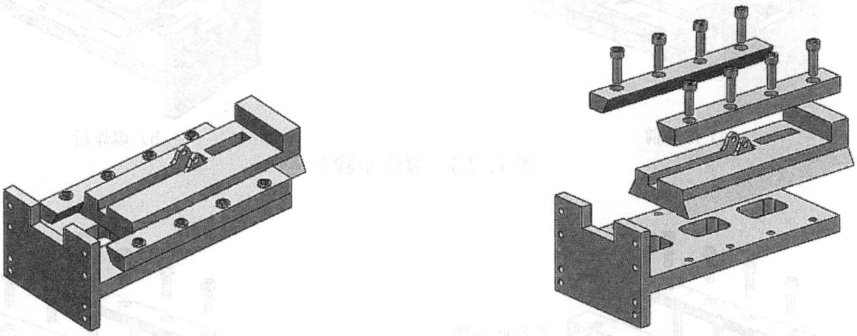

a）爆炸前　　b）爆炸后

图 11.2.1　装配体模型

Step1. 打开文件 D:\sw18.1\work\ch11.02.01\DOWN-BASE-ASSY.SLDASM。

Step2. 选择下拉菜单 插入(I) ➡ 爆炸视图(V)... 命令，系统弹出“爆炸”对话框。

Step3. 创建如图 11.2.2b 所示的爆炸步骤 1。在图形区选取如图 11.2.2a 所示的螺栓。选择 X 轴为移动方向，在“爆炸”对话框 设定(I) 区域的“爆炸距离” 后的文本框中输入值 300，单击 应用(P) 按钮，再单击 完成(D) 按钮，完成第一个零件的爆炸移动。

Step4. 创建如图 11.2.3b 所示的爆炸步骤 2。操作方法参见 Step3，爆炸零件为图 11.2.3a 所示的导轨，爆炸方向为 X 轴方向，爆炸距离值为 200。

Step5. 创建如图 11.2.4b 所示的爆炸步骤 3。操作方法参见 Step3，爆炸零件为图 11.2.4a

所示的压板，爆炸方向为 X 轴方向，爆炸距离值为 50。在“爆炸”对话框中单击 ✔ 按钮，完成装配体的爆炸操作。

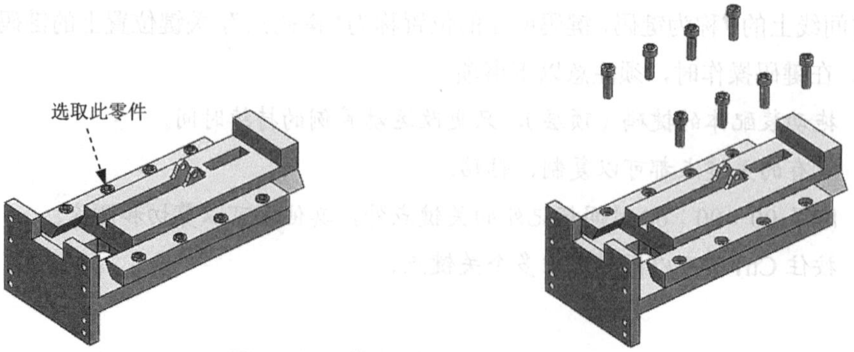

a）爆炸前　　b）爆炸后

图 11.2.2　爆炸步骤 1

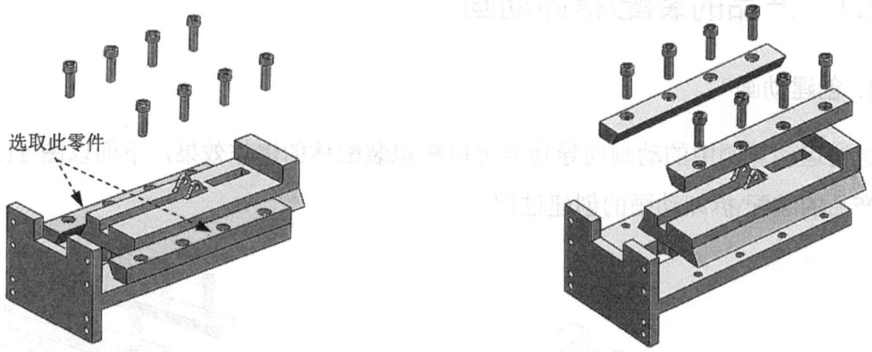

a）爆炸前　　b）爆炸后

图 11.2.3　爆炸步骤 2

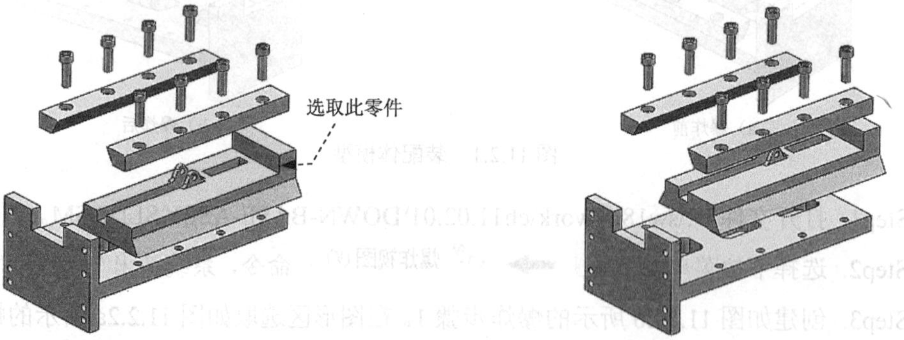

a）爆炸前　　b）爆炸后

图 11.2.4　爆炸步骤 3

Step6. 展开运动算例界面。单击 运动算例 1 按钮，展开运动算例界面。

Step7. 在运动算例界面的工具栏中单击 按钮，系统弹出“选择动画类型”对话框，如图 11.2.5 所示，选择 ◉ 爆炸(E) 单选项。

说明：本例中使用的是装配体模型，而且已经生成了爆炸视图，所以 旋转模型(R)、爆炸(E)和 解除爆炸(C)选项可选。

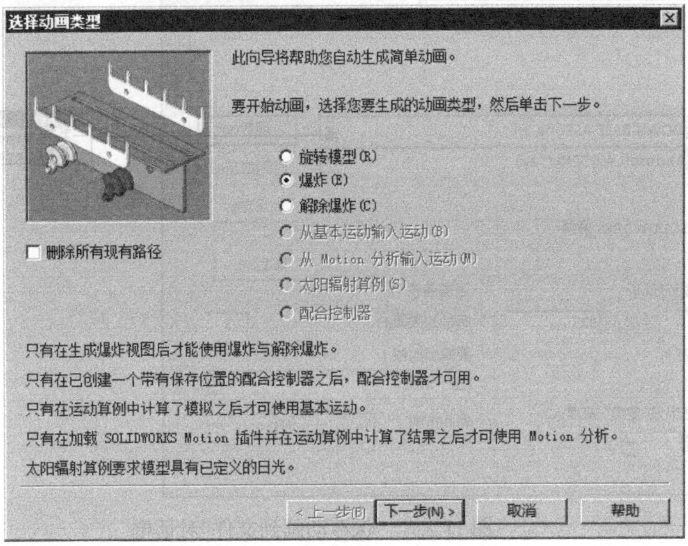

图 11.2.5 “选择动画类型”对话框

Step8. 单击 下一步(N) > 按钮，系统切换到“动画控制选项”对话框，在 时间长度(秒)(D): 文本框中输入值 15.0，在 开始时间(秒)(S): 文本框中输入值 0，单击 完成 按钮，完成运动算例的创建，运动算例界面如图 11.2.6 所示。

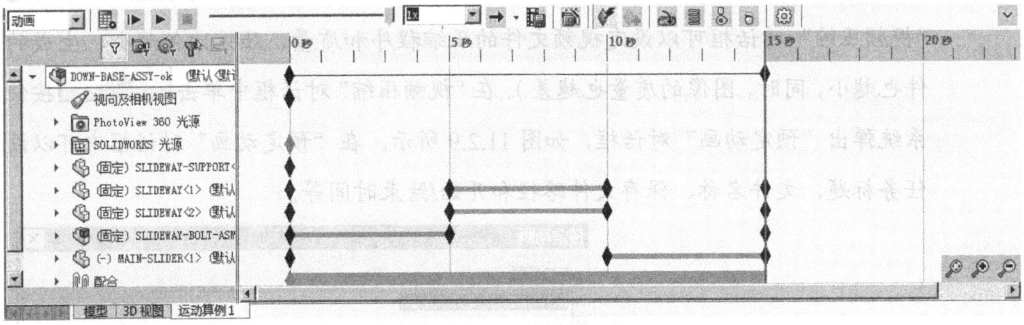

图 11.2.6 运动算例界面

Step9. 播放动画。在运动算例界面的工具栏中单击 ▶ 按钮，观察装配体的爆炸运动。

Step10. 至此，运动算例创建完毕。选择下拉菜单 文件(F) → 另存为(A)... 命令，命名为 DOWN-BASE-ASSY-ok，即可保存模型。

2. 保存动画

当一个运动算例操作完成之后，需要将结果保存，运动算例中有单独的保存动画的功能，可以将 SolidWorks 中的动画保存为基于 Windows 的 avi 格式的视频文件。

下面以上一节中的装配体爆炸动画为例，介绍保存动画的操作过程。

在运动算例界面的工具栏中单击 按钮，系统弹出如图 11.2.7 所示的“保存动画到文件”对话框。

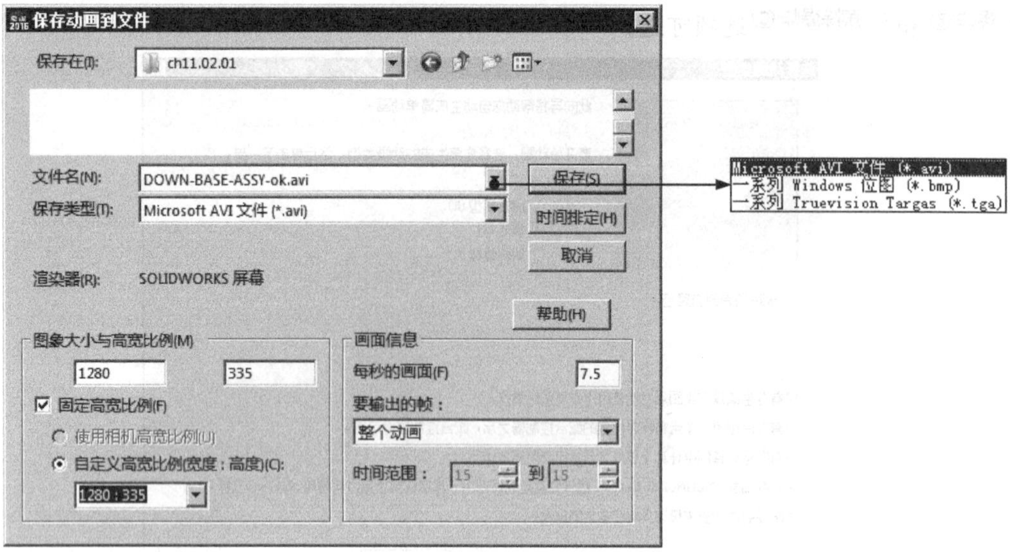

图 11.2.7 “保存动画到文件”对话框

如图 11.2.7 所示的“保存动画到文件”对话框中的各选项说明如下。

- 保存类型(T)：运动算例中生成的动画可以保存的格式有 avi 文件格式、bmp 文件格式和 trg 文件格式（通常情况下我们将动画保存为 avi 文件格式）。
- 时间排定(H)：单击此按钮，系统会弹出“视频压缩”对话框，如图 11.2.8 所示（通过“视频压缩”对话框可以设定视频文件的压缩程序和质量，压缩比例越小，生成的文件也越小，同时，图像的质量也越差）。在“视频压缩”对话框中单击 确定 按钮，系统弹出“预定动画”对话框，如图 11.2.9 所示。在“预定动画”对话框中可以设置任务标题、文件名称、保存文件路径和开始/结束时间等。

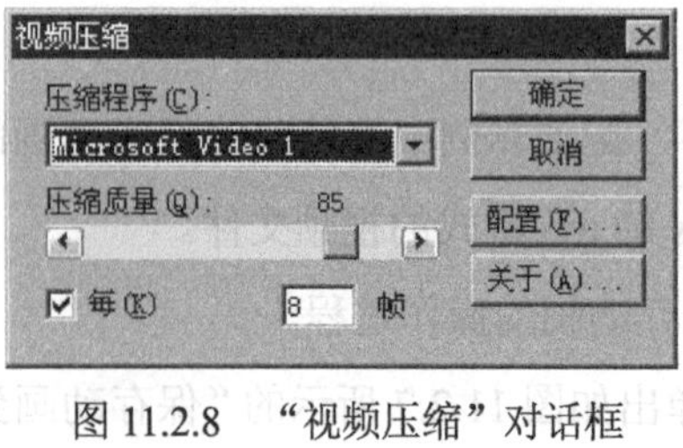

图 11.2.8 “视频压缩”对话框

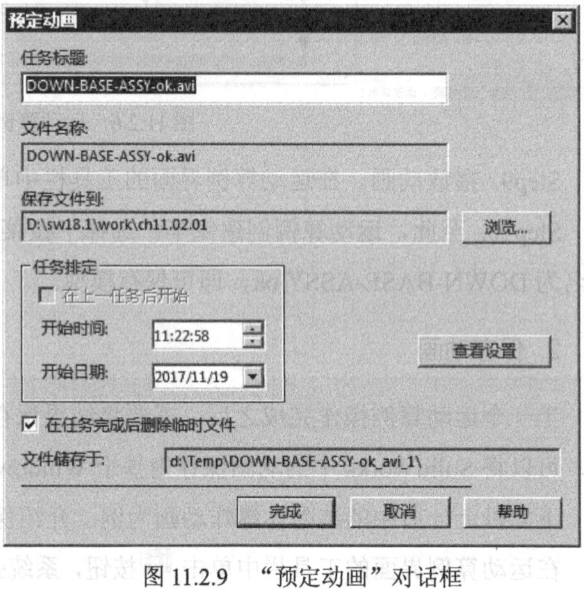

图 11.2.9 “预定动画”对话框

● 渲染器(R)：包括“SOLIDWORKS 屏幕”和“PhotoView”两个选项，其中只有在安装了 PhotoView 之后“PhotoView”才可以看到。

● 图象大小与高宽比例(M)：设置图像的大小与高宽比例。

● 画面信息：用于设置动画的画面信息，包括以下选项。

☑ 每秒的画面(F)：在此选项的文本框中输入每秒的画面数，设置画面的播放速度。

☑ 要输出的帧：设置输出帧的范围。

☑ 时间范围：只保存一段时间内的动画。

设置完成后，在“保存动画到文件”对话框中单击 保存(S) 按钮，然后在系统弹出的“视频压缩”对话框中单击 确定 按钮，即可保存动画。

11.2.2 配合驱动的动画

通过改变装配体中的配合参数，可以生成一些直观、形象的动画。在图 11.2.10 所示的装配体中，通过改变距离配合的参数，达到模拟小球跳动的目的。下面介绍具体的操作方法。

Step1. 新建一个装配体模型文件，进入装配体环境，系统弹出“开始装配体”和“打开”对话框。

Step2. 引入地板。在“打开”对话框中选择 D:\sw18.1\work\ch11.02.02\floor.SLDPRT，然后单击对话框中的 打开 按钮，单击 ✔ 按钮，将零件固定在原点位置，如图 11.2.11 所示。

说明：若引入的地板没有显示出曲线，需手动显示出来。

Step3. 引入球。

（1） 选择下拉菜单 插入(I) → 零部件(O) → 现有零件/装配体(E)... 命令，系统弹出“插入零部件”和“打开”对话框。

（2）在系统弹出的“打开”对话框中选取 D:\sw18.1\work\ch11.02.02\ball.SLDPRT，单击 打开 按钮，将零件放置到如图 11.2.12 所示的位置。

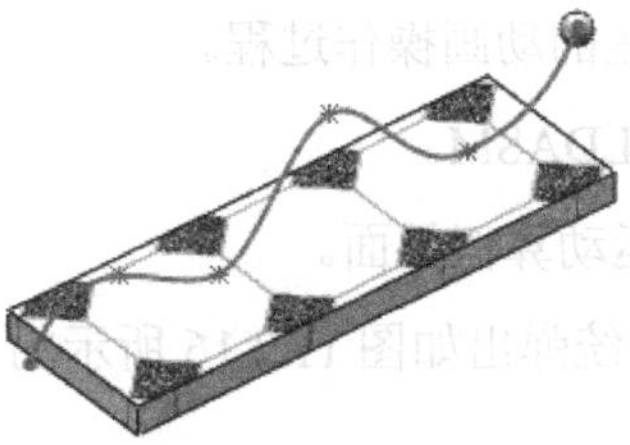

图 11.2.10 装配体模型

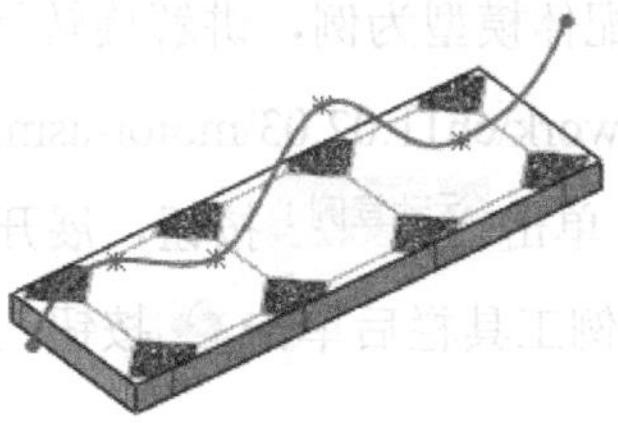

图 11.2.11 引入地板

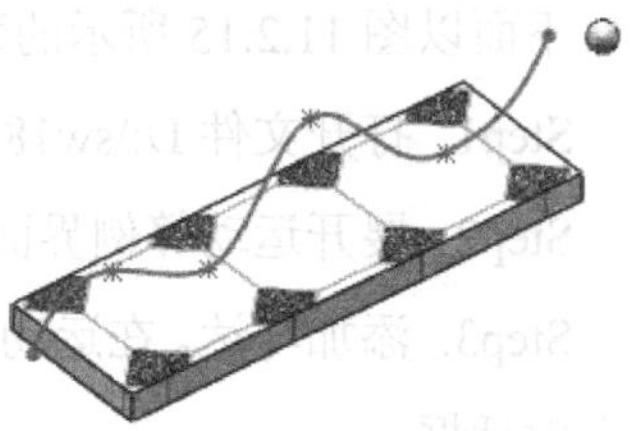

图 11.2.12 引入球

Step4. 添加配合使零件部分定位。

（1）选择下拉菜单 插入(I) → 配合(M)... 命令，系统弹出“配合”对话框。

（2）添加“重合”配合。单击“配合”对话框中的按钮，在设计树中选取“ball”零件的原点和如图 11.2.13 所示的曲线 1 重合，单击快捷工具条中的按钮。

（3）添加“距离”配合。单击“配合”对话框中的按钮，在设计树中选取“ball”零件的原点和如图 11.2.14 所示的曲线端点 1，输入距离值 1.0，单击“配合”对话框中的按钮。

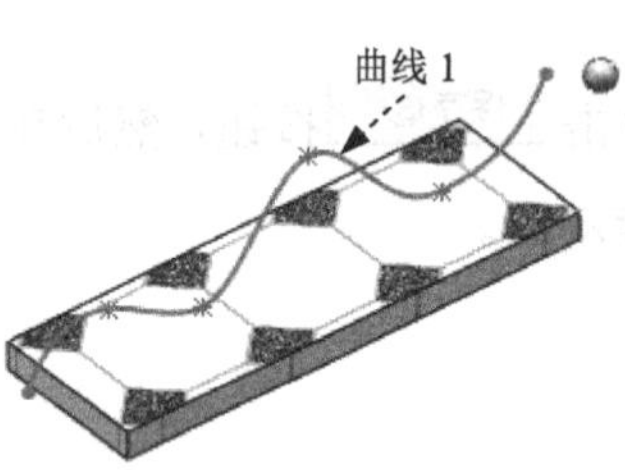

图 11.2.13 “重合”配合

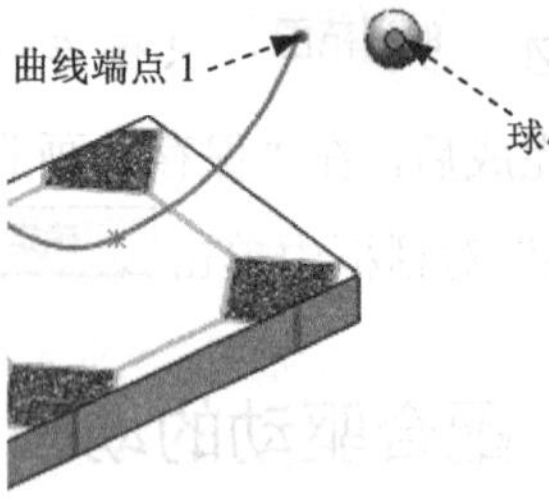

图 11.2.14 “距离”配合

Step5. 展开运动算例界面。单击 运动算例 1 按钮，展开运动算例界面。

Step6. 添加键码。在 配合 节点下的 距离1 (ball<1>,wall<1>) 子节点对应的“5 秒”时间栏上右击，然后在弹出的快捷菜单中选择 放置键码(K) 命令，在时间栏上添加键码。

Step7. 修改距离。双击新添加的键码，系统弹出“修改”对话框，在“修改”对话框中输入尺寸值 220，然后单击按钮。完成尺寸的修改后，隐藏曲线。

Step8. 保存动画。在运动算例界面的工具栏中单击“计算”按钮，可以观察球随着曲线移动，在工具栏中单击按钮，命名为 cooperate-asm，保存动画。

Step9. 至此，运动算例创建完毕。选择下拉菜单 文件(F) → 另存为(A)... 命令，命名为 cooperate-asm-ok，即可保存模型。

11.2.3 马达动画

马达是指通过模拟各种马达类型的效果而绕装配体移动零部件的模拟单元，它不是力，强度不会根据零部件的大小或质量变化。

下面以图 11.2.15 所示的装配体模型为例，讲解旋转马达的动画操作过程。

Step1. 打开文件 D:\sw18.1\work\ch11.02.03\motor-asm.SLDASM。

Step2. 展开运动算例界面。单击 运动算例 1 按钮，展开运动算例界面。

Step3. 添加马达。在运动算例工具栏后单击按钮，系统弹出如图 11.2.16 所示的“马达”对话框。

Step4. 编辑马达。在“马达”对话框的 零部件/方向(D) 区域中激活后的文本框，然后在图像区选取如图 11.2.17 所示的模型表面，在 运动(M) 区域的类型下拉列表中选择 等速 选项，调整转速值为 200，其他参数采用系统默认设置。在“马达”对话框中单击 ✔ 按钮，完成马达的添加。

图 11.2.15 装配体模型

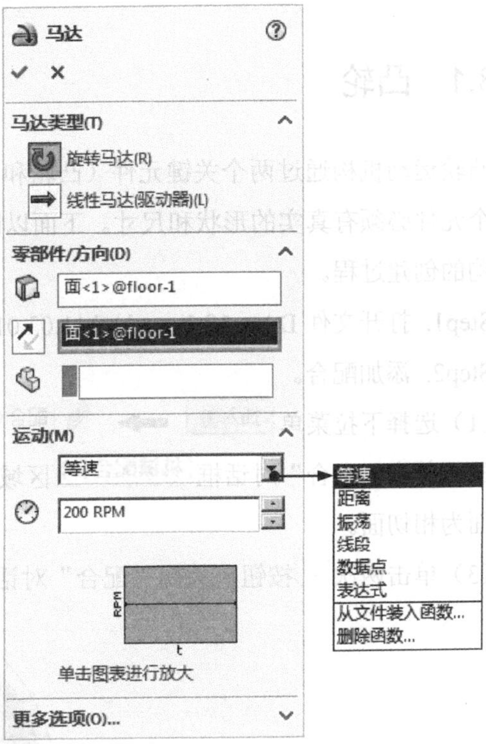

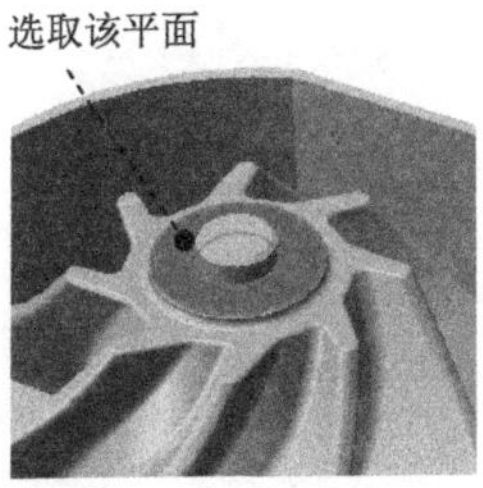

图 11.2.17 选取旋转方向

图 11.2.16 “马达”对话框

如图 11.2.16 所示的“马达”对话框 运动(M) 区域中的运动类型说明如下。

- 等速：选择此类型，马达的转速值为恒定。
- 距离：选择此类型，马达只为设定的距离进行操作。
- 振荡：选择此类型，设定振幅和频率来控制马达。
- 线段：插值可选项有 位移、速度 和 加速度 三种类型，选定插值项后，为插值时间设定值。
- 数据点：插值可选项有 位移、速度 和 加速度 三种类型，选定插值项后，为插值时间和测量设定值，然后选取插值类型。插值类型包括 立方样条曲线、线性 和 Akima 样条曲线 三个选项。
- 表达式：表达式类型包括 位移、速度 和 加速度 三种类型。在选择表达式类型之后，可以输入不同的表达式。

Step5. 保存动画。在运动算例界面的工具栏中单击 ▶ 按钮，可以观察动画，在工具栏中单击 按钮，将文件命名为 motor-asm，保存动画。

Step6. 至此，运动算例创建完毕。选择下拉菜单 文件(F) → 另存为(A)... 命令，命名为 motor-asm-ok，即可保存模型。

11.3 机构中的高级机械配合

11.3.1 凸轮

凸轮运动机构通过两个关键元件（凸轮和滑滚）进行定义，需要注意的是凸轮和滑滚这两个元件必须有真实的形状和尺寸。下面以图 11.3.1 所示的模型为例，说明一个凸轮运动机构的创建过程。

Step1. 打开文件 D:\sw18.1\work\ch11.03.01\cam-asm.SLDASM，进入装配环境。

Step2. 添加配合。

（1）选择下拉菜单 插入(I) → 配合(M)... 命令，系统弹出“配合”对话框。

（2）单击“配合”对话框 机械配合(A) 区域中的 凸轮(M) 按钮，选取如图 11.3.2 所示的两个面为相切面。

（3）单击两次 ✔ 按钮，关闭“配合”对话框。

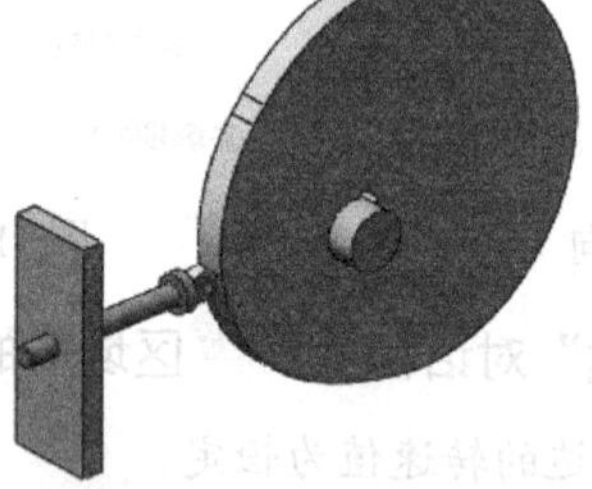

图 11.3.1　凸轮运动机构

Step3. 添加马达。

（1）单击下方的 运动算例 1 选项卡，将运动算例界面展开。

（2）在运动算例工具栏 动画 下拉列表中选择 基本运动 选项，单击 按钮，在“马达”对话框的 零部件/方向(D) 区域中激活 后的文本框，然后在图像区选取如图 11.3.3 所示的模型边线，在 运动(M) 区域的类型下拉列表中选择 等速 选项，调整转速值为 20，其他参数采用系统默认设置值。在“马达”对话框中单击 ✔ 按钮，完成马达的添加。

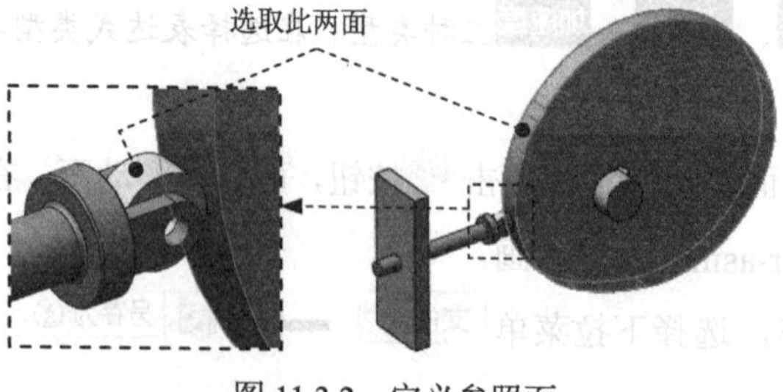

图 11.3.2　定义参照面

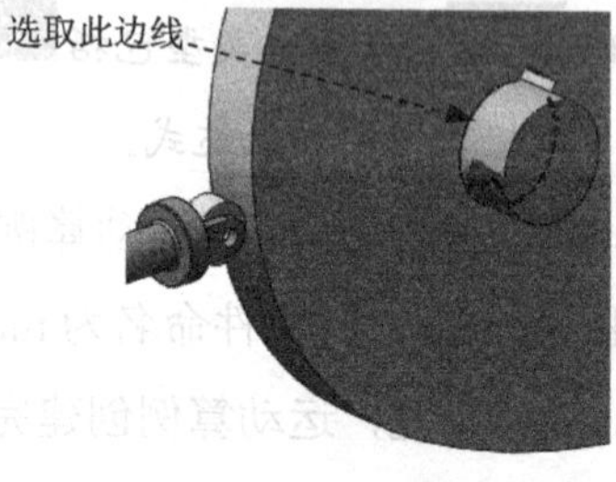

图 11.3.3　选取旋转方向

Step4. 在运动算例界面的工具栏中单击▶按钮，可以观察动画。

Step5. 运动算例创建完毕。选择下拉菜单 文件(F) → 另存为(A)... 命令，命名为cam-asm-ok，即可保存模型。

11.3.2 齿轮

齿轮运动机构通过两个元件进行定义，需要注意的是两个元件上并不一定需要真实的齿形。要定义齿轮运动机构，必须先进入“机构”环境，然后还需定义“运动轴”。齿轮机构的传动比是通过两个分度圆的直径来决定的。

下面以图11.3.4所示的模型为例，说明一个齿轮运动机构的创建过程。

Step1. 打开文件D:\sw18.1\work\ch11.03.02\gear-motion.SLDASM，进入装配环境。

Step2. 添加配合。

（1）选择下拉菜单 插入(I) → 配合(M)... 命令，系统弹出“配合”对话框。

（2）单击“配合”对话框 机械配合(A) 区域中的 齿轮(G) 按钮，选取如图11.3.5所示的两个面为配合面，然后在 比率: 文本框中输入2:1。

图11.3.4 齿轮运动机构

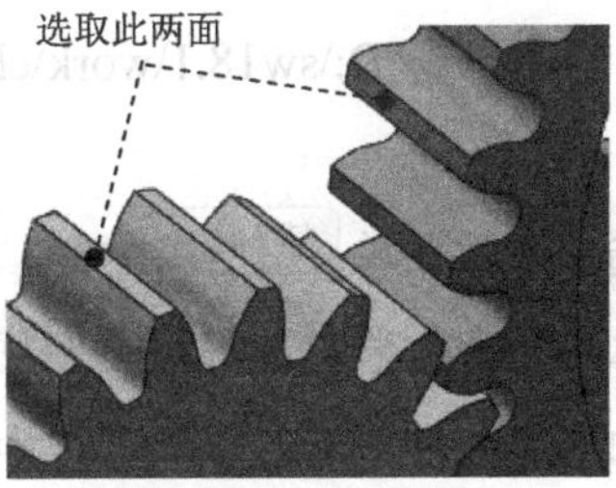

图11.3.5 选取配合面

（3）单击两次✔按钮，关闭“配合”对话框。

Step3. 添加马达。

（1）单击下方的 运动算例1 选项卡，将运动算例界面展开。

（2）在运动算例工具栏 动画 下拉列表中选择 基本运动 选项，单击按钮，在“马达”对话框的 零部件/方向(D) 区域中激活后的文本框，然后在图像区选取如图11.3.6所示的面，在 运动(M) 区域的类型下拉列表中选择 等速 选项，调整转速值为20，其他参数采用系统默认设置值，在“马达”对话框中单击✔按钮，完成马达的添加。

Step4. 在运动算例界面的工具栏中单击▶按钮，可以观察动画。

Step5. 至此运动算例创建完毕。选择下拉菜单 文件(F) → 保存(S) 命令，即可保存模型。

图 11.3.6 选取旋转方向

11.3.3 齿轮与小齿条

齿轮与小齿条是常见的运动机构。下面以图 11.3.7 所示的模型为例说明一个齿轮与小齿条运动机构的创建过程。

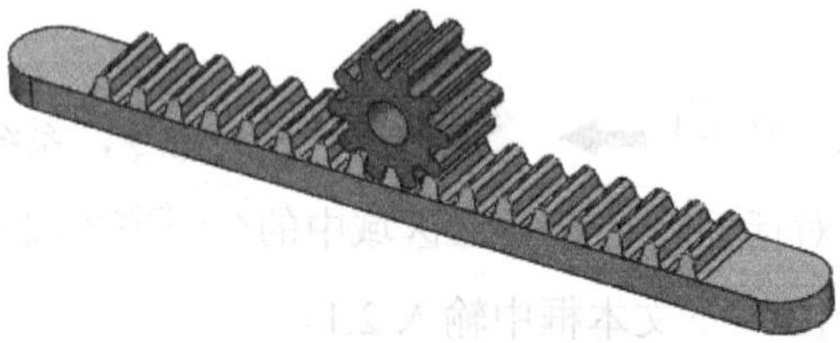

图 11.3.7 齿轮与小齿条运动机构

Step1. 打开文件 D:\sw18.1\work\ch11.03.03\Rack-pinion.SLDASM，进入装配环境。

Step2. 添加配合。

（1）选择下拉菜单 插入(I) → 配合(M)... 命令，系统弹出“配合”对话框。

（2）单击“配合”对话框 机械配合(A) 区域中的 齿条小齿轮(K) 按钮，选取如图 11.3.8 所示的边线和齿轮孔面为参照。然后选中 齿条行程/转数 单选项，并在其下方的文本框中输入值 20。

（3）单击两次 ✔ 按钮，关闭“配合”对话框。

Step3. 添加马达。

（1）单击下方的 运动算例 1 选项卡，将运动算例界面展开。

（2）在运动算例工具栏 动画 下拉列表中选择 基本运动 选项，单击 按钮，在“马达”对话框的 零部件/方向(D) 区域中激活 后的文本框，然后在图像区选取如图 11.3.8 所示的面，在 运动(M) 区域的类型下拉列表中选择 等速 选项，调整转速值为 15，其他参数采用系统默认设置值。在“马达”对话框中单击 ✔ 按钮，完成马达的添加。

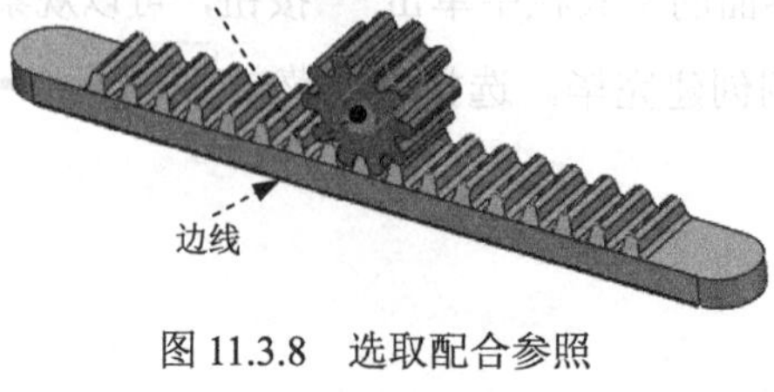

图 11.3.8 选取配合参照

Step4. 在运动算例界面的工具栏中单击 按钮，可以观察动画。

Step5. 至此运动算例创建完毕。选择下拉菜单 文件(F) → 保存(S) 命令，即可保存模型。

11.4 机构运动仿真综合应用范例

范例概述

本范例详细讲解了牛头刨床机构仿真动画的设计过程，使读者进一步熟悉 SolidWorks 中的动画操作。本范例重点要求读者掌握装配的先后顺序，注意不能使各零部件之间完全约束，牛头刨床机构如图 11.4.1 所示。

图 11.4.1 牛头刨床机构

说明：本范例的详细操作过程请参见随书光盘中 video\ch11.04 文件下的语音视频讲解文件，模型文件为 D: \sw18.1\work\ch11.04\。

学习拓展：扫一扫右侧二维码，可以免费学习更多视频讲解。

讲解内容：产品动画与机构运动仿真的一般方法和流程。

读者意见反馈卡

尊敬的读者：

感谢您购买电子工业出版社出版的图书！

我们一直致力于 CAD、CAPP、PDM、CAM 和 CAE 等相关技术的跟踪，希望能将更多优秀作者的宝贵经验与技巧介绍给您。当然，我们的工作离不开您的支持。如果您在看完本书之后，有好的意见和建议，或是有一些感兴趣的技术话题，都可以直接与我联系。

策划编辑：管晓伟

读者购书回馈活动：

活动一：本书"随书光盘"中含有该"读者意见反馈卡"的电子文档，请认真填写本反馈卡，并 E-mail 给我们。E-mail: 兆迪科技 zhanygjames@163.com，管晓伟 guanphei@163.com。

活动二：扫一扫右侧二维码，关注兆迪科技官方公众微信（或搜索公众号 zhaodikeji），参与互动，也可进行答疑。

凡参加以上活动，即可获得兆迪科技免费奉送的价值 48 元的在线课程一门，同时有机会获得价值 780 元的精品在线课程。

书名：《SolidWorks 快速入门教程（2018 中文版）》

1. 读者个人资料：

姓名：________性别：___年龄：____职业：________职务：_______ 学历：________

专业：_______单位名称：__________________电话：___________手机：________________

邮寄地址：_________________________ 邮编：___________E-mail：_____________

2. 影响您购买本书的因素（可以选择多项）：

☐内容　☐作者　☐价格

☐朋友推荐　☐出版社品牌　☐书评广告

☐工作单位（就读学校）指定　☐内容提要、前言或目录　☐封面封底

☐购买了本书所属丛书中的其他图书　☐其他

3. 您对本书的总体感觉：

☐很好　☐一般　☐不好

4. 您认为本书的语言文字水平：

☐很好　☐一般　☐不好

5. 您认为本书的版式编排：

☐很好　☐一般　☐不好

6. 您认为 SolidWorks 其他哪些方面的内容是您所迫切需要的？

____

7. 其他哪些 CAD/CAM/CAE 方面的图书是您所需要的？

____

8. 认为我们的图书在叙述方式、内容选择等方面还有哪些需要改进的？

____